지역개발론

지역개발론

초판 1쇄 발행 2023년 10월 27일
지은이 앤디 파이크·안드레스 로드리게스−포즈·존 토마니
옮긴이 이재열
펴낸이 김선기
펴낸곳 (주)푸른길
출판등록 1996년 4월 12일 제16−1292호
주소 (08377) 서울특별시 구로구 디지털로 33길 48 대륭포스트타워 7차 1008호
전화 02−523−2907, 6942−9570∼2
팩스 02−523−2951
이메일 purungilbook@naver.com
홈페이지 www.purungil.co.kr
ISBN 978−89−6291−067−4 93980

지역개발론

LOCAL AND REGIONAL
DEVELOPMENT

Second Edition

푸른길

차례

역자 서문

　지역개발은 지역이 더 나은 상태로 성장하고 변화하는 발전의 과정을 뜻하며, 전통적으로 국가와 지방정부를 비롯한 다양한 제도의 정책 개입 대상으로서 주민의 삶에도 지대한 영향을 미친다. 다중/다층 스케일 거버넌스의 등장과 함께, 지역개발에서 기업, 시민사회, 대학 등 비국가 제도와 국제기구, 원조단체, 세계적 NGO 등 초국적 행위자의 역할도 커지고 있다. 지역개발의 주제와 접근은 경제적 차원을 넘어서 인구, 사회, 정치, 문화, 환경, 생태 관련 분야까지 확장하고 있다. 이러한 지역개발 초점 간 우선순위는 국가, 지역, 도시의 구체적 상황에 따라 다르게 형성되어 있다. 한마디로 지역개발의 의미, 대상, 주제, 목적, 가치, 방법은 사회적으로 구성되고 시대적 요구에 따라 변하며 공간적으로 차별화된다. 그래서 지역개발을 배우고 가르치며 연구하는 일도 지역과 장소의 특수성에 민감하게 반응하면서 시대에 맞도록 적응해야 한다. 학문적 지식과 정책적 실천 간 연결고리를 찾는 일도 마찬가지다.

　이러한 정책적·학문적·교육적 요구에 부응할 목적으로 『지역개발론』을 번역하였다. 책의 저자 앤디 파이크, 안드레스 로드리게스-포즈, 존 토마니 교수 모두는 도시·지역개발 분야에서 권위를 인정받는 석학으로서, 영국의 주요 대학에서 자리 잡고 학문적 발전을 선도하며 세계 곳곳의 지자체, 국가정부, 국제기구를 대상으로 왕성한 정책 활동을 펼치고 있다. 그래서 학문적 우수성과 함께 정책적 경험이 요구되는 지역개발론 집필에 더할 나위 없이 적합한 인물들이라 할 수 있다. 이들은 글로벌화의 맥락에서 지역개발 담론을 재구성하기 위해 이 책의 초판을 2006년에 출간했고, 개정판은 기후변화, 금융위기, 인구변천 등 시대적 변화를 반영해 2017년에 발간되었다. 그래서 개정판을 우리말로 옮긴 이 책은 지역개발의 중요한 맥락을 거의 다 포괄한다고 할 수 있다. 집필의 시점 때문에 2020년대 초반 코로나19 위기의 영향력을 고려하지 못한 점은 아쉽지만, 저자들이 제시하는 총체적 접근의 교훈을 바탕으로 독자들이 충분히 해결해 나아갈 수 있을 것으로 기대한다.

　광범위한 이 책의 학문적·교육적·정책적 기여를 단 몇 가지로 간추리는 것은 불가능한 일이지만, 탐독의 시작점에 있는 독자의 이해를 돕기 위해서 최소한 세 가지의 특장점은 명시할 필요가 있다. 첫째, 지역개발 분야의 주요 이론과 핵심 개념을 최신의 발전 방향까지 아우르면서 이해하기 쉽게 설명하는 데에서 이 책의 학술적·교육적 가치를 찾을 수 있다. 기존의 지역개발론 교재에서 이론적 논의는 대체로 신고전주의 관점의 균형 이론, 케인스주의 접근의 불균형 이론, 마르크스주의 정치경제학의 비판적 관점을 소개하는 정도에 머무르는 경향이 있었다. 이와 달리, 여기에서는 포스트개발주의, 지속가능성, 진화론적 접근, 도시경제학, 신경제지리학을 망라해 최근의 지역개발 담론까지 집대성한다. 집적경제, 클러스터, 지역혁신체계 등 지역혁신모델에 대한 설명도 기존의 수용적 태도와 기술적 수준의 서술을 넘어서, 서로 간의 장단점을 비교하며 실천적 유용성을 발굴하고 개념적·이론적 한계까지 검토하여 독자의 성찰성을 자극한다. 따라서 이 책에서 제시하는 개념적·이론적 설명은 지역개발 분야의 입문자뿐만 아니라, 기존 지식을 성찰하고 재구성하고자 하는 지역개발 전문가에게도 유용하다.

둘째, 정책적 측면에서는 개별 지역이 처한 특수한 상황과 맥락에 대한 이해의 필요성을 강조하지만, 동시에 일반적인 정책 개발 과정에서 활용될 수 있도록 오늘날 거버넌스 환경을 해설하고 반드시 지향해야 하는 보편적 규범과 가치도 마련해 제시한다. 우선 일반적인 정책 환경과 관련해서는 국가, 정부, 정치의 선도적 역할과 함께 민·관·산·학·연의 다양한 이해당사자 간 협력과 조정에 기초한 제도적 과정의 중요성을 인식한다. 이러한 거버넌스 플랫폼이 글로벌화와 분권화에 영향받아 다층/다중 스케일의 형태로 진화하여 작동하는 현실에도 주목한다. 그리고 보편적 규범과 관련해서는, 진보성, 총체성, 지속가능성을 지역개발의 3대 원칙을 제시한다. 공간적 불균등발전을 해결해야 할 중대한 부정의(injustice)로 인식하고, 경제적·사회적·문화적·정치적·생태적 측면을 통합적으로 고려하는 방안과 전략을 마련하여 단기적 효과보다 장기적 영향력을 중시하는 지역개발을 추구해야 한다는 것이다. 이를 현실화할 수 있도록 이분법에 얽매이지 말고 상향식 접근과 하향식 접근, 장소기반형 접근과 사람기반형 접근, 토착·내생적 접근과 외생적 접근을 조화롭게 활용할 것을 요구한다. 아울러 정책주기 모델 통해서 정책의 개발과 실행 과정의 효율성, 효과성, 성찰성을 높이는 방안을 제시한다. 이러한 논의 속에서 독자들은 이 책의 정책적 유용성과 가치를 발견할 수 있을 것이다.

셋째, 선진화된 글로벌북부의 핵심부와 상대적으로 뒤처진 글로벌남부의 주변부를 망라해 다양한 지역개발 사례를 광범위하게 검토하는 것도 이 책의 중요한 장점이다. 지역개발에 대한 개념적·이론적·정책적 설명을 구체적 현실을 통해서 쉽게 이해할 수 있도록 지역개발 사례 글 상자가 책의 곳 곳에 배치되어 있다. 이와 함께 사진, 지도, 다이어그램, 표, 텍스트 등 여러 가지 형태의 미디어로 제 시된 사례도 개념, 이론, 정책의 교육과 학습에 유용하다. 책의 후반부에서는 영국, 미국, 노르웨이, 중국, 부르키나파소, 이라크의 지역개발 사례를 아주 상세하게 다루고 있는데, 이들은 차별화된 자 본주의 다양화(variegation of capitalism)의 맥락에서 지역개발이 형성, 작동하는 방식을 이해하는 데에 도움이 된다. 광범위하고 다양하게 소개되는 사례 덕분에, 지역개발 정책 벤치마킹에서도 이 책은 유용하게 활용될 수 있다.

『지역개발론』의 번역과 출간은 많은 분의 도움이 있었기에 가능했다. 우선 번역서 출간을 허락해 주신 파이크, 로드리게스-포즈, 토마니 교수님과 라우틀리지 출판사 관계자분께 깊은 감사의 말을 남긴다. 출간을 맡아 주신 푸른길 출판사 임직원분들에게도 큰 도움을 받았다. 김선기 대표님은 역 자의 출판 제안을 흔쾌히 받아주셨다. 이선주 팀장님도 편집, 조판, 교정, 디자인, 출판에 이르는 일 련의 과정이 순조롭게 진행될 수 있도록 지원을 아끼지 않았다. 교정은 전남대학교 지리교육과 김나 리 선생과 함께 마무리하였다. 감사한 지원에도 불구하고 혹시나 있을지 모르는 오류에 대한 책임은 모두 역자에게 있음을 밝힌다.

마지막으로, 이 책이 개발학, 계획학, 정책학, 지리학, 경제학, 사회학, 정치학, 행정학 등 다양한 분 야에서 지역개발의 문제에 도전하는 학생과 수험생, 교육자, 연구인뿐만 아니라, 지역개발의 최전선 에서 공간적 효율성 및 공평성 현안과 씨름하는 정책 전문가와 활동가에게도 도움이 되기를 바란다. 번역서의 특성상 국내 현실에 대한 고려가 부족한 것은 사실이지만, 우리의 공간과 사회에서 적절성 을 찾아가는 일은 역자를 비롯한 독자의 몫으로 남겨 둔다.

2023년 8월
충북대학교 이재열

서문

독자 여러분, 속지 마세요. 초판은 시험풍선에 불과합니다. 중요한 건 2판입니다.

(Pevsner 1974: 18)

『지역개발론』초판은 이 분야의 연구, 정책, 실천 방식을 조사하고 정리하는 데 기여했다. 2판은 글로벌북부와 글로벌남부에서 지역개발에 대한 이해의 지평을 넓히려는 장기적 연구 어젠다의 최신판이라고 할 수 있다. 이 책의 출간은『지역개발론』초판,『지역개발 핸드북(Handbook of Local and Regional Development)』,『지역개발의 주요 업적(Major Works in Local and Regional Development)』의 연장선에 있다.『지역개발 핸드북』은 지역개발 분야의 주요 학자가 참여한 편저이며,『지역개발의 주요 업적』에서는 이 분야의 고전과 영향력 있는 문헌을 선별해 4권으로 정리했다. 우리는 이러한 저술 작업을 통해서 지역개발 분야의 연구, 수업, 정책 참여를 발전시키고자 한다. 프로젝트의 핵심 목표는 경제적 차원을 넘어서 사회·환경적 차원까지 포괄하여 지역과 로컬 수준의 개발을 개념적·이론적·경험적으로 정립하는 것이다. 복잡하게 진화하는 지역개발의 성격을 보다 완벽하게 이해할 수 있도록, 학문적 연구와 정책적 활동 모두에서 통찰력을 얻고자 했고 이를 위해 지도 학생들의 연구도 활용했다.

2판의 목표는 지역개발의 이론, 제도, 정책을 통합적·비판적으로 검토하여 독자가 쉽게 이해할 수 있도록 소개하는 것이다.『지역개발론』은 학부와 대학원 수준의 학생들을 위한 연구 지향적 교재이다. 그러나 로컬부터 글로벌까지 다양한 지리적 스케일에서 활동하는 지역개발 분야 학자와 정책 전문가도 이 책의 도움을 받을 수 있다. 출간은 세계 곳곳의 여러 기관으로부터 연구지원이 있었기에 가능했다. 지원 기관을 나열하면 다음과 같다 – 오스트레일리아 기업재단, 영국학술원, 버킹엄셔 카운티 의회, 도시연맹, EU 집행위원회, 유럽연구위원회, 허난성 개발개혁 위원회, 조지프 로운트리 재단, 미들즈브러 의회, 한국연구재단, 뉴캐슬 의회, Northern TUC, 노르웨이 연구위원회, OECD, ONE North East 지역개발기구, 사우스웨스트 잉글랜드 지역개발기구, Northern Way, 영국 고용숙련 위원회, 영국 기업혁신기술부, 영국 자치행정부, 영국 경제사회연구회, 영국 공학·물리학연구회, 국제노동기구, 웨일스 정부.

중요한 변화와 새로운 자료가 2판에 포함되어 있다. 지역개발 맥락의 변화를 반영해 관련 이슈에 대한 이해의 지평을 넓히기 위해서다. 5장 전체는 새로 추가된 내용이며, 8장에서는 다섯 편의 새로운 사례 연구가 포함되었다. 나머지 장에서도 많은 수정이 이루어졌다. 초판은 호평을 받았지만, 중요한 비판과 피드백을 반영해 2판을 준비했다. 이에 따라 2장에서는 권력, 정치, 불평등의 문제를 다루게 되었다. 아울러 개발도상국의 경험에 더욱 많이 주목했고, 전통적 범주화를 넘어서 글로벌북부와 글로벌남부 모두의 지역개발 문제에 초점을 맞췄다(Pike et al. 2014). 8장의 사례 연구는 다양한 지리적 맥락을 고려해 추가했다. 도시, 도시-지역, 도시화의 역할에 더 많은 관심을 기울였고, 이는 3장의 도시경제에 대한 논의와 8장의 추가적 사례 연구에 반영되었다. 2장에서는 지역개발의 지리에 대해 보다 명시적으로 설명했다. 무엇보다, 경제적·사회적·환경적 과정에서 행위자들의 거버넌스와 정책 개입이 나타나는 영토적 스케일과 관계적 네트워크 간의 긴장과 조정에 주목했다. 3장에서는 이해의 프레임을 마련하여 8장의 사례 연구와 9장의 결론이 더욱 구조화될 수 있도록 하였다.

제1부
개관

01 서론

1. 도입

세계 곳곳의 다양한 행위자들이 **지역개발**이란 도전적 문제에 직면해 있다. 로컬리티(locality)와 지역의 경제·사회·환경적 전망과 잠재력은 글로벌화(globalization)의 핵심을 이룬다. 지역개발은 매우 불균등한 과정이며, 로컬리티와 지역이 성장, 쇠퇴, 적응과 씨름하는 과정에서는 다양한 경제적·사회적·환경적 결과가 나타난다. 이러한 이슈가 어떻게 국제·국가·지역·로컬의 정부나 거버넌스 제도에서 표면화되는지를 살펴보는 것이 『지역개발론』의 핵심 목표이다.* 논의 과정에서 진화하는 지역개발의 맥락과 이에 따라 생성되는 도전적 문제에도 주목한다. 특히 로컬·지역 행위자들이 하향식(top-down) 접근과 상향식(bottom-up) 접근을 연결하여 두 접근 간의 화해를 모색하는 경향에 관심을 기울인다(2장). 서론에서는 이 책의 목적과 구조를 설명하고 주요 주제를 소개한다.

---

* 이 책의 원제목은 Local and Regional Development이지만, 우리나라에서 관행적으로 일컬어지는 학문과 정책 분야의 명칭과 일치시키기 위해서 『지역개발론』으로 번역하였다. 같은 맥락에서, 원저자들이 자주 사용하는 'local and regional de-velopment'란 용어도 반드시 로컬 스케일을 구분해야 할 필요성이 없을 때는 '지역개발'로 옮겼다. 일반적으로 '로컬'은 지역보다 작은 범위나 규모의 국지적 스케일을 뜻하는데, 원저자들은 국지적 지역개발 문제의 중요성을 부각하기 위해 로컬이나 '로컬리티(locality)'란 용어를 책 전반에 걸쳐서 자주 사용한다. 로컬과 로컬리티는 대부분 한글로 읽히는 대로 옮겼지만, 'local government'처럼 정부와 관련된 서술에 한정해서 한국의 실정에 맞게 '지방정부'로 번역했다. 한편 최근 우리나라에서는 '개발'이란 용어를 구시대적 관념으로 여기며 사용을 자제하는 분위기가 조성되었다. 일례로 과거에 충북개발연구원, 서울시정개발연구원으로 불렸던 지역정책 연구기관의 이름에서 '개발'이 빠졌고, 이제는 충북연구원, 서울연구원으로 불린다. 한국농촌경제연구원에서 매년 발표하는 RDI(Regional Development Index)도 개발이란 용어를 쓰지 않고 '지역발전지수'로 불린다. 하지만 이 책에서는 특별한 경우가 아니라면 'development'는 '지역개발'이라는 분야의 관행적·관습적·제도적 명칭을 고려해 개발로 번역했다는 점을 밝혀 둔다. 많은 대학에서 이 분야는 지역개발론이란 강좌명으로 가르쳐지고, 국가정부와 지방자치단체를 비롯한 공공기관에서는 지역개발 관련 부서가 여전히 존재한다. 지역개발은 공무원 시험 과목의 공식 명칭에 쓰이기도 한다.

2. 지역개발의 맥락

로컬리티와 지역을 새롭게 만들어 가는 데에는 경제적·사회적·환경적·문화적·정치적 힘들이 동시에 작동한다. 지난 몇십 년 동안 경계를 넘어서는 무역, 금융, 사람, 문화의 국제적 흐름은 가속화되었다. 그래서 기존에 분리, 격리되었던 개별 국가경제는 훨씬 더 높은 수준의 통합을 이루었고, 이러한 변화가 지역의 성장과 쇠퇴에서 중요한 맥락으로 작용한다. **글로벌화**는 그러한 국제적 통합 과정을 축약해 설명하는 용어이다. 원래는 사회과학 분야의 학문적 어휘로 등장했지만, 이제는 대중적인 정치 담론의 일부를 차지하게 되었다. 글로벌화는 경제적·사회적·환경적 변화와 결과를 설명하기 위해서 광범위하게 사용되지만 부정확하게 남용되는 측면도 있다. 글로벌화의 의미와 성격은 학문적·정치적 논쟁의 대상이 되기도 했다. 글로벌화는 전 세계적으로 발생하는 재화와 서비스의 마케팅과 판매로 폭넓게 정의된다. 이러한 글로벌화가 이루어지기 위해서는 글로벌 스케일에서 무역과 금융을 조절·조정하는 생산, 분배, 소비의 글로벌 시스템이 요구된다. 가속화되는 글로벌 흐름 때문에 경계 없이 평평(flat)하며 매끄러운 세계가 형성되었다는 주장이 있는데, 이러한 견해는 1990년대와 2000년대 사이에 상당한 영향력을 발휘했다. 이런 세계에서 사람, 투자, 다국적기업은 세계 어느 곳에나 위치하고 완벽하게 자유로운 이동성을 누리는 행위자로 여겨졌다(Christopherson et al. 2008; MacKinnon and Cumbers 2011). 이런 맥락에서, 국가·지역·지방정부가 개발의 문제에 개입하여 사회·경제·환경적 결과를 형성하고 규제할 수 있는 역량이 축소되었다고 말하여지기도 했다. 이런 설명에서는 글로벌화가 불가피하고 불가역적이며, 궁극적으로는 인간의 사회적 후생(복지, welfare)을 증진하는 이로운 과정으로 여겨진다(Friedman 2005; Ohmae 1990, 1995). 1990년대와 2000년대에는 글로벌화가 전 세계의 소득 증대로 이어진다고 여겨졌고, 이는 새로운 개발의 시대가 도래했다는 글로벌 낙관론자(global optimist)의 아이디어를 입증하는 증거로 동원되었다(McMichael 2012; 그림 1.1).

국제적인 무역과 투자는 여러 세기 동안 존재해 왔지만, 초국적 통합의 강도와 범위는 오늘날만의 독특한 모습이다. 마누엘 카스텔(Castells 1996: 126-171)에 따르면, 지금의 개발은 글로벌한 **"흐름의 공간(space of flows)"**의 맥락에서 나타난다. 지식기반경제와 디지털경제로의 전환과 같은 변혁적 기술변화는 글로벌화의 원인인 동시에 결과이다. 글로벌 무역협정은 국경을 초월한 금융, 상품, 재화, 서비스, 사람의 자유로운 이동을 촉진하는 법적·규제적 뼈대를 이룬다. 이러한 시장 자유화의 뼈대는 국민국가 사이에서 양자적(bilateral) 또는 다자적(multilateral) 형태로 형성되었다. 두 가지 방식 모두 국가, 지역, 로컬의 수준에서 정부와 거버넌스 제도의 제약 요소로 작용한다. 세계은행,

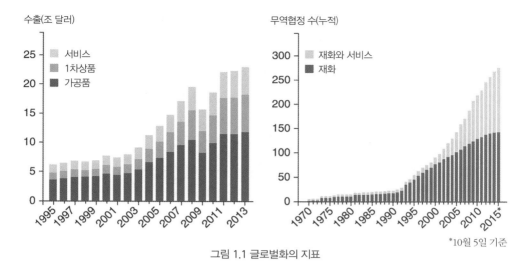

그림 1.1 글로벌화의 지표

출처: http://www.economist.com/blogs/graphicdetail/2015/10/global-trade-graphics

국제통화기금(IMF), 세계무역기구(WTO), G7, 유럽연합(EU)과 같은 **국제기구**는 가장 경제적으로 번영하는 국가들의 이해관계에 지배받는다. 실제로 선진국들은 시장 자유화의 뼈대를 설계하고 이를 학문적으로 지지하는 아이디어를 창출하며 촉진하는 데에도 중추적인 역할을 했다. 보다 최근에는 환태평양 경제동반자협정(Trans-Pacific Partnership)이나 범대서양 무역투자동반자협정(TTIP: Transatlantic Trade and Investment Partnership) 같은 새로운 무역협정이 마련되어, 투자와 무역 자유화의 확대와 심화에 공헌하고 있다. 소련의 붕괴, 중·동부 유럽에서 중앙계획경제와 공산주의의 종식, 자본주의와 시장경제의 확대, 디지털 정보통신기술의 성장, 아웃소싱 생산의 증대, 글로벌화 가치사슬의 발전도 글로벌화에 영향을 미친다. 토머스 프리드먼(Friedman 2005)에 따르면, 이런 요인들로 인해서 **"평평한 세계(flat world)"**의 가능성이 마련되었다. 경쟁력 있는 비즈니스의 서식지가 될 수 있는 한, 모든 장소는 글로벌화에 참여하며 혜택을 누릴 수 있다는 이야기다. 그러나 개별 국가경제는 글로벌경제에 대하여 다른 수준의 통합과 개방성을 누린다. 특히 **자본주의 다양화(variegation of capitalism)**와 정치경제의 역사적 진화에 많이 영향받기 때문이다(Peck and Theodore 2007). 네덜란드나 싱가포르 같은 국가들은 무역과 투자에 아주 많이 개방되어 있지만, 일본과 인도에서는 국제투자와 해외 가공품 유입의 수준이 상대적으로 낮다.

글로벌화와 함께, 지난 몇십 년 동안 **도시화** 과정도 심화되었다. 2007년에는 인류 역사상 처음으로 세계 인구의 절반 이상이 도시에 거주하기 시작했다(OECD 2015a; UN-Habitat 2010). 최근의 도시화는 인구 1,000만 이상 **메가시티(거대도시, mega-city)**의 증가와도 관련되어 있다(그림 1.2).

도시의 인구성장과 경제활동의 도시 집중은 "세계는 평평하다"(Friedman 2005)는 가정에 의심을 불러일으킨다. **뾰족(spiky)한 세계**나(Florida 2005) 꼬불꼬불(curved)한 세계가(McCann 2008) 훨씬 더 현실적이며 올바른 표현이다. 세계는 경제활동의 산(mountain)들로 구성되어 있기 때문이다 (Rodríguez-Pose and Crescenzi 2008). 이러한 세계는 장소가 경제적 활동, 자산, 자원을 유치하고 착근시켜 끈적해(sticky)지는 방식에도 영향을 받는다. 이런 관점에서 시장 자유화와 글로벌화는 세계를 평탄화시키는 작용으로 이해하기 어렵다. 오히려 경제활동은 금융자본과 생산자본에 매력적이며 혁신에 유리한 조건을 갖춘 일부 도시-지역에 집중한다(OECD 2014a). 예를 들어 중국에서는 상하이와 같은 도시를 중심으로 초국적기업의 세계화가 진행되고 있다(사진 1.1). **초국적기업**은 세계 경제의 '주요한 이동자이자 형성자(key mover and shaper)"이며(Dicken 2015), 초국적기업이 주도하는 해외직접투자(FDI: foreign direct investment)의 성장은 글로벌화의 잣대로 여겨진다(UNCTAD 2015; 7장). **세계도시** 또는 **글로벌도시**로 불리는 곳의 역할도 중요하다. 세계를 지배하는 기업들의 본사와 이들과 함께 성장하는 사업서비스를 지원하는 금융센터가 그러한 도시에 입지하기 때문이다(Taylor et al. 2011). 글로벌도시는 높은 이동성을 가지며 핵심 산업에 종사하는 고숙련 **인적자본**에게도 매력적인 장소이다. 이러한 인적자본은 '상징적 분석가(symbolic analysts)' (Reich 1992)나 '**창조계급(creative class)'**(Florida 2002)으로 불린다. 이들과 더불어, 저숙련 이주민, 난민, 비호신청자(asylum-seeker)도 글로벌도시 성장의 핵심을 차지하는 서비스 산업에서 일자리를 찾는다. 글로벌남부의 일부 지역에서는 제조업을 통한 급속한 산업화와 도시화가 나타나는데, 이런 곳으로도 저숙련 노동자들의 대규모 이주가 나타난다(Wills et al. 2012).

높은 수준의 사회적·공간적 **불평등**은 글로벌화 시대의 중요한 특징 중 하나다. 이런 맥락에서 글로벌화의 혜택이 얼마큼 소수의 사회적 엘리트에게만 돌아가는지, 다시 말해 어떻게 소위 '1%'라 불리는 극소수의 사람들을 중심으로 부가 축적되는지에 대한 분석이 주목받고 있다(Piketty 2014; Stiglitz 2013). 예를 들어 토마 피케티(Piketty 2014)는 부에 의한 소득이 경제 성장률을 능가하는 사실을 밝혀냈다. 이는 글로벌북부를 비롯한 여러 지역의 선진국 경제에서 자산 가치상승, 상속, 소유권의 역할이 증가했음을 시사한다. 물론, 기업 활동의 인센티브로 작용한다는 이유를 강조하면서 사회적·공간적 불평등을 성장의 긍정적 요인으로 파악하는 연구자들이 있다(Glaeser 2013). 그러나 최근 연구들은 광범위한 사회적·경제적 불평등이 초래하는 부정적 영향을 강조한다. 일례로 윌킨슨과 피킷(Wilkinson and Pickett 2010)은 소득의 차이, 특히 최고 소득층과 최저 소득층 간 격차가 신뢰의 약화, 불안감과 질병의 증가, 과도한 소비, 범죄와 살인과 관련된 사실을 발견하고, 불평등이 사회 전반에 가져오는 중대한 역효과를 부각했다. 빈부격차가 작은 선진국 경제일수록 사람들의 행

2007년

		인구(천 명)
1	도쿄	35,676
2	멕시코시티	19,028
3	뉴욕-뉴어크	19,040
4	상파울루	18,845
5	뭄바이	18,978
6	델리	15,926
7	상하이	14,987
8	콜카타	14,787
9	부에노스아이레스	12,795
10	다카	13,485
11	로스앤젤레스-롱비치-산타아나	12,500
12	카라치	12,130
13	리우데자네이루	11,748
14	오사카-고베	11,294
15	카이로	11,893
16	베이징	11,106
17	마닐라	11,100
18	모스크바	10,452
19	이스탄불	10,061

■ 해양, 하천, 삼각주 등 대규모 수역 부근에 위치한 도시

2025년

		인구(천 명)
1	도쿄	36,400
2	뭄바이	26,385
3	델리	22,498
4	다카	22,015
5	상파울루	21,428
6	멕시코시티	21,009
7	뉴욕-뉴어크	20,628
8	콜카타	20,560
9	상하이	19,412
10	카라치	19,095
11	킨샤사	16,762
12	라고스	15,796
13	카이로	15,561
14	마닐라	14,808
15	베이징	14,545
16	부에노스아이레스	13,768
17	로스앤젤레스-롱비치-산타아나	13,672
18	리우데자네이루	13,413
19	자카르타	12,363
20	이스탄불	12,102
21	광저우(광동성)	11,835
22	오사카-고베	11,368
23	모스크바	10,526
24	라호르	10,512
25	선전	10,196
26	첸나이	10,129

□ 신규 메가시티

그림 1.2 2007년과 2025년 사이 세계 메가시티의 변화

출처: UN-Habitat(2008: 1)

사진 1.1 글로벌화와 글로벌도시: 중국 상하이의 푸둥

출처: 2014년 저자 촬영

복, 건강, 성공의 수준이 높은 것으로 나타났다. 국가나 지역 간 불평등의 패턴은 젠더와 민족 차원에서도 발생한다(Perrons 2012). 북유럽 국가에서 남녀 간 노동시장 평등의 수준은 매우 높지만, 영국에서 지역 간 노동 참여율의 격차는 매우 높다(Perrons and Dunford 2013). 여성의 노동 참여 수준의 차이는 중국과 인도 사이에서도 확인되었다. 여성의 노동 참여율은 중국에서 상대적으로 높지만 인도에서는 낮은 수준에 머물러 있다. 도시와 지역의 불평등은 민족적·종교적 차별의 형태로도 나타난다(Altman 2004; 8장). 불평등이 높으면, 시민권에 대한 공감과 사회적 유대감이 낮아지고 엘리트층의 정치 권력만 공고해진다(Crouch 2013; Oxfam 2014). 불평등의 확대는 성장의 장애를 초래하며 광범위한 경제적 역효과를 낳는다. 불평등이 수요나 소비 확대의 제약 요인으로 작용하기 때문이다. 이러한 현상은 특히 가처분소득의 정체나 감소를 경험하는 집단에서 두드러지게 나타난다(Cingano 2014; Morgan Stanley 2014; Ostry et al. 2014; Standard & Poor's 2014). 글로벌 **금융위기**와 '**대침체(Great Recession)**'의 결과로, 글로벌화가 초래한 편익과 비용의 불균등 분포는 세계적 이목을 끄는 시위 물결의 배경이 되기도 했다. 대표적으로, 2011년 뉴욕 주코티 공원에서 시작된 월가점령(OWS: Occupy Wall Street) 운동은 국제적으로 퍼져 나갔다. 이에 따라 스페인의 포데모스(Podemos), 그리스의 시리자(Syriza) 같은 새로운 정치 집단이 세계 여러 곳에서 형성되기도 했다.

글로벌화와 불평등 확대의 맥락에서, 로컬·지역 번영의 지도는 훨씬 더 선명해졌다(그림 1.3). 로컬리티나 지역 간 성장률, 실업, 빈곤 수준의 차이가 세계적 차원에서 뚜렷해졌다는 이야기다. 사회적·경제적 조건의 불평등 규모와 패턴은 국가별로 다양하게 나타나지만, 불평등이 전반적으로 확대된 사실은 부인할 수 없다. 중국에서는 산업화와 도시화로 인해서 도시와 촌락 간, 그리고 성(province) 간 불평등의 복잡한 패턴이 생겨났다. 이는 정책 선택, 지역 간 경쟁, 시장의 힘이 동시에 작용한 결과로, 동부 해안지역에 혜택이 집중하는 양상으로 나타난다(7장; 8장). 2008년 이전까지 유럽에서 번영의 지리는 EU 회원국 간 수렴하는 모습이었다. 그리고 국가경제 내에서 불평등 범위에는 차이가 있지만, 수도(capital)의 지배성이 강화되면서 국가 내 불평등도 심해졌다. 하지만 최근에는 대침체와 그에 따른 긴축의 효과로 인해서 기존의 패턴에 교란이 발생했다(European Commission 2014; 3장). 경기침체와 인구감소가 심각한 축소(shrinking) 도시와 지역이 출현하고 수도를 비롯한 대도시가 빠르게 성장하면서 불평등이 심해지는 곳도 있다(Haase et al. 2013, 2014). 이러한 사회적·공간적 불평등은 글로벌남부와 글로벌북부를 막론하고 도시 내에서도 확대되었다. 글로벌도시에서 사회적·공간적 불평등의 확대는 빈곤과 실업의 지리적 집중이나 적정가격 주택의 부족으로도 나타난다. 중심업무지구와 교외, 게토와 젠트리피케이션 구역 간의 관계로 인해서 도시 형태는 더욱 복잡해져 간다. 이는 과시적 소비(conspicuous consumption)와 사회적 배제를 동반하는

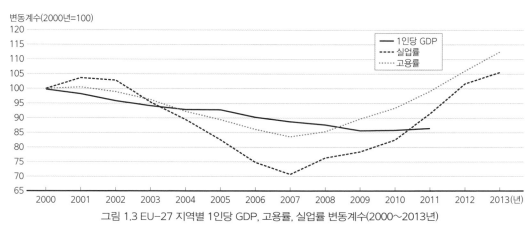

변동계수(2000년=100)

그림 1.3 EU−27 지역별 1인당 GDP, 고용률, 실업률 변동계수(2000~2013년)

출처: European Commission(2014: 3)

현상이며, 복지나 토지이용 계획의 체제와도 결부된다(McGranahan and Martine 2014).

정치적 측면에서 1990~2000년대 동안의 글로벌화 시대는 서구의 시장 자유화와 생산 모델의 확대로 이해되었다. 제2차 세계대전 이후부터 개발의 개념, 정책, 실천에 대한 논의의 대부분은 글로벌 북부의 경험을 바탕으로 이루어졌었다(McMichael 2012; 2장). 글로벌남부 연구자들은 이러한 일방통행의 적절성에 대하여 의문을 제기해 왔다. 요지는 상당히 다른 역사적·정치적·경제적 맥락에서 만들어진 개발 이론을 가지고 글로벌남부의 어려움을 제대로 설명할 수 있느냐는 것이었다(Yeung and Lin 2003; Connell 2007). 글로벌경제의 새로운 권력으로서 중국의 부상은 개발에 관한 워싱턴합의(Washington Consensus)의 교리에 정치적 도전으로 작용했다(Rodrik 2006; Stiglitz 2002; Williamson 1989). 중국은 글로벌남부의 새로운 이데올로기적·전략적 패권 국가의 역할을 맡고 있기 때문이다. 더불어 브라질, 러시아, 인도, 중국으로 구성된 **브릭스(BRICs)**나 멕시코, 인도네시아, 나이지리아, 튀르키예를 포함한 **민트(MINTs)**와 같은 신조어가 등장했다. 이를 통해 신흥경제의 중요성과 가시성 증대를 파악할 수 있다. **신흥경제**에서는 급속한 산업화, 대규모 도시화, 중산층 성장이 특징적으로 나타난다(O'Neill 2013). 이런 국가의 정부는 차별화된 자본주의 다양화를 기초로 워싱턴합의 원칙을 회피하는 경향이 있는데, 특히 소유권과 경제의 전략적 방향 설정에서 국가가 중추적인 역할을 맡고 있다(Breslin 2011).

이러한 글로벌화의 궤적, 불평등의 확대, 신흥경제의 부상 모두는 글로벌 금융위기, 이에 따른 대침체, 사회적·공간적으로 불균등한 회복에 영향을 미쳤다. 미국과 영국의 금융 부문에서 비이성적으로 과도한 신용 창출, 중앙은행과 금융 당국의 느슨한 규제가 2008년 **금융위기**의 핵심 원인으로 작용했다. 이는 낮은 인플레이션과 안정적인 성장의 맥락에서 발생했고, 중국을 필두로 한 아시아 신흥경제의 저축 과잉에도 영향을 받았다. 이러한 상황이 저금리를 [즉 대안정기(Great Modera-tion)를] 지속시키면서, 글로벌북부에서는 민간 채무의 확대를 자극했기 때문이다. 미국의 주택 버블(거품)은 이러한 조건에서 형성되었다. 대출기관은 신용을 남발했지만 수익을 창출하는 데에 어려움이 있었다. 그래서 안전한 프라임(prime) 시장을 넘어서 그보다 훨씬 더 위험한 서브프라임(sub-prime) 시장의 고객에게까지 신용을 확대했다. 서브프라임 채무자는 임금 하락, 불규칙한 고용, 낮은 신용등급 등의 이유로 기존 주택담보대출 시장에서는 신용 접근이 불가능했던 빈곤층 가구로 구성되어 있었다(Dymski 2010). 이에 대출기관은 채무불이행으로 인한 손실을 줄이기 위해 부채담보부증권(CDOs: Collatoralized Debt Obligations)으로 불리는 복잡한 상품을 팔았다. CDO는 안전한 채권과 서브프라임 채권을 뒤섞어 놓은 것이었지만, 고위험 투자에서 고수익을 창출하려는 은행, 헤지펀드에게는 매력적인 투자 수단이었다. 유럽을 비롯한 여러 지역의 은행들은 금융 수익을 확대하기 위해 미국의 CDO를 꾸준하게 매입했다. 그러나 미국 채무자의 모기지(mortgage) 상환 불이행이 늘어나면서 은행의 자산과 위험 노출 수준에 대한 평가는 복잡해졌다. 불확실성은 신용 붕괴와 유동성 위기로 이어졌다. 이처럼 은행들이 상호 간 대출을 꺼리는 현상은 신용경색(credit crunch)으로 불린다. 신용경색 때문에 국제 금융 시스템에서 윤활유의 역할을 하는 신용이 메말랐고, 위기는 매우 빠르게 증폭되며 확대되었다. 금융 시스템이 고도로 통합되었지만 매우 느슨하게 규제되는 성격도 있었기 때문이다. 2007년 영국의 노던록(Nothern Rock)과 2008년 미국의 리먼브라더스(Lehman Brothers)의 몰락은 많은 은행의 붕괴로 이어졌고, 이를 막기 위해 정부가 구제금융을 지원하면서 은행의 전반적 혹은 부분적 국유화가 나타나기도 했다. 이러한 은행의 위기는 신용 붕괴를 촉발했고, 글로벌경제는 경기 하락의 깊은 수렁에 빠지게 되었다. 미국과 유럽에서 두드러진 현상이었지만, 아주 빠르게 그리스, 포르투갈, 아일랜드, 스페인, 이탈리아, 아이슬란드, 키프로스의 국가부채위기로 이어졌다. 이들 국가정부가 은행의 실패, 경제 생산력의 붕괴, 실업의 급증, 수익의 급감에 직면하며 금융 유동성 확보에 어려움을 겪었기 때문이다.

금융위기에서 이어지는 대침체는 국가 사이에서, 그리고 개별 국가 내에서 매우 불균등한 방식으로 전개되었다. 가장 큰 영향을 받은 국가에서는 기존의 로컬·지역 수준 불평등 패턴이 심각해졌다. 미국에서는 서브프라임 모기지가 집중된 구역을 중심으로 주택 시장 붕괴가 확연하게 나타났다. 그리고 재산세에 대한 세수 의존성이 과도한 지방자치단체는 부동산 부문에 집중된 위기의 연쇄 반응으로 공공지출을 줄여야만 했다. 위기의 악영향을 줄이기 위해 공공지출이 어느 때보다도 절실한 시기였는데도 말이다. 이에 대한 정치적 반응은 **긴축(austerity)**, 즉 공공지출을 꾸준히 상당한 규모로 축소하는 것이었다. **긴축 어바니즘(austerity urbanism)**은 미국에서 시작되었지만, 이것의 다양한 모습이 글로벌북부 전역에서 확인되었다(Peck 2012a). 아일랜드는 1986년 이후로 오랜 경제성장의 시기를 [즉 켈틱 호랑이(Celtic Tiger)의 시절이라 불리는 호황 시기를] 경험했지만 엄청난 은행 실패에 직면했다. 동시에 전대미문의 부동산 가격 폭락, 실업 급증, 인구의 대규모 국외 유출의 문제에도 시달렸다(Mair 2013; Ó Riain 2014). 이러한 문제는 가난하고 외진 지역에서 가장 심각하게 발생했다. 은행의 국유화를 추진할 수밖에 없었던 아일랜드 정부는 세수 기반의 붕괴에 직면했고, 이에 대응하기 위해 EU, 유럽중앙은행, IMF 트로이카(troika)에 구제금융을 요청했다. 구제금융에 대한 조건으로 아일랜드는 긴축 프로그램을 단행해야만 했고, 이는 공공부문 노동자의 임금 삭감, 공공서비스 축소를 비롯한 전대미문의 국가 재구조화로 이어졌다. 이외에 많은 유럽 국가의 운영에서도 긴축은 반영구적인 성격이 되었으며 정부의 정치적 재량에 제약을 가하는 요소가 되었다(Schäfer and Streek 2013). 긴축은 사회적·공간적으로 불균등한 지리적 패턴으로 전개되었다(Kitson et al. 2011). 다른 곳에 비해 더 많이 영향받는 장소가 있었다는 말이다. 오스트레일리아나 캐나다처럼 침체의 영향을 덜 받은 서구 사회도 있었다. 이들의 경제가 중국을 상대로 한 자원 수출에 상당 부분 의존하고 있었기 때문이다. 유럽과 미국에서 제조 상품 시장의 규모는 축소되었지만, 중국은 꾸준하게 산업화와 도시화를 지속시킬 수 있었다. 중앙정부가 세계 경제 후퇴의 효과를 상쇄할 수 있도록 경기부양 프로그램을 실시했기 때문이다.

유럽과 미국이 성장을 회복하기 위해 씨름하는 동안, 글로벌경제 질서에는 큰 변화가 있었다. 2010년에는 글로벌남부에 속한 개발도상국가와 전환경제가 역사상 처음으로 글로벌 GDP의 50% 이상을 차지하게 되었다(UNCTAD 2015). 중국을 필두로 한 신흥경제는 글로벌북부와 글로벌남부 모두에서 수입품과 자본의 주요 공급처로 변했다. 중국, 걸프 국가, 러시아의 민간 행위자와 국가 기관은 런던이나 파리 같은 주요 도시의 인프라와 부동산 시장에서 큰손 투자자로 부상했다. 중국의 실크로드 경제벨트와 21세기 해상 실크로드 전략으로 대표되는 남부–남부 무역이 새로운 국제무역의 패턴으로 부상하며, 중국은 글로벌남부에서 중요한 투자처 역할을 하고 있다(King 2011). 특히 중국의 자원 채굴 투자 때문에, 아시아, 아프리카, 라틴 아메리카의 많은 로컬리티와 지역은 엄청난 변화를 경험했다(Mohan 2011). 1990년대의 한국, 타이완, 홍콩, 싱가포르 등 '아시아 호랑이'의 부상은 글로벌남부 개발 과정의 전조였고, 이들 모두는 저소득 국가에서 고소득 국가로의 전환을 이루었다. 그래서 아시아 호랑이는 전략적 무역정책과 지정학적 포지셔닝이 어떻게 지역개발의 맥락에 영향을 주는지를 확인할 수 있는 경험적 사례라 할 수 있다.

중국이나 브라질처럼 글로벌 금융위기와 대침체 이후의 세계 경제 성장에 크게 이바지한 국가의 성장은 2015년부터 수그러들기 시작했다. 이런 맥락에서 (2011~2019년 동안 재임한) 전 IMF 총재

크리스틴 라가르드(Christine Lagarde)는 '새로운 평범(new mediocre)'의 국면을 예견하며, 이것이 "글로벌경제의 새로운 현실"이 될 위험성을 경고했다(Financial Times 2015a: 1). 환태평양 경제 동반자협정이나 범대서양 무역투자동반자협정(TTIP)에 대한 논의가 있지만, 글로벌경제는 **보호주의**의 파도에 직면해 있다. 글로벌화는 정지되었으며(UBS 2015), 글로벌경제에서 "구조적 장기침체(secular stagnation)"의 공포를 우려하는 목소리도 있다(Summers 2014: 65). 저성장 속에서도 불균등한 지리의 모습은 여전히 나타난다. 미국의 연방준비은행, 영국의 잉글랜드은행, 유럽중앙은행에서 계속되는 양적 완화(quantitative easing)의 ―기업계의 대출, 여신, 투자를 촉진하기 위한 전자적(가상적) 신용(electronic credit) 창출의― 물결은 자산 가격의 인플레이션 효과를 유발했다. 이는 런던과 뮌헨 같은 도시에서 주거용, 상업용 부동산 가치의 상승으로 이어졌다(Financial Times 2015b). 이러한 개발은 기존 주거용 부동산 소유자에게 이익으로 작용했고, 청년층과 넉넉하지 못한 가구의 주택 구매력(housing affordability) 위기를 초래했다. 중국 정부는 경기부양 프로그램을 통해서 새로운 인프라 투자를 촉진했지만, 이것은 은행의 느슨한 대출 정책으로 이어져 주택 구매자의 대출이 증가했고 주택가격은 상승했다. 결과적으로 상하이를 비롯한 주요 부동산 시장은 혜택을 보았지만, 가격이 폭락하게 되면 부실채권이 급증할 위험성이 높아졌다(Barth et al. 2012; Burdekin and Weidenmier 2015).

글로벌화의 진전과 후퇴는 수많은 사회적·환경적 문제와 교차하고, 이는 지역개발의 측면에서 도전적인 맥락으로 작용한다. 대표적으로 글로벌화, 도시화, 중간소득 국가의 부상과 더불어 인구가 빠르게 증가하고 있다. 2015년 세계 인구는 72억 명에 이르렀고, 유엔의 추계에 따르면 2030년에는 85억 명, 2050년에는 97억 명, 2100년에는 110억 명 이상까지 성장할 것으로 전망된다(UN Department of Economic and Social Affairs 2015). 이러한 인구성장은 로컬리티, 지역, 도시가 대처해야 할 핵심 과제이지만, 인구변화는 복잡하고 지리적으로 불균등하게 나타난다. 글로벌 스케일에서 기대수명은 증가했지만, 저출생률과 저사망률로의 **인구변천**을 경험하는 국가에서는 출산율(fertility rate)이 감소하면서 인구성장의 완화가 전망된다. **고령화**는 이미 나타나고 있는 현상이지만, 글로벌북부 국가와 더불어 중국에서도 가속화될 것으로 보인다. EU의 인구는 상당한 수준의 해외 이주민 유입이 없다면 감소할 수밖에 없으며, 이는 심각한 고령화 문제와도 결부되어 있다. 중국에서는 한 자녀 정책이 최근에 완화되었으나 인구 고령화가 빠르게 진행되고 있다. 아프리카 국가에서 인구성장은 지속될 것이지만, 출산율 감소의 맥락이 더욱 중요해지고 있다. 국가 내에서 고령화율은 로컬리티와 지역 간에 상당한 차이를 보이는데, 이는 노동력 공급과 공공서비스 비용의 측면에서 중대한 함의를 가진다. 유럽에서는 성장이 더딘 지역에서 고령화가 두드러진다. 한편 이주는 도시와 지역을 변화시키는 강력한 힘을 가진다. **이주**는 복잡한 흡인(pull)과 배출(push) 요인에 의해서 전 세계 여러 곳에서 대규모로 나타나고 있다. 2014~2015년 동안 유럽에서는 이주민이 대규모로 유입되었다. 중동, 마그레브, 사하라 이남 아프리카 지역의 전쟁, 박해, 빈곤, 환경 위기 때문에 발생한 현상이다. 2002년과 2014년 사이 EU에서 비호(asylum) 신청은 3배 증가해 60만 명 이상으로 확대되었다(Eurostat 2015). 그러나 2014년을 기준으로 전 세계 난민의 86%가 여전히 글로벌남부 국가에 집중하는 것으로 파악되었다. 이는 1,240만 명에 이르는 규모로, 해당 연도를 기준으로 20년의 기간 동안 가장 많은 수치다. 전체의 25%를 차지하는 360만 명의 난민은 최빈개도국(least developed countries)으로 향했다(UNHCR 2015). 경제적 통합이 이주를 촉진할 수도 있다. 일례로, 신규 회원국 가입을 통한 EU의 지리적 확대는 이주의 새로운 패턴을 낳았다. 중·동부 유럽 국가의 회원국 수가 늘면서 상대적으로 잘 사는 서유럽 국가로의 인구이동이 현저하게 증가했고, 이는 경제성장의 요인으로도 작용했다. 이주민이 지역개발에 공헌할 잠재력은 매우 높지만(Wills et al. 2012), 미국, EU, 오스트레일리아에서는 실질 노동 임금의 하락, 지속되는 긴축, 고질적인 인종주의의 맥락에서 반이민자 정서가 생겨나며 이주민 수용 수준에 관한 정치적 마찰이 발생했다.

  환경의 압력도 경제적·사회적·정치적 변화와 함께 지역개발의 중요한 맥락을 형성한다. 인류가 유발한 기후변화는 세계 인구에 심각한 생태적·경제적 위협을 가하고 있다. 화석연료의 연소로 인해서 **기후변화**가 발생한다는 과학적 합의가 있지만, 기후변화의 결과는 지리적·사회적으로 불균등하게 나타나고 있다(Maslin 2014). 영국의 『스턴보고서』는 기후변화를 인류가 직면한 최대의 시장실패라고 단언하면서 다음과 같이 경고했다. "앞으로 다가올 몇 년간 우리의 행동은 21세기 후반이나 다음 세기의 경제적·사회적 활동에 중대한 와해를 촉발할 위험성이 크며, 이는 20세기 초반의 세계대전이나 경제공황에 필적할 만한 규모로 나타날 것이다."(Stern Review 2017: 14; 5장) 기후변화로 인한 경제적·사회적·정치적 와해를 최소화하기 위해서는 긴급한 행동이 필요하다는 과학적 합의가 이루어졌다. 『스턴보고서』에 따르면, 와해의 상황은 불가피하고 이것의 경제적 결과는 행동의 역량과 자원이 부족한 아프리카를 비롯한 글로벌남부 국가에 치명적일 것이다. 온실가스 배출을 안정화하는 즉각적인 대규모 투자도 요구된다. 이는 감축과 적응을 목적으로 하는 조치에 기초해야 한다. 이러한 목적을 이룩하기 위해 국제적 차원의 집단적 행동도 필요하지만, 로컬·지역·도시 스케일에서의 행동도 중요하다(Maslin 2014). 기후변화는 물, 에너지, 식량안보도 위협한다. 영국 정부에서 수석 과학 자문위원을 역임한 존 베딩턴(John Beddington 2008)은 2030년까지 세계의 식량과 에너지 수요는 50%, 물 소비량은 30% 증가한다고 추정하면서 이러한 상황을 '퍼펙트 스톰(perfect storm)'에 비유했다(그림 1.4). 이러한 예측에는 세계적 인구성장, 그리고 글로벌남부 국가에서 소득

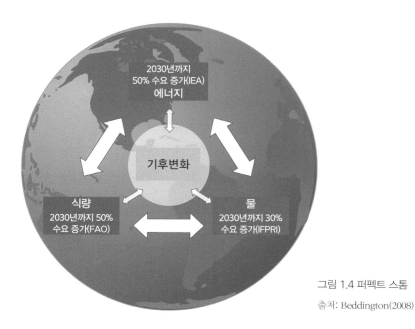

그림 1.4 퍼펙트 스톰

출처: Beddington(2008)

과 소비의 급격한 증가가 반영되었다.

이러한 압력과 함께 **자원** 소비의 증가로 인한 문제도 발생하는데, 이 또한 기후변화나 인구성장과 밀접하게 연결되어 있다. 천연자원 경쟁은 **지정학적 갈등**의 주요 원인이다. 예를 들어 디지털경제의 제품 생산에서 중심을 차지하는 희토류 금속과 같은 핵심 자원의 부족은 파괴적 잠재력을 가진다. 가장 기초적인 수준에서, 생산의 핵심 요소인 토지의 소유권과 경영은 지역개발 문제의 중심에 있다. 토지는 행복, 번영, 정체성의 근간이기 때문에 복잡한 상품이다. 가장 풀기 어려운 국가발전이나 지역개발 관련 분쟁은 일반적으로 토지 소유권 주장에 초점이 맞춰져 있다. 지역개발 비전 간의 경쟁 때문에 토지이용에 대한 마찰이 벌어지기도 하며, 여기에서는 경제적·사회적·환경적 의무간 균형을 맞추는 것이 중요하다(Government Office for Science 2010). 특정 자원에 대한 수요 증가 때문에 혜택을 보는 로컬리티와 지역이 존재한다. 석탄, 철광석과 같은 광물에 대한 수요 덕분에 웨스턴오스트레일리아의 필바라나 퀸즐랜드 서부의 마운트아이자 같은 지역은 성장을 경험했다. 산업화와 도시화가 빠르게 진행되면서 자원의 소비와 함께 폐기물의 양도 증가했는데, 모두는 개발의 문제를 초래한다. 환경오염은 빠르게 심각해지는 글로벌남부 도시에서 중대한 문제이다(World Health Organization 2015). 천연자원 압력과 환경 변화를 줄이거나 이에 적응하기 위해서, 새로운 인프라, 재화, 서비스에 대한 투자가 이루어진다. 이런 맥락에서 저탄소경제를 향한 변동은 지역개발의 기회를 제공하며, 실제로도 가장 선진화된 혁신의 다수가 특정한 로컬·지역 스케일에서 창출되었다(Rodrik 2014; Stern 2007). 하지만 이러한 활동으로 인한 편익과 비용의 사회적 배분과 지리적 분포와 관련해 중대한 문제도 출현하고 있다.

지역개발은 **정부**와 **거버넌스**의 **제도**적 프레임 속에서 이루어진다. 정부와 거버넌스의 구조는 글로벌화, 불평등의 증가, 침체와 긴축, 지정학적 위계의 재설정, 환경 압력 등 거시적 맥락의 변동에 대응해 변화한다. 어떤 학자들은 글로벌화로 인해서 경제개발의 과정을 관리하는 국가의 역할이 대폭 축소되었다고 주장한다(Ohmae 1995). 그러나 상위국가적(supra-national) 스케일의 제도에서 통치권 일부를 가져간다고 하더라도, 글로벌경제의 규칙을 형성하는 데에 있어서 국가의 중요성은 여전하다고 주장하는 이들도 있다(Rodrik 2011). 글로벌남부의 신흥경제가 부상함에 따라 발전국가에서 촉진하는 경제성장 모델에 관심이 커지고 있다. **발전국가**에서는 정부가 자원 배분과 사회·경제의 우선순위 결정에서 핵심적인 역할을 맡는다. 이러한 국가는 '워싱턴합의'에 기초한 정통 모델에서 탈피한 형태라고 할 수 있다(Wade 2003; 4장). 따라서 국민국가는 공동화나 소멸의 길을 걷는게 아니라, 재작업 또는 변형된다고 보는 것이 더욱 타당하다. 이러한 변화의 궤적은 국가와 국민의 형성 역사에 영향을 받아 지리적으로 다양하게 나타난다. 세계 곳곳에서 다층(multi-level) 거버넌스가 출현하면서 국가 권력은 다수 행위자의 참여를 통해서 여러 공간적 스케일에서 작용하게 되었지만, 특히 지역 스케일의 역할이 점점 더 두드러지고 있다(Hooghe et al. 2010; 4장). 이는 지속가능한 지역개발에서 효과적인 제도의 역할이 중요하다는 주장과 결을 같이 한다(Tomaney 2014; 4장). 이에 따라, 로컬·지역제도의 투명성, 정당성, 책무성 문제가 중요해졌고, 지역개발의 우선순위를 정하는 데에서 민주적 숙의의 역할도 중대한 과제로 남아 있다(4장; 9장).

3. 책의 목적과 조직

지역개발의 중요성이 글로벌 스케일에서 증대하고 있으며, 이는 빠르고 심층적인 사회적·경제적·환경적·정치적·문화적 변화의 맥락 속에서 전개되고 있다. 동시에 글로벌 금융위기, 대침체, 더딘 회복의 상황에서 지리적으로 차별화된 지역개발 경험이 나타난다. 개념, 이론, 경험적 현실과 근거, 전략, 정책의 변화도 지역개발에 관한 관심을 꾸준하게 자극하고 있다. 지역개발의 목적과 결과에 대한 논쟁이 있는 가운데, 지역개발의 중요성과 가치는 국가적 접근과의 관련성 속에서도 검토된다. 국가적 접근이 지역적 접근으로 완전하게 대체되지는 않았다는 이야기다. 개념, 이론, 경험에 근거한 접근을 취하여 개발에 대한 문제의식이 제기되면서, 지역개발에 대한 이해의 폭도 넓어지고 있다. 이는 경제적인 측면을 넘어서, 사회적·환경적·정치적·문화적 영역에까지 이른다. 이런 맥락에서, 경제적인 측면을 넘어서 실천적으로, 학문적으로, 지리적으로 광범위해지는 지역개발에 대한 장기적인 과제를 마련하고, 지속적 연구, 가르침, 정책적 참여에 공헌할 목적으로 『지역개발론』을 집필했다. 논의의 범위는 글로벌남부와 글로벌북부 모두를 아우르며, 개발학, 경제학, 지리학, 도시계획 등 여러 분야를 망라한다(Pike et al. 2006, 2007, 2012a, 2014, 2015a; Tomaney et al. 2010). 이 책의 목적은 지역개발의 개념, 이론, 제도, 논리, 전략, 정책을 통합해 비판적이면서도 이해하기 쉽게 소개하는 것이다. 경험적인 사례들도 글로벌남부와 글로벌북부를 망라해 다양하게 살필 것이다. 논의는 다음과 같은 핵심 문제를 중심으로 이루어진다.

1. 무엇이 지역개발의 정의, 목적, 전략을 결정하고 형성하는가?
2. 지역개발을 이해하고 설명할 수 있는 개념적·이론적 프레임에는 어떤 것이 있는가?
3. 지역개발에 대한 개입, 접근, 전략, 정책, 수단의 주요 논리는 무엇인가?
4. 로컬·지역의 행위자와 제도는 개발의 효과를 창출하기 위해서 어떠한 실천을 하는가?
5. 규범적 측면에서, 행위자들은 어떠한 종류의 지역개발을 추구해야 하는가?

이러한 문제에 대한 답은 서로 긴밀하게 통합된 4부에 걸쳐서 제시된다. 두 개의 장으로 구성된 제1부에서는 **지역개발**을 고찰하기 위한 출발점을 제시한다. 1장 '서론'에 이어 2장 '**누구를 위해 어떤 종류의 지역개발을 추구할 것인가?**'는 지역개발이 무엇이고, 무엇을 위한 것이며, 규범적 측면에서 어때야 하는지에 대한 근본적 질문에 초점을 맞춘다. 경제적 아이디어에만 전적으로 의존한 편협한 이해에 의문을 제기하며, 로컬과 지역 스케일에서 사회적·환경적·정치적·문화적 차원을 통합한 폭넓은 지역개발의 의미를 추구한다. 그리고 용어의 의미, 역사적 진화와 함께 **공간, 장소, 영토, 스케일** 등 지리적 이슈를 검토하며 지역개발을 정의한다. **권력**과 **정치**의 중추적 역할을 인정하면서, 지역개발은 로컬리티나 지역에 따라 다르게 나타나는 역사적 테마, 원칙, 가치의 맥락 속에서 사회적으로 구성되는 현상으로 개념화될 것이다. 세계 곳곳에서 로컬·지역 수준의 행위자와 제도는 와해적 격동과 전환 속에서 번영과 행복에 대한 나름의 이해방식을 추구한다는 뜻이다. 이러한 개발의 포부(열망)와 경험을 다양한 로컬·지역의 맥락에서 이해하고 설명하는 것이 이 책의 핵심 목표이다. 이를 위해 2장에서는 지역개발을 종류, 대상, 주제, 웰빙(well-being)의 차원에서 구분하고, 사회적·공간적으로 불균등한 배분을 해석하고 설명하는 여러 가지 프레임을 제시한다. 특정한 형태의 지역개발이 누구에게 그리고 어느 곳에 혜택을 제공하고 손해를 낳는지를 이해하기 위해서다.

제2부는 3장과 4장으로 구성되며 지역개발에 대한 이해와 설명의 틀이 어떻게 진화해 왔는지를 소개한다. 3장에서는 과거와 오늘날의 주요 접근을 비판적으로 검토한다. 이는 신고전주의, 케인스주의, 마르크스주의와 급진주의 정치경제학, (단계·주기·파동·전환이론 등) 구조적·시간적 변화이론, 진화론적 접근, 혁신·지식·학습·창조성 접근, 신경제지리학(NEG: New Economic Geography), 도시경제학, 경쟁우위와 클러스터, 지속가능성, 포스트개발주의를 포함한다. 각각의 사상은 출발점, 포부(열망), 가정, 개념, 관계, 인과적 행위자, 메커니즘, 과정, 정책과의 관계, 한계 등에 초점을 두고 논의된다. 지역개발을 시간, 공간, 장소의 측면에서 이해하고 설명하기 위해서다. 지역개발의 과정과 패턴은 꾸준히 변하고 있으며, 이를 이해하고 설명하려는 노력의 차원에서 새롭고 혁신적인 사고방식이 등장하기도 한다. 그러면서 오래된 **개념**과 **이론**은 비판받았고, 이를 견뎌 내고 극복해 긍정적 반향을 일으킨 개념과 이론도 있다.

4장에서는 **정부·거버넌스의 제도**와 지역발전 간의 관계를 검토하는데, 특히 제도의 역할에 대한 관심의 증대를 강조한다. 공동화(hollowing out)의 맥락 속에서도, 권력과 자원을 동원하며 여전히 강력한 영향력을 행사하는 정부의 역할에 주목한다. 무엇보다 상위국가적·초국가적·탈중심적으로 분권화된 거버넌스 구조의 출현을 통해서 변화하는 국민국가의 역할, 형태, 성격에 주목한다. 다중 행위자, 다층 시스템의 정부·거버넌스는 명백한 모습으로 다양한 지리적 스케일에서 작동하며, 이는 로컬·지역개발에 필수적인 부분을 차지하게 되었다. 정부·거버넌스 제도는 특정한 국가의 상황에서 독특한 **자본주의 다양화(variegation of capitalism)**의 유산, 권력의 작용, 민주주의와 정치의 조건 속에서 형성된다. 그리고 제도는 행위성(agency)의 범위와 성격 형성에서 프레임으로 작용한다. 제도가 로컬·지역의 행위자들이 지역개발 접근을 재형성하거나 새롭게 만들어 내는 역량을 구성하고 발휘하는 데에 영향을 준다는 이야기다. 많은 사회에서 공공제도와 정치 시스템이 대중적 신뢰를 잃고 있는 것은 사실이다. 그러나 전통적 대의 민주주의, 기존의 공공정책 형성 접근법, 시민사회의 참여, 혁신과 실험은 지역개발의 제도적·정치적 구조를 민주화하여 참여를 자극하는 역할도 한다.

이와 같은 맥락, 개념, 원리, 가치, 이해의 틀을 바탕으로, 5~7장으로 구성된 제3부에서는 지역개발에서 **개입**의 논리, 전략, 정책, 수단을 살핀다. 5장은 개입, 비전과 전략, 정책 설계, 개발의 논리에 대해 논의한다. 행위자들이 지역개발의 관계, 과정, 정부·거버넌스에 개입하는 것을 정당화하는 다양한 논리와 주장을 설명한다. 여기에는 **효율성(efficiency)**과 **공평성(equity)**의 이슈가 포함된다. 개입을 언제 어디서 어떻게 하는지의 문제도 살필 것이다. 지역개발과 **정책** 개입의 전략이 인식되는 방식은 비전, 포부(열망), 지향점, 목적, 목표에 초점을 두고 검토한다. 이분법적인 이해를 초월해 **사**

람기반형(people-based) 접근과 장소기반형(place-based) 접근, 하향식(top-down) 접근과 **상향식(bottom-up) 접근** 모두 간의 통합과 조화를 추구하기 위한 노력도 이루어질 것이다. 이슈의 진단, 지식기반의 구축, 선택지(옵션)의 판단, 정책 수단의 선정, 실행의 설계, 결과의 평가, 전략·정책의 학습과 적응으로 구성된 **정책주기(policy cycle)** 프레임을 활용해, 정책 개발의 다양한 접근도 소개한다.

이어지는 6장에서는 로컬리티나 지역 내에서 토착·내생적(indigenous and endogenous) 형태의 개발을 촉진하여 로컬·지역경제의 잠재력을 활성화하는 접근을 살핀다. 이러한 접근은 상향식, 장소기반형, 맥락민감형(context-sensitive) 지역개발 전략의 기반으로 설명된다. 기업가와 창업 지원, 기존 비즈니스의 생존·성장·유지 촉진, 노동 숙련과 역량의 개발 및 업그레이드 등과 관련된 전략과 수단도 논의할 것이다. 토착·내생적 장소기반형 접근의 잠재력과 함께, 이 접근이 초래할 수 있는 잠재적 문제도 살핀다. 로컬·지역·국가 행위자의 지식과 역량의 한계에 대한 우려가 존재하기 때문이다. 그리고 다중 행위자, 다층의 정부·거버넌스 구조 속에서 로컬·지역 행위자가 어느 정도까지 자치성을 누리며 자원을 동원할 수 있는지의 문제도 고찰한다.

6장과 달리, 7장은 로컬리티와 지역의 범위를 초월해 외부 자원을 끌어들여 지역개발에 활용하려는 접근에 주목한다. 이를 위해 우선 **초국적기업**의 성장과 형태 변화를 살핀다. 이는 **글로벌 생산네트워크(GPN: global production network)**와 **글로벌 가치사슬(GVC: global value chains)**의 부상, 국제적 투자의 유형과 패턴 변화, 로컬·지역경제와의 연계, 사회적·경제적 업그레이딩의 가능성과 한계에 대한 고찰로 이어진다. 지역개발을 위해서 외부 투자를 유치하여 착근성을 높이는 노력 속에서 변화하는 제도, 정책, 수단의 역할과 형태도 파악한다. 그리고 투자유치의 반복, 로컬·지역경제와 통합의 한계, 자본의 탈주, 투자철회에 대한 우려가 있음을 살필 것이다. 창조적 전문가와 같은 특정 직업군의 사람과 집단을 유치하고 보유하려는 최근의 지역개발 방식도 검토한다. 이 장의 결론에서는 지역개발의 **토착·내생적 접근**과 **외생적 접근**을 연결하는 노력이 초래할 수 있는 잠재력과 한계를 토론한다.

마지막 제4부의 목적은 책의 주요 주제를 일관되게 요약하고 지역개발에 대한 통합적 접근을 제시하는 것이다. 이를 위해 **글로벌남부**와 **글로벌북부** 모두에서 로컬리티와 지역의 현실을 고려한다. 우선, 8장에서는 이 책에서 소개하는 주요 주제, 이해의 틀, 전략적 접근을 바탕으로 국제적 비교연구의 관점에서 지역개발 실천과 경험의 사례를 분석적으로 살핀다. 유럽, 미국, 아프리카, 동아시아, 중동에서 차별화된 지역개발의 경험을 알아보기 위한 것이다. 구체적 **사례 연구**는 영국의 잉글랜드 북동부, 미국의 보스턴, 노르웨이의 스타방에르, 중국의 허난성, 부르키나파소의 보보디울라소, 이라크의 쿠르디스탄 지역을 포함한다. 개별 사례에 대한 분석에서는 지역개발의 정의, 원칙, 가치, 설명, 논리, 전략, 정책 접근에서 공통점과 차이점, 정부와 거버넌스의 역할, 개발 경험과 미래 이슈에 초점을 맞춘다. 위의 사례들을 비교하면서 다음의 일곱 가지 사실을 확인할 수 있을 것이다. 첫째, 행위자들은 지역개발 정의의 공통점과 특수성을 결합하려고 노력한다. 이는 사람과 장소를 위해 특정한 종류의 성장, 고용, 소득, 웰빙을 이룩하려는 것이다. 둘째, 지역개발 행위자들은 결정론적인 프레임의 사용을 지양한다. 그 대신 다양한 개념과 이론을 동원해 느슨하게 결합하는 것을 선호한다. 셋째, 성공과 실패로 구별된 지역개발의 경험, 실천, 경로는 다양하며 임시적이고 일시적인 경향이 있다. 넷째, 로컬·지역제도의 자치성 수준과 범위는 지리적으로 차별화된다. 특수한 국가적 자본주의 다양화, 정부와 거버넌스 구조, 권력과 정치에 대한 사회적·지역적 합의의 맥락에 영향받기 때문이다. 지리적으로 차별화된 제도는 로컬·지역개발의 경로를 창출하거나 유지하려는 노력에도 영향을 미친다. 다섯째, 내부적·토착·내생적 지역개발 방식과 외부적·외생적 지역개발 방식을 연결하여 두 가지를 동시에 활성화하는 노력이 이루어진다. 여섯째, 보편화된 천편일률적(one-size-fits-all) 정책을 거부하고 맥락민감형, 장소기반형 접근의 중요성이 증대되고 있다. 일곱째, 국제적 정책 학습과 적응은 단순한 **정책이전(policy transfer)**을 초월해 훨씬 더 정교하고 성찰적인 형태로 나타난다.

마지막으로, 9장에서는 이 책 『지역개발론』이 학문과 정책에 이바지하는 바를 정리하고 요약한다. 효율적인 정책을 추구하는 정부와 거버넌스에서 로컬·지역제도의 정치적 제약성을 고려하며 지역개발의 가능성과 한계 모두를 점검한다. 정책을 통해서 지역개발을 장려하고 지원할 수 있음은 주지의 사실이다. 하지만 논리와 접근법의 진화, 그리고 개입과 비개입 모두의 위험성을 인식해야 한다. 지역개발은 지리적으로 차별화되고 시간에 따라 변한다. 그러나 정의, 지리, 다양성, 원칙, 가치에 대한 사회적 결정에 영향을 미치는 보편적 가치를 고려하는 원칙과 접근도 필요하다. 이를 위해 행위자들은 '누구를 위해 어떤 종류의 지역개발을 추구할 것인가?'라는 근본적인 질문을 심각하게 받아들여야 한다.

이러한 근본적인 질문을 통해서 총체적이고, 진보적이며, 지속가능한 지역개발 접근의 규범적 프레임이 마련될 수 있다. **총체적(holistic) 접근**을 위해서는, 경제적·사회적·정치적·생태적·문화적 차원 간의 긴밀한 상호관계를 바탕으로 지역개발에 대한 해석과 이해를 추구해야 한다. **진보적(progressive) 접근**은 불균등발전과 결부된 공간적 차이와 불평등을 사회적 **부정의(injustice)**로 인식해야 가능하다. 진보성에 대한 인식은 근본적이고 보편적인 원리와 가치에 근거한다. 이러한 초역사적인 관념에는 정의, 공정, 평등, 공평, 민주주의, 통일성, 응집력, 연대성, 국제주의가 포함된다. 세 번째 원칙인 **지속가능성(sustainability)**은 지역발전의 총체적 측면과 진보적 차원을 연결하며, 로컬·지역의 건강, 웰빙(행복), 삶의 질 등을 통해서 이해된다. 지속가능성에는 경제적·사회적·생태적·정치적·문화적 차원이 존재하기 때문에, 이들 간의 관계를 통합적으로 파악하는 것도 중요하다.

이 책에서는 지역개발이 경합적인 정치의 영역이라는 결론도 제시한다. '누구를 위해 어떤 종류의 지역개발을 추구할 것인가?'의 물음에 대한 응답, 이를 위해 동원되는 이해의 틀, 로컬·지역에 부여된 정의, 이해관계를 가진 행위자들이 구체적인 지역개발의 의미를 획득하는 과정 등은 중대한 **정치**적 이슈이다(Hudson 2007). 총체적이고 진보적이며 지속가능한 형태의 지역개발을 원한다면, 지역개발의 정치를 쇄신하여 활력을 불어넣어야 한다. 이러한 정치적 과정은 무엇에 관한 지역개발이 어디에 있는 누구를 위해서 일어나는지와 관련된 **규범**적인 선택을 동반한다. 한마디로, 지역개발은 **가치판단**의 과정이다. 지역개발이 사실적 정보에 대한 객관적이고 기술적인 평가에만 국한된 것은 아니란 뜻이다. 표현, 숙의, 참여, 대표성, 결단력 등을 가능하게 하는 제도도 요구된다. 로컬·지역 수준의 행위자들은 정치적 과정의 결과를 식별, 전달, 유지하는 노력에도 힘을 쏟아야 한다. 때로는 와해적으로 변화하는 글로벌화의 맥락에서, 그러한 과정은 지역개발의 보편적 가치나 비전과 특수한 관심을 숙의하여 결정하는 일과 관계된다. 글로벌남부와 글로벌북부를 막론하고 다채롭고 다양한 지역개발의 포부, 프로젝트, 경험, 어젠다를 연결하는 것도 매우 중요한 과제다. 이를 통해 지역개발의 접근, 개념, 이론, 논리, 전략, 정책, 실천, 경험에 관한 진지한 대화, 토론, 논쟁, 성찰, 학습이 가능해지기 때문이다. 이러한 노력에 이바지하기 위하여 이 책을 집필하였다.

추천도서

Dicken, P. (2015) Global Shift: Reshaping the Global Economic Map in the 21st Century (7th Edition). Thousand Oaks, CA: Sage.

Friedman, T. (2005) The World is Flat: A Brief History of the Twenty-First Century. New York, NY: Farrar, Straus and Giroux.

MacKinnon, D. and Cumbers, A. (2011) An Introduction to Economic Geography: Globalization, Uneven and Place. 2nd Edition. Harlow: Pearson.

McMichael, P. (2012) Development and Social Change: A Global Perspective (5th Edition). Thousand Oaks, CA: Sage.

OECD (2015) The Metropolitan Century. Paris: OECD.

Rodríguez-Pose, A. and Crescenzi, A. (2008) Mountains in a flat world: why proximity still matters for the location of economic activity, Cambridge Journal of Regions, Economy and Society, 1 (3): 371-388.

United Nations Conference on Trade and Development (UNCTAD) (various years) World Investment Report. Geneva: UNCTAD.

02 누구를 위해 어떤 종류의 지역개발을 추구할 것인가?

1. 도입

> 지역개발은 광의의 용어이지만, 일반적으로 말하면 (고용, 부의 창출 등) 경제활동을 지원하면서
> 지역 간 격차를 줄이려는 노력이라고 할 수 있다.
>
> (OECD 2014*a*: 1)

국제적 제도인 경제협력개발기구(OECD: Organization for Economic Co-operation and De-velopment)는 위의 인용문처럼 특정한 지역개발의 관점을 옹호한다. 동시에 그러한 제도적 관점의 적절성과 가치도 강조한다. 그러나 지역개발에 대한 관점은 장소마다 다르고 시간에 따라 변한다. 지역개발의 성격과 관련해, 특정한 해석이 어떻게 결정되는지, 이 과정에서 누구의 의견이 표출되는지, 그리고 이런 것들의 이유가 무엇인지는 핵심적인 문제이다. 지역개발을 고찰, 분석, 실천할 때 무엇을 다루어야 하는지를 이해하려면, 원칙에서부터 시작해야 한다. 빠르게 변하는 지역개발의 맥락을 고려하면(1장), 그러한 출발점이 매우 중요하다. 지역개발이 무엇인지, 무엇을 위한 것인지, 규범적 측면에서 무엇에 관한 것이어야 하는지를 철저히 조사해야 한다는 이야기다. 조사는 **누구를 위해 어떠한 종류의 지역개발을 추구할 것인가?**라는 근본적인 의문에서부터 시작해야 한다. 여기부터 시작하면, 비판적 견지에서 우리가 지역개발을 어떻게 사고하고 학습하는지도 고민할 수 있다. 이 장에서는 세 개의 절에 걸쳐서 그러한 근본적인 문제를 논의한다. 우선 첫째, 정의(定義)의 문제를 검토하고, 지역개발이 무엇을 의미하지를 이해하며, 지역개발의 지리적 측면을 역사적 맥락에서 파악한다. 둘째, 지역개발의 본질, 성격, 형식을 살피면서 지역개발의 원칙과 가치, 권력과 정치의 표현, 특정한 지리적 환경과 시간적 배경에서 나타나는 다양성에 주목한다. 셋째, 주제(subject), 대상(object), 배분의 측면을 고찰한다. 무엇보다 특정한 종류의 지역개발을 통해서 어느 곳의 어떤 사람

들이 이익이나 손해를 보는지를 검토하고 사회적으로 불균등하고 지리적으로 차별화된 분포의 모습에 주목한다. 이 장에서 제시된 출발점을 기초로 하여, 이어지는 3장에서는 로컬리티와 지역에서 개발을 이해하고 설명하기 위해 동원되는 개념과 이론을 살펴볼 것이다.

2. 지역개발이란?

지역개발이 무엇을 의미하는지 이해하려면 지역개발을 어떻게 정의하는지의 문제가 매우 중요하다. 그러나 지역개발을 정의하는 것은, 달리 말해 지역개발이 의미하는 바가 무엇인지는 우리가 언뜻 생각할 수 있는 것보다 훨씬 더 어려운 문제다. 정의는 지역개발이 무엇을 지향하며 무엇을 이룩하고자 하는지에 대한 관점으로 둘러싸여 있기 때문이다. 윌리엄스(Williams 1983: 103)는 개발의 개념이 "명백하고 단순해 보이는 용어이지만, 어렵고 논란으로 가득 찬 정치적·경제적 이슈이기 때문에 이해하기 힘들다"고 말했다. 별다른 의심 없이 받아들여지는 가정과 피상적인 서술을 초월하고자 한다면, 지역개발을 정의하는 것은 매우 중요하고 엄청나게 미묘한 과제이다.

역사적으로 성장, 고용, 소득, 부의 창출을 비롯한 경제적 측면이 지역개발 정의의 최전면에 있었다(Hirschman 1958; Armstrong and Taylor 2000). 지역개발을 지역의 **경제개발**과 동일시하는 관점도 있었다. 예를 들어 마이클 스토퍼(Storper 1997)는 경제개발에서 핵심을 차지하는 고용, 소득, 생산성의 지속적인 증가에 초점을 맞춰 로컬·지역의 번영과 행복(웰빙)을 이해했다. 마찬가지로 비어 등(Beer et al. 2006b: 5)에 따르면, "로컬과 지역의 경제개발은 한 지역의 경제적 웰빙을 개선하려는 일련의 활동을 뜻한다. 그리고 경제개발의 의미와 척도에 대해서는 합리적인 합의가 존재한다." 호그 등(Hauge et al. 2011)도 로컬·지역 수준의 개발에서 경제적 관심사가 중심을 차지한다고 이야기했다.

그러나 2000년대 초반 이후로 지역개발의 정의는 기존에 지배적이었던 경제적 초점을 넘어서 보다 광범위해졌다(Tomaney 2015). 무슨 이유 때문일까? 특히 세 가지 측면이 중요하다. 첫째, 글로벌남부 개발학(Development Studies)을 중심으로 개발을 생산량이나 소득 성장과 같은 경제적 측면과 동일시하는 기존 관행에 대한 불만이 커졌다(Hopper 2012; Pike et al. 2014). 경제적 관심사에만 초점을 맞추는 것은 편협한 환원주의(reductionist)로 간주되었다. 건강, 삶의 질, 웰빙처럼 개인이나 사회적 존재로서 사람이 지닌 의미와 가치의 측면을 적절하게 파악하지 못하는 문제가 있기 때문이다(Gray et al. 2012; James 2014; Parrons 2012). 둘째, 지속가능성의 중요성에 대한 인식은 순수한 환경적인 차원을 넘어서 경제적·사회적·문화적·정치적 이해를 포괄하는 방향으로 확장되었다(Jackson 2009; Morgan 2004). 지속가능성의 프레임은 훨씬 더 폭넓어지고, 세대 간의 문제까지 아우를 정도로 예전보다 장기적인 관점을 취하게 되었다. 이에 따라 기후변화나 자원고갈 같은 와해적 이슈가 철저하게 조사되며, 경제적 지향성을 가진 기존의 지역개발 관념은 비판적 성찰의 대상이 되었다. 셋째, 글로벌 금융위기와 2008년 시작된 대침체의 결과로 위기의 원인이었던 경제개발 모델은 의문과 도전에 직면해 있다(Chang 2011; King et al. 2012). 위기의 재발을 방지하기 위해서, 새로운 대안 접근의 시도도 생겨났다(New Economics Foundation 2008). 여기에는 로컬이나 지역에서 적응 역량과 회복력을 키워서 미래를 예견하고, 예견되는 와해적 변화를 견뎌 내려는 목적도 있다(Pike et al. 2010; Tomaney 2015). 물론, 기존의 경제적 모델이 부활한 곳도 있기는 했다(Crouch 2013; Peck et al. 2012).

과거의 경제적 측면과 새롭게 출현한 사회적·생태적·정치적·문화적 이해를 연결하기 위해서, 예전보다 폭넓은 지역개발 개념이 마련되었다(Pike et al. 2012a). 재개념화의 과정에서 국가적 개발의 측정이 확대되었다(사례 2.1). 이것은 로컬·지역 수준에서의 변화로도 이어졌다(Perrons 2012). 일례로 던포드(Dunford 2010: 3)에 따르면,

> (한 지역의 또는 한 지역 내에서) 개발은 지역을 보다 유용하게 만들거나 지역이 보유한 유용한 것들의 생산성을 높이는 행위를 말한다. 한 지역 내 거주하는 사람들에 의한 또는 그러한 사람들을 위한 개발을 [즉 인간개발(human development)을] 뜻하기도 한다. 개발은 장소와 주민이 낮은 수준의 조직에서 높은 수준의 조직으로 전환된다는 아이디어와도 관련이 있다. 따라서 개발은 사람이 행위자인 동시에 수혜자가 되는 과정이다.

폭넓어진 개발의 범위를 조화롭게 수용하는 것은 중요하지만 매우 어려운 과제다. 지역개발의 경제적·사회적·생태적·정치적·문화적 차원 간의 통합, 균형, 트레이드오프(trade-off) 차이에 대해서는 아래에서 다시 논의하도록 하겠다.

폭넓게 다양한 측면을 고려함으로써 지역개발의 정의 문제를 심도 있게 확장할 수 있다. 이러한 접근은 현시점에서 지역개발이 무엇인지, 미래를 위한 포부(열망)와 비전 측면에서 무엇이 지역개발인지, 그리고 사람과 제도의 규범적 측면에서 지역개발이 어떤 모습이어야 하는지를 비판적으로 성찰하면서 혁신적으로 고찰할 수 있도록 해 준다. 규범적 측면의 문제는 특정한 지리적·시간적 맥락에서 구체적 로컬리티와 지역의 적절한 개발이 무엇인지, 무엇을 우선순위로 정해야 하는지에 대한

사례 2.1 개발 측정의 확대

역사적으로 경제성장이나 1인당 소득과 같은 경제적 지표가 국가, 지역, 로컬리티의 개발 수준을 **측정**하는 데에 사용되었다. 무엇보다 **국민총생산(GNP: Gross National Product)**과 **국내총생산(GDP: Gross Domestic Product)**이 빈번하게 활용되었다. GNP는 한 국가의 국민이 국내와 국외에서 창출한 모든 소득이나 최종 생산품의 총 가치를 뜻한다. 그리고 GDP는 한 국가의 경계 내에서 창출된 모든 소득이나 최종 생산품의 총 가치를 말한다. 이러한 소득 수준은 개발의 합리적인 척도로 여겨지고, 1인당 소득은 사회적 진보를 측정하는 논리적 잣대로 가정된다. 이들은 필요에 따라서 인구 규모, 소득 분포, 시간에 따른 가격 변화, 구매력평가(PPP: purchasing power parity), 비공식 경제의 기여 등을 통해서 보정되기도 한다. 최근에는 생산성과 상대적 경제력의 중요성이 증대되면서, 총부가가치(GVA: Gross Value Added)를 도입하는 국가도 등장했다. GVA는 개별 생산자, 산업, 또는 부문이 경제에 공헌하는 정도를 말한다. GDP에서 세금을 빼고 보조금을 더하여 GVA를 구할 수 있다(ONS 2014). 경제학자들은 소득 증가를 초월하는 개발의 형태도 인정하지만, 일반적으로는 다음과 같이 주장한다. "국가에서 추구하는 개발의 여러 가지 차원들은 소득 수준의 향상을 통해서 쉽게 달성할 수 있다."(Cypher and Dietz 2004: 30)

그러나 최근 몇십 년 동안의 연구를 통해서 순수하게 경제적인 지표의 한계는 명확해졌다(Cypher and Dietz 2008). 경제적 측정은 건강, 삶의 질, 행복(웰빙)의 차원들을 파악하기 어려운 협소한 지표로 인식되는 경향이 점점 더 두드러진다(Tomaney 2015). 경제적 지표는 너무나도 종합적이어서, 사회적·경제적·환경적·공간적 불평등이나 지속가능성 문제를 제대로 파악하지 못하는 한계가 있다. 이런 맥락에서 경제성장의 적절한 측정치나 복잡하고 혼재된 경제적 성과의 척도로서 GDP의 유용성은 비판을 받는다(Stiglitz et al. 2008). 글로벌 금융위기와 대침체의 상황에서 스티글리츠 등(Stiglitz et al. 2008: 8)은 다음과 같이 주장했다.

편의상 문제로 활력 없는 것의 향상에 초점을 맞추는 일이 정당화될 수는 있다. (예를 들어 진보에 대한 수많은 경제적 연구는 GNP나 GDP에 초점을 맞춰 왔다) … 하지만 그러한 것이 인간의 삶에 무엇을 할 수 있는지, 다시 말해 직·간접적으로 인간의 삶에 어떠한 영향을 주는지 밝힐 필요도 있다. … GDP가 경제적·환경적·사회적 차원이나 지속가능성 측면에서 웰빙을 가늠하기에는 부적절한 수치라는 사실은 분명하다.

경제와 소득 성장의 속도나 사회적·공간적 차이의 비율에 대한 불만이 커지고 있다. 개발이 어떻게 구성되는지에 대한 일반적인 수준의 관념에 대한 불만도 나타난다. 이런 맥락에서 성장 및 소득과 관련된 편협한 경제적 측정을 초월하는 지표를 추구하는 움직임이 생겼다. 유엔개발계획(UNDP: United Nations Development Programme)의 **인간개발지수(HDI: Human Development Index)**가 그러한 노력의 하나다. HDI는 하나의 종합지수(composite index)로서, "수명, 지식, 적절한 삶의 표준"을 개발의 지표로 활용한다. 구체적으로 기대수명, 성인 문해력, 교육 기간, 1인당 GDP(PPP)에 대한 측정치를 사용한다. 이에 대해 UNDP (2001: 9)는 다음과 같이 설명한다. "인간개발은 국민소득의 성장과 후퇴 그 이상의 것을 말한다. HDI는 사람들이 잠재력을 완전하게 발휘하여 자신의 욕구와 이해관계에 따라 생산적이고 창의적인 삶을 영위할 수 있는 환경을 창출하는지에 대한 지표이다. 사람을 실질적인 국부(wealth of nations)로 이해한다는 말이다." 마찬가지로 **젠더관련개발지수(GDI: Gender-related Development Index)**나 **인간빈곤지수(HPI: Human Poverty Index)**와 같은 종합 측정 지수도 개발되었다. 지속가능성과 관련해서는, **참진보지수(GPI:**

Genuine Progress Indicator)나 **환경요인 조정 국내순생산(EDP: Environmentally Adjusted Net Domestic Product)**과 같은 측정치가 등장했다. EDP는 경제성장에 집중한 국민계정을 녹화(綠化), 즉 '녹색으로 물들이는' 시도라 할 수 있다. 스티글리츠 등(Stiglitz et al. 2008: 14–15)은 아마르티아 센(Amartya Sen)의 **역량접근(capacity approach)**에 기초해 객관적 요소와 주관적 요소를 모두 포함하는 다차원적 개념을 마련해 웰빙을 측정하고자 했다. 이는 "(소득, 소비, 부 등) 물질적 삶의 표준, 건강, 교육, 근로를 포함한 개인적 활동, 정치적 발언과 거버넌스, 사회적 연결과 관계, (현재와 미래 모두를 포함한) 환경, 불안감, 자연"을 포괄한다. 광범위한 개발의 관념과 척도에서 계량화할 수 있는 데이터를 탈피하는 것은 매우 어려운 일이다.

가치판단과 관련된다. 로컬리티와 지역의 개발, 그리고 로컬리티와 지역을 위한 개발에 대하여 합의된 유일한 이해방식은 존재하지 않는다. 아래에서 논의할 것처럼, 특정한 개발의 관념은 구체적인 지리적·시간적 맥락 속에서 사회집단과 이해관계에 따라서 사회적으로 결정된다. 표 2.1은 여러 제도적 기관에서 마련한 지역개발 정의를 제시하는데, 이를 통해 접근, 초점, 조건, 언어의 다양성을 확인할 수 있다.

지역개발의 구성요소는 국가 간에서뿐만 아니라, 국가 내에서도 다르게 나타난다. 어떤 사회에서든 지역개발에 대한 포부와 표현은 유동적이고 역동적인 성격을 가진다(Beer et al. 2003b). 그리고 시간과 장소에 따라서 변한다. 전례, 즉 기존의 실천과 규범은 점진적, 때로는 급진적 변화의 대상이

표 2.1 지역개발의 정의

기관	기관의 유형	정의
경제개발협회 (IED)	전문가 협회(영국)	모든 주민의 이익과 공간적으로 정의된 경제 성과를 개선하기 위해서 마련된 일련의 정책과 행동
국제노동기구 (ILO)	UN 소속 기관	로컬 경제개발(LED: local economic development)은 (극)소기업 발전, 사회적 대화의 증진, 개발 계획을 통해서 마련된 고용 활성화 전략을 말한다.
경제협력개발기구 (OECD)	국제기구	로컬개발은 경제적 미래와 주민의 삶의 질을 개선하기 위해서 특정 지역의 역량을 기르는 것이다.
지역개발기구 (RDA)	비정부 공공기관(영국)	RDA(Regional Development Agency)는 재생(regeneration)을 통해서 로컬경제의 회복, 도시와 농촌에 대한 투자 증가, 열망(포부)의 증진을 도모하고자 한다. RDA는 환경의 질 개선, 커뮤니티 재활성화, 일자리 창출, 숙련 노동 공급, 교통 및 통신 인프라 개선을 위해 협력한다.
세계은행	국제적 금융 기구	LED의 목적은 경제의 미래와 모든 사람의 삶의 질 개선을 위해서 로컬과 지역의 경제적 역량을 기르는 것이다.

출처: 각 기관 홈페이지

다. 1장에서 소개한 엄청난 변화의 맥락처럼 말이다. 특정한 접근과 전략의 성과나 결과에 대한 평가도 성찰과 변화를 자극할 수 있다. 지역개발의 고찰, 실행, 실천은 토의, 토론, 숙의를 통해서도 변한다. 정부 어젠다와 정치적 사이클의 변화 때문에 지역개발을 위한 공공정책이 재구성되기도 한다. 주변부에서 시작된 대안적 접근이 반대, 투쟁, 혁신을 통해서 주류로 발돋움할 수 있고, 변화는 정반대의 과정을 통해서도 나타난다. 로컬·지역의 이해당사자들은 자신의 지역개발을 완벽하고 자유롭게 정의할 수 있는 자율적 행위자로만 간주될 수 없다. 앞으로 논의할 것처럼, 이들의 발언과 숙의는 권력과 정치에 영향을 받기 때문이다. 지역개발에서 지리적 차별화의 확대와 시간적 변화의 가능성을 고려하여, 지역개발 정의의 역사적 진화 속에서 지역개발의 주요 주제와 차원을 검토하겠다.

1) 지역개발 정의의 역사적 맥락

지역개발의 정의와 개념화는 시간에 따라 변하며 지리적으로도 다양하다. 우선, 개념화의 궤적과 역사적 맥락을 살펴보자. 1인당 소득의 지속적인 증가라는 **개발** 관념의 역사는 250년 정도를 거슬러 18세기 후반까지 올라간다. 따라서 개발은 인류 역사에서 비교적 최근에 등장한 현상이라고 할 수 있다(Cypher and Dietz 2008). 19세기부터는 **자본주의**가 지배적인 사회조직 형태로 등장해서 산업화와 도시화의 원인으로 작용했다. 이러한 전환 과정에서 기술변화, 생산성 증가, 산업이 지배하는 고용, 주기적인 경기후퇴와 위기가 나타났다(Harvey 1982). 이 시기 동안 개발은 경제적 변화에 영향을 미쳤고, 동시에 자본주의가 로컬리티, 지역, 국가의 경제와 사회적 구조에 침투하여 전자본주의적(pre-capitalist) 사회 형태를 대체하는 근대화에도 큰 영향을 주었다(Barratt Brown 1995). 19세기 후반의 산업혁명은 오늘날 개발된 세계(developed world)로 알려지게 된 곳, 즉 선진국 세계에서 사회적·공간적 불평등의 원인이 되었다(Pollard 1981). 이는 지역의 경제적 전문화(specialization)의 확립으로 이어졌는데, 여기에서는 국가나 제국주의 지정학과 무역 관계도 영향을 미쳤다. 급격한 산업화와 도시화의 물결 속에서 개발은 지리적·사회적으로 불평등한 결과를 낳았고, 노동운동이나 노동조합처럼 부정의(injustice)에 대항하는 사회적·정치적 조직화의 움직임도 나타났다(Pollard 1999). 산업화된 글로벌북부의 로컬리티와 지역에서 형성되고 확립된 개발의 유산과 경로의 영향력은 오늘날까지도 여전하다(Birch et al. 2010).

20세기 초반은 국제적 분쟁과 1930년대의 대공황으로 대표되는 시기였다(Hobsbawm 1994). 불균등한 지역개발은 계속되었고, 대규모 실업과 빈곤의 문제도 심각해졌다. 이는 **국민국가**의 **하향식(top-down) 접근**을 자극했고, 결과적으로 로컬이나 지역이 주도하는 **상향식(bottom-up) 접근**은 점차 퇴색했다(표 2.2). 가장 심각한 영향을 받으며 실업이 집중된 지역은 공공정책 지원의 대상이 되었다. 이때의 지역정책은 국민국가의 개입과 제도적 혁신의 프레임으로 시행되었다. 예를 들어 미국의 루스벨트 대통령은 1930년대 연방정부의 **뉴딜정책**을 선도했던 테네시강 유역 개발공사(Tennessee Valley Authority)를 출범시켰다. 이런 정책은 세계 여러 곳, 특히 서유럽과 스노위 마운틴(Snowy Mountains) 수력 사업을 추진한 오스트레일리아에서 수용되기도 했다(Beer et al. 2003b; Clout 1981; Hudson and Williams 1994). 이 당시에는 한 국가 내에서 과도하게 개발되었던 **핵심부(중심부)** 지역과 개발되지 않았던 **주변부** 지역 간의 관계는 제대로 이해되지 못했다(Morgan 2001). 1940년대 말에 이르러서는 개발의 정의에 대한 동의가 마련되었고, 국제기구가 설립되면서 전후(post-war) 시대 개발주의(developmentalism)의 전조가 나타났다. 이러한 개발에 대한 접근의 상세한 특징은 정치경제, 사회적 목표, 개발 모델, 동원 수단, 메커니즘, 유형, 로컬 및 지역의 차원으로 구분해 표 2.3에 정리되어 있다.

제2차 세계대전 이후에는 개발과 관련해 근대적 **진보**의 관념이 주를 이루었고, 이에 따라 이성적이며 사회화된 개입은 인간 삶의 개선에 필수적인 부분으로 여겨졌다(Peet 2002). 냉전 체제의 맥락에서, 한편에서는 미국과 동맹을 이루고 자유시장 민주주의를 추구하는 국가의 정치경제가 형성되었다(**제1세계**). 그리고 다른 한편에서, 소련의 영향받는 중앙집권적 계획경제 개발의 유형이 나타났다(**제2세계**). 그러나 개발의 문제는 **제3세계** 국가에 초점이 맞춰져 있었다. 특히 아프리카, 아시아, 라틴 아메리카에서 경제 침체와 빈곤의 문제를 해결하려는 노력이 집중적으로 나타났다(Cypher and Dietz 2008). 지역개발은 국가가 주도하는 하향식 공간정책의 대상이었으며, 이는 뒤처진 주변부 로컬리티와 지역에서 성장을 자극하고 **재분배**를 촉진하는 사회적·경제적 논리로 정당화되었다.

표 2.2 하향식과 상향식 지역개발

하향식 접근	상향식 접근
1. 국가의 중심부에서 결정하는 개입 대상 지역	1. 아래로부터 발의를 통한 모든 지역의 개발 촉진
2. 국가 행정부의 관리	2. 분권화(탈중심화), 상이한 수준의 정부 간 수직적 협력, 공공기관과 민간단체 간 수평적 협력
3. 개발에 대한 부문적(sectoral) 접근	3. 개발에 대한 영토적(territorial) 접근(로컬리티 및 밀리우(milieu) 중심)
4. 경제적 연관효과가 높은 대규모 산업 프로젝트 중심의 개발	4. 로컬 경제시스템을 경제 환경 변화에 적응시키기 위해 각 지역의 개발 잠재력 활용
5. 경제활동 유인책으로 금융 지원, 인센티브, 보조금 활용	5. 경제활동 개발의 주요 조건 마련

출처: 저자 작성

표 2.3 개발주의와 글로벌주의

구분	개발주의(1940~1970년대)	글로벌주의(1970년대 이후)
정치경제	국가 규제 시장	자기조절적 시장(통화주의)
사회적 목표	케인스주의 공공지출 / 회원적 지원과 복지	자유시장을 통한 민간 주도 / 정체성 정치 vs. 시민권
개발 모델	산업 모방	세계 시장에 참여 / 비교우위(칠레, 뉴질랜드, 한국)
동원 수단	민족주의(포스트식민주의)	효율성(포스트개발주의) / 부채와 신용도
메커니즘	수입대체형 산업화(ISI) / 토지개혁	수출지향형 산업화(EOI) 민영화, 공공부문 긴축 / 농업 수출 기업주의
유형	제1세계(기업의 자유) / 제3세계(개발 통제를 통한 근대화)	국가 구조조정(경제개방) 글로벌 수준의 경제 및 환경 관리 / 자유무역협정(FTA)
글로벌 및 지역 차원	국가의 공간정책 / 성장의 재분배	상위국가 및 하위국가(로컬과 지역) 정체와 제도 / 경제적 경쟁력에 초점

	개발주의(1940~1970년대)				글로벌주의(1970년대 이후)		
시기	1940년대	1950년대	1960년대	1970년대	1980년대	1990년대	2000년대
주요 사건	UN 출범(1943) 브레튼우즈(1944) 마셜계획(1947) 냉전(1946~)	1차 개발 10년 한국전쟁(1950~53) 비동맹운동(1955)	2차 개발 10년 베트남전쟁(1964~73) 진보를 위한 동맹(1961) UNCTAD(1964)	석유파동(1973, 1979) 신국제경제질서(1974)	잃어버린 10년 부채위기/채무재조정 경제 재구조화 신자유주의(레이건, 대처) 냉전종식(1989)	글로벌화 신세계질서(1990년대 초) 지구정상회의(1992) 치아파스 봉기(1994)	9/11테러(2001) 2차 걸프전쟁(2004) 중국과 인도의 성장 글로벌 금융위기 대침체(2008~)
제도적 개발	세계은행, IMF(1944) GATT(1947) COMECON(1947) 국제통화질서와 미국 달러		유로 달러, 역외 달러 시장 OPEC(1960)	G7(1975) 오일 달러 시장	우루과이라운드(1984) 글라스노스트/페레스트로이카 구조조정 프로그램 단일유럽시장	NAFTA(1994) 세계무역기구(1995) 유로화 도입(1999)	반글로벌화 운동(시애틀, 다보스, 제노바) EU 24개국 확대(2004)

출처: McMichael(2012: xvi-xviii)

1950~1960년대 동안은 글로벌 스케일에서 성장의 지리적 불균등이 심해졌다. 이에 대한 해결책으로서 **케인스주의 복지국가**에 대한 낙관론적 신념이 강해졌다. 유럽과 일본의 전후 경제 재건과 회복의 성공적인 경험에 근거해, 개발과 거시경제 관리에서 국민국가의 역량에 대한 확신이 있었기 때문이다(Jessop 1997). 그러나 당시에 선진국의 재구조화나 개발도상국, 전환국가의 개발을 제약하는 근본적인 구조의 문제는 제대로 평가되지 못했다(Cypher and Dietz 2008). 한편 많은 국가는 사회적·경제적 조건의 공간적 불평등 때문에 로컬·지역개발의 문제에 직면해 있었다(Armstrong and Taylor 2000). 실제로 케인스주의 복지국가와 사회민주주의 정치 프로젝트의 맥락에서, 개발의 공간적 초점은 지역에 있었고 지리적 격차를 줄이는 것이 사회적 공평성과 경제적 효율성을 동시에 추구하는 일로 여겨졌다(표 2.3).

전후 시대 개발주의는 **근대화이론(modernization theory)**과 미국적 **자유시장 민주주의**에 강력한 영향을 받았다. 이에 따라 국가는 특정한 단계를 거쳐 개발된다는 인식이 강해졌다(3장). 어떤 단계든 그 이전의 단계보다 경제, 사회, 정치, 민주주의의 측면에서 더욱 진보하고 근대화된 성격을 가진다고 보았다. 대표적으로, 월트 로스토(Rostow 1971)는 그의 경제성장 모델에서 개발을 통해서 국가는 **전통사회, 도약의 전제조건, 도약, 성숙**의 단계를 거쳐서 **고도의 대량소비 사회**에 도달한다고 설명했다. 여기에서 각각의 단계는 선형적이고 예측 가능하며, 총체적으로는 모범적인 국민국가 개발의 궤적을 구성한다. 그리고 미개발 후진국은 이미 알려진 개발의 단계를 거쳐서 진보와 근대화를 경험하고, 서구 자본주의의 개발 모델을 지향하는 개발도상국으로 변모한다. 이러한 개발주의의 이론적 적절성과 경험적 근거로 **수출지향형 산업화**를 이룩한 한국, 일본, 홍콩, 싱가포르, 타이완 등이 자주 거론된다(Storper et al. 1998). 이들 신흥공업국은 **발전국가(developmental state)**의 국가 개입주의를 통해서 새로운 개발의 궤적을 추구한 모범사례로 받아들여진다(Wade 1990; Yeung 2015). 그러나 국가 간 차이에 따른 지리적 차별화는 계속되고 있다. 1990년대 이전 인도의 모습에서 알수 있듯이, 같은 근대화 전략이라도 역사적·제도적 요인 때문에 실현이 어려울 수 있다(Chibber 2003). 어쨌든 간에 전후 시대 개발주의의 전성기 동안에는 국가의 경제적 차원에 대한 초점이 가장 중요했고, 하위국가 스케일에서 지역에 대한 주목과 관심의 정도는 다양하게 나타났다(Glasmeier 2000).

1960년대 동안 국제적인 경제성장과 번영은 지리적으로 불균등하게 나타났고, 이에 따라 개발에 대한 경제적 관점의 편협성에 대한 불만도 커졌다. 특히 개발을 1인당 GDP나 1인당 소득과 동일시했던 관행이 문제로 인식됐다(Cypher and Dietz 2008). 위에서 논의한 바와 같이(사례 2.1), 경제적 성장과 금전적 소득보다 사회개발, 인간개발, 웰빙을 중시하는 관점이 출현했다. 동시에, 불평등, 빈곧, 실업 감소의 필요성에 대한 인식도 높아졌다(Seers 1969). 같은 맥락에서, 경제성장 혜택의 낙수효과가 제한적이며 사람과 장소 사이에서 불평등하게 나타나는 사실이 문제로 지적됐다(Kuznetz 1966). 대안으로 1960년대 후반부터 근대화이론과 개발주의에 대한 급진주의적 비판이 등장했는데, 여기에서는 **마르크스주의** 사상이 큰 영향을 미쳤다(Hopper 2012). **급진주의** 주장의 핵심은 선진화된 글로벌북부의 개발이 글로벌남부의 미개발 덕분에 가능했다는 것이다. **식민주의**, 국제화된 자본주의 시스템으로 통합된 신식민주의, 초국적기업의 활동 증대가 개발-미개발 관계의 원인으로 지목됐다(Frank 1978; Hymer 1979; 7장). 이런 맥락에서, 냉전 시대 지정학의 영향을 받아 독립과 자유화 운동에 대한 경제적·사회적·정치적·문화적 주장도 등장했다. 결과적으로 아프리카와 라틴아메리카에서는 **탈식민화**의 물결이 일었다(Cypher and Dietz 2008). 새롭게 성립한 국가의 자치성으로 인해서, 이질적인 지역개발의 정치경제 공간도 예전보다 훨씬 광범위해졌다(Mohan 2011).

1960~1970년대에는 지역개발의 문제를 국민국가 수준 아래에 위치시키는 경향이 강했다(Mc-Crone 1969). 경제적·사회적 논의 모두가 지역정책을 위해 동원되었고, **지역정책**은 지역과 국가 모두의 경제적 **효율성**과 사회적 **형평성**을 증진하며 공간적 격차를 완화하는 수단으로 여겨졌다(Kaldor 1970). 서유럽에서는 '제1의' 물결 지역주의에 해당하는 정치적 주장이 등장했다(Rodríguez-Pose and Sandall 2008). 프랑스의 브리타니, 스페인의 카탈루냐, 영국의 스코틀랜드와 같은 곳은 상대적 자율성의 제약과 낮은 개발의 수준 때문에 중앙집권화된 국민국가 구조와 불편한 관계에 있었다(Keating 2000). 이러한 선진국 내부의 주변부 지역들은 제국주의 열강의 식민지와 비슷한 처지에 있다고 여겨지기도 했다(Hechter 1999).

그러함에도 불구하고, 전후 시기부터 글로벌북부 선진국 대부분은 포디즘과 케인스주의 복지국가의 경제적·사회적·정치적 안정성 덕분에 성장과 번영을 누렸다. 그러나 1970년대 중반을 기점으로 위기와 와해의 분위기가 조성되었다. 동시에 국민국가를 개발과 조절의 핵심 행위자로 여겼던 기존의 신념도 약해졌다(McMichael 2012). 탈산업화, 서비스 경제로의 전환, 시장 포화와 파편화, 실업 증가, 인플레이션, 국가의 재정적자는 경제적·사회적·정치적·공간적 재구조화로 이어졌다(Jessop 2003). 다른 한편으로, 1960~1970년대 동안 근대화 전략을 위해서 막대한 투자금을 차입했던 개발도상국은 부채위기에 시달렸다. 위기의 원인은 석유-달러(petro-dollar)로 불리는 석유 수출국의 잉여자본이었다. 이로써 1970년대부터 개발주의 시대는 막을 내리고 불확실성의 **글로벌주의** (globalism) 시대가 시작됐다. 이러한 전환은 사회적·공간적으로 불균등하며 경합적인 방식으로 진행되었다(McMichael 2012). 표 2.3에서 제시하는 바와 같이, 글로벌주의는 이전 시대의 개발주의와 뚜렷하게 대비되는 요소로 구성된다.

무엇보다, 1970년대 후반부터 시작해 1980년대를 거치면서 케인스주의 복지국가, 국가주의, 급진적 개발 이론에 역행하는 반동의 물결이 나타났다(Toye 1987). 통화주의, 신자유주의, 신우파 정치가 등장하며 국가의 후퇴(롤백, roll-back), 시장의 자유화, 경제의 탈규제화를 추구하는 경향이 나타났다(Jessop 2003). 유럽공동체(EEC: European Economic Community)와 EU, 북미자유무역협정(NAFTA), 아세안(ASEAN: Association of South East Asian Nations) 등 초국적 블록이 결성되어, 새로운 글로벌경제를 구조화하며 불균등한 정치적·경제적 통합을 이끌었다. 개발의 초점은 빠르게 국제화되는 시장에서 국민국가와 기업의 **경쟁력**을 높이는 방향으로 옮겨 갔다. 1980년대는 시장 주도의 재구조화와 글로벌남부 국가의 불균등한 지역개발이 특징적으로 나타났다(Martin 1988; Sawers and Tabb 1984). 로컬, 지역, 국가 수준에서 개발의 문제는 시장실패의 해결책으로 여겨졌다(Bartik 1990; 5장). **신지역주의**로 불리는 제2의 물결 지역주의가 경제적 초점을 바탕으로 등장했는데, 이에 지역은 다양한 형태와 정도로 진행된 국민국가 **분권화(탈중심화)**의 맥락에서 경제개발을 책임지는 행위자로서 더욱 중요해졌다(Keating 2000). 한편으로 글로벌남부의 국가들은 채무위기에 시달리고 있었고, 이런 상황에서 세계은행과 IMF는 구제금융을 제공하며 **구조조정프로그램(SAP: Structural Adjustment Programmes)**을 제시했다. 결과적으로 시장 개혁, 민영화, 공공지출 감축, FDI 유치, 자유화를 지향하는 개발 모델이 출현했다(Mohan 2012). 1989년부터 시작된 냉전의 종식, 소련의 붕괴, 중동부 유럽의 벨벳혁명(Velvet Revolution)으로 인해 새로운 **전환경제(transition economies)**도 등장했다. 중앙계획경제에서 시장경제로 이행하려는 전환경제의 노력은 불균등한 사회적·공간적 결과와 지역개발에 대한 새로운 함의를 낳았다(Domanski 2012).

1990년대 이르러 국가정부는 국가와 시장의 메커니즘을 결합하여, 글로벌화되고 보다 성찰적인 형태로 변해 가는 자본주의의 복잡성, 위험성, 불확실성에 대처하고자 했다(Storper 1997). 이러한 실험은 **신자유주의**적 개발 접근으로의 전환을 가속화시켰던 '워싱턴 합의'와 공존했다(Mohan 2011; Stiglitz 2002). 정통의 신자유주의적 정치경제는 자유시장 자본주의, 개방 경제, 보수적인 거시경제 정책으로 구성된다. 1980년대의 시장주의는 매우 불균등한 결과를 낳았다. 이에 대한 불만과 국가 중심 개발주의를 꺼렸던 분위기에 따라, 1990년대에는 **제3의 길(Third Way)**이 등장해 유행처럼 퍼져 갔다(Giddens 1998; 표 2.3).

1990년대의 글로벌화는 국민국가와 상위국가 제도의 영향으로 형성되었다(Hirst and Thompson 2000). 글로벌화가 훨씬 더 통합되고 상호의존적이며 경쟁적인 세계를 조성하면서 지역개발에 중대한 도전으로 작용했다(Dicken 2015). 동시에 하위국가 스케일로 분권화된 국가 형태로의 변화도 나타나며, 글로벌화는 차별화되고 불균등한 지역 성장의 결과를 낳았다(Ezcurra and Rodríguez-

Pose 2013). 한편 글로벌남부와 글로벌북부 간에는 신자유주의 어젠다를 중심으로 정책적 수렴이 명확해졌다. 신자유주의는 공급측 유연성, 경제적 잠재력의 개발, 거시경제 안정성에 초점이 맞춰져 있었다(Glasmeier 2000; Mohan 2011; 표 2.3). 재정적 보수주의의 국제화와 WTO 체제의 무역 자유화 맥락에서, 로컬·지역 수준에서 **불균등발전**도 심해졌다. 무역의 증대와 낮은 인플레이션 유지에 우선순위가 부여되고, 경제적 적응에 투입할 수 있는 정부 지출이 한계에 이르렀기 때문이었다.

2000년대는 경제성장이 여러 국가에서 오랫동안 유지되었지만, 이것도 역시 로컬리티와 지역 간 차이를 두고 불균등하게 진행되었다. 글로벌북부의 경제성장은 저금리와 신용 확대, 이에 따른 개인, 기업, 국가의 채무 증가, 소비의 성장, 낮은 인플레이션의 결과로 나타났다. 선진국에서 낮은 인플레이션이 가능했던 이유는 중국 등 저임금 국가로 소비재 생산을 글로벌화하고 이를 서구 시장으로 수입했기 때문이다(Wade 2003). 브라질, 러시아, 인도, 중국, 남아프리카공화국의 **브릭스(BRICS)** 국가를 비롯한 기존의 글로벌남부 개발도상 경제에는 **신흥경제**라는 새로운 명칭이 부여되었고, 이들은 글로벌 스케일에서 지경학(geo-economics) 및 지정학(geo-politics) 질서를 변화시켰다(Cammack 2012). 소비지향 경제로의 전환, 수출주도 성장, (오스트레일리아, 브라질과 라틴 아메리카, 일부 아프리카 국가에서) 1차상품 호황으로 수요가 늘면서 성장도 가속화되었다(Gallagher and Porzecanski 2009). 이러한 경기상승 궤적은 개발 문제의 해결로 해석되었고, 글로벌화와 경제 통합의 긍정적 결과는 지속가능한 번영의 새로운 시대에 대한 기대로 이어졌다(Ghemawat 2011). 물론, 도시 집적이 심해지고 경제성장의 잠재력이 특정한 로컬, 지역, 도시-지역에 집중되면서, 성장의 혜택은 글로벌남부와 글로벌북부 모두에서 사회적·공간적으로 불균등하게 나타났다(Taylor et al. 2011).

2000년대에는 또 다른 중요한 변화도 있었다. 그것은 바로 경제적·사회적·환경적·정치적·문화적 이해를 통합하는 접근이 등장하고 지역개발 개념이 지속가능성까지 확대된 현상이었다(Morgan 2004). 이는 글로벌북부를 중심으로 나타났다. 던포드(Dunford 2010: 2)는 그러한 변화를 다음과 같이 설명한다.

부의 창출은 (빈곤, 불평등, 실업의 감소 등) 일정한 목적을 지향하는 수단이다. 인간 역량 증대도 부를 창출하는 중요한 목적에 해당한다. 인간 역량은 가치 있는 존재와 활동을 (즉 기능을) 성취할 수 있는 자유로 정의된다. 여기에는 양호한 건강, 적절한 영양, 교육서비스 접근성, 행복, 자존감, 안정성 등이 포함된다.

이에 자유시장 민주주의에 입각한 글로벌북부의 이상적 개발 모델에 대한 불만이 높아졌다. 동시에 글로벌남부에서는 개발의 정의와 수단과 관련해 자기결정(self-determination)과 권한신장(empowerment)에 대한 요구가 커졌다(Mohan 2011). **포스트개발주의(post-developmentalism)**는 그러한 요구에 부응하며 국가와 시장의 대안이나 보완책으로서 **시민사회**의 역할을 강조한다. 시민사회는 착근성을 지닌 자율적인 존재이며, 사회적 포부(열망), 요구, 잠재력과 관련해 로컬리티와 지역에 대한 심층적인 이해와 연결성을 보유한다(Gibson-Graham 2012; 3장). 유사한 변화는 기존 주류의 정책에서도 나타났는데, 이의 대표적인 사례로 **포스트워싱턴합의(post-Washington Consensus)**를 꼽을 수 있다. 기본적으로 포스트워싱턴합의는 시장 우호적인 국가의 개입에 호의적인 수정된 신자유주의 모델이다. 이에 따라 빈곤 대응 정책과 유엔의 **새천년개발목표(MDGs: Millennium Development Goals)**의 가치를 인정하고, 로컬주민, 정부, 원조단체의 반부패 운동을 비롯한 **굿 거버넌스(good governance)** 운동을 지지한다(Hopper 2012; 1장). 글로벌 지정학에서는 글로벌남부와 글로벌동부 신흥국가의 영향력이 점점 더 커지고 있다. 특히 중국과 브릭스 국가의 목소리가 커지고 있는데, 이러한 변화는 개발의 정의, 모델, 경로에 대한 다양한 논의로 이어졌다.

그러나 2000년대 경제성장의 성격과 지리적 패턴은 몰락의 씨앗을 품고 있었다. 금융과 무역에서 거시경제 성장의 불균형, 국제 금융 행위자들 간 고위험 투기의 증가, 지속가능성에 대한 압력 증가, 녹색경제와 저탄소경제로의 전환, 에너지·식량·물 자원의 부족 등의 문제가 2007년 말의 위기를 낳았다(Harvey 2011). 미국 **서브프라임 모기지** 시장에서 고위험 대출과 대부의 엄청난 규모는 국제 금융시스템의 불확실성을 낳았고, 결국에는 국제적 금융기관의 손실로 인해서 신용 붕괴와 유동성 위기가 발생했다. 한마디로, 글로벌 금융시스템에서 신용경색(credit crunch)이 발생해 세계 경제를 위기로 몰아갔다(Bardhan and Walker 2011). 이에 따른 경기 하락은 1930년대 대공황 수준의 엄청난 규모로 나타났고, 로컬경제, 지역경제, 국가경제 전역으로 확대되었다. 글로벌북부 국가의 경제는 생산량과 고용이 급격하게 하락하면서 대침체의 상태에 돌입했다. 이에 따라 국가 부채와 사회적 지출 비용이 증가했다. 은행 시스템의 붕괴를 막고 안정화를 도모하기 위해서, 여러 금융기관이 부분적, 또는 총체적으로 국유화되었기 때문이다(Dymski 2010). 글로벌남부의 경제도 글로벌북부와 통합의 정도와 성격에 따라 다양한 수준으로 경기의 하강, 정체, 수축을 경험했다. 이들의 주요 시장인 글로벌북부의 미래 전망에 대한 공포가 쌓여 가면서, 충격과 침체의 영향에서 벗어날 수 없었기 때문이다. 2008년 이후 경기 회복은 사회적·공간적으로 불균등한 결과를 낳으며 매우 더디고 아주 약하게 진행되었다(Davies 2011). 글로벌북부의 많은 국가는 **긴축**을 통해서 공공지출과 부채를 줄이는 재구조화 조치를 단행했다. 국가 채무에 대한 국제 투자자의 신뢰를 회복하고, 금융시스템의 취약성과 변동성에 대처하기 위해서였다. 동시에 경제성장과 회복을 촉진하고 경제 부문이나 공간 간의 재균형(rebalance)을 추구하면서 금융의 지위를 강화하려는 목적도 있었다(Froud et al. 2011; Schäfer and Streek 2013). 그러나 로컬, 지역, 국가의 경험은 차별화된 양상으로 나타났다. 그리스, 아일랜드, 포르투갈은 EU, 유럽중앙은행, IMF가 주도하는 구제금융 프로그램을 수용했고(Fraser et al. 2013), 영국에서는 재정적자 감축 정책이 추진되었다(King et al. 2012). 프랑스는 긴축과 성장 사이에서 새로운 방식을 찾으려 노력했으며(Holland and Portes 2013), 미국에서는 케인스주의와 유사한 경기 부양 방안이 도입되었다(Young and Sobel 2011). 글로벌남부 국가들은 수출 시장 침체, 성장 하락, 국가 개혁, 사회적·공간적 불평등 문제를 해결하려고 노력했다(Vazquez-Barquero 2012). 이러한 위기 속에서 지역개발의 개념은 대안적 경로 탐색과 현상 유지 사이에서 갈등하게 되었다(Tomaney et al. 2010).

지금까지 지역개발 개념의 진화를 광범위한 역사적 맥락에서 살펴보았다. 각각은 이론과 이데올로기 기반, 개발의 개념, 사회변화 이론, 지역개발의 역할과 행위자 측면에서 구별되는 성격을 가진다(표 2.4). 그러나 지역개발 정의의 역사에서 중심을 차지하며 꾸준하게 반복되는 주제도 다섯 가지 정도 발견할 수 있다. 첫째, 로컬과 지역 수준에서 개발이 무엇을 의미하는지는 시간에 따라 변한다. 이러한 개념화의 학문적 궤적은 역사적 진화, 현실적 경험, 비판, 논쟁을 기반으로 마련되었다. 무엇보다, 기존의 사상과 실천에 대한 급진주의적 또는 개혁주의적 수정을 통해서 기존의 이해방식이 변화한다는 점이 중요하다. 둘째, 지역개발의 정의는 지리적으로 차별화되어 있다. 지역개발은 장소 간에서, 그리고 장소 내에서 다르게 개념화된다는 이야기다. 지리적 맥락 속에서 지역개발의 범위, 성격, 형태가 결정되기 때문이다. 셋째, 지역개발의 전통적인 초점은 경제적 차원이었지만, 사회적·생태적·정치적·문화적 이해를 포함하는 방향으로 지역개발의 범위가 확대되고 있다. 이에 따라, 경제적·사회적·정치적·생태적·문화적 차원 간의 지속가능한 균형을 사회적으로 결정할 수 있도록 새로운 접근과 측정 방식도 등장했다. 넷째, 개발에 대한 서로 다른 접근, 정의, 맥락에서 로컬·지역 수준을 강조하는 정도도 다양하게 나타난다. 기존의 국가 및 상위국가적 초점에 로컬과 지역이 포함되면서 **다중 행위자**가 관여하는 **다중 스케일** 정부와 거버넌스의 상황이 마련되었기 때문이다. 국민국가를 위한 국가 스케일과 하향식 개발이 전부가 아니라는 인식이 높아지면서, 지역개발이 '어디(where)'에서 이루어지는지의 지리적 측면이 더욱 중요해지고 있다. 다섯째, 글로벌남부와 글로벌북부를 막론하고 오늘날의 국가는 지역개발과 관련해 공통된 문제와 특수한 문제 모두에 직면하고 있다. 번영, 생계와 웰빙, 인구 변동, 식량·에너지·수자원 안보, 기후변화, 금융시스템 불안정성, 빈곤과 사회적·공간적 불평등의 이슈가 그러한 문제에 해당한다(Pike et al. 2014). 이러한 맥락에서

표 2.4 자본주의와 개발의 관계에 대한 주요 관점

	자본주의적 개발	자본주의에 동참하는 개발		자본주의에 대항하는 개발		개발의 거부
	신자유주의	개입주의		구조주의	(인간중심)'대안' 개발	포스트개발
		'시장 효율성' 개선을 위한 개입	'시장 통치'를 통한 사회적 목표 실현			
비전: 바람직하게 '개발된' 상태	자유주의적 자본주의(근대적 산업사회, 자유민주주의, 사회적/환경적 기본 목표의 실현)			(자본주의가 아닌) 근대적 산업사회	모든 사람과 집단의 잠재력 실현	[개발은 바람직하지 않음]
사회변화 이론	자본주의 내부의 역동성	근대화 '장벽' 제거의 필요성	의도적 지휘를 통한 변화의 가능성	계급 간의 투쟁	[불명확함]	[불명확함]
개발의 역할	자본주의에 내재하는 과정	'[자본주의적] 진보의 무질서한 단점의 완화'		종합적인 계획과 사회의 변혁	개인과 집단의 권한신장 과정	미국의 헤게모니를 강화하는 '농간'
개발의 행위자	개별 기업가	(국가, NGO, 국제기구 등) 개발기구나 개발의 '신탁관리자'		(일반적으로 국가를 통한) 집단적 행동	개인 및 사회 운동	개발기구
지역개발	개발 자체의 행위자로서 로컬리티와 지역	경쟁력, 사회적 형평, 지속가능성 간의 균형을 추구하는 경제·사회·환경의 통합적 접근		사회적 변혁과 혁명, 비자본주의적 국가 근대화의 장소로서 로컬리티와 지역	대안적 사회조직의 형태와 '풀뿌리' 개발의 장소로서 로컬리티와 지역	자족적·자치적 대안 개발

출처: Thomas(2000: 780)

기존에 존재했거나 새롭게 등장한 개념, 이론, 언어의 가치가 의문시되고 있다. 여기에는 제1세계/제2세계/제3세계, 선진국/저개발국가, 고소득/중간소득/저소득 국가, 저선호/빈곤 지역, 신흥경제/전환경제/포스트사회주의 경제의 구분이 포함된다(Scott and Garofoli 2007). 세계가 글로벌화되고 점점 더 상호의존적인 모습으로 변하면서, 글로벌북부와 글로벌남부를 연결하지 못했던 기존 지역개발 접근의 한계는 도전에 직면해 있다. 이해의 맹점을 형성하고 집단적 지식을 파편화했기 때문이다(Bebbington 2003; Murphy 2008; Pike et al. 2014; Pollard et al. 2009).

2) 지역개발을 이루는 곳

어디에서 지역개발이 진전하는지와 관련해 지리적 개념은 비판적 성찰에 도움을 준다. 개발은 근본적으로 **지리**적인 현상이다. 이 진술은 개발이 어떠한 공간적 상황에서 어떻게 이해되는지와 관계 없이 항상 옳다. 지역개발 정의의 역사적 진화를 돌이켜 보면, 지역개발의 지리적 측면은 위치와 거리, 영토와 스케일, 관계적 순환(회로)과 네트워크, 장소와 맥락 등과 관련된다는 점을 알 수 있다. 이러한 공간적 차원은 지역개발 활동과 실천이 그려지는 캔버스(canvas)나 배경에 그치지 않는다 (Scott and Storper 2003). 어떻게 정의되든 개발은 사회적·공간적 진공의 상태에서 전개되지 않는다. "경제활동은 공간적 관계로 형성된다. 공간은 어떤 것이 발생하는 곳일 뿐 아니라, 왜 그것이 그 곳에서 발생하는지를 알려 준다. [따라서 공간은] 하나의 설명적 요인(explanatory factor), 즉 지리적 패턴을 설명하는 능동적인 요소"로 이해되어야 한다(Coe et al. 2013: 5).

지역개발을 사고하는 데에 있어서, 물리적 **위치**가 어디인지는 사람과 사물의 관계나 거리와 관련된 오래된 관심사다(Maier and Trippl 2009). 사람이나 사물 간 물리적 **거리**의 절대적 공간(absolute space)은 금전과 시간의 측면에서 비용을 유발한다. 이러한 거리 마찰(friction of distance)은 의사소통과 상호작용이 가능할 수 있도록 극복되어야 한다(Capello 2009). 사람과 사물은 접근성과 연결성에 따라서, 그리고 이것들이 어떻게 운송비, 통신비, 이동 시간에 반영되는지에 따라서, 상대적으로 가까워질 수 있고 역으로 멀어 보일 수도 있다. 가령 경제활동의 중심을 연결하는 밀집된 인프라의 네트워크가 존재하면 그러한 상대적 공간(relative space)에서 사람과 사물은 더욱 가까워질 수 있다. 역으로 주변부 지역은 절대적 공간에서 물리적으로 가깝다 할지라도 훨씬 더 멀게 느껴진다. 예를 들어 런던, 뉴욕, 도쿄와 같은 글로벌도시(global city) 간의 연계는 이들이 각각의 국민국가 내에서 물리적으로 가까운 주변부 로컬리티나 지역과 맺는 연결성보다 훨씬 더 긴밀하다(Sassen 2001).

지역개발에서 거리와 위치의 중요성이 낮아졌다는 견해가 있다. 이런 입장을 옹호하는 사람들은 "공간적으로 확장된 정보, 사물, 사람의 연결과 흐름 때문에 어딘가에 있어야만 하는 뿌리내림의 과정이 약화"되었다고 말한다(Agnew 2011: 5). 이들은 **거리의 사멸**(Cairncross 2001)이나 **지리의 종말**(O'Brien 1992)을 언급하며 자본과 노동은 점점 더 자유롭게 움직이며 아무 곳에나 자유롭게 위치할 수 있다고 주장한다. 이런 관점에서 거리 마찰이 확연하게 줄어들었거나 사라졌기 때문에 세계는 평평(flat)하다(Friedman 2005). 로컬리티나 지역이 개발을 위해서 이동성이 큰 자본과 노동을 유지하기 어려워졌기 때문에 미끌미끌한(slippery) 세계가 되었다고도 한다(Markusen 1996a; 1장). 그러나 대안적 관점에 따르면, 도로, 철도, 전신, 운하로 대표되는 기술적 혁신의 기존 라운드(round)에서 공간적 관계는 재구성, 재조직되었다. "거리는 사라지지 않았고, 그것의 형태와 효과가 새롭게" 되었다는 이야기다(Agnew 2011: 5). 이처럼 거리나 위치에 영향을 주는 혁신과 과정은 로컬리티나 지역 간 차이의 중요성을 감소시키지 않았고 오히려 강화했다. 자본과 노동이 글로벌 스케일에서 아무 곳에나 입지하려면 장소의 차이에 적응해야 한다. 이러한 관점에서 세계는 지리적으로 차별화되어 뾰족한(spiky) 모습을 보이며, 로컬리티나 지역은 다른 곳에서 모방하기 어려운 역량과 속성을 가지기 때문에 끈적끈적한(sticky) 성격을 가진다(Christopherson et al. 2008; Goldenburg and Levy 2009).

지역개발 정의의 요소로서 거리와 위치의 영향력은 여전히 중요하다. 개발에 대한 경제적 개념에서, 거리와 위치는 자금의 이전, 물리적 재화의 이동과 서비스의 제공, 사람들의 통근, 지식의 공유 등과 관계된다. 개발의 정의를 확장하여도, 거리, 위치, 상호관계가 어떻게 차이를 만드는지 파악할 수 있다. 가령 어린이의 통학 여부와 방법, 기후변화를 줄이거나 이에 적응하기 위한 사람들의 이동 방식, 정치·문화적 참여 여부와 방법 등과 관련해서 말이다.

위치, 거리, 상호관계의 공간적 측면은 특정한 지역개발 개념과 이론에서 특히 중요하다(3장). 이들의 중요성은 로컬·지역 수준에서 개발을 위한 정책적 접근에도 분명하게 나타난다. 예를 들어 세계은행(World Bank 2009)은 국제적 접근과 참여에 제약을 줄 만큼 연계성이 열악하고 지리적으로 고립된 경제의 어려움을 설명하는 데에 있어서 거리를 중대한 요소로 파악한다. 이러한 지역개발 개념을 통해서, 세계은행은 연계성과 교통, 정보통신 기술 등 인프라 투자를 우선시하며 자본이나 노동과 같은 생산요소의 이동성을 개선하고자 한다.

영토(territory)는 한계와 경계로 정의되는 공간 단위를 일컬으며, 일반적으로 국민국가, 지역, 도시 정부의 행정적·정치적 권한에 기초한 통제의 관할권을 가진다(Agnew 2011; Paasi 2010). 특정한 영토에 대하여 정부, 상위국가 조직, 로컬 조직 등을 포함한 제도적 기관은 법의 틀, 규제 시스템, 공간계획 정책 등 다양한 영역에서 **권력**을 행사하는데, 이 또한 지역개발의 정의와 실천에 영향을 미친다. 영토적 권한은 활동에 대한 권력과 통제로 구체화되며, 고용 보호, 환경 표준, 재정 정책, 지적재산권, 조세, 노동조합 등 해당 영토 공간에서 영향력을 발휘할 수 있는 **제도**의 역할이 중요하다. 다른 한편으로, 영토적 권한은 자본의 흐름, 해외 원조, 이주, 인프라 네트워크, 무역 규제 등을 통해서 다른 영토와 상호작용하는 관계 속에서도 발휘된다. 이러한 권력을 영토적 정치 시스템에서 어떻게 획득하고, 발휘하고, 설명할 수 있는지는 뒤에서 더욱 상세하게 논의한다.

지역개발에 적합하고 중요한 또 다른 지리적 개념은 **스케일**(scale)인데, 이는 지역의 공간적 수준과 규모로 정의된다. 스케일은 한마디로 사회적·경제적 과정과 제도적 행위자가 작동하는 지리적 범위라 할 수 있다(MacKinnon 2011). 스케일은 영토의 개념에서 중심을 차지한다. 특히, 행위자들이 자주권을 주장하며 권한과 권력을 행사하는 공간의 수준과 지리적 경계를 정의하는 데에 중요하다. 스케일은 글로벌에서부터 시작해 국가, 하위국가, 지역, 도시-지역, 로컬, 근린, 커뮤니티, 직장,

표 2.5 사회적·경제적 과정과 제도적 행위자의 스케일

	사회적·경제적 과정	제도적 행위자
글로벌	무역 체제의 자유화	ILO, IMF, WTO, 국민국가
거시지역	정보통신기술 네트워크의 확장	EU, 회원국, 규제기관, 민간부문 공급자
국가	주택 가격 인플레이션	중앙은행, 주택조합, 채무자
하위국가	교통 인프라 확대	공공운수조합, 민간기업, 금융기관
지역	대학 졸업자 노동시장 보유	대학, 지역개발기구(RDA), 고용주, 훈련기관
하위지역	노동시장 축소	고용 서비스, 노동조합, 기업협회, 고용주, 피고용인
로컬	지역화폐 실험	지역교환거래제(LETS), 가정
근린	사회적 배제	로컬 기관, 재생, 파트너십, 자발적 집단
커뮤니티	성인 문해력 확대	교육 및 훈련 제도, 가구, 가정
개인	학력	학교, 교사, 운영위원

가정, 개인에까지 이른다(표 2.5).

　스케일과 지역개발 간의 관계를 개념화할 때 세 가지 이슈를 고려해야 한다. 첫째, 지리적 스케일 간의 관계를 단순하게 계층적인 것으로 여겨서는 안 된다(Coe et al. 2013). 상위 스케일의 행위자와 사회적·경제적 과정이 항상 하위 스케일의 특성들을 선형이나 하향식으로 결정하지는 못한다는 말이다. 관계와 과정은 위아래 양방향으로 작동할 수 있고, 일정한 상황과 시간의 맥락에서 특정한 스케일이 더욱 많이 중요할 수도 있다. 가령 거시지역(macro-region)의 규제 변화가 로컬개발에 영향을 주지만, 지역의 정치적 요구가 국가 수준의 정치적 해결책에 영향을 미치기도 한다. 둘째, 스케일은 서로 연관되어 있다. 이러한 상호연결성은 사회적·경제적 과정과 행위자가 여러 스케일 간에서 동시에 작동할 수 있기 때문에 나타난다. 특정한 스케일에서 진행되고 있는 일이 다른 스케일에서 전개되는 과정과 분리되지는 않는다는 이야기다(Perrons 2004). 스케일은 다양한 정도와 방식으로 관여된 행위자들이 만들어 내는 것이다. 사례 2.2에서는 글로벌 무역분쟁으로 야기된 로컬의 불안정성을 소개한다. 지역개발에서 경제적·사회적·정치적 행위자와 과정의 공간적 스케일 간 상호작용이 얼마나 중요한지를 보여 주는 사례이다.

　보다 개방적인 개념화에서는 경계에 한정되지 않는 영토의 성격을 강조한다. 영토의 영향력과 공간적 도달거리는 경계를 초월하기 때문이다. 광범위하게 공간화된 사회적 관계망으로 인해서 다른 영토의 사람이나 장소와의 연결성이 형성된 것도 중요한 이유다(Allen et al. 1998). 관계적 공간순환(회로)과 **네트워크**는 지리적 스케일 사이를 가로질러 서로를 연결한다(MacKinnon 2011). 이는 경계로 한정된 지역 내에서, 또는 공간적으로 인접하지 않는 지리적 공간 사이에서 연결망의 중요성을

사례 2.2 글로벌 무역분쟁과 로컬경제의 불안정성

1990년대 말의 **바나나 전쟁(Banana War)**을 통해서 지역개발에서 서로 다른 스케일 간의 연결성을 파악할 수 있다. 이 사건은 카리브해 지역에서 유럽으로 수입된 바나나에 부여된 특혜에 대하여 미국과 EU 간에 발생했던 WTO 무역분쟁 사례이다. 이때 미국은 EU의 수출품 일부에 100%의 보복관세를 부과해 자국 시장에서 몰아내고자 했다. 미국은 EU 협상자와 회원국에 정치적인 압력을 행사하기 위해 고부가가치 수출품을 중심으로 보복관세 품목을 선정했다. 여기에는 프랑스의 핸드백, 독일의 커피메이커, 이탈리아의 치즈가 포함되었다. 이들은 대체로 고도로 국지화된 산업 클러스터에서 생산되는 품목이었다. 예를 들어 영국의 잉글랜드와 스코틀랜드 경계 지역에서 생산되는 캐시미어도 미국의 표적이 된 상품이었다. 이 지역에서 캐시미어 부문은 '니트웨어 수도'라 불리는 하윅(Hawick)에 집중하며 1,000명 이상을 고용하고 있었다. 하윅 캐시미어 컴퍼니의 짐 톰슨은 이 제재가 스코틀랜드 산업의 중대한 문제가 될 것으로 예상하며 다음과 같이 말했다. "미국인들은 캐시미어 산업이 이 지역에 얼마나 집중해 있는지 모릅니다. 제재는 재앙으로 이어질 것입니다. 실제로 부과된다면, 1,000개의 일자리가 사라지게 됩니다."(Guardian 1999) 이와 같이, 글로벌 무역분쟁으로 인해서 특정한 지역경제가 불안정해지고 있었다. 주요 수출 시장과 관련된 불확실성의 기간이 오랫동안 계속되었기 때문이다(Pike 2002). 이 분쟁은 국가와 EU 수준에서 2년 동안 이어진 로컬 이해집단의 정치적 로비를 통해서 마무리되었다. 처음에는 WTO에서의 협상 타결로 캐시미어만이 목록에서 빠졌다. 그리고 미국은 2001년 6월 1일부터 나머지 EU 상품에 대한 제재의 철회를 결정했다.

강조하는 해석이다. 군도(archipelago)의 모습처럼 연결된 도시−지역이나, 2000년대 잉글랜드 북부의 노던 웨이(Nothern Way)와 같은 범지역적 계획에서 구상했던 투과성 높은 '퍼지(fuzzy)'한 경계를 사례로 언급할 수 있다(MacLeod and Jones 2007; 그림 2.1). 이러한 개념화는 다중 스케일과 다중 행위자 접근을 강조하며, 경계를 중시하는 **영토적(territorial) 접근**과 경계에 얽매이지 않는 **관계적(relational) 접근** 간의 긴장관계, 마찰, 조정의 과정을 부각한다(Pike 2007).

셋째, 스케일은 이해관계를 가진 행위자들을 통해 정치적·사회적으로 구성된다(Agnew 2011). 특정한 행위자들이 일정한 시·공간 상황에서 의미를 부여하며 구체화된 스케일을 만들어낸다는 이야기다(Passi 2013). 다시 말해 스케일은 변화 없이 고정되어 안정화된 개체가 아니다. 역동적으로 진화하는 경제적·사회적·정치적·환경적·문화적 구성물(construct)이다. 따라서 스케일은 (재)생산되어 오랫동안 유지될 수 있지만(Agnew 2011), 스케일의 정의, 행위자가 참여하려는 스케일, 스케일 간 긴장관계와 관련해 논란과 투쟁이 발생할 수도 있다. 예를 들어 미국에서는 도시, 교외, 농촌 지역 간 영토 내·외의 불평등 문제에 대한 논란이 많다(Fitzgerald and Green Leigh 2002).

개념적·이론적 명확성을 위해서 이 책의 주요 관심은 로컬과 지역 스케일에 둔다. 특정한 공간적 수준에 초점을 맞추는 것은 세 가지 이유 때문이다. 첫째는 국가적으로 프레임된 개발의 한계와 로

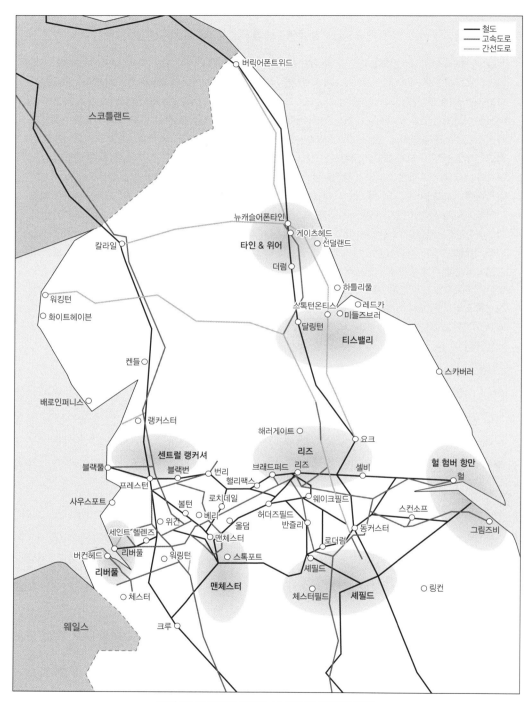

그림 2.1 범지역적 계획 '노던 웨이'의 '퍼지'한 경계

출처: Northern Way(2008: 20)

컬·지역 형태의 개발을 검토하기 위해서다. 둘째, 하향식 국가적 접근과 상향식 로컬·지역 접근 모두를 해석하는 것이 이 책의 중심 과제이기 때문이다(표 2.2). 셋째, 어떻게 (그리고 누가) '로컬'과 '지역'을 정의하는지, 그리고 이들이 어떻게 특정한 시·공간적 환경에서 개념적·이론적·실천적 중요성을 획득하여 개발의 가치를 가지게 되는지를 이해하고 설명하기 위한 목적도 있다. 행위자들은 로컬리티와 지역을 영토적 경계를 갖춘 공간 단위로 구성한다. 이에 따라 행정적·정치적·사회적 정체성을 가진 지역이 정의되고, 행위자들은 특정한 지역개발의 정의와 종류를 결정하여 표현하고 추구한다.

로컬·지역 수준에서 나타나는 개발의 경험에 초점을 맞추지만, 이 스케일을 무비판적으로 다루지는 않는다. 즉 우리 저자들은 로컬리티와 지역을 "하위국가적 공간 단위"로만 개념화하는 것을 거부한다(Hudson 2007: 3). 로컬·지역 스케일을 국민국가 내에서 행정적으로 정의된 불변의 실체로 이해하지 않는다는 말이다. 그 대신, 개발에서 로컬·지역 스케일의 비판적 측면 다섯 가지를 인식한다. 첫째, 스케일은 앞서 논의한 바와 같이 특정한 시·공간에서 사회적·정치적으로 (재)생산된다. 행위자들은 일정한 환경과 시간 속에서 특수한 목적을 바탕으로 특정한 로컬리티와 지역을 구성한다. 스케일은 사회적·정치적으로 생산된 것이기 때문에 해체될 수도 있다. 예를 들어 2000년대 초반 오스트레일리아에서는 지역의 단계와 지역개발 제도가 폐지되었다(Tomaney 2010). 마찬가지의 변화는 2010년 이후 영국에서도 나타났다(Pike et al. 2015a). 시간에 따른 로컬리티와 지역의 변화는 지역개발 개념, 실천, 전망에도 영향을 준다. 그래서 지역개발을 이해하고 설명할 때, 특정한 상황 속에서 구체적인 로컬이나 지역 스케일의 구성, 목적, 지위를 비판적으로 파악해야 한다. 이 과제는 누가 어떤 목적을 가지고 어떻게 특정한 스케일을 창출하는지, 무엇을 기준으로 그러한 스케일이 정의되는지, 어떤 행위자와 집단이 "'지역'과 '지역의 이익'을 대신해 말할 권리"와 권력을 가지게 되는지와 관련된다(Hudson 2007: 3).

둘째, 스케일을 사회적·정치적으로 구성하는 과정의 결과로, 로컬과 지역에 부여된 정확한 의미는 맥락과 시간에 따라 변할 수 있다. 물론, 지역의 크기와 기능을 정의하고 측정하는 국제적 통계의 표준이 존재하는 경우도 있다. 인구나 노동시장 지역 단위가 그러한 기준으로 사용된다(Dunford 2012; OECD 2013a). 그러나 지역 스케일의 크기와 모습은 정량적·공간적 측면에서 국가별로 다르다. 로컬리티와 지역은 주장, 포부, 목적을 가진 특정한 이해관계에서 정의되고 만들어지기 때문에, 특정한 맥락의 문제로 여겨야 한다. 셋째, 로컬과 지역은 동의어가 아니다. 맥락에 따라 로컬리티는 지역과 비슷할 수 있지만, 일반적으로 **지역**의 사이즈(size)와 스케일은 **로컬**보다 크며 영토 시스템에서 높은 지위를 보유한다. 넷째, 위에서 논의한 영토적 개념과 관계적 개념은 내부적/외부적 연결과

관계에 대한 성찰을 자극한다. 이들은 로컬리티나 지역에서 개발의 정의와 숙의에 영향을 미치기도 한다. 예를 들어 최근에는 토착·내생적 전략에서도 외생적 차원과의 연결성에 많은 관심을 기울이게 되었다(MacKinnon et al. 2002: 5~7장). 다섯째, 로컬리티와 지역은 영토로서, 그리고 개발정책의 주제와 대상으로서 다양한 수준의 지위와 권력을 보유한다. 하지만 국가마다 차별화된 정부와 거버넌스의 시스템을 보유하며, 권한·책임·자원 분권화의 형태와 수준도 다르게 나타난다(Tomaney et al. 2011: 4장).

이 절의 마지막 주제로 **장소**에 대해 논의해 보자. 장소를 "어떤 것이 '단순히 발생'하는 지표의 위치"로 여기는 관점을 거부하고, 대신에 "물리적, 사회적·경제적 과정이 중개되는 지리적 맥락"으로 이해하는 총체적인 개념을 추구해야 한다(Agnew 2011: 3-4). 지리적 맥락으로서 장소는 특정한 위치의 독특한 성격을 반영하는데, 이는 장소 내부의 제자리에서 형성되기도 하고 다른 장소와의 관계적 연결을 통해서 (재)생산되기도 한다(Coe et al. 2013). 장소의 속성은 다양한 방식으로, 즉 환경적 조건과 경관, 경제적 활동·역량·자산, 사회적 실천·규범·시스템, 정치적 전망과 신뢰, 문화적 관습과 전통 등으로 구체화되며 시간에 따라 변화한다. 세계는 독특한 장소로 구성되었기 때문에 지리적으로 차별화된다. 균질하고 일관된 지리적 평면이 아니라는 뜻이다. 해크니에서부터 호놀룰루와 홍콩에 이르기까지 각각의 장소는 독특하다. 이처럼 독특한 지리적 환경은 지역개발의 정의에 영향을 주며 실천을 형성하는 조건과 맥락의 역할을 한다. 특히 두 가지 측면이 중요하다. 첫째, 장소의 지리적 다양성으로 인해서 지역개발의 정의는 국가 내에서, 그리고 국제적으로 다르게 나타난다. 동시에 장소의 다양성은 지역개발 정의의 시간적 변화에 영향을 미친다. 지역개발은 특히 다음과 같이 맥락에 크게 영향받는다.

> 경제개발 자체는 객관적이지 않다. 경제개발은 특정 인구가 처한 문화와 조건에 따라 웰빙을 이룩하는 수단에 불과하다. 미국 뉴욕과 모잠비크 마푸투(Maputo) 사람들의 웰빙 목표는 같지 않으며, 이들을 위한 중·장기적 목표는 뉴욕과 마푸투 시민만이 정할 수 있다.
>
> (Canzanelli 2001: 24)

이러한 **맥락** 의존성은 매우 중요하다. "맥락이 중대한 영향을 미치는 지역개발의 성격 때문에 이론을 실천으로 옮기는 일은 매우 어렵다. 경제개발 프로그램의 성공과 실패도 맥락의 영향에 좌우된다. … 모든 로컬 성장 전략이 어떤 상황에서든 효과를 보는 것은 아니다."(Beer 2008: 84-85) 둘째, 장소의 속성은 불가피하게 역사적 진화에 영향을 받는다. 현재와 미래의 개발 경로 패턴은 과거 유산에 영향을 받아 형성된다는 말이다. 특정한 지역개발의 정의와 종류가 제대로 정착하여 번영을 이끄는지, 아니면 시간의 흐름에 따라 약해져 실패를 낳는지도 장소의 특성에 영향을 받는다. 어디에서 지역개발이 나타나는지는 여러 가지 비판지리학적 관심의 대상이다. 이 절에서 살핀 위치와 거리, 영토, 스케일, 장소의 개념 모두가 지역개발의 정의와 종류에 큰 영향을 미치기 때문이다.

3. 지역개발의 종류

지금까지 지역개발의 정의, 지리, 역사적 진화를 살펴보았다. 서로 다른 종류의 지역개발에 대하여 상이한 의미가 부여되는 점도 파악했다. 지역개발은 특정한 시·공간 맥락에서 서로 다른 사람과 집단이 결정하기 때문이다. 지역개발의 본질, 성격, 형태는 시간에 따라 변하는데, 변화의 과정은 지리적으로 불균등하다. 지역개발의 종류에 대하여 비판적으로 사고하려면, 무엇을 위한 지역개발이며, 이러한 목적과 목표를 바탕으로 무엇을 하는지를 고찰해야 한다. 지역개발의 목적과 목표는 정의뿐만 아니라, 원칙과 가치, 권력과 정치, 다양성의 프레임에도 영향을 받아 형성된다. 이러한 지역개발의 측면들을 아래에서 논의한다.

1) 원칙과 가치

원칙(principle)은 뿌리 깊게 자리 잡은 근본적 진리를 말하며, 이는 개인적·사회적 행동, 신념 체계, 논리와 합리성 프레임의 기초를 형성한다. **가치**(value)는 중요한 의미이며 시도해 볼 만하다고 높이 평가되는 신념이나 이상을 뜻한다. 원칙과 가치는 일정한 장소에서 특정한 이해관계를 가진 사회집단에 영향을 미치고 이들이 지역개발의 의미를 정의, 해석, 이해, 표현할 수 있도록 한다. 지역개발의 핵심 요소는 집단 내에서 만장일치로 채택되거나 일정한 수준의 합의를 통해서 공유되기도 한다. 하지만 지역개발은 장소 내·외부의 서로 다른 행위자 사이에서 차별화된 경합적 해석의 대상이다. 그래서 지역개발의 가치, 선호, 적절성도 결속(cohesion)이나 분열(division)의 원인으로 작용한다. 결과적으로 앞으로 논의할 것처럼, 지역개발 이슈에 대한 숙의가 프레임·구조화·적응·해결되는 방식은 정치와 권력의 문제인 측면도 있다.

지역개발의 원칙과 가치는 가치, 윤리, 의견과 관련된 규범적(normative) 문제를 야기한다. **규범**은 무엇이냐의 문제라기보다 무엇이어야 하는지에 초점이 맞춰진다. 구체적인 질문을 나열하면 다음과 같다. 지역개발이 무엇을 의미할 수 있고 무엇을 의미해야 하는가? 특정한 로컬리티나 지역에서 행위자들은 어떠한 종류의 지역개발을 원하는가? 어떠한 종류의 지역개발이 (부)적절하다고 여겨지는가? 특정한 종류의 지역개발에서 성공과 실패의 기준은 무엇인가?

지역개발의 원칙과 가치는 사회적으로, 정치적으로 구성된다. 로컬리티와 지역의 행위자들이 결정한다는 이야기다. 물론 민주주의, 평등, 공평, 공정, 자유, 연대처럼 발전의 수준과 무관하게 받아들여지는 보편적 **신념**에 근거할 수는 있다(1장; 9장). 그러나 원칙과 가치의 설정 과정은 국가, 시장, 시민사회, 대중 행위자 간의 **권력** 관계와 무관할 수 없다. 지역개발의 원칙과 가치 문제가 프레임, 숙의, 해결되는 방식과 관련해 권력, 정치, 정부와 거버넌스 시스템의 중심을 차지한다는 이야기다(4장). 하지만 모든 행위자가 개발 경로를 결정하고 그것을 위해 행동할 수 있는 자치성과 독립성을 보유하는 것은 아니다. **행위성(agency)**은 행위자들이 착근한 구조적·제도적 맥락에 제약을 받는다. 무엇이 개발이고, 개발은 무엇이 될 수 있으며 무엇이 되어야 하는지에 대한 논의 속에서 기회와 한계가 창출되기도 한다.

로컬리티와 지역의 사람과 제도가 개발 경로를 선택하는 데 완전한 자유를 누리는 경우는 거의 없다. 이들의 포부와 전략은 백지상태에서 출발할 수 없기 때문이다. 지역개발의 원칙과 가치의 사회적 결정은 지리적으로 불균등한 역사적 과정이다. 특정한 개발의 구성이나 관념은 자원의 사회적 사용에서 조건으로 작용하며, 경제적·사회적·생태적·정치적·문화적 측면에서 상당히 다른 함의를 가진다. 가령 행위자들은 사회적 요구와 관련된 내부적 상황에 초점을 추구할 것인지, 아니면 외부 시장을 강조할 것인지를 선택해야 하는 경우가 있다(Williams 1983).

원칙과 가치의 사회적 결정은 지리적 차원을 가진다. 가령 특정한 개인, 집단, 조직은 특정한 사회 계급의, 즉 자본가나 노동자의 이익에 따라 행동할 수 있고, 로컬리티, 지역, 국가 등 영토도 계급적 행동에 영향을 미친다. 계급은 여러 공간을 가로질러 활동하고 영토는 공간 내부에서 작용하며, 이처럼 공간과 영토 모두는 지역개발 원칙과 가치의 결정과 표현에 기초를 제공한다(Beynon and Hudson 1993; Cooke 1985). 이러한 원칙과 가치를 바탕으로 바람직하다고 여겨지는 지역개발의 종류에 대한 사회적 열망과 포부가 형성된다. 그리고 특정한 로컬리티와 지역의 행위자들이 가치 있고 적절하다고 여기는 지역개발은 지리적으로 차별화되며 시간에 따라 변화한다. 여기에는 경제적·사회적·정치적 부정의(injustice)에 대한 인식이 반영될 수도 있다. 예를 들면 공공지출의 배분, 로컬기업이나 초국적기업의 활동, 생태적 피해, 정치적·재정적 자치의 상대적 수준 등이 지리적으로 차별화되어 진화하는 지역개발에 영향을 미친다. 이와 같은 구체적인 상황 속에서 개발은 공적자금의 공정한 배분, 기업에 대한 규제적 통제의 강화, 환경 표준의 개선, 정치적 권력·책임·자원의 이양 등 여러 가지 의미로 해석될 수 있다.

　장소의 고유한 속성과 성격도 행위자들의 집합적 원칙과 가치에 영향을 주며, 이러한 원칙과 가치는 다양한 수준으로 지역개발에 반영된다. 개발에 대한 사회적 포부(열망), 그리고 무엇이 성취될 수 있고 그렇지 못한지는 지리적인 뿌리를 가진다는 뜻이다. 로컬 자산, 역량, 네트워크에 대한 과거의 경험과 평가의 조건 때문이다. 이처럼 지리적으로 착근된 원칙과 가치는 행위자들이 바람직하고 현실적이라고 여기는 지역개발의 종류에 실질적 영향력을 행사한다. 사례 2.3은 개인주의적 **기업가주의**와 구별되는 웨일스 특유의 연합적(associative)·협력적(cooperative) 기업가주의 원칙과 가치를 보여 준다. 이처럼 지역개발의 원칙과 가치와 관련해 장소는 중요한 역할을 한다. 최근에는 장소의 중요성을 인식하는 맥락민감형(context-sensitive) 정책의 필요성이 강조되고 있다(Barca et al. 2012). 이 주제는 제3부 '개입: 논리, 전략, 정책, 수단'과 제4부 '통합적 접근'에서 보다 상세히 살펴보도록 하겠다.

사례 2.3 웨일스의 연합적 기업가주의 원칙과 가치

영국에서 웨일스 남부는 석탄 채굴과 중공업의 핵심 지역이었지만, 20세기 내내 오랜 재구조화를 경험했다. 그래서 사회적·경제적 재생이 지역개발의 중심 과제를 차지하게 되었다. 그러나 기업과 창업 지원은 명백한 실패로 끝났다. 웨일스에서 이 부문의 성과는 여전히 영국의 다른 지역에 미치지 못한다. 2012년을 기준으로 웨일스의 신생기업 비율은 9.4%로 영국 전체의 11.4%보다 낮은 수준에 머물렀다(Office for National Statistics 2013). 스콧 카토(Scott Cato 2004)의 주장에 따르면, 개인주의적이고 이기적인 기업 및 기업가주의 모델은 웨일스 사람들의 원칙이나 가치에 부합하지 않는다. 대신에 웨일스의 가치는 공동체, 상호부조, 연대성에 기초한다(Morgan and Price 2011). 영웅적 개인주의나 경쟁적 기업가주의는 앵글로-아메리카 경제 모델의 역동성과 유연성에 기초를 이루지만, 웨일스의 가치와는 어울리지 않는다. 전통 산업이 웨일스 경제를 지배하고 있을 때, 잉글랜드 출신 광산 소유주의 신제국주의(neo-colonialism) 형태에 대한 뿌리 깊은 반감이 형성되었다. 그래서 웨일스 사회에서 민간기업은 공공연한 착취와 동일시된다. 웨일스 사람들은 "민간고용과 공공고용을 동급으로 생각하지 않는다. 커뮤니티에 대한 봉사만을 존경과 가치의 대상으로 여기는 경향이 있다. … 이는 자기-본위적(self-regarding) 가치 시스템보다 타인-본위적(other-regarding) 가치 시스템이 우세한 결과이다."(Casson et al. 1994: 15; Scott Cato 2004: 228 재인용) 이런 맥락에서, 웨일스 기업이 앵글로-아메리카 모델을 채택하도록 지원하는 공공정책은 부적절하며 실패할 수밖에 없다는 인식이 높다. 스콧 카토는 연합적(associative), 또는 **협력적(cooperative) 기업가주의**가 웨일스의 원칙이나 가치와 잘 어울리며 성공 가능성이 높다고 주장했다. 이에 대한 근거로, 카토는 사우스 웨일스 밸리의 글라모건에 위치한 노동자 소유의 협동조합 타워 탄광(Tower Colliery)의 사례를 제시했다. 이러한 형태의 지역개발이 웨일스의 원칙과 가치에 더욱 잘 어울린다. 혁신적 접근이 웨일스에서 신규 비즈니스 스타트업(start-up)의 성장을 이끌 수 있는지는 두고 볼 일이다. 하지만 타워 탄광은 2008년에 문을 닫았다.

한편 **지속가능성**에는 개념적·이론적 논란이 있지만, 이것은 매우 중요한 원칙과 가치가 되었고 지역개발의 정의, 지리, 다양성에도 영향을 미친다(Christopherson 2012; Morgan 2012: 3장). 지속가능성은 경제성장에 초점을 맞춘 지역개발의 근본적인 목적과 목표에 의문을 품게 하는 아이디어이다. 경제 지향형 지역개발의 내구성, 지속성, 장기적 함의도 문제시된다(Morgan 2004). 지속가능성에는 경제적·사회적·생태적·정치적·문화적 차원이 있다. 환경적 초점이 주도했던 초창기와는 달리, 지속가능한 개발의 최근 버전에서는 **총체적 접근**을 추구하며 특정한 측면 간의 트레이드오

사례 2.4 스마트 성장과 지역개발

스마트 성장(smart growth)은 지속가능하고 살기 좋은(liveable) 커뮤니티를 추구하는 지역개발 접근이다. 이 아이디어는 특히 북아메리카와 오스트레일리아에서 큰 영향력을 떨치고 있다. 오늘날의 도시와 교외 개발 패턴은 삶의 질에 악영향을 주고 있다. **도시 스프롤(sprawl)**과 내부도시(inner city) 인구의 이탈은 공공서비스 공급의 지리에 대한 우려를 낳았다. 특히 교외화, 세수 기반의 이동, 직주 분리 심화의 맥락에서, 내부도시와 외부도시(outer city)의 서비스 재원을 어떻게 마련하고 지원할지가 중요한 관건이다(Krueger 2010). 자동차에 대한 의존성 때문에 혼잡과 환경오염, 개방 공간의 감소, 공공 인프라와 서비스에 대한 압박, 경제적 자원의 불평등한 분배, 공동체 의식 상실 등도 문제로 지목된다.

지역개발은 커뮤니티가 "그 안에 살거나 일하는 사람들의 요구에 더욱 성공적으로 부응"하는 역할을 한다(Local Government Commission 1997: 1). 이에 미국 지방정부 위원회는 지속가능성의 원칙에 기초해 "스마트 성장: 21세기를 위한 경제개발" 어젠다를 개발했다. 이것의 주요 주장은 다음과 같다.

금융이든, 자연이든, 인간이든, 자원 낭비를 더는 감당할 수 없다. 21세기의 번영은 모든 사람을 위해 높은 삶의 질과 지속가능한 삶의 표준을 창출하여 유지할 수 있는지에 달려 있다. 이러한 도전에 대처하기 위해서, 스마트 성장을 지향하는 종합적인 새로운 모델이 등장하고 있다. 여기에서는 자연자본과 인적자본의 경제적 가치가 인정된다. 이 접근은 경제적·사회적·환경적 책임을 받아들이면서 성공을 위해 가장 결정적인 구성요소, 즉 커뮤니티와 지역에 초점을 맞춘다. 동시에, 살기 좋고 번영하는 장소를 만들기 위해서 커뮤니티나 지역 간 협력도 강조한다. 각각의 커뮤니티와 지역은 독특한 기회와 도전의 문제를 가지지만, 공통된 원칙을 바탕으로 통합적 접근을 추구하여 모든 부문에서 공동체의 경제적 활력을 증진해야 한다. 보다 광범위한 지역에서 이웃 주민과의 파트너십도 필요하다. 이러한 원칙에는 통합적 접근, 비전과 포용, 빈곤 감소, 로컬 초점, 산업 클러스터, 연결된 커뮤니티, 장기적 투자, 사람 투자, 환경적 책임, 기업의 책무, 압축(compact) 개발, 살기 좋은 커뮤니티, 중심부 초점, 특징적 커뮤니티, 지역적 협력이 포함된다.

이러한 어젠다는 북미와 오스트레일리아의 여러 도시와 지역에서 수용되었다. 보스턴, 볼티모어, 포틀랜드, ('스마트 성장 연합'이 조직된) 노스캐롤라이나, 퀸즐랜드 등이 그런 지역에 포함된다. 행위자와 장소가 어떻게 스마트 성장의 경제적·사회적·환경적 차원 간 긴장관계와 트레이드오프를 관리할 수 있는지가 결정적인 문제다(Krueger 2010).

프보다 통합과 균형을 더욱 많이 강조한다(McShane et al. 2011). 사례 2.4에서 예시하는 바와 같이, 북미와 오스트레일리아에서는 경제적·사회적·환경적 목표를 동시에 달성하기 위해 **스마트 성장** (**smart growth**) 전략이 추진되고 있다. 마찬가지로 금융위기 이후의 경기 회복을 위한 투자는 재생

사진 2.1 위기 이후 로컬경제 회복을 위한 재생에너지 투자

출처: US Fish and Wildlife Service

그림 2.2 유럽의 공간개발 관점

출처: European Commission(1999: 10)

에너지를 비롯해 녹색경제나 저탄소경제 지원책을 중심으로 이루어졌다(사진 2.1). EU에서도 유럽 공간개발관점(ESDP: European Spatial Development Perspective)을 마련해 유럽 전체를 위해서 통합된 공간개발 프레임을 마련하고, 때로는 모순적인 경제, 사회, 환경 간 조화와 균형의 길을 모색한다(Faludi 2014; 그림 2.2). 최근의 지역개발에서는 불평등과 사회정의도 지속가능성 문제의 일부로 여겨진다. 예를 들어 신념, 젠더, 인종 등 정체성이나 사회적 분열에 민감하게 반응하는 방식도 지속가능한 접근으로 이해된다(Perrons 2012; Rees 2000; Vaiou 2012).

2) 권력과 정치

권력과 정치는 지역개발의 종류, 원칙과 가치, 다양성을 누가, 어디에서, 왜, 어떻게 결정하는지에 영향을 준다. **권력**은 무엇인가를 특정한 방식으로 이행하는 능력이나 역량을 뜻한다. 전통적으로 권력은 특정한 개인, 집단, 제도가 소유하는 중심화된 역량으로 인식되었다(Allen 2003). 이러한 개념화에서 권력 관계는 엘리트 중심이나 분산된 구조 속에서 "구체적인 행위자가 타인의 '위에서' 권력을 행사하며 타인을 자신의 의지 아래에" 두는 형태로 이해된다(Cumbers and MacKinnon 2011: 249). 공통의 목표를 추구하는 행위자들의 결집을 통한 연합적(associational), 집합적(collective) 행위성도 마련될 수 있다. 일반적으로, 지역개발의 정의, 해석, 프레임은 – "권력 관계의 단단한 모서리"로 불리기도 하는 – 영토 내의 엘리트나 사회적 권력의 네트워크를 통해서 형성된다(Christopherson 2008: 242). 네트워크는 정치 지도자, 기업, 국가정부, 지방정부 등으로 구성되며(Christopherson and Clark 2007), 이들의 숙의 과정은 다양한 정도와 방식으로 대항적 권력으로부터 도전을 받아 약해질 수도 있다. 대항적 권력은 커뮤니티, 노동자, 로컬 활동가 집단을 중심으로 형성된다.

권력에 대한 보다 최근의 관점에서는 공간화된 형식으로 나타나는 권력의 역동성, 유동성, 관계성을 중시한다(Allen 2003). 그리고 강제, 지배, 전문성, 조작, 협상, 설득, 유인 등 권력의 다양한 형태에도 주목한다. 이 관점은 권력을 "공간을 가로질러 형성된 네트워크와 연합의 산물"로 파악하며, **권력의 소유(possession)**와 **권력의 행사(exercise)**를 구분하여 설명한다(Cumbers and MacKinnon 2011: 252). 예를 들어 지역개발 기관은 법으로 규정된 목적과 정책 임무 때문에 특정한 권력과 책임을 소유할 수 있다. 그러나 이러한 행위자와 제도가 지역개발을 물질적으로 현실화하려면 소유한 권력을 활성화하여 구체적인 행동으로 옮겨야 한다. 지역개발 이슈를 정의, 진단, 처방하는 권력을 누가 가지고, 행사하여 구체화하는지와 관련해서는 사회적·정치적 경합이 나타난다(Hadjimichalis and Hudson 2014).

다양한 종류의 권력을 소유하고 행사하는 일은 정치적 제도, 즉 거버넌스나 정부의 시스템과 실천의 맥락에서 나타난다(4장). 해럴드 라스웰(Lasswell 1936)의 고전적 정의에 따르면, 정치는 "누가 무엇을 언제 어떻게 얻는지"에 관한 것이다. 이 정의를 지역개발의 지리적 맥락에 위치시켜서, "누가 무엇을 언제 어디에서 어떻게 얻는지"도 생각해 보아야 한다. 이와 같은 지리적 측면의 추가는 매우 중요한 일이다. 정부와 거버넌스의 제도에서는 공간적 인식과 공간적 무시가 다양한 정도로 나타나고, 이로 인해 지역개발의 개념과 실행에서 선택성이 나타나기 때문이다(Jones 1997). 그리고 행위자의 이익, 사회적·제도적 관계, 상대적 권력은 지역개발의 종류를 결정하는 정치에서 핵심을 차지한다. 행위자와 이해집단은 종종 자신들의 이익을 위해 영향력을 행사하려 노력하지만, 특정한 지역개발 개념화에 헌신하기도 한다. 예를 들어 노동조합은 사회적 보호의 개선을 위해 로비활동을 펼치며 고용 인력의 웰빙과 생산성을 높이고자 한다. 이와 반대로 기업협회는 더 유연한 노동시장을 요구하며 국제적 경쟁력과 부의 창출을 높이려 할 것이다. 환경단체는 무역 규제에서 높은 수준의 환경 표준을 요구하는 캠페인을 펼치며 생태적 피해를 가져다주는 경제활동을 업그레이드하려 할 것이다. 일정한 영토 내에서 권한과 권력을 보유한 국가는 정부와 거버넌스 시스템을 동원해 숙의를 촉진하면서, 경쟁적인 이해관계와 주장 사이에서 균형을 맞추고 중재를 도모해야 한다. 그리고 뒤처진 경제적 성과, 사회적 불이익, 공간적 불평등과 같은 로컬과 지역의 문제가 정치적 "허용의 한계"를 넘지 않도록 억제해야 한다(Hudson 2007: 1). 사회적 권력과 영향력을 가진 개인과 제도는 자신들의 구체적인 지역개발 비전을 부과할 수 있지만, 이는 다른 사람들의 반대나 저항의 대상이 되기도 한다(Harvey 2000). 따라서 지역개발의 종류를 이해하는 과정에서 권력과 정치를 철저하게 조사하면서, 누구의 이해가 어디에서, 언제, 무슨 이유로, 어떻게 추구되는지를 파악하는 것은 매우 중요한 일이다.

3) 지역개발의 다양성

지역개발의 종류와 유형은 다양하다. 지역개발의 정의를 바탕으로 지역개발의 다양한 유형과 성격을 구분할 수 있다. 하나의 사례는 표 2.6에 제시되어 있지만, 이 목록이 모든 측면을 빠짐없이 포괄하지는 못한다. 다른 차원이 추가되고 로컬리티나 지역마다 행위자가 부여하는 우선순위는 다를 수 있다. 특정 차원에 대한 강조도 다르며 시간에 따라 변할 수 있다. 사회적 세계의 복잡성과 지리적 불균등성을 고려하면, 표 2.6에 제시된 구분은 정도나 범위의 문제라고 할 수 있다. 우선 절대적(absolute) 개발은 로컬리티, 지역, 사회집단 사이에서 지리적으로 균등한 개발의 포부를 뜻하며, 상대적(relative) 개발은 장소 간의 불균등한 발전을 함의한다. 상대적 개발은 본질적이든 설계에 의해서든 특정한 로컬리티, 지역, 사회집단의 개발을 우선시한다. 그래서 이들 간 차이와 불균등이 감소하지 않고 심해지기도 한다. 일정한 로컬리티나 지역의 절대적 개발과 로컬리티나 지역 내 상대적 개발 간에는 상당한 차이가 있다(Morgan and Sayer 1988). 이러한 지리적 분배의 측면은 아래에서 논의될 '누구를 위한 지역개발인가?'의 문제에 연결된다. 자치(autonomy)는 지역개발의 권력과 자원이 어디에 있는지와 관련된다. 과거에는 하향식 접근이 주를 이루었지만, 최근에는 상향식 접근이 더욱 중요해졌다. 강조는 강함과 약함으로 구분된다. 강함은 높은 우선순위를 가지며 급진적인 입장을 취하는 것이고, 약함은 낮은 우선순위에서 보수적이거나 개혁주의적인 방식을 선호하는 상황을 뜻한다.

지역개발의 방향은 하향식과 상향식으로 구분되지만, 두 접근의 요소가 혼재되어 나타날 수도 있다. 초점과 관련해서는 (지역 밖에서 기원하거나 외부 요인에 좌우되는) **외생적(exogenous) 성장**, (지역에 내재하며 사회적으로 구성된) **토착적(indigenous) 성장**, (지역 내부에서 기원한) **내생적(endogenous) 성장**의 형태로 구분되지만, 각각의 정도는 다양하게 나타난다(6~7장). 제도적 선도는 양극단에 국가(state)와 시장(market)이 있고, 그 사이에 제3의 길 유형으로 시민사회가 있다. 영토 간의 관계는 다양한 정도의 경쟁(competition)과 협력(cooperation)으로 구성된다. 조치는 경성(hard) 자본과 인프라에 초점을 맞춘 개입과 연성(soft)의 훈련과 기술적 지원으로 구분된다. 속도와

표 2.6 지역개발의 구분

차원	구분	
접근	절대적	상대적
자치	로컬, 지역	국가, 상위국가
방향	하향식	상향식
강조	강함	약함
초점	외생적	토착적
제도적 선도	국가	시장
영토 간 관계	경쟁적	협력적
조치	경성	연성
대상	사람	장소
속도	신속	점진
규모	대규모	소규모
공간적 초점	영토적 스케일	관계적 네트워크
지속가능성	강함	약함

출처: 저자 작성

관련해서는, 긴급한 사회적 요구를 해결하기 위한 신속(fast) 개발과 이보다 지속가능한 방식의 점진(slow) 개발 간의 균형을 추구할 필요가 있다. 대규모(large-scale) 사업과 소규모(small-scale) 사업이 결합될 수 있고, 공간적 초점은 **영토적 스케일**과 **관계적 네트워크**의 개발 노력으로 구분된다. 지속가능성에 대한 관점은 강함과 약함으로 나뉜다. 지역개발의 대상은 사람과 장소로 구분되는데, 이에 대해서는 아래에서 상세히 논할 것이다. 지역개발의 주제는 개발의 기초가 되는 테마를 말한다.

경제적·사회적·정치적·환경적·문화적 관심을 아우르며 확대된 관념에 비추어, 지역개발의 종류는 정량적(quantitative) 정도나 수준과 정성적(qualitative) 특징이나 성격의 측면에서도 나눌 수 있다. 지역개발의 정량적 차원은 수치적 측정과 관련된다. 이에 대한 예시로 1인당 GDP 성장률, 창출되거나 보호된 일자리의 수, 신규 투자유치, 신생기업 창립 등을 들 수 있다. 정량적 접근은 종종 데이터 이용 가능성과 신뢰성의 문제가 불거지기는 하지만, 객관적인 수치에 초점을 둔다. 핵심은 무엇이 얼마만큼 있느냐는 것이다. 이를 통해 로컬리티나 지역 간에서, 또는 로컬리티나 지역 내부에서 절대적·상대적 변화가 시간에 따라 어떻게 나타나는지에도 주목한다.

정성적 차원은 지역개발의 성격 및 특징과 관련된다. 이의 사례에는 경제적·사회적·생태적 지속가능성, 성장의 형태, 일자리의 질(quality)과 유형, 투자의 착근성이나 지속가능성, 성장 잠재력, 신생기업의 부문 등이 포함된다. 정성적 접근은 주관적인 관심에 초점을 맞추는데, 이는 사회적으로 결정된 특정한 지역개발의 원칙과 가치와 연관된다. 예를 들어 일자리의 질은 채용의 평등 원리, 고용의 기간과 조건, 임금의 상대적 수준, 커리어(career) 개발의 기회, 노동조합 인정 등으로 가늠할 수 있다. 개발의 지속가능성은 생태적 영향이나 생태발자국(ecological footprint)을 가지고 판단할 수 있다.

지역개발의 정량적 측면과 정성적 차원은 통합될 수 있지만, 항상 일치하는 것은 아니다(Sen 1999; Tomaney 2015). 로컬리티나 지역은 정량적 측면에서 발전을 경험할 수 있지만, 이 결과가 정성적 차원에서는 문제가 될 수 있다. 예를 들어 고용의 증가는 지속가능하지 못한 투자유치에 의존한 저급 일자리의 증가를 통해서 나타날 수 있다. 생존 기간이 짧은 신생기업의 창업을 통해서도 고용이 증가할 수 있다. 역으로 로컬리티와 지역은 정성적인 측면에서 개발을 경험하지만, 이것은 정량적인 차원에서 문제를 일으킬 수 있다. 예를 들어 양질의 일자리가 생겼다 하더라도, 신규 투자와 신생기업의 수가 턱없이 모자를 수 있다.

지역개발에 대한 이해가 경제적 차원을 넘어서 사회적·환경적 관심사를 포괄해 확대되면서, 최근에는 정성적 측면의 중요성이 더욱 커지고 있다. 이러한 변화는 약하고 지속 불가능한 개발의 피해에 대한 우려로 나타났다(Morgan 2004). 이에 따라 최근의 연구는 높은 생산성과 높은 결속력 형태의 성장에 집중되는 경향이 있다. 반면 불평등하고 지속 불가능한 형태의 바람직하지 못한 성장에 관한 연구는 여전히 부족한 실정이다(Sunley 2000). 어쨌든 간에 IMF도 1990년대 중반부터 고품격 (high-quality) 경제성장으로 초점을 바꿔 가기 시작했다.

> [고품격 성장은] 지속가능하고, 고용과 삶의 표준을 개선하며, 빈곤을 줄인다. 고품격 성장은 기회의 평등과 형평성을 촉진한다. 인간의 자유를 존중하고 환경을 보호하는 기능도 한다. … 따라서 경제정책만으로 고품질 성장을 이룩할 수 없다. 광범위한 사회정책도 마련해 함께 추진해야 한다.
>
> (IMF 1995: 286)

그러나 글로벌 금융위기와 대침체의 결과로, 경제적 회복에 너무 많이 집중하게 되었다. 따라서 고품격 성장과 개발에 대한 헌신이 얼마나 남아 있는지는 의문으로 남아 있다.

한편 지역개발의 정성적 차원은 **하이로드**(high-road)와 **로우로드**(low-road) 간의 구분을 통해서도 파악할 수 있다(Bair and Gereffi 2001; Cooke 1995; Markusen 2015; 사례 9.2). 서로 다른 종류의 지역개발이 하이와 로우의 메타포로 표현된다. 이러한 개발 경로의 구분은 지역개발의 정성적 차원에 주목한다. 생산성, 임금, 숙련도, 부가가치 등의 측면에서 로컬리티와 지역은 고생산성, 고임금, 고숙련, 고부가가치 등 하이로드 전략을 추구할 수 있다. 이에 반해 로우로드 전략은 저생산성, 저임금, 저숙련, 저부가가치 등을 기초로 한다. 글로벌북부의 많은 로컬리티와 지역들은 중국이나 인도처럼 저임금, 약한 규제, 중간 수준의 숙련도와 생산성을 바탕으로 개발되는 국민국가와의 경쟁에 직면해 있다. 이런 상황에서 탈규제화나 사회적 보호, 삶의 표준, 사회적·경제적 웰빙의 약화에 기초한 로우로드 지역개발은 **바닥치기 경쟁**으로 인식되고 있다. 사례 2.5에서 제시하는 것처럼, 하이로드는 질적인 개선, 지속가능하고 보다 적절한 형태의 지역개발과 동일시된다. 그러나 무엇이 개선이고 적절한지는 앞에서 논의한 바와 같이 장소 및 시간 특수적인 권력과 정치에 의해 사회적으로 결정된다. 같은 맥락에서 지역개발의 성공과 실패에 대한 판단도 시·공간에 따라 다르다.

여러 가지 종류의 지역개발은 사회적으로 결정된 원칙과 가치, 그리고 권력 및 정치와 밀접한 연관성을 가진다. 이들은 장소에 따라 다르고 시간에 따라 변한다. 이러한 지역개발의 다양성은 하이로드와 로우로드 비전, 정량적인 수준과 정성적인 성격 등으로 구분될 수 있다. 원칙과 가치는 특정한 장소의 행위자, 사회집단, 이해관계가 어떻게 지역개발을 정의하고 표현하는지에 영향을 준다. 이들은 동시에 다양한 지역개발의 종류에서 바람직한 것으로 인정되는 가치의 규범적 문제도 형성

사례 2.5 위스콘신 전략 센터

그림 2.3 위스콘신 전략 센터(COWS) −
하이로드 건설
출처: Center on Wisconsin Strategy

위스콘신 전략 센터(COWS: Center on Wisconsin Strategy)는 1991년 창립기부터 사회문제에 대한 하이로드(high road) 해결책을 지향한다. 이는 공정과 기회균등, 환경과 지속가능성, 회복력 있는 강력한 민주적 제도를 (비극적인 트레이드오프가 아니라) 인간개발에서 필수적이고 성취 가능한 보완재로 인식한다. COWS는 위스콘신주립대학교에 기반을 둔 싱크-앤-두탱크(think-and-do tank)이다. 활동은 근로 조직과 인적자본 시스템, 청정에너지, 교통, 정부 성과 부문을 중심으로 이루어진다. 하이로드 발전의 아이디어를 개발하고 실천해서 이를 시험하고 그 결과를 평가하는 임무도 있다. 기술 지원, 공적인 지원 활동, 주정부와 로컬정부 고위층이 참여하는 정책 학습 네트워크를 통해서 하이로드 혁신을 전파하는 기능도 한다. 우리는 초당적인 가치를 지향하며 담대한 입장을 취한다. 모든 사람을 위해 동등한 자유와 기회, 학습, 안전의 세계를 추구한다. 현재의 모습과 바람직한 세계 간의 거리는 있지만, 실현 가능성에 대한 확신은 있다. 모든 인간은 바람직한 세계에서 존중받을 역량 개발의 자유와 기회를 추구한다고 믿기 때문이다. 인간은 자신의 번영을 방해하는 한계를 극복할 수 있는 역량을 가지며, 번영의 성취 여부는 지식의 진보에 달려 있다. 더 나은 세계를 위한 희망에 따라 행동하는 용기와 결단을 가지면서, 성취를 바탕으로 다른 사람들의 동참을 자극하는 역할도 중요하다. 하이로드의 매력은 거의 모든 커뮤니티가 즉각적으로 동참할 수 있다는 것이다. 하이로드의 핵심 구호는 "낭비를 줄이고 가치를 높이며, 이러한 행동의 혜택을 획득하고 공유하여 다시 반복"하는 것이다(그림 2.3). 숙련도 개발, 일의 조직, 물건의 생산, 사람과 재화의 이동에 관여된 시스템에서 엄청난 낭비를 지금부터 줄여보자. 지금 당장 지역경제의 지도를 그려서 잠재적 경쟁우위의 지역을 찾고, 보다 효율적으로 조직된 장소의 도움을 받아 그 지역을 개발해 보자. 민주적 제도에서 적응 및 학습 역량과 권력을 지금 당장 개선하자. 민주 제도를 대표성과 정의의 힘으로만 여기지 말고 부 창출의 근원으로 파악하자. 하이로드 건설을 통해서 개별적인 COWS 활동 간의 일관성을 마련하고자 한다. 이는 건물의 에너지 효율성을 개선하는 요금납부식(on-bill) 금융 프로그램에서부터 시작해, 노동력과 경제에 대한 신뢰할 만한 분석이나 하이로드 전략을 추구하는 도시·지역의 주지사, 시장, 교통 담당 공무원의 협력을 지원하는 일에까지 이른다.

이러한 전략에 도전적 문제가 없는 것은 아니다. 경제·사회·환경적 이해 간에 균형을 맞추려는 노력이 절실하다(Vigor 2002). 와해적인 정치 환경에 대처하는 일도 마찬가지로 중요하다(Markusen 2015; 사례 9.2).

한다. 총체적이고 통합된 지역개발의 형태에서 지속가능성, 사회정의, 평등에 대한 관심과 기여의 수준은 장소와 시간에 따라 다르게 나타난다. 지역개발의 종류, 원칙, 가치는 로컬리티나 지역 내의 행위자, 사회집단, 장소에 따라 상당히 차별화된 경제적·사회적·환경적·정치적·문화적 함의를 가진다.

4. 누구를 위한 지역개발인가?

지역개발의 정의와 종류는 누구를 위한 지역개발인가의 문제와 밀접하게 관련된다. 이 문제에 대한 답은 첫째로 지역개발의 대상과 주제, 둘째로는 배분적 차원과 관련된다. 후자는 특정한 지역개발이 어디에 있는 누가에게 혜택을 (또는 손해를) 주는지, 다시 말해 불균등하고 차별화된 혜택의 (또는 손해의) 지리적 분포에 관한 것이다. 이러한 배분의 문제는 지역개발 모델에서 간과되는 경향이 있다(Dunford 2010). 하지만 현실에서 특정한 지역개발 형식은 특정한 행위자, 사회집단, 이해관계에 유리하거나 불리할 수 있다. 가령 하이로드와 로우로드 각각은 특정한 사회적 범주, 직업, 기업, 부문, 제도, 로컬리티나 지역을 선호한다. 부동산 주도형 접근은 개발 회사나 투기자에게 이익이 되지만, 생애 최초 주택 구매자나 로컬 커뮤니티의 손해로 이어지기도 한다. 이런 측면을 이해하고 설명하기 위해서, 지역개발에서 중심을 차지하는 대상과 주제를 논의한 다음 배분적 결과를 살펴볼 것이다.

지역개발의 대상은 개발 행동이 지향하는 물질적 사물을 뜻하고, 주제는 개발의 기초가 되는 테마(theme)나 토픽(topic)을 뜻한다. 이러한 대상과 주제에 대한 이해는 특정한 지역개발 과정과 정책의 정의, 원칙과 가치, 권력과 정치의 효과와 함의를 고찰하는 데에서 중요한 출발점을 제공한다. 표 2.7은 다양한 수준과 중첩되는 스케일을 기준으로 지역개발의 대상과 주제를 예시하여 보여 준다.

다양한 정책수단(policy instrument)을 마련해 지역개발에 개입하고 개발의 성격과 정도에 영향을 줄 수 있다(5장). 정책수단은 로컬리티나 지역을 위한 종합개발프로그램 형태로 조직하여 통합되기도 한다. 특정한 정책수단은 구체적인 목적을 지향하고, 의도된 결과와 의도되지 않는 결과 모두를 낳는다. 정책 분야 간의 상호관계와 파급(유출, spillover)으로 인해서 긍정적·부정적 결과가 나타나고, 연쇄반응(knock-on effect)도 생기기 때문이다. 이러한 효과에 대해서는 문제의 정의, 정책 디자인(설계), 정책 전달 등 정책주기(policy cycle) 단계에서 세심한 숙의가 필요하다(5장). 지역개발의 대상과 주제에 대한 정책적 개입을 마련할 때에는 명백한 공간적 초점을 가진 부분과 그렇

표 2.7 지역개발의 대상과 주제

수준/스케일	대상	주제
사람	개인 가구 가족 근린	가정간호 서비스 보육 서비스 근린 재생
공간, 장소, 영토	공동체(커뮤니티) 촌락 로컬리티 타운 도시 도시−지역 하위지역 지역 하위국가 국가 거시지역 국제적 글로벌	커뮤니티 재생 농촌 다양화 전략적 파트너십 시장 타운 부활 성장 전략 로컬 기관 협력 공간 전략 지역경제 전략 경제개발 전략 지역개발 사회적·경제적 결속 원조 배분 무역 자유화

출처: 저자 작성

지 않더라도 공간적 영향을 행사하는 부분으로 구분하는 것은 유용하다. 예를 들어 지역 기반의 재생 파트너십은 명백하게 공간적이다. 정책의 대상은 특정한 장소이며, 근린이나 커뮤니티의 사회적·경제적 웰빙이 정책의 주제이기 때문이다. 이러한 공간적 정책 개입에서는 공간적 결과가 추구된다. 이와 달리 조세 및 보조금 시스템 변화에서 주제는 복지 개혁이나 공공지출 효율성이, 대상은 개인이나 가구가 될 수 있다. 이러한 비공간적 정책도 여전히 로컬경제에서 가처분소득과 정부 지출의 패턴에 영향을 미친다. 즉 분명한 지리적 효과를 낳는다는 말이다. 일반적으로 개발의 초점은 일정한 지역, 근린, 로컬리티, 도시−지역, 지역에서 생기는 문제에 대한 특정한 해석을 바탕으로 마련된다. 그래서 특별히 중요한 정책 개입의 스케일이 나타날 수 있다. 사례 2.6의 **커뮤니티 경제개발**(CED: Community Economic Development)에서 그러한 모습을 확인해 보자.

한편, 배분의 문제는 특정한 지역개발이 어디에 있는 누구에게 이익을 주고 손해를 끼치는지와 관련되며, 지리적으로 차별화되고 시간에 따라 변화한다. 추상적인 수준에서 자본주의가 초래한 불균등발전 때문에 사회적·경제적 조건의 공간적 차이가 나타날 수밖에 없다(Glasmeier 2000). 불평등은 자본주의적 개발의 사회적·경제적 효과를 경험하는 과정에서 발생하며, 일반적으로 계급, 민족

사례 2.6 커뮤니티 경제개발

커뮤니티(공동체)에 초점을 맞춘 경제개발은 1960~1970년대에 주를 이루었던 하향식 국가주도형 지역개발 접근에 대한 불만으로 등장했다. 커뮤니티 접근은 민간부문과 공공부문 모두가 빈곤 문제 완화의 성과를 계속해서 마련하지 못했던 곳을 중심으로 등장했다. 이는 도달하기 어려운 사회집단이나 서비스 제공이 힘든 로컬리티에서 유용했다(Haughton 1999; Amin et al. 2002; Morris et al. 2013). **커뮤니티 경제개발 (CED: Community Economic Development)**은 커뮤니티가 결정하고 주도하는 재생(regeneration)으로서, **상향식 접근법**이라 할 수 있다. **시민사회**는 비영리, 비시장, 비국가 조직의 **자원부문(voluntary sector)**을 통해서 커뮤니티 서비스의 핵심적 전달자 역할을 한다. 자원부문은 국가와 시장을 초월한 제3의 부문으로 불리고, **사회적 경제(social economy)**를 구성하며 지역개발 정책에서 점점 더 많은 역할을 하고 있다. 여기에는 협동조합, 사회적기업, 신용협동조합, 중간노동시장(intermediate labor market), 지역교환거래제(LETS: Local Exchange Trading Scheme), 자원봉사 같은 비공식 활동에 대한 지원이 포함된다. CED는 사회적 혜택에서 배제되고 빈곤한 로컬리티에서 유리한 방식이다. 로컬 주민의 숙련도 개발과 활용, 로컬경제나 로컬 소유권을 통한 로컬 자원의 재순환, 로컬 커뮤니티에서 자기결정(self-determination)의 증진 등을 추구하기 때문이다. CED가 중요한 것은 사실이지만, 이것의 잠재력은 내·외부적 제약조건 때문에 한계에 부딪히기도 한다. 낮은 가처분소득 수준, 교육 및 숙련도의 결핍, 기존 시장 진입의 장벽 등이 그러한 한계적 상황에 해당한다.

성, 젠더, 위치, 정체성 등으로 구분되는 사회집단 사이에서 나타난다. 위에서 논의한 것처럼 지역개발을 통해 어디의 누가 이익을 얻는지는 광범위한 사회적 차원에서 권력, 자원, 정치의 구조에 영향을 받는다(Harvey 1982). 자본주의 체제에서 이루어지는 지역개발과 관련해, 경제적 효율성(성장)과 사회적 공평성(형평성) 간의 관계와 이것의 배분적 함의는 규범적 이슈로 꾸준히 등장하고 있다(Bluestone and Harrison 2001; Scott and Storper 2003; Storper 2011; 5장). 효율성과 공평성은 서로 보완적인가? 아니면 갈등의 관계인가? 각각은 어느 정도로 지역개발과 관련해 바람직하거나 적절한가?

사이먼 쿠즈네츠(Simon Kuznets 1960)는 국가적 수준의 연구를 통해서 소득이 낮을 때 경제가 성장할수록 불평등이 증가하는 경향을 발견했다. 해리 리처드슨(Harry W. Richardson 1979)은 쿠즈네츠의 견해에 동의하면서 지역 간 불평등은 국가 성장의 초기 단계에서만 나타나는 문제일 수 있다고 보았다. 1인당 소득 수준이 증가하면, 소득은 결정적 임계점에 도달하고 이로 인해 경제성장이 더욱 진전되며 1인당 소득 평균이 높아지고 국가 전반의 소득 불평등은 감소하는 경향이 나타나기 때문이다. 이러한 경향성을 보여 주는 **역-U자(inverted-U) 곡선 가설**은 그림 2.4에 제시된 모습으로 나타난다. 리처드슨(Richardson 1979)은 지역 수준에서 효율성과 공평성 목표의 양립 가능성을 인

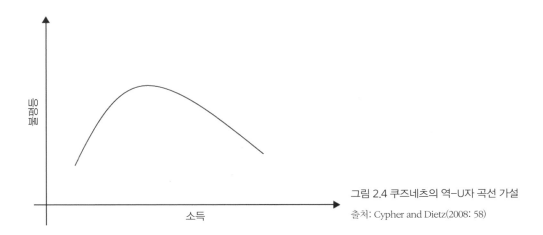

그림 2.4 쿠즈네츠의 역–U자 곡선 가설
출처: Cypher and Dietz(2008: 58)

세로축: 불평등
가로축: 소득

정하고, 이는 강력한 재분배를 지향하는 지역정책으로 증진될 수 있다고 주장했다. 최근의 논쟁은 다음과 같이 성장과 형평성의 양날의 칼 딜레마로 축약된다.

> 일부 연구자들은 (국가 성장률을 극대화하지만 사회적 갈등을 높이는) 역동적인 집적을 통한 생산성 증진에 개발정책의 초점을 맞춰야 한다고 주장한다. 이에 반해, 적절한 형태의 소득 분배를 통해 (사회 및 지역 간) 불평등을 제한하면 장기적 측면에서 더욱 활력 있는 개발 프로그램이 가능해진다고 주장하는 연구자들도 있다.
>
> (Scott and Storper 2003: 588)

최근의 연구와 정책에서는 공간 (즉 도시) 집적이나 생산성 극대화를 위한 자원 활용의 중요성을 강조한다. 이는 공평성보다 국가의 총성장과 사회후생 극대화를 지향하는 것이다(Martin 2005; World Bank 2009; 3장). 여기에서 낮은 자원 효용성, 즉 준최적(sub-optimal) 생산성은 총생산과 사회후생의 저하 요인으로 인식된다. 그러나 오늘날 경제성장의 패턴이 본질적으로 불균등하며 사회적·공간적 측면에서 불평등하다고 우려하는 사람들도 있다(Perrons 2012). 대표적으로 토마 피케티(Piketty 2014)는 경제성장으로 발생한 수익에서 자본 소유자의 몫이 월등한 점을 비판하며 불평등의 본질과 원인에 대한 거시경제적 논쟁의 불씨를 지폈다. 지역개발에서도 성장과 공평성은 지속적인 긴장감을 형성하는 핵심 이슈이다.

(보통 1인당 GDP로 측정되는) 번영의 상대적 수준과 소득 불평등을 글로벌 수준에서 비교하면, 명백한 불균등의 모습을 파악할 수 있다. 일반적으로 불평등은 0과 1 사이의 **지니계수(GINI coef-**

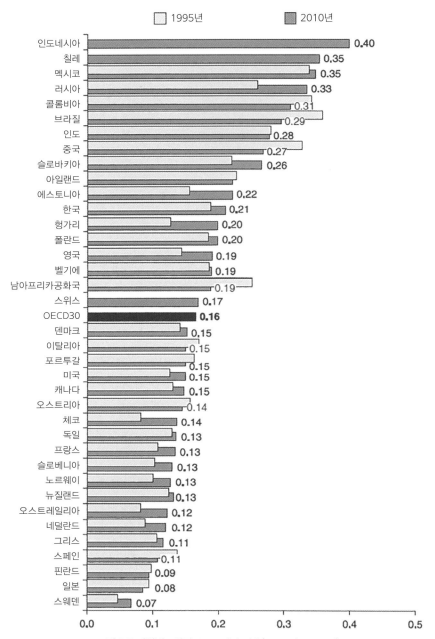

그림 2.5 지역별 1인당 GDP 지니 지수(1995년, 2010년)

출처: OECD(2013a: 75)

ficient)로 측정한다. 계수가 1에 가까우면 소득 불평등이 높고, 0에 가까우면 소득 불평등이 낮은 것이다. (하위 20%의 소득에 대한 상위 20%의 소득 비율, 즉 S80/S20 비율도 중요한 소득 불평등 척도이다.) 일반적으로, 지역 수준에서 1인당 GDP의 공간적 차이는 국가 간에서보다 국가 내에서 더 크게 나타난다(OECD 2013a). 2010년의 지니계수를 기준으로, 1인당 GDP의 공간적 차이는 인도네시아, 칠레, 멕시코, 러시아, 콜럼비아, 브라질, 인도, 중국 등 신흥경제에서 가장 높았다(그림 2.5). 글로벌북부 국가 중에서는 아일랜드, 영국, 벨기에, 스위스에서 OECD 평균 이상의 공간적 차이가 나타났다. 슬로바키아, 에스토니아, 헝가리, 폴란드와 같은 전환경제도 한국이나 남아프리카공화국과 함께 상대적으로 높은 공간적 차이를 보였다. 1995년과 2000년 사이에 33개 국가 중 20개 국가에서

사례 2.7 성인지형 지역개발

> 여성은 지역개발의 잠재력으로, 그리고 지역정책 과정에서 역량 있는 행위자로 인식되어야 한다.
>
> (Aufhauser et al. 2003: 17)

전통적인 지역정책은 여성의 참여를 촉진하고 여성의 이익을 대변하는 데에 한계가 있었다. 지역경제와 지역사회의 재구조화에서 젠더 효과는 분명하게 나타난다. 그리고 보육이나 워라밸(work/life balance)처럼 기존에 여성의 문제로만 여겨졌던 것들이 지역개발에서 적절성을 가지게 되었다. 그러나 여성의 잠재적 기여는 여전히 평가절하되고 있다(James 2014; Perrons 2012). 여성은 공공기구, 특히 고위 의사결정 역할에서 대표성을 가지지 못하는 경향이 있다(OECD 2012a). 지역정책에서도 단순화된 여성의 이미지가 사용되기도 했다. 이는 "여성 삶의 다양한 현실에서 정의(justice) 실현"의 제약으로 작용한다(Aufhauser et al. 2003: 6). 여성 참여의 잠재력은 경제적·사회적·환경적·정치적·문화적 개발의 측면에서 제약을 받는다. 이에 따라 로컬정책과 지역정책 개입의 적절성, 효율성, 효과성도 미흡한 수준에 머물러 있다.

아우푸하우저 등(Aufhauser et al. 2003)은 젠더 역량(gender competence)에 대한 인식을 높이기 위해서 성인지형(gender-sensitive) 지역개발의 기본 원칙을 제시했다. 이를 통해 지역정책에 대한 개입의 범위를 넓혀서 젠더 인식을 높이고자 했다. 아우푸하우저 등(Aufhauser et al. 2003: 3)에 따르면, "성인지형 지역개발은 여성과 남성이 동등하게 공존할 목적으로 공간개발 과정을 설계하는 개념이다. 이를 위해 여성의 자기결정과 참여의 가능성을 높이는 것이 중요하다." 기본 원칙에는 남녀 모두가 추구하는 자기결정적 삶의 개념과 라이프 스타일, 젠더 고정관념 탈피, 젠더 기반 지역 불평등 구조를 고려한 정책 설계, 젠더 인식을 높이는 통합적 접근 개발, 지역개발 여론 형성자로서 여성의 역할 증진 등이 포함된다.

지역 공공정책에서 여성 이슈의 주류화(mainstreaming), 여성의, 여성을 위한, 여성과 함께하는(by, for and with women) 지역정책 설계 및 개발, 유관 기관에서 여성의 참여 증진 등이 성인지형 지역개발 어젠다의 실천적 조치에 해당한다. 이러한 어젠다가 더욱 발전하고 진보할 것으로 기대한다. 그러나 성인지형 조치와 수단의 실행은 여전히 우선순위에 들지 못하고 있다. 지역개발 정책에서 남성이 행위자와 의사결정자의 대다수를 차지하고 있기 때문이다.

1인당 GDP의 지역 간 불평등이 증가한 점도 주목할 만하다. 지역 간 불평등의 증가는 특히 체코, 헝가리, 오스트레일리아, 스웨덴, 에스토니아에서 두드러졌다.

지역개발의 정의가 확대되면서, 사회후생의 측면에서 평등의 문제도 분석되고 있다. 일례로 최근 들어 여성의 경험과 참여에 초점을 맞춘 연구들이 등장하고 있다. 어떻게 하면 지역개발의 정의, 원칙, 다양성, 권력, 정치에서 성인지(gender-sensitivity)를 높일 수 있을지가 그러한 연구의 관건이다 (사례 2.7; Dunford and Perrons 2013; James 2014). 마찬가지로 흑인이나 소수의 민족 커뮤니티가 지역개발 접근에 주는 영향도 많이 주목받고 있다. 관련 논의는 차별의 해소, 긍정적 역할 모델의 촉진, 교육적 성취 욕구의 증진, 경제적 참여의 확대를 중심으로 이루어진다(Green Leigh and Blakely 2013). 이러한 인정(recognition)에 대한 요구와 이것의 결과로 나타나는 딜레마의 이해와 설명에서 지역개발 개념과 이론이 어떻게 쓰일 수 있는지는 3~4장에서 상세하게 논의할 것이다. 이와 함께 시장, 국가, 공공정책 개입이 어떻게 사람과 장소의 이익/손해와 연결되는지도 살필 것이다.

이 장에서는 사회적으로 구성되는 지역개발의 정의와 지리적 차원이 어느 곳의 누구에게 유리하고 불리한지에 영향을 미치는 측면을 설명했다. 지역개발은 다양한 방식으로 나타나고 있다. 지역개발의 수준과 성격이 원칙과 가치, 그리고 권력과 정치의 조건에서 결정되기 때문이다. 누구를 위한 지역개발인지에 대한 답이 무엇인지에 따라, 지역개발의 대상, 주제, 배분적 측면은 다를 수 있다. 이러한 문제에 대한 답은 지리적으로 차별화되고 있고 시간에 따라 변한다. 어떤 로컬리티나 지역은 순수한 능력주의(성과주의)에 기초해 사회적으로 결정된 답을 제시한다. 이는 경쟁적 시장에서 기회의 평등을 추구하며 국가와 제도적 규제는 최소한의 수준으로 유지하려는 입장이며, 이런 관점에서 개발의 사회적·공간적 불균등은 전혀 문제가 되지 않는다. 반면 정치경제적·이데올로기적 스펙트럼의 정반대에서 국가, 제도적 지원, 국제주의(internationalism)를 중시하는 답을 제시하는 로컬리티와 지역도 있다. 이런 입장에서는, 사회적·공간적 균형과 균등한 지역발전을 추구하며 장소나 사람과 관련된 불평등과 불이익을 극복하는 데에 초점을 맞춘다. 누구를 위해 어떠한 지역개발의 종류를 추구할 것인지에 대한 문제는 이 책의 결론에서 다시 한번 논의하도록 하겠다(9장).

5. 결론

21세기의 번영은 모든 사람을 위해 높은 삶의 질과 지속가능한 삶의 표준을 창출하여 유지할 수 있는지에 달려 있다. 이러한 도전에 대처하기 위해서 종합적인 새로운 모델이 등장하고 있다. 여기에서는 자연자본과 인적자본의 경제적 가치가 인정된다. 이 접근은 경제적·사회적·환경적 책임을 받아들이면서 성공을 위한 가장 결정적인 구성요소, 즉 커뮤니티와 지역에 초점을 맞춘다. 동시에 살기 좋고 번영하는 장소를 만들기 위해서 커뮤니티나 지역 간 협력도 강조한다.

(Local Government Commission 1997: 1)

이와 같은 경제개발을 위한 **아와니(Ahwahnee) 원칙**은 이 장의 초반에 소개된 OECD의 지역개발 정의와 대조를 이루며 다른 관점을 제시한다. OECD는 경제적 관심, 공간적 격차의 감소, 지역적 초점을 부각하는 반면 아와니 원칙은 인간적·경제적·사회적·환경적 우선순위, 지속가능한 삶의 표준과 삶의 질, 커뮤니티나 지역 간 협력을 강조한다. 이처럼 시·공간 맥락에 따라 상이한 정의가 등장하기 때문에, 지역개발을 제대로 이해하려면 그것의 근본적 기초를 살펴야 한다. 그래서 이 장에서는 누구를 위해서 어떠한 종류의 지역개발을 추구하는지에 대한 근본적인 문제를 고찰해 보았다. 지역개발이 의미하는 바가 무엇인지, 그리고 지역개발의 역사적 맥락과 지리적 차원의 중요성을 검토하기 위해 정의의 이슈를 살폈다. 지역개발의 정의는 경제적·사회적·환경적·정치적·문화적 이해를 모두 포괄하기 위해 확장되고 있다는 사실도 알아보았다. 이를 통해, 정의는 역사적 지속성을 갖는 주제, 원칙, 가치의 맥락 속에서 지리적 다양성과 시간적 변화에 영향을 받아 사회적·정치적으로 결정되는 점을 강조했다. 제2차 세계대전 이후 개발의 역사적 진화를 살피면서, 지역개발에서 나타난 의미, 목표, 초점, 지리적 차별화, 접근의 변화도 파악했다. 개발은 근본적으로 지리적 현상이며, 위치와 거리, 영토와 스케일, 관계적 순환(회로)과 네트워크, 장소와 맥락에 대한 공간적 이해가 개발의 중심을 차지한다. 이들은 개발이 일어나는 무기력한 용기(컨테이너, container)가 아니다. 설명력을 가진 인과적 요인이다. 국가적 접근의 한계 때문에, 이 책에서는 로컬과 지역 형태의 개발에 초점을 맞춘다. 하향식 접근과 상향식 접근 간의 조정이 필요하고, 어떤 행위자가 어떻게 로컬과 지역 스케일을 구성하는지에 대한 이해와 설명도 요구되기 때문이다. 지역개발은 특정한 지리적 환경과 시간적 맥락에서 개념적·이론적·실천적 가치를 얻는다는 점도 분명히 파악했다. 지역개발의 원칙과 가치, 권력과 정치, 다양성이 시·공간 맥락에서 다양하게 형성되는 모습도 살폈다. 사회적으로 결정되는 규범적인 원칙과 가치는 시간에 따라 지리적으로 변한다. 불평등한 사회적·공간적 관계 속에서 지역개발에 대한 정치적 표현, 숙의, 조정에 영향을 주는 권력의 배분도 불균등하게 나타난다. 지역개발의 다양성은 일정한 시점에서 특정한 지리적 맥락을 낳기도 한다. 지역개발의 대상, 주제, 배분적 측면을 구분하여 이해하면, 사회적·공간적으로 불균등한 분배를 설명하는 데에 보탬이 된다. 특히 특정한 형태의 지역개발이 어디에 있는 누가에게 혜택이 되고 손해를 끼치는지 파악할 수 있게 해 준다. 이 장의 '누구를 위해 어떤 종류의 지역개발을 추구할 것인가?'에 대한 논의를 바탕으로, 이어지는 3장에서는 지역개발을 이해하고 설명하는 개념과 이론을 검토한다.

추천도서

Dunford, M. (2010) Regional Development Models. Brighton: University of Sussex. https://www.sussex.ac.uk/webteam/gateway/file.php?name=modelsrd.pdf&site=2 (accessed 29 October 2015).

Markusen, A. (2015) The high road wins: how and why Minnesota is outpacing Wisconsin. The American Prospect, 26 (2): 100-107.

McMichael, P. (2012) Development and Social Change: A Global Perspective (5th Edition). Thousand Oaks, CA: Sage.

Morgan, K. (2004) Sustainable regions: governance, innovation and scale, European Planning Studies, 12 (6): 871-889.

Perrons, D. (2012) Regional performance and inequality: linking economic and social development throught a capabilities approach, Cambridge Journal of Regions, Economy and Society, 5 (1): 15-29.

Pike, A., Rodríguez-Pose, A. and Tomaney, J. (2011) Introduction: A Handbook of Local and Regional Development. In A. Pike, A. Rodríguez-Pose and J. Tomaney (eds), Handbook of Local and Regional Development. Abingdon: Routledge.

Pike, A., Rodríguez-Pose, A. and Tomaney, J. (2014) Local and regional development in the Global North and South, Progress in Development Studies 14: 12-30.

Tomaney, J. (2015) Region and Place III: Well-being, Progress in Human Geography, doi: 10.1177/0309132515601775.

제2부
이해의 틀

03 지역개발의 개념과 이론

1. 도입

글로벌화와 국제적 경제통합이 진전을 보이고 있다. 이에 따라 세계 경제지리의 광범위한 구조에 대한 오랜 관념은 새로운 비전으로 대체되었다. 과거에는 세계 경제가 (제1세계, 제2세계, 제3세계 등) 분리된 단위들로 구성되고, 각각은 나름의 개발 동력을 가진다고 여겨졌다. 이와 달리, 대안적 관점에서는 세계의 모든 지역과 국가에 적용되는 개발에 대한 공통된 이론적 언어를 구축하려는 시도가 나타난다. 이는 새롭게 등장하고 있는 생산과 거래의 세계체제(world system)를 중심으로 논의된다. … 새로운 관점은 영토들이 광범위한 개발의 스펙트럼 속에서 다양한 지점에 펼쳐져 위치한다는 점을 인식한다.

(Scott and Storper 2003: 582)

이 장에서는 지역개발에 대한 이해의 틀을 제시한다. 논의는 지역개발 맥락의 변화, 누구를 위해 어떤 종류의 지역개발을 추구할 것인지에 대한 근본적 질문, 글로벌북부와 글로벌남부 모두를 연결하는 사고를 중심으로 이루어질 것이다. **개념**과 **이론**은 무엇이, 어디에서, 어떻게, 무슨 이유로 나타나는지를 해석하고 이해하기 위해 창조된 것이다. 이러한 프레임은 개념적 정의, 주요 인과적 행위자와 관계, 이들을 연결하는 메커니즘과 과정에 대한 이론으로 구성된다. 지역개발과 관련해서도 다양한 시·공간 상황에서 이해와 설명에 보탬이 되는 개념과 이론이 개발되었다. 이러한 개념과 이론은 누구를 위해 어떤 종류의 지역개발을 할 것인지의 질문에 대한 답과 관련된다.

글로벌남부와 글로벌북부를 동시에 고려해야 하는 중요한 이유가 있다. 개념과 이론 대부분이 글로벌북부에서 출발했다는 점을 인식하지 못한 채, 개념과 이론을 무분별하게 적용하는 행태에 주의를 기울이기 위해서다(Christopherson 2008; Murphy 2008; Pike et al. 2014). 한마디로, 이 책은 지역개발에 대한 "무장소적(placeless), 보편적 접근"에 의문을 제기한다(Christopherson 2008: 242). 글로벌북부와 글로벌남부 모두를 포괄하는 개념화와 이론화를 추구한다는 이야기다. 해석, 분석, 경험적 연구를 통해서 개념, 이론, 경험적 사실 간의 관계를 학습한 다음에, 지배적인 프레임으로 되돌아가 성찰적인 개념화와 이론화를 추구하겠다는 말이다(Pollard et al. 2009; Yeung and Lin 2003). 이를 위해 특정한 로컬리티나 지역의 특수한 맥락과 어려움에 대한 감수성을 갖추는 것이 매우 중요하다. 글로벌북부와 글로벌남부 모두에서는 (약한 경제성장, 거시경제적 불안정성, 사회적·공간적 격차, 종속적 발전, 생태적인 악영향을 초래하는 활동, 구조적 변화, 흔들리거나 실패하는 국가, 제한된 정치 권한, 재정적 역량의 한계 등) 무수히 많은 지역개발 현안이 있다.

이 장에서는 지역개발에 지대한 영향력을 미치는 개념과 이론을 살핀다. 주요한 이해와 설명의 틀에 대한 비판적 토론도 제시한다. 각각의 접근을 정리하고, 한계를 토론하며, 추가적인 독서와 성찰을 위해서 지역개발 분야의 이론적 문헌과의 연계도 마련할 것이다. 개념과 이론마다 출발점은 다르다. 개념화와 이론화에 대한 접근도 서로 다른 가정 속에서 다양한 방식으로 이루어진다. 각각의 (지식 형성의 범위, 방법론, 타당성 검증과 관련된) **인식론(epistemology)**과 (존재의 특성과 관련하여 추상화된 이해의 기초가 되는) **존재론(ontology)**도 다양하다. 새로운 접근법은 기존 이해의 틀에 대한 비판이나 거부를 통해서 발전한다. 이론은 나름의 개념적 발전, 축적되는 경험적 연구, 비판 등에 대응하면서 시간에 따라 진화한다. 경제적·사회적·정치적·환경적·문화적 상황의 변화도 그러한 진화의 원인으로 작용한다. 개념과 이론은 고정적으로 확정된 상태에 있지 않다. 이들이 이해하고 설명하고자 하는 세계와 함께 계속해서 진화한다.

비교의 측면에서 이해와 성찰을 돕기 위해, 이 장의 각 절은 공통된 지역개발의 문제를 특정한 이론이 어떻게 다루는지에 초점이 맞춰져 있다. 이와 관련된 공통된 질문은 여섯 가지로 요약된다. 첫째, 이론의 개념적 구성요소는 무엇이며 이들은 어떻게 정의되는가? 로컬리티와 지역은 무엇을 의미하며 이들의 개발은 어떻게 개념화되는가? 둘째, 이론의 목적과 초점은 무엇인가? 즉 무엇을 이해하고 설명하고자 하는 이론인가? 여기에는 다음과 같은 지역 성장에 대한 근본적 질문도 포함된다. 어떤 지역이 무슨 이유로 다른 지역보다 빠르게 성장하는가? 지역 간 수렴(convergence)과 분기(divergence)의 동력은 무엇인가? 로컬이나 지역 간 사회후생(social welfare)의 격차가 왜, 그리고 어떻게 계속해서 나타나는가? 셋째, 인과적 행위자, 관계, 메커니즘, 과정의 측면에서 이론은 어떻게 구성되는가? 넷째, 이론은 어떤 종류의 설명을 제시하는가? 다섯째, 개념과 이론이 지역개발 정책과 어떻게 연계되는가? 마지막으로, 이론의 한계는 무엇이며 어떤 비판을 받고 있는가?

2. 신고전 접근

신고전(neo-classical) 경제학은 경제시스템에서 동태적(dynamic) 균형보다 정태적인(static) 균형에 주목하는 미시경제 이론에 기초한다. 미시경제 이론은 몇 가지의 단순화된 가정과 핵심 개념으로 구성된다. 특히 다섯 가지 측면이 중요하다. 첫째, 경제적 합리성을 기초로 개인을 합리적 행위자로 – **호모 이코노미쿠스(homo economicus)**, 즉 **경제인(economic man)**으로 – 간주한다. 경제인은 언제 어디서든 이기심에 따라 행동하는 사람을 말한다. 경제적 합리성은 이익이나 소득을 극대화하려는 (그리고 비용을 최소화하려는) 동기에 따라 행동하는 개인이나 기업의 행태로 구체화된다. 이러한 경제인의 행동은 (예를 들어 어디에 살 것인지, 어디에서 일할 것인지, 어디에 공장이나 사무실을 차릴 것인지는) **완전정보(perfect information)**에 기초한 논리적 의사결정과 선호의 표현으로 인식된다. 둘째, 신고전 접근에서는 자본과 같은 고정적 생산요소로 인해서 단기적 **수확체감(diminishing returns)** 현상이 발생한다고 가정한다(그림 3.1). 노동처럼 가변적 생산요소를 늘리더라도 생산성이 감소하는 지점에 도달한다는 이야기다. 그러면 (추가적인) 한계 생산량이 감소하여 결국에는 평균 생산량도 감소하게 된다(그림 3.1). 가령 자본이 공장이나 사무실의 형태로 고정되어 있는 경우에는, 노동을 더 많이 추가하면 복잡성, 혼잡, 조직화의 문제가 발생할 수 있다. 한마디로, 생산이 증가할 수는 있지만, 증가의 속도는 느려지고 일정한 시점 이후에는 오히려 감소한다. 셋째, 신고전 경제학은 (토지, 자본, 노동 등) 희소한 생산요소의 배분 문제에도 주목하는데, 배분은 요소시장에서 **수요**와 **공급** 간의 상호작용과 생산함수에 따른 **효율성**의 결과로 이해된다. 예를 들어 그림 3.2처럼 노동시장에서 (인력 공급이 Q_1에서 Q_2로 증가하여) 수요보다 공급이 많아지면, 실업이 발생하고 결과적으로는 가격이 (즉 임금이 P_2에서 P_1으로)

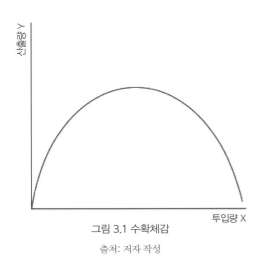

그림 3.1 수확체감

출처: 저자 작성

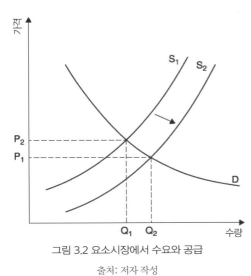

그림 3.2 요소시장에서 수요와 공급

출처: 저자 작성

하락한다. 신고전 모델은 공급 주도의 모델이다. 총수요가 잠재적 생산량과 일치한다고 가정하면서, 경제의 **공급측(supply-side)**의 잠재적 생산량 확대에 초점을 맞추는 모델이란 뜻이다(Dunford 2010).

넷째, 신고전 접근은 시장의 총량과 가격에 대한 완전정보, 수많은 구매자와 판매자 간의 **완전경쟁**, 생산요소의 **완전한 시·공간 이동성**에 대한 가정에 기초한다. 예를 들어 자본시장의 구매자들과 판매자들은 이용 가능한 자본의 총량과 가격에 대한 모든 지식을 가지고, 서로가 서로에게 개방되어 공정하게 경쟁하며, 시·공간적 마찰에 제약받지 않고 자본을 동원할 수 있다고 가정한다. 다섯째, 신고전 이론은 시장과 경제시스템이 장기적 **균형(equilibrium)**을 향하는 경향성을 강조한다. 시장의 합리적 경제 행위자는 조정의 메커니즘을 발휘하여 공급과 수요가 일치하는 지점에서 균형을 찾는다. 가령 부동산 시장에서 과잉 토지의 가격은 하락하게 되고 그러면 수요자들이 전부 사들이는 시장청산(market clearing)이 발생한다.

지역적 수준의 경제성장 격차는 지역개발에 대한 신고전 접근의 전통적인 관심사이다(Borts and Stein 1964; Williamson 1965). 이 관점에서 지역의 경제성장은 지역의 경제 소득과 사회후생을 결정한다. 지역개발은 1인당 생산과 소득의 측면에서 지역 간 공간 격차가 장기적으로 감소하는 현상으로 정의된다(Armstrong and Taylor 2000). 그리고 인과적 메커니즘을 동원해 어떻게 공간적 격차가 감소하고 장기적 측면에서 경제적으로 최적화된 유일한 균형 상태로 옮겨 가는지, 즉 **수렴**하는지 설명한다. 동시에, 그러한 수렴이 어느 곳에서 왜 나타나지 않는지, 무슨 이유 때문에 격차가 계속되는 지역 간 **분기**가 일어나는지에 대해서도 설명한다(McCann 2013). 신고전 지역개발 이론의 핵심적인 지리적 초점은 지역이며, 이는 하위국가적 영토 단위로 정의된다.

신고전 이론에서 지역의 경제성장을 측정하는 방법에는 몇 가지가 있다(Armstrong and Taylor 2000). **생산량** 성장(output growth)은 한 지역 내의 생산력 확대를 의미하고, 지역이 주요 생산요소인 자본과 노동을 유치하는 정도로 나타낸다. **생산성(productivity)**은 노동자 1인당 생산량 성장으로 측정하며, 이는 특정한 지역경제 내에서 어떻게 자원이 효율적으로 사용되는지를 나타낸다. 생산성을 통해서 지역의 상대적 **경쟁력**을 비교할 수 있다. 1인당 생산량 성장은 한 지역의 인구와 관계 속에서 경제성장을 파악하는 측정 수단이며, 지역의 경제성장과 사회후생의 상대적 수준을 나타내는 척도로 인식된다.

신고전 모델에서 지역의 생산량 성장은 자본스톡(capital stock), 노동력, 기술 등 생산요소의 성장으로 설명된다. 그림 3.3은 이러한 요소가 어떻게 지역의 생산량 성장으로 이어지는지를 보여 준다. 혁신을 통한 기술의 진보는 성장의 핵심 기여 요소로 해석된다. 장기적 측면에서 (노동자 1인당 생산

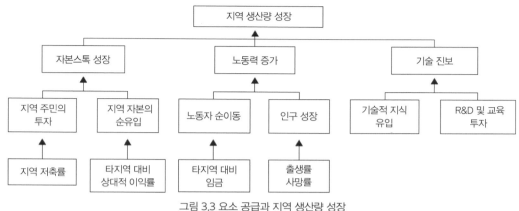

그림 3.3 요소 공급과 지역 생산량 성장

출처: Armstrong and Taylor(2000: 72)

량 성장으로 산출하는) 생산성 성장률에 영향을 주기 때문이다(Capello 2011). 그러나 기본적 수준의 신고전 이론에서 기술변화는 인적자본, 저축, 인구성장률 같은 요소와 마찬가지로 자본이나 노동의 투입과 구별되는 독립적·비체현적(disembodied) 요인으로 여겨진다. 이러한 주요 요소들이 모델 외부에 존재한다고 가정되기 때문에, (즉 모델 자체에서 통제되지 못하는 변수이기 때문에) **외생적 성장이론**(exogenous growth theory)으로 불리기도 한다(McCann 2013). 한편 신고전 접근에서 지역 간 성장 격차는 주요 생산요소, 기술변화율, (**자본/노동 비**(capital/labor ratio)로 산출하는) 자본과 노동 간 관계의 차이로 설명된다. 생산성 증가는 − 즉 노동자 1인당 생산량의 증가는 − 노동자 1인당 자본이나 투자가 증가하는 경우에만 나타난다(그림 3.4). 이것은 자본심화(capital deepening)로 알려진 양(+)의 관계이다(Clark et al. 1986). 그런데 생산성은 한계 수확체감에 따라 감소하는 비율로 증가하며, 추가적인 노동의 한계 생산량이 0일 때 균형에 도달하게 된다. 바로 이 **균형**점에서 자본/노동 비를 늘릴 만한 인센티브가 사라지게 된다.

　신고전 성장이론은 생산요소 공급에 초점을 맞추고, 생산요소의 지역 간 완전한 이동성을 가정한다(McCann 2013). 이 가정은 구매자와 판매자가 상대적 요소 가격의 지역 간 차이에 대한 완전한 정보를 가지고 있어서 시장의 신호에 따라 합리적이고 효율적으로 선택한다는 기본 전제에 따른 것이다. "자원의 즉각적 재이용, 즉 어떤 자원도 이용되지 못하는 것이 용납되지 않는 상황"에 대한 가정이며, 이는 "자동적인 시장 메커니즘에 의해서 모든 자원이 효과적으로 이용"될 수 있음을 함의한다(Dunford 2010: 4-5). 그리고 생산량이 변해도 생산비는 변하지 않고 경제활동의 증가 규모에 대한 경제적 수익의 성장도 일정하다고 가정된다.

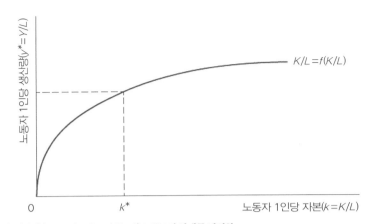

총생산함수 $Y=F(K, L)$로 자본 K와 노동 L의 관계를 정의함.
총생산함수를 노동자 1인당 자본($k=K/L$)의 함수로 전환하면 $Y/L = f(K/L)$.
성장 모델에서 빈번하게 이용되는 수확일정의 콥-더글러스(Cobb-Douglass) 생산함수를 활용함.

그림 3.4 자본/노동 비와 노동자 1인당 생산량의 관계

출처: Armstrong and Taylor(2000: 68)

이러한 신고전 모델의 가정에서, 완전한 이동성 때문에 자본과 노동은 가장 높은 상대적 수익률을 얻는 지역으로 이동한다. 기업은 가장 많은 이윤을 얻는 지역을 찾고, 노동은 가장 높은 임금을 좇아 이동한다는 뜻이다. 이러한 메커니즘이 작동하는 이유는 자본/노동 비가 높은 지역에서 임금이 높고 투자에 대한 수익이 낮기 때문이다. 반대로 자본/노동 비가 낮은 지역은 임금이 낮고 투자에 대한 수익이 높다. 따라서 자본과 노동은 반대의 방향으로 이동한다. 임금이 높은 지역은 자본을 잃는 대신 노동을 얻는다. 그리고 임금이 낮은 지역은 노동을 잃는 대신 자본을 유치한다(그림 3.5). 이러한 시장 메커니즘은 장기간 작동하고, 결과적으로 자본/노동 비와 성장의 지역 간 격차가 줄어든다(Ca-

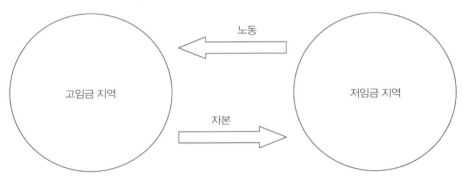

그림 3.5 고임금 지역과 저임금 지역 간의 자본과 노동의 흐름

출처: 저자 작성

pello 2011). 노동 단위 당 자본이 적은 지역은 노동자 1인당 자본이 높은 지역보다 상대적 수익률과 초창기 성장률이 높다(Barro and Sala-i-Martin 1995). 한마디로 완전하게 작동하는 시장은 장기적 측면에서 사회적·경제적 공간 격차를 줄일 수 있는 능력을 보유한다.

신고전 이론에서 지역 간 격차는 일시적인 문제일 뿐이다. 이러한 격차는 가격, 임금, 자본, 노동의 자기수정적인 이동에 활기를 불어넣고, 궁극적으로는 지역 간 사회적·경제적 **수렴**이 발생하도록 한다(Armstrong and Taylor 2000). 마찬가지로 지역 간 기술 확산 때문에 **추격**(catch-up)이 가능하고 기술진보 수준의 지리적 균등화(평준화, equalization)가 나타난다(Capello 2011). 이론적으로, 생산량 성장의 지역 간 수렴이 발생하여 균형점이 나타나고 이것이 지속된다는 이야기다. 한편 신고전 이론에서는 다양한 종류의 지역 수렴이 제시된다. 우선 **조건부 수렴**(conditional convergence)은 지역 간 1인당 소득, 소비 수준, 자본/노동 비가 일정해지는 정상상태(steady-state)의 성장률로 향하는 이동을 일컫는다. 이러한 수렴이 조건부인 이유는 지역 성장에 영향을 미치는 – 그러나, 신고전 이론에서 외생적 요인으로 가정되는 – 저축, 감가상각, 인구성장이 지역마다 다를 수 있기 때문이다. 따라서 조건부 수렴에서는 1인당 소득 수준의 지역 간 평준화가 필연적으로 나타나지는 않는다. 그 대신 지역 간 성장률 격차가 감소하여 수렴한다는 이야기다. 이와 달리 **절대 수렴**(absolute convergence)은 성장 모델 매개변수가 동일할 때 나타난다. 부유한 지역은 가난한 지역보다 느리게 성장하는 경향이 있다. 가난한 지역은 한참 낮은 기초 수준의 개발에서부터 시작하기 때문이다. 절대 수렴과 관련해, 신고전 모델에서 1인당 소득은 시간이 지남에 따라 지역 간 평준화될 것이라 말한다. 이 모델에서 지역 간 수렴을 측정하는 방식에는 두 가지가 있다. 첫째는 **베타**(beta, β) **수렴**으로 수렴의 속도를 측정하는 것이다. 가난한 지역이 부유한 지역보다 빠르게 성장할 때 베타 수렴이 높다. 신고전 이론은 1인당 소득의 장기적 균등화를 기대하며, 베타 수렴은 시작점의 1인당 소득 수준과 이후의 1인당 소득 성장 간의 음(-)의 관계로 확인될 수 있다. 둘째는 **시그마**(sigma, σ) **수렴**이다. 이는 소득의 공간적 불평등, 즉 특정한 시점에서 1인당 소득의 지역 간 산포도와 **분산**(dispersion)의 정도로 측정한다. 시그마 수렴은 지역 간 (지역 내 사람들 간은 아니라도) 1인당 소득의 분산이 시간의 흐름에 따라 작아질 때 발생한다. 베타 수렴이 나타나더라도 시그마 수렴은 나타나지 않을 수 있다.

지역 간 수렴과 관련된 신고전적 사고의 또 다른 요소는 **비교우위**(comparative advantage) 이론이다(Capello 2011). 이 접근에서 국가와 지역은 다른 국가에 비해 비교우위가 있는 경제활동, 즉 풍부한 생산요소를 사용할 수 있는 산업에 전문화한다고 파악한다. 앞서 논의한 것처럼 생산요소에는 노동, 토지, 자본, 천연자원, 지식이 포함된다. **요소부존**(factor endowment)과 경제적 **전문화**

사례 3.1 EU의 지역 간 수렴과 분기

2010년을 기준으로 27개 EU 회원국에서 1인당 GDP의 지역 간 차이는 분명했다. 구매력 표준을 통해서 지역 간 생활비의 차이를 고려하여도 공간 격차는 여전히 존재했다(그림 3.6). 1인당 GDP 격차의 모자이크 구조는 경제적 번영을 누리는 서유럽과 북유럽의 **핵심부(중심부)**와 상대적으로 저개발된 남부 유럽의 **주변부** 간 차이에 기인한다. 회원국 확대와 함께, EU의 주변부는 중부 유럽과 동부 유럽까지 확대되었다.

EU-15 회원국만 따지면 1990년대 중반까지 지역 간 **수렴**이 강력했고 이후에는 수렴의 속도가 느려

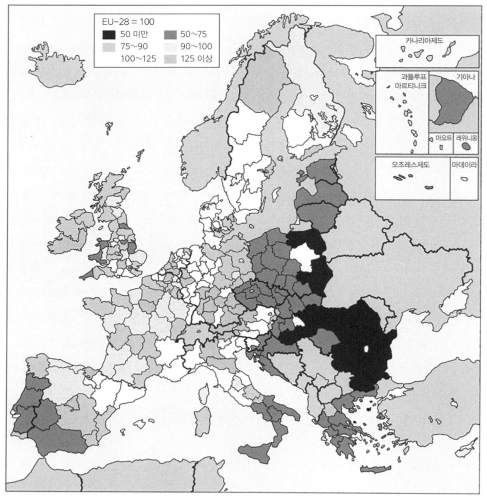

그림 3.6 유럽의 지역별 1인당 GDP 분포(2011년)

출처: European Commission(2014: 2)

졌다(European Commission 2010). 1980년과 1996년 사이에 지역 간 격차가 줄어들면서 **변동계수 (coefficient of variation)**는 33에서 29까지 감소했다. 1996년부터 변동계수는 28~30 범위의 수준을 유지했다(그림 3.7). 이후에 상대적으로 가난한 지역이 (2004년 가입한 키프로스, 체코, 에스토니아, 헝가리, 라트비아, 리투아니아, 몰타, 폴란드, 슬러바키아, 슬로베니아가) EU에 진입했다. 그러면서 EU-25 회원국의 지역 간 변동계수는 1996년 43까지 증가했다가 2007년에는 39로 감소했다(그림 3.8). **지니계수,** (하위 20% 지역에 대한 상위 20% 지역의 비율인) **S80/S20 비율, 유럽통계청 분산지표(Eurostat Dispersion Indicator)**와 같은 다른 측정치에서도 유사한 지역 간 수렴의 경향을 확인할 수 있다.

　　EU에서 지역 간 수렴의 시기는 글로벌 금융위기와 대침체의 여파로 끝을 보았다. 1인당 GDP와 고용의 지역 간 격차는 2000년부터 2007년까지 매년 줄어들었지만(European Commission 2013a), 2007년 이후부터 두 지표의 지역 간 차이는 모두 증가했다(그림 3.9). 지역적으로 불균등한 금융위기의 영향이 유럽 전역에서 나타난 실업의 지역 간 분기의 한 가지 원인으로 지목된다.

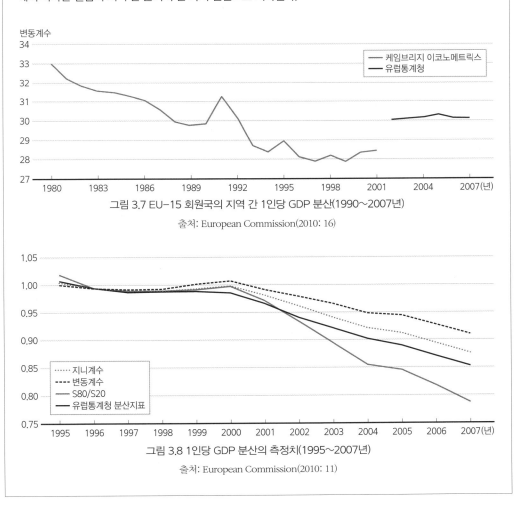

그림 3.7 EU-15 회원국의 지역 간 1인당 GDP 분산(1990~2007년)
출처: European Commission(2010: 16)

그림 3.8 1인당 GDP 분산의 측정치(1995~2007년)
출처: European Commission(2010: 11)

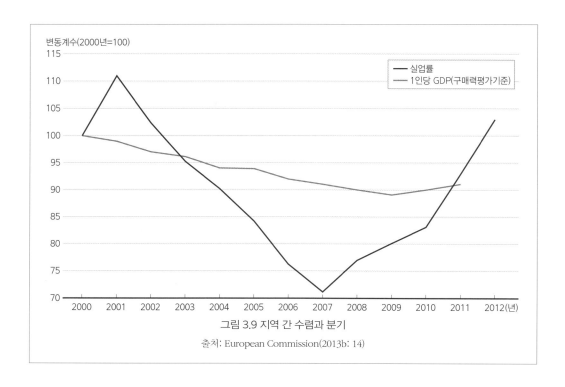

변동계수(2000년=100)

그림 3.9 지역 간 수렴과 분기

출처: European Commission(2013b: 14)

의 차이 때문에 국가와 지역 간의 **무역**이 발생하고, 무역은 모든 참여자가 이익을 얻는 포지티브섬(positive-sum) 게임으로 인식된다. 이처럼 동태적이라기보다 정태적인 프레임 속에서 전문화와 무역은 자원의 효율적인 배분과 지역 간 수렴을 촉진하는 요인으로 이해된다.

그러나 신고전 모델에 근거한 경험적인 연구에서 지역 간 수렴은 매우 천천히 발생하고 불연속적인 과정으로 밝혀졌다(Barro and Sala-i-Martin 1991; Martin and Sunley 1998; Armstrong and Taylor 2000; McCann 2013). 수렴의 속도와 범위가 국가별·시기별로 다르기 때문이다(Scott and Storper 2003). 수렴은 경제 주기에 따라 요동치는데, 대체로 침체의 기간보다 호황의 시기에 두드러지게 나타난다(Martin 2012). 유사한 구조적 특징과 초기 조건을 가진 국가와 지역 사이에서는, 성장의 성과가 일치하는 이른바 **클럽(club) 수렴**이 나타난다. 수렴의 클럽은 크게 발전과 번영을 누리는 OECD 국가, 개발도상국, 미개발국가를 포함해 세 집단으로 구분되지만, 이들 클럽 간에는 경제성장의 수렴이 나타나지 않는다(Martin and Sunley 1998). 미국과 유럽에서는 성장률의 지리적 클러스터링이 지역적 수준에서도 나타난다(Crescenzi et al. 2007). 클러스터링은 빠른 성장 지역과 느린 성장 지역으로 구분되며, 각각은 공간적으로 인접한 나름의 집단을 형성한다. EU는 사회적·경제적 조건의 측면에서 지역 간 수렴과 분기의 오랜 역사를 가진다. 그래서 EU의 지역정책은 상대적으로 가난한 새로운 회원국이 상대적으로 부유한 서유럽 국가와 격차를 줄이며 추격할 수 있도록 지원하는 데 초점이 맞춰져 있다. 이러한 지역정책은 **영토적 결속(territorial cohesion)**의 프레임으로 이해된다(사례 3.1; 사진 3.1).

사진 3.1 EU의 성장과 경제적 수렴(불가리아 소피아)

출처: Boby Dimistrov

표 3.1 신고전주의 공간정책

구분	특징
경제 이론	신고전 (외생적) 성장이론
지역개발 현안	경제성장과 소득의 공간적 격차
인과적 행위자	개인, 기업, 정부
인과적 설명	요소부존, 요소시장의 경직성 및 부동성
관계, 메커니즘, 과정	요소시장 조정을 통한 균형 회복, 수렴을 통한 공간 격차 해소
정책 논리	시장의 효율성, 유연성, 이동성 개선
정책수단	지역선별지원금(Regional Selective Assistance), 신생 스타트업 및 중소기업 대상 기업 보조금
제도적 조직	중앙집중식, 국가
지리적 초점과 범위	로컬리티, 지역, 도시
정치경제 프로젝트	뉴라이트, 신자유주의
언어	로컬 격차, 지역 격차, 낙수효과

출처: Pike et al.(2012c: 13)

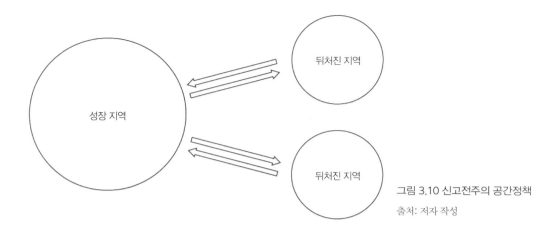

그림 3.10 신고전주의 공간정책
출처: 저자 작성

　지역 격차에 대한 신고전 이론의 설명은 지역개발 정책에서 큰 영향력을 발휘해 왔다. 신고전 성장이론은 **자유시장** 접근에 해당하며, 이러한 특징을 요약하면 표 3.1 및 그림 3.10과 같다. 신고전 관점은 균형을 향하는 성장 모델의 인과적 메커니즘 때문에, 어떠한 정책적 개입에도 관계없이 지역적 수렴이 발생할 것이라고 주장한다. 5장에서 좀 더 상세히 다룰 것이지만, 이러한 관점에서 개입은 **시장실패(market failure)**를 – 예를 들어 배분적 비효율성, 생산적 비효율성, 비대칭 시장, 부정적 외부효과 등을 – 해결하는 수단이어야만 한다. 개입의 수준도 조정 메커니즘의 방해요소를 제거하는 정도로 제한되어야 한다. 예를 들어 고용 기회 접근성 향상을 위한 노동 숙련 개선이나 노동의 과잉공급과 실업을 해소하기 위한 이동성 촉진은 신고전 접근에서 용인되는 개입이다. 이외의 다른 개입은 시장 본연의 기능을 왜곡하고 조정의 장애를 일으키는 요소로 간주된다.

　신고전 이론의 영향력은 유럽의 지역정책에 나타난다. 1986년 단일유럽의정서(Single European Act)에서 처음으로 경제적·사회적 **결속(cohesion)**에 대한 책무가 등장했다. 이는 "지역 격차와 가장 불리한 지역의 후진성(backwardness) 해소"에 초점을 맞췄다. 2009년 리스본 조약(Treaty of Lisbon)이 체결되면서 목표는 경제적·사회적·영토적 결속으로 진화했고, 이는 EU 전역에서 보다 균형적이고 지속가능한 영토개발(territorial development)을 추구하겠다는 의지의 표현이었다. 이에 따라 EU의 지역정책은 지역의 1인당 GDP, 실업, 소득 수준을 결정하는 요인에 집중되었다. 같은 논리에서, 저소득 지역이 고임금 지역을 추격해 수렴을 촉진할 수 있도록 시장실패를 – 예를 들어 비대칭성, 조정실패, 외부효과, 비효율성, 불완전성, 준최적 결과 등을 – 해결하려는 노력도 있었다(McCann 2013; 5장). EU는 신고전 접근에 근거해 1990년대 단일유럽시장의 등장 이후 요소의 자유로운 이동도 강조했다. 그러나 최근 들어서 EU의 지역정책은 집적과 혁신을 중시하는 방향으로 바뀌었다(McCann and Ortega-Argilés 2013). 1인당 GDP의 생산량 척도가 지역정책 수혜 대상 지역 선정을 위한 지리적 분석에 사용된다(European Commission 2013a). EU 지역정책의 효과에 대한 분석 결과는 혼재되어 있다. 교육 및 인적자본 투자는 긍정적인 결과를 낳았지만(Rodríguez-Pose and Fratesi 2004), 지역 격차를 해소하려는 EU의 논리와 역량에 의문을 제기하는 연구도 있다 (Farole et al. 2011a; Puga 2002).

신고전 접근은 세 가지의 주요한 이유에서 비판을 받는다. 첫째, 비현실적인 가정들을 제시한다. 인간 행위에 영향을 주는 이해관계와 우선순위는 매우 복잡하기 때문에, 개인이나 기업의 경제적 합리성이 항상 명백한 것은 아니다(Sen 1977). 요소 이동성은 완전한 수준에 미치지 못하며(McCann 2013), 가용 자본에 대한 접근성은 지리적으로 불균등하다(Mason and Harrison 1999). 자본은 상대적으로 높은 이동성을 가지는 데에 반해, 노동은 지리적 이동성을 누리지 못하는 경향이 있다. 주택시장에서 노동자의 경제적 입장이 장소에 얽매여 있기 때문이다. 가족이나 친구 관계, 자녀 교육을 통한 사회적 재생산의 필요성도 **노동의 상대적 부동성**의 이유다(Armstrong and Taylor 2000). 한편 완전정보에 대한 가정도 의문투성이다. 투자자와 노동자는 완전한 정보를 얻지 못하고, 가격 신호에 합리적으로 반응하지도 않는다. 가령 노동자의 입지 결정은 단순히 임금 수준의 차이로만 결정되지 않는다. 그리고 지역의 임금 수준이 노동의 한계 생산성에 따른 기업 셈법에 좌우되지 않는 경우도 많다. 오히려 고용주와 노동조합 간에 이루어지는 국가 수준의 협상이 더 많은 영향력을 행사한다. 경쟁도 불완전하다. 완전 경쟁은 시장지배력이 없는 다수의 구매자와 다수의 판매자 사이에서 발생한다. 그러나 재화와 서비스 시장 대다수가 그러한 신고전주의 이상에 따라 작동하지 않는다(Robinson 1964). 마지막으로 비교우위 이론의 가정도 비현실적이다. 특히 요소부존에 기초한 정태적인 프레임, 수확체감, 지역과 국가 간 기술적 등가성에 대한 가정이 문제시된다(Kitson et al. 2004).

둘째, 기술과 노동을 외생적 요소로 다루는 것도 신고전 모델의 약점이다. 기술의 진보는 지리적으로 불균등한 과정이고, 기술의 시·공간 전파는 거리조락(distance-decay) 효과를 동반한다(McCann 2013). 자본/노동 비와 생산성의 관계나 수확일정(수확불변, constant return)의 가정도 문제시된다(그림 3.4). 기술적 가능성의 한계가 변하기 때문이다. 이러한 문제는 **내생적 성장이론**의 등장과 발전으로 이어졌다. 내생적 이론은 **기술**과 **인적자본**을 모델에 포함시켜 내부화하는 접근이다. 실제로 장기간 계속되는 지역 간 성장률 격차는 기술을 창출하거나 다른 지역에서 창출된 기술에 적응하는 지역의 역량 때문에 발생한다(Armstrong and Taylor 2000). 시간에 따른 개발 단계의 관념에서 지역 간 수렴의 가능성은 국가개발 단계의 후반부에 나타난다고 설명되었다(Williamson 1965;

Richardson 1980). 여기에서 지역 간 수렴은 노동 이주율 균등화, 자본시장 개발, 핵심부 편향적 공공정책 축소, 지역 간 연계의 확대와 관련된 현상으로 이해된다.

셋째, 근거에 따르면 신고전적 조정의 메커니즘은 제대로 작동하지 않는다(McCann 2013). 특정한 시기, 또는 장기적 측면에서만 그러한 메커니즘이 작동한다. 경험적으로 관찰되는 수렴이 신고전 성장이론과 일치하지 않는다는 주장도 있다(Fingleton and McCombie 1997). 기술 확산이나 지역정책이 수렴의 요인인 경우가 많다. 암스트롱과 테일러(Armstrong and Taylor 2000: 85)에 따르면, "신고전적 조정의 메커니즘은 상대적으로 가벼운 역할"만 수행한다. 신고전 이론에서 결정 요소들의 ─ 즉 자본스톡, 노동력, 기술의 ─ 분포 패턴에서는 지리적 변이가 나타난다(Martin and Sunley 1998). 이러한 노동과 자본 분포의 공간적 이질성에도 불구하고 신고전 이론은 여전히 조건부 수렴을 기대한다. 신고전 접근은 많은 비판을 받고 있지만, 지역개발 사상과 정책에 지대한 영향력을 행사하고 있다.

3. 케인스주의 접근

케인스주의 경제학은 존 메이너드 케인스(John Maynard Keynes)와 1930년대 대공황 시기 동안 그가 이룬 업적에 뿌리를 둔다. 케인스는 신고전 접근을 비판했지만, 신고전주의의 언어와 방법론을 사용해 경제가 어떻게 작동하는지에 대한 대안적 개념과 이론을 제시했다. 경제 침체와 대량 실업의 맥락에서 그는 경제성장이 **완전고용** 창출의 수준에 미치지 못하는 점에 관심을 가졌다. 그리고 신고전 이론에서 예측하는 균형이 아니라, **불안정성(instability)**과 **불균형(disequilibrium)**이 자본주의 경제의 필연적 특징이라고 강조했다.

케인스주의 접근은 신고전 이론과 구별되는 여러 가지의 개념적 특징을 가진다. 특히 일곱 가지 특성이 중요하다. 첫째, 케인스주의는 신고전주의의 공급측 초점과 달리 **수요주도형** 성장에 주목한다. 공급이 아니라 수요의 부족 때문에 가용 자원이 불충분하게 이용된다고 여긴다는 말이다. 케인스주의 모델에 따르면, "총공급은 수요주도의 실질적 생산 변화에 반응해 조절된다. 역량 활용이나 축적·이주·기술변화의 유도를 통해서 수요주도의 변화가 나타날 수 있다."(Dunford 2010: 7) 둘째, 신고전주의에서 외부적·외생적이라고 여겨지는 인적자본, 부존자원, 기술변화가 케인스주의 모델에서는 내부적·**내생적 요인**으로 다루어진다. 셋째, 케인스주의 접근은 신고전주의 가정과는 달리, 정보, 이동성, 경쟁의 **불완전성**을 인정한다. 다시 말해 경제 행위자의 정보는 불완전하며 생산요소의 시·공간 이동성은 불완전하다고 여긴다. 그리고 시장 경쟁은 비대칭적인 시장 장악력을 보유한 구매자와 판매자 간의 불완전한 균형 속에서 발생한다고 가정한다. 이러한 불완전성은 시장의 조정 과정을 방해하며 불균형의 원인이 된다. 불완전성 때문에 상대적으로 경직된 가격이 나타나고, 이는 시장청산의 제약 요소로 작용한다. 신고전 접근은 수요를 초과하는 이동성이 제한되고 경직된 과잉 노동 공급을 실업 문제의 원인으로 파악한다. 반면 케인스주의 접근은 노동 수요 부족을 실업의 원인으로 지목하며, 노동조합의 대표성과 단체교섭으로 유지되는 임금 수준의 (즉 노동 가격의) 고착성을 중시한다(McCann 2013).

넷째, 케인스주의는 수확일정이나 수확체감을 강조하는 신고전 접근과 달리 **수확체증**을 강조한다. 이에 대해서는 아래에서 더 상세히 다루도록 하겠다. 다섯째, 경제성장은 저절로 계속되는 순환적·누적적 재강화의 과정으로 이해된다. 이러한 재강화의 과정은 **승수효과**나 수확체증처럼 케인스주의 성장 모델에서 나타나는 긍정적·부정적 피드백(환류) 메커니즘 때문에 나타난다(Dunford 2010). 여섯째, 케인스주의 접근은 단기적 측면에 주목하는 신고전 이론과는 달리 중·장기적 측면에 초점을 맞추고 있다. 일곱째, 케인스주의는 경제에서 **국가**의 역할을 강조한다. 특히 **총수요 관리** 측면에서 **완전고용**을 추구하고, 비즈니스 주기에 따른 경기하강의 부정적 효과를 누그러뜨릴 수 있도록 경기 변동에 대응하는 공공지출의 필요성을 강조한다. 이러한 정부의 역할에 대한 인식은 신고전 관점과 대조를 이룬다. 신고전주의에서 정부는 시장 원리의 자연스러운 작동을 방해하는 요소로 여겨지기 때문이다. 이러한 케인스주의의 특징은 정책과 관련하여 아래에서 더 자세히 다루도록 하겠다.

한편 존 메이너드 케인스는 국가경제에 초점을 맞추었지만, 그의 아이디어는 지역적 스케일에서 경제를 이해하는 데에도 활용되어 왔다. 케인스주의 이론을 따르는 지역개발 접근에서는 지역 간 성장 격차를 줄이는 문제에 주목한다. 신고전 접근을 비판하며 지역 간 **분기**(divergence)를 이해하고 설명할 필요성도 강조한다. 다시 말해 지역 성장의 격차가 지속되고 시간에 따라 재생산되는 이유에 대해 큰 관심을 둔다. 이러한 초점의 중심에는 자본주의 경제에 내재한 불균형과 불안정성이라는 케인스주의적 개념이 자리 잡고 있다. 이런 관점에서 시장은 경제적·사회적 조건에서 공간 격차를 줄이지 못하고 늘리거나 악화시키는 요인으로 간주된다. 이에 대해 론 마틴(Ron Martin)과 피터 선리(Peter Sunley)는 다음과 같이 설명한다.

시장의 원리 그 자체로 공간적 불균형이 조성된다. 특히, 규모의 경제와 집적은 특정한 지역에서 자본, 노동, 생산의 누적적 집중이 나타나게 한다. 이것은 다른 지역이 희생하는 대가이다. 불균등한 지역개발은 자기-수정적(self-correcting)이지 못하고 자기-강화적인(self-reinforcing) 과정
이다.

(Martin and Sunley 1998: 201)

케인스주의에서도 지역개발은 신고전주의 접근과 마찬가지로 지역 간 격차의 감소나 완화와 동일
시된다. '지역'을 지리적 초점으로 하는 점도 신고전주의와 비슷하다.

케인스주의적 지역경제 개념은 **소득 항등식(income identity)**에 기초한다. 이는 방정식 $Y=C+I+G+(X-M)$으로 주어진다. 여기에서 Y는 지역 총소득, C는 지역 소비, I는 지역 투자, G는 정부 순지
출, $(X-M)$은 수출에서 수입을 뺀 값, 즉 지역의 무역수지를 의미한다. 이런 방식으로 케인스주의 접
근은 신고전 이론의 자본스톡(capital stock) 관념을 소비, 정부 순지출, 무역수지까지 확대한다.

케인스주의 사상의 핵심에는 승수(multiplier)란 개념이 있다. **승수효과**는 로컬·지역경제 내부에
서 촉발되는 경제활동이며, 경제 행위자들 간 투입–산출 관계를 통해서 누적적으로 작용한다(Mc-
Cann 2013). 기업은 재화나 서비스의 판매 소득을 통해서 수입을 마련하고 가구는 일자리에서 임금
의 형식으로 소득을 창출한다. 이러한 수입과 소득을 기반으로 기업과 가구는 재화나 서비스를 구매
하는데, 이것이 소득과 지출의 사슬을 형성해 경제 전반으로 퍼지게 된다(그림 3.11). 승수효과는 직
접(direct), 간접(indirect), 유발(induced) 승수효과로 구분된다. **직접 승수효과**는 로컬이나 지역의
소득, 생산량, 고용의 증가분을 말하고, **간접 승수효과**는 로컬이나 지역에서 재화와 서비스 수요의
증가분을 뜻한다. 이를 넘어서 생기는 최초의 경제적 투입에 대한 수요 증가를 **유발 승수효과**라고
한다. 승수효과에는 긍정적인 측면과 부정적인 측면이 있고, 이에 따라 경제성장은 로컬이나 지역

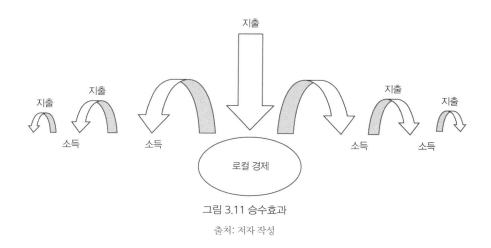

그림 3.11 승수효과

출처: 저자 작성

의 내·외부로 확대되거나 내·외부에서 축소된다. 승수의 크기와 강도에 따라 다양한 효과가 만들어 지는 피드백이 작용한다. 한마디로, 승수는 최초의 자극으로부터 여러 라운드를 거치며 만들어지고, 각각의 라운드는 직전의 라운드보다 적은 힘을 가지고 적은 영향력을 발휘한다.

수출기반이론(export base theory)도 수요를 강조하는 케인스주의 접근의 사례다. 케인스주의의 소득 항등식을 기초로, 지역 성장의 차이는 지역 수출의 성장으로 – 즉 지역 외부에서 판매된 재화 와 서비스의 성장으로 – 설명된다. 지역 생산에 대한 외부의 수요도 지역 성장률의 결정 요소로 여 긴다는 이야기다. 아래에서 논의될 토착적 접근과 달리, 케인스주의에서 지역개발은 지역의 내부로 부터가 아니라 외부에서부터 이루어진다고 간주한다(Armstrong and Taylor 2000). 수출기반 접근 은 원래 자원기반(resource-based) 지역이 천연자원을 이용해 국제무역에 통합되는 과정에 초점을 맞췄었지만(Innis 1920; North 1955), 시간이 흐르며 지역 전문화(specialization)나 성장과 쇠퇴에 대응하는 조정(adjustment)에 관한 이론으로 발전했다. 특정 수출 상품에 대한 지역적 **전문화**는 앞 에서 논의한 신고전주의의 **비교우위(comparative advantage)** 이론을 바탕으로 설명된다. 이에 따 르면, 지역은 비교적 풍부한 요소를 – 예를 들어 원료, 노동, 자본, 기술 등을 – 집약적으로 사용하는 상품의 생산과 수출에 전문화한다(Dunford 2010). 그림 3.12에서 확인할 수 있듯, 외부 수요는 한 편으로 지역의 기반(basic)·수출 부문의 성장을 자극하고, 다른 한편으로는 부차적인 비기반(non- basic)·현지(residentiary) 부문의 성장에 도움을 준다. 제조업과 교역(tradable) 서비스는 **기반 부문** 에 속한다. 그리고 음식, 유틸리티 같은 재화, 로컬 은행, 소매업 같은 비교역(non-tradable) 서비스

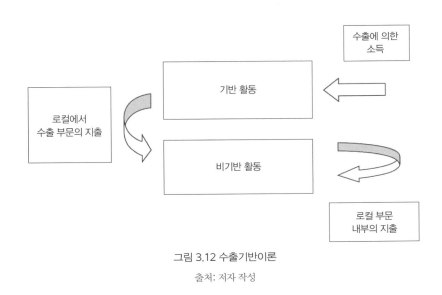

그림 3.12 수출기반이론

출처: 저자 작성

는 **비기반 부문**에 해당한다.

수출기반이론은 전문화의 중요성을 강조하고, 지역 제품에 대한 외부 수요가 지역 성장에 미치는 영향을 중시한다. 이러한 수요는 지역 수출품의 가격, 다른 지역의 소득 수준, 외부 시장에서 대체재의 가격으로 결정된다. 지역의 성장은 다른 지역의 수출품에 대한 지역 수출 부문의 국제 경쟁력에도 영향을 받는다. 제품의 품질과 판매 후 서비스도 수요에 영향을 미친다. 공급측에서는 임금, 자본, 원료, 중간재, 기술 등을 포함한 생산 비용 요소가 지역의 수출 경쟁력에 영향을 준다. 그리고 무역흑자는 지역의 성장과 개발에 보탬이 되는 것으로 해석된다(Thirlwall 1980).

가격과 소득 변화에 대한 지역 수출품의 수요 민감성, 즉 탄력성(elasticity)은 결정적인 이슈다. 다른 지역의 중간재 수요도 중요하다. 수요와 공급이 우호적인 상황이라면, 지역의 수출 부문은 성장하고 투입 요소에 대한 수요가 높아서 다른 지역에 비해 높은 가격이 형성되며 자본과 노동의 유입도 늘어난다. 결과적으로 경제성장의 지역 간 격차의 조건이 형성된다. 이러한 격차의 지속 기간은 요소의 희소성, 인플레이션 압박, 다른 지역의 대체 품목과 경쟁 등에 좌우된다. 지역 격차의 문제를 조정하려면, 비용 절감, 생산성 증대, 새로운 수출 시장 개척을 통해 경쟁력을 개선할 필요가 있다. 이러한 조정은 지역 간 요소 이동성 수준에도 영향을 받는다. 한편 수출주도형 성장 과정은 지역소득에 긍정적 승수효과를 누적적으로 발생시킨다. 이것은 투자 유발의 가속화, 노동 유입 증가, 로컬 재화와 서비스의 수요 확대, 보조 산업과 외부경제 효과 증대의 형태로 나타난다(Armstrong and Taylor 2000). 그러나 이러한 과정의 역전 현상, 즉 쇠퇴의 과정도 누적적으로 나타날 수 있다. 수출품에 대한 수요의 변화, 기술변화, 경쟁 심화 등이 쇠퇴의 요인에 해당한다. 사례 3.2는 중국에서 성장과 소득의 지역 간 차이를 설명하는 데에 있어서 케인스주의 수출기반 접근이 어떻게 활용될 수

사례 3.2 중국의 지역 격차

최근 몇십 년 동안 중국의 경제성장은 매우 빠르게 진행되었다. 급속한 성장은 명백한 지역 간 격차를 낳기도 했다. 중국은 국가경제를 글로벌 무역에 개방하는 개혁을 단행하면서, 수출가공 활동에 대한 투자를 우선시하는 국가개발 정책을 추진했다. 이는 풍부하고 값싼 노동을 중심으로 형성된 **비교우위**를 활용하기 위한 노력이었다(8장). 표 3.2에서 확인할 수 있는 것처럼, 1990년대 동안 해안지역과 내륙지역 간 성장 및 소득의 격차가 더욱 커졌다. 해안지역과 내륙지역에서 성장률이 거의 비슷했던 1980년대와는 다른 모습이다. 정부 주도 자유화의 효과로 1990년대 동안 1인당 GDP는 내륙에서 95%, 해안지역에서는 144% 성장했다(Fu 2004). 이것은 1950년대부터 시작되었던 동부 성장과 북동부 쇠퇴의 장기적 역사와 결을 같이 하는 변화였다(그림 3.13).

표 3.2. 중국 해안지역과 내륙지역 간 격차(1999년)

지역	실질 1인당 GDP (1990년 위안화 기준)	1978~1999년 GDP 변화율(%)	전국 대비 GDP 비율(%)	전국 대비 FDI 비율(%)	전국 대비 수출 비율(%)
해안지역					
베이징	9960	255	2.7	4.13	3.2
톈진	8017	218	1.8	3.94	3.3
상하이	15459	184	4.9	8.19	9.4
랴오닝	5062	242	5.1	4.16	4.2
허베이	3479	339	5.6	1.99	1.4
장쑤	5352	472	9.4	12.13	9.5
저장	6041	739	6.5	3.11	7.0
푸젠	5418	812	4.3	9.78	5.4
산둥	4353	533	9.4	5.9	6.3
광둥	5886	637	10.3	28.25	40.4
광시	2082	325	2.4	2.09	0.6
평균 또는 합계*	5204	411	62.4*	83.7*	90.7*
내륙지역					
산시(山西)	2372	199	1.8	0.42	0.8
네이멍구	2685	289	1.5	0.17	0.4
지린	3182	284	2.0	0.84	0.6
헤이룽장	3844	213	3.5	1.09	0.8
안후이	2362	345	3.6	0.88	0.8
장시	2339	289	2.4	0.81	0.5
허난	2456	387	5.6	1.22	0.6
후베이	3269	353	4.7	1.78	0.8
후난	2562	312	4.1	1.48	0.7
쓰촨	2234	306	4.5	1.54	0.6
구이저우	1242	226	1.1	0.13	0.2
윈난	2234	354	2.3	0.27	0.5
산시(陝西)	2058	222	1.8	0.9	0.5
간쑤	1851	144	1.1	0.13	0.2
칭하이	2340	151	0.3	0.01	0.1
닝샤	2245	179	0.3	0.04	0.1
신장	3247	377	1.4	0.11	0.5
평균 또는 합계*	2497	292	40.0*	11.8*	8.7*
전국 평균	3631	358	–		

* 해당 열의 합계
출처: Fu(2004: 150)

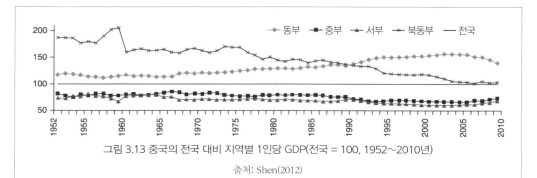

그림 3.13 중국의 전국 대비 지역별 1인당 GDP(전국 = 100, 1952~2010년)

출처: Shen(2012)

중국의 해안지역은 말레이시아, 필리핀, 인도네이사, 타이 등의 동남아시아 경제를 추격하고 있다. 일부 지역은 이미 동남아시아를 뛰어넘었다. **케인스주의** 관점의 연구에서는, 수출과 해외직접투자(FDI: foreign direct investment)의 역할을 강조하면서 지역 간 불평등을 설명한다. 이런 연구에 따르면, 수출이 해안지역의 성장에 긍정적인 요인으로 작용했다(Fu 2004). FDI 기반의 노동집약적 가공무역은 해안지역의 성장을 이끌었고, 이에 따라 대규모의 노동력이 내륙지역에서 해안지역으로 옮겨 갔다. 한편 GDP, 제조업 생산량, 고용 성장 간의 양(+)의 상관관계가 나타나는 중국은 칼도어(Kaldor)의 케인스주의 분석이 타당함을 입증하는 사례이다(Guo et al. 2013). 같은 맥락에서, 이미 발전한 해안지역에서 순환·누적적 성장이 가속화되는 모습에서 수확체증의 역할도 확인할 수 있다. 내륙지역은 최근 들어서야 해안지역 성장의 **파급효과** 혜택을 누리기 시작했다. 중국 정부는 케인스주의 스타일의 경기부양책을 도입해 경제성장을 유지하고 주요 수출시장에서 글로벌 금융위기와 대침체의 효과에 대응하려 노력했다(Ramesh 2010). 내륙지역의 노동 이주민 유출은 지역 간 불평등을 확대했지만, 이러한 부정적 효과의 일부는 내륙지역의 도시화로 상쇄되고 있다. 그러나 중국 정부는 자본이 풍부한 해안지역으로 노동 이주가 더 많아지면 지역 격차가 더욱 심각해질 것으로 예상한다. 그래서 국내 및 해외 자본을 잉여 노동이 발생하는 내륙지역으로 분산하는 데에 지역정책의 초점이 맞춰져 있다.

있는지를 보여 준다.

니콜라스 칼도어(Nicholas Kaldor 1970, 1980)는 신고전주의 접근을 철저히 거부하고, **전문화**와 **규모의 경제**를 중심으로 지역의 1인당 성장을 설명했다. 동시에 부문의 구조도 중요한 역할을 한다고 파악했다. 특히 제조업을 강조하며, 혁신을 촉진하고 생산성을 높이며 성장을 가속화시키는 성장의 플라이휠(flywheel)로 해석했다. 이러한 사실은 제조업에 전문화된 지역과 자원기반형 지역을 비교하면 분명해진다. 칼도어는 생산량이

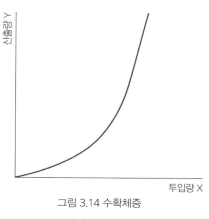

그림 3.14 수확체증

출처: 저자 작성

변해도 생산비는 일정하다는 신고전주의 접근의 수확일정(수확불변) 가정에 의문을 제기했다. 그 대신 투입이 증가하면 생산량이 점증적으로 불균형하게 성장하는 **수확체증**의 효과를 강조했다(그림 3.14). 수확체증에 기초한 성장의 과정은 순환적·누적적이다. 빠르게 성장하는 지역이 지역 전문화를 강화하면서 다른 지역과의 격차는 더욱 커지게 된다(McCann 2013). 이러한 수확체증은 신경제지리학(NEG: New Economic Geography)과 도시경제학에서 중심을 차지하는 논의이다. 칼도어(Kaldor 1981)는 지리적으로 불균등한 성장 과정에 대한 설명을 기초로 지역정책의 중요성을 강조했다. 그에 따르면, 지역정책은 국가경제 안에서 성장을 재분배하고 성장 핵심부에서 인플레이션 병목현상을 해소하는 자동 안정장치(automatic stabilizer)의 역할을 한다.

한편 군나르 미르달(Myrdal 1957)이 제시한 **순환·누적 인과관계**(circular and cumulative causation) 이론에서는 경제성장이 자체적인 과정을 강화하면서 불균등한 지역 성장을 유발하는 측면에 주목한다. 미르달(Myrdal 1957: 13, 16)은 케인스주의의 불균형과 불안정성에 주목하면서 다음과 같이 주장한다.

시스템은 여러 가지 힘들이 균형을 이루도록 스스로 움직이지 않는다. 오히려 그러한 균형의 상황으로부터 계속해서 벗어나려 한다. 정상적인 경우, 하나의 변화는 그것을 상쇄하는 변화를 불러일으키지 않는다. 그 대신, 처음의 변화와 동일한 방향으로 시스템을 훨씬 더 많이 움직이는 변화를 자극한다. 이와 같은 순환적 인과관계는 사회적 과정으로서 누적적인 경향이 있고 이러한 과정의 속도는 가속화된다. … 일반적으로 시장의 원리가 작동하면 지역 간 불평등은 해소되지 않고 증가하기 마련이다.

순환·누적 인과관계 이론은 수확체증, 집적, 외부경제를 강조하며, 맨 처음 산업화된 로컬리티와 지역이 성장에서 유리한 점을 부각한다. 신규 공장, 오피스, 인프라 등에 대한 민간투자나 공공투자의 행태로 최초의 경제적 자극이 이루어지면 긍정적 승수효과가 발생한다. 이를 통해 로컬경제와 지역경제는 성장과 발전의 선순환을 창출하며 확대된다(그림 3.15). 반면 공장이나 오피스 폐쇄, 지역 수출품의 경쟁력 상실, 투입 요소 가격 상승과 같은 경제적 쇼크는 부정적 승수효과를 유발하며, 쇠퇴의 악순환을 형성하고 로컬·지역경제를 위축시킨다.

발전한 지역은 생산요소 간 긍정적 상호작용 덕분에 더 많은 이익을 얻으며 성장을 자극받지만, 이는 대체로 뒤처진(lagging) 지역의 희생을 대가로 얻어낸 성과다. 물론 **파급효과**(spread effect) 또는 **낙수효과**(trickle-down effect)를 통해서 발전한 지역의 성장은 뒤처진 지역을 이롭게 할 수

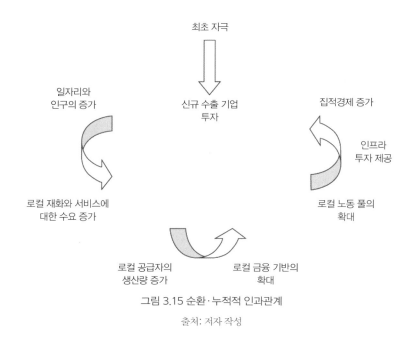

최초 자극

신규 수출 기업
투자

집적경제 증가

인프라
투자 제공

일자리와
인구의 증가

로컬 노동 풀의
확대

로컬 재화와 서비스에
대한 수요 증가

로컬 공급자의
생산량 증가

로컬 금융 기반의
확대

그림 3.15 순환·누적적 인과관계

출처: 저자 작성

있다(Hirschman 1958; 그림 3.16). 그러나 미개발된 주변부 지역은 저임금 노동을 제공할 수 있으나 주변부 지역의 잠재력은 발전된 핵심부 지역에서 생산요소를 유인하는 훨씬 더 강력한 **구심력** **(centripetal forces)**과 **집적경제**로 상쇄된다. 이러한 **역류효과(backwash effect)**는 발전한 지역으로 자본과 노동의 흐름을 촉진하며 지역 격차를 심화시킨다(Dunford 2010; 그림 3.16). 따라서 케인스주의 관점에서 시장 가격 신호(시그널)에 대한 합리적 반응은 지역 격차의 감소가 아니라 지역 격차의 강화이다. 실제로 자유 무역은 뒤처진 지역을 희생하여 발전된 지역의 성장을 촉진하면서, 핵심부 지역과 주변부 지역 간의 양극화된 개발을 심화시킨다. 칼도어(Kaldor 1970)는 누적적 인과관계를 정교화하여, 수확체증 때문에 초창기 산업화 지역이 국제무역에서 우위를 점하게 되는 과정을 다음과 같이 설명했다.

국가와 지역의 성장은 수출이 주도한다. 수출의 성장은 (실질 임금과 생산성 간의 비로 나타내는) 효율 임금(efficiency wage)에 좌우된다. 제조업 재화의 수출 증가는 생산량의 증가를 뜻한다. 생산량의 증가는 규모의 경제에 따라 외부경제, 유출효과(파급효과, spillover effect), 상호보완성, 생산성의 향상으로 이어진다. 그리고 생산성이 높아지면, 경쟁력을 개선하는 선순환이 마련된다.

(Dunford 2010: 7)

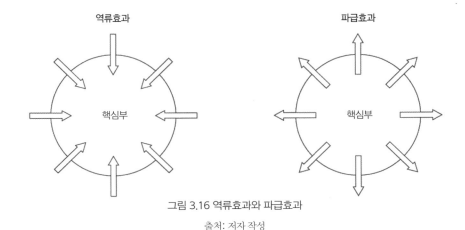

그림 3.16 역류효과와 파급효과

출처: 저자 작성

이러한 피드백을 통해서 형성되는 누적적 인과관계는 긍정적이거나 부정적인 방식으로 로컬·지역경제에 영향을 준다.

불균형 성장과 분기가 지역개발에 대한 케인스주의 이론의 핵심을 이룬다. 이런 관점에서 딕슨과 스월(Dixon and Thirlwall 1975)은 지역 성장이 수출 부문 경쟁력에 주는 피드백 효과, 즉 수출 부문 생산량에 주는 **연쇄효과(knock-on effect)**, 생산성, 경쟁력에 미치는 긍정적 영향력을 강조했다. 이들은 생산량의 증가가 노동 생산성의 성장으로 이어지는 **버둔효과(Verdoorn effect)**를 밝혀내기도 했다(Dixon and Thirlwall 1975). 버둔효과가 발생하면, 생산량과 노동 생산성 사이에서는 강력한 상호강화적 성장이 나타난다. 프랑수아 페로(Perroux 1950)는 순환·누적적 인과관계를 기초로 **성장거점이론(growth pole theory)**을 제시했다. 이는 성장을 유도하는 기업 간 산업 연계와 - 즉 공급 사슬에서 **전방연계**와 **후방연계**를 포함하는 산업 간 연계와 - 로컬화된 산업 성장에 주목하는 이론이다(Hirschman 1958). 이러한 집적경제의 효과로 창출된 성장거점은 로컬 및 지역의 성장과 발전의 원동력으로 작용한다. 수출기반이론과 마찬가지로, 프리드먼(Friedman 1972)의 **중심부-주변부 모델(center-periphery model)**도 외부적으로 유도될 수 있는 성장의 가능성에 주목한다. 이 모델은 중심부 지역의 강력한 외부경제와 함께, 수출 수요를 비기반·현지 부문의 성장으로 이끄는 정치적·경제적 리더십과 기업가정신의 역할을 강조한다. 비핵심 지역은 핵심부와의 관계나 자치성의 수준으로 정의된다. '자원의 변방'이나 '하향 전환' 지역이 비핵심 지역의 사례에 해당한다.

신고전 이론처럼 지역 간 분기에 대한 케인스주의 이론은 지역개발 정책에서 상당한 영향력을 행사해 왔다. 하지만 신고전주의의 자유시장 접근과는 달리, 케인스주의는 **개입주의** 정책의 오랜 역사를 보유한다. 지역 격차를 줄이기보다 심화시키는 시장의 원리 때문에, 정부의 역할을, 특히 국가정부의 역할과 정책적 개입을 중요시해 왔다(McCrone 1969; Kaldor 1970).

미르달(Myrdal 1957)은 개발의 경향을 형성하는 제도적 요인의 중요성을 강조하면서 능동적인 정책 개입의 필요성을 주장했다. 이는 보다 많은 경제성장에 이바지할 수 있도록 보다 높은 수준의 평등을 촉진하기 위한 것이다. 불평등을 조장하는 시장 메커니즘의 효과를 상쇄하기 위해서 공공지출의 순흐름을 늘리는 것이 그러한 정책적 행위의 사례에 해당한다.

(Dunford 2010: 7)

표 3.3 케인스주의 공간정책

구분	특징
경제 이론	케인스주의 성장이론
지역개발 현안	경제성장의 공간 격차
인과적 행위자	개인, 기업, 정부
인과적 설명	낮은 총수요와 투자, 구조적 약점
관계, 메커니즘, 과정	순환·누적적 인과관계, 승수효과, 파급·역류효과를 통한 공간 격차의 지속
정책 논리	경제적 효율성의 재분배, 사회적·공간적 형평과 균형
정책수단	자본 및 노동 보조금, 산업개발 통제, 인프라 투자
제도적 조직	중앙집중식, 국가
지리적 초점과 범위	지역
정치경제 프로젝트	사회민주주의
언어	지역 불평등, 재분배

출처: Pike et al.(2012c: 13)

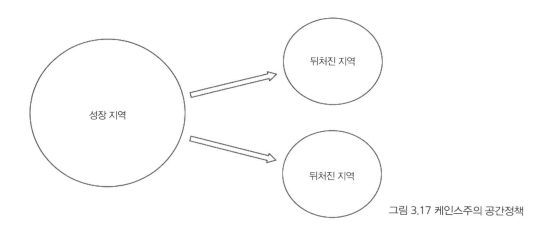

그림 3.17 케인스주의 공간정책

이러한 개입주의는 성장과 발전을 핵심부에서 주변부 지역으로 **재분배**하는 목적을 지향한다(표 3.3; 그림 3.17). 정부 주도의 성장은 수확체증의 잠재력 때문에 실현 가능하다고 여겨진다(Rosen-stein-Rodan 1943).

실제로 정부는 정책적 개입을 통해서 높은 저축과 고성장의 선순환을 확립하고 지리적으로 균등한 균형 성장을 이룩하기 위해 노력한다(Nurske 1961; Singer et al. 1975).

2장에서 논의한 개발주의(developmentalism)와 관련해(McMichael 2012), **케인스주의 복지국가(Keynesian Welfare State)**와 재분배 지향적인 공간경제 정책은 **공간적 케인스주의(spatial Keynesianism)** 사상에 기초해 추진되었다(Martin and Snuley 1997; 4장). 공간적 케인스주의는 국가 영토 내에서 경제 역량과 인프라의 균형적 공간 분포를 도모하면서 국가의 생산과 소득을 극대화하는 목적을 지향한다(Brenner 2004). 이는 케인스주의 경제 이론을 기초로 케인스주의 복지주의(Keynesian Welfarism)의 다른 측면들을 보완하거나 강화하는 지역정책 조치와 관련된다. 여기에는 부유한 지역과 빈곤한 지역 간의 성장을 재분배하는 자동적 재정 안정장치, 국가적 공간계획 시스템, 산업의 국유화, 신도시 정책, 도시 관리주의(managerialism)가 포함된다(Harvey 1989). 공간적 지향성을 가진 보상 정책, 수출기반 촉진, 제도 혁신도 그러한 지역정책 조치에 해당한다(Mc-Crone 1969; McCann 2013; 그림 3.18). 테네시강 유역 개발공사(Tennessee Valley Authority)는 전문적인 지역개발기구와 산업단지 개발의 선구자라 할 수 있다(Scott 2010). 이는 루스벨트 대통령의 리더십을 바탕으로 1930년대 미국에서 추진된 **뉴딜정책**의 일환이었다. 유사한 조치가 잉글랜드 북동부 게이츠헤드의 팀벨리 산업지구(Team Valley Trading Estate)를 비롯해 많은 곳에서 모방되기도 했다(Loebl 1978; 8장). 1960년대에는 뒤처진 지역에서 새로운 경제성장을 자극하기 위해서 프랑수아 페로의 성장거점 실험이 광범위하게 도입되었는데, 이는 화학이나 자동차처럼 당시의 추진력 있는(propulsive) 선도적 기업이나 산업 부문을 중심으로 나타났다(Rodríguez-Pose 1994). 특정한 부문과 공간적 집적의 추진력 있는 성장 효과에 대한 논의는 최근의 신경제지리학과 도시경제학 접근에서 계속되고 있다.

물론, 케인스주의는 여러 가지 비판에 직면해 있는 사상이다. 높은 수준의 정부 지출은 부채 의존성을 높이며 고금리의 문제를 유발했다. 재정확대로 인해서 적자가 쌓여 공적 금융의 불균형과 인플레이션도 발생했다. 케인스주의 혼합경제(mixed economy)를 효과적으로 관리하기 위해서는 큰 규모와 범위의 정부가 필요하다. 이의 결과로, 높은 세금, 많은 지출의 체제가 확립되어 민간부문에 대한 **구축(밀어내기)효과(crowd-out effect)**가 나타났다(Bacon and Etlis 1976). 국제화와 글로벌화 때문에, 컨테이너화된 불투과적 국가경제에 대한 가정, 즉 정부가 지역 성장을 지시할 수 있다는 믿

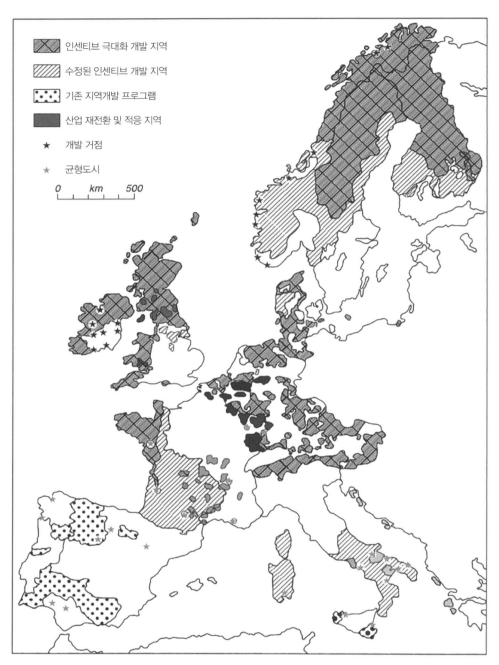

그림 3.18 전후 서유럽에서 보상적 지역정책의 지리

범례:
- 인센티브 극대화 개발 지역
- 수정된 인센티브 개발 지역
- 기존 지역개발 프로그램
- 산업 재전환 및 적응 지역
- ★ 개발 거점
- ★ 균형도시

0 km 500

음이 약해졌다(Chisholm 1987; O'Neill 1997). 수출기반이론은 수요측과 공급측을 통합하려 시도했지만, 과도하게 단순화한다는 이유로 비판받아 왔다. 지역 간 생산요소의 부동성에 대한 가정, (기업가주의 등) 중요한 요소의 무시, 지역 수출 수요의 요인에 대한 체계적이지 못한 설명도 수출기반이론의 약점으로 지적된다(Armstrong and Taylor 2000). 딕슨과 스월(Dixon and Thirlwall 1975)의 모델은 수출 부문을 지역 성장의 유일한 원천으로 가정하면서 지역이 전문화하는 수출품의 유형을 구체화하는 데에 실패했고 강력한 경험적 근거도 제시하지 못했다. 이밖에도 버든효과의 복잡성을 명쾌하게 설명하지 못했으며, 분업, 전문화, 기술변화가 어떻게 생산량 증가와 생산성 향상을 촉진하는지 밝혀내지도 못했다(Armstrong and Taylor 2000).

한편 앨버트 허시만(Hirschman 1958)은 발전한 핵심부와 미개발된 주변부 간 양극화된 이중적 개발은 성장 지역과 배후 지역 모두에게 이롭다고 주장했다. **낙수효과**를 통해서 뒤처진 지역에서도 제품과 노동에 대한 수요가 창출될 것으로 믿었기 때문이다. 양극화를 지역 간 분기의 강력한 자극제로 이해하는 누적 인과관계 이론과 달리, 허쉬만(Hirschman 1958)은 양극화가 낙수의 과정을 통해서 상쇄된다고 확신했다. 이 주장은 특히 개입주의적 지역정책에서 지지를 받았다. 지리적 양극화는 국가 주도로 실행하는 추진력 있는 선도산업의 탈중심화를 통해서 완화될 수 있다고 믿었기 때문이다(Townroe and Keen 1984). 그러나 이러한 상쇄적인 힘이 지리적 수렴 대신 지리적 분기를 촉진하는지는 경험적 탐구의 문제이다. 유로존(Eurozene)에 기초한 최근의 증거에 따르면, 강력하고 안정된 핵심부 지역과 약하고 불안정한 남부의 주변부 지역 간의 지역적 분리가 나타나고 있다(Fingleton et al. 2014). 후자의 지역은 생산성 측면에서 뒤처져 있고, 경제위기의 피해도 더 많이 받았다.

케인스주의 지역정책에 대한 비판은 신자유주의와 자유시장이 지배하기 시작했던 1980년대 동안 정점에 달했다. 불균등한 성과, (정책을 통해 발생하는 부가적 가치인) **추가성(additionality)**에 대한 의문, (다른 곳을 희생시키며 발생하는) **대체효과(전위효과, displacement effect)**, 공공지원과 무관하게 발생하는 활동에 보조금을 제공하는 **사중효과(deadweight effect)**, 성장 지속에 대한 불확실성, 구조적 경제변화나 긴축을 통한 정부 재구조화의 시기 동안 발생하는 고비용 등이 비판을 받았던 이유였다(Taylor and Wren 1997; McCann 2013). 이러한 비판에도 불구하고 지역개발 정책에서 케인스주의는 여전히 매우 중요한 영향력을 행사한다. 이에 대해서는 5~8장에서 더욱 상세히 살펴보도록 하겠다. 금융위기와 대침체의 여파로 선진경제에서 경제회복이 약하게만 진행되는 가운데, 케인스주의 사상에 관한 새로운 관심이 자극받고 있다(Hutton and Schneider 2008). 높은 수준의 부채를 감당하면서까지도 위기에서 벗어나야 한다는 주장 속에서 케인스주의 사상의 적절성이 되살아나고 있다는 이야기다(Skidelsky 2012). 실제로 미국과 영국을 비롯한 많은 국가와 지역에서 케인스주의 스타일의 경기 부양 활동을 펼쳐지고 있다(Young and Sobel 2011; King et al. 2012).

4. 마르크스주의와 급진주의 정치경제학 접근

1960년대 말부터 1970~1980년대에 이르기까지 제2차 세계대전 이후의 개발주의와 관련된 경제적·지리적·사회적·정치적 불평등에 대한 불만이 곳곳에서 터져 나왔다. 글로벌남부와 글로벌북부 모두에서 있었던 일이다. 이러한 불만은 자본주의의 구조적 성격의 변화와 관련되어 있었다. 그래서 마르크스주의와 급진주의 접근에 대한 관심이 높아졌다. 탈산업화, 서비스 경제로의 변동, 국제화의 가속화, 경쟁의 심화, (경제·사회·젠더·민족 측면에서) 로컬·지역 간 불평등의 증가, 환경 피해의 만연 등으로 인해서 기존의 지배적 지역개발 접근은 급진주의적 비판의 대상이 되었다(Bluestone and Harrison 1982; Hart 2001; Harvey 1982). 신고전주의와 케인스주의로 구성된 정통 주류(主流)의 접근이 그러한 비판의 중심에 있었다. 비판은 객관성을 추구하는 논리실증주의, 그리고 지역적 수준에만 초점을 두면서 협소한 계량적 측면에 치우친 경제적 개념과 이론을 향해 있었다.

급진주의 접근에서는 **마르크스주의 정치경제학** 이론이 개념적 범주, 관계, 과정에 대한 이해의 중심을 차지한다. 경제와 정치 간의 복잡한 상호관계도 마르크스주의 사상을 바탕으로 해석된다(Sheppard 2011). **자본주의**는 시·공간에 따라 다르게 나타나고 특수성을 가진 사회조직의 한 가지 형태이다. 에릭 쉐퍼드(Eric Sheppard 2011)는 사회조직으로서 자본주의의 특성을 다음과 같이 나열한다.

> 잉여의 생산, '자연'을 사용 대상으로 전환, 이렇게 생산된 제품의 거래, 참여자 간 잉여의 분배,
> 축적이나 재생산을 위한 잉여의 확보와 기술적 노하우의 개선, 폐기물의 발생과 처리
>
> (Sheppard 2011: 321)

경제적 시스템으로서 자본주의의 핵심을 이루는 **자본축적**의 과정은 **자본순환**(circulation of capital)으로 설명할 수 있다(그림 3.19). 마르크스주의에서 기본적인 자본순환은 M − C ... P ... C′ − M′으로 표현된다. 여기에서 M은 최초의 **화폐자본**(money capital)이며, C는 **상품자본**(commodity capital)으로 생산에 투입될 생산수단과 노동력으로 구성된다. 그리고 P는 이전 단계에서 취득한 생산수단과 노동력을 결합하는 생산의 과정을 통해서 산출된 **생산자본**(productive capital)을 뜻한

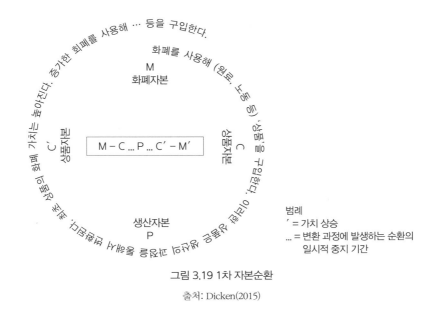

그림 3.19 1차 자본순환

출처: Dicken(2015)

다. C′는 **시장**에서 판매되는 상품자본이며, M′은 최초 화폐자본에 상품을 판매하고 남은 **이윤**을 더한 화폐자본이다. 이러한 자본의 형태로 구성된 자본순환에서 자본가는 화폐자본을 사용하여 생산수단을 (즉 토지, 노동, 기계를) 상품의 형태로 구매하고, 이들을 결합해 새로운 **교환가치(exchange value)**를 창출하고자 한다. 그래서 노동 과정을 통해서 새로운 상품이 생산되는데, 노동력을 투입할 때에는 노동의 **사용가치(use value)**는 교환가치보다 (즉 임금보다) 높아야 한다. 그런 다음, 생산된 상품은 교환가치를 추가해 (즉 가격을 높여) 시장에서 팔린다. 이런 과정을 통해서 창출된 **잉여가치(surplus value)**는 자본가의 이익으로 남거나 (즉 **축적**되거나) 재투자에 쓰인다(Hudson 2008).

마르크스주의와 급진주의 정치경제학 접근에서는 **자본계급**과 **노동계급** 간의 **사회적 관계**에 대한 이해가 핵심을 차지한다(Dunford 2010). 이러한 계급 관계는 **국가**의 조절을 통해서 자본가의 이익에 편향된다고 여겨진다. 방법론적 개인주의에 집착하고 사회적 관계를 무시하는 신고전주의나 케인스주의 접근과 대조되는 모습이다. 마르크스주의에서 인과적 행위자는 이익을 추구하는 자본과 임금을 요구하는 노동으로 구성된다. 두 행위자 집단은 잉여가치의 분배와 관련된 **투쟁**을 계속해서 벌이고, **갈등**은 제도적 구조 내에서 단지 일시적으로만 조정된다. 이러한 필연의 사회적 관계는 공간적 의미도 가진다. 쉐퍼드(Sheppard 2011: 321)에 따르면, "지리는 경제에 외생적이지 않다. 지리는 경제적 가능성을 제한하거나 결정하는 역할을 한다. 이에 따라 지리는 경제활동을 통해서 생산된다." 마르크스주의와 급진주의 정치경제학 접근은 복잡하고 다층적이며 역동적으로 변화하는 경제경관을 설명한다. 이를 위해 진화하는 자연과 사회 구조의 세계에 주목한다. 그리고 로컬과 지역 내·외부의 사회적·공간적 관계, 사회적·제도적 **행위성**, 자본축적, **위기** 경향성, 지리적 **불균등발전**을 강조한다(Goodwin 2004; Harvey 2011; Jones 2008; Perrons 2004; Sheppard 2011).

이런 관점에서 지역개발 문제의 초점은 지역 소득과 성장의 수렴이나 분기의 차원을 넘어선다. 예를 들어 **저개발이론(underdevelopment theory)**이나 **종속이론(dependency theory)**은 (내부) 식민주의, 제국주의, 세계체제론 등의 사상에 기초한다(Mohan 2011). '유일한 최고의 방식'으로서 선진경제를 따르는 선형적 근대화와 개발의 궤적을 거부한다. 그 대신, 선진경제가 적극적으로 조성하는 종속적 관계에 초점을 두고 상대적 저개발을 설명한다(Dunford 2010). 저개발의 원인을 저개발 국가의 내부 조건에서 찾지 않는다는 뜻이다. 무엇보다, 계급의 분리와 **부등가교환(unequal exchange)**이 **핵심부-주변부** 관계를 창출, 재생산하고 구조적 변형을 일으키는 데에 중요한 역할을 한다. 이러한 관계 속에서 종속적인 주변부 위성국가는 지배적인 핵심부 메트로폴리탄 경제의 이익에 따라 작동하며, 독립된 토착적 개발의 기회를 박탈당한다(Dunford 2010). 마르크스주의 이론은 특히 글로벌남부 개발도상국의 로컬리티와 지역에 대한 이해와 설명에서 매우 중요하다. 개발도상국은 대체로 선진경제 시장을 향하는 저부가가치, 저생산성, 저임금 수출품에 전문화하는 함정에 빠져 있다. 그래서 자국의 경제구조를 고부가가치, 고생산성, 고임금의 방향으로 현대화하여 성장, 소득 수준 향상, 번영을 자극하는 데에 많은 어려움을 겪는다(Singer 1950; Prebisch 1950).

마르크스주의와 급진주의 정치경제학은 주기적인 산업 **재구조화**와 **공간분업(spatial division of labor)**의 변화를 설명하는 데에도 많은 영향력을 미쳤다. 공간분업은 지리적으로 차별화된 자본, 노동, 국가 간 사회적 관계의 조직을 뜻한다(Massey 1995). 이 접근은 로컬·지역 스케일에서 총성장 수치만 가지고 계층적인 사회적 관계의 공간구조를 파악하기 어렵다는 점을 보여 준다. 공간적으로 계층화된 사회적 관계는 경제구조, 지역의 기능적 전문화, 일자리의 유형과 질에도 영향을 준다(Sunley 2000). 조직 내에서의 지리적 분업을 통해서(그림 3.20(a)~(c)), 시간의 흐름에 따른 투자의 라운드(round)가 **장소**에 축적된다. 각각의 라운드는 장소 간 계층적 관계에 기초해 **지역의 기능적 전문화(regional functional specialization)**를 - 예를 들어 본사, R&D, 조립과 관계된 지역성을 - (재)생산하고 강화시킨다(Massey 1995; 8장). 모든 기능이 특정한 지역에 집중되었던 전통적인 **지역의 산업적 전문화(regional industrial specialization)**는 시간의 흐름에 따라 파편화되어 공간적으로 분산하게 된다. 자본주의적 개발에서 필연적으로 발생하는 주기적 축적의 위기는 새로운 공간적·기술적·사회적 **조정(fix)**을 낳았는데, 이는 또다시 로컬·지역의 성장과 쇠퇴로 이어져 불안정한 상황의 원인이 된다(Harvey 1982; Storper and Walker 1989).

입지집중형 공간구조(기업 내부의 공간적 위계성 부재)

그림 3.20(a) 공간분업: 입지집중형 공간구조

분공장복제형 공간구조(소유관계에 따른 위계성)

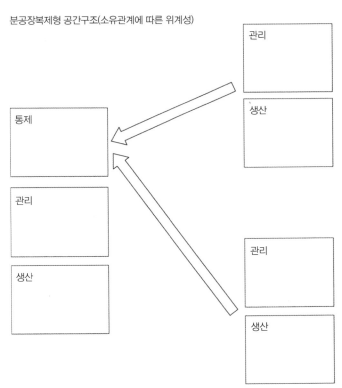

그림 3.20(b) 공간분업: 분공장복제형 공간구조

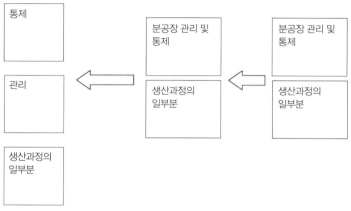

부분-과정형 공간구조(소유관계와 기술적 분업에 의해 구분되고 연결된 공장들)

그림 3.20(c) 공간분업: 부분-과정형 공간구조

출처: Massey(1995: 75)

마르크스주의와 급진주의 정치경제학 이론은 신고전 접근에 대하여 비판적인 입장을 취한다. 그러면서 지역 성장을 수렴과 분기 모두를 포함하는 역사적 흐름 속에서 하나의 에피소드로 해석한다 (Martin and Sunley 1998). 지역의 산업적 전문화가 지리적으로 불균등하게 파편화되면서 핵심부와 주변부 간에는 기업 기능, 일자리, 직업의 지리적 분리가 나타난다(Massey 1995). 핵심부 지역은 고차의 통제 기능을 보유하고, 주변부 지역은 저차의 관리 및 생산 기능에 전문화한다. 이런 맥락에서, **개발**은 지역의 기능적 전문화를 **업그레이드**하여 본사, R&D, 보다 높은 임금과 질 좋은 일자리 등 지역개발에 긍정적인 함의를 가진 고차 활동을 보유하는 것이다. 전환(transition)은 공간분업 내에서 로컬리티와 지역의 위치 및 역할 변화를 뜻하는 용어이다. 예를 들어 미국에서는 1970~1980년대 동안 공간분업에서 중요한 지리적 변동이 나타났다(사례 3.3).

사례 3.3 지역 재구조화의 정치경제학: 미국의 프로스트벨트와 선벨트

미국에서 산업화의 역사는 일리노이, 매사추세츠, 펜실베이니아 등 북동부 주에 집중해 있었다(8장). 이곳에서는 제조업 분야의 전문화가 나타났고, 노동시장은 강력한 노조와 남성 블루칼라 노동자를 중심으로 형성되었다(Safford 2009). 이러한 **대량생산**과 **대량소비**의 복합체는 케인스주의 국가의 조절 속에서 미국 **포디즘** 지리의 기초를 이루었다. 그러나 1970년대부터 시작된 정치경제의 구조적 변화가 포디즘의 기초를 약하게 만들었다. 국제적 경쟁의 심화, 유가 상승, (인플레이션과 실업이 동시에 증가하는) 스테그플레이션, 혁신의 약화, 서비스 경제로의 전환 등으로 인해 탈산업화가 나타났다(Pike 2009). **탈산업화**는 경제에서 제조업

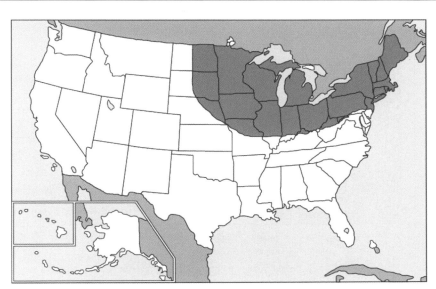

그림 3.21(a) 미국의 프로스트벨트

출처: Lang and Rengert(2001)

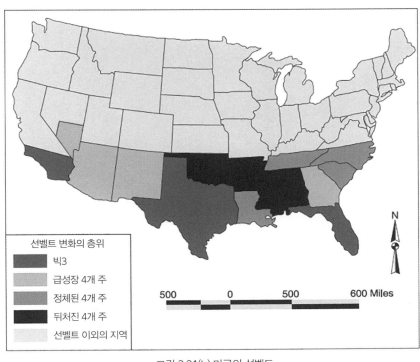

선벨트 변화의 층위

■ 빅3
▨ 급성장 4개 주
▧ 정체된 4개 주
■ 뒤처진 4개 주
□ 선벨트 이외의 지역

그림 3.21(b) 미국의 선벨트

출처: Fanny Mae Foundation(2001)

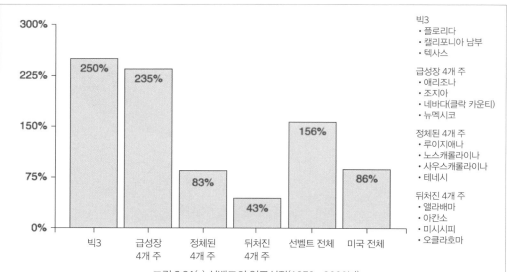

빅3
• 플로리다
• 캘리포니아 남부
• 텍사스

급성장 4개 주
• 애리조나
• 조지아
• 네바다(클락 카운티)
• 뉴멕시코

정체된 4개 주
• 루이지애나
• 노스캐롤라이나
• 사우스캐롤라이나
• 테네시

뒤처진 4개 주
• 앨라배마
• 아칸소
• 미시시피
• 오클라호마

그림 3.21(c) 선벨트의 인구성장(1950~2000년)

출처: Fanny Mae Foundation(2001)

사진 3.2 선벨트 도시 애리조나 피닉스

출처: Melkamp

의 절대적·상대적 비중이 감소하는 현상을 말한다. 미국의 탈산업화는 지역개발 측면에서 중요한 함의가 있었다. 성장과 고용의 지리적 중심이 자동차, 화학, 철강 등 중화학공업 기반의 북동부 주에서 (즉 **프로스트벨트(frostbelt)** 또는 **러스트벨트(rustbelt)**에서) 전자제품, 백색 가전, 서비스 등 보다 경량의 제조업을 중심으로 하는 남부 주로 (즉 **선벨트(sunbelt)**로) 이동했다(그림 3.21).

프로스트벨트에서 선벨트로의 이동은 지역 **재구조화**에 관한 정치경제학의 관점에서 설명할 수 있다(Sawers and Tabb 1984). 제조업 전반의 구조적 변화가 나타나는 상황에서, 미국 기업들은 북동부의 노조화된 **브라운필드(brownfield)** 노동시장을 떠나 남서부 선벨트에서 노조화되지 않은 **그린필드(greenfield)** 노동시장을 선택할 수 있었다. 기업들은 이전과 재입지를 위협의 수단으로 사용해 노동자들로부터 양보를 끌어내기도 했다(Grant and Wallace 1994). 이러한 경제성장의 지리적 이동은 오래된 산업도시의 인구 유출로 인해서 더욱 강화되었다. 이밖에 연방정부 정책, 주정부 인센티브, 채용 프로그램, 낮은 토지·에너지·생활 비용, 시장 확대 등도 프로스트벨트의 쇠퇴와 선벨트의 성장을 자극하는 요인으로 작용했다(Weinstein et al. 1985; 그림 8.5).

마르크스주의와 급진주의 정치경제학 사상은 자본주의 국가에 대한 비판적인 대안 프레임으로 등장했다. 그래서 이 접근이 글로벌북부 선진국 경제의 지역개발 정책에 미친 영향은 매우 미약했다(Lovering 2012). 그 대신, 마르크스주의 사상은 **국가 사회주의 경제**의 근대화 프로젝트에 많은 영향을 주었다. 공간정책의 차원에서 마르크스주의와 급진주의 접근의 주요한 특징은 표 3.4에 제시되었다. 1990년대 초반 이전에는 중·동부 유럽과 쿠바의 **중앙집권적 계획경제**에서, 그리고 조금 더 최근에는 볼리비아와 베네수엘라에서 급진주의 개발 프로젝트가 도입되었다(Pickles and Smith 2005).

표 3.4 마르크스주의와 급진주의 정치경제학의 공간정책

구분	특징
경제 이론	마르크스주의, 급진주의 정치경제학, 종속, 부등가교환, 식민주의, 제국주의, 세계체제
지역개발 현안	사회적·공간적 불평등과 분열
인과적 행위자	자본, 노동, 자본주의 국가
인과적 설명	자본축적, 위기 경향성, 경제적 잉여에 대한 계급 투쟁
관계, 메커니즘, 과정	공간분업과 지리적 불균등발전을 유발하는 자본축적 동력
정책 논리	개입, 사회적·공간적 변영과 형평성을 위한 소유권과 재분배, 반자본주의
정책수단	공공/국가 소유권, 대안경제 전략·모델·개입
제도적 조직	중앙집권화된 국가 또는 분권화된 지역·로컬·도시
지리적 초점과 범위	지역, 로컬, 도시, 커뮤니티(공동체), 근린
정치경제 프로젝트	공산주의, 사회주의, 사회민주주의, 혁명, 반자본주의
언어	계급, 착취, 사회적·공간적 불평등과 분열, 위기, 재분배

출처: 저자 작성

마르크스주의에 우호적이지 않은 국가에서는, 도시·로컬·지역 수준에서 **대안경제** 전략·모델·제도를 도입해 개입주의적 형태의 **포용적 개발**을 실험하는 경우도 있다(Cochrane 2012; Eisenschitz and Gough 2012; Anderson et al. 1983). 대안적 접근에 대한 관심은 최근 더욱 강화되고 있다. 글로벌 금융위기와 대침체의 여파 속에서 더 급진적이며 지속가능한 방안을 추구하는 노력이 있기 때문이다(Bowman et al. 2014).

마르크스주의와 급진주의적 정치경제학에 대한 비판은 **구조주의**, 과도하게 **결정론**적인 인간 행위성, 사회적·경제적 계급에 대한 **환원주의(reductionism)**에 집중되어 있다. 이는 추상적인 사회적 구조와 경제적 논리에 부여된 지배적 설명력에 대한 우려와도 관련된다(Sayer 1985). 정치경제학 접근에 대한 비판은 거대 서사(grand narrative)를 거부하는 사회과학 사상의 광범위한 변화에도 영향을 받았다. 이러한 변화는 불확정성과 다차원적 인과관계를 인식하고, 특수성과 차이를 강조하며, 사회적·제도적 구조보다 인간과 사회적 행위성을 우선시하는 방향으로 나타나고 있다(Gibson-Graham 1996; Sheppard 2011). 한편 공간분업에 대한 논의도 비판을 받고 있다. 무엇보다 결정적인 역할과 관련해 구조와 사회적 행위성 간의 균형을 추구하는 노력, 국가 수준에서 지역 내부에 대한 초점, 로컬·지역 변화에 대한 수요 중심적 관점 등이 문제로 지적된다. 그리고 로컬 노동시장 조절과 재생산에 대한 협소한 개념화 및 제도에 대한 국가 중심적인 개념화도 공간분업론이 비판을 받는 부분이다(Warde 1985; Sunley 1996; Peet 1998; Dawley 2003). 그러나 마르크스주의와 급진주의 정치경제학은 경제시스템과 대안에 대하여 독특한 이해의 방식을 제시하면서 여전히 지역개발에 지대한 영향력을 행사하고 있다.

5. 구조적·시간적 변화에 대한 접근 I: 단계·주기·파동이론

구조적·시간적 변화에 대한 접근에서는 지역개발이 **역사**와 **진화**의 과정으로 인식된다. 여기에는 구조적·체계적 변화의 기간까지 포함된다. 지역 간 수렴과 분기를 강조하는 신고전주의나 케인스주의 접근과 다른 모습이다. 특히 단계(stage), 주기(cycle), 파동(wave)의 메타포가 지리적으로 불균등한 지역개발의 특징을 개념화하고 이론화하는 데에 많이 사용된다. 이러한 접근들은 경제적 관심사에만 집착하는 신고전주의나 케인스주의 사상과는 다르다. 생산, 기술, 소비, 정부와 거버넌스의 제도를 포괄하는 광범위한 관점을 제시하기 때문이다. 이런 점은 마르크스주의와 급진주의 정치경제학 접근과 공통된 부분이다.

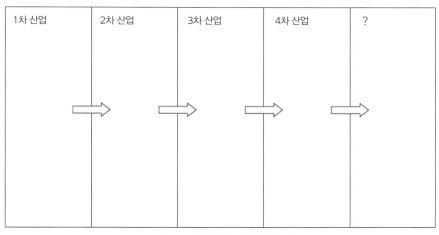

1차 산업	2차 산업	3차 산업	4차 산업	?

그림 3.22 경제적 전환의 단계 모델

출처: Fisher(1939)

경제성장의 **단계이론**은 국가와 지역 수준에서 **부문적 변화**에 초점을 맞춘다(Perloff et al. 1960). 그림 3.22에 나타나는 것처럼, 지역과 국가는 시간의 흐름에 따라 보다 선진화된 경제성장과 개발의 단계로 꾸준하게 이동한다고 해석된다. 예를 들어 개발의 중심은 농업에서 제조업, 서비스업을 거쳐 지식기반의 4차산업 부문으로 변해 간다는 것이다(Clark 1940; Fisher 1939). 여기에서는 **톱니효과** (**ratchet effect**)라 불리는 현상도 나타난다. 성장의 패턴이 확고하게 자리를 잡으면 와해적(disruptive) 변화에 대응하는 역량을 뒷받침할 수 있게 된다는 뜻이다. 긴밀하게 로컬화된 연계, 전문화된 인프라, 로컬화된 수요와 노동시장, 혁신 잠재력과 제도가 그러한 역할을 한다(Thompson 1968). 그러나 톱니효과는 혼잡이나 관료주의 등으로 인해 발생하는 규모의 불경제 때문에 상쇄될 수도 있다.

투자와 활동이 **임계규모(critical mass)**에 이르러 **도약(take-off)**을 이룰 때 신속한 변혁의 시대가 발생하며, 이는 성장과 개발이 지속되는 기간을 뒷받침하게 된다(Gerschenkron 1962; Rostow 1971). 이러한 단계모델은 제2차 세계대전 이후 냉전시대 동안 미국이 주창한 것이며, 개발주의와 자유시장경제의 전형적 특징으로 이해된다(McMichael 2012). 실제로 어떤 사람들은 개발을 위해서는 기존의 상태에서 더욱 발전된 새로운 상태로 이동하는 도약이나 변혁 같은 구조적 변화가 필요하다고 주장한다(Cypher and Dietz 2008). 신고전적 비교우위 이론과 마찬가지로, 단계이론에서는 시간이 흐르면서 자족의 상태가 전문화와 무역으로 변한다고 말한다. 수확체감과 내부적 분업이 단계 간 전환을 가속시킨다. 개발은 성장이나 산업화와 동일시되며, 보다 선진화된 경제활동 단계로의 전환을 형성한다고 이해된다. 단계적 개발 모델의 초기 단계에서는 지역 간 분기가 나타나지만, 이후의 단계에서는 수렴으로 대체된다(Williamson 1965).

근대화 단계모델은 글로벌북부의 경험에 기초한 이론을 다른 맥락에 적응시킬 필요성을 제기하며 확립되었다. 이후에는 일본, 홍콩, 싱가포르, 한국, 타이완 등 아시아 호랑이 경제의 빠른 성장과 추격을 설명하는 이론으로 진화했다(Storper et al. 1998; 그림 3.23). 이는 산업의 진화 시퀀스(sequence)에 초점을 두며 플라잉기스(flying geese) 또는 **안행(雁行)모델**로 불리기도 한다(Dunford 2010; 그림 3.24). 첫 번째 시퀀스는 현대화된 제품의 수입, 국내 생산, 수출, 재수입을 포함하는 일련의 생산 주기로 구성된다. 두 번째 시퀀스는 저부가가치 활동에서 보다 정교한 고부가가치 활동으로의 연속적 이동과 관련된다. 예를 들어 주력 산업이 섬유와 의류에서 시작해 화학, 제철 및 철강, 자동차를 거쳐 전자제품으로 옮겨 갈 수 있다. 셋째는 국내보다 국제적인 변화와 관련된다. 구체적으로, 보다 선진화된 국가로 발전한 후에는 기존의 경제활동이 경제 계층 아래의 초기 단계에 위치한 국가로 이전된다는 이야기다(Yeung 2015).

단계이론은 구조적 변화의 조건과 요건을 강조하면서 세 가지 방식으로 지역개발 정책에 영향을 준다. 첫째, 이 접근은 여러 단계의 패턴 속에서 로컬·지역경제가 어디에 속하는지에 대한 이해를

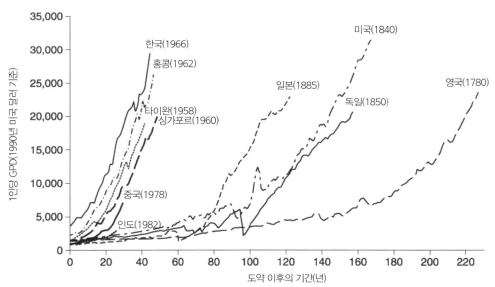

* 괄호 안의 연도는 도약의 시점임.

그림 3.23 주요 국가경제의 성장 궤적

출처: Mick Dunford(2008)

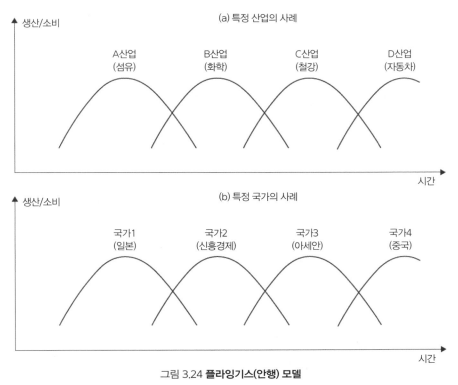

그림 3.24 **플라잉기스(안행) 모델**
출처: Schröppel and Mariko(2002: 209)

강조한다. 둘째, 임계규모를 형성하거나 도약 조건을 마련해서 단계 간의 전환을 지원하고 가속화하는 방안에 가치를 둔다. 특히 **발전국가(developmental state)**의 역할과 고부가가치·고생산성·고임금 경제활동을 위한 **산업 업그레이딩(industrial upgrading)**에 관한 논의가 중시된다(Wade 1990; Humphrey and Schmitz 2002; 4장; 6장). 이러한 경로를 따르는 데에서 지리적으로 집중하는 경제활동의 성격을 파악하는 일이 필요할 수 있다. 지리적 집중이 임계규모와 도약을 가능케 하기 때문이다. 이와 관련해 집적의 이익과 비용, 그리고 시간에 따른 성장 중심부와 주변부 간 관계의 변화도 주목해야 할 문제다. 셋째, 단계이론은 경제적 전문화나 국제무역 관계의 역사로 형성되는 경제구조의 고착 상태를 돌파해 나가는 노력의 중요성을 인식한다. 여기에는 쓸모없어진 경제적 자산과 노동숙련이나 과거 단계에서 중심을 차지했던 로컬·지역경제의 지속적인 적응의 문제를 해결하는 일이 포함된다.

단계이론에 대한 비판은 세 가지 이슈에 집중된다. 첫째, 이 모델은 선형적인 순서 논리에 기초한다. 모든 국가, 지역, 로컬리티는 일정한 단계에서 동일한 개발의 경로를 따른다는 가정이 내재한다는 말이다. 따라서 단계적 개념은 대안적 경로, 행위성, 지리적 맥락으로 형성되는 개발의 궤적을 제대로 고려하지 못한다. 둘째, 국가·지역·로컬리티가 단계 사이를 옮겨가는 이유와 과정에 대하여 과도하게 일반화된 설명을 제시한다. 도약의 전제조건과 요소, 임계규모, 적응 및 업그레이딩 과정의 구체적인 범위와 성격에 대한 정밀성이 부족하고, 로컬리티·지역·국가 간의 다른 경험을 제대로 설명하지 못한다는 이야기다. 셋째, 오늘날의 지식기반의 4차 산업이 시퀀스의 마지막 단계로 그려지지만, 이를 잇는 다음 단계에 대한 문제는 미궁의 상태로 남아 있다.

주기이론은 로컬·지역 산업구조의 시간적 **진화**에 초점을 맞추며 그러한 진화와 지역개발 간의 관계에 주목한다. 요소 비용의 지리적 차이는 **제품(수명)주기모델**에 따른 제품이나 산업의 수명주기 단계와 관련된다(Storper and Walker 1989). 제품주기모델은 미국 다국적기업의 입지 행태에 관한 미시적 수준의 이해를 기초로 마련되었다(Vernon 1979). 그리고 이 모델은 지역개발의 문제를 지역 산업구조의 수출지향형 진화에 결부시킨다(Norton and Rees 1979; Storper 1985; Sternberg 1996). 이에 따르면, 신제품을 소개하는 혁신 기업은 초창기 동안에는 주요 공급업체나 R&D 기능과 입지적 **근접성**을 유지하려 한다(그림 3.5). 신제품은 가격 변화에 대한 수요의 탄력성이나 민감성이 낮기 때문에, 초기 단계에서 지역 간 비용 차이가 그다지 중요하지 않다. 대도시는 미성숙 단계의 제품의 시장성을 검증할 수 있도록 대규모의 시장을 제공한다. 그러나 성숙화와 표준화가 나타나게 되면, 규모의 경제가 유연성보다 더 중요하게 된다. 그러면 임금이 비교적 저렴한 저개발 국가나 지역으로의 **탈중심화**가 발생하고, 이렇게 생산된 제품은 핵심부 지역으로 수출된다. 이러한 단계에서 핵심부 지역은 또 다른 신제품을 개발해 새로운 주기의 과정을 다시 시작한다(Weinstein et al. 1985).

제품주기이론이 지역개발 정책에 미친 영향은 제한적이다. 산업개발 주기의 잠재적 중요성, 그리고 다양한 종류의 산업 기능과 직업을 유치하고 보유해야 하는 필요성을 강조하는 수준에 머물렀다. 산업이나 시장 수준의 논의보다 개별 제품에 대한 협소한 초점도 제품주기이론이 비판받는 부분이다. 이밖에도, 역사적으로 특수한 시기에 대한 적절성, 비용 측면에 치우친 노동 인식, 보편적 인과관계와 연계에 대한 의존성, 기술의 결정론적 역할 강조, 혁신에 대한 제한적 개념화 등도 주기모델의 한계로 지목된다(Sayer 1985; Schoenberger 1989).

이에 앤 마커슨(Markusen 1985)은 제품주기모델의 많은 문제를 개선하기 위해 **이윤주기이론(profit cycle theory)**을 제시했다. 마커슨의 이론은 마르크스주의의 불균등발전과 슘페터주의의 혁신 관념에 기초한다. 이윤주기이론은 단순화된 요소 비용을 초월해 산업이나 지역과 결부된 시장지배력(market power) 및 기업 전략을 강조하며 지역개발을 설명한다(Gertler 1984). 이를 위해 마커슨은 **산업**이란 **중간수준(meso-level)**에 설명의 초점을 맞추어 역사적 역동성을 보유한 접근을 마

표 3.5 제품수명주기

	도입기	성장기(시장확대)	성숙기(대량생산)	포화기	쇠퇴기

수요 조건	매우 적은 구매자	구매자 수 증가	최대 수요	수요 감소	가파른 수요 하락
기술	단기적 생산 빠른 기술변화	대량생산 도입 기술변화 속도 감소	장기적 생산 안정된 기술 매우 적은 혁신		
자본 집약도	낮음	높음(높은 진부화율 때문)		높음(전문 장비가 많이 필요하기 때문)	
산업 구조	'노하우'로 결정되는 진입 매우 적은 경쟁업체	경쟁업체 수 증가 수직적 통합 증대	금융자원으로 결정되는 진입 기업 수 감소 시작	일반적 안정성 일부 기업의 퇴출	
핵심 생산요소	과학기술 숙련 외부경제(전문기업 접근성) 집적경제	경영 자본	반·비숙련 노동 자본		
고용	생산량과 고용의 동반 증가		생산성 향상에 따른 고용 감소		
지리	임의적 입지(발명가의 고향 등), 또는 R&D 및 본사 기능에 인접한 핵심부 지역	R&D 기능에 인접한 핵심부 지역에서 공장폐쇄 시작	저비용 주변부로 재입지(제품과 생산공정의 표준화 및 가격 경쟁 심화 때문) 재입지는 저개발 국가나 핵심부 국가의 저비용 주변부 지역에서 발생		
지역개발 함의	매우 혁신적인 기업 높은 R&D 비율 숙련 과학자와 엔지니어 고용 로컬 집적이 일부 발생함	대량생산으로 변동 신규 자본으로 현대화된 공장 숙련된 경영과 엔지니어링 반숙련 생산 노동	저숙련, 저임금 생산에 기초한 분공장경제 합리화 및 공장폐쇄의 가능성		

출처: Dawley(2003); Storper and Walker(1989)

표 3.6 이윤주기와 지역개발

단계	이윤 단계	입지 행태: 공간적 천이
I	영(0)이윤: 산업의 탄생 초기 및 디자인 단계	집중(Concentration): 보통은 발명의 위치와 관련된 임의적 입지
II	수퍼(super)이윤: 첨단 혁신과 일시적 독점으로부터 발생하는 초과이윤의 시기	집적(Agglomeration): 혁신적 기업 규모의 성장과 확대. 연관 부문과 노동력을 최초의 장소로 흡인하는 경향도 나타남.
III	정상(normal)이윤: 진입 개방, 시장 포화로의 이동, 상당한 시장지배력 상실의 단계	분산(Dispersion): 기업 규모의 성장과 기업 수의 감소. 신규 시장으로 확대하여 그곳에 입지하려는 노력. 과점이 허물어지고 경쟁이 증가하면서 노동과 같은 저위 요소의 장소에 대한 매력도가 높아짐. 생산공정의 자동화 증가로 인해서 저숙련 노동을 유치해 활용함. 입지는 대체로 '핵심부'로부터 비교적 먼 곳에 위치함.
IV	정상-플러스 또는 정상-마이너스 이윤: 성공적 과점으로 이윤을 높이거나, 또는 과도한 경쟁으로 이윤이 축소되는 시장 포화 이후의 단계	재입지(Relocation): 집적의 구심력 때문에 공간적 지체(retard)를 경험하는 부문이 존재. 이런 부문에서 이윤 감소가 시작되면 생산의 재입지가 가속화될 수 있음. 분산이 신규 공장의 설립과 함께 나타나면서 재입지가 발생함.
V	마이너스 이윤: 부문의 진부화 단계	유기(Abandonment): 공장폐쇄나 저렴한 지역으로 재입지를 통해 생산설비의 은퇴

출처: Markusen(1985)

련했다. 그녀의 구분에 따르면, 산업은 경제란 거시수준(macro-level)보다 하위에, 그리고 개인이나 기업의 미시수준(micro-level)보다는 상위에 위치한다. 그림 3.6은 하나의 산업이 거치며 진화하는 수익성과 경쟁구조의 다섯 단계를 제시한다. 이윤주기에서 각각의 단계는 고용, 입지 행태, 지역개발 함의의 측면에서 구별되는 패턴을 가진다(Markusen 1985).

기술적 역동성을 가진 지역은 기업과 산업을 넘어서는 외부효과의 이익을 누리면서 경쟁력의 단계를 시작한다. 그런 다음 과점 단계로 진행하는데, 이때에는 대기업의 지배를 받게 된다. 제품이 성숙하고 기술이 다른 지역으로 확산하기 때문이다. 이러한 **수퍼이윤(super-profit)**의 초기 동안 혁신가들은 새로운 재화와 서비스를 단독으로 공급하며 **독점지대(monopoly rent)**를 거두어드린다. 기업과 혁신의 입지는 설립자의 초창기 기반 지역인 경우처럼 역사적 우연의 결과인 사례가 많다. 공동입지(co-location)는 기술 유출이나 노동 풀(pool)과 같은 외부효과의 이익을 누리기 위해 발생한다. 하지만 신규 진입자와의 경쟁으로 인해서 수퍼이윤은 약화되고 **정상이윤(normal profit)**의 상태로 돌입한다. 이때 진입 기업은 최초 산업 혁신의 장소나, 아니면 해당 산업에 유리한 지역으로 몰린다. 기업 규모의 성장이나 소비시장 지향성으로 인해서 시장지배력과 정치적 권력을 행사하는 **과점**기업의 지리적 집중이 나타나기도 한다.

시장이 포화 상태에 이르러 불안정하게 되면 과점적 조직은 추가적인 이윤을 좇아 노동이 저렴하고 유연하며 덜 조직화한 곳으로 탈집중화(분산)된다. 그리고 대체 제품과 서비스가 등장하거나 입지특수적 설비의 유기(abandonment)를 유발하는 수입품이 들어오면 **마이너스 이윤(negative profit)**의 결과가 나타난다. 이윤주기이론은 개입의 단계를 잘 드러내 보여 주지만, 로컬·지역정책에 미치는 이론적 영향력은 미약하다. 이 이론은 제품주기이론과 달리 산업 변화의 복잡한 과정에 대처하는 이론적 유연성을 보유하지만(Schoenberger 2000), 유사한 주제에 초점을 맞춘다는 비판도 받는다. 다시 말해 근본적인 인과관계 설정, 특정한 시·공간의 경험적 상황으로부터 시도된 추상화와 일반화, 미흡한 맥락화 등이 이윤주기이론의 한계로 지적된다(Storper 1985).

마지막으로, 거시수준의 기술적 변동에 기반한 자본주의 발전의 **장기파동(long-wave)이론**을 살펴보자. 19세기에 등장한 이론이지만, 1960년대 말부터 1970년대까지 이르는 구조적 변화의 시기 동안 다시 큰 주목을 받았다. 장기파동이론은 지역개발을 설명하는 데에서 지역 내부적 변화에 초점을 둔다(Marshall 1987). 이론적 기초를 이루는 것은 조지프 슘페터(Schumpeter 1994)의 장기파동이론인데, 이는 상품 가격 주기에 대한 니콜라이 콘드라티예프(Nikolai Kondratiev)의 50년 장기파동을 바탕으로 확립되었다. 여기에서 개별 파동은 꾸준히 선진화하는 **기술-경제 패러다임**으로 뒷받침되며(그림 3.25), 지역개발의 독특한 지리적 성격을 가진다. 예를 들어 5차 콘드라티예프 파동은 마이크로 전자기술에 기초한다. 장기파동 간의 전환은 슘페터가 말하는 **창조적 파괴(creative destruction)** 과정을 통해서 발생한다. 기업의 대규모 인원 감축은 혁신의 번칭(쏠림, bunching)을 낳고 기업가적 활동을 자극하는데, 이는 구조적 변화와 새로운 기술-경제 패러다임의 밑거름이 된

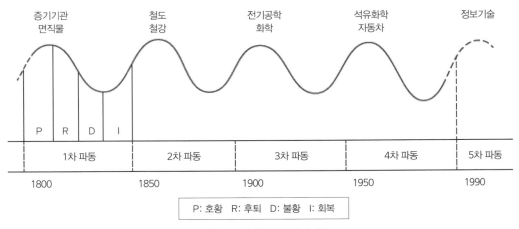

그림 3.25 경제성장의 장기파동

표 3.7 단계, 주기, 파동이론의 공간정책

구분	특징
경제 이론	단계, 제품주기, 이윤주기, 장기파동
지역개발 현안	경제적·제도적·지리적 구조의 전환
인과적 행위자	개인, 기업, 정부, 산업 부문, 기술
인과적 설명	경제개발 단계의 전환, 제품주기와 이윤주기의 진화, 기술−경제 패러다임의 장기파동
관계, 메커니즘, 과정	조절된 단계·주기·파동 패턴의 전환 때문에 발생하는 지리적 불균등발전
정책 논리	단계·주기·파동의 혁신·기술적 전환의 관리와 촉진
정책수단	경제활동의 업그레이드, 하이로드 성장, 과학 및 혁신 지향적 전략과 지원
제도적 조직	EU, 국가, 지역, 로컬, 도시
지리적 초점과 범위	범지역, 지역, 로컬, 도시
정치경제 프로젝트	단계 간 전환의 가속화, 슘페터주의적 '창조적 파괴'
언어	전환, 임계규모, 도약

출처: 저자 작성

다(Sternberg 1996). 장기파동이론이 처음에는 협소한 초점을 가지고 있었지만, 사회적·정치적·제도적 맥락을 포괄하는 방식으로 확대되었다(Freeman and Perez 1988; Hall and Preston 1988).

장기파동이론은 마커슨(Markusen 1985)의 이윤주기와 호응을 이루는 측면이 있다. 둘은 모두 기술−경제 패러다임이 성숙의 단계에 이르고 혁신으로부터 거두는 수익이 감소하면, 초기의 독점경쟁 시장이 과점의 상황으로 변한다고 보기 때문이다. 아래에서 살피는 것처럼, 크래프츠(Crafts 1996)는 슘페터의 장기파동이론과 내생적 성장 모델 간의 연계 가능성을 탐구하며 장기파동 간 전환의 시기를 지역 간 분기의 시기로 논의한다. 거시수준의 역사적 초점 때문에 파동이론이 지역개발 정책에 주는 영향은 미미하다. 기술−경제 패러다임의 출현에 적응할 수 있는 조건을 촉진하고 **혁신**과 **기업가정신**을 통한 **창조적 파괴**를 장려하는 노력 정도로만 나타나고 있다(표 3.7). 장기파동은 지역개발과 관련해 기술에 결정론적 역할을 부여하며 사회적·제도적 과정에 대한 기능적 고려가 부족하다는 비판도 받는다(Hirst and Zeitlin 1991; Malecki 1997). 거시수준의 추상화와 일반화, 그리고 장기파동의 기계적 작용에 부여된 인과력 때문에 로컬이나 지역의 복잡성과 차별화를 간과하는 문제도 있다. 실제로 장기파동이론에 관한 연구의 대부분은 몰공간적(aspatial)이며, 특정한 장소와 시간에서 구체적 결과를 설명하는 데에 한계를 보인다(Dawley 2003; Sternberg 1996).

6. 구조적·시간적 변화에 대한 접근 II: 전환이론

1970년대 중·후반 이후 지역 간 수렴이 약해졌고 심지어 역전 현상까지 나타났다. 주기적인 변화, 예외적인 우연의 사건, 그리고 보다 근본적으로는 시스템의 전환이 있었기 때문이다. 신고전 성장 이론은 그러한 변화의 이유를 제대로 설명하지 못했다. 이에 지역개발에 대한 광범위한 논쟁이 벌어졌다(Dunford and Perrons 1994). 1980년대 중반 동안에는 관심의 초점이 지역 성장과 쇠퇴의 장기적 진화에서 멀어져 갔다(Martin and Sunely 1998). 반면 단계·주기·파동이론에 근거한 생산과 기술에 대한 관심은 더욱 확대되었다. 동시에, 다양한 **전환이론**(transition theory)도 등장했다. 자본주의 성격의 구조적 변화와 이것이 지역개발에 주는 함의를 설명하기 위해서였다. 이러한 연구들의 핵심에는 특정한 형태의 로컬·지역경제가 있었다. 이들은 특유의 사회적·기술적·제도적 기반을 바탕으로 1980~1990년대 동안 비교적 빠른 경제성장을 이룩했던 곳이다(Scott 1986; Becattini 1990). 그래서 지역개발의 의미는 모범적 **산업지구**(industrial district)의 경제적 성공을 모방할 수 있는지로 재구성되었다. 모방의 대상은 주로 (제3이탈리아, 할리우드, 로스앤젤레스 등) 장인기반 부문, (실리콘밸리, 프랑스 론–알프 등) 첨단기술 분야, (시티 오브 런던, 월스트리트 등) 금융 부문의 발전을 이룩한 도시와 지역이었다(그림 3.26). 한마디로, 재도약하는(resurgent) 지역이 지역개발 이론과 정책의 핵심을 차지하게 되었다(Storper 1995; Scott 1998).

초기 **제도주의적** 전환이론에서는 **산업분기**(industrial divide)란 아이디어가 제시되었다(Piore and Sabel 1984). 산업분기는 사회조직과 생산 규제 측면에서 시스템의 불연속을 의미했다. 그러한 분기는 전산업시대와 대량생산 사이에서, 그리고 대량생산 시대와 **유연적 전문화**(flexible specialization) 사이에서 나타났다. 각각의 산업 시기는 지역개발의 독특한 지리와 연관된다. 유연적 전문화는 산업지구(industrial district)의 부활을 알리는 것이었다. 산업지구는 **지역의 산업적 전문화**(regional industrial specialization)의 특징을 가지며, **지역의 기능적 전문화**(regional functional specialization)와 공간분업이 중심에 있었던 대량생산 시대 이전에 나타났다. 이탈리아 에밀리아 로마냐의 산업지구가 전형적인 사례에 해당하며, 미국처럼 산업화된 국가에서도 그러한 전환이 나타났다. 대량생산하에서 유연성 없이 경직되고 수직적으로 통합된 사회조직과 달리, 소기업 간의 국지화된 긴밀한 **네트워크**는 빠르게 변화하는 시장에 유연하게 대응할 수 있었다(Hirst and Zeitlin 1991). **수직적 분화**(vertical disintegration)와 **집적**을 통해서 거래비용을 낮추고 유연성을 확대하며 구매자와 공급자 간의 불확실성을 줄이는 것도 가능해졌다. 독점적 기업 권력에 대항했던 1980년대의 좌파 정부는 노동을 위한 로컬 산업재생 정책의 측면에서 유연적 전문화의 잠재력을 탐구하기도

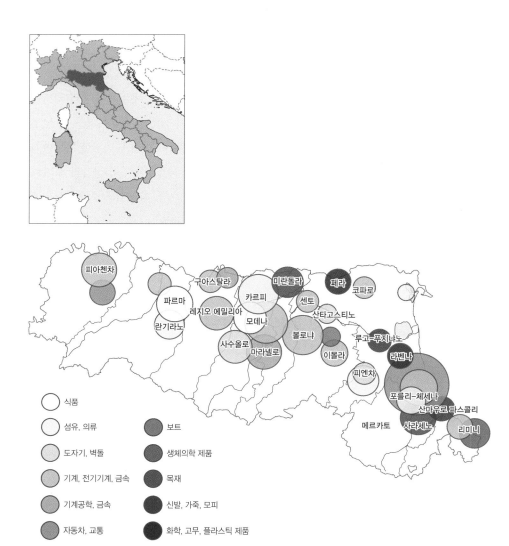

그림 3.26 이탈리아의 산업지구: 에밀리아로마냐의 전문화

출처: https://imprese.regione.emilia-romagna.it/

했었다. 영국의 런던의회와 웨스트미들랜드 카운티 의회, 이탈리아 에밀리아로마냐와 토스카나의
공산당이 그러한 사례에 해당한다(Best 1991; Cochrane 2012; Geddes and Newman 1999).

　로널드 코스(Ronald Coase), 알프레드 마셜(Alfred Marshall), 올리버 윌리엄슨(Oliver William-
son)의 **거리비용**과 **외부경제** 이론을 기초로 지역 집적과 성장에 관한 **신마셜(neo-Marshallian) 이
론**이 개발되기도 했다. 지역적으로 재도약하는 **신산업공간(new industrial space)**의 형성과 성공을
설명하기 위해서였다(Scott 1998). 포디즘의 대량생산, 대량소비 모델과 케인스주의 국가의 조절 구

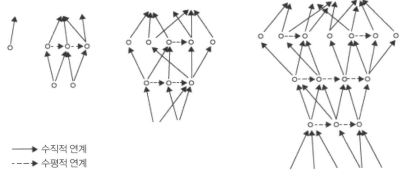

　　　　➤ 수직적 연계
　　　- - -➤ 수평적 연계

그림 3.27 분업의 수직적·수평적 확장

출처: Scott(1988: 28)

조가 와해되고 기술의 변화가 나타났다. 이런 맥락에서 시장의 파편화와 불확실성이 증가했다. 이러한 변화로 인해서 규모와 범위의 내부경제가 약해졌다(Storper and Walker 1989). **수평적 분화**와 **수직적 분화**, 그리고 생산의 외주나 **외부화**는 **유연성**과 적응력을 높였다. 빠르게 변하며 다양화되는 수요에 대처하고 기존 사회조직의 경직성을 탈피하기 위해서였다(그림 3.27).

　　노동시장 풀, 전문적 공급업체의 이용 가능성, 기술적 지식의 유출을 비롯한 **마셜 외부경제**는 같은 산업 내의 로컬 기업에게 경제적 이익으로 작용한다. 이러한 이점 때문에 지리적 집적이 나타나는 것이다. 지리적 집중은 불규칙적이고 예측 불가능하며 대면 상호작용에 의존적인 거래에서 특히 유용하고 효율적이다. 그리고 외부화와 집적은 지리적으로 집중된 생산체계를 뜻하는 **영토적 생산복합체(territorial production complex)**의 형성과 발전에 토대를 이룬다(Storper and Scott 1988). 이러한 경제성장 과정에서 도시와 지역은 수동적 배경이 아니라 능동적 인과 요인으로 해석된다 (Scott and Storper 2003). 지역개발은 로컬리티나 지역이 경제적인 성공을 거두며 성장하는 장소의 성격을 나타내는 정도로 판가름한다. 이 접근에서는 뒤에서 논의할 신경제지리학이나 도시경제학 이론과 마찬가지로 수확체증, 긍정적 외부효과, 유출효과가 핵심을 차지한다. **집적**은 "1인당 GNP 수준에 상관없이 성공적인 개발 어디에서나 나타나는 근본적인 구성 요소"라고 할 수 있다(Scott and Storper 2003: 581; World Bank 2009).

　　한편 거시적인 **조절 접근(regulation approach)**은 포디즘에서 보다 유연한 새 시대로의 전환을 **축적체제(regime of accumulation)**와 **사회적 조절양식(mode of social regulation)**의 동시적 안정화 측면에서 해석한다(Scott 1988; Dunford 1990; Peck and Tickell 1995). 새 시대는 **네오포디즘 (neo-Fordism)**, **포스트포디즘(post-Fordism)**, **애프터포디즘(after-Fordism)**으로 다양하게 불린

다. 시대마다 경제적·사회적·정치적·제도적 조직이 다르다는 점이 조절 접근의 핵심이다(표 3.8).
자본주의적 개발은 내재적 **모순**과 **위기** 경향성을 가지지만, 경제적 요인과 경제를 넘어선 요인 간의
조절적 커플링(regulatory coupling) 때문에 **제도**적으로 착근하며 사회적으로 조절될 수 있다(Peck
2000).

조절이론에 따르면, 케인스주의 총수요 관리와 복지주의로 조절되었던 대량생산과 대량소비의 포
드주의적 커플링은 구조적인 사회·경제 변화로 인해서 약해졌다(Martin and Sunley 1997). 국가의
강력한 거시경제 관리와 이를 지탱하는 복지국가가 쇠퇴했다는 이야기다. 포디즘의 와해로 인해서
성장률의 지역 간 분기가 나타났다. 포드주의 경제에 뿌리를 두었던 지역들이 쇠퇴했기 때문이다.
그리고 포디즘적 성장의 중심부와 사회적·지리적으로 구별되는 **유연적 생산 복합체(flexible pro-
duction complex)**가 등장했다(Storper and Scott 1988). 제도와 조절의 구조는 경쟁력과 혁신에 집

표 3.8 포디즘과 유연적 축적

	포디즘 생산(규모의 경제 기반)	적시 생산(범위의 경제 기반)
생산 과정	동종 재화의 대량생산, 균질성 및 표준화, 대규모 완충재고(buffer stock), 사후 품질 테스트(불량품과 오류의 늦은 검출). 완충재고에 숨겨진 불량품, 생산 시간 손실(오랜 시동 시간, 불량 부품, 재고 병목 때문), 자원 중심, 수직적 통합 및 (일부의) 수평적 통합, 임금 통제를 통한 비용 절감	소규모 배치(batch) 생산, 유연성 및 다양한 상품 유형의 배치 생산, 재고 없음, 공정의 품질 통제(오류의 즉각적 검출), 즉각적 불량품 처리, 시간 손실 감소(근무 시간 공백 감소), 수요 중심, (반)수직적 하청 통합, 장기적 계획에 통합된 경험학습(learning-by-doing)
노동	단일 업무 수행, 등급에 따른 급여(직무 설계 기준), 높은 수준의 직업 전문화, 전무하거나 거의 없는 직무 훈련, 수직적 노동 조직, 학습 경험 전무, 노동자 책임성 감소에 대한 강조(노동력 규율), 직업 안정성 전무	다수의 업무, 개인적 급여(상세한 보너스 시스템), 직무 구분의 제거, 보다 수평적인 노동 조직, 직무 과정 학습, 노동자의 공동 책임 강조, 핵심부 노동자에 대한 고용 안정성(정년보장), 임시직 노동자의 열악한 고용 조건 및 고용 불안정성
공간	공간의 기능적 전문화(집중화/탈중심화), 공간분업, 지역 시장의 균질화(공간적으로 세분화된 노동시장), 부품과 하청업체의 세계적 소싱(sourcing)	공간 클러스터링과 집적·공간적 통합, 노동시장 다양화(노동시장 세분화의 정착), 수평적으로 (반)통합된 기업의 공간적 근접성
국가	규제, 경직성, 단체협약, 복지의 사회화(복지국가), 다자간 협약을 통한 국제적 안정성, 포드주의 생산(규모의 경제 기반), 중심화, '보조금' 국가/도시, 소득 및 가격 정책을 통한 간접적 시장 개입, 국가의 지역정책, 기업 재원의 연구개발, 산업주도 혁신	탈규제/재규제, 유연성, 분열/개인화, 로컬 또는 기업 중심의 협상, 집합적 요구와 사회 보장의 민영화, 국제적 불안정성(높은 지정학적 긴장), 탈중심화와 첨예한 도시/지역 간 경쟁, '기업가주의적' 국가/도시, 조달을 통한 직접적 시장 개입, '영토적(territorial)' 지역정책, 국가 재원 연구개발, 국가주도 혁신
이데올로기	소비재의 대량소비(소비사회), 모더니즘, 총체성/구조적 개혁, 사회화	개별화된 소비('여피(yuppie)' 문화), 포스트모더니즘, 구체성/적응력, 개인화('스펙터클' 사회)

출처: Harvey(1989b: 177-179)

중하는 로컬화된 **슘페터주의적 근로복지주의(Schumpeterian Workfarism)** 시대로 옮겨 갔다(Jessop 2003). 그래서 오늘날에는 혁신과 국제적 경쟁력이 국가의 역할에서 중심을 차지하고 경제정책이 사회정책보다 우선시되고 있다. 아래에서 논의할 것처럼 조절체제의 국가적 다양화(variegation)는 여전히 나타나고 있다(Peck and Theodore 2007). 일반화된 경제적·사회적·정치적·문화적 변화가 독특한 역사와 제도적 구조를 가진 차별된 자본주의 국가 형태에 영향을 받기 때문이다.

　전환이론들은, 즉 유연적 전문화, 신산업공간, 조절이론은 정책적 측면에서 공통된 관심사를 가지고 있다. 내생적이고 토착적인 아래로부터의 개발을 통해서 로컬·지역경제의 재도약을 모색한다는 점이다(6장). **내생적 개발**은 로컬·지역의 안이나 내부에서 나타나는 변화를, **토착적 개발**은 자연적이거나 사회적으로 구성된 변화를 함의한다. 전환이론에 근거한 지역개발 정책 레퍼토리도 등장했다(표 3.9). 탈중심화된 생산네트워크, 집적경제, 신뢰·협력·경쟁의 네트워크, 사회적 학습·적응·혁신과 기업가정신을 로컬 수준에서 자극하는 데에 정책의 초점이 맞춰져 있다(Stöhr 1990; Pyke and Sengenberger 1992; Cooke and Morgan 1998; Becattini 1990). 이러한 지역개발 정책에서는 산업지구 모델이 촉진되며, 이를 구성하는 로컬 개발기구와 혁신적 비즈니스 서비스를 마련하여 경쟁력과 유연성을 증진하려는 노력도 이루어진다. 분화된(disintegrated) 생산네트워크를 구축하고 이에 걸맞은 제도적 배치를 마련하여 빠르게 변화하는 경제와 기술에 신속하게 적응하기 위해서다(Bellini et al. 2012).

표 3.9 전환이론의 공간정책

구분	특징
경제 이론	유연적 전문화, 지리적 생산 복합체, 조절이론
지역개발 현안	지리적으로 불균등한 경제적 성과, 로컬·지역화된 경제활동 집중의 재부상
인과적 행위자	개인, 기업, 중간제도, 네트워크
인과적 설명	산업분기 간 변동, 수직적 분화와 마셜 외부효과를 통한 지리적 집적
관계, 메커니즘, 과정	노동 풀, 전문적 공급자 이용 가능성, 기술적 지식의 유출 등 (마셜) 외부성을 통한 경제활동의 로컬화
정책 논리	중간제도를 통한 수직적 분화와 마셜 외부성의 촉진 및 지원
정책수단	비즈니스 서비스, 혁신 지원, 숙련 개발
제도적 조직	로컬, 지역
지리적 초점과 범위	로컬 및 지역 집중
정치경제 프로젝트	중도좌과와 중도우과 사이
언어	산업지구, 신산업공간, 네오포디즘, 포스트포디즘, 애프터포디즘, 유연적 축적

출처: 저자 작성

1980~1990년대 동안 전환이론은 많은 비판을 받으면서 논쟁을 자극했다(Gertler 1992; Amin 1994). 자본주의의 축적이 이전보다 유연해진 성격을 가지게 된 변화에 대해서는 대체로 동의가 이루어졌다(Harvey 1989b). 그러나 개념적·이론적 해석은 그러지 못했다. 실제로 전환이론은 지역개발의 복잡성을 포착하여 다양성을 설명하는 데에 많은 어려움을 가지고 있었다. 특정한 형태의 설명 양식을 바탕으로 하며 지리적 사례의 레퍼토리가 매우 제한되어 있었기 때문이다. 자본주의의 거시-구조적 성격 변화, 그리고 이와 관련된 로컬·지역 성장의 지리에 초점을 맞춘 전환이론의 가치는 꾸준히 약해졌다(Sunley 2000). 전환이론은 광범위한 구조의 역할에 대한 결정론적 설명에 의존한다. 그래서 지역개발에서 사회적 행위성을 간과하고, 변화와 연속성을 균형 있게 설명하지 못한다(Hudson 2001). 앤드류 세이어(Sayer 1989)에 따르면, 그러한 한계가 나타나는 이유는 전환이론에 동원되고 있는 **이분법**적인 – 즉 이전과 이후를 나누는 – 단순한 논리와 분석 때문이다. 이에 상응하는 지리가 명확하게 이분법적으로 구분된다는 아이디어도 설득력이 떨어진다. 지역개발의 현실 세계는 훨씬 더 지리적으로 다양하고 불균등하여 매우 혼란스러운 상태에 있다(Peck 2000).

전환이론은 일부의 성공적 사례를 일반화하여 성립했다는 이유로도 비판을 받는다(Lovering 2012). 그러한 산업 집적의 성격과 동력에 대한 경험적 증거도 문제시된다. 다른 한편으로, **소기업**에 대한 지나친 의존성과 대기업의 역할에 대한 상대적 무관심의 문제가 표출되었다. 다시 말해 사회적 생산 관계의 지리적 확장, 이러한 진화를 형성하는 데에 있어서 내·외부적 힘의 역할, 적응력의 현실 등의 현안을 간과한다(Harrison 1994; Amin and Thrift 1995; Cooke and Morgan 1998). 실제로 서로 다른 유형의 로컬·지역경제에서 다양한 변화와 경험이 나타나고 있다(Martin and Sunley 1998). 이러한 차별화의 경향성에 근거해 산업지구 유형의 다양성을 부각하는 방향으로 이론이 발전했다. 관련 개념들은 특정한 상황의 우연성(contingency)을 강조하며 대기업, 국가 행위자, 로컬화된 고정자본, 숙련 노동의 역할에 주목한다(Markusen 1996a). 산업지구 모델이 정책 서클에서 상당한 주목을 계속해서 받고는 있지만(Becattini et al. 2009), 특정한 로컬·지역의 맥락에 민감한 정책 학습의 필요성을 무시한다고 비판받는다. 보편화된 기성품(off-the-shelf)과 같이 천편일률(one-size-fits-all)적인 **정책이전(policy transfer)**이 만연하다는 이야기다(Hudson et al. 1997; Storper 1997; Vale 2012). 전문화와 다양화 중에서 무엇이 더 중요한지에 대한 오래된 지역개발 논쟁도 산업지구 모델에 대한 정책적 숙의를 어렵게 만드는 문제이다.

7. 진화론적 접근

지역개발에 대한 **진화론적 접근**은 구조적, 그리고 특히 시간적 변화의 문제를 중점적으로 다룬다. 정통(orthodox) 주류(主流)의 신고전주의 접근이 아니라, **이단(heterodox) 경제학 접근**을 기초로 한다(MacKinnon et al. 2009). 핵심 목표는 경제경관의 **연속성(continuity)**과 **변화(change)**를 더욱 잘 이해하는 것이다(Grabher 2009; Coe 2010). 진화론적 개념과 이론은 언제, 어디서, 왜, 어떤 방식으로 역사가 중요한지를 설명하는 데에 초점이 맞춰져 있다. 진화론적 접근에서는 종(species)이나 인구 간 **다양성(variety)**의 존재, 세대 간 전해지는 속성과 특성으로서 연속성의 지속이나 **유전(heredity)**, 개체가 환경에 적응하여 생존하는 능력을 규제하는 **선택(selection)** 과정의 작동을 강조한다(Boschma and Martin 2010; Essletzbichler and Rigby 2007; MacKinnon et al. 2009).

경로의 창출, 의존성, 파괴는 지역개발에 영향력 있는 세 가지 중요한 개념에 해당한다. **경로창출(path creation)**은 새로운 개발 경로의 출현을 말하며, 일반적으로 기업가, 기업, 혁신에 관여하는 제도, 새로운 지식과 경제적 활동의 창출과 관련된다(Dawley 2014). 로컬·지역의 재생이나 새로운 성장 경로의 확립이 경로창출의 중요한 부분이다(Hassink and Kkaerding 2012). **경로의존성(path dependency)**은 역사의 범위와 성격에 강력하게 영향받는 하나의 시스템이나 과정의 특징을 뜻한다(Martin and Sunley 2006). 로컬·지역경제의 역사적 사건과 경로가 어떻게 미래의 궤적을 형성하는지도 강조한다. 역사적으로 형성된 산업 전문화, 노동 숙련, 제도가 이후의 로컬·지역의 경제적 개발 기회와 잠재력에 이용될 수 있는 자산과 자원을 제공한다는 이야기다. 마지막으로, **경로파괴(path destruction)**는 경로의 중단을 의미하는데, 급진적 기술이나 시장 변동과 같이 외부 충격(쇼크)에 대한 반응으로 나타나는 신속한 와해에서부터 점진적 소멸에까지 이른다. 기후변화나 인구변천과 같은 장기적 변동으로 경로가 약해지는 것을 후자의 사례라 할 수 있다.

여기에서 로컬·지역경제의 진화 경로는 앞에서 언급한 단계·주기·파동이론과는 달리 이미 결정된 것으로 보지 않는다. 개인, 기업, 정부, 제도와 같은 행위자들의 사회적 행위성에 따라 로컬·지역경제는 다양한 유형의 경로를 경험할 수 있다. 여기에는 증진(enhanced) 또는 업그레이드, 정상상태/중립(steady state/neutral) 또는 불변, 감퇴(denuded) 또는 다운그레이드의 과정이 포함된다(그림 3.28; Martin 2010). 로컬·지역경제는 정책적·제도적 개입을 통해서 완전히 새로운 개발 경로로 이탈할 수도 있다. 이는 스코틀랜드와 같은 "구 산업 지역에서 두 번째 바람(second wind)"의 가능성을 제공하기도 했다(Krugman 2005). 보다 개방적이고 역동적인 "과정으로서 경로"의 관념은 "경로의존성, 경로창출, 경로파괴 간의 끊임없이 지속되는 상호작용"을 강조한다(Martin and Sunely

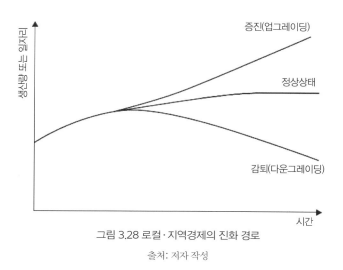

그림 3.28 로컬·지역경제의 진화 경로

출처: 저자 작성

2006: 407).

한편 **고착(lock-in)**의 개념은 경제활동을 기존에 확립된 실천에 가두어 버리는 지속적 관계와 계승된 제도로 정의된다(Grabher 1993). 고착은 지역개발에서 연속성의 지속에 주목하면서 관습, 일상(루틴), 전통의 역할을 중시한다. 고착은 (사고의 방식과 관계된) **인지적(cognitive) 고착**, (수직적/수평적 경제 관계에서 나타나는) **기능적(functional) 고착**, (기득권으로 표출되는) **정치적(political) 고착**으로 유형화된다. 로컬·지역경제와 관련해, 고착은 행위자들이 변화하는 조건과 맥락에, 예를 들면 기술, 경쟁, 제도의 변동에 적응하는 역량의 제약을 강조한다. 그러나 고착이 영구적인 특징은 아니다. 다양한 메커니즘을 통해서 **탈고착(de-locking)**이 나타날 수 있다. 창발적 기술을 활용해 새로운 경로의 토착적 창출을 도모하거나, 행위자들의 (가령 개인, 기업, 제도, 네트워크의) 이질적 혼합을 통해서 다양성, **신기성(novelty)**, 혁신을 증진하면서 탈고착이 나타날 수 있다. 새로운 인물, 기업, 산업, 기술의 도입, 착근이나 확산을 통한 이식, 그리고 고부가가치, 높은 생산성, 정교화된 활동을 위한 경제적 업그레이딩도 탈고착의 방안이다. 로컬·지역경제가 독특한 자산과 역량의 재작업과 진화를 경험할 수 있도록 관련된 경제활동을 다각화하는 것도 탈고착 사례에 해당한다.

또 다른 진화론적 아이디어 중 하나인 **다양성**은 하나의 지역경제에서 경제활동의 전문화나 다양화의 정도와 성격을 말한다. 로컬·지역경제에서 경제활동이 극단적으로 전문화되지 않고 과도하게 다양하지 않을 때 **연관 다양성(related variety)**이 나타난다. 이러한 형태의 다양성은 상호보완적으로 관련된 역량, 지식, 기술에 기초한다(Boschma 2009). 연관 다양성은 경제개발에 긍정적으로 작용한다. 상호작용, 학습, 지식 유출을 높이며, 신기성, 혁신, 새로운 성장 경로를 향한 경제활동의 분기화(branching)를 촉진하기 때문이다(Boschma and Iammarino 2009). 역사적 경로에서 획득한 역량과 자원도 재결합, 재작업해서 새로운 경로의 기반으로 활용할 수 있다(Martin and Sunley 2006). 분기화는 (새로운 제품과 서비스, 인수·합병 등) 기업 다각화, (상업화, 스핀오프, 스타트업 등) 기업가정신, (기업·부문 간) 노동 이동성, (산업 길드, 전문가 협회 등) 사회적 네트워킹 등을 통해서 나타난다(Boschma and Frenken 2010). 하나의 지역경제에서 활동들이 과하게 전문화되거나 엄청나게 다양해서 역량, 지식, 기술의 유사성과 연결성이 부족할 때 **무관 다양성**(unrelated variety)이 발생할 수 있다. 무관 다양성은 지역개발에 부정적으로 작용한다. 상호작용, 학습, 지식 유출의 잠재적 가능성을 제한하며, 변화하는 맥락에서 혁신과 새로운 성장 경로의 자극을 억제하기 때문이다 (Neffke et al. 2011).

진화론적 접근은 경로창출, 경로의존성, 고착, 연관/무관 다양성의 개념과 이론을 기초로 **회복력** (resilience), **적응**, 적응력 연구에도 지대한 영향을 주고 있다. 특히 글로벌 금융위기와 경기 침체의 여파로 인해서 많은 연구와 노력이 이루어져 왔다. 와해적 변화를 예견하여 견뎌 내거나, 지리적으로 차별화된 로컬·지역경제가 위기로부터 회복하는 데 발휘하는 능력을 이해하기 위해서였다(사례 3.4).

사례 3.4 지역의 회복력과 적응력에 대한 진화론적 접근

회복력(리질리언스)은 불안정하고 불확실하며 빠른 변화에 로컬·지역경제가 반응, 대응, 대처하는 역량을 지칭하는 개념이다. 회복력은 지리적으로 차별화되고 불균등한 패턴으로 나타난다. 금융위기, 기술적 도약, 극단적 기상 이벤트 등의 쇼크(shock)가 회복력을 필요로 하는 와해적 변화의 사례에 해당한다. 기후변화, 탈산업화, 인구학적 변동처럼 보다 서서히 진행되는 점진적 전환에 대해서도 회복력이 필요하다(Pike et al. 2010). 로컬·지역경제는 그러한 내부적(내생적), 외부적(외생적) 위험성에 점점 더 취약해지고 있다. 글로벌화의 맥락에서 장소 간의 상호의존성과 투과성(permeability)이 높아지고 있기 때문이다. 회복력은 특정한 개체나 시스템이 혼돈의 상황을 탈피해 이전의 형태와 위치로 되돌아가는 능력을 말한다. 그러나 회복력은 퍼지 개념(fuzzy concept)이라고도 할 수 있다. 의미에 대한 동의가 이루어지지 않았고, 개념의 뿌리도 생태학, 경제학, 공학을 포함한 다양한 학문에 근거하기 때문이다(Martin 2012). 글로벌 금융위기와 경기하강 등 와해적 경제변화의 맥락에서 많은 연구자가 회복력에 주목했다(Hill et al. 2008; Christopherson et al. 2010). 이에 대한 관심은 국제적·국가적·지역적, 로컬 수준의 정책입안자 사이에서도 증가했다(OECD 2009d; European Commission 2010a).

진화론적 접근은 경제경관의 **연속성**과 **신기성**에 주목하면서 로컬·지역의 경제적 회복력 문제에 관심을 둔다(Bristow et al. 2014). 신고전적 접근은 불연속적이고 불확실한 변화와 그에 대한 대응을 제대로 설명하지 못하는 결점이 있다. 반역사적인 평형(equilibrium) 지향성, 방법론적 개인주의, 합리적 경제 행위자에 의

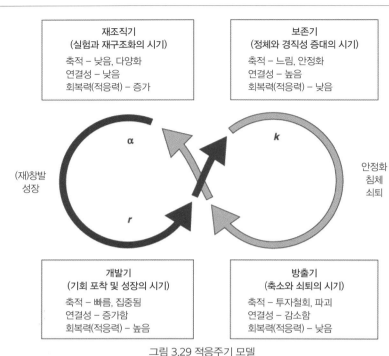

그림 3.29 적응주기 모델

출처: Martin and Sunley(2011: 1307)

한 요소시장 조정을 과신하기 때문이다(Pike et al. 2010). 이에 반해, 진화론적 접근은 지리적으로 차별화된 저항, 회복, 방향 전환, 갱신의 과정으로 형성되는 다양한 **적응** 경로(adaptive path)의 가능성을 강조한다. 이런 관점에서 수명주기(life cycle) 접근도 문제시된다. 무엇보다, '수명'이란 생물학적 메타포에 과도하게 의존한다(Martin and Sunley 2011). 실제로 수명은 하나의 개체가 예측 가능한 선형적·순차적 단계를 거쳐서 노화하는 점을 함의하는 용어이다. 이에 대한 대안으로, 복잡적응계(complex adaptive system) 개념이 제시되었다(Simmie and Martin 2010). 이는 변화무쌍한 시간 스케일에서 로컬·지역경제가 이동해 가는 네 단계로, 즉 **재조직기(reorganization), 개발기(exploitation), 보존기(conservation), 방출기(release)**로 구성된다(그림 3.29). 이 모델은 계속적 진화와 (비)연속적이며 역동적인 과정을 제시한다. 이러한 과정은 상호관계된 다중 요소, 투과성 및 환경과의 교류, 사전에 정해지지 않은 궤적에 기초한다. 다른 한편으로, 궁지에 몰린 부적응의 가능성과 사전에 정해진 변화의 어려움도 인정된다. 이들은 비선형적 역동성, 피드백, 자기강화적 효과, 창발(emergence), 자기조직화(self-organization) 때문에 발생한다.

로컬·지역경제의 회복력에서 적응력(adaptive capacity)이 중심을 차지한다. 적응력은 비우호적으로 변화하는 조건과 맥락 속에서 기존의 실천이나 조직이 약할 때 사람이나 제도가 재창조하고 성취하는 능력을 일컫는다(Pike et al. 2012b). 진화론적 개념으로서 적응력은 연관 다양성(related variety), 혁신성, 제도적 대화자(interlocutor), 연결성, 유연적 거버넌스, 다중스케일성의 영향을 받아 형성된다.

진화론적 접근은 지역개발 정책에도 영향을 주기 시작했다(Hassink and Klaerding 2012; Pike et al. 2015b; 표 3.10). 그러나 진화론적 접근의 영향력은 제한적이었다. "진화경제학으로부터 정책적 함의를 도출하는 것은 … 그리고 매우 독특한 성공을 복제하는 것은 … 근본적으로 어려운 일"이기 때문이다(Boschma and Frenken 2007: 16). 진화적 분석의 역사적 성격에서 오늘날의 일반적인 결론을 끌어내기는 매우 힘들다는 이야기다. 그래서 진화론적 아이디어를 정책에 활용하려면 지리적 맥락에 대한 민감성을 가져야 한다. "지역마다 역사가 달라서 정책적 개입의 정도와 성격도 달라야" 하며, "지역의 제도적 역사에 기초하여 어떤 종류의 개입이 지역 상황에 적합할지"를 고려해야 한다는 뜻이다(Boschma 2009: 19). 예를 들어 **지역우위 구성**(constructing regional advantage) 접근은 지역의 분기화를 지원하기 위한 연관 다양성과 부문적 플랫폼 정책을 강조한다(Cooke 2012; Boschma 2013; Neffke et al. 2011). 지역적으로 차별화된 지식기반을 마련하고 분산된 지식 네트워크를 구축하여 창발적인 새로운 부문의 출현을 지원하기 위해서다.

진화론적 접근은 여섯 가지 측면에서 비판을 받는다. 첫째, 어떠한 행위자와 메커니즘이 무슨 이유로 어디에서 어떻게 실제로 진화하는지에 대한 의견이 일치하지 않는다(Pike et al. 2015b). 지금까지의 연구는 미시, 거시, 중간 등 다양한 수준의 분석에 초점을 맞추고 있으며, 연구의 대상도 다양하게 나타난다(Boschma and Frenken 2007). 둘째, 행위성과 지리적 맥락을 통해서 경제경관의 진화에 영향을 주는 우연성과 특수성의 문제를 어떻게 다루어야 하는지에 대한 의문이 여전히 남아 있다(Barnes et al. 2007). 셋째, 진화경제학에서 진화론적 개념을 도입하여 임의적이고 기술적

표 3.9 진화론적 접근의 공간정책

구분	특징
경제 이론	진화경제학, 제도경제학
지역개발 현안	경제경관에서 지리적으로 차별화된 변화
인과적 행위자	(공식적, 비공식적) 제도
인과적 설명	불균등한 역사지리적 진화와 행위자, 자산, 역량의 적응
관계, 메커니즘, 과정	경로의 창출/의존성/파괴, 적응과 적응력, 고착과 탈고착, 연관/무관 다양성
정책 논리	장소기반, 적응적 경로 초점
정책수단	지역적 연관 다양화, 기술 플랫폼 개발, 분산된 지식 네트워크
제도적 조직	로컬, 지역, 도시/지역
지리적 초점과 범위	로컬, 지역, 도시/지역
정치경제 프로젝트	중도, 제3의 길
언어	지역우위 구성, 적응력, 와해적 변화에 대한 회복력

출처: 저자 작성

인 메타포로 사용하는 방식에 대한 불만이 존재한다(Essletzbichler and Riby 2007; Grabher 2009; MacKinnon et al. 2009). 넷째, 신생 분야로서 진화론적 분석에는 비교 연구가 부족하며, 경험적 연구 성과의 범위도 협소한 실정이다(Grabher 2009). 경험적 연구에서는 경제활동 간의 비교와 국제적 맥락에서 다양한 지리적 상황에 대한 고려도 미흡한 수준에 머물러 있다. 다섯째, 진화론적 접근에는 방법론, 연구 설계, 분석 프레임과 관련해 정성적 분석과 정량적 분석 간의 이분법이 나타난다(Boschma and Frenken 2007; Coe 2010). 여섯째, 진화론적 접근이 정치, 정책, 실천에 어떻게 연결될 수 있을지에 대한 시도는 (약간은 있지만) 거의 나타나지 않았다(Pike et al. 2015b).

8. 혁신, 지식, 학습, 창조성

혁신, 지식, 학습, 창조성은 오늘날의 지역개발을 이해하고 설명하는 데에 중심적인 아이디어로 자리 잡았다. 이들에 기초한 접근은 비용 우위를 정적으로 인식하거나 기술적 진보를 블랙박스처럼 여기지 않는다. 한마디로, 신고전주의 프레임의 한계를 극복하려 한다. 이 과정에서 혁신, 지식, 학습, 창조성 이론과의 연계가 형성된 것이다(Morgan 1997; Lundvall and Maskell 2000; Power and Scott 2012). 여기에서 개발은 로컬·지역의 행위자들이 학습과 창조성을 통해서 혁신과 지식을 생산, 수용, 활용하는 능력을 증진하는 것으로 해석된다. 캘리포니아의 실리콘밸리, 영국의 케임브리지 현상(Cambridge Phenomenon)처럼 잘 알려진 장소의 경험이 그러한 개발의 경제적 성과, 모델, 잠재력에 대한 관심을 자극했다(Saxenian 1994; Keeble et al. 1999).

혁신은 새로운 재화와 상품, 공정, 기술, 조직을 개발하여 도입하는 일이다. 혁신은 진화적(evolutionary)·**점진적(incremental) 혁신**과 혁명적(revolutionary)·불연속적(discontinuous) 혁신으로 구분된다. 흑백텔레비전을 대체한 컬러텔레비전은 전자, 텔레비전 프로그램의 인터넷 스트리밍은 후자에 해당한다. 후자의 **급진적(혁명적) 혁신**은 전혀 새로운 것이며, 기존 재화와 서비스 시장, 공정, 제도적 장치에 와해를 불러일으킨다. 따라서 슘페터의 **창조적 파괴** 관념에 적합한 혁신의 유형으로 여겨진다.

지역개발에서 혁신에 대한 접근은 **선형(linear) 혁신모델**에서 **상호작용형(interactive) 혁신모델**로 옮겨갔다(Lundvall 1992). 선형 모델은 아이디어와 지식의 일방통행적 흐름을 강조한다. 다시 말해 기초 연구를 통해 공공·민간 조직에서 아이디어와 지식이 형성되고, 이러한 아이디어와 발명이 응용 연구, 디자인, 개발을 통해서 생산과 판매로 이어지는 과정으로 혁신을 이해한다. 반면 상호작용

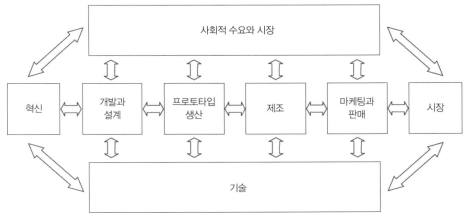

그림 3.30 상호작용형 혁신모델

출처: Clark and Guy(1997: 8)

형 모델은 혁신을 훨씬 더 복잡한 사회적·공간적 과정으로 이해한다. 특히 다양한 **제도** 간에서 꾸준히 반복되는 상호작용적 과정을 강조한다. 그리고 정교하게 전문화되고 긴밀하게 연결된 혁신의 단계에도 주목한다(그림 3.30). 이러한 상호작용형 접근은 혁신을 사회적인 동시에 공간적인 과정으로 인식한다. 지리적으로 차별화된 특유의 제도적 환경에서 혁신이 창출된다는 이야기다(Wolfe and Gertler 2002). 한편 상호작용형 모델은 계속해서 진화하고 있다. 이를 통해 시행착오에 기초한 탐구적·실험적 접근과 네트워크화된 조직의 형태를 강조하게 되었다(Cooke 2014). 최근에는 **과학−기술−혁신**(STI: science, technology and innovation) **모델**과 **실행−사용−상호작용**(DUI: doing, using and interacting) **모델** 간의 구분이 제시되기도 했다(Rodríguez−Pose and Fitjar 2013). 각각의 모델은 나름의 속성과 특징을 가진다(표 3.11).

　일반적으로 선형 모델은 기능적으로 전문화된 계층의 형태로 공간상에 표출된다. 지역의 기능적 전문화는 앞서 실핀 바와 같이 공간분업 유형 중 하나이다. 여기에서는 R&D에 전문화된 특정한 지역만이 지역 성장, 직업 구조, 임금 수준, 로컬·지역 번영과 관련된 긍정적인 연쇄효과를 누린다(Massey 1995). 반면 상호작용형 모델에서는 지식 사용자와 지식 생산자 간의 상호작용이 훨씬 더 긴밀하게 발생한다. 이는 다양한 **근접성(proximity)**의 형태로 나타나는데, 지리적 공동입지(co-location)는 그러한 유형 중 하나에 불과하다(Boschma 2005). 혁신의 잠재력과 성과는 로컬과 지역의 제도적 맥락에 크게 영향받는다. 따라서 상호작용형 모델은 신경제지리학(NEG) 접근과 마찬가지로 장소에 따라 다르게 나타나는 혁신의 생산과 적응 능력의 차이를 인식한다. 이러한 차이는 로컬·지역경제의 차별화된 역동성으로 표출된다(Armstrong and Taylor 2000; Malecki 1997).

표 3.11 과학-기술-혁신 혁신모델과 실행-사용-상호작용 혁신모델

	과학-기술-혁신(STI)	실행-사용-상호작용(DUI)
개념·이론적 기초	선형 혁신모델	지역혁신체계, 산업지구, 학습지역, 혁신환경
주요 메커니즘	지식 유출(파급)	행위자와 제도 간 상호작용
주요 변수	R&D 투자, 인적자본, 과학 파트너 연계	비공식적 상호작용, 사회적 자본·조직·제도·시장
주요 숙련	know-why, know-what	know-how, know-who
지리	고비용의 목적기반 연결망을 통한 지식 검색이 필요함(글로벌 파이프라인) 분석적·형식적 지식의 이동이 원활함 지리적 거리는 문제가 되지 않을 수 있음 최고의 연구센터는 원거리에 입지함	공유된 문제와 경험에 기초함 암묵적 지식 종합적·상징적 지식기반의 로컬 버즈, 비공식적 상호작용, '그곳에 있음(being there)'이 필요한 산업에 나타남 로컬 협력을 통해 강력한 부가가치 창출

출처: Fitjar and Rodríguez-Pose(2013: 129-132)

불균등한 혁신의 지리, 이것이 지역개발에 주는 함의를 이해하고 설명하는 여러 가지 논의가 등장했다. 이들은 **지역혁신모델(territorial innovation model)**로 통칭된다(Moulaert and Sekia 2003). **산업지구**(Pyke and Sengenberger 1992), **혁신환경**(Camagni 1996), **신산업공간**(Scott 1988), **지역혁신체계**(Braczyk et al. 2004), 테크노폴리스(technopolis)(Castells and Hall 1994), 생산의 세계들(worlds of production)(Storper 1997) 등이 지역(영토)혁신모델에 포함된다. 이 중 일부는 앞서 언급한 전환모델과 관련된다. 이러한 개념들은 일부의 차이점을 토대로 로컬·지역혁신을 설명하지만, 대체로 공통된 관심사를 가진다(표 3.12). 사회적·지리적 과정으로서의 혁신, (산업·대학 R&D, 연관 산업과 서비스 등) 물리적·기술적 인프라, 고도로 숙련된 로컬 노동시장이 지역혁신모델 간에 공유된 관심사에 해당한다. 위험을 감수하는 자본의 이용 가능성, 불확실성을 줄이고 집단적 행동을 조직하는 중간제도(intermediate institution), 기술 문화와 노하우에 호의적인 지역사회 맥락, 공동 대표(재현) 시스템 등도 지역혁신모델에서 공통으로 강조된다.

기존 지역혁신모델 대부분은 로컬·지역의 내부에만 초점을 맞췄었다(MacKinnon et al. 2002). 최근의 연구에서는 그러한 문제를 해결하기 위한 노력이 이루어진다. 특히 로컬·지역을 초월해 혁신에 영향을 주는 관계와 **네트워크**에 주목한다. **다중 스케일(multi-scale)** 과정에 주목하며 국가와 국제 수준으로 이해의 범위를 확대하며, 특정한 기술이나 부문 시스템과의 연결성도 고려한다(Vale 2012). 이와 관련해 세 가지의 중요한 이슈가 있다. 첫째는 혁신에 영향을 주는 다양한 형태의 근접성(proximity)을 구분해 인식하는 것이다. 이에 따라 기존의 **지리적(geographical) 근접성**에 집착한

표 3.12 지역혁신모델

구분	혁신환경 (MI: Milieu Innovateur)	산업지구 (ID: Industrial District)	지역혁신체계 (RIS: Regional Innovation Systems)	신산업공간 (NSI: New Industrial Spaces)	로컬생산체계 (Local Production Systems)	학습지역 (Learning Regions)
핵심적 혁신 동력	동일 환경(밀리우) 내의 다른 행위자와 관계를 통해 혁신을 실행하는 기업의 역량	공통된 가치의 시스템 속에서 혁신을 실행하는 행위자의 역할	구체적인 상호작용의 누적적 과정으로서 혁신(경로의존성)	R&D 실행의 결과, (JIT 등) 제도운 공정 활용	산업지구와 동일	지역혁신체제와 유사하지만, 기술-제도의 공진화 강조
제도의 역할	연구 과정에서 제도의 중요성 강조(네트워, 기업, 공공기관 등)	'행위자'로서 제도, 사회적 조절, 혁신과 개발의 촉진	조직 내·외부에서 행동 규율(국가혁신체계와 마찬가지로 정의는 연구자마다 다름)	기업 간 거래 관계 조직과 역동적 기업가 정신에 대한 사회적 조절	산업지구와 같지만, 거버넌스의 역할을 강조	지역혁신체제와 유사하지만, 제도의 역할을 훨씬 더 많이 강조
지역개발	혁신환경과 협력적 분위기에서 행위자의 혁신 역량에 기초한 영토적 관점, 혁신 요소로서 유연성	공간적 접속과 산업지구의 유연성에 기초한 영토적 관점, 혁신 요소로서 유연성	지역을 '상호작용 학습'과 '규제조정 학습'의 시스템으로 인식	사회적 조절과 접 된 생산체계 간 상호작용	산업화 확산(마을 앞는 진화 과정에 기초한 사회적·경제적 개입)	두 가지 역동성: 기술·조직의 역동성, 사회·경제·제도의 역동성
문화	신뢰 및 호혜적 연계의 문화	산업지구 행위자 간의 가치 공유, 신뢰와 호혜적 문화	상호작용 학습의 원천	네트워킹과 사회적 상호작용의 문화	개발에서 로컬 사회·문화 맥락의 역할	국가혁신체계와 유사하지만, 경제활동과 사회문화적 삶 간의 상호작용 강조
행위자 관계	지역 공간간의 역할, 기업·협력업체·공급업체·고객 간 전략적 관계	사회적 조절양식과 규율의 원천으로서 네트워크, 경쟁과 협업의 공존	'상호작용 학습'의 조직적 양식으로서 행위자 네트워크	기업 간 거래	기업 간, 제도 간 네트워크	행위자의 네트워크(직 근성)
환경과 관계	주변 환경 변화에 대응하여 행동을 수정하는 행위자들의 역량: 매우 '심층적' 관계(지역 공간간의 3번째 차원)	제약 조건이자 새로운 아이디어의 맥락으로서 환경, 환경 변화에 대한 대응의 필요성, '심층적' 관계, 제한된 공간적 관점.	내부 관계와 환경 제약 간의 균형, '심층적' 관계	역동적인 커뮤니티(공동체) 형성과 사회적 재생산	혁신환경과 유사	지역혁신체계와 유사

출처: Moulaert and Sekia(2003: 294)

논의를 초월해, **인지적(cognitive) 근접성, 조직적(organizational) 근접성, 사회적(social) 근접성, 제도적(institutional) 근접성**까지 고려하게 되었다(Boschma 2005). 둘째, **초국적기업(TNC: transnational corporation)**을 중요한 행위자로 강조하게 되었다. 최근의 연구들은 특히 재화 및 서비스 활동에서 혁신과 지식의 글로벌 네트워크에 주목하고 있다(Bunnell and Coe 2001; 7장). 셋째, **로컬 버즈(local buzz)**와 **글로벌 파이프라인(global pipeline)**을 연결하는 다중 스케일 네트워크의 출현도 중요하게 다루어진다. 이러한 네트워크는 여러 장소와 제도적 환경에 속해 있는 혁신 행위자들 간의 광범위한 상호작용을 가능하게 한다(Amin and Cohendet 2004; Vallance 2007).

경제에서 **지식**의 중요성이 높아지고 지식이 지역개발에 주는 함의도 분명해졌다. 지식은 데이터, 사실, 경험, 기술의 형태로 개인이나 사회집단이 알게 되는 정보로 정의된다. 그리고 정보는 처리, 저장, 검색, 이해를 가능하게 하는 구조화된 조직 형태로 존재한다(Howells 2002). 데이터가 정보와 지식으로 진화하면서 의미가 부가되고 가치는 높아진다(Burton-Jones 2001; 그림 3.31). 지식은 직접적 표현 없이 암시·추론되는 **암묵적(tacit) 지식**과 하나의 시스템이나 코드로 수집·조직할 수 있는 **형식적(codified) 지식**으로 구분된다. 암묵적 지식은 특정한 사회적·제도적 맥락 속에서 개인에게 체화된다. 그래서 암묵적 지식의 이동은 쉽지 않으며 로컬에 착근하여 장소에 끈적끈적(sticky)하게 달라붙어 있다. 암묵적 지식의 전달을 위해서는 대면적인 사회적 상호작용과 지리적 근접성

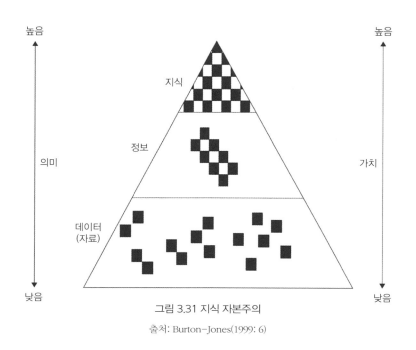

그림 3.31 지식 자본주의

출처: Burton-Jones(1999: 6)

이 필요하다(Boschma 2005; Storper and Venables 2004). 반면 형식적 지식은 추상적·보편적 성격을 보유하며 높은 이동성을 갖는다. 이러한 형식적 지식의 전달에서는 지리적으로 분산된 **관계적 (relational) 근접성**이 중요하게 작용한다. 여기에서는 촉진자로서 정보통신 기술의 역할도 중요하다 (Vale 2012).

이러한 지식경제(knowledge economy) 관점에서, 개발은 "비숙련 노동과 1차 생산품에 기초한 자산에서 벗어나 숙련 노동과 지식기반의 자산으로 옮겨가는 과정"을 말한다(Amsden 2001: 2). 이러한 개념적 정의는 단계이론과 마찬가지로 개발을 경제적 측면에서 파악한다. 그래서 정보는 핵심 상품이며, 지식은 희소 자원으로 해석된다(Lundvall and Maskell 2000). 이 접근에서 로컬·지역 행위자들은 불확실한 경제적 맥락에서 지식을 생산, 활용, 전파하는 역할을 맡는다고 이해된다. 불확실성은 1장에서 설명한 바와 같이 빠른 경제적·사회적·기술적·제도적 변화가 만들어낸 결과다. 이러한 변화는 혁명적이며 와해적인 성격도 지닌다. 위에서 살핀 지역혁신모델과 마찬가지로, 지식경제 관점에서 **제도**는 – 기업, 노동시장, 공공 기관, 대학 등은 – 로컬·지역의 풍부한 지식 환경을 증진하는 데에 중추적인 역할을 한다. 의사소통과 상호작용의 채널에서 공유된 행동의 맥락과 프레임을 제공하기 때문이다(Gertler and Wolfe 2002). 지식경제에서 로컬·지역 행위자는 지식 자산 관리자의 역할을 하며 개발의 궤적과 번영에 중대한 영향을 미친다.

행위자들의 **학습** 역량도 지식기반의 지역개발에서 매우 중요하다(Lundvall 1992). 학습은 지식이나 숙련을 취득하는 행위를 뜻한다. 혁신의 개념과 마찬가지로, 학습은 개인이나 제도의 역량과 이해방식에 변화를 일으킬 수 있는 사회적·공간적 과정이다(Cook and Morgan 1998). 변화하는 맥락에서 혁신은 필수적이며, 이러한 과정에서 학습은 중심을 차지한다. 실제로 오늘날의 성찰적(re-flexive) 자본주의에서 기술이, 특히 정보통신 시스템이 빠르게 변화하며 불확실성과 변동성이 증가하고 있다.

> 지식 자산에 대한 접근성과 통제는 너무나도 빨리 사라지는 경쟁우위의 요소가 되었다. 오늘날 경제에서 지식의 최전선이 매우 빠르게 움직이고 있다는 말이다. 때문에, 학습이 혁신 과정에서 중심을 차지하게 되었다. 학습 역량은 혁신 과정에서 결정적인 역할을 하며 지속가능한 경쟁우위를 개발하고 유지할 수 있게 해 준다.
>
> (Wolfe and Gertler 2002: 2)

자기인식에 능숙한, 즉 성찰적인 행위자는 경제변화를 잘 해석하고 로컬리티와 지역의 변화에 잘 적응한다. 때로는 경쟁력 없는 과거의 루틴과 실천을 찾아내 폐기하는 능력도 중요하다. 지식을 생산하고 학습하는 것만큼 잊어버리는 일도 필요하다는 이야기다(Cooke and Morgan 1998). 지리적 근접성은 새롭고 복잡한 암묵적 지식을 학습, 전파, 적용, 실험하는 데에서 필수적인 요소이다. 로컬·지역에서 긍정적 외부효과를 창출해 기업과 제도를 이롭게 하는 기능도 한다(Boschma 2005). 이는 뒤에서 살필 것처럼 신경제지리학과 도시경제학에서도 인식하는 사실이다. 표 3.13에서 제시하는 바와 같이, 지식을 창출하는 **학습지역**은 포디즘의 성격을 지닌 대량생산 지역과 여러 가지 측면에서 구분된다(Florida 2000).

마이클 스토퍼(Storper 1997)도 학습을 강조하면서 제도 간의 비시장적 상호관계, 즉 비거래상호의존성(untraded interdependency)이 로컬혁신시스템, 생산성 향상, 지역개발에 미치는 영향에 주목했다. 높은 수준의 신뢰, 암묵적 지식, 루틴화된 행동을 기초로 일련의 관습(convention)이 형성되고, 이를 통해서 로컬·지역 맥락에 특수한 관계가 조직되기 때문이다. 이러한 **비거래(비교역)상호의존성**은 **관계적 자산(relational asset)**의 형성으로 이어진다. 관계적 자산은 학습 역량을 길러서 다른 곳에서는 쉽게 모방할 수 없는 지역·로컬 특유의 경쟁우위를 개발하는 데 이바지한다. 심화되는 글로벌화의 경제에서 로컬·지역이 모방의 힘을 벗어나 앞서갈 수 있도록 해 준다는 이야기다.

혁신, 지식, 학습에 관한 오랜 연구를 배경으로, 최근에는 **창조성**과 이것의 개발 잠재력에 관심이 집중되고 있다(Power and Scott 2012). 이런 논의는 **도시 집적**을 중심으로 진행된다. 창조성은 새롭고 독창적인 아이디어의 창의적인 사용으로 정의되며, 보통은 새로운 것을 창조하는 데에 쓰인

표 3.13 대량생산 지역과 학습지역

	대량생산 지역	학습지역
경쟁력 기반	천연자원과 육체노동에 기반한 비교우위	지식 창출과 꾸준한 개선에 기초해 지속가능한 우위
생산 시스템	대량생산: 가치의 원천으로서 육체노동, 혁신과 생산의 분리	지식기반 생산: 연속적 창조, 가치의 원천으로서 지식, 혁신과 생산의 종합
제조업 인프라	팔 길이(arm's-length) 공급 관계	혁신의 원천으로서 공급자 시스템
사람 인프라	저숙련, 저비용 노동, 테일러리즘 노동력, 테일러리즘 교육 및 훈련	지식 노동자, 인적자원의 지속적 개선, 지속적인 교육과 훈련
물리적 의사소통 인프라	국내 지향성	글로벌 지향성
산업 거버넌스 시스템	적대적 관계, 하향식 통제	상호의존적 관계, 네트워크 조직
정책 시스템	구체적 판매 정책	시스템 및 인프라 지향성

출처: Florida(2000: 237)

다. 지역개발에서 창조성은 일반적으로 지적재산을 창출, 개발, 상업화할 수 있는 개인 행위자들, 그리고 이들의 창조성, 숙련, 재능에 기초한 재화, 서비스, 경제활동과 관련된다(Power and Scott 2012; Leslie and Rantisi 2012). 창조성에 대한 논의는 도시경제학과 마찬가지로 (교육과 노동 숙련을 뜻하는) **인적자본**과 이것의 개발 잠재력을 강조한다. 리처드 플로리다(Florida 2002)는 **창조계급(creative class)** 연구를 통해서 창조성에 대한 학문적·정책적·대중적 관심을 불러일으키고 있다(6장). 창조계급은 새로운 아이디어와 지식을 창출하고 자신의 창조성을 통해서 가치를 증진하면서 경제개발의 새로운 시대를 이끄는 사람들로 해석된다. 창조성은 오늘날 **인지-문화적 자본주의(cognitive-cultural capitalism)** 맥락에서 가치를 발하였다(Scott 2007). 이런 자본주의하에서 글로벌화와 경쟁이 심화되고 있지만, "인지-문화적 내용이 풍부한 상품은 틈새 마케팅 전략에 민감하게 반응하며 준독점적인 이익을 누린다. 그런 상품에 대해서는 불완전한 대체재만이 있기 때문이다."(Scott 2007: 1466) 이러한 **창조경제(creative economy)**와 관련하여, 로컬·지역의 행위자들은 고학력·고숙련 노동자들을 유치해 신성장 부문에 착근시키려 노력한다. 특히 문화 콘텐츠가 풍부한 분야에 관심이 집중되는데, 광고, 건축, 브랜딩, 디자인, 영화, 비디오, 사진, 출판, TV, 라디오 등이 그러한 분야에 속한다(Scott 2007; Pike 2015).

혁신, 지식, 학습, 창조성은 오늘날의 지역개발을 설명하는 창발적 아이디어들로 인정받으면서 정책에서도 중심적인 역할을 맡고 있다(표 3.14). 이 분야에서는 창발적인 새로운 개념들을 기존의 정책 접근과 새로운 정책 접근에 통합하려는 노력도 이루어진다. 통합의 노력은 토착·내생적 개발 전략과 외생적 개발 전략 모두에서 나타난다(Tödtling and Trippl 2005; Vale 2012; 6~7장). 정책 행위자들은 하향식 접근과 상향식 접근 간의 조화를 추구하면서 특정한 지리적 맥락에 적합한 장소기반형 접근의 개발을 추구한다. 동시에, 경성(hard) 인프라의 구축과 연성(soft) 지원책 간 결합, 효과적인 제도적 혁신, 실험주의의 촉진, 상호작용적 지역개발 정책의 형성과 전달에도 많은 힘을 쏟는다(Barca et al. 2012; Pike 2004; Storper 1997). 로컬·지역 행위자를 대상으로 광범위한 컨설팅을 제공하면서 특정 장소를 위한 정책이 설계·개발되기도 한다. 이와 관련된 주요 경성 인프라에는 초고속 브로드밴드 텔레커뮤니케이션 연결망, 과학기술단지, 교통 네트워크 등이 있다. 전문화된 제도를 통해서 핵심적인 연성 인프라도 구축되고 있다. 여기에는 혁신 역량을 높이기 위한 네트워킹과 지식 이전에 대한 지원이 포함된다. 이는 혁신, 창조성, 지식의 집합적 창출, 학습, 적용을 촉진하는 기능도 한다(Moragn 1997; Storper 1997; 그림 3.3). 대학이나 병원과 같은 **앵커제도(anchor institution)**는 로컬·도시·지역개발 전략에서 중심적인 행위자가 되었다(Goddard and Vallance 2013; Katz and Wagner 2014). 앵커제도는 혁신적인 비즈니스가 부족하고 민간부문이 약한 경제

표 3.14 혁신, 지식, 학습, 창조성 접근의 공간정책

구분	특징
경제 이론	혁신과 기술변화, 지식·학습경제학, 창조계층
지역개발 현안	혁신, 지식, 학습, 창조성의 지리적 격차
인과적 행위자	개인, 기업, 중간제도, 거버넌스 제도
인과적 설명	혁신, 지식 창출 및 흡수, 학습, 창조성의 자산·능력·역량
관계, 메커니즘, 과정	선도적, 또는 뒤처진 개인·비즈니스·장소, 외부효과, 유출(파급)효과
정책 논리	혁신, 지식 창출 및 흡수, 학습, 창조성의 자산·능력·역량의 개선, 선도적 리더의 우위
정책수단	혁신 전략, 산업지구와 네트워크, 과학단지, 테크노폴, 창조구역, 어메니티/라이프스타일 제공
제도적 조직	국가, 비즈니스, 하이브리드 중간조직
지리적 초점과 범위	기업, 지역·로컬·도시 수준
정치경제 프로젝트	제3의길, 기술관료제(테크노크라시)
언어	지식경제, 창조계급

출처: 저자 작성

사진 3.3 타이완 신주 과학산업단지

출처: Peellden

적 맥락에서 중요한 역할을 한다. EU의 지역혁신 전략과 이것의 최신판이라 할 수 있는 **스마트전문화**(smart specialization)가 그러한 정책 사례에 해당한다(Morgan and Nauwelaers 1999; 사례 3.5). 같은 맥락에서, **지역우위 구성**을 위해 연관 다양성과 차별화된 지식기반을 마련하는 플랫폼 정책

사례 3.5 EU의 스마트전문화 전략과 결속정책

스마트전문화를 위한 연구·혁신 전략(National and Regional Research and Innovation Strategies for Smart Specialization)은 지역혁신전략(RIS3)이나 스마트전문화전략(S3)으로 불리기도 한다. 이는 경제개발에 대한 전략적 접근 중 하나로 연구 및 혁신 활동에 대한 지원에 기초한다. 이 전략은 산업 부문에서 시작된 스마트전문화 개념을 공간적 맥락에 적용하여 경제개발에 대한 통합적이고 변혁적인 장소기반형 접근을 촉진한다. 어젠다의 핵심은 (강력한 혁신 활동의 역사를 가진 지역에서만이 아니라) 모든 지역에서 혁신을 우선시하는 것이다. 동시에, 투자 초점, 시너지 창출, 혁신 과정 개선, 거버넌스 증진, 이해당사자 참여도 중시하는 접근이다. 스마트전문화는 다음 7가지의 구체적 목표를 지향한다. ① 비전 개발 과정의 확립, ② 국가와 지역의 강점을 기반으로 로컬 맥락에 적합한 전문화, 경쟁우위, 잠재적 우수성을 가진 활동 선정, ③ 지식기반형 개발을 위한 국가와 지역의 우선순위, 도전 과제, 수요에 적합한 미래 개발정책과 투자의 전략적 우선순위 결정, ④ (강점과 약점, 하이테크(high-tech)와 로우테크(low-tech) 모두를 포함하는) 다양한 종류의 로컬 맥락에서 지식기반형 개발의 잠재력을 극대화하는 정책 개발, ⑤ 민간부문의 투자를 촉진할 수 있도록 기술 및 실천기반형 혁신 지원, ⑥ 혁신과 실험을 촉진할 수 있도록 다양한 이해당사자의 포용과 참여 증진, ⑦ 엄밀한 감독 및 평가 시스템, 강력한 증거를 기반으로 하는 철저한 연구와 분석 체계의 구축.

스마트전문화는 EU의 **결속정책(Cohesion Policy)**과 **구조기금(Structural Funds)**을 개혁하여 마련되었다. 연구, 혁신, 기업가정신을 지원하는 투자 기반의 역할을 맡기 위해서다(McCann 2015). 결속정책은 성장과 일자리를 촉진하려는 유럽 2020 전략에 부응하고 동시에 EU 영토 내에서 균형되고 조화로운 개발의 증진을 목표로 한다. 스마트전문화는 EU 구조기금을 효율적이고 효과적으로 활용하여 시너지를 창출하는 데에 초점이 맞춰져 있다. 그리고 유럽의 잠재력을 발굴하여 더욱 잘 이용할 수 있도록 EU·국가·지역정책을 통합하고, 공공투자와 민간투자 모두를 동원하도록 권장한다.

스마트전문화 전략의 효과성을 공식적으로 평가하는 것은 이른 감이 있지만, OECD(2013c)는 이 전략의 경과를 조사했던 바 있다. 이 보고서에서는 S3 접근의 효과적 실행을 위해서 필요한 다음의 몇 가지 이슈를 제시했다. ① EU 내에서 S3 개념에 대한 친숙함과 인식의 수준이 다르게 나타나고 있다. 어떤 곳에서는 목적, 목표, 구성 요소를 명확하게 이해하며, 어떻게 S3가 현재의 정책 접근을 개선할 수 있는지를 아주 잘 파악하고 있다. 반면 발전 수준이 떨어지고 혁신 정책이 약한 곳에서는 S3를 제대로 받아들이지 못하고 있다. ② 국가와 지역의 잠재력을 진단하고 평가하는 방식은 다양하다. 이는 체계적 이해와 국제적 비교의 장애 요소로 작용한다. 이해당사자의 범위와 영향력은 맥락적 요소의 영향에 좌우된다. 평가의 스케일이 달라서 지역 사례 간 비교가 불가능하다. ③ 우선순위의 식별과 선정은 아직 명확하지 않다. 우선순위의 체계적 의미는 여전히 불안정하거나 퍼지(fuzzy)한 상태에 있으며, 정의가 명확하게 진술되어 있지 않다. 수직적 접근과 부문적 접근을 혼동, 혼합해서 사용하는 경우가 많다. ④ S3의 초점은 로컬의 강점에 적합한 정책을 만드는 것이지만, (ICT, 생명과학, 바이오테크, 헬스, 소재, 나노테크, 물류, 운송, 모빌리티, (그린) 에너지, 그린/클린테크(green/clean technology) 등) 몇 가지 공통된 분야를 기초로 한 우선순위의 유사성이 나타난다. ⑤ 전략, 우선순위, 정책 믹스(policy mix), 예산 배분 간에는 간극이 존재한다. ⑥ 모니터링과 평가 시스템은 아직 제대로 개발되지 않았다. 개발된 경우라 할지라도, 정책 평가와 우선순위 결정에 초점을 맞추고 있지 않다.

유럽에서 S3 전략의 개발은 초기 단계에 있지만, 국가·지역·로컬 수준의 행위자들이 장애 요소에 대처하는 방식은 검토되었다. 이 연구를 통해 영국 스트라스클라이드대학의 유럽정책연구소에서 내린 결론은 다음과 같다(Charles et al. 2012). ① S3는 하이테크(첨단기술)와 R&D 자산을 보유한 지역에만 초점을 맞추지 않고 다양한 유형의 지역에서 혁신 정책을 촉진하는 데에 유용하다. ② 어떻게 이 접근을 실행할지에는 상당한 불확실성이 남아 있다. 일부 선진 지역은 필수적 요소를 가지고 있지만, 이것을 S3 문서로 공식화해야 하는 일에 가치를 느끼지 못한다. 혁신 정책의 기본적 역량과 요소를 갖추지 못한 지역에서는 S3 접근의 실현 가능성이 부족하다. ③ S3 전략을 이행하는 데에 있어서 리더십의 역할은 매우 중요한 이슈이다. ④ 기존의 노력을 지원하면서 지역혁신 역량을 증진할 수 있을 때 S3의 영향력이 가장 크다. ⑤ S3는 모든 지역을 대상으로 한 전략이지만, 이를 종합하는 일에 많은 시간, 노력, 자원이 들며 혜택은 적다고 생각하는 지역도 있다. ⑥ S3의 긍정적인 효과는 혁신 전략과 정책의 개발 경험이 적은 지역에서 가장 많이 나타날 것으로 기대된다.

이 마련되기도 했다(Asheim et al. 2011). 창조계급 기반의 도시개발을 촉진하기 위한 멤피스 선언(Memphis Manifesto)도 마찬가지의 사례이다(Smart City Memphis 2013).

　지역개발 정책에서 혁신, 지식, 학습, 창조성 접근은 다섯 가지 이유로 비판을 받는다. 첫째, 중심 아이디어가 약한 퍼지(fuzzy) 개념에 근거한 점에 대하여 비판이 제기되었다(Markusen 2003; Hudson 2003; Peck 2003). 둘째, 주요 과정의 인과적 관계나 설명력에 논쟁의 여지가 있기 때문에 이론적 발전이 요구된다. 주요 과정이 일차적 요인인지, 아니면 부수적 요인인지와 관련해 논쟁이 있다. 그리고 행위자, 네트워크, 장소 간의 상대적 권력 관계 속에서 행위성이 어디에 위치하는지에 대한 의문도 제기된다. 즉 다양한 지리적 스케일에서 국가와 제도의 역할이 논란거리다. 자본주의 경제에서 지식의 생산과 적용은 항상 중요했다는 점을 고려한다면, 과연 근본적으로 새로운 것이 실제로 나타나고 있는지도 의문이다(Christopherson and Clark 2007; Hassink and Klaerding 2012; Hudson 1999; Lovering 2012; Marques 2011; Peck 2005). 셋째, 혁신, 지식, 학습, 창조성에 대한 경험적 증거는 특정한 장소, 특히 로컬화된 부문적 집적이 나타나는 일부의 성공 스토리에 과도하게 의존한다(Amin 2000; MacKinnon et al. 2002). 넷째, 관심사 대부분은 여전히 협소한 경제적 영역에 집중되어 있다. 노령화, 기후변화, 인구변동, 불평등, 자원고갈에 대한 사회적 우려와 그에 상응하는 사회적 혁신에도 주목할 필요가 있다(Moulaert and Mahmood 2012). 다섯째, 지역개발 정책의 개념이나 이론의 적절성과 효과성에 대한 의문이 제기된다(Markusen 2003). 특히 천편일률적인 정책 틀을 경제적 어려움을 겪는 장소에 적용하는 것과 관련해 문제가 되고 있다(Tödtling and Tripp 2005). 이런 장소들은 혁신, 지식, 학습, 창조성과 관련해 성과를 촉진하고 부양할 수 있는 초기 조건, 자산, 행위자, 네트워크가 많이 부족한 실정에 있다.

9. 신경제지리학

신경제지리학(NEG: New Economic Geography)의 핵심 목표는 경제활동의 공간적 불균등 분포를 이해하고 설명하는 것이다. 로컬, 지역, 도시의 개발은 높은 생산성과 경제성장의 결과로 해석된다. 동시에, 낮은 **거래비용**(transaction cost)과 **운송비**(transport cost)도 중요한 개발의 요인으로 여겨진다. 명칭이 신경제지리학인 이유는 신고전 경제학을 초월해 새로운 요소를 소개하기 때문이다(Krugman 1998). 균형에 대한 고찰처럼 신고전주의와의 공통점은 있지만, NEG는 주요 요소를 신고전 접근과 다른 방식으로 다룬다. 신고전주의에서 외부적·외생적인 것으로 다루었던 요소들을 NEG 모델에 통합했고(Martin and Sunley 1998), 케인스주의의 주장을 일부 받아들이기도 했다. 이러한 NEG 접근의 성격은 네 가지로 요약할 수 있다. 첫째, 신고전 접근에서 무차별의 등질한 평면으로서 공간 개념은 제1의 자연지리와 제2의 자연지리를 구분하는 방식으로 대체되었다(Sheppard 2011). **제1의 자연지리**는 해안, 산지, 기후 등의 자연지리를 말한다. 이를 통해 천연자원 부존(endowment)에 의존한 경제성장의 가능성과 경제의 역사가 설명된다. 반면 **제2의 자연지리**는 천연자원의 부존과 무관한 경제적 행위자들 간 거리의 지리(geography of distance)를 말한다. NEG는 인간의 행위를 통해서 어떻게 제1의 자연지리가 개선되었는지에 주목하면서, 유사한 부존 상태를 보이는 지역 간에 나타나는 경제활동의 불균등한 지리적 분포를 설명한다(Brakman et al. 2009).

둘째, 전통적인 신고전 이론이나 케인스주의 접근과 다른 방식으로 최근의 경제학 사상에 근거해 기술을 이해한다. 기술을 등질한 상수로 가정하지 않고 공간에 따라 달리 나타나는 이질적인 변수로 파악한다. 다른 지역에 비해 훨씬 더 풍부한 기술적 자산과 역량을 보유하는 장소가 존재할 수 있다는 이야기다. 혁신과 **기술**의 공간적 확산 과정도 균등하지 않고 불균등하다고 이해한다. 실제로 어떤 장소의 행위자들은 다른 곳의 사람들보다 새로운 혁신이나 기술적 진보를 실험, 사용, 채택하는 능력과 의지를 더욱 많이 지니고 있다. 또한, 기술변화와 혁신은 외부의 외생적 요소가 아니라, 내부의 **내생적 요소**로 설명된다. 기술과 혁신이 경제활동과 구분된 외부적 자극제만은 아니라는 뜻이다. 가령 행위자와 제도는 수입 창출, 이익, 경쟁의 인센티브에 따라 R&D나 혁신 활동에 참여한다. 이런 식으로 기술과 혁신은 생산성 향상과 성장의 원인인 동시에 결과로 이해된다.

셋째, NEG는 **규모의 경제**에 관한 개념과 이론에 기초로 하며, 특히 **외부효과**의 작용에 주목한다. 외부효과는 외부경제를 통해서 제3자에게 영향을 미치는 혜택이나 손해를 뜻한다. 신고전 접근에서는 생산량 수준의 증가가 어떻게 기업의 생산 단위당 평균 비용을 낮추는지를 설명한다. 이처럼 기업 내부 수준의 생산량 증가로 인해서 평균 비용이 감소할 때, **규모의 내부경제**(internal economies of scale)가 발생한다(Scitovsky 1954). 규모의 내부경제가 발생하면, 다시 말해 기업 규모의 증가, 비용 우위, 소기업에 대한 시장지배력에 따른 이익이 생기면 **불완전경쟁**(imperfect competition)의 시장 구조가 형성된다(Brakman et al. 2009). 한편 **규모의 외부경제**(external economies of scale)는 생산량 증가에 따른 단위당 평균 생산비의 감소가 산업 전체 수준에서 나타날 때 발생한다. 이러한 외부경제 개념이 NEG의 사고방식에서 핵심을 차지한다. 산업 전체에서 생산량이 증가하면 각 기업의 생산함수에서 투입과 산출 간의 관계도 변하는데, 이는 **순수**(pure) **외부경제**로 불리기도 하는 **기술적**(technological) **외부경제**와 관련된다(Brakman et al. 2009). 실제로 산업 생산량이 증가하면, 지식 스톡(knowledge stock)도 늘어나게 된다. 개별 기업에 유리하도록 긍정적인 정보의 외부효과, 가령 R&D와 혁신의 유출이 발생하기 때문이다. 이렇게 되면 기업들의 생산량과 생산성은 더욱더 많이 증가하게 된다. 이러한 외부효과의 발생 과정은 알프레드 마셜이 발견해 낸 것이며, 오늘날의 산업지구와 혁신 이론에서 널리 받아들여진다.

다른 한편으로, **금전적**(pecuniary) **외부경제** 효과는 생산요소의 **가격**을 통해서 시장으로 확산된다. 생산요소는 자본과 노동처럼 기업의 생산량 결정에 영향을 미치는 것을 말한다. 전문화된 대규모 로컬 시장과 노동시장 풀은 금전적 외부경제의 두 가지 주요 원천에 해당한다(Brakman et al. 2009). 지리적으로 집중된 대규모 시장은 전문화된 중간재와 서비스 공급자를 끌어들이는 역할을 한다. 이는 개별 기업과 산업 전체의 측면에서 R&D나 혁신 투자와 같은 긍정적 외부효과와 유출효과로 이어진다. 고학력, 고숙련 노동자가 늘어나며 두터운 노동시장이 형성되면, 이 또한 개별 기업과 산업에 **긍정적 외부효과**로 작용한다. 이를 위해서는 인적자본 투자, 실행학습(learning by doing), 기업 간 노동 이동성의 역할이 중요하다. 이처럼 NEG에서는 기업과 노동자에게 이익이 되는 외부경제 때문에 나타나는 긍정적 외부효과와 유출효과를 강조하지만, 비용의 증가와 관련된 **부정적 외부효과**도 나타날 수 있다. 가령 생산량이 증가하면 혼잡, 오염, 경쟁 심화, 주요 투입 요소의 가격 인플레이션 등이 발생해 기업과 산업이 높은 비용을 감수해야 하는 상황도 일어나기 때문이다(Brakman et al. 2009).

로컬화된 외부경제로 인해서 **수확체증**과 공간적으로 집중된 성장의 **유출효과**가 발생한다. NEG는 그러한 수확체증과 유출효과에 기초한 누적적이고 자기강화적인 경제성장에 주목한다. 이는 강력한 **집적**과 **구심력**(centripetal forces)이 작용해 더 많은 경제활동을 끌어들이며 로컬화를 더욱 증폭시키는 과정이다(Martin and Sunley 1998). 이런 방식으로 NEG의 아이디어는 신고전 접근의 수확일정이나 수확체감으로부터 탈피하며 케인스주의 사상에 부응한다. 한편 외부효과에 관한 연구는 마셜-애로-로머(MAR: Marshall-Arrow-Romer) 외부효과와 제이콥스(Jacobs 1969) 외부효과

두 가지 유형으로 나뉘어 이루어지고 있다. 두 가지 모두는 지리적, 입지-특수적인 외부효과나 유출효과를 일컫는다. 다시 말해 공간적 근접성과 긴밀성을 통해서 기업이 서로서로 영향을 주고받는 점과 관련된다(Brakman et al. 2009). **MAR 외부효과**는 **국지화경제**(localization economies)로 불리기도 하는데, 특정한 부문 내에서 발생하는 유출효과에 해당한다. 동일한 산업 내의 기업 간 지리적 근접성은 전문화된 아이디어와 혁신의 확산에 이롭게 작용한다. 긍정적인 외부효과가 발생할 경우, 제품·서비스·공정혁신과 시장에 관한 지식의 학습 및 이전이 노동자나 기업 사이에서 발생한다. 이와 대조되는 부정적 외부효과는 지적재산권의 침해나 숙련 노동자 빼 가기(poaching)의 모습으로 나타난다. **도시화경제**(urbanization economies)로 일컬어지는 **제이콥스 외부효과**는 여러 부문의 경계를 넘나들며 특정한 도시 내에서 작용하는 유출효과이다. 다양한 산업에 속한 기업들의 공간적 공동입지를 통해서 다양성, 상호교류, 혁신의 창출과 확산을 증진할 수 있다는 이야기다. 혁신의 전환과 서로 다른 부문의 경제활동 간 상호보완적 학습은 긍정적인 제이콥스 외부효과라 할 수 있다. 이는 진화론적 접근의 **연관 다양성**에 부합한다. 반면 비상보적인(non-complementary) **무관 다양성**은 부정적 제이콥스 외부효과라 할 수 있다.

이러한 불완전경쟁의 맥락에서 NEG 연구는 어떻게 수확체증에 따라 전문화가 증대될 수 있는지를 설명한다(Krugman 1990). 전문화는 국가적으로 차별화된 요소부존(factor endowment)에 따라 결정되지 않는다는 말이다. 외부경제의 효과로 임계규모를 보유한 다양화된 대규모 시장이 형성되고, 이러한 지역적 집적에 근거한 기업의 경쟁력도 다른 지역의 기업에 비해 상대적으로 높아진다(Krugman 1993). 전문화의 지리적 패턴은 무역으로부터 발생한 누적적 이익으로 고착화되고, 이로 인해 지역개발 궤적의 경로의존성이 시작된다(Krugman 1990). 이러한 설명은 앞서 살펴보았듯이 진화론적 접근에서도 제시된다.

넷째, NEG는 지리를 경제학 이론에 통합한다. NEG의 핵심 모델은 어떻게 공간이 개별 생산자와 소비자의 결정에 영향을 주는지 설명한다. 여기에서 공간은 경제적 행위자 간의 **거리**로 인식되며, 이러한 공간적 요인으로 인해서 공간적으로 불균등한 경제활동의 분포가 나타난다고 설명한다(Brakman et al. 2009). 공간상에서 사람과 제품이 이동하는 데 드는 비용으로 인해서 **거리마찰**(friction of distance)이 발생하는데, NEG 모델은 **운송비** 개념을 통해서 그러한 공간적 측면을 고려한다. NEG에서 기업과 노동자의 시·공간 이동성 수준이 운송비에 좌우된다고 이해한다.

NEG는 지금까지 논의한 개념들을 하나로 모아 이론적 프레임을 제시하며 경제활동이 공간적으로 불균등한 이유를 설명한다. 이에 따르면, 경제경관과 로컬·지역·도시개발은 기본적으로 **집적**의 논리와 **분산**의 논리, 즉 **구심력**과 **원심력** 간의 상호작용으로 형성된다(그림 3.32; Krugman 1998).

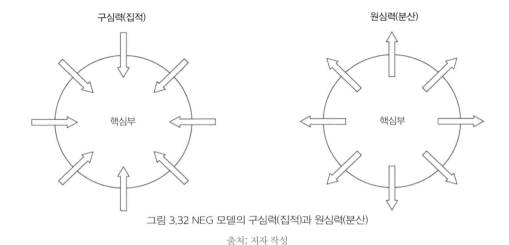

그림 3.32 NEG 모델의 구심력(집적)과 원심력(분산)

출처: 저자 작성

기업과 노동자의 이동성 범위와 운송비가 중심적인 역할을 한다. NEG의 이러한 사고방식은 시간에 따라 지역적 스케일에서 수렴이 발생한다는 신고전 접근과 구분된다. 신고전주의 관점에서 자본과 노동에 대한 수익은 조정의 메커니즘을 통해서 공간적으로 균등해지고 경제활동의 공간 격차는 필연적으로 감소한다. 이와 달리, **내생적 성장** 모델을 기초로 하는 NEG는 공간 격차를 기술의 차이, 외부경제, 운송비 간의 상호관계를 통해서 설명한다.

집적의 논리와 구심력은 특정한 공간적 환경에서 경제활동의 지리적 집중과 그에 따른 외부경제

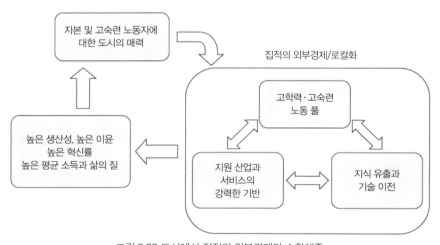

그림 3.33 도시에서 집적의 외부경제와 수확체증

출처: Martin and Simmie(2008: 340)

가 연쇄적으로 생성하는 긍정적인 피드백 때문에 생긴다(그림 3.33). 이는 산업지구나 클러스터와 관계에서 논의했던 집적경제나 국지화경제에 대한 설명과 일맥상통한다. 앞에서 설명한 것처럼 두 터운 고학력·고숙련 노동시장, 혁신과 지식의 유출효과, 시장규모 효과, 연관된 재화와 서비스 간의 긴밀한 연계망이 생산성, 경제성장, 혁신, 소득을 높이는 역할을 한다. 이러한 현상은 자본과 노동에 대한 장소의 매력을 더욱 높이며, 자기강화적인 방식으로 긍정적 피드백을 훨씬 더 강력하게 만든 다. 때문에, 요소 수익과 이용률은 집적이 나타나는 핵심부에서 높고 주변부에서 낮다. 이처럼 다수 의 균형점이 (즉 **복합균형(multiple equilibrium)**이) 가능하며, 결과적으로 지역 간 수렴이 아니라 지 역 간 분기의 모습이 나타난다(Krugman 1991). 경제활동의 지도는 공간적으로 불균등한 고밀도의 집적으로 구성되며 동등하고 균질하며 평평한 공간 분포는 나타나지 않는다는 뜻이다. 그래서 도시 경제와 인구의 공간적 뾰족함은 경제지리의 필수적인 문법과 초점이 되었다. 이러한 경향은 세계은 행(World Bank 2009)이 『경제지리의 재형성(Reshaping Economic Geography)』보고서를 출간한 이후부터 두드러졌다(그림 3.34; Peck and Sheppard 2010).

그러나 지리적으로 집중된 집적으로부터 생산성이 높아지고 성장이 빨라지는 과정에는 정점이 존 재한다. 집적의 외부불경제(external diseconomies)나 분산(dispersion)과 원심력의 논리가 발동하

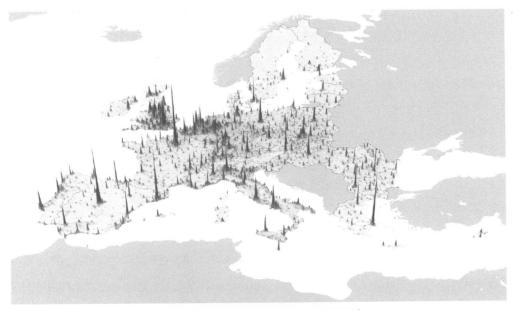

그림 3.34 유럽 인구밀도의 3차원 재현(2006년)

출처: European Commission

면 쇠퇴의 길로 들어서게 된다. 지리적 집적의 규모가 커지게 되면, 토지와 주택에 과잉수요가 발생해 부동산 가격과 임대료가 상승한다. 이러한 금전적 외부불경제 때문에 기업과 노동자는 지리적으로 집중된 공간 집적을 떠나 토지와 주택이 비교적 저렴한 곳으로 이동한다(Brakman et al. 2009). 혼잡은 경제활동의 밀도 높은 지리적 집중이 유발한 또 다른 형태의 외부불경제이다. 기업과 노동자의 수가 증가하면, 경제활동 과정에서 서로가 서로에게 영향을 미치게 되어 결과적으로는 생산성과 효율성이 하락한다. 그리고 노동자들의 통근 비용도 늘어난다. 직장과 거주지를 오가며 혼잡한 대중교통이나 교통정체와 씨름하며 시간과 자원을 낭비할 수밖에 없기 때문이다. 이러한 혼잡으로 인해 환경오염이 늘고 대기의 질은 떨어지며, 개인과 대중의 건강 수준이 하락한다.

NEG는 지역개발 정책의 초점이 변화하는 데에도 영향을 미쳤다. 구체적으로, 재분배와 물리적 경성(hard) 인프라를 중시하는 장소기반형 정책에서 성장과 사람 지향적인 연성(soft) 인프라를 중시하는 공간맹(盲)의 중립적 관점으로 전환을 이끌었다. **공간맹의 중립적 접근**은 어떤 공간에서든 일반화되는 경제적 메커니즘을 강조하고 사람에게만 초점을 맞추며 공간을 경시하는 정책을 설계하도록 했다(World Bank 2009). 이는 맥락, 역사, 경로의존성, 공간을 강조하는 장소기반형 접근과 대조를 이룬다(Barca et al. 2012; 5장).

실제로 NEG를 옹호하는 사람들은 번영하는 지역에서 뒤처진 지역으로 성장을 재분배하는 전통적인 정책을 비판한다(Ottaviano 2003; Puga 2002). 이들에 따르면, 전통적인 정책이 뒤처진 지역에서 혁신과 생산성, 비용, 효과성 등과 관련된 구조적인 문제를 해결하지 못했다. 경제적으로 강력한 장소의 역동성과 성장 잠재력만이 약해졌을 뿐이다. 한마디로, 전통적 정책이 하향 평준화(leveling down)의 문제를 낳았다는 것이다. 성장 재분배의 노력이 글로벌화의 맥락을 고려하지 못하고 경제를 국가적으로만 프레임하여 인식하는 문제도 지적됐다. 이러한 비판의 논리들은 신고전주의와 케인스주의 경제학을 근거로 마련된 것이다. NEG 관점에서 재분배를 지향하는 지역개발 정책은 자연적인 시장의 경제성장 과정에 어긋나는 방침이며, 효율성에 기초하지 않는 개입으로서 정당성이 부족하다고 여겨진다. 아울러 글로벌 금융위기와 대침체의 맥락에서 경기회복에 초점을 맞추면서 공간적 재분배 정책은 약해졌다. 정책의 우선순위가 긴축과 재정 강화에 부여되었으며, 지역적으로는 성장의 핵심부를 더욱 중시하게 되었기 때문이다(Pike et al. 2015c).

한편 NEG에 영향을 받은 성장 지향적 정책은 수평적이며 공간적으로는 중립적인 방식으로 국가경제 내의 모든 로컬리티와 지역을 강조한다(Aufhauser et al. 2003; Fothergill 2004). 지원이 필요한 지역에만 초점을 맞추지 않는다는 이야기다. 1990년대 잉글랜드의 모든 지역에 지역개발기구(RDA)를 설립했던 정책이 그러한 사례에 해당한다(Pike et al. 2015a). 우선 NEG 정책은 가장 강력한 경제적 성과를 올리는 지역에 주목한다. 이런 지역에서는 혼잡이나 요소시장 병목과 같은 외부불경제의 문제를 해결하면서 지속적인 성장과 역동성을 보장하기 위한 노력이 이루어진다(Puga 2002). 성과가 떨어지는 약한 지역에서는 경제성장의 제약조건과 장벽을 제거하여 상향 평준화(leveling up)의 과정을 마련하고 혁신과 성장을 자극해 성과를 높이려 한다. 이는 개발정책에서 지리적 차별화를 인정하면서 정책의 대상 지역과 국가경제 모두의 성장에 이바지할 수 있는 결과를 마

사례 3.6 『사피어 보고서』와 EU 결속정책의 개혁

『사피어 보고서(The Sapir Report)』는 유럽의 지역정책과 결속정책의 미래를 고찰하고 청사진을 제시하기 위해 2000년대 초반에 출간되었다(Sapir et al. 2003). 구체적인 목적은 확대되는 유럽을 위해 정책 어젠다를 마련하는 것이었다. 특히 리스본 어젠다(Lisbon Agenda)의 맥락에서 제시된 경제적 목표를 달성하는 것이 핵심을 차지했다. 리스본 어젠다는 '보다 양질의 일자리를 많이(more and better jobs)' 창출하고 사회적 결속을 개선하며 EU를 글로벌 경쟁력을 갖춘 지식기반경제로 만들기 위한 것이다. 특히 신규 회원국에서 삶의 수준을 높이는 것이 중요하게 고려되었다. 사피어 보고서의 결론은 두 가지로 요약할 수 있다. 첫째, EU는 역사적 기록에 부응하지 못했고 미국에 필적할 만한 수준의 경제성장을 달성하는 데에도 실패했다. EU의 사회적 모델을 뒷받침할 수 있도록 경제성장을 우선순위에 두지 않고 혁신기반형 경제로의 전환도 이루지 못했기 때문이다. 둘째, 미래의 경제성장은 기술의 진보와 글로벌화에 좌우될 것이다. 그래서 EU와 회원국을 위한 개혁의 어젠더를 마련했는데, 여기에는 보다 역동적인 유럽단일시장 조성, 지식기반 활동에 대한 투자 확대, 유럽통화동맹의 정책 프레임 개선, 지역정책과 결속정책의 재설계, 의사결정과 규제의 간소화, EU 예산의 재구조화 등이 포함되었다.

명확한 지리적 초점은 없었지만, 『사피어 보고서』는 상당한 영향력을 행사했다. 정책에서 공간적 중립성의 입장을 취하는 **신경제지리학(NEG)**에서 주요 아이디어를 도입했고, 이것은 이후에 세계은행(World Bank 2009)의 『경제지리의 재형성(Reshaping Economic Geography)』 보고서 출간에서 배경으로 작용했다(Barca et al. 2012). 이 보고서에서 사피어(Sapir et al. 2003)는 NEG의 아이디어를 기초로 하여 특정한 하위국가 지역보다 회원국을 위한 목표를 수립하고 경제성장과 생산성 향상의 잠재력이 큰 분야에 집중할 것을 요구했다. 아울러, 새로운 회원국에서 제도 및 거버넌스 개혁을 추진하고, 장소보다 정보통신 기술과 같은 지식기반 부문을 성장의 기반으로 삼도록 권고했다.

하지만 이러한 『사피어 보고서』는 논란을 일으켰다. 예를 들어 던포드(Dunford 2005: 972)에 따르면,

> 『사피어 보고서』는 농업 정책의 폐기와 빈곤 지역에 대한 원조의 포기를 시사한다. 그 대신 재정지출 대부분을 성장에 할당하도록 유도하고 있다. 성장을 위한 지원은 … 우수성에 대한 지원을 말한다. 여기에는 유럽의 가장 진보한 지역에서 최고의 기업, 최고의 기관, 최고의 개인에게 자원을 집중하라는 함의가 담겨 있다.

이처럼 경제성장에만 초점을 맞추고 분배에는 충분히 주목하지 않은 『사피어 보고서』는 비판을 받았다. 복지 향상과 사회적 모델 유지를 중시했던 유럽의 기존 지역정책에 배치됐기 때문이다(Dunford 2005).

련하기 위한 것이다. 영국 정부의 도시 및 도시-지역 어젠다에서 그러한 아이디어는 경제성장의 고삐풀기(unleashing)와 잠금해제(unlocking)라는 정책 언어로 표현되기도 했다(HM Government 2012; Royal Society of Arts City Growth Commission 2014). 유사한 논의는 『사피어 보고서』로 마련된 성장 지향성의 EU 지역정책 개혁안에도 나타났다(사례 3.6).

NEG 접근은 공간맹의 중립성 정책을 강조하지만, 제도와 정책의 중요성은 인정한다. 핵심 요소에 대한 투자를 통해서 로컬과 지역 성장을 유도하는 제도와 정책의 역할을 강조한다. 무엇보다 수확체증이나 외부경제로 인해 발생하는 외부효과 및 유출효과에 대한 정책적 개입을 중시한다. 이러한 경제성장의 내생적 차원에 대한 NEG의 초점은 로컬과 지역 수준에서 토착적 잠재력을 동원하려고 노력했던 기존의 내생적 접근과도 결을 같이 한다(Goddard et al. 1979; 6장). 동시에 NEG는 로컬을 넘어서 국가, 국제, 글로벌 수준에서 작동하는 재화와 지식의 연결과 흐름에도 주목한다(Martin and Sunley 1996). R&D와 혁신의 촉진을 위한 재정정책, 인적자본 개발, 공공 인프라 투자, 국제적 경쟁력과 기술적 혁신을 보유한 수출 부문의 전략적 육성이 NEG에 영향을 받은 정책적 조치의 사례에 해당한다(표 3.15). 이들은 기본적으로 집적의 외부경제를 지원하며 긍정적 외부효과를 자극하려는 목적을 가진다.

NEG는 공간 격차가 국가경제 성장에 이로운지와 관련해서 기존의 사고와 다른 입장을 제시한다. NEG의 표준적인 **두 지역 모델**에서 지리적 집적에 부합하는 일정 정도의 공간 격차는 필연적이며 국가 경제성장에도 긍정적으로 작용하는 것으로 판단한다(그림 3.35). 이러한 긍정적인 효과는, 규

표 3.15 신경제지리학의 공간정책

구분	특징
경제 이론	신성장이론(내생적 성장이론)
지역개발 현안	경제성장의 공간적 불균등
인과적 행위자	개인, 기업, 정부
인과적 설명	생산성과 혁신의 차별화를 유발하는 구성된(constructed) 요소부존, 긍정적 외부효과, 수확체증
관계, 메커니즘, 과정	집적의 외부경제와 유출효과, 국가 성장과 공간 격차의 트레이드오프
정책 논리	사람 중심, 시장실패, 공평성
정책수단	혁신 및 R&D 지원금, 세금 인센티브, 전략 부문 육성, 벤처캐피털
제도적 조직	탈중심화, 하위국가, 지역, 도시(-지역), 로컬
지리적 초점과 범위	도시-지역, 지역, 메가지역
정치경제 프로젝트	제3의길, 신자유주의
언어	공간 격차, 성과 격차, 유출효과

출처: 저자 작성

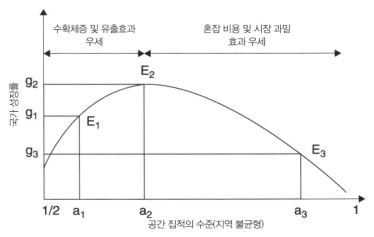

그림 3.35 NEG의 두 지역 모델에서 공간 집적과 국가 성장

출처: Martin(2008: 6)

모의 경제와 로컬화된 숙련 노동 풀 덕분에 수확체증 및 유출효과가 촉진되어 생산성 증대의 이익이 집적불경제의 비용보다 높을 때 나타난다(Martin 2008). 그러나 한계점에 도달해 지리적 집적에 의한 공간 격차가 증가하면, 외부불경제와 부정적 외부효과가 더 강하게 나타난다. 혼잡 비용과 시장 밀집효과가 혜택을 능가하게 되고 국가경제의 성장도 감소한다. 그러나 언제, 어디에서 부정적 효과가 우세해지는지를 파악하는 것은 매우 어려운 일이다. 긍정적 영향력이 우세하도록 만들기 위해서, 어떻게 공간적 집적의 수준을 유지하고 무슨 정책을 동원해야 하는지에 대해서도 마찬가지다.

 NEG 접근의 지역개발 정책 함의는 다섯 가지의 주요한 이유로 비판을 받는다. 첫째, NEG는 신고전주의 이론과 마찬가지로 단순화되고 제한적인 가정에 의존하면서 **방법론적 개인주의**(method-ological individualism)를 추구한다. 방법론적 개인주의는 이윤을 극대화하려는 기업과 거래에 기초한 경제시스템 속에서 행동하는 합리적인 경제 행위자에 초점을 맞춘다. 이러한 행위자들은 다양한 선택의 대안과 자신의 결정이 초래한 결과에 대하여 완전한 지식을 가지고 있다고 여겨진다(Dymski 1996). 그래서 신경제지리학이 얼마나 새로운지에 대한 의문이 제기되기도 했다(Brakman et al. 2009). 둘째, NEG는 역사와 지리의 문제, 특히 장소와 공간의 조건 하에서 경제성장 과정을 촉진하거나 제약할 수 있는 사회적·제도적 맥락을 이해하는 데에 취약하다(Brakman et al. 2009; Martin and Garretsen 2010; Martin and Sunley 1996, 1998; Storper et al. 2015). NEG는 지리에 대하여 부분적인 설명만을 제공한다. 지리는 경제 행위자 간의 **거리**나 **운송비**의 문제로 축소되고, 경제활동의 필수적 부분이라기보다는 경제활동의 배경 정도로만 여겨진다.

셋째, NEG 모델의 가정에서 국가와 공공부문이 경제에 미치는 역할은 무시된다. 교육, 인프라, 거시경제 관리 등의 제도적·정책적 행위가 경제활동의 지리적 분포에 주는 영향을 간과한다는 것이다(Martin 2015). 넷째, 핵심부의 경제 집적이 국가 전체의 성장에 이바지한다는 NEG의 주장은 경험적 측면에서 도전받고 있다. OECD의 분석에 따르면, 1995년과 2011년 사이에 전체의 2.4%를 차지하는 20대 핵심부 지역이 27%의 경제성장을 책임지고 있지만, 나머지 지역들도 73%의 경제성장에 기여한다(Garcilazo and Oliveira-Martins 2013). 이처럼 성장의 상당 부분은 핵심부 경제 집적 이외의 장소에서 유발된다. 때문에 다양한 종류의 장소에 대하여 – 예를 들어 비교적 큰 규모의 타운(town), 중소도시, 농촌지역에서 – 적절한 정책은 무엇인지에 대한 의문이 생긴다. 국가경제 성장에서 공간 격차의 중요성에 대한 NEG의 강조는 최근 들어서 공간적 재균형의 스케일, 성격, 정책에 관한 연구로 이어지고 있다(Martin et al. 2015).

다섯째, NEG의 아이디어를 지역개발 정책으로 해석하는 과정에서 몇 가지 중대한 이슈가 발생했다. NEG 모델은 제도의 역할, 불확실성, 최적화되지 않는 경제 행위자의 행동을 제대로 다루지 못한다. 그래서 NEG를 복잡한 공간정책의 세계에 적용하는 일은 대단히 어렵다(Brakman et al. 2009; Storper et al. 2015). 복합균형(multiple equilibrium), 집적(구심력), 분산(원심력)이 발생하는 지점을 특정하기도 어렵다. 때문에 국가경제 성장을 극대화하는 공간 집적과 공간 격차의 적절한 수준을 판단하고 그에 걸맞게 정책을 수립하는 것도 풀기 어려운 과제다. 이와 같은 난제에 대하여 전략적 선택성이 요구된다. 어떤 장소에 로컬화된 산업 집적을 지원해 생산성과 경제성장의 잠재력을 키워야 할지를 전략적으로 결정해야 한다는 말이다. (역으로 지원하지 않을 곳에 대한 결정도 이루어져야 한다.) 이러한 전략적 선택이 필요한 이유가 있다. NEG는 장소기반의 맥락민감형 프레임보다 공간맹의 중립적 접근을 추구하기 때문이다. 하지만 NEG가 실제로 공간맹의 중립적 접근인지에 대하여 의문을 제기하는 이들도 있다. 핵심부의 경제적 집적에 초점을 맞추고 있다는 이유 때문이다(Barca et al. 2012; Gil 2010; McCann 2010; Garcilazo et al. 2010; 5장).

이처럼 해결되지 않은 여러 가지 문제에도 불구하고, NEG 사상은 이미 널리 퍼져 있다. 핵심부의 (도시) 집적이나 공간적 뾰족함은 세계 곳곳에서 국가의 정책 숙의와 프레임을 지배한다. 이런 현상에서 글로벌경제 통합과 경쟁 심화는 중대한 영향력을 미친다. 스콧과 스토퍼(Scott and Storper 2003: 588)에 따르면, "많은 국가들은 … 공공지출의 상당 부분을 가장 역동적인 집적에 집중하고 있다. 그러면서 집적 내·외부나 국가 영토의 다른 지역에서 나타나는 공평성 문제는 대체로 무시한다." 어느 국가에서든 중추적 경제 핵심부는 – 가령 런던, 상파울루, 서울 같은 곳은 – 세계적으로 경쟁하며 국가 성장을 극대화할 수 있는 최적의 위치에 있기 때문에, 그런 곳이 공공정책 지원의 초점이 되어야 한다는 말이다. 그러나 글로벌 경쟁력을 갖춘 집적에서도 높은 생산성과 성장의 성과를 약화시키는 수 있는 집적불경제와 원심력이 나타난다. 따라서 로컬 및 지역의 정책적 개입이 그러한 문제들을 상쇄시키려는 방향으로 옮겨가기도 한다. 이러한 곳에서는 인프라, 특히 대중교통, 주택, 환경의 질에 대한 정책적 투자가 많이 나타난다(Parkinson et al. 2012). 강한 지역과 약한 지역 간의 긴밀한 상호관계는 역사적으로, 특히 케인스주의 사상에서 중요한 문제였지만, NEG에서는 크게 주목받지 못하는 주제이다. 이는 심각한 문제가 아닐 수 없다. 강한 지역과 약한 지역 간 경제 여건의 격차는 과잉개발과 저개발의 원인인 동시에 결과이기 때문이다. 이러한 논쟁 속에서도 NEG 접근은 국제화된 지역개발 분야에서 꾸준하게 영향력을 확대해 나가고 있다.

10. 도시경제학

도시경제학(UE: Urban Economics)은 NEG와 마찬가지로 경제활동의 불균등한 분포에 대한 설명을 추구하면서, 도시와 도시 중심에 주목한다. 이 접근의 핵심은 도시, 도시-지역, 또는 메트로폴리탄의 도시화된 지역에서 경제활동의 규모와 인구의 밀도로 인해 발생하는 이익을 이해하는 것이다(Glaeser 2011; Moretti 2012). UE는 **균형**에 기초한 사고의 프레임이라는 점에서 NEG와 공통점을 갖는다. 생산성을 높이는 공간 (도시) 집적, 그리고 경제성장을 증진하는 긍정적 외부효과, 유출효과, 외부경제의 역할에 주목하는 점도 NEG와 유사하다. 그러나 NEG보다 **규모**와 **밀도**를 더욱 많이 강조한다. 규모와 밀도가 경제 행위자 간의 상호작용을 촉진하고, 높은 생산성, 생산량, 임금, 소득과 시장 기회를 통해서 긍정적 **외부효과**의 **외부경제**를 창출하기 때문이다(Cheshire et al. 2014).

신고전주의에서와 마찬가지로, UE 접근도 자본과 노동이 경제적 **합리성**과 완전한 **이동성**을 가진다고 가정한다. 경제활동의 공간적 불균등 분포는 그러한 생산요소, 즉 자본과 노동의 **공간적 분급**(spatial sorting)에 따른 결과로 해석된다. 이 과정에서 합리적 경제 행위자들은 요소 시장에서 가격 신호에 반응한다고 여겨진다. UE 관점에서 경제활동의 공간적 분포와 집적은 **시장**이 주도하는 과정이다. 기업과 노동자가 어디에 위치할 것인지에 대하여 논리적 선택을 한다는 이야기다. 다시 말해 "노동자와 기업은 도시에서 제공하는 생산성과 어메니티의 혜택을 ··· 혼잡 비용과의 트레이드오프 관계 속에서 생각한다. 그리고 이를 바탕으로 어디에서 살 것인지, 어디에서 생산할 것인지, 어디에서 일할 것인지를 결정한다."(Cheshire et al. 2014: 3) UE 모델은 직업, 숙련도와 교육 수준의 차이 때문에 생기는 노동자의 개별 효과를 통제하고 고려하지 않는다. 그리고 장소 효과를 (즉 지리와 역사도) 무시하며, 실질 임금의 차이에서 비롯된 공간경제의 격차도 큰 문제로 간주하지 않는다. 격차는 시장의 조정을 통해서 좁혀질 것으로 가정하기 때문이다(Gibbons et al. 2011).

한편 UE는 공간 집적의 창출과 유지에서 **인적자본**, 즉 교육 수준이 높은 숙련 노동자와 이들의 **기업가정신**이 미치는 역할을 강조한다. 도시와 도시−지역의 경제성장은 노동력의 교육과 숙련, 그리고 광범위한 도시 노동시장에 영향을 받기 때문이다. 실제로 높은 숙련도, 생산성, 생산량, 임금 간의 긍정적 관계는 누적적으로 자기강화적인 자극제가 되어 도시가 더욱 많이 성장할 수 있도록 한다. 이는 NEG에서 강조하는 수확체증 및 외부경제 효과와 유사한 설명의 방식이다. 도시의 핵심부에 집적하려고 하는 자석 효과로 인해 기업과 노동자가 더 많이 몰려들면, 기업과 노동자가 공동입지하는 집적경제가 더욱 강화된다. UE에서 도시의 부상은 (그리고, 몰락은) 그러한 시·공간적 분급 과정의 결과로 이해된다(그림 3.36). 집적의 긍정적 효과는 높은 주택 및 토지 가격, 노동비, 생활비와 같은 집적불경제보다 더욱 강하게 나타나고, 공간적 분산를 초래하는 원심력의 논리를 약하게 만든다(Cheshire et al. 2014). 에드워드 글레이저 등(Glaeser et al. 2001)은 **소비**와 관련된 외부효과의 역할도 강조한다. (대)도시가 고숙련의 사람들에게 매력적인 **어메니티**를 제공한다는 이유 때문이다. (고품격 전문 상점, 문화시설 등) 규모 효과 때문에 다른 장소에서 구할 수 없는 소비재, 역사적 중심지, (전문적인 학교, 병원 등) 다양화된 공공재, 인구 밀도에 따른 높은 수준의 사회적 상호작용이 그러한 어메니티에 해당한다(Brakman et al. 2009).

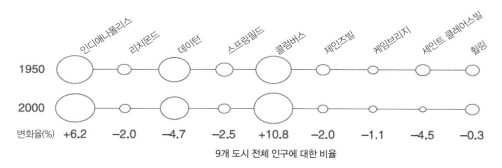

* 제시된 도시는 1800년대 초·중반 국가 도로 지도에서 일반적으로 나타나는 도시임.
  1950년 인구는 카운티 인구임.
  2000년 인구는 메트로 지역 인구임.

그림 3.36 미국의 도시 분급(1950~2000년)

출처: Brown(2013: 6)

UE 접근의 아이디어들은 NEG와 마찬가지로 국가·지역·로컬·도시개발 정책에 많은 영향을 미치고 있다(표 3.16). UE는 시장 원리의 자연스러운 작용을 강조하는데, 이것이 정책결정자들의 마음을 사로잡는다. 시장 원리에 따라 경제활동의 공간적 집적이 발생하고, 이를 통해 희소한 자원 이용의 최적화, 생산성과 경제성장의 극대화를 이룰 수 있다는 것이다. UE 관점에서 개발정책은 "불균등으로 이어지는 강력한 시장 원리에 직면한 현실적 필요성"을 받아들여야 한다(Cheshire et al. 2014: 3). 이에 따라 시장 원리의 작용에 초점을 맞추며, 시장의 효율적 작동을 방해하는 장애와 왜곡을 제거하는 정책이 요구된다. 그리고 잠재적·실질적 불경제의 문제를 해결하면서 공간 집적을 촉진, 자극하는 일도 필요하다. 정책 아이디어의 핵심은 도시가 토지, 부동산, 노동의 측면에서 **시장실패**를 경험하지 않도록 "시장의 폭주"를 막아야 하며, "정책 프레임 속에 시장의 신호(시그널)을 심는 것"이다(Cheshire et al. 2014). 그리고 편향된 재정 인센티브나 새로운 수도 건설과 같이 시장을 왜곡할 수 있는 정책적 개입도 지양해야 한다.

UE의 정책적 처방은 상당한 영향력을 행사하는 글레이저(Glaeser 2011)의 업적을 통해서 자유시장을 강력하게 옹호하는 반국가적 형태로 나타나고 있다. 이러한 정책적 발언 때문에 글레이저는 논란에 휩싸이기도 했었다. 2005년 허리케인 카트리나로 뉴올리언스가 파괴되었을 때, 그는 장소기반형 대응 방식에 반대하며 도시를 재건하지 말아야 한다고 주장했다(Glaeser 2005). 그 대신, 사람기반형 접근을 옹호하며 미국 정부는 주민에게 재원을 지급해 다른 곳으로의 이주를 촉진해야 한다고

표 3.16 도시경제학 접근의 공간정책

구분	특징
경제 이론	새로운 신고전 도시경제학
지역개발 현안	경제성장의 공간적 불균등
인과적 행위자	개인, 기업, 정부
인과적 설명	도시 집적에서 경제활동 및 인구의 규모와 밀도, 생산성, 생산량, 임금을 높이는 긍정적 외부효과
관계, 메커니즘, 과정	도시 집적 및 유출효과, 자본과 노동의 공간적 분급, 구심력과 원심력
정책 논리	도시 스케일의 집적경제, 사람기반형, 시장실패, 공평성
정책수단	인적자본 개발을 위한 교육과 숙련, 기업가정신 지원, 계획의 자유화, 혼잡 감소를 위한 인프라 투자
제도적 조직	도시, 도시-지역, 메트로폴리탄
지리적 초점과 범위	도시, 도시-지역, 메트로폴리탄
정치경제 프로젝트	중도우파, 제3의길, 신자유주의
언어	공간 격차, 성과 격차, 유출효과

출처: 저자 작성

말했다. 이처럼 UE는 NEG의 장소 중립적인 공간맹 접근보다 더 나아가 사람만을 강조한다.

> 세계는 점점 더 번영하고 있다. 이런 세상 속에서 도시가 제공하는 혁신의 즐거움에 보다 많은 가치가 부여될 것이다. 모든 이유가 그런 전망을 가능케 한다. 이러한 도시 혁신의 상향적 성격에 주목한다면, 최상의 경제개발 전략은 스마트한 사람을 유치해서 이들이 하고 싶은 대로 내버려 두는 것이다.
>
> (Glaeser 2011: 259-261)

UE의 도시정책 처방은 실제로 많은 곳에서 수용되고 있다. 예를 들어 조지 킹슬리 지프(George Kingsley Zipf)의 **순위규모법칙(rank size rule)**을 근거로 버밍엄, 글래스고, 리버풀, 맨체스터, 뉴캐슬, 셰필드와 같은 영국의 차상위 도시는 경제적인 기대에 미치지 못한다는 주장이 있다. 이에 따르면, 규모가 기대치에 비해 너무 작은 도시는 집적경제를 통해 스스로 성장하도록 만들어야 한다 (Overman 2012; 사례 3.7). 런던이 누리고 있는 **집적경제**와 높은 생산성의 혜택을 다른 곳으로 재분배하지 말아야 한다는 뜻이다. 집적의 긍정적인 효과를 누그러뜨릴 수 있는 위험이 있기 때문이다. 그 대신, 런던이 집적경제를 더욱더 크게 확대할 수 있도록 하여, 더 높은 생산성과 성장을 이룩하고 국가경제의 지리적 핵심부 역할을 해야 한다는 것이다. 이런 혜택은 결과적으로 런던 외부의 사람과 장소에게도 이롭게 작용할 것으로 기대된다. 이런 입장에서 런던의 기업, 노동자, 주민, 통근자가 직면하는 높은 비용은 경제활동의 공간적 집중에 따른 부정적 외부효과의 산물이 아니다. 요소시장의 자유로운 작동을 방해하여 실패를 유발하는 제도와 정책의 결과다. 일례로, 엄격한 도시계획 규제 때문에 수요에 상응하는 토지와 주택의 공급이 제대로 이루어지지 못했다는 주장이 있다 (Cheshire and Hilber 2008). 이러한 사람기반형 접근의 논의는 영국의 도시, 로컬리티, 지역에 대하여 다음과 같은 함의를 가진다.

> 재생된 타운이나 도시 및 런던을 비롯한 남동부 지역 간의 수렴은 전혀 현실적이지 못한 전망이다. 반면 상당수의 사람이 그런 타운을 떠나 런던과 남동부로 옮겨 가는 것이 오히려 현실적인 전망이다. 수도권 지역이 고숙련, 고임금 서비스의 새로운 허브를 창출해 성장을 이룩하는 경제적 중심지라는 사실은 모두가 잘 알고 있다. 동시에, 일부 기업을 남동부지역에서 빠져나가게 하는 시장의 메커니즘도 사용될 수 있다.
>
> (Leuning and Swaffield 2008: 5)

사례 3.7 영국 노던 파워하우스와 도시성장위원회의 메트로 성장 고삐풀기

2014년 영국에서는 도시경제학(UE: Urban Economics) 아이디어에 영향을 받은 도시정책 논쟁이 있었다. 글로벌 금융위기와 '대침체'의 맥락 속에서 영국 경제의 공간적·부문적 재균형(rebalancing)을 모색하기 위해서였다. 논쟁은 도시경제학자 헨리 오버맨(Henry Overman)이 주도한 광역 맨체스터(Greater Manchester)의 집적경제 혜택에 대한 분석을 기초로 이루어졌다. 분석은 『맨체스터 독립 경제보고서 (Manchester Independent Economic Review)』의 일부였다. 이를 통해 마련된 주장의 핵심은 잉글랜드 북부에서 도시 집적의 규모와 스케일을 키워서 생산성과 경제성장을 높여야 한다는 것이었다. 여기에는 런던과 광역 남동부지역이 지배하는 국가경제 성장의 균형추를 마련할 목적도 있었다. 당시 보수당 정부의 재무장관 조지 오스본(Goerge Osborne)은 논의를 받아들여 잉글랜드 북부 전역을 대상으로 하는 **노던 파워하우스(northern powerhouse)** 정책을 마련했다. 혁신과 기술에 대한 투자와 함께 런던과의 이동 시간을 줄이는 고속철도 건설도 정책에 포함되었다. 동시에, 세수입에 대한 재정 권력의 지방화와 직접선거를 통해 선출하는 메트로 시장(Metro-Mayor) 형태의 새로운 정치적 리더십의 도입도 추진되었다.

성장의 엔진으로서, 그리고 정책적 개입의 대상으로서 도시-지역이 더 많이 강조되고 있고, 이를 배경으로 왕립 예술학회(Royal Society of Arts) 산하에 도시성장위원회(City Growth Commission)를 출범시켰다. 영국의 경제 성장률을 높이려면 도시 및 도시-지역에 대한 초점을 어떻게 가져가야 하는지에 대해 탐구하기 위해서였다. 위원회의 최종 보고서에서 UE 아이디어의 강력한 영향력을 확인할 수 있다. 메트로폴리탄이나 도시-지역 스케일에서 생산성, 경제성장, 투자를 높이기 위해서 도시 집적을 강조했고, 경제적 잠재력의 고삐를 풀고 이를 동원하기 위해서 시장과 결을 같이 하는 정책의 필요성을 제기했다. 대학 졸업생들의 정착을 촉진하고 이들 사이에서 기업가정신을 고취하기 위해서 인적자본을 강조했으며, 도시 중심 내·외부에서 이동성과 상호작용을 증진할 수 있는 연결성에도 주목했다. 도시 집적의 크기와 규모도 중요하다고 해석되었는데, 이는 **맨셰리즈풀(MancSheffLeedsPool)**의 제안으로 이어졌다. 이러한 도시-지역의 새로운 지리는 맨체스터, 셰필드, 리즈, 리버풀을 통합해서 보다 큰 규모의 도시 집적으로 재탄생시키기 위한 노력이었다.

이러한 주장은 영국 이외에도 오스트레일리아를 비롯해 많은 국가에서 널리 받아들여진다(Grattan Institute 2014).

UE 접근은 여러 가지 이유로 비판을 받는데, 일부는 NEG에 가해지는 의문과 유사하다. 이런 논의에서 나타나는 UE의 문제점은 다섯 가지로 요약할 수 있다. 첫째, 도시의 규모 및 밀도와 생산성 성장 간의 긍정적인 관계가 의문시된다(Martin et al. 2015). 예를 들어 유럽과 미국에 대한 사례 연구에서는 로컬 고용이나 인구가 2배 성장할 때 로컬 생산성은 2~6% 정도만 증가하는 것으로 나타났다(Ciccone 2002; Abel et al. 2012). 둘째, UE는 미국처럼 고도로 도시화된 사회의 역동성에 초점을 맞추지만, 규모와 밀도가 큰 최대 수준의 도시나 도시-지역만이 경제성장을 유발하는 것은 아니라는 연구 결과도 있다. 중소규모의 도시나 도시-지역, 그리고 상대적으로 큰 규모의 타운도 장기적 측면에서 강력한 성장의 성과를 내는 곳으로 밝혀졌기 때문이다(Martin et al. 2014; OECD 2013a).

장소의 특성에 따라 성장의 잠재력이 다를 수 있다는 시사점을 가진 연구 결과이며, 이는 UE에서 제시하는 보편적 논리와 설명을 반박하는 증거의 역할도 한다. 다시 말해 규모, 스케일, 밀도가 가장 큰 도시 집적이 주요한 또는 유일한 성장의 원천이라는 UE의 주장은 사실과 다를 수도 있다는 이야기다. 셋째, 혼잡, 오염, 공간 비용 증가와 같은 시장실패로 인한 규모의 불경제를 인식은 하지만, 도시 집적의 불경제가 유발하는 비용에 관한 연구는 거의 이루어지지 않았다(Martin et al. 2015). 그리고 불경제의 비용이 어떻게, 어떤 상황에서 집적의 이익을 상쇄하는지에 대해서 거의 알려진 바가 없다. 넷째, UE 모델은 NEG보다 훨씬 더 심각한 수준으로 지리와 역사를 무시한다. 사람과 장소가 분석적으로 분리되었고, 경제·사회·정치·문화·환경 측면에서 구체적 의미를 갖는 복잡한 관계도 무시된다(McCann et al. 2013). 제도적 요인에 대한 인식은 불충분한 수준에 머물러 있고, 경제활동과 경제적 성과의 불균등한 지리에 대한 설명에도 무게감이 없다(Storper et al. 2015). 다섯째, UE는 강력하게 번영하는 기존 **대도시** 집적에 대한 정책을 강조하는 반면 이것이 국가경제 내의 다른 도시-지역, 로컬리티, 지역과 무슨 관계에 있는지에 대해서는 대체로 무관심하다(Pike et al. 2015c). 그래서 UE나 이와 관련된 정책을 집적 부스터리즘이나 반도시계획적 편향으로 공격하는 학자들도 있다(Haughton et al. 2014; Overman 2014). 이런 맥락에서 수도 이외의 장소가 성장과 개발에 기여한 역할을 고려하는 연구가 등장하기 시작했다(Dijkstra 2013; Parkinson et al. 2012). 그러나 이러한 논쟁이 진행되고 있는 중에도, 세계 곳곳의 로컬·지역·도시개발에서 UE가 미치는 영향은 계속해서 커지고 있다.

11. 경쟁우위와 클러스터

마이클 포터(Machael Porter)는 엄청난 영향력을 떨치는 **경쟁우위(competitive advantage)**의 개념을 개발한 인물이다. 그의 목적은 산업의 지리적 집중, 즉 클러스터링(clustering)이 국가경제의 역동성에서 차지하는 역할을 설명하고 이것이 생산성 향상과 무역 경쟁력에 이바지하는 바를 규명하는 것이다(Porter 1990, 1996, 1998, 2000). 포터의 이론에서 지역개발이 국제 시장에서 기업, 클러스터, 국가경제의 경쟁우위를 증진한다고 이해된다. NEG와 마찬가지로, 데이비드 리카도(David Richardo)의 신고전적 **비교우위(comparative advantage)** 개념과 구별되는 설명을 제시한다. 포터(Porter 1985)의 초창기 연구에 따르면, 경쟁우위는 최초의 요소부존에 의존하는 비교우위와는 달리 전략 경영, 기업 활동, 가치사슬(value chain)의 업그레이딩을 통해서 능동적으로 창출될 수 있다. 그러나 "기업의 경쟁력 있는 성공은 경영이나 기업의 성격에만 전적으로 의존하지 않는다. 특정한 분야의 성공적인 기업 다수가 일부의 위치에 집중하는 점도 고려해야 한다."(Porter 2000: 254) 이러한 지리적 집중, 즉 **클러스터**는 개별 국가에서 국제적 경쟁력이 가장 높은 산업들을 포함한다. 포터의 이론에서 핵심을 차지하는 클러스터는 다음과 같이 정의된다.

> [클러스터는] 연계 기업, 전문 공급업체 및 서비스업체, 연관 산업에서 활동하는 업체, (대학, 표준 관리기관, 무역협회 등) 연관된 제도적 기관이 지리적으로 집중하여 경쟁하며 협력하는 곳이다.
>
> (Porter 2000: 253)

클러스터 내부의 공통성과 상호보완성은 지리적으로 로컬화된 외부효과와 유출효과를 뒷받침하며, 클러스터 참여자의 경쟁우위와 무역 성과에 긍정적인 영향을 미친다(Porter 2003). 선도적 기업과 산업의 경쟁우위는 지리적 집중을 통해서 집약적으로 강화된다. 포터에 따르면, 입지가 경쟁력에 주는 효과는 서로 연관된 네 가지 요소를 바탕으로 나타나고, 이들 간의 관계는 **다이아몬드** 프레임으로 시각화할 수 있다(그림 3.37). 이러한 다이아몬드 관계는 정부의 지원을 받아 형성되기도 한다.

앞서 NEG와 관련해 논의했던 마셜-애로-로머(MAR) 외부효과의 요소와 관련해, 클러스터는 경쟁력과 로컬화된 개발에서 여러 가지 이점을 제공한다. 첫째, 전문화된 투입, 노동, 정보와 지식, 제도, 공공재에 대한 접근은 **생산성** 향상에 이롭게 작용하고, 클러스터의 성과를 높이는 로컬화된 상호보완성과 인센티브의 역할도 중요하다. 둘째, 클러스터는 구매자의 요구를 빠르고 명확하게 인지하고 진화하는 산업 동향, 기술, 지식을 꾸준하게 학습할 수 있도록 지원하며 혁신을 촉진하고 경쟁

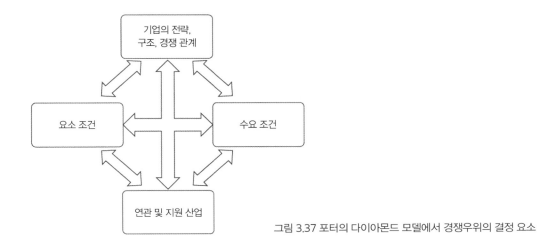

그림 3.37 포터의 다이아몬드 모델에서 경쟁우위의 결정 요소

력을 강화한다. 셋째, 클러스터는 신규 비즈니스 창업이나 혁신적인 조직 간 관계 형성을 촉진한다. 진입의 장벽을 낮추고 새로운 협력적 동반자 관계의 실험을 자극하는 기능을 하기 때문이다. 이러한 클러스터의 역동성과 성장 잠재력에서 수확체증, 외부효과, 유출효과가 필수적인 부분을 차지한다. 이들은 앞서 살핀 바와 같이 **내생적 성장이론**에 특징적으로 나타나는 요소이다. 성공적인 클러스터는 **선발주자(first-mover)** 우위를 누리거나, 외부경제와 수확체증의 이익을 창출해 다른 로컬리티와 지역에 비해 우수한 경쟁우위를 확립할 수 있다.

포터의 연구는 기업 수준의 분석에서 시작되서 처음에는 국가 수준에 초점을 맞췄고, 나중에는 보다 완전한 설명을 위해서 로컬과 지역 수준으로 확대되었다(Porter 1990, 2003). 심지어는 내부도시(inner city) 경쟁우위에 대한 탐구로 확장되기도 했다(Porter 1995). 클러스터의 지리적 범위는 도시, 주, 국가, 심지어는 인접한 국가의 집단에까지 이른다(Enright 1993). 클러스터는 시장(market)과 계층(hierarchy) 사이의 중간조직이나 조정의 수단으로 여겨지기도 한다. 포터(Porter 2000: 264)에 따르면, "한정된 지리적 범위의 클러스터 구조 내부에서 살고 일하면 반복된 상호작용과 비공식 접촉이 발생한다. 이를 통해 신뢰가 높아지고 개방된 의사소통이 가능해지며 시장 관계의 비용이 낮아진다."

포터의 업적은 경제지리학이나 지역과학을 중심으로 형성된 산업 집적 연구의 학문적 계보를 잇는다. 마셜의 거래비용 접근, 산업지구와 전환이론, 혁신환경의 사회경제 등이 그러한 학문적 계보에 속한다(Gordon and McCann 2000; Martin and Sunley 2003).

클러스터는 지역개발 정책에서 엄청난 영향력을 행사했다. 이해하기 쉬운 내러티브로 구성된 포터의 학문적 연구는 클러스터 정책에 영감을 불어 넣었고, 그러한 정책은 컨설팅 비즈니스를 통해서 팔려나가기도 했다. 예를 들어 OECD는 국제적 경쟁력을 갖춘 국가혁신체계와 지역혁신체계에 공헌하는 수단으로 클러스터를 장려한다(OCED 2007, 2009a; Porter et al. 2012). 글로벌북부와 글로벌남부를 막론하고 많은 국가·지역·로컬제도들은 클러스터 개발정책에 열정적으로 참여한다(UNIDO 2010). 포터가 이끄는 컬설팅 업체 모니터(Monitor)도 클러스터의 진단, 전략, 정책 자문 서비스를 국제적으로 제공한다. 물론, 포터의 연구는 학계에서도 많은 주목을 받고 있다(Martin and Sunley 2003; Markusen 1996b).

클러스터는 생산성 향상, 혁신 등 긍정적 혜택의 원천으로서 커다란 인기를 누린다. 포터의 이론은 클러스터 창출, 개발, 진화를 촉진하기 위한 로컬·지역제도의 개입 논리로 동원된다(Martin and Sunley 2011). 국가의 산업 경쟁력을 높이기 위해서 클러스터의 잠재력을 발전시키려는 지역개발 정책을 추진하는 곳이 많다. 정책 활동은 클러스터의 식별과 지도화, 그리고 클러스터의 성장을 촉진하여 지역 및 국가의 생산성 향상과 경쟁력 증진에 이바지하는 정책이나 서비스 개발에 초점이 맞춰져 있다. 표 3.17은 클러스터 이론에 영향을 받은 공간경제 정책 접근을 요약한 것이며, 사례 3.8은 클러스터 정책이 지역개발에 사용된 몇 가지 방식을 소개한다.

경쟁우위와 클러스터에 대한 포터의 이론은 인기를 끌며 많은 영향력을 행사하고 있지만, 심각한 비판의 대상이 되기도 했다. 특히 다섯 가지의 비판에 주목할 필요가 있다. 첫째, 클러스터의 개념적 명확성에 대해서 의문이 제기됐다. 이러한 비판은 지리적 집적에 대한 다양한 이론적 접근과 관련해 나타났다. 마틴과 선리(Martin and Sunley 2003)는 클러스터를 혼란스러운 카오스 개념(chaotic concept)이라고 말했다. 듀랜턴(Duranton 2011)은 이론적 모호성을 지적하며 클러스터가 해결해야 하는 조정과 시장실패의 문제에 대하여 명확한 이해와 충분한 지식이 있는지에 대한 의문을 표명했다. 클러스터링이 상당한 노력과 투자를 정당화하기에는 너무나도 제한적인 개념이라는 주장도 있다. 둘째, 경쟁과 협력에 대한 포터의 기업 및 산업 지향형 관념이 지역개발에 적절한지를 비판하는 학자도 있다(Markusen 1996b). 어떻게 경쟁력이 영토적인지, 다시 말해 로컬리티, 지역, 국가와 관련해 경쟁력을 어떻게 정의할 수 있는지가 불분명하기 때문이다(O'Donnell 1997). 예를 들어 장소가 서로 경쟁한다는 인식에는 문제가 없을까? 다른 한편으로 로컬과 지역의 경쟁력을 촉진하는 요소 간의 관계에 대해서도 의문이 제기됐다(Gardiner et al. 2004). 가령 생산성 증진은 일자리의 감소로 이어져 로컬경제나 지역경제에 나쁜 영향을 줄 수도 있다(Bristow 2005).

셋째, 클러스터의 형성, 작동, 확장이 이루어지는 스케일과 수준도 명확하게 구체화되지 못했다.

표 3.17 경쟁우위 및 클러스터 공간정책

구분	특징
경제 이론	경쟁우위
지역개발 현안	산업의 지리적 집중(클러스터링)
인과적 행위자	기업, 기업가, 중간제도, 정부
인과적 설명	생산성 향상과 국제무역 경쟁력을 뒷받침하는 로컬화의 외부경제
관계, 메커니즘, 과정	구성된 경쟁우위, 로컬화의 외부경제, 경쟁과 협력
정책 논리	산업 클러스터 창출·개발·업그레이딩, (인프라 등) 공공재 제공
정책수단	비즈니스 스타트업 지원, 인큐베이터, 집합적 서비스, 인적자본 개발, 혁신 지원
제도적 조직	로컬, 지역, 도시
지리적 초점과 범위	로컬, 지역, 도시
정치경제 프로젝트	중도좌파에서 중도우파
언어	클러스터와 클러스터링, 국제무역 경쟁력

출처: 저자 작성

사례 3.8 지역개발에서 클러스터 정책

클러스터는 국가·지역·로컬 경쟁력, 성장, 혁신을 증진하는 수단으로서 지역정책에서 많은 주목을 받아왔다. 많은 정책 프레임에서 마이클 포터의 아이디어를 클러스터 정책의 표준 개념으로 받아들인다. 6장에서 살필 것처럼, 이러한 동향은 토착적 강점과 **내생적 성장**을 강조하는 지역개발의 분권화(탈중심화) 접근에서 힘을 얻는다. 클러스터 정책은 **공급측**에 초점을 맞춰 시장실패로 인해서 기존에 존재하지 않았던 **공공재**를 제공하려는 목적을 지향한다. 클러스터 구성원 간의 협력 네트워크, 전문화된 숙련과 지식의 집합적 마케팅, (금융, 법률, 마케팅, 디자인 등) 로컬 비즈니스 서비스, 클러스터 약점의 진단과 처방 등이 그러한 공공재에 속한다.

지역개발 기관의 클러스터 정책 개발은 전형적인 몇 가지 활동들로 구성된다. 첫째, 이 과정은 로컬경제 및 지역경제에서 클러스터의 지도화 및 범주화에서부터 시작한다. 이러한 지도화를 통해서 클러스터의 부문별 구조, 상호관계, 지리를 식별한다. 유사한 클러스터를 묶은 범주화는 초기, 성장기, 쇠퇴기 등 발전 단계와 연결되기도 한다. 로컬 행위자들이 **클러스터 매핑(Cluster Mapping)**과 같은 온라인 도구를 활용하고 개방 데이터를 이용해 그러한 작업을 할 수 있도록 돕기도 한다(http://clustermapping.us). 둘째, 클러스터의 중요성에 대한 국가 및 지역 스케일 분석이 수행된다. 예를 들어 수출, 고용, R&D 투자 등과 관련된 상대적 비율을 산출하여 평가한다. 여기에서는 **클러스터 심도(cluster depth)**에 대한 평가가 이루어지기도 한다. 심도는 클러스터에 존재하는 산업의 구성과 범위, 그리고 지역 및 국가 경쟁력 기여도를 뜻한다. 셋째, 클러스터의 강점, 약점, 보완점을 검토하여 지역개발 제도에서 클러스터 개발정책의 우선순위를 정할 수 있도록 한다.

클러스터는 지역개발 서클에서 인기가 높지만 여러 가지 비판을 받기도 한다. 우선, 클러스터에 가급적 많은 기업을 유치하고자 하는 목표는 선택성이나 우선순위의 요소와 마찰의 소지가 있다. 클러스터와 관련해 비용 효율적 정책의 필요성도 요구된다. 여러 지역에서 유사한 종류의 클러스터 정책이 난무하는 것도 문제다. 이러한 경향은 특히 지식경제, 첨단산업, 창조경제 활동을 통해서 성장 잠재력을 키우고자 하는 정책에서 광범위하게 나타난다. 많은 지역이 고유의 지역자산을 발굴하기보다 유사한 분야를 육성하고자 한다는 말이다. 이러한 접근은 클러스터 관념의 근간을 해치는 것이기 때문에 매우 중대한 문제다. 실제로 클러스터는 로컬 및 지역 특유의 토착적 경쟁력을 육성할 필요성을 강조하며 등장한 개념이다.

실제로 포터의 이론에서는 위치와 거리, 스케일, 영토, 관계적 네트워크, 장소 등 주요 지리적 개념들을 제대로 고려하지 못했다(2장). 넷째, 포터의 이론은 클러스터의 형성 및 역동성에서 사회적 차원에 대해 크게 주목하지 않는다(Martin and Sunley 2003). 무엇보다 클러스터 정책이 효과적이려면, 불확실한 환경을 고려해 설계되고 실행될 필요가 있으며 산업 로비 단체와 같은 특별 이익집단의 영향력에 좌우되지 말아야 한다(Duranton 2011). 다섯째, 포터 브랜드의 클러스터는 상업적 홍보와 컨설팅에 물들어 있다(Martin and Sunley 2003). 이러한 특성 때문에 **정책이전**과 수용이 촉진되어 클러스터는 로컬·지역·국가·국제기관 사이에서 유행처럼 번지고 있다. 클러스터 정책의 실제 효과와 관련된 증거에 대하여 비판적인 평가가 제대로 이루어지지 못한다. 클러스터와 같은 보편적 모델은 어쩌면 특정한 로컬과 지역의 맥락에서만 제대로 작동할는지도 모른다(Hudson et al. 1997).

12. 지속가능성

지속가능성은 글로벌남부와 글로벌북부를 막론하고 오늘날의 지역개발에서 커다란 영향력을 행사하고 있다(Bek et al. 2013; Gibbs 2002; Haughton and Morgan 2008; Jonas et al. 2012; Krueger and Gibbs 2008; Morgan 2012; Scott Cato 2012). 지속가능한 개발의 의미 중에서 가장 널리 알려진 것은 부룬트란트위원회(Brundtland Commission)로 불리는 세계환경개발위원회(World Commission on Environment and Development)에서 제시한 정의이다. 이에 따르면, **지속가능한 개발**은 "미래 세대의 요구를 달성하는 능력을 저해하지 않는 수준에서 오늘날의 요구에 부응하는 개발"을 뜻한다(Brundtland Commission 1987: 8, 43). 그러나 지속가능한 개발은 개념적·이론적·실천적 측면에서 난해하여 파악하기 어렵고 규정하기 힘든 상태에 있다(Williams and Millington 2004). 이러한 퍼지(fuzziness) 상태의 불분명함에도 불구하고, 지속가능성은 새로운 관점과 가치를 지니며 글로벌 반향을 일으키는 새로운 개발의 내러티브가 되었다(Morgan 2012: 87). 지속가능한 개발은 **규범**적 차원을 가지는 개념, 즉 어떠한 종류의 것들을 추구해야 하는지의 **당위성**을 제시하는 개념이다. 이러한 당위성은 로컬리티나 지역마다 다르게 나타난다. 이러한 지리적 맥락 속에서 행위자들은 다양한 방식으로 지속가능한 개발을 정의하고, 경제적·사회적·환경적 측면과 관련해 부여하는 가중치도 행위자마다 다르기 때문이다(Morgan 2012).

누구를 위해 어떤 종류의 지역개발을 추구할 것인가에 대한 핵심 질문과 관련해(2장), 세계환경개발위원회의 보고서는 어떻게 "지속가능한 개발이 성장 이상의 것을 포함"하는지 설명하며, 질적인 측면에서 "성장의 내용(content of growth)"을 고려할 필요성을 강조한다(World Commission on Environment and Development 1987: 48). 이는 개발이 물질이나 에너지 집약도와 불평등에 미치는 영향을 줄이기 위한 것이다. 다른 한편으로, **생태 자본**(ecological capital)의 보유량을 유지하고, 소득 분배에서 불평등의 문제를 해결하며, 위기에 대한 취약성을 줄이려는 목적도 있다. 이러한 아이디어들을 통해서 지역개발의 전통적인 개념, 이론, 형태, 즉 협소하게 경제적 성장에만 초점을 맞추고 과도하게 경제주의적인 성격에 의문을 제기할 수 있다(Morgan 2004). 기후변화, 인구변동, 사회적·공간적 불평등에 대한 세계적 우려가 심해지고, 자원 이용이나 고갈과 관련된 환경문제에 대한 인식도 높아지고 있다. 이런 상황 속에서 보다 지속가능한 지역개발의 개념과 형식이 추구된다.

이는 대체로 경제적·사회적·환경적 측면에서 장기적으로 지속되고 피해는 적게 주는 방식으로 이루어진다. 보다 지속가능한 개발에 대한 추구는 2000년대 후반 글로벌 금융위기와 대침체 이후에 더욱 강해졌다. 미래의 또 다른 위기로 연결될 수도 있는 경제시스템의 재연을 방지하기 위해서였다 (New Economic Foundation 2008).

협소한 경제 지표들을 통해서 지역개발의 광범위하고 지속가능한 측면을 포착하는 것은 불가능하다. 이에 대한 대응으로 새로운 사고가 도입되었다(Perrons and Dunford 2013). 경제를 **건강, 웰빙, 삶의 질** 등 사회적·환경적 관심사와 연결하고 통합할 수 있는 광범위한 개발의 관념을 고려하면서, 지역개발의 새로운 아이디어와 측정법이 추구되었다(Morgan 2012). 이에 따라 (건강, 웰빙, 교육 등) 본질적 중요성 측면과 (일자리, 소득 등) 도구적 중요성을 지닌 것 간의 구분이 이루어졌고, 무엇을 우선순위에 두어야 하는지를 고려하게 되었다(Morgan 2004). 1인당 GDP나 소득의 수준이 비슷한 로컬이나 지역 간에도 삶의 질 차이가 존재하기 때문이다. 예를 들어

[이탈리아 남부] 메조조르노(Mezzogiorno) 지역은 소득의 측면에서 웨일스만큼 가난하다. 그러나 메조조르노 지역 사람들의 장기적 질병 발생률은 그다지 높지 않다. 건강한 음식에 대한 접근성이 그 이유 중 하나이다. 반면 건강 불량은 웨일스에서 취약한 노동시장의 원인이자 결과이다. 이곳에서 경제적 무활동(economic inactivity)의 수준이 높게 나타나는 이유 중 하나는 만성 질병이다.

(Morgan 2004: 884)

지속가능한 지역개발 접근에서는 경제적·환경적·사회적 관심사를 통합하며 이들 간의 트레이드오프보다 균형을 추구한다(Carter 2007). 표 3.18에서 제시하는 것처럼, 지속가능한 개발의 사다리에서 구체적 접근의 다양한 요소를 확인할 수 있다. 이는 트레드밀(Treadmill)과 같은 정체 상태에서부터 시작해 약한(Weak) 지속가능 개발, 강한(Strong) 지속가능 개발, 이상 모델(Ideal Model)에까지 이른다(Baker et al. 1997; Chatterton 2002; Williams and Millington 2004).

약한 지속가능 개발은 자연을 인간·인류중심적(anthropocentric)으로 해석하여 자원으로 인식한다(Carter 2007). 이런 관점에서 경제성장은 진보로 여겨진다. 이에 피상적 환경주의(shallow environmentalism)로 폄하되며 비웃음을 사기도 한다. 어쨌든 약한 지속가능성은 **기술**적 해결책을 통해서 자원의 보유량을 늘리는 데에 초점을 맞추며, 기존 자본주의 구조에 도전하는 노력은 하지 않는다. 기존 자원을 보다 효율적으로 활용하려 하며, 비재생에너지의 대체재나 재생에너지의 사용을

표 3.18 지속가능한 개발 접근의 사다리

	트레드밀	약한 지속가능 개발	강한 지속가능 개발	지속가능 개발의 이상 모델
철학	인류 중심 ——————————————→			생태 중심, 생명 중심
경제의 역할 및 성장의 성격	기하급수적 성장	시장 의존적 환경 정책, 소비 패턴의 변화	환경적으로 규제되는 시장, 생산과 소비 패턴의 변화	바른 생활, 욕구가 아니라 수요 부응, 소비의 양과 패턴의 변화
지리적 초점	글로벌 시장, 글로벌경제	자족적 로컬경제로의 변화 시작, 글로벌 시장의 지배력을 약화시키는 작은 행동	글로벌 시장의 맥락에서 자족적 로컬경제의 강화	생명지역주의, 로컬 자족성 확대
자연	자원 채굴	유한 자원을 자본으로 대체, 재생 자원 이용	환경 관리 및 보호	생물 다양성의 증진과 보호
정책 및 부문 통합	변화 없음	부문 주도형 접근	부문 간 환경 정책 통합	부문 간 총체적 통합
기술	자본 집약적, 자동화의 진보	사후처리 기술, 노동·자본 집약적 기술의 혼합	청정기술, 제품주기 관리, 노동·자본 집약적 기술의 혼합	노동집약적 적정 기술
제도	변화 없음	최소 수정	일부 재구조화	정책 및 법·사회·경제 제도의 탈중심화
정책수단 및 도구	기존의 계정	환경 지표의 형식적 활용, 시장주도형 정책 도구 중심	지속가능성 지표의 적극 활용, 광범위한 정책 도구	정책 도구의 모든 범위, 사회적 차원까지 확대된 지표의 정교한 사용
재분배	공평성에 대한 무관심	공평성에 대한 최소한의 관심	강화됨	세대 내, 세대 간 평등
시민사회	매우 제한된 국가와 환경운동 간 대화	하향식 활동, 제한된 국가와 환경운동 간 대화	개방형 대화 및 비전	상향식 커뮤니티 구조와 통제, 새로운 방식의 노동 평가

출처: Baker et al.(1997: 9)

촉진한다. 예를 들어 **생태적 근대화**(ecological modernization)로 불리는 접근에서는 경제성장과 환경보호가 함께 이루어지는 **녹화**(綠化, greening) 과정을 통해서 자본주의의 지속가능성을 높일 수 있다고 주장한다(Morgan 2012). 생태적 근대화는 보다 계몽적인 지속가능한 경제성장과 개발을 촉진하는 수단으로 여겨진다(Deutz and Lyons 2008). **환경정의**(environmental justice)도 약한 형태의 지속가능한 개발로 간주된다(Krueger and Gibbs 2007). 경제성장을 추구하는 논의지만, 민주화되고 보다 평등한 혜택과 비용의 재분배를 지향하기 때문이다. 환경정의 접근에서는 세대 내, 세대 간 공평성이 특히 강조된다.

강한 지속가능 개발은 심층생태론(deep ecology)이나 정치생태학(political ecology)의 관념과 연결된다. 두 접근 모두는 지배적인 자본주의 사회조직에 도전하는 입장을 취한다(Harvey 1996). 이런 관점에서는 인간–자연 관계를 역전시켜 인간이 유한한 자연에 적응해야 한다고 주장한다(Williams and Millington 2004). 예를 들어 생명 중심 평등주의(biocentric egalitarianism)는 자연에 생명 권리(biotic rights)를 부여해 자연에 대한 착취를 중단하도록 요구한다. 여기에서 부의 관념은 생명권(biosphere)에서 누리는 웰빙과 조화로운 동거(co-habitation)처럼 비물질적인 방식으로 이해된다(Carter 2007). 강한 지속가능 개발은 자원 수요와 소비의 감소를 추구한다. 한편 최근의 연구는 1970년대의 환경 지배적, 반성장(anti-growth) 관점에서 벗어나고 있다. 그러면서 경제성장 그 자체가 목적인지, 아니면 경제성장은 더 나은 삶의 기준을 위한 불가피한 수단인지에 대한 근본적인 문제에 초점을 맞춘다(Jackson 2009; 사례 3.9).

지속가능성에 대한 다양한 접근이 지역개발 정책에 영향을 미친다(표 3.19). 생태적 근대화에 연결된 '약한' 버전은 녹색경제(green economy) 전략에 분명하게 나타난다. 녹색경제는 "저탄소, 자원 효율성, 사회적 포용성"으로 정의된다. "탄소배출과 오염을 줄이고 에너지와 자원 효율성을 증진하

사례 3.9 성장 없는 번영

팀 잭슨(Tim Jackson 2009)의 연구는 기존 경제개발 패턴의 혜택과 비용에 대한 문제를 제기한다. 이 연구는 지속가능한 개발에 대한 탈유물론(post-materialist) 관점의 사례이며, 소비를 위한 끝없는 소비의 문제에 의구심을 표현한다. 번영(prosperity)을 위해서 경제성장이 반드시 필요한지에 대해서도 성찰한다(Morgan 2012). 잭슨은 GDP를 기준으로 정량적 측면에서 글로벌경제가 성장한 것은 맞지만 이러한 성장이 번영의 문제를 다루는 데 실패했다고 주장했다. 번영은 더 나은 선택, 보다 풍요로운 삶, 삶의 질 향상을 뜻하기 때문이다. 오늘날 경제성장의 형태는 지속가능성을 저해하며, 개인적·사회적 웰빙의 근간을 위협하는 문제를 낳았다. 예를 들어 사회적·경제적 조건에서 불평등은 글로벌 수준에서 확대되었고, 부유한 국가의 GDP 성장은 사람들의 행복을 높이지 못했다. 한정된 자원은 고갈되고 있으며, 이에 대한 대가로 자원의 희소성이 높아지며 비용만 증가했다. 대기 중 탄소의 농도가 짙어지면서 기후변화를 자극하고, 환경 피해도 증가하며 생태계는 무너지고 있다. 토지이용, 수자원, 농업 분야에서 자원 갈등은 심해졌고, 사회 부정의(injustice)도 확대되었다. 경제성장에 기초한 기존의 개발 모델은 다음과 같은 상황을 조성했다.

일부를 위한 번영은 생태계 파괴로 이어졌고, 계속되는 사회 부정의 때문에 문명화된 사회의 기초가 무너지고 있다. 물론, 경제의 회복은 중요하다. 사람들의 일자리를 보호하고 새로운 일자리를 만드는 일도 필요하다. 그러나 사람들이 공유하는 번영이라는 감정에 대해 우리는 새로운 정의를 내려야 한다. 유한한 세상에서 공정과 번영을 누릴 수 있도록 노력해야 한다는 뜻이다.

(Jackson 2009; 5)

이러한 문제를 고려하면, (일시적 위기의 비즈니스 주기를 제외하고) 경제가 무한정 성장한다는 가정에 기초해 정책의 우선순위를 결정하는 일은 옳지 않다. 이에 대한 응답으로 잭슨은 정부와 거버넌스의 역할을 회복할 것을 요구한다. 더 나아가 그는 단기적 물질 소비를 초월해 삶의 질, 건강, 개인·가족·사회의 행복, 장기적 사고를 강조할 수 있도록 번영을 재정의할 필요성도 제기한다. 그리고 아마르티아 센(Amartya Sen 2002)의 **역량접근(capability approach)**을 바탕으로 **번영**을 "유한한 지구의 생태적 한계 내에서 인간의 존재로서 융성(flourish)할 수 있는 능력"으로 재정의했다(Jackson 2009: 5). 또한, 잭슨은 그러한 **성장 없는 번영**을 누리기 위해 12가지 "지속가능한 경제 단계"를 3가지 주제로 나누어 다음과 같이 제시했다 – ① '지속가능한 거시경제 구축'(거시경제 역량 개발, 공공자산과 인프라에 대한 투자, 금융·재정 건전성 증진, 거시경제 계정 개혁), ② '융성할 역량 보호'(일자리 공유 및 워라밸, 불평등 시스템의 해결, 인적자본 및 사회적 자본의 강화, 소비주의 문화의 타파), ③ '생태적 한계의 존중'(명확한 자원/배출 격차의 정의, 지속가능성을 위한 재정 개혁 시행, 기술이전 및 국제적 생태계 보호 촉진).

표 3.19 지속가능성 공간정책

구분	특징
경제 이론	생태경제학, 지속가능한 발전
지역개발 현안	현재 지역개발 모델에서 경제적·사회적·환경적 지속가능성 결핍
인과적 행위자	개인, 가구, 기업, 국가, 제도
인과적 설명	사회적·환경적 이슈에 대한 경제개발 모델의 지배성, 사회적 불평등을 초래하는 경제성장, 생태적 피해를 유발하는 자원 사용
관계, 메커니즘, 과정	인간-환경 관계 불평등, 불균형
정책 논리	개발의 경제적·사회적·환경적 차원 간 균형이나 트레이드오프, 개발 모델의 규범적 성격, 질적으로 다른 성장의 추구
정책수단	약한 수단(생태적 근대화, 녹색경제, 저탄소, 재생에너지), 강한 수단(생명 중심 평등주의, 생명 다양성 경제, 재로컬화, 전환마을)
제도적 조직	로컬, 지역, 도시
지리적 초점과 범위	로컬, 지역, 도시
정치경제 프로젝트	중도좌파부터 좌파까지, 반자본주의
언어	GDP 그 이상, 세대 간 공평성, 회복력, 전환

출처: 저자 작성

며 생물 다양성(biodiversity)과 생태계의 붕괴를 방지하는 공공·민간투자를 통해서 소득과 고용의 성장"을 이루는 것이 녹색경제의 목적이다(UNEP 2011: 16). 녹색 및 저탄소 정책은 적은 천연자원을 사용하여 보다 효율적인 성장을 추구한다(Gibbs 2002). 이를 위해 시장을 규제하며, 친환경적 실천을 새로운 경제활동과 혁신의 자극제로 활용한다. (가령 대기오염을 통제하는) 친환경 클러스터, 분권화된 무탄소 에너지 시스템, 로컬화된 푸드(food) 시스템, 지리적으로 근접한 산업의 폐기물 자원을 활용해 폐기물로부터 부를 창출하는 산업 생태계 등이 구체적인 정책 사업에 속한다(Cumbers 2012; Morgan 2012). 글로벌 금융위기와 이에 따른 경기후퇴에 대한 대책으로 케인스주의와 지속가능성을 결합해 녹색 뉴딜(Green New Deal), 녹색 부양책(Green Stimulus)이 도입되기도 했었다(New Economics Foundation 2008; Jackson 2009). 이런 정책들은 저탄소 에너지 경제로의 전환에 초점이 맞춰져 있다. 예를 들어 친환경 건설이나 상업·주거용 부동산 개발을 위해서 탄소 부대(carbon army)의 일원으로 노동자를 훈련하여 재교육시키고 있다. **저탄소 경제**로의 전환을 위한 인센티브를 제공하는 금융규제와 혁신이 마련되기도 한다.

강한 지속가능한 개발 사상도 정책에 나타난다. 생명 다양성 경제(biodiversity economy)의 아이디어가 종(species)의 다양성이 풍요로운 지역에서 활용되고 있다. 예를 들어 남아프리카공화국 아굴라스 평원에서는 야생 꽃 채취 프로그램을 통해서 사회적으로 불리한 집단의 권한신장, 일자리 창출, 경제성장, 커뮤니티 개발을 지원하는 지역개발이 이루어지고 있다(Bek et al. 2013). 긍정적인 분배의 결과를 위해서 환경정의 접근도 추구된다. 예를 들어 기존 농업 실천이나 식량 생산 시스템의 지속가능성 증진, 파괴된 환경의 복원, 역제조(de-manufacturing)를 통한 재활용 등이 환경정의의 이름으로 시도되고 있다(사진 3.4). 이들은 특히 불리한 지역에서 훈련과 고용의 기회를 창출하는 데에 이바지한다. 한편 강한 지속가능 개발에서는 분권화·로컬화된 소규모 사회조직을 지원하며 자

사진 3.4 브라질의 지속가능한 농업과 식량 생산

출처: Antônio Cruz/ABr

족과 상호원조를 촉진하는 노력도 이루어진다(Chatterton 2002). 이런 개념들은 최근 들어서 로컬과 지역의 웰빙 문제와도 연결되었다(Tomaney 2015). 로컬 거래 네트워크와 **지역화폐(local currency)**, 에너지·자원사용·오염에 부과하는 생태세(ecological tax), 전환마을(Transition Town) 운동 등이 그러한 지역개발 사례에 해당한다(Hines 2000; North and Longhirst 2013). 전환마을은 전원 차단과 오프그리드(off-grid)의 삶, 소비의 축소 및 재로컬화(re-localization), 커뮤니티 간 아이디어 공유를 강조하는 정책이다.

이러한 지속가능한 지역개발 접근은 여러 가지 비판을 받고 있다. 특히, 세 가지 문제점이 많은 비판의 대상이 되고 있다. 첫째, 지속가능성은 과도한 개념·이론적 추상성, 모호성, 일반성 때문에 실천적으로 적용하여 사용하기 어렵다는 견해가 있다(Morgan 2012). 지속가능한 개발의 약한 버전은 개혁주의자(reformist)로 비판을 받아왔는데, 지속불가능한 자본주의의 구조와 작동에 도전하는 데까지 미치지 못한다는 이유에서였다(Harvey 1996; Haughton and Counsell 2004; Krueger and Gibbs 2008). 그래서 경제적·사회적·환경적으로 통합된 지역개발 접근에 대한 기여가 제한적이라는 지적을 받는다. 강한 지속가능한 개발도 비판을 받는다. 현실성이 부족한 유토피아주의, 실현가능성의 결핍, 문제의 규모에 비해 작은 실천 등의 이유 때문이다. 둘째, 지속가능성은 상대적으로 부유하고 이미 개발된(developed) 글로벌북부의 로컬경제와 지역경제에나 적합한 사치품으로 해석되기도 한다. 글로벌남부에 위치한 발전 초기 단계의 가난한 개발도상(developing) 장소에서는 적합성이 떨어진다는 이야기다. 셋째, 지속가능한 지역개발의 문제는 시장의 작동으로만 해결할 수 없고, 녹색국가(green state), 다시 말해 "지속가능성을 심각하게 받아들이는 노력"의 정치가 결정적인 역할을 한다(Morgan 2012: 87). 그러나 이는 공공제도와 정치에 대한 대중의 불신, 글로벌북부에서 벌어지고 있는 국가 축소 및 긴축 전략, 금융위기 이후 경제회복에 부여된 우선순위 등의 맥락에서 해결이 필요한 난제이다. 실제로 많은 로컬·지역의 제도 기관들은 다층적 정치 구조 속에서 지속가능한 개발을 추진할 권력과 자원의 부족을 경험하고 있다(Morgan 2012). 이러한 이슈에도 불구하고, 지속가능한 개발은 이 책 전반에서 논의하는 것처럼 지역개발의 핵심적 관심사 중에 하나다.

13. 포스트개발주의

개발의 관념은 2장에서도 논의한 바와 같이 **포스트구조주의(post-structuralist)** 사회이론에서 의문시되고 있다. 깁슨-그레이엄(Gibson-Graham 2003: 95)에 따르면, 포스트구조주의는 "의미의

미결정성, 담론의 구성적 권력, 이론과 연구의 정치적 효과성을 수용하는 지식과 사회에 대한 이론적 접근"이다. 모더니즘, 특히 지식을 "비생산적인 '메타-내러티브(meta-narrative)'"로 여기는 모더니스트적 인식론과 이론에 대한 비판이 포스트구조주의의 핵심을 이룬다(Sheppard: 2011: 320). 모더니스트 사고에서 지식의 추상성, 단일성, 누적성, 중립성을 강조하는 반면 포스트구조주의에서는 지식의 상황성, 다각성, 모순성, 권력을 중시한다. 이런 관점에서, 개발은 특정한 담론, 다시 말해 특정한 이해관계에 있는 행위자들이 결집해 촉진하며 사회적으로 구성된 내러티브로 이해된다. 이런 과정에서 경제변화에 대한 지식이 특정한 방식으로 조직된다. 깁슨-그레이엄(Gibson-Graham 2000: 103)에 따르면, "개발은 … 사회의 보편적 궤적을 따르는 성장의 스토리이다. 이러한 궤적에서 '후진성(backwardness)'의 특징을 가진 지역이나 국가는 모더니티적(근대적) 성숙과 잠재성의 완전한 실현을 향해 진보한다고 간주된다."

포스트구조주의의 비판은 제2차 세계대전 이후 개발주의(developmentalism)에서 제시하는 모더니스트적 변화의 모델에 초점이 맞춰져 있다(2장). 비판은 유럽중심주의에 대항하는 포스트식민주의 이론과 결부되어 있기도 했다. 이런 관점에서, 포스트구조주의는 산업화된 발전을 누리는 글로벌북부에서 시도되고 점검되었던 개발을 '단일한 최고의 방식'으로 여기는 지식에 대하여 비판적 입장을 취한다(Pollard et al. 2009). 포스트개발주의 이론가들에 따르면, 모더니스트 모델은 부적절하게도 외부에서 결정되는 방식을 글로벌남부의 개발도상국에 주입시킨다. IMF나 세계은행과 같은 국제기구도 그러한 일에 관여한다. 이러한 개발 모델은 자유방임적 다자주의 자유무역에 집착하는 신자유주의의 글로벌 확대와도 연결되어 있다. 그래서 개발은 개발도상국 시장이 선진 세계 생산자의 수출과 투자에 개방되는 효과도 유발한다. 포스트개발주의자들은 마르크스주의와 급진주의 정치경제학에서 제시하는 종속이나 저개발의 아이디어에서와 마찬가지로 그러한 개발 담론이 저개발 국가에 나쁜 영향을 미친다고 해석한다(Escobar 1995). 지배적인 개발 담론은 선진국과 개발도상국 간의 불평등한 관계를 낳았던 식민주의 유산을 강화하는 요인으로도 여겨진다.

이러한 모더니스트 개발에 대한 비판은 포스트개발주의의 등장을 낳았다. 그리고 포스트개발주의는 지역개발의 문제에도 직접적인 영향을 주고 있다(Gibson-Graham 2011, 2014). 해체(deconstruction), 계보(genealogy), 담론 분석 전략은 포스트구조주의에서 핵심을 차지하며, 주류의 개발 내러티브의 역사적 구성을 추적하는 데에 도움을 준다. 지배적 지식에 대한 의문은 상이한 사회적·정치적 상상력에 기초한 모더니티(근대성) 담론 간의 경쟁과 연관되어 있고, 이에 대한 논의는 기존 관념에 대한 도전과 대안적 방법의 구성으로 이어지기도 한다. 개발의 대상이 종속, 피해의식, 경제적 무능의 내러티브만을 재생산하는 담론을 넘어서 그러한 대상의 위치를 재설정하는 측면도 있다는 이야기다(Gibson-Graham and Ruccio 2001). 깁슨-그레이엄(Gibson-Graham 2012: 226, 228)에 따르면, "포스트개발의 도전은 개발을 포기하는 것이 아니라, 개발을 다른 방식으로 상상해 실천에 옮기는 것이다. … 개발의 목적은 로컬 평가에 개방되어 있어야 하며, 이렇게 함으로써 로컬 자산, 경험, 기대를 증진할 수 있는 개발의 다양한 경로를 상상할 수 있도록 해야 한다."

포스트개발주의는 개발되는 사람들이나 개발되지 않기를 선택하는 사람들이 결정하는 개발 이론을 추구한다. 이 접근은 **권한신장**된 **풀뿌리** 리더십과 국가·지역·로컬에 적합한 개발의 형태를 추구한다. 포스트개발주의 관점에서 누구를 위한 어떤 종류의 지역개발을 추구할 것인지의 질문에 대한 답은 로컬리티나 지역 스스로가 제시해야 한다(2장). 타인의 이해관계에 따라 사회적으로 구성되거나 하향식으로 부여되는 개발의 모델을 지양한다는 뜻이다. 최근 들어 포스트개발주의 아이디어들이 지역개발 정책에서 자리를 잡기 시작했다(Gibson et al. 2010; 표 3.20). 사례 3.10은 그러한 정책을 이론적으로 뒷받침하는 깁슨과 그레이엄의 접근을 요약하여 제시한다. 이들의 논의는 자본주의, 비자본주의, **공동체경제(커뮤니티경제, community economy)**와 관련된다. 여기에서는 로컬리티나 지역의 사회적 수요와 열망에 더욱 잘 연결된 대안적인 **다양성 경제**의 사회적·경제적 개발 혜택을 강조한다. 지역교환거래제(LETS: Local Exchange Trading Scheme), 사회적기업, 노동·재화·서비스의 중간 시장 등이 그러한 정책 사업에 해당한다(Gibson-Graham 2005, 2008; Gibson-Graham et al. 2013; Graham and Cornwell 2009).

지역개발에 대한 포스트구조주의 접근은 다섯 가지 측면에서 비판을 받는다. 첫째, 포스트구조주

표 3.20 포스트개발주의 공간정책

구분	특징
경제 이론	포스트식민주의, 포스트구조주의
지역개발 현안	글로벌북부와 하향식 근대화 프로젝트의 실패
인과적 행위자	개인, 가구, 커뮤니티
인과적 설명	경제적 다양성, (비)자본주의적 경제활동의 다양성, 대안경제 실천의 잠재력
관계, 메커니즘, 과정	커뮤니티 및 로컬 결정
정책 논리	개발 인식과 실천의 다양성, 로컬 자산·역량·경험 발굴, 생계
정책수단	커뮤니티 주도형 평가와 개발, 지역화폐, 사회적기업과 혁신, 공유화(commoning)
제도적 조직	상향식 커뮤니티, 로컬, 근린
지리적 초점과 범위	커뮤니티, 로컬, 근린
정치경제 프로젝트	반자본주의, 반식민주의
언어	커뮤니티 경제, 자기결정, 대안경제

출처: 저자 작성

사례 3.10 자본주의, 비자본주의, 공동체경제(커뮤니티경제)

깁슨–그레이엄(Gibson-Graham 2003, 2006, 2012)은 지역개발에 대한 **포스트구조주의** 접근을 제시했다. 이 접근은 자본주의/비자본주의의 **이분법**적 관계를 통해서 자본주의를 지배적 형태의 경제로 당연시하는 방식에 문제를 제기한다. 깁슨–그레이엄에 따르면, 비자본주의 형태의 경제는 일반적으로 자본주의와의 관계 속에서 이해되었다. 다시 말해 비자본주의 경제는 자본주의에 대응, 반대, 보완, 또는 포함되는 것으로 상정되었다. 이런 관계 속에서 비자본주의는 약하고 덜 생산적이며 부차적인 것으로 여겨졌다. 비자본주의적 경제 실천에는 가정, 비공식 경제, 대안적 실험, 협동조합 등이 포함될 수 있다. 이러한 활동은 경제의 상당한 부분을 차지하지만, 보이지 않는 것, 즉 **빙산(iceberg)** 아래에 숨겨진 부분으로 다루어진다(그림 3.38). 깁슨–그레이엄은 자본주의가 지배하도록 만드는 주류 개발 담론에 도전해 그것을 불안정화시키고자 했다.

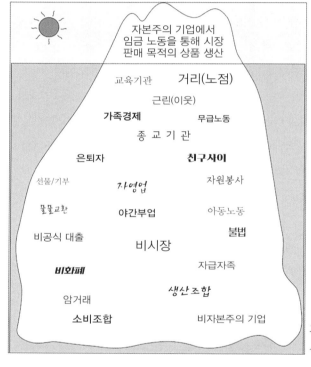

그림 3.38 '빙산' 경제

출처: Community Economies

이를 위해 비자본주의의 영역을 다양한 경제적 실천의 보고(寶庫)로서 긍정적으로 재현하려고 노력했다. 비자본주의를 창발적이며 회복력 있는 로컬 및 지역 성장을 가능하게 하는 영역으로 강조했다. 이 접근은 정책과 실천의 측면에서 경제적 다양성과 가능성을 추구하는 커뮤니티 기반 **행동연구(action research)**에 많은 영향을 미쳤다. 이는 특히 탈산업화 지역, 즉 과거에 지배적 기업과 산업이 쇠퇴하는 로컬리티 연구에서 매우 유용하게 활용되고 있다. 포스트구조주의 사상에서 담론의 형성은 물질적·상징적 효과를 가진 것으로 해석된다. 이에 포스트구조주의자들은 혁신적 언어와 재현을 동원해 "지역이 자본주의적 기업의 투자에 완벽하게 종속된다고 여기는 주류의 '개발' 담론"에 도전했다(Gibson-Graham 2003: 108). 깁슨-그레이엄에 따르면, "다양한 유인책"이 자본주의적 기업을 "유치하는 데에 공헌할 수 있지만 그렇지 못할 수도" 있다. 이런 방식으로 로컬리티와 지역의 기존 정체성을 불안정화하는 것은 "자본주의적 산업화의 이론과 실천을 초월하여 지역개발의 새로운 모델을 생산하는" 수단으로 여겨진다(Gibson-Graham 2003: 108). 이러한 대안적 개념화가 광범위한 자본주의 경제에 도전하고 그것을 조정할 수 있는지, 그리고 이런 일이 어디에서 어떻게 가능할 수 있는지에 대한 연구가 계속되고 있다. 이러한 연구는 지속가능하고 맥락 감수성이 있는 로컬 및 지역의 포스트개발의 가능성을 높이기 위해 소규모 실험을 확대하는 방식으로 이루어진다.

의는 **상대주의** 철학에 뿌리를 두고 있다. 그래서 마르크스주의와 같은 거대-이론, 근본주의, 보편적 원리를 거부한다(Harvey 1996). 포스트구조주의는 시·공간을 초월하는 관계와 과정에 관심을 두지 않고 특정한 이해관계, 장소, 시간의 산물에만 주목한다. 둘째, 자본주의 개념은 두 가지 모순적인 관점에 기초한다. 한편에서는 극복 불가능한 지배적인 것으로 이해되고, 다른 한편에서는 부분적이고 지탱하기 어려우며 로컬 대안에 의한 전복에 취약한 것으로 여겨진다. 셋째, 스콧(Scott 2004)에 따르면 포스트구조주의 분석은 순진한 상대주의, 이상주의 철학, 정치적 주의주의(voluntarism) 성격을 지닌다. 그래서 지역개발의 형성을 뒷받침하는 구조와 외부적 힘의 결정력을 적절하게 인식하는 데에 실패했다(Glassman 2003; Wendland 2006). 넷째, 포스트개발 접근은 자본주의 경제 외부에서 로컬 대안을 찾으려고 애를 쓰지만, 추구하는 대안과 주류(主流)적 방식과의 연결성에는 별로 주목하지 않는다. 포스트개발의 다양한 경제 실천은 비공식적·봉건적 조건하에 있는 사람들에게 최저 생계조차 보장하지 못하여, 많은 이들을 자본주의적 경제 관계로 몰아내는 문제를 초래하는 측면도 있다(Wendland 2006). 다섯째, 리처드 피트(Peet 1998)와 같은 학자들은 개발, 모더니티, 경제적 진보에 대한 포스트구조주의의 부정적 태도와 거부를 비판한다. 이들은 개발에 대한 비판이 사회적 개입의 합리성이라는 근대적 진보의 사상을 공격한다고 지적한다. 그러면서 포스트구조주의는 국가와 제도가 인간의 존재와 해방을 개선하는 데에 이바지한 것도 무시한다고 말한다(Wendland 2006). 이러한 관점에서는 오늘날의 신자유주의적 질서에 대안적인 개발을 추구하려면 모더니스트적 이론과 실천이 필수적인 것으로 이해된다. 하지만 포스트구조주의 접근은 포스트개발주의와 **커뮤니티 경제개발**(CED: Community Economic Development)이라는 보다 모더니스트적인 전통 간의 관계를 파악하지 못한다(2장; 예시 2.6). 로컬 통제와 권한신장이 CED에서 핵심을 차지했다는 점을 감안하면, 이에 대한 포스트구조주의의 무시는 문제가 아닐 수 없다.

14. 결론

이 장에서는 이해의 틀을 마련하기 위해 지역개발을 해석하고 설명하는 주요 개념과 이론을 소개했다. 그리고 공통된 지역개발 이슈와의 관계 속에서 다양한 접근들이 검토되었다. 공통된 비교의 준거는 개념·이론적 구성 요소, 중심 목표와 개발의 정의, 인과적 행위자·관계·메커니즘·과정, 정책과의 관계, 한계점 등을 포함했다. 그러나 특정한 접근을 다루는 데에 있어서 비교의 비대칭성은 불가피했다. 접근 간에 이질성이 존재하고, 개념과 이론의 목적, 기원, 관점, 존재론적 기초, 인식론적 가정이 제각각이기 때문이다. 이러한 검토가 단일한 최상의 접근을 추려서 옹호하려는 차원에서 이루어지지는 않았다. 그보다 각각의 접근의 무엇을 어떻게 하고자 했는지에 주목했다. 각각의 아이디어에 대한 비판과 성찰도 함께 제시했다. 아울러 행위자들이 각각의 접근을 어떻게 동원해 정책으로 해석하는지도 고찰했다.

영향력 있는 접근 대부분은 공통적으로 경제개발에 관심을 가지며, 개발이 경제적 성장, 부, 소득과 어떠한 관련성을 가지는지에 주목했다. 이런 것들이 하위국가 스케일에서, 즉 커뮤니티에서부터 메트로폴리탄 도시−지역에 이르기까지 다양한 지리적 환경에 있는 사람이나 장소의 번영에 영향을 미치기 때문이다. 그러나 일부의 접근은, 특히 지속가능성과 포스트개발주의를 강조하는 접근은 경제적 이해에 편향된 지역개발의 지배성에 문제를 제기하며, 목적, 목표, 실천과 관련해 근본적인 이슈를 제안한다. 각각의 아이디어들은 지리적 도달범위를 넓혀가고, 글로벌남부와 글로벌북부 모두에서 지역개발에 지대한 영향을 행사하며 국제적으로 이동한다. 물론, 이러한 이동과 수용은 불균등한 방식으로 진행된다. 이에 대한 설명은 8장의 사례 연구에서 좀 더 구체적으로 논의하도록 하겠다.

한편 서로 다른 접근 사이에서 유사성보다는 차별성이 두드러지는 점에 주목해야 한다. 차별성은 여덟 가지 측면으로 요약해 정리할 수 있다. 첫째, 연구의 시작점, 대상과 주제, 방법론은 다양하다. 이는 2장에서 강조했던 **누구를 위해 어떤 종류의 지역개발을 추구할 것인지**에 대한 근본적인 질문과 연결된다. 둘째, 일반화할 수 있는 보편적 이론을 추구하는지, 아니면 구체적 특수성에 초점을 맞추는지는 접근마다 다르게 나타난다. 셋째, 각각의 접근은 개발을 다른 방식으로 정의하며, "개발을 통해서 자원이 창출, 보존, 재생산"되는 방식에 대한 인식에도 차이가 있다(Dunford 2010: 3). "자원 부존이 개발의 결과인지 아니면 원인인지, 그리고 누적적인 개발"에 대한 이해의 정도도 접근마다 다르다. 넷째, 사회적 행위자의 행위성에 대한 개념에서도 차이가 있다. 이는 특히 행위자가 작동하는 맥락을 형성하는 데에 있어서 구조적 제약과 관련해 두드러진다. 가령 행위자가 자연적으로 발생하거나 사회적으로 구성되는 자원을 동원하는 역량과 관계, 다양화와 전문화 간의 균형을 추구하는 전략 등과 관련해서 그러한 차이점이 나타난다(Dunford 2010).

다섯째, 각각의 접근은 공간, 스케일, 관계, 장소의 측면에서 지리를 다루는 방식에 차이를 보인다(2장). 마찬가지로, 시간에 따라 변화하는 공간적 차별화와 격차, 맥락과 특수성, 도시 계층이나 공간 분업과 같은 광범위한 관계와 시스템 속에서 장소 간의 상호관계 등을 대하는 방식도 접근마다 다르다. 여섯째, 공공·민간·시민사회를 포함하는 제도의 역할 또한 다르게 이해된다. 이러한 차이는 특히 지역 내부와 외부의 자원을 얼마나 효과적으로 구성하여 동원하는지(6~7장), 그리고 제도가 광범위한 정부와 거버넌스의 구조 속에서 충분한 권력을 행사하여 이익을 추구할 수 있도록 도와주는지와 관련해 분명하게 나타난다(4장). 일곱째, 각각의 접근은 다양한 지역개발 정책 목표를 지향하며 차별화된 논리를 동원하고 서로 다른 측면을 강조한다. 이것이 공간맹의 중립적 접근과 장소기반형 정책 간의 논쟁에 대한 입장이 접근마다 다른 이유이다(5장). 여덟째, 이처럼 차별화된 개념과 이론을 검토함으로써 우리는 비판과 성찰의 중요성을 자각할 수 있다. 비판과 성찰은 우리의 이해를 발전시키는 길이며, 이들을 가능하게 하는 체계적인 평가도 매우 중요하다. 우리는 지역개발의 맥락이 꾸준히 진화하고 변동하는 상황 속에서 살아가고 있기 때문이다. 이해의 틀에 대한 논의를 여기에서 멈추고, 다음 장에서는 지역개발의 정부와 거버넌스 제도에 대해서 논의하도록 하겠다.

추천도서

Brakman, S., Garrestsen, H. and Van Marrweijk, C. (2009) The New Geographical Economics. Cambridge: Cambridge University Press.

Cheshire, P., Nathan, M. and Overman, H. (2014) Urban Economics and Policy. Aldershot: Elgar.

Coe, N. (2010) Geographies of production 1: an evolutionary revolution?, Progress in Human Geography, 35 (1): 81-91.

Dunford, M. (2010) Regional Development Models. Brighton: University of Sussex. https://www.sussex.ac.uk/webteam/gateway/file.php?name=modelsrd.pdf&site=2 (accessed 25 Feburary 2016).

Gibson-Graham, J. K. (2012) Forging post-development partnerships: possibilities for local development. In A. Pike, A. Rodríguez-Pose and J. Tomaney (eds), Handbook of Local and Regional Development. London, Routledge, 226-236.

Martin, R. and Sunley, P. (1998) Slow convergence? Post-neo-classical endogenous growth theory and regional development, Economic Geography 74 (3): 201-227.

McCann, P. (2013) Modern Urban and Regional Economics. Oxford: Oxford University Press.

Massey, D. (1995) Spatial Divisions of Labour: Social Structures and the Geography of Production (2nd Edition). London, Macmillan.

Morgan, K. (1997) The learning region: institutions, innovation and regional renewal, Regional Studies, 31: 491-503.

Moulaert, F. and Sekia F (2003) Territorial innovation models: a critical survey, Regional Studies, 37(3): 298-302.

Myrdal, G. (1957) Economic Theory and Underdeveloped Regions. London, Duckworth.

Perrons, D. and Dunford, R. (2013) Regional development, equality and gender: moving towards more inclusive and socially sustainable measures, Economic and Industrial Democracy, 34 (3): 483-499.

Pike, A., Rodríguez-Pose, A. and Tomaney, J. (2015) Introduction. In A. Pike, A. Rodríguez-Pose, and J. Tomaney (eds), Local and Regional Development: Major Works. Abingdon: Routledge.

Porter, M. (1996) Competitive advantage, agglomeration economies and regional policy, International Regional Science Review, 19, 85-94.

Saxenian, A. (1994) Regional Advantage: Culture and Competition in Silicon Valley and Route 128. Cambridge, MA: Harvard University Press.

Scott, A. J. (2007) Capitalism and urbanization in a new key? The cognitive-cultural dimension, Social Forces, 85 (4): 1465-1482.

Scott, A. J. and Storper, M. (2003) Regions, globalization, development, Regional Studies 37 (6&7): 579-593.

04 제도, 정부, 거버넌스

1. 도입

지역개발을 촉진하거나 억제하는 **제도**의 역할에 관심이 높아지고 있다. 글로벌남부와 글로벌북부를 막론하고 학자와 정책결정자 사이에서 일어나고 있는 일이다. 신고전 접근과는 반대로(2장), 제도에 대한 최근의 논의는 국가를 비롯한 다양한 제도의 구성적 행동에 관심이 집중된다. 여기에는 로컬·지역의 지방정부와 공공·민간·시민사회 행위자가 포함되고, 이들은 하위국가 스케일에서 개발의 패턴을 형성하는 역할을 한다. 정부와 관련해 중요한 글로벌 트렌드 중 하나는 정치적·행정적 분권화(탈중심화)이다. 개발의 결과를 개선하기 위한 탈중심적 분권화(decentralization)의 노력은 여러 공간 스케일에서 다양한 형태로 나타난다. 오늘날의 영토개발(territorial development)에서 장소기반형 접근은 제도적 관점에 많은 영향을 받았다(3장; 5~6장). **제도주의**는 효과적인 제도가 지역개발 과정에 중대한 공헌을 한다는 주장에 기초한다. 실제로 행위자들은 제도를 바탕으로 광범위한 경제적 맥락을 해석하고 중재하며, 이를 통해 기업과 투자를 위한 인센티브를 마련해 조정한다. 또한 개발 어젠다와 관계된 이해당사자들이 로컬과 지역에서 동원하는 과정에도 제도가 필요하다. 이 장에서는 지역개발을 촉진하는 제도의 역할을 살피고 로컬·지역 **거버넌스**의 효과성과 관련된 여러 가지 주장을 검토한다. 이에 다음 절에서는 제도의 역할에 대한 논쟁을 소개할 것인데, 이는 제도가 어떻게 광범위한 차원에서 경제개발을 촉진하는지와 관련된다. 다음으로, 글로벌화의 영향에도 불구하고 지역개발이 어떻게 국민국가들의 세계 속에서 나타나는지를 논의한다. 무엇보다, 다양한 행위자, 다중적인 공간 스케일, 관계적 네트워크를 포괄하는 **다층** 정부와 거버넌스 시스템이 지역개발에 지대한 영향을 미친다. 그래서 이 장에서는 이러한 시스템의 확산과 효과성을 분석하고, 중앙집권화(centralization) 접근과 분권화 접근 각각의 이익과 불이익도 고찰한다. 논의의 연장선상에서 권력, 정치, 민주주의의 효과도 검토한 다음 결론을 제시할 것이다.

2. 제도

경제개발에서 제도가 수행하는 역할에 대한 학문적·정책적 관심이 커지고 있다. 그러나 지역개발을 이해하고 설명하는 일부의 프레임에서는, 제도가 중요하지 않은 요소로 여겨지기도 한다. 신경제지리학과 도시경제학이 대표적이다. 이들은 **집적경제**의 이익으로부터 생성되는 경제적 집중의 패턴을 설명하면서 지방정부의 중요성을 제한적으로만 고려한다. 정부의 역할을 재산권 보호, 사회질서 유지, (가령 계획 시스템에서) **시장실패** 해결에만 제한하는 경향이 있다(Storper et al. 2015; 3장). 공간 격차를 행위자들의 합리적 반응으로 이해하기 때문이다. 행위자는 시장 시그널(신호)에 반응해 노동 숙련과 자본에 대한 수익을 극대화할 수 있는 곳을 결정하고, 이에 따라 공간 격차가 발생한다는 이야기다. 이러한 사고방식은 개입이 제한되어야 한다는 정책 패러다임 형성에 공헌했다. 여기에서는 장소가 무시되고 공간맹(spatially blind)의 극단적인 중립적 관점에서 사람에게만 초점이 맞춰진다. **공간맹 접근**은 국제기관과 보수적 싱크탱크에 많은 영향을 미쳤다. 예를 들어 세계은행(World Bank 2009), 영국 대외정책연구소(Policy Exchange, Leunig and Swanffield 2008), 호주 그라탄연구소(Grattan Institute 2011)에서 제도의 역할을 최소화하는 공간맹 접근에 입각한 제안이 이루어져 왔다. 이러한 관점은 로컬·지역개발에서 정책과 제도의 역할에 대하여 회의적인 시각을 표출한다.

그러나 지역개발에서 제도를 중심부에 위치시키는 연구 집단도 존재한다. 일반적으로 제도는 **공식적 제도** 또는 **경성(hard) 제도**와 **비공식적 제도** 또는 **연성(soft) 제도**로 구분된다(Rodriguez-Pose 2013; 표 4.1). 이와 관련해 OECD(2012b) 보고서 한 편의 요지를 살펴보자. 이 보고서에서 OECD는 지리적 집중과 집적경제의 힘을 인정하면서 회원국 지역 간에 이질적인 경제성장의 원천을 강조한다. 이에 따르면, 성장의 잠재력은 다양한 방식으로 장소에 존재하며 인적자본과 혁신이 잠재력의 핵심 요소이다. 이 보고서는 왜 그러한 패턴이 나타나서 일부 지역은 저성장의 균형에서 헤어나지 못하게 되었는지 검토한다. 분석을 통해서 발견한 열악한 경제성장의 핵심 원인은 **제도적 병목(institutional bottleneck)**이었다. 제도적 불안정성, 정책 이행의 연속성과 일관성 결핍, 이해당사자 동원의 취약성, 공통된 전략적 비전의 부재, 역량의 부족, 다중 행위자 및 다층 거버넌스 간의 분열 등이 제도적 병목의 사례에 해당한다. OECD(2012b: 25)에 따르면,

공식적 제도와 비공식적 제도는 주요 행위자 간의 대화와 협상을 촉진하며 행위자들을 동원해 개발의 과정에 통합시킨다. 정책의 연속성 증진에서 핵심을 차지하는 것도 제도다. … [좋

은] 제도는 지역의 '목소리'를 강화하며 다른 지역이나 국가와 관계에도 잘 대처하도록 한다. 민간·공공·교육 부문 간 연계를 높이는 일도 그러한 제도를 통해서 가능해진다. 이처럼 제대로 기능하는 제도를 창출하는 것은 중대한 도전적 과제이다.

이 OECD 연구 보고서는 경제성장의 주요 원천으로서 지리적 집중과 집적에 최고의 중요성을 부여했다. 이러한 경제개발 과정에서 로컬·지역제도의 중요성에 주목했고, 이를 지역정책의 새로운 패러다임으로 제시했다. 이 정책 프레임은 제대로 이용되지 못하는 경제 잠재력 동원, 통합된 개발 프로그램 창출, 소프트 인프라 개발, 행정 경계보다 **기능적 경제지역**에 기초한 정책의 조직에 초점을 맞춘다. 이 모든 것을 위해 다층 거버넌스 역량의 개발이 요구된다(5장). 그러나 OECD 보고서는 제도에 관한 이해와 이론의 한계를 부각하기도 했다. 인적자본, 혁신, 물리적 인프라의 역할은 통계적으로 모델화할 수 있지만, 제도의 공헌은 그렇게 할 수 없다고 말했다. 제도의 역할은 신의 기계적 출현(deus ex machina)이나 마법의 가루처럼 나타난다고도 했다. 제도의 기능은 정성적인 사례 연구를 통해서만 확인할 수 있어서, 비교가 곤란하고 결과를 일반화하기 어려우며 이에 기초한 정책적 함의는 불확실하다고 여기기 때문이다(Tomaney 2014). 그러함에도 불구하고 OECD 보고서는 지역개발 정책에서 제도의 중요성이 점점 더 많이 강조되고 있는 현실의 단면을 보여 준다. 이 보고서는 장소기반형 개발 정책의 정당화 수단으로 사용되며, 이미 주요 공식 정책 문서에서 지지를 받기도 했다(Barca 2009; Barca et al. 2012; White House 2010).

지역개발에서 제도의 역할과 기능을 이해하고 설명하는 데에 필요한 분석적 주제는 학문적 업적과 정책 문헌을 종합해 마련할 수 있다(Pike et al. 2015c). 제도는 로컬 행위자들 사이에서 불확실성을 제거하는 역할을 하며 여러 가지 중요한 기능을 한다. 여기에는 지역개발 상황과 현안의 진단, 우선순위 숙의와 선정을 위한 지침, 로컬·지역의 맥락과 상황에 적합한 개발 전략의 마련, 자원과 투자의 동원 및 조정, 개입 효과의 평가 등이 포함된다. 제도의 역할은 다중 행위자 및 다층 정부와 거버넌스 시스템 속에서 이루어진다. 제도는 국가 조직이나 국제기관의 수직적 관계 속에서 로컬과 지

표 4.1 제도의 유형

공식적 제도	비공식적 제도
경성 – 형식적 헌장, 헌법, 법률, 규제, 규칙, 요건 사례: 계약, 법률 규정, 재산권 등	연성 – 암묵적 관례, 관습, 규범, 루틴, 전통, 가치 사례: 신뢰, 사회적 자본, 사회적 네트워크

출처: Rodriguez-Pose 2013: 1037-1038)

역의 목소리를 전달한다. 수평적으로는 공공·민간·시민사회 부문에서 로컬과 지역의 행위자들을 동원하여 조직하는 역할도 한다. 이러한 역할들이 제도가 지역개발에 영향을 미치는 모든 방식을 완벽하게 예시하는 것은 아니다. 다양한 시·공간 맥락에서 제도 간의 경계는 불명확해지며 중첩이 나타날 수도 있기 때문이다.

한편 엘하난 헬프만(Elhanan Helpman 2004)은 어떻게 경제성장률의 차이가 물리적 자본, 인적 자본, 총요소생산성의 향상 때문에 나타나는지를 보여 주었다. 이에 따른 무역의 패턴과 기술변화의 효과도 헬프만이 함께 고려한 사항이다. 하지만 이런 요소들을 모두 고려하더라도 경제성장률에는 상당한 변이가 나타나는 점을 확인했다. 그리고 이것을 "정치적 제도"에 대한 연구가 더 많이 필요한 이유로 지목했다. 그의 분석에 따르면, 정치적 제도는 "변화의 지지자와 반대자 간 투쟁에서 프레임의 역할을 한다. 그렇게 함으로써 제도는 혁신과 새로운 기술 활용 능력에도 영향을 미친다." (Helpman 2004: 112) 더글러스 노스(Douglass North 1990, 1991, 2005)도 그러한 선택에서 장기적으로 진화하는 사회적·정치적·경제적 구조의 역할이 핵심을 차지한다고 주장했다. 이처럼 제도에 영향받는 선택은 경제 정책을 형성하며, 이른바 적응적 효율성(adaptive efficiency)에 영향을 미친다. 적응적 효율성은 불확실성으로 가득 차고 제한된 합리성(bounded rationality)으로 조건화된 세계에서 사회가 충격에 적응하는 능력을 뜻한다. 노스(North 2005: 48)는 **제도**에 대해 "인간의 상호작용을 형성하는 스캐폴딩(비계, scaffolding)"이라고 말한다. 제도는 "사회에서 게임의 룰(rule of game)이며, 보다 공식적으로는 인간의 상호작용이 형성될 수 있도록 인간이 만들어 낸 제약조건(constraint)"으로 정의된다(North 1990: 477). 노스는 신고전 경제학의 중심이 되는 합리성 가정을 거부하며 인지적인 과정에 대한 보다 심층적인 이해의 필요성을 요구한다. 그러면서 유산으로 물려받은 **인공 구조(artifactual structure)**는 인지적 과정에 어떤 영향을 미치는지에도 주목해야 한다고 주장한다. 이러한 인공 구조는 오랜 시간에 걸쳐 형성되는 신념, 제도, 수단, 도구, 기술 등을 포괄하며, 행위자의 선택에 지대한 영향을 미친다. 제도는 경제적 문제 해결에 필수적인 다양한 지식과 신념을 통합하지만, 의사결정 과정의 구조에 따라 누구의 신념이 더 중요한지가 결정되기 때문이다. 선택의 한계가 존재한다는 것이며, 이러한 한계는 "과거로부터 물려받은 신념, 제도, 인공 구조의 결합"으로 설정된다.

이처럼 노스는 제도의 중심성을 인식하면서 정치의 주도성도 주장한다. 그의 주장에 따르면, "경제에서 게임의 룰을 정의하고 부과하는 것은 정치이며, 정치가 경제 성과의 핵심적 원천이다." (North 2005: 57). 정치적 결정은 경제적 결정과 다른 성격을 가진다. 복잡한 도덕적·윤리적, '비합리적 사고'를 반영하기 때문이며, 이것을 폴 디마지오(Paul DiMaggio 1998)는 다양한 합리성들

(diverse rationalities)로 통칭해 부르기도 했다. 이러한 성격의 정치적 결정은 경제와 시장이 진화하는 조건도 형성한다. 따라서 어떤 지리적 스케일에서든 개발은 절대로 단순한 기술적 실천에 머무르지 않는다. 이러한 관점에서 경제성장은 인구변화, 지식, 제도 간 상호작용의 산물이다. 성장이 방해를 받을 수도 있다. 특히, 인공 구조가 "제도적 영속성에 조직의 생존을 의존할 수밖에 없는 조직들만 생성되고, 온갖 자원을 동원해 기존 조직의 생존을 위협하는 모든 변화를 방해하면" 성장은 제약을 받는다(North 2005: 52). 성공적인 제도는 종종 "이단(heterodox)의 요소"를 보유하며, 이러한 "로컬의 이단은 정통(orthodox) 요소와 결합"되기도 한다(Rodrik 2003: 13). 이에 헬프만(Helpman 2004: 139)은 제도가 생산과 분배를 재조직하고 물리적 자본과 인적자본을 축적하는 인센티브에 영향을 미치는 점을 강조하면, 제도가 "R&D나 물적·인적자본의 축적보다 훨씬 더 근본적인 경제성장의 결정 요소"라고 주장한다. 이 분야의 연구가 성장하고 있지만, "개발 정책과 성과를 형성하는 데에 있어서 정치와 제도가 어떻게 상호작용하는지에 대한 우리의 이해는 여전히 불완전한 상태에 있다."(Dellepiane-Avellaneda 2009: 203)

3. 국가와 지역개발

국가(state)는 지역개발의 패턴을 형성하는 중추적인 제도이다. 지역개발을 조직, 관리하는 **정부**(government)의 역할은 앞서 2장에서 다룬 바 있다. 개발주의 시대에서 글로벌주의 시대로 넘어가면서 정부의 역할에 중대한 변화가 발생했다(McMichael 2012; 표 2.3). 브라질, 독일, 미국과 같은 **연방국가**(federal state)에서 하위국가 정부, 즉 주정부는 지역개발에서 언제나 중요한 역할을 해 왔다. 그러나 국가정부가 하향식 프레임 속에서 경제개발을 선도한다는 것이 개발주의 시대의 일반적 법칙이었다. 이는 근대 정치와 정부에서 국민국가(nation state)가 중심을 차지했던 사실을 반영한다(Dunford 1988; Le Galès and Lequesne 1998; 2장). 개발주의 시대 동안은, 국가가 시장을 규제하며 시장의 과잉에 제동을 걸어야 한다는 논의가 발전했다(Polanyi 1944; Keynes 1931). 그러나 이와 대척점에서는, 경제 관리에서 강화된 국가의 역할을 자유나 경제적 효율성에 대한 위협으로 인식하는 학자들도 있었다(Hayek 1944; Von Mises 1929/1998).

근대적 국가 정치에서는 정당을 통해 계급의 이익이 반영하였다. 이는 노조나 기업협회의 이익을 대표하는 **조합주의**(corporatist) 구조를 통해서도 나타났다. 이들의 이익은 직·간접적으로 정부 정책 방향에 영향을 줄 수 있었다. 계급의 이익이 이데올로기로 뒷받침되는 경향도 있었다. 유럽의 사회민주주의와 기독교민주주의, 싱가포르의 권위주의 정치, 아르헨티나의 포퓰리즘이 그러한 사례에 해당한다. 국제적 무역과 투자가 성장했지만, 개발주의의 정치경제는 국가 영토 안에 제한되어 있었다. 그래서 주권이 지배하는 명확한 경계 안에서 국가 권력을 통제하는 것에 정치경제의 초점이 맞춰져 있었다(Taylor and Flint 2011). 이 시대 동안 다양한 색채의 국가정부는 경제 관리, 산업 촉진, 지역개발에 적극적으로 개입했다. 이러한 개입은 **케인스주의** 거시경제 이론에 입각해 있었고 (3장), 이에 정부는 조세와 공공지출 결정을 통해서 **유효수요**의 수준을 높게 유지하면서 **완전고용**을 달성하려고 노력했다. 유럽에서는 그러한 개입이 **복지국가**의 확대를 통해서 나타났다. 라틴아메리카와 아시아에서는 수입대체 전략에 따라 정부 개입이 이루어졌다. 또한, 정부는 주요 경제 부문 개발에 보조금을 지원하거나 그런 부문을 직접 육성하면서 새로운 산업 역량 창출을 지원하기도 했다. 영국에서는 그러한 국가경제 조치들이 케인스주의로 불렸고, 이 접근은 제2차 세계대전 이후 국가경제 관리에서 핵심을 차지했다. 여기에서는 자본주의와 민주주의를 조화롭게 하는 수단으로 완전고용이 강조되었고 지역정책도 중요한 부분을 차지했다(Chisholm 1990). 이러한 형태의 경제적 조절은 **포드주의** 대량생산과 대량소비에 기초한 국가경제의 다양화(variegation)를 낳았다. 이것이 1950년대부터 1970년대까지 경제성장이 지속되는 기간 동안 유지되었던 체제의 모습이다(Jessop 1995). 크라우치(Crouch 2004: 7-8)는 당시 상황을 다음과 같이 요약한다.

> 공산주의의 길을 걷지 않았던 산업사회에서는 자본주의 비즈니스 이익집단과 노동자 간의 사회적 타협이 일정 정도 이루어졌다. 자본주의 시스템의 생존을 유지하고 자본주의가 초래한 불평등에 대한 저항을 잠재우기 위해서, 비즈니스 이익집단은 자신들의 권력 사용 역량에 제한을 가해야 한다는 점을 받아들였다. 국민국가 수준에 집중된 민주적 정치도 그러한 제한을 보장할 수 있는 역량을 가지고 있었다. 기업들이 대체로 국민국가의 권한에 종속되어 있었기 때문이다.

이러한 조치의 일부로서, 정부는 국가경제 내부의 하위국가 스케일에서 경제활동의 지리에 영향을 미치고자 했다. 이에 많은 국가는 지리적 **공평성**을 추구하며 자원을 뒤처진 주변부 지역으로 재분배하는 목표를 공유했다. 공간적으로 균형 잡힌 형태의 개발을 촉진하려 노력했다는 이야기다. 이러한 지역개발 목표는 **공간적 케인스주의**(spatial Keynesianism)로 불린다(Martin and Sunley 1997). 공간적 케인스주의 관점에서 개발의 목표는 지역적 스케일에 초점이 맞춰져 있었고, 이러한 지역개발이 국가적 효율성에도 기여한다고 여겨졌다. 경제의 모든 자원이 사용될 수 있도록 보장하는 조치였기 때문이다. 글로벌남부 신흥공업국가(NICs: newly industrialized countries)의 정부도 국가 근대화 전략의 일환으로 특정 지역개발에 직접 가담하기도 했다(Dicken 2015). NICs 정부들은 국가가 통제하거나 소유하는 비즈니스를 특정 지역에 이식하면서 뒤처진 지역의 개발을 촉진하고자 했다. 이를 위해 인프라와 금융 인센티브를 제공하기도 했다. 경우에 따라서, 전통 산업 쇠퇴에 대처할 목적의 지역개발도 추진됐다. 정부와 적당한 거리를 유지하는 팔 길이 기구(arm's-length agency) 형태로 전문화된 제도를 설립하여 지역개발을 촉진하는 경우도 있었다. 프랑스의 국토·지역계획단(DATAR: Délégation à l'aménagement du territoire et à l'action régionale), 이탈리아의 메조조르노 지원정책(la Cassa per il Mezzogiorno), 미국의 테네시강 유역 개발공사(Tennessee Valley Authority), 일본의 지역개발공사 등이 그러한 사례에 속한다.

　지역정책의 부상, 그리고 혼합경제(mixed economy)의 지역개발에서 정부 활동의 영향을 설명하기 위한 연구와 이론도 발전했다(McKay 2001). 우선, **재정정책(fiscal policy)**이 로컬과 지역에 많은 영향을 미친다. 일반적으로, 누진세(progressive taxation)와 공공지출 간의 상호작용 속에서 **재분배** 효과가 발생한다. 이는 자원을 국가 영토 전역으로 이전시키는 경제의 자동 안정장치(stabilizer)로서 기능한다(Kaldor 1970). 가령 경제가 침체기에 들어서면 정부는 실업급여를 늘리고, 로컬리티와 지역 간 실업의 불균등한 분포가 나타나면 재원을 실업이 높은 지역으로 흘러들게 한다. 이러한 정부의 이전 지출은 지역 간 안정장치로 작동한다(Armstrong and Taylor 2000). 세수가 많고 공공지출이 적은 핵심부 공여자(donor) 지역에서 세수가 적고 공공지출이 많은 주변부 수혜자(recipient) 지역으로 재원이 이전되기 때문이다(그림 4.1). 예를 들어 이탈리아에서는 1인당 GDP가 낮은 지역일수록 GDP 대비 공공지출이 높은 경향이 있는데, 이를 통해 일정 정도의 재분배가 나타나고 있음을 알 수 있다(그림 4.2; Torrisi et al. 2015). 그러나 공공재의 공급 및 할당에 사용되는 계산법은 지역 간 마찰의 요소로 작용하기도 한다. 이러한 갈등은 영국에서 아주 흔한데, 주로 공공재의 1인당 공급과 관련해서 나타난다. 예를 들어 교육과 의료 서비스의 분배가 인구 규모를 기준으로 정해지지만, 이것은 실제 수요와 느슨하게만 관련되어 있다(MacLean 2005a). 이러한 차이는 OECD 국가 전역에서 나타나며, 영토 정치가 동원되는 이유가 되기도 한다(Kyricou and Morral-Palacin 2015). 이러한 마찰은 지역 간 재원 이전의 투명성이 결여되어 있거나 분권화된 형태의 정부가 공공지출 분배에 정치적 목소리를 낼 때 발생한다. 예를 들어 이탈리아에서 북부동맹(Lega Nord)이 부상했던 최초의 이유는 상대적으로 부유한 북부지역 유권자들의 불만 때문이었다. 이들은 상대적으로 가난한 남부의 메조조르노 지역을 중심으로 지역정책이 이루어지는 것에 불만을 품었다(Zaslove 2011). 일반적으로 오스트레일리아, 캐나다, 독일과 같은 연방국가에서 보다 명확한 지역 분배의 메커니즘을 보

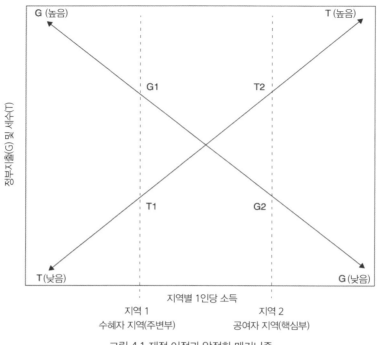

그림 4.1 재정 이전과 안정화 메커니즘

출처: McKay(1994: 576)

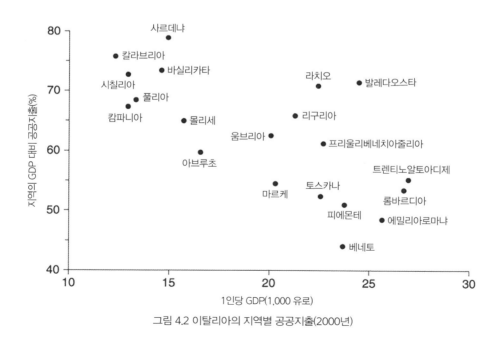

그림 4.2 이탈리아의 지역별 공공지출(2000년)

유하는 경향이 있다. 이들은 공평성과 영토의 결속을 보장하는 방식으로 하위국가 지역 간에 재원을 분배한다(MacLean 2005b; Smith 1994). 그러나 재정적 연방주의의 정치는 복잡하고 국가별로 다양화되어 있다. 정치적 권한의 분권화에 힘을 보태기도 하지만, 중앙집권화의 수단으로 연방주의 정치가 동원되는 경우도 있다(Weingast 2014). 지역적으로 불균등한 경제적 변화는 정부 간 재원 분배 시스템에 대한 압박으로 작용할 수 있다. 이러한 문제는 2000년대 동안 자원기반 산업의 성장으로 캐나다 앨버타와 호주 웨스턴오스트레일리아 정부가 엄청난 재정 수익을 기록했을 때 발생했다. 이들 정부는 수익을 어떻게 분배할 것인지를 놓고 연방정부 기구와 마찰을 빚었다.

경제활동의 전반적 수준에 영향을 주는 거시경제 정책도 로컬·지역 수준에 영향을 미친다. 가령 중앙은행은 가격 안정성 유지의 임무를 바탕으로 금리를 인상하여 너무 빠르게 성장하는 로컬리티나 지역의 인플레이션 압박을 누그러뜨리려 할 수 있다. 그러나 이 조치는 수요를 촉진하기 위해 금리 인하가 필요한 뒤처진 로컬리티나 지역에서 역효과를 낼 수 있다. 금리 인상에 따른 환율의 평가절상 효과로 인한 악영향은 재화나 서비스를 수출하는 비즈니스에게도 미친다. 하나의 영토에서 사용되는 단일한 통화정책조차도 로컬과 지역의 경제 조건에 따라 상이한 결과를 낳을 수 있다는 이야기다. EU 통화동맹의 사례를 생각해 보자. 이는 12개 국가에서 시작되었지만, 상이한 산업구조, 경제 성과, 개발 수준을 가진 경제로 확대되었다. 이런 상황에서 단일한 금리는 새로운 경제 환경에 적응할 능력이 부족한 뒤처진 지역에서 문제를 유발할 수 있다는 비판이 처음부터 제기되었다(Amin and Tomaney 1995). 2008년 금융위기가 발생했을 때, 그러한 우려가 현실화되어 엄청난 파장이 일었다(Streek 2014).

다른 형태의 비공간적(non-spatial) 정부 정책도 로컬·지역 수준에서 영향력을 발휘한다. 예를 들어 미국과 영국의 (군사적 케인스주의(Military Keynesianism)하에 이루어진) 국방 지출은 로컬과 지역에 상당한 영향을 주었다. 이미 번영하고 있던 첨단산업 지역은 국방산업의 R&D 집약도, 재화와 서비스의 정교화에 큰 혜택을 보았다. 이처럼, 국가의 부문 정책이 **역지역정책(counter-regional policy)**의 효과를 낳기도 한다. 이러한 현상은 정책의 효과가 지역 간 격차를 줄이지 못하고 격차를 더욱 강화하며 지역정책의 목적과 반대의 방향으로 작동할 때 나타난다(Lovering 1991; Markusen 1991). 한마디로, 로컬리티와 지역에서 정부의 행위는 지역정책으로만 나타나지 않는다. 실제로 정부의 모든 행위와 정책은 로컬과 지역 수준에서 영향력을 행사한다. 이러한 현상은 심지어 정부가 인식하지 못하는 상황에서도 발생한다.

케인스주의적 경제 관리는 독립된 국가경제와 주권 국가에 대한 가정하에 이루어진다. 정책적 개입과 국가에 초점을 둔 수요 관리 조치의 효과가 경계로 설정된 정치경제 공간 내에 한정된다는 전제가 깔려 있다는 이야기다. 그러나 1970년대 말부터 시작된 글로벌화의 영향력 때문에 그러한 경향은 약해졌다(Dicken 2015). 이렇게 변화된 상황과 국가 활동의 한계에 대한 인식의 변화로 인해서 지역개발에 대한 통치와 거버넌스에 중대한 변화가 일어났다. 밥 제솝(Bob Jessop 1997)은 다양한 영토적 스케일과 기능적 영역에서 **정부(거번먼트, government)**가 **거버넌스**로 변동하는 모습을 설명했다. 그에 따르면, 국가가 지원하는 사회적·경제적 프로젝트와 정치적 헤게모니에서 공식적 국가 장치(state apparatus)의 중심성은 상대적으로 약해졌다. 그 대신, 정부·준정부·비정부 조직 간 파트너십이 더욱 많이 강조되었고, 여기에서 국가 장치는 '동급 중 첫째'로 그려졌다. 이에 따라 다양한 기관들을 조종(steering)하는 복잡한 기술이 필요하게 되었는데, 제솝(Jessop 1997)은 그것을 **메타-거버넌스(meta-governance)**로 칭했다. 메타-거버넌스에서 기관들은 나름의 자치성을 가지고 작동하지만, 서로가 연결된 의존 상태에 있다. 기존에 국가가 수행하던 활동의 다수는 팔 길이(arm's-length) 기구, 비정부 공공기관, 혼성적인 제도 기관 등으로 이양되었고, 완전한 민영화가 이루어지는 경우도 있다. 이러한 이해의 방식에서 정치적 기관의 역할은 파트너십과 네트워크의 자기조직화(self-organization)를 조종하는 데에 있다. 한마디로, 정부 없는 거버넌스(governance without government)를 추구하게 된 것이다(Rhodes 1996; Stoker 1998). 거버넌스는 공공부문과 민간부문 간의 경계가 불명확해지는 통치의 스타일을 말한다. 이러한 통치 메커니즘에서는 국가 권위(authority)나 제재(sanction)와 같은 고전적 아이디어에 의존하지 않는다. 그 대신, 다양한 공간적 스케일에서 그리고 여러 스케일 간에서 작용하는 다중 행위자 사이의 상호작용에 초점을 맞춘다. 이것이 효과적으로 작동하기 위해서는, 참여하는 행위자들 간에 높은 수준의 신뢰가 요구된다. 그러면 거버넌스는 네트워크 조종(steering networks)의 업무가 된다(Stoker 1995). 이처럼 공공 거버넌스가 파편화된 분야로 변해 가면서 공공정책을 관리하는 일은 매우 어려운 문제가 되었다. 이것이 포스트모던 사회에서 나타나는 파편화 과정과 연계된다고 말하는 사람들도 있다(Bogason 2004a). 다른 한편에서는, **네트워크 거버넌스**의 촉진이 전통적 대의 민주주의(representative democracy)의 한계와 실패에 대한 반응으로 이해되기도 한다.

거번먼트에서 거버넌스로의 변동을 자연적이거나 불가피한 과정으로 여기는 것은 매우 위험한 발상이다. 이 변동은 국민국가 행위자들이 취하는 결정의 산물인 측면이 있다. 이를 반기는 사람들조차 여러 가지 '딜레마'와 얽혀 있는 변동이라는 점을 인식한다. 거버넌스를 정당화하는 언어와 실제의 거버넌스에서 나타나는 의사결정의 복잡한 현실 간에 불일치가 나타난다. 희생양 만들기(scapegoating)나 회피로 이어질 수 있는 불분명한 책임 소재, 의도하지 않게 부정적 결과를 낳는 상호 권력 의존성 등도 그러한 딜레마에 해당한다. 자치 네트워크는 종종 책임성의 문제로 이어지며, 책임성 문제는 거버넌스 네트워크 조종의 실천 과정에서도 나타난다(Stoker 1995). 아울러, 거버넌스의 변동이 발생하더라도 정부, 특히 국가정부의 필수적 역할은 계속된다. 그래서 국가정부가 로컬, 도시/도시-지역, 지역 스케일 정부 기관과 어떤 연결성을 갖는지도 여전히 중요한 문제이다.

거버넌스 네트워크의 현실적 어려움을 **파트너십(partnership)**의 사례를 통해서 살펴보자. 파트너십은 로컬·지역 거버넌스를 관리하는 수단 중 하나다. '파트너십'이란 용어는 특히 포용적인 의사결정 과정을 함의한다. 그러나 게데스(Geddes 2001)는 유럽에서 수집한 증거들을 검토하며 지역개발의 수단으로 파트너십을 활용할 때 출현하는 위험성을 발견했다. 이 연구에 따르면, 파트너십은 포용의 대상과 목표로 설정된 집단을 배제하는 경향이 있다. 파트너십의 목적은 비즈니스, 노동조합, 시민사회를 비롯한 비국가(non-state) 행위자들을 거버넌스에 참여시키는 것이지만, 공공부문이 그러한 파트너십을 지배하는 일이 자주 발생한다. 공공부문이 거버넌스 업무에 필요한 역량과 자원을 보유하는 경향이 있기 때문이다. 물론 이러한 경향이 2008년 글로벌 금융위기, 침체, 긴축의 맥락에서 약해지기는 했다. 한편 파트너십이 신뢰를 형성하기보다 불신을 관리하기 위한 수단으로 전락할 때도 많다. 소외된 집단에게는 국가만큼 파트너십도 접근하기 어려운 조직이다. 어쩌면, 파트너십은 자치적 네트워크와 거버넌스 장치가 확대되었다는 신호라기보다 관료주의와 관료적 통제를 강화하는 수사적(rhetoric) 수단에 불과할는지도 모른다(Fenwick et al. 2012).

네트워크 거버넌스를 보다 민주적인 형태의 조직이라고 말하기도 어렵다. 네트워크 거버넌스는 "계층의 그림자 속에서" 나타나기 때문이다(Jessop 1997: 575). 전통적 형태의 권위가 지배적인 상황에서 거버넌스가 이루어진다는 말이다. 아울러, 거버넌스 담론의 상당 부분은 **신공공관리(new public management)**에 동조하는 공공부문 개혁을 정당화하는 수단으로 동원된다. 신공공관리는 시장 원리를 도입해서 공공서비스를 제공하는 데에 적용하는 것을 의미한다. 이는 공공행정의 민영화와 에이전시화(agencification)의 기초가 되며(Rhodes 1996; Kjær 2004; Laffin et al. 2014), 이데올로기적으로는 경제의 탈규제화와 국가의 롤백(후퇴, roll-back)을 지향한다(Gamble 1994). 마이클 키팅(Keating 2005: 2008)에 따르면, "'거버넌스'는 느슨한 개념으로 악명이 높다. 이는 중요한 문제들을, 예를 들어 권력의 균형, 이해관계의 대표성, 정책의 방향 등을 … 숨기기 위해 사용된다. 거버넌스는 어떤 방식으로 개념화되든 거번먼트를 대체하지 못한다."

1990~2000년대 동안 글로벌화가 가속화되면서, 글로벌 시장에 직면하게 된 **국가**는 후퇴한다고 여겨졌다. 오마에 겐이치(Ohmae Kenichi)처럼 영향력 있는 논객들은 경계 없는 세계(borderless world), '국민국가의 종언(the end of the nation-state)'을 선언하기도 했다(Ohmae 1990, 1995; 1장). 이런 논의가 시대정신을 반영할지는 모르나, 많은 비평가는 계속되는 국가 경계의 중요성을 지

적한다. 국가정부는 글로벌화의 조건을 결정하는 데에 있어서 여전히 중요한 기능을 한다. 무엇보다, 국가정부는 글로벌 기업의 권리를 보장하고 국내 기업이 글로벌 시장에 참여하는 조건을 제공하는 역할을 한다. 이는 국영기업을 통해서 이루어지기도 하며, 국가의 영향력은 글로벌경제를 지배하는 주요 규제기관을 통해서도 발휘된다(Dicken 2015; 9장). 계속되는 국민국가의 중요성에 대한 주장은 2010년대에 많은 힘을 얻었다. 2008년 글로벌 금융위기 동안 국가 금융 시스템의 안정화를 규제하는 과정에서 국가정부가 큰 역할을 했기 때문이다. 당시에 국가정부는 금융기관을 구제하거나 (부분적으로 또는 전체적으로) 국유화하였고, 경제성장을 촉진하기 위해서 재정적인 경기 부양 프로그램을 추진하였다. 브라질, 러시아, 인도, 중국은 개입주의적 정부에 힘을 받아 급속한 정치경제적 부상을 경험했다. 이들 정부는 국가의 주식시장을 활용해 기업을 직접 소유하기도 한다. **국부펀드(SWF: sovereign wealth fund)**도 글로벌 무대에서 국가의 이익을 증진하는 수단으로 활용되었다. SWF의 자산 규모는 엄청나게 성장했으며, 이에 따라 SWF는 글로벌 금융 시스템에서 주요 행위자로 부상했다(표 4.2). 이는 지역개발에 직접적인 함의를 보이기도 한다. 대표적으로, 중국의

표 4.2 국부펀드 규모 순위(2015년)

순위	국가	국부펀드 명	자산 (십억 달러)	창립연도	기반
1	노르웨이	정부 연기금(Government Pension Fund)	825	1990	석유
2	UAE(아부다비)	아부다비투자청(Abu Dhabi Investment Authority)	773	1976	석유
3	중국	중국투자공사(Chinese Investment Corporation)	747	2007	비상품
4	사우디아라비아	사우디 중앙은행 해외투자기금(SAMA Foreign Holdings)	669		석유
5	쿠웨이트	쿠웨이트투자청(Kuwait Investment Authority)	592	1953	석유
6	중국	화안투자공사(SAFE Investment Company)	547	1997	비상품
7	중국(홍콩)	홍콩금융관리국 투자기금(Hong Kong Monetary Authority Investment Corporation)	418	1993	비상품
8	싱가포르	싱가포르투자청(Government of Singapore Investment Corporation)	344	1981	비상품
9	카타르	카타르투자청(Qatar Investment Authority)	265	2005	석유, 천연가스
10	중국	중국 사회보장기금(National Social Security Fund)	236	2000	비상품

출처: Sovereign Wealth Fund Institute

SWF와 국영은행은 세계 곳곳에서 도시 인프라 개발에 엄청난 자금을 투자하고 있다. 중국공상은행 (Industrial and Commercial Bank of China)은 영국 맨체스터 공항의 비즈니스 구역 개발에 6억 5천만 파운드를 투자했다(Plimmer et al. 2013). 또 다른 SWF인 중국투자공사(Chinese Investment Corporation)도 런던과 잉글랜드 남부에서 상·하수도 서비스를 공급하는 탬즈워터(Thames Water)의 지분을 인수한 바 있다(Sakoui 2012). 영국 정부가 민영화한 탬즈워터의 일부를 중국 정부 통제의 펀드가 소유한다는 것은 아이러니가 아닐 수 없다(Allen and Pryke 2012).

이에 정치학자들은 자본주의 경제에서 다양성이 높은 수준으로 유지된다는 것을 지적한다. 대표적으로, **자본주의 다양성(VoC: varieties of capitalism)**에 대한 논의에서는 기업의 행동이 **국가**의 제도적 환경에 착근하는 정도를 강조한다(Hall and Soskice 2001). VoC는 특히 **제도**가 부문 간의 마찰을 관리하며 사회적·경제적 궤적을 형성하는 점을 부각한다. 구체적으로, 임금 결정, 직업 훈련 및 교육, 기업 거버넌스, 기업 간 관계, 노동 조직의 측면에서 국가별로 차별화된 시스템은 독특한 사회적·정치적 조정의 패턴을 낳았다. 그리고 이러한 기준에 따라, 경제는 구별되는 특성을 가진 (미국, 영국, 캐나다, 오스트레일리아, 뉴질랜드, 아일랜드 등) **자유시장경제(LME: liberal market economy)**와 (독일, 일본, 스웨덴, 오스트리아 등) **조정시장경제(CME: coordinated market economy)**로 범주화된다.

이를 근거로 VoC 접근은 글로벌화에 대한 과장된 주장의 수정을 요구한다. 그러나 이 접근은 제도를 균형으로 강조함으로써 행위자들이 어떠한 방식으로 자원을 동원해 제도적 질서를 방어하며 보호하려고 하는지에 관심을 두지 않는다. 다시 말해 "제도적 배치의 결과가 비효율성과 불평등을 초래하는 준최적(suboptimal)" 상태인 상황을 무시한다(Peck and Theodore 2007: 755). 닐 브레너 등 (Brenner et al. 2010: 188)에 따르면, "국가의 규제적 시스템을 관통하여 시장이 규율하는 규제적 변화의 과정을 해석할 수 있는 장치가 VoC 분석에는 제대로 마련되지 못했다." 다른 한편으로, 제도는 조정과 합의의 장이지만 동시에 권력이 작동하며 마찰을 조장하는 측면도 있다. 제도적 변화가 정치적 경합으로 이어지기도 한다는 의미이다. 대런 아세모글루(Acemoglu 2003: 29)의 주장에 따르면, "제도는 사회에서 파이의 크기에 영향을 줄 뿐 아니라 그것이 어떻게 분배되는지에도 영향을 미치기" 때문이다. 비슷한 주장은 (싱가포르, 한국, 타이완을 포함한) 발전국가(developmental state)에 대한 문헌에서도 제기된다. 여기에서는 정부, 산업, 노동 간의 관계가 어떠한 방식으로 성장의 패턴을 형성하는지를 강조하면서, 이러한 제도적 배치의 분배적 결과에 주목한다(Chang 2010; Evans 2010; Yeung 2015). 로컬·지역 스케일에서 제도는 개발의 문제에 직면해 집단적 문제를 완화하는 메커니즘으로 제시되는 경향이 있다. 그러나 협력은 언제나 마찰과 함께 나타난다. 이러한 맥락에서

"제도와 경제적 성과 간의 관계를 조율해야 하는 정치"의 필요성이 생긴다(Dellepiane-Avellaneda 2009: 211; Wood 2012; Storper et al. 2015).

아세모글루와 로빈슨(Acemoglu and Robinson 2012)은 **포용적(inclusive) 제도**와 **착취적(extractive) 제도**로 구분하며 경제와 정치를 이해한다. 포용적 제도의 사회는 권력을 광범위하게 분배하며 성장의 성과도 사회적·공간적 측면에서 공평하게 분배되도록 한다. 반면 착취적 제도의 사회는 정치적 권리를 제한하며 자원을 엘리트층을 중심으로 재분배하여 투자와 혁신의 인센티브를 제거한다. 역사도 중요한데, 이는 **임계 전환점**(critical juncture)의 중요성 때문이다. 여기에서 임계 전환점은 사회의 정치경제적 균형을 와해시키고 새로운 정치경제적 제도의 경로를 형성하는 주요 사건(이벤트)이나 요인의 결합을 뜻한다. 이러한 시점에서 **제도적 부동(浮動, drift)**의 과정이 나타나며, 이를 통해서 포용적인 제도나 착취적인 제도가 나타날 수 있다. 여기에서 제도적 부동은 미리 정해져 있지 않고 전적으로 우연적인 과정을 말한다(Acemoglu and Robinson 2012). 한편 제도와 개발에 관한 연구는 성장의 정치경제학에 학문적 뿌리를 두며, 국가 간 경제성장의 차이를 설명하는 데에 관심을 둔다. 이러한 접근은 연구 설계에 대한 상세한 정보를 제공하지 않고 지역제도에 관해서는 일반적인 수준의 논의만 제시한다. 미국 남부와 아르헨티나의 라리오하에서의 제도적 변화에 대한 시론적 수준의 논의를 제외하고(North 1990; Acemoglu and Robinson 2012), 관련 문헌은 제도가 하위국가 스케일에서 경제 성과에 주는 차이를 설명하는 것에 거의 관심을 두지 않는다. 그러나 이 접근은 로컬·지역제도의 질과 역량, **경로의존성**의 성격, 경제활동의 인센티브로 작용하는 정치적 요인 등에 대한 논의와 관련해 이론적 적합성을 가진다. 이는 특히 경제 행위자의 영토 및 네트워크 **착근성**에 대하여 체계적이고 종합적인 통찰력을 제시하며, 어떻게 그러한 착근성이 로컬과 지역의 맥락에서 미시경제적 결과에 영향을 미치는지 파악할 수 있도록 한다(Farole et al. 2011b; Storper et al. 2015).

오늘날 **국가**는 변동하고 있다. 국가의 역량이 기능적으로 그리고 영토적으로 재조직화되면서, 하위국가, 상위국가, 초영토적 **스케일**에서 **네트워크화**되고 있다. 국가 권력의 상향(upwards) 분산 때문에 EU나 IMF와 같은 상위국가 제도의 역할이 중요해졌다. 동시에 국가 권력은 로컬·지역 스케일로의 하향(downwards) 분산과 초영토적 네트워크를 통한 측방(sideways) 분산에도 영향을 받는다. 이러한 현상은 다양한 영토적 스케일의 국가 행위자들이 자치성과 전략적 역량을 강화하려는 노력 때문에 나타난다. 제숍(Jessop 1997)에 따르면, 국가의 국내 활동에서 국제적 맥락이 더욱 중요해졌고 이에 따라 사회적·경제적 정책에서 국제 경쟁력을 중시하는 상황이 조성되었다. 동시에 오늘날 국가정부의 역할은 국제기관의 규제적 기능에 많은 영향을 받는다. IMF, 세계은행, WTO, EU,

NAFTA, ASEAN, MERCOSUR 등이 그러한 제도적 기관에 속한다. 이러한 국제기관의 성장은 글로벌 생산네트워크(GPN: global production networks)와 글로벌 금융시장이 부상하는 경제의 글로벌화의 맥락 속에서 나타난다(7장). 개별 국민국가의 범위를 넘어서는 이슈를 해결하기 위한 노력이 필요해졌기 때문이다. 그러나 이러한 변화 속에서 국가정부가 경제적 규제의 영역에서 발휘할 수 있는 영향력에 제약이 가해지는 문제도 발생한다.

4. 다층 정부와 거버넌스

오늘날 국가 변형의 중요한 특징 중 하나로, **분권화(탈중심화)**가 글로벌 트렌드로 자리 잡았다. 이에 따라 지역개발에서 로컬·지역의 정부와 거버넌스 제도의 역할이 증대하고 있다(Rodríiguez-Pose and Gill 2003). 명백한 분권화의 모습은 전체 정부지출에서 하위국가 정부가 차지하는 비율을 통해서 확인된다(그림 4.3). 분권화는 특히 직접투자, 직원고용, 공공조달에서 두드러지게 나타난다. 그러나 분권화의 특성은 매우 불균등하게 차별화되어 있고, 분권화의 결과도 불확실하다. 분권화의 국제적 패턴과 국가의 공공지출에서 하위국가 정부가 차지하는 비중에는 상당한 차이가 존재한다. 실제로 국가 형태의 다양성이나 **자본주의 다양화**(variegation of capitalism) 논의가 시사하는 바와 같이, OECD 국가 내에서 분권화와 공공지출의 수준이 다르게 나타난다(그림 4.4). 일부 국가에서는 2008년 글로벌 금융위기가 새로운 분권화 움직임을 자극하기도 했다. 물론 정부와 거버넌스 제도가

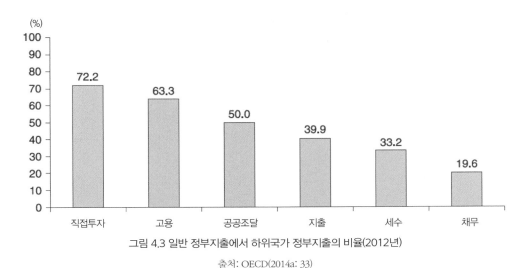

그림 4.3 일반 정부지출에서 하위국가 정부지출의 비율(2012년)

출처: OECD(2014a: 33)

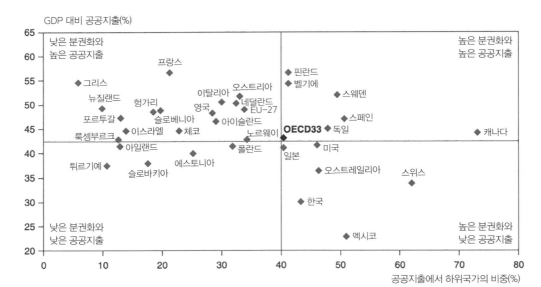

그림 4.4 GDP 대비 공공지출과 공공지출 대비 하위국가 정부지출(2012년)

출처: OECD(2014a: 32)

이용할 수 있는 재원이 긴축의 시기 동안 감소하기는 했다. 그리고 로컬 및 지역 거버넌스가 중앙정부의 권한을 대체하지는 못했다. 그러나 행위자들은 목적을 추구하는 데에 있어서 상호의존적으로 변했으며, 지역개발은 **다중 행위자**와 **다층 거버넌스**의 맥락에서 이루어지게 되었다(Charbit 2011).

분권화된 거버넌스의 글로벌 트렌드나 지역제도의 부상은 **케인스주의/포디즘 국가**의 위기와 새로운 제도적 질서의 한 가지 측면으로 이론화되었다. 일반적으로 로컬·지역제도는 케인스주의 국가에 종속되어 있었다. 실제로 지역제도는 "자체적으로 정당화될 수 있는 정책 형성의 장소가 아니라 국가의 목표를 수행하는 대상으로 인식"되었다(Tijmstra 2011: 37). 케인스주의 국가의 위기는 기존에 국가화되어 있었던 **스케일 조정(scalar fix)**을 불안정하게 만들었다. 이러한 위기는 새로운 **다중 스케일** 조정(multi-scalar fix)으로 이어졌다(Brenner 2009; Pike and Tomaney 2009). 케인스주의/포디즘 국가가 실패한 원인 중 하나는 "로컬 지식과 노하우의 필수적 역할"을 억압했던 것이다(Scott 1998: 6). 그 대신, 케인스주의 국가는 '가독성(legibility)'만을 추구하는 오류를 범했다. 다시 말해 국가에 초점을 맞춘 근대화 프로젝트를 위해서 사회적·경제적 과정 전체를 지배하려 했다. 케인스주의는 국가적 관리에 초점을 맞추며 대규모로 발생하는 다양한 지역 변화에 충분하고 능숙하게 대처하지 못했다. 지역제도의 부상으로 "불가독성(illegibility)이 … 정치적 자치성이 신뢰할 만한 자원"임이 입증되었다(Scott 1998: 54). 다른 한편으로, 지역제도의 다양성은 정치적 혁신의 조건을 형성했다. 이에 대해 미국 대법관 루이스 브랜다이스(Louis Brandeis)는 다음과 같은 유명한 판결을 남겼다. "주민이 선택한다면 용기 있는 주는 하나의 실험실처럼 작동하고, 국가 전체를 위험에 빠뜨리지 않는 범위에서 새로운 사회적·경제적 시도를 해 볼 수 있다. 이것이 연방 시스템이 만들어낸 행복한 우연 중 하나다."(New State Ice Co v. Liebmann, 285 U.S. 262, 311, 1932)

경제를 진화적, 사회적·문화적 과정으로 이론화하는 접근에서는 로컬·지역제도에 관심을 기울인다. 이러한 접근에 따르면, 경제는 경합하는 규범과 가치에 근거하며 이것이 제도로 표현된다. 제도는 투자와 기업에 대한 인센티브로 작용한다(Gertler 2010; Martin 2000; 2장). 이런 관점에서 애쉬 아민과 나이절 스리프트(Amin and Thrift 1995)는 **제도적 밀집(집약)**의 개념을 제시하며 일부 지역에서만 나타나는 우월한 성과의 이유를 설명했다. 그러나 최근 연구에서는 제도적 밀집(institutional thickness) 메타포의 가치에 의문이 제기되었다. 실제로 제도의 밀도보다 질과 성과에 더 많이 주목해야 한다는 요구가 있다. "매우 유사한 제도적 환경이라도 다른 영토에서 서로 다른 방식으로 작용"하는 경우가 있기 때문이다(Farole et al. 2011b: 74). 이러한 분석의 사례에는 난해한 이양 배당(devolution dividend)에 대한 논의가 포함된다. 이양 배당의 효과를 구별하는 일은 현실적으로 매우 어렵다. 제도 간의 복잡한 상호관계와 제도가 지역에 미치는 광범위한 영향력 때문이다. 학습지역(learning region)이나 지역개발기구의 성과에서도 제도의 영향은 불가피하다(Bellini et al. 2012; Morgan 2006, 2007a; Pike et al. 2012c; Rodríguez-Pose and Gill 2005; 3장). 다른 한편으로, 리더십을 지역 성공의 중요한 열쇠로 여기는 논의도 있다(Sotarauta and Pulkkinen 2011). 그러나 지역제도는 경제적 **고착(lock-in)**의 측면에서 산업 지역이 경제 위기에 제대로 적응하지 못하는 원인으로 지목되기도 한다(Grahber 1993; Hassink 2007). 이는 보다 광범위한 **경로의존성**에 대한 논의와 관련되어 있다(Martin 2010; 3장). 로컬·지역제도로의 분권화는 국제개발 기구 정책의 **굿 거버넌스(good governance)** 논의와도 얽혀 있다. 굿 거버넌스는 부패, 비효율성, 투명성과 책무성 결핍 등 개발 정책의 실패 원인에 대한 대응으로 등장했다(World Bank 1997). 참여, 합의 지향성, 책무성, 투명성, 대응성, 효과성, 효율성, 공평성, 포용성, 준법 등이 굿 거버넌스의 일반적 특징으로 여겨진다. 그러나 이러한 용어들의 의미에 대해서는 여전히 논쟁의 여지가 남아 있다. 그린들(Grindle 2012: 267)의 주장에 따르면, "굿 거버넌스"는 논쟁적인 정치적 문제에 대하여 "위생적"이거나 "기술적인" 접근만을 제시하고 경제와 제도에 변화를 줄 수 있는 정치적 제약의 문제를 무시하는 경향을 보인다(Dellepiane-Avellaneda 2009).

한편 한센 등(Hanssen et al. 2011: 39)은 제도가 어떻게 다루어지는지를 조사하여 분석했다. 이 연구에 따르면, 정부가 개발과 성장을 지원하는 도구로만 여겨지고 정치, 민주주의, 다층 거버넌스의 문제는 무시되고 있다. 같은 문제의식에서, 안시 파시(Anssi Passi 2009, 2001)는 지역이 형성되고 제도화되는 과정에 주목했다. 그는 지역을 상징적·영토적 형태를 가진 – 즉 경계로 둘러싸이게 되는 – 문화적·정치적 구성물로 이해했다. 그리고 지역을 제도 형성의 전조로 파악했다. 즉 지역이 먼저 구성되고 그다음에 사회의 영토 시스템에 통합된다는 것이다. 마찬가지로, 존 애그뉴(John Agnew 2013)도 지역제도를 위급한 시장 압력에 대응하는 도구라기보다 **정체성**의 표현으로 설명했다. 그에 따르면, 지역제도는 "광범위한 정치적·제도적 환경의 맥락 속에 존재하며 의미를 지니게" 된다(Agnew 2013: 12). 지역제도는 영토에 기초한 정치적 투쟁의 결과이며, 다층 거버넌스는 "이익을 추구하는 권력 간 투쟁의 내생적 결과"이다(Faguet 2013: 9). 이처럼 지역제도는 양분된 렌즈를 통해서 인식되는 경향이 있다. 한편에서는 경제적 성과에 대한 도구적 기여를 강조하고, 다른 한편에서는 정치적으로 구성되는 공간 정체성을 표현하는 역할에 주목한다. 지역제도 형성에 대한 현실 담론에서는 정체성과 경제가 혼재하며, 혼재된 상태는 시간과 장소에 따라 변하기도 한다(Rodríguez−Pose and Sandall 2008). 제도의 경로가 다양하다는 이야기다. 하위국가 수준에서 다양한 제도적 배치(institutional arrangement)가 나타나고 특유의 전략이 마련되기 때문이다. 이와 관련해 국가적 정부와 거버넌스 시스템이 어떻게 작용하는지에 대한 의문이 제기되기도 한다. 이는 1990년대 후반의 지방 이양 이후 영국에서 나타난 다양한 입법 기관의 모습에서 확인할 수 있다(사진 4.1). 파롤 등(Farole et al. 2011b)에 따르면, 제도가 다양한 지리적 스케일에서 경제성장의 과정을 형성하여 수행하는 방식은 공식적 사회 제도와 집합적 삶의 – 즉 커뮤니티의 – 패턴 간 상호작용에 영향을 받는다. 지금의 **포스트케인스주의** 시대에는 로컬·지역제도가 "경제활동에 영향을 주는 형성적 역할이 증가"하고 있다(Martin 2000: 91). 이것은 거시경제적 조절의 체제에서 '미시−사회−제도적 조절'의 체제로 분권화되는 일반적인 변화의 일부이다(Crouch et al. 2009).

정부와 거버넌스의 분권화가 많은 국가에서 관찰되는 국제적인 트렌드인 것은 사실이다. 그러나 분권화의 경제적 성과, 편익, 비용과 관련된 효과성은 여전히 불확실하다(Tomaney et al. 2011; 사례 4.1; 표 4.3). 게다가, 분권화는 다양한 형태로 진행되며 분권화의 패턴은 매우 불균등하게 나타나고 있다. 지방·지역정부가 누릴 수 있는 자치성의 수준도 일정하지 않다(표 4.4). 예를 들어 국가정부의 일반 수입과 지출에서 하위국가 정부가 차지하는 비율은 OECD 국가 사이에서 매우 다양하게 나타난다(표 4.5). 지방세가 주수입원인 곳에서는 국가에 비해 하위국가의 수입이 높은 경향이 있다. 하위국가가 책임지는 지출은 여러 부문에서 증가했지만, 많은 지방·지역정부는 여전히 중앙정부에 의존해 재원을 마련한다. 이러한 사회적·경제적 조건의 공간적 격차 맥락에서 책임의 지방 이양이 진행되고 있다. 재정 권력의 지방화, 평준화 조치, 로컬과 지역의 자치에 대한 요구가 증대하며, 맞춤

사진 4.1 영국의 입법권 이양: 에든버러의 스코틀랜드 의회

출처: Klaus with K

사례 4.1 분권화에 대한 찬성과 반대

주요 문헌에 나타난 분권화에 대한 찬성과 반대 입장은 다음과 같이 요약된다(Tomaney et al. 2011; Triesman 2007).

찬성

1. **행정 효율성**. 다층 정부는 공공재와 공공서비스에 대한 주민 수요에 정확하고 비용 효율적인 방식으로 대처함.

   비판: 이러한 결과를 위해서는 정치적 분권화가 아니라 행정적 분권화만으로도 충분함.

2. **로컬 경쟁**. 이동성 높은 인구와 투자를 유치하기 위한 지방정부 간 경쟁으로 인해서 정직성, 효율성, 반응성이 증진됨.

   비판: 대부분의 국가에서 로컬 경쟁의 조건이 마련되어 있지 않으며, 로컬 경쟁은 ('바닥치기 경쟁'과 같은) 부정적 결과로 이어질 수 있음.

3. **재정 인센티브**. 교부세에서 지방정부의 지분을 늘리면 지역의 경제활동을 지원하는 동기가 높아지며, 이것은 보다 나은 국가적 성과로 이어질 수 있음.

   비판: 지방정부의 지분을 늘리게 되면 다른 층위 정부의 몫이 줄어듦.

4. **민주주의.** 분권화는 정부의 규모를 축소함으로써 주민참여 증진, 시민의식 고취, 선거에 대한 책임성 향상에 공헌함. 주민들이 로컬 이슈에 대하여 더 많은 정보를 얻기 때문임.

   비판: 지방정부 부패를 조장함. 지방정부가 국가정부보다 반드시 많은 로컬 정보를 보유하는 것은 아님.

5. **견제, 균형, 자유.** 분권화된 시스템에서 강력한 지방정부는 중앙정부의 권력 남용으로부터 보호받으며 부패를 견제함.

   비판: 중앙정부는 분할통치(divide and rule) 메커니즘을 추구하며, 지방정부도 (과거 미국 남부의 노예제도처럼) 로컬 권력을 남용할 수 있음.

6. **거부권 행사와 변화.** 분권화를 통해 보다 많은 행위자에게 의존한 정책 변화를 이루어냄으로써 정치적 안정성이 높아짐.

   비판: 나쁜 정책도 확고하게 자리를 잡을 수 있으며 혁신에 대한 인센티브가 부족함.

7. **로컬 정보와 정책 혁신.** 지방정부는 로컬 정보를 더욱 잘 이용할 수 있어서 정책 혁신에 유리함.

   비판: 지방정부라고 해서 로컬 정보를 획득하는 일에 능숙한 것은 아님. 중앙정부가 더 많은 정책 혁신을 더욱 광범위하게 사용할 수 있음.

8. **윤리적 충돌.** 정치적 분권화는 지방자치에 대한 요구를 만족시키며 윤리적 충돌을 해소할 수 있음.

   비판: 정치적 분권화도 윤리적 충돌을 높이는 원인임.

반대

1. **재정 압박.** 정치적으로 강력한 지방정부는 중앙정부의 느슨한 예산 통제력을 이용해 재원의 이전을 촉진함으로써 재정적·거시경제적 규율을 약화시킴.

   비판: 이러한 문제는 강력한 지방정부 때문이 아니라 약한 중앙정부 때문에 나타남.

2. **재정 조정.** 지방정부와 중앙정부가 같은 조세 기반에서 세금을 따로따로 부과할 수 있음. 유권자들이 지방정부와 중앙정부에게 동일한 서비스 지출을 기대할 수도 있음. 그러면 과도한 과세나 과도한 지출의 문제가 발생함.

   비판: 과잉세금과 과잉지출은 서로 간의 효과를 상쇄함.

3. **불평등.** 분권화된 시스템은 약한 장소를 희생하여 강한 장소를 더욱 강하게 만들 수 있음.

   비판: 재정적 평준화와 이전 조치를 통해서 공간적 불평등은 약화될 수 있음.

4. **행정 비용 추가.** 다층의 정부는 정부의 비용을 늘릴 수 있음.

   비판: 분권화를 통해서 정부의 비용은 주민에게 돌아감.

5. **지역 간 '바닥치기 경쟁'.** 분권화는 소모적인 제로섬 경쟁을 조장함.

   비판: 국가적·국제적 경쟁 규칙으로 해결할 수 있음.

형 지역개발 정책이 가능해졌다. 그러나 책임의 지방 이양과 함께, 중앙에서 결정된 표준이 로컬·지역 서비스 제공에 부과되는 경향도 나타난다(OECD 2013a). EU의 지역정책이 합의된 결과와 연동하여 로컬·지역제도에 재원을 제공하는 사례에 해당한다. 물론 이러한 조건의 부과에는 많은 어려움이 따르는 것도 사실이다(Barca 2009).

표 4.3 분권화의 편익과 비용

잠재적 편익	잠재적 비용
이양된 정책을 통해서 지역의 선호를 더욱 잘 반영(배분적 효율성)	정부나 거버넌스 제도의 또 다른 층위를 추가함으로써 행정 비용의 추가적 부담
지역의 경제적 잠재력에 대한 지식 개선(생산적 효율성)	정책 형성과 전달에서 규모의 경제 손실 하위국가 지역에서 국가제도보다 많은 영향력을 행사하는 이익집단의 '지대추구' 증가
민주적 책임성을 통해서 정책 형성과 실행의 효율성을 개선하고 혁신을 증진	감독 및 평가 규율의 약화(지역제도보다 국가의 재정 부서가 효율성을 훨씬 강력하게 추진함)
재정 자치에 따른 강력한 예산 통제력, 조세 권력을 통한 세수와 세출의 점진적 변화	지역의 재정 역량과 결부된 예산 통제력 한계 하위국가 지역에서 증가한 세수와 공공지출을 연결하는 메커니즘과 인센티브의 부족
국토 전체에 비해 낮은 조정 및 준수 비용	국토의 다른 지역과 조정 감소, 하위국가 지역 간 부정적 유출효과 가능성

출처: Ashcroft et al.(2005: 3)

표 4.4 분권화의 형태

재정	정치	행정	탈집중화	위임	이양
중앙정부가 하위국가 수준에 허용하는 조세, 지출, 공적 금융에 대한 자치	하위국가 수준에서 취해지는 정부와 거버넌스의 정치적 기능	하위국가 수준에서 취해지는 행정적 기능과 책임	중앙정부의 기능과 책임을 하위국가 기관으로 확대. 권력이 낮은 층위의 행위자에게로 이관되며, 낮은 층위의 행위자는 위계적 조직 내에서 높은 층위 행위자에게 책무성을 가짐.	정책 책임을 지방정부나 준자치 조직으로 이전. 중앙정부가 지방정부나 준자치 조직을 통제하지는 않지만, 지방정부와 준자치 조직은 중앙정부에 대하여 책무성을 가짐.	중앙정부의 허가에 따라, 준자치적 지방정부 단위는 이전받은 정책에 대하여 권력과 통제권을 행사함.

출처: Tomaney et al.(2011: 17)

기존 연구 대부분은 로컬·지역제도가 다양하게 차별화된 질적 측면을 부각했지만, 그러한 차이가 만들어지는 과정을 조명하는 작업은 최근에서야 시작되었다. 이런 상황에서 "거버넌스의 지역적 차이는 어떠한 문화적 유산, 경제적 변수, 제도적 요인으로 설명될 수 있는가?"에 대한 의문이 제기되었다(Charron et al. 2012a: 15). 같은 이유에서 파롤 등(Farole et al. 2011b: 71)은 "어떤 조건에서 그러한 정체성이 형성되어 여러 집단을 공통된 거버넌스 프레임으로 모이게 할 수 있는지, 이를 통해 계속된 성장이 가능하려면 어떤 문제를 해결하는지, 그리고 어떤 경우에 그러한 정체성이 정체나 장애로 이어지는지를 조명해야 할" 필요성을 제기했다. 브레너와 박스무트(Brenner and Wachsmuth 2012)의 주장에 따르면, 특정한 도시나 지역에서 경제성장을 이끄는 영토적 동맹은 일반적으로 사

표 4.5 OECD 국가의 공공지출 및 GDP 대비 하위국가 정부지출(2012년[*])

	전체 공공지출 대비 하위국가 정부지출	GDP 대비 하위국가 정부지출
오스트레일리아	0.46	0.17
오스트리아	0.33	0.17
벨기에	0.41	0.23
캐나다	0.74	0.33
체코	0.23	0.10
덴마크	0.63	0.38
에스토니아	0.25	0.10
핀란드	0.41	0.23
프랑스	0.21	0.12
독일	0.46	0.21
그리스	0.06	0.03
헝가리	0.19	0.09
아이슬란드	0.29	0.14
아일랜드	0.13	0.05
이스라엘	0.14	0.06
이탈리아	0.30	0.15
일본	0.40	0.17
한국	0.43	0.13
룩셈부르크	0.12	0.05
멕시코	0.51	0.12
네덜란드	0.32	0.16
뉴질랜드	0.10	0.05
노르웨이	0.34	0.15
폴란드	0.32	0.13
포르투갈	0.13	0.06
슬로바키아	0.19	0.10
슬로베니아	0.51	0.24
스페인	0.49	0.26
스웨덴	0.62	0.21
스위스	0.11	0.04
튀르키예	0.29	0.14
영국	0.29	0.14
미국	0.46	0.19
OECD33 평균	0.40	0.17
OECD33 국가 평균	0.33	0.15

[*] 캐나다·뉴질랜드는 2010년, 오스트레일리아·일본·한국·이스라엘·멕시코·스위스·튀르키예·미국은 2011년 자료를 사용하였음. 칠레 데이터는 없음.

출처: OECD(2013a: 95)

회집단에 착근되어 있다. 동시에 그러한 사회집단은 부동(不動, immobile)의 인프라와 고정자본에 견고하게 자리 잡는다. 하지만 유사한 경제적 특징을 가지고 있는 로컬리티나 지역에서 조차도 동맹의 형태와 결과는 다르게 나타날 수 있다(Putnam 1993; Safford 2009).

바로 이러한 맥락에서 **다층 거버넌스**(MLG: multi-level governance)가 작동한다. MLG는 다음과 같이 정의된다.

> [MLG는] 다양한 행정적·영토적 수준에서 정책 결정의 권한, 책임, 발전, 실행을 공유하는 것이다. 이러한 공유는 명시적으로나 암묵적으로 이루어질 수 있다. 행정적·영토적 수준과 관련해, 정책 결정의 공유는 ① 중앙정부 수준에서 서로 다른 부처나 공공 기관 사이에서 (즉 상층부에서 수평적으로), ② 로컬, 지역, 주, 국가, 상위국가 등 서로 다른 층위 간에서 (즉 수직적으로), ③ 하위국가 수준에서 서로 다른 행위자들 사이에서 (즉 하층부에서 수평적으로) 나타날 수 있다.
>
> (Charbit 2011: 13)

하지만 **거버넌스 공백**(gap) 때문에 MLG 시스템의 효과성이 저하될 수 있다. 거버넌스 공백은 정보, 역량, 재정, 정책, 행정, 목적, 책임성 등과 관련해 나타난다. 가령 관할권의 파편화 때문에 행정적 공백이 나타날 수 있다. 이러한 공백 요소를 상쇄하는 조치가 요구된다. 도시구조의 행정적 파편화는 도시 생산성 프리미엄 규모에 악영향을 주는 결정 요인이기 때문이다(Ahrend et al. 2014; Katz and Bradley 2014). 이러한 거버넌스 공백을 채우기 위한 **상쇄 조치**(compensating action)의 범위와 성격은 국가마다 다르다. 어떤 국가에서는 연방 형태의 구조를 보유한다. 예를 들어 오스트레일리아에는 연방정부와 주정부 간의 협의체로 정부협의회(Council of Australian Governments)가 결성되어 있다. 그리고 오스트레일리아 보조금위원회(Australian Grants Commission)는 공공지출의 지역 간 분배에 대한 권고안을 마련한다. 중앙정부와 지방정부 간의 계약을 바탕으로 상쇄 조치가 이루어지는 경우도 있다. 프랑스의 국가-지역 프로젝트 협약(Contrat de projets État-région)이 대표적인 사례이다. 이 협약은 중앙정부와 지방정부 간 지역 경제개발의 조건을 마련하는 기능을 한다. 마지막으로, 초국가적 협력을 통해서 새로운 지역을 창출하여 개발과 투자 전략의 통로를 구축하는 경우도 있다. 덴마크와 스웨덴 간의 외레순드(Øresund) 지역이 그러한 사례에 해당한다.

규제적 프레임이 약하면 영토 간에 소모적인 **경쟁**이 심화될 위험이 있다. 지방·지역정부가 숙련노동, 이동성 높은 투자 등 외부의 (외생적) 자원을 유치하기 위해서 인프라를 과도하게 공급하면서 과열된 경쟁을 벌일 수 있기 때문이다(7장). 예를 들어 1990년대 동안 브라질 경제가 개방되면서 자

사진 4.2 초국적 인프라 연결: 덴마크 코펜하겐과 스웨덴 말뫼 사이의 외레순드 대교

동차 산업 부문에 해외직접투자(FDI)가 유입되었는데, 당시 주지사들은 자신의 지역으로 자동차 공장을 유치하기 위해 관대한 지원금과 재정 인센티브를 제공했었다. 이러한 지원책들은 **사중효과** 인센티브의 성격을 보였다. 별다른 조치가 없어도 어떻게든 발생할 투자를 유치하는 데에 공공 재원이 사용되었기 때문이다(5장). 이웃 지역을 이기기 위한 주지사들의 노력으로 인해서 정부의 재정적 압박이 커졌지만, 이를 통해 유치한 투자는 정작 지역개발에 큰 도움을 주지 못했다. 유치한 공장에서 전략적 기능과 로컬 연계가 부족했기 때문이다. 이에 다음과 같은 주장이 제기되기도 했다. "입찰 경쟁은 주정부의 주요한 – 거의 유일한 – 개발 전략이었지만 완벽하게 소모적인 전략에 불과했다. 로컬과 국가 스케일 모두에서 후생 개선의 효과가 많지 않았기 때문이다."(Rodríguez-Pose and Arbix 2001: 151).

중국의 급속한 도시화와 산업화에서는 채권 금융 인프라를 둘러싼 영토 간 경쟁 사례를 찾아볼 수 있다(8장). 1979년 중국 경제가 개방되면서 지방정부도 채권을 발행할 수 있게 되었다. 2009년 중국 정부는 글로벌 금융위기의 영향을 누그러뜨리기 위해서 지방정부에 부과되었던 채권 발행 제한을 완화했다. 이 조치 이후로 중국에서 지방정부의 채무는 급증했다. 재정 역량이 부족한 하위국가기관 사이에서 지역개발 재원 마련을 위한 핵심 수단으로 지방채 발행이 동원되었기 때문이다(Wu and Feng 2014). 2013년 중국 성·시·군정부의 채무는 1.6조~3.2조 달러에 이르는 것으로 추정되었는데, 이는 GDP의 20~40%에 해당하는 규모였다(Rabinovitch 2013). 이러한 과정은 성(province)별로 다르게 나타났다. 서부의 저개발 성에서 GDP 대비 채무 비율이 가장 높았다. 지방채 발행을 통해 지역균형발전을 촉진하려고 노력했기 때문이었다. 지방채로 마련된 자금은 도시나 인프라 개발에 가장 많이 투입되었다(Wu and Feng 2014). 가장 눈에 띄는 결과 중 하나는 중국 전역에서 나타나고 있는 공항건설 광란(airport-construction frenzy)이다(Economist 2015a). 중국 정부는 제12차 5개년 계획에서 2015년까지 82개의 신공항을 건설하는 목표를 세웠다. 공항 네트워크를 50% 확대하기 위해 마련된 계획이다(Mitchell 2014). 고속철도 네트워크의 확대도 동시에 진행되면서 승객 유치 경쟁도 심각해졌다. 2013년을 기준으로 중국 공항의 3/4 정도는 적자로 운영하고 있었다(Wang 2013). 이에 다음과 같은 주장이 제기되었다.

> 신공항 건설을 통해서 얻는 이익이 거의 없다. 그렇다면 중국은 무슨 이유로 공항을 짓는데 몰두하는 것일까? 중앙정부의 철도부가 고속철도를 확장하는 동안 지방정부는 공항 건설을 밀어붙였다. 공항 건설은 정치적 인지도를 높이려는 지방정부 관료의 욕망에 딱 맞는 사업이다. 단기적으로나마 로컬 경제성장을 자극할 수도 있다. 이는 정치적 홍보 주기와도 맞아떨어진다. 지방 관료는 공항 건설에 대한 공을 얻고, 채무 상환의 책임은 후임자에게 넘길 수 있었다.
>
> (Wang 2013: 1)

영토 간의 경쟁은 이동성 투자자를 상대로 로컬리티나 지역의 매력을 높이기 위한 규제 경쟁의 형태로도 나타난다. 미국에서 **일할 권리(Right to Work)** 주의 등장을 그러한 사례로 언급할 수 있다. 일할 권리 법은 노동조합의 조직 권한에 제약을 가하는 주정부 수준의 법령이다. 2015년까지 24개 주에서 일할 권리 법을 채택하였다(그림 4.5).* 주로 보수주의 의원들의 발의로 일할 권리 법이 도입되는데, 대개 다른 주와 경쟁해야 하는 필요성으로 정당화된다. 예를 들어 위스콘신에서는 공화당 의원이 다수를 차지하게 되면서 일할 권리 법이 주의회를 통과했다(Economist 2015b; 사례 9.2). 당시 위스콘신 공화당 의원들은 인근 주에서 이미 도입했다는 이유를 들면서 도입을 정당화했다. 하지만 이러한 정책의 영향을 공식적으로 분석하는 것은 대단히 어려운 일이다. 일할 권리 법의 영향을 다른 경제적 트렌드나 국가·지역정책의 효과로부터 (예를 들면, 느슨해진 환경법의 효과로부터) 분리해야만 하기 때문이다. 어쨌든 증거에 따르면, 이동성 투자의 패턴이 바뀌며 일할 권리 주가 보다

---

* 이 책을 번역하고 있는 시점에서 일할 권리 법의 주는 26개까지 늘었다. 2015년 위스콘신, 2016년 웨스트버지니아에서 이 법이 주의회를 통과했다.

워싱턴
오리건
아이다호
몬태나
노스다코타
사우스다코타
와이오밍
미네소타
위스콘신
미시간
버몬트
메인
뉴햄프셔
매사추세츠
로드아일랜드
뉴욕
펜실베이니아
뉴저지
델라웨어
메릴랜드
웨스트버지니아
네바다
유타
네브라스카
아이오아
일리노이
인디애나
오하이오
캘리포니아
콜로라도
캔자스
미주리
켄터키
버지니아
노스캐롤라이나
애리조나
뉴멕시코
오클라호마
아칸소
테네시
사우스캐롤라이나
텍사스
미시시피
앨라배마
조지아
루이지애나
플로리다
알래스카

그림 4.5 '일할 권리'의 주와 노동 친화적인 주

출처: National Right to Work Committee

많은 일자리를 유치한 것은 사실이다(Holmes 1998). 그러나 이런 주들은 임금 하락과 열악해진 일자리 환경의 대가를 치러야 했다. 이는 복지의 전반적 후퇴를 낳기도 했다. 그래서 일할 권리 법의 확산은 **바닥치기 경쟁**의 일부로 해석되기도 한다(Goetz et al. 2011). 이처럼 일할 권리 법은 누구를 위해 어떤 종류의 지역개발을 추구할 것인가에 대한 답을 제시하는 사례라 할 수 있다(2장).

한편 MLG 프레임에서는 상쇄 법안을 마련하여 영토 간 경쟁의 악영향을 완화하려는 노력도 이루어진다. 최소한 이론상으로는 가능한 일이다. 예를 들어 EU는 경쟁정책(competition policy)을 도입하여 공공 재원이 기업의 명시적·암묵적 인센티브로 사용되는 수준에 제약을 주고자 했다. 특히 국고 보조금(state-aid)으로 불리는 정부의 지원에 한정해 적용되는 제한 사항이다. 국제노동기구(ILO) 등에서 제시하는 노동의 표준도 바닥치기 경쟁 전략의 밑바닥을 정하는 데에 이용될 수 있다. 하지만 이러한 규칙의 제정과 시행은 매우 어려운 일이다. 국내에서든 국제적으로든 이익이 갈릴 수 있기 때문이다. 강력한 다층 거버넌스가 가능해지려면 **하이로드(high-road)** 지역개발 전략이 필요하다(2장; 사례 9.2). 로컬·지역 거버넌스의 구조가 마련되었다 하여도 그 자체로 성공적인 개발을 보장할 수는 없다는 뜻이다. EU에서 장소기반형 지역정책에 초점을 맞추는 상황에서 샤롱 등(Charron et al. 2012a, 2012b)은 회원국 간에서, 그리고 회원국 내에서 다르게 나타나는 **정부의**

질(QoG: Quality of Government) 문제에 대한 해결책을 요구했다. 공평하고 효율적이며 부패하지 않은 정부가 더 나은 경제적 성과와 결과를 낳을 것이라는 가정에서 제기된 문제였다. 여기에서 QoG는 공식적인 규칙이 아니라 정부의 일상적인 기능의 질을 뜻하며, 이는 주민 만족도와 같은 대용물(proxy) 수치를 사용해 검토된다. 이에 따르면, QoG의 차이는 국가 간에서보다 하위국가 사이에서 훨씬 더 크게 나타난다. 그래서 지리적 불평등에서 장소나 사람 효과만큼 정부 효과도 중요하게 작용한다는 주장이 제기된 것이다. EU의 맥락에 주목한 샤롱 등(Charron et al. 2012a, 2012b)의 결론에 따르면, QoG가 낮은 지역은 **결속기금(Cohesion Fund)**을 효율적으로, 효과적으로 사용하지 못하고 저성장의 함정에 갇히게 될 것이다. 이런 상황에서도 **구조기금(structural funds)**이 투입되기 때문에, 낮은 수준의 QoG 균형이 보호받는 효과가 발생한다(사례 3.5; 사례 3.6).

5. 권력, 정치, 민주주의

세계는 실패국가(failed state)에서부터 권위주의국가(authoritarian state)에 이르기까지 다양한 관할권(jurisdiction)으로 구성된다. 이런 가운데 민주적으로 지배되는 국가의 수는 꾸준히 증가하고 있다(Marshall and Cole 2014). 지역개발 거버넌스 대부분은 민주주의 의사결정 프레임의 형태로 나타난다. 민주주의적 의사결정은 대부분 사회에서 어렵게 성취한 대중적 투쟁의 산물이지만, 그것이 당연시되는 경향도 있다. 민주주의 가치는 정의하기 어렵고 불균등한 방식으로 실현되지만, 원칙적으로는 광범위한 지지를 받는다. 법의 지배, 권력 분립, 시민권, 공정하고 자유로운 선거 등이 민주주의 정치 시스템의 결정적 특징으로 받아들여진다. 특히 "선거 시스템은 대의 민주주의의 근본 제도"이며, 선거 제도의 "도덕적 탁월함"은 정치적 권한에 대한 "급진적 징벌"의 가능성에서 찾을 수 있다(Kateb 1981: 357). 선거가 품격, 공정, 공평, 관용, 일시성을 비롯한 사회 특유의 도덕적 성향을 지원하는 현상인 측면도 있다(Dahl 2000). 민주사회 대부분은 선출된 지방·지역정부를 토대로 형성되었다. 물론 이용 가능한 권력과 자원은 국가나 지역별로 다양하게 나타난다. 앞에서 논의한 바와 같이 정치적 권한의 분권화(탈중심화)는 글로벌 트렌드이며, 이로 인해 지역개발에 관여하는 선출된 지방·지역정부도 늘어나고 있다.

이처럼 민주주의적인 관할권이 확대되고 있지만, 로컬·지역 수준의 민주주의에 대하여 회의적인 시각을 표명하는 논객도 일부 존재한다. 이런 주장은 특히 도시경제학자들을 중심으로 제기되고 있다(3장). 일부 도시경제학자들은 로컬이나 지역의 강력한 제도를 선망의 대상으로 여기지 않고 위험의 요소로 파악한다.

> 민주주의를 숭배하는 것은 매우 쉬운 일이다. 그러나 도시정부가 효과적으로 작동하려면 강력한 영향력을 발휘하며 통치하는 리더가 필요하다. 균형과 견제에 제약받지 않고 불만에 가득 찬 시민들에게 굴하지 않는 지도자가 필요하다는 이야기다. … 도시적 삶의 개선을 위해서는 강력한 행동이 필요하다. 그러나 다양한 유권자들로 확립된 강건한 민주주의 때문에, 그러한 행동이 방해받는 경우가 많다.
>
> (Glaeser 2011: 95)

이런 관점에서 도시개발은 조지 워링 주니어(George E. Waring Junior)처럼 강력한 리더만이 완수할 수 있는 것이다. 워링은 20세기 초반 군인 같은 **리더십**을 발휘하며 뉴욕의 도로 위원회(Street Commission)를 이끌었던 인물이다. 리처드 데일리(Richard M. Daley) 시카고 시장이나 싱가포르의 리콴유 총리 같은 **권위주의** 리더도 도시경제학에서 높이 평가된다(Glaeser 2011). 그러나 지역개발을 과도한 정치에 휩싸인 기술적 활동으로만 이해하는 방식은 로컬·지역·도시제도에 관한 문헌에서 비판의 대상이다. 예를 들어 한센 등(Hanssen et al. 2011: 48)은 스웨덴 지역개발에서 분권화된 정부의 영향을 연구하면서 다음과 같이 말했다.

> 정책에는 정당 간 타협의 흔적이 남는다. 정책을 효과적인 지역 경제개발 촉진 전략으로만 이해할 수 없다는 말이다. … 정치적 행위자로서 정치인은 수많은 부문과 수많은 지역을 대상으로 정치적 약속을 이행할 책임이 있다. 그래서 확고한 신념을 가지고 목표를 수립하여 경제개발을 추구하는 것은 정치인에게 매우 어려운 일이다. 이런 일에서는 전문적 역량에 대한 대표성을 가진 국가 기관이 정치인보다 훨씬 더 적합한 행위자이다.

이와 같은 로컬·지역 수준의 민주주의에 대한 비판은 지역개발에서 경제와 정치의 문제를 구별할 수 있다는 생각에 기초한다. 그러나 경제·사회·환경적 요구가 무엇인지에 대하여 보다 적절한 이해의 방식을 추구해야 한다. 이는 요구의 내용 및 힘 모두와 관련해 필요한 것이다. 개방적 토의·토론·비판·반대가 보장되는 정치와 시민권을 중심으로 정보에 기반한 성찰적 선택이 이루어져야 한다(9장). 가치와 우선순위는 그러한 과정을 거쳐서 형성되어야 하며, 공적인 논의 없이, 다시 말해 개방된 토론과 교류가 허용되지 않은 채로 선호를 결정하지 말아야 한다. 그러나 사회적·정치적 문제를 평가하는 데에 있어서 개방적 대화의 효과성과 영향력은 과소평가되는 경향이 있다(Sen 1999).

현실에서는 상당한 지리적 차이가 있을지라도 민주주의가 사회적·경제적 문제를 정의하는 기회를 제공한다는 점에 유념해야 한다. 민주적 제도와 개발 결과 간의 관계는 단순하지는 않지만, **참여**의 기회가 보장되는 수준이 중요하게 작용하는 점은 확실하다. 아마르티아 센(Sen 1999)에 따르면, "사회정의의 성과에서 (민주주의 법규와 규제 등) 제도의 형태도 중요하지만 효과적 실천의 측면을 무시할 수 없다." 그러나 **발전국가(developmental state)** 문헌에서 강조하는 것처럼, 권위주의적 정치 제도하에서 급속한 경제성장을 이룩할 수도 있다. 게다가 민주적 관할권의 수는 증가하고 있지만, 오늘날 민주주의 사회에서는 사법부 적극주의(judicial activism), 대중 정치의 쇠퇴, 선거 참여의 하락, 기업 영향의 증대, 불평등의 악화 등의 이슈도 생겨났다(Crouch 2004). 이러한 논의는 긴축의 맥락에서 증폭되고 있다. 지방·지역정부를 비롯한 민주주의 제도가 글로벌 자본과 채권시장 확산 메커니즘으로 전락했기 때문이다(Schäfer and Streeck 2013; Tomaney et al. 2010).

로컬·지역 민주주의 형태는 세계 곳곳에서 다양하게 나타난다. 심지어 같은 EU 내에서도 다양한 책임성의 형태가 존재한다. 국가의 전통, 정당 시스템, 행정권의 형태, 민주주의 모델, (최다 득표 당선제, 비례대표제 등) 선거 제도, 직접 민주주의와 간접 민주주의 간의 균형 등이 다르기 때문이다. 이에 로플린 등(Loughlin et al. 2010)은 유럽 내에서 하위국가 민주주의 유형의 분류 체계를 제시했다. 여기에는 시계추(pendulum) 민주주의, 유권자(voter) 민주주의, 참여(participative) 민주주의, 합의제(consensus) 민주주의가 포함된다. **시계추 민주주의**에서는 집권당의 교체를 통해서 권력이 이동하고, **유권자 민주주의**에서는 시민들이 주민투표를 통해서 의사결정에 직접 참여할 수 있다. 어젠다의 설정이나 정책의 기획·실행·통제에 시민 참여가 광범위한 경우를 **참여 민주주의**, 비즈니스 협회나 노동조합 등 조직화된 이익집단이 의사결정에 긴밀하게 관여하는 시스템은 **합의제 민주주의**라 부른다. 로컬·지역 민주주의의 대부분은 이러한 유형의 전부 또는 일부를 포함하는 혼성(하이브리드)의 형태를 보인다.

많은 민주주의 국가에서는 공식적 민주주의 시스템에 대한 불만이 커지고 있다. 이러한 모습은 로컬·지역 스케일에서 불균등하게 나타난다. 로컬·지역 수준의 민주주의에 대한 요구는 국가 입법과 행정의 실패에 대한 자각에서 나타나기도 한다. 도시정부의 시장(mayor)은 교통, 비즈니스, 교육 등 일상적인 경제개발과 사회복지 이슈를 다루기 때문에 효과적인 거버넌스를 제공한다는 주장이 있다(Barber 2013). 이런 관점에서 시장들은 사회적·경제적 문제에 대한 실용적·실천적 해결책을 마련하기 위해서 이데올로기의 문제를 회피하는 경향이 있다. 하지만 로컬·지역 수준의 민주적 권리에 대한 요구에서도 이데올로기적 성격이 나타날 수 있다. 이는 특히 **민족주의**에 기반한 정치적 자치에 대한 요구에서 분명하게 나타난다. 이런 경우, 지역개발에서 발휘되는 민주적 권위는 특유의 **영토 정체성**에 대한 주장과 결부되기도 한다. 예를 들어 스코틀랜드 국민당(Scottish National Party)은 2010년부터 분권화된 스코틀랜드 정부를 지배하고 있는데, 이 과정에서 잉글랜드와 구별되는 공간계획 접근을 마련하여 스코틀랜드를 유럽의 선도적인 저탄소경제로 전환시키고자 한다(Tomaney and Colomb 2013). 벨기에의 플랑드르 지역에서는 플라망어 통용 지역을 프랑스어 민(民)의 유입으로부터 보호하기 위해 새로운 토지이용 정책을 도입했지만, 지역개발에는 보탬이 되지 못했다(Tomaney and Colomb 2014).

대의(representative) 민주주의의 약점에 대한 반응으로, **참여 민주주의**에 기초한 지역개발 접근이 등장하기도 했다. 이는 공공정책의 개념, 실행, 감독에 다수의 주민을 참여시키는 방안이다. 1988년 브라질 히우그란지두술주의 수도 포르투알레그레에서는 당시 집권 정당 노동자당(PT: Partido dos Trabalhadores)이 **주민참여 예산(PB: participatory budgeting)** 제도를 새로 도입했다. 가장 열악한 커뮤니티를 도시의 경제 관리와 재정 정책에 참여시키려는 노력이었다(9장). 이처럼 중도좌파 이데올로기를 표방하는 PB는 가난한 커뮤니티의 시민들을 정치적으로 포용하는 정책을 마련했다. PB는 의사결정 과정에서 엘리트층의 영향력을 줄이고 소외된 사람들에게 권한을 부여할 목적으로 도입되었다. 이를 통해 권위주의 시대 이후 브라질 도시와 지역을 어렵게 만들었던 사회적·경제적 불평등이 해소될 수 있을 것으로 기대했다. 따라서 PB는 지역개발 정책 형성에서 훨씬 더 숙의적(deliberative) 접근의 공간을 창출했다는 평가를 받았다. PB는 로컬 수준의 실험에서 시작되었지만, 브라질과 라틴아메리카의 많은 도시·지방정부로 빠르게 확산했다(Marquetti 2012).

포르투알레그레에서는 참여가 시민 협회, 지역 모임 등의 긴밀한 네트워크를 통해서 조직되었다. 이를 통해 주요 개발 테마에 대한 논의가 도시 전역에서 이루어졌다. 그리고 광범하게 구조화된 토론을 통해서 로컬·지역 투자의 우선순위를 지방의회에 제안했다. 정책의 설계, 시행, 감독 등 모든 과정에 걸쳐서 선출 대표와 시민운동 간의 반복적 관계가 형성되기도 했다. 최종 결정은 시의회에서 선출 대표가 내렸기 때문에, PB는 대의 민주주의를 대체하는 것이 아니라 보완하는 방안에 가깝다. 이 접근은 예산 결정 과정에 많은 시민 조직의 참여를 끌어내는 데에 성공했고, 능동적 시민사회와 민주주의적 문화를 발전시키는 데에도 중요한 역할을 했다. 하지만 예산의 과정이 더욱 복잡해지고 시민들이 성과에 비해 많은 것을 요구하게 되면서 PB 시스템은 한계에 이르기도 했다(Marquetti et al. 2012). 결국 PB를 지속적으로 활용하는 브라질 도시의 수는 줄었고, 전국 선거에서 승리하여 이 접근을 연방 수준까지 확대하려던 PB의 목표도 실현되지 못했다(Goldfrank 2012).

이렇게 PB에 대한 열광적 분위기가 브라질에서 가라앉기 시작할 때쯤부터 놀랍게도 **세계은행**이

PB를 받아들이기 시작했다. 세계은행은 2002년과 2012년 사이에 최소 15개 국가에서 2억 8천만 달러 이상의 PB 프로젝트에 지원금이나 대출금을 제공했다. 앞서 논의한 바와 같이, PB는 원래 도시 빈민의 이익에 기초해 국가를 변화시키고 새로운 경제개발 우선순위에 대한 조건을 창출하기 위해 마련된 것이었다. 이와 달리 세계은행은 공공서비스 제공에서 국가의 역할을 줄이고 지방정부 인력을 감소할 목적으로 PB를 이용했다. 즉 세계은행은 PB를 집합재(collective goods)를 민영화하고 비용 부담을 시민에게 전가하는 수단으로 남용했다. 이와 같은 PB의 이야기에서 한 가지 분명한 사실이 나타난다. 지역개발 성과를 변화시키기 위해 마련된 혁신은 그것이 실행되는 경제적·사회적·정치적 조건과 설계되는 방식에 영향을 받는다는 점이다(Goldfrank 2012).

6. 결론

이 장은 지역개발에서 정부와 거버넌스 제도의 역할에 대해 논의했다. 지역개발 제도의 중요성이 증대하는 양상을 개념적·이론적·분석적·정책적 차원에서 살폈다. 최근의 연구에서는 지역개발 조건을 프레이밍하는 공식적·비공식적 제도의 중요성을 강조하고 있다. 정책적 측면에서도 바람직하게 작동하는 제도적 프레임은 지역개발을 촉진하는 도구적 가치를 가진다. 한편 지역개발의 필수적·핵심적 행위자로서 국가의 역할을 부각했다. 국가의 성격은 자본주의의 다양화에서 중심을 차지한다. 하지만 개발주의 시대 이후의 모습을 통해서 알 수 있는 것처럼 국가는 역사적으로 변화한다(2장). 거번먼트에서 거버넌스로의 변화는 그러한 변화의 중요한 측면이다. 하지만 지역개발의 패턴을 형성하는 데에서 계속되는 국가의 중요성을 과소평가하지 않도록 주의해야 한다. 다중 행위자 및 다층 정부와 거버넌스를 지향하는 글로벌 트렌드가 있지만, 이러한 과정은 불균등한 형태로 영향을 미치고 있다. 마지막으로, 민주적 제도와 정치에 대한 불만이 증가하는 모습도 살폈다. 실제로 민주주의 시스템이 불만족스럽게 작동한다는 논의가 점점 더 많은 국가에서 나타나고 있다. 이는 새로운 민주적 (재)참여의 메커니즘에 대한 추구로 이어졌다. 특히 분권화의 가치에 많은 관심이 집중되고 있다. 분권화된 제도는 로컬이나 지역에서 공공재의 마련, 시장실패 해결, 불확실성 및 거래비용의 감소, 기업 효율성 증대, 지역 맞춤형 공공정책 개발 등에 공헌했다. 그러나 분권화의 부정적인 측면도 있다. 재원이 부족한 상태에서 책임만 분권화되는 경우 여러 가지 문제가 발생한다. 그리고 비효율적 관료주의와 정치적 고착, 여러 스케일에서 나타나는 중복성이나 파편화의 문제, 엘리트 지배와 지대추구 행위, 부패에 대한 취약성 등도 분권화의 부정적 효과에 해당한다.

이와 같은 논의를 통해서 세 가지의 중요한 결론을 도출할 수 있다. 첫째, 제도는 오랜 기간에 걸쳐서 발달한다. 효과적인 제도의 도입이 지역개발에 결정적으로 작용할 수 있지만, 그렇다고 해서 문제가 빠르게 해결되지는 않는다. 그래서 개발을 형성, 지속, 개혁하는 데에는 많은 시간, 노력, 자원이 필요할 수 있다. 둘째, 제도의 역할은 경제성장을 위한 기술적 조건을 확립하는 데에만 국한되지 않는다. 사회적·정치적 가치를 숙의하여 창출하는 과정도 중요하다. 이는 2장에서 논의한 누구를 위해 어떤 종류의 지역개발을 추구하는가의 문제와 결부된다. 셋째, 제도의 역할과 작동에 관한 최근의 연구에서 중요한 통찰력이 제시되고는 있지만, 이것들을 지역개발 정책 권고안으로 해석하는 일은 아직까지도 제대로 이루어지지 못하고 있다.

추천 도서

Brenner, N. (2004) New State Spaces: Urban Governance and the Rescaling of Statehood. Oxford, Oxford University Press.

Dicken, P. (2015) Global Shift: Reshaping the Global Economic Map in the 21st Century (7th Edition). London: Sage.

Gertler, M. (2010) Rules of the game: the place of institutions in regional economic change, Regional Studies 44 (1): 1-15.

Jessop, B. (2003) The Future of the Capitalist State. Cambridge: Polity.

Martin, R. (2000) Institutional approaches in economic geography. In T. Barnes and E. Sheppard (eds), A Companion to Economic Geography. Oxford: Blackwell, 1-28.

Rodríguez-Pose, A. (2013) Do institutions matter for regional development?, Regional Studies 47 (7): 1034-1047.

Rodríguez-Pose, A. and Gill, N. (2003) The global trend towards devolution and its implications, Environment and Planning C, 21 (3): 333-351.

Tomaney, J. (2014) Region and place I: institutions, Progress in Human Geography, 38 (1): 131-140.

Tomaney, J., Pike, A., Torrisi, G., Tselios, V. and Rodríguez-Pose, A. (2011) Decentralisation Outcomes: A Review of Evidence and Analysis of International Data. Newcastle upon Tyne: Centre for Urban and Regional Development (CURDS), Newcastle University, and Department of Geography and Environment, London School of Economics, for Department for Communities and Local Government. http://blogs.ncl.ac.uk/curds/files/2013/02/DecentralisationReport.pdf (accessed 29 February 2016).

제3부
개입: 논리, 전략, 정책, 수단

05 개입, 전략, 정책 개발의 논리

1. 도입

이 장에서는 지역개발과 관련된 개입, 비전과 전략, 정책 설계와 개발의 논리를 살펴본다. 논의는 변화하는 지역개발의 맥락(1장), 누구를 위해 어떤 종류의 지역개발을 추구할 것인지의 문제(3장), 지역개발의 개념·이론·제도·거버넌스에 대한 이해의 틀(3~4장)에 기초한다. 구체적인 논의는 세 가지 주제로 구성된다. 첫째, 특정한 시·공간 맥락에서 지역개발의 관계와 과정, 그리고 정부와 거버넌스 개입에 동원되는 주장과 논리를 검토한다. 이는 다양한 행위자들이 취하는 여러 가지 관점과 관련된다. 행위자에는 국가·민간·시민사회뿐만 아니라, 공공−민간 파트너십과 준국가기관 같은 혼성(hybrid)제도도 포함된다. 이들의 관점 형성에는 지역개발의 개념과 이론이 영향을 미치기도 한다. 행위자의 관점은 개입의 여부와 어떤 지역개발의 노력을 할 것인지에 대한 결정에 중요하게 작용한다. 민주적 정치 시스템에서는 선출직 정치인과 정부 부처의 장이 정책의 우선순위를 결정하고 자신들의 선택에 대한 책임성을 갖는다. 이러한 권력 관계와 제도적 구조 속에서 지역개발의 논리, 전략, 정책, 평가는 정치적으로 형성된다.

개입의 여부와 방향이 결정된 이후에는, 언제, 어디서, 어떻게 개입할지의 문제가 생긴다. 그래서 둘째, 지역개발의 전략과 정책적 개입이 어떻게 인식되고 마련되는지를 검토한다. 이는 특히 비전과 포부(열망), 지향점·목적·목표와 관련된다. 셋째, **정책주기(policy cycle)** 프레임에서 제시하는 정책 개발 이슈와 접근을 소개한다. 이는 ① 현안(이슈)의 진단, ② 연구·증거·분석을 통한 지식기반의 구축, ③ 다양한 선택지(옵션)의 개발과 그에 대한 자문(컨설팅) 및 판단, ④ 프로그램과 프로젝트를 포함한 정책, ⑤ 전달과 실행, ⑥ 정책적 개입이 만들어낸 (또는 만들어 내지 못한) 차이에 대한 감독(모니터링)·심사·평가, ⑦ 정책 학습과 적응의 단계로 구성된다.

2. 논리: 언제, 어디서, 어떻게, 무슨 이유로 지역개발에 개입하는가?

효율성을 추구할 것인지, 아니면 공평성에 초점을 맞출 것인지는 오랜 기간에 걸쳐 확립된 주류(主流)의 정책 개입 논리다. **효율성**은 최소한의 시간과 노력을 들여서 목표를 이루고자 하는 것이다. 예를 들어 어떻게 지역의 자본시장을 형성해 중소기업을 제대로 지원할 것인지는 효율성과 관련된다. 반면 **공평성**은 특정한 결과의 공정성 또는 불공정성 문제와 관련된다.

공평성의 측면에서 로컬 노동시장에 대한 사회적·공간적 접근성이 균등한지에 관심을 가질 수 있다. 효율성이냐, 아니면 공평성이냐의 논쟁은 **신고전주의** 접근, 보다 구체적으로는 후생경제학(welfare economics)에 뿌리를 두고 있다. 그래서 어떻게 시장이 작동하고, 어떻게 비용(cost)과 편익(benefit)이 개별 행위자, 제도, 사회·인구집단 사이에서 배분되는지에 대한 경제적 논리와 전제에 기초한다. 이러한 프레임에서 개입의 목적은 비효율성과 준최적의 결과를 지양하는 것이다(Bartik 1990). 즉 정책의 정당성이 효율성의 측면에서 확보된다. 가령 다양한 형태의 시장실패를 수정할 수 있는지, 그리고 최적의 또는 가장 우호적인 경제적 결과를 만들어 내는지가 중요하다. 로컬·지역에서 극대화된 경제성장과 고용의 성과를 얻는지가 중요하다는 이야기다.

반면 공평성은 사람, 기업, 장소의 측면에서 나타나는 정책의 분배 효과를 말한다. 정책의 목표가 국토나 지역의 **균형발전**과 사회적·공간적으로 균등한 사회적·경제적 조건을 이룩하는 것이라면 공평성이 정책 개입의 정당화를 위해서 사용될 수 있다. 효율성과 공평성의 프레임에서는 경제적 접근을 사용해 특정한 정책 개입의 상대적 비용과 편익을 결정한다. 왜냐하면 "사회적 편익의 규모에 대한 이해가 없다면 … 정부의 경제개발 예산 규모를 합리적으로 결정하는 것이 불가능하기 때문이다. … [그리고] … 다양한 프로젝트와 프로그램 사이에서 예산을 어떻게 배분해야 하는지도 판단하기 어렵다."(Bartik 1990: 362) 이 방법은 **비용—편익 분석**(cost-benefic analysis)으로 공식화되어 있고, 정부와 국제기관 사이에서 널리 사용된다(OECD 2008; GLA Economics 2006; 사례 5.1). 비용—편익 분석은 특정한 개입에 대한 경제적 비용과 편익의 결산서를 도출하는 것이며, 정책 입안자들이 무엇을 하고 무엇을 하지 말아야 할지, 그리고 어떻게 해야 하는지를 결정하는 정보의 기능을 한다.

개입에 대한 효율성 논리는 다양한 종류의 **시장실패** 개념에 기초하며, 정책은 그러한 시장실패를 바로잡기 위해 설계된다. 이는 신고전 경제학의 기본 가정에 기초한 입장인 측면이 있다. 즉 토지, 노동, 자본 등 희소한 생산요소의 최적 배분은 자유롭고 공정하며 개방된 시장을 통해서 효율적으로 이루어진다고 가정한다. 시장실패는 시장이 제대로 작동하지 못해서 효율적인 결과를 얻지 못하

영국의 재무성(HMT: Her Majesty's Treasury)은 "공적 자금이 가장 효율적으로 사용되어 최대의 사회 편익을 창출하는 활동에 쓰이게 하는" 일에서 중요한 역할을 한다(HMT 2003: v). HMT의 그린북(Green Book)은 공공정책에 대한 판단(appraisal)과 평가(evaluation)의 지침을 제공한다. 여기에서는 개입 논리에 대한 주류의 접근, 즉 신고전주의 경제사상에 기초한 **비용−편익 분석**을 따른다. 이를 통해서 개입 논리의 명확성에 대한 근본적인 문제를 제기하며, 순편익과 순비용의 측면에서 금전적 비용 효율성을 평가하고자 한다. 효율성과 공평성의 구분에 따라, HMT는 다음과 같이 서술한다.

> 개입의 논리는 시장실패나 이루고자 하는 정부의 명확한 분배 목적에 기초해야 한다. 시장실패는 시장 자체로 효율적인 결과를 얻을 수 없는 상황을 말한다. 고려되는 개입은 시장실패를 바로잡는 것이어야 한다. 그리고 분배 목적은 문자 그대로 공평성에 대한 고려를 기초로 한다.
>
> (HMT 2003: 11)

이와 더불어, 정부의 어떠한 정책 개입도 "비용을 유발하며 경제적 왜곡을 낳을 수" 있다는 점을 고려해야 한다.

예를 들어 직업훈련에서 노동 숙련은 생산성과 GDP 성장의 중요한 요소로 해석된다. 영국은 숙련 결핍 문제를 가진다고 알려져 있다. 독일을 비롯한 다른 유럽 국가에 비해 중간 수준의 직업 숙련도가 상대적으로 낮기 때문이다. HMT 분석에서는 이러한 숙련 격차의 원인을 세 가지의 시장실패로 설명한다. 첫째, 고용주들은 노동자들이 일자리를 떠나거나 그들을 다른 기업에 빼앗길 것을 우려해 직업훈련에 적게 투자하는 **외부효과(externalities)**가 발생한다. 둘째, 고용자 간 **정보의 비대칭성(information asymmetry)** 때문에 고용자들은 훈련의 편익과 질에 대해 판단하지 못한다. 그래서 노동자들은 훈련 기간 동안의 낮은 임금을 감수하지 않으려 한다. 셋째, 신용시장의 **시장 불완전성(market imperfection)** 때문에 저숙련, 저임금 노동자는 훈련에 투자할 수 있는 금액을 대출받을 수 없다. 이는 훈련에 대한 투자의 결과로 보다 높은 임금을 받을 수 있다는 기대가 있음에도 나타나는 문제다. 훈련은 경제적으로 중요하지만 시장실패로 인해서 비효율적으로 낮거나 준최적의 수준에서만 이루어진다. 이와 같은 시장실패를 해결한다는 목표를 가지고 정부 개입의 논리가 형성될 수 있다.

시장실패 접근과 비용−편익 분석에 대한 비판은 주류의 신고전 경제학 이론이 해결하지 못하는 분야에 집중되어 있다. 이러한 이슈에는 인프라와 같은 장기적 투자의 불확실성, 시스템 간의 상호작용과 상호의존성, 경제성장 경로에 영향을 미치는 내·외생적 요인으로 인해서 발생하는 비한계적(non-marginal) 효과, 정책 개입과 투자로 (재)형성된 (겉으로 드러나거나 진술되지 않는) 내생적 선호 등이 포함된다(Brown and Robertson 2014).

는 상황으로 정의된다. 한마디로, 시장이 이론처럼 작동하지 않을 때가 시장실패의 상황이다. 신고전주의 관점에서 시장실패는 "시장의 형성과 작동에 영향을 미치는 장애물 때문에" 나타난다(Bartik 1990: 362). 시장실패는 세 가지 유형으로 구분된다. 첫째, 국방이나 인프라처럼 지역개발에 필수적인 **공공재(public goods)**는 자유시장에서 과소 공급된다. 공공재는 비경합적(non-rival)이며 비배제적(non-excludable)인 성격을 가진다. 비경합성은 어떤 사람이 소비해도 다른 사람이 소비할 수 있는 양이 줄지 않는 상황이다. 비배제성은 타인의 소비를 원천적으로 차단하는 재화 공급이 불가능할 때 나타난다. 자유시장이 제공하지 못하는 비경합성과 비배제성의 재화를 공급해서 경제활동을 촉진할 수 있다는 이유로 지역개발에 대한 정책 개입은 정당화된다. 법률 시스템, 교통 인프라, 가로등, 수해 방지, 용수 공급 등이 그러한 사례에 해당한다.

둘째, **정보의 비대칭성(information asymmetry)**도 시장실패의 원인이다. 이는 투입된 비용 이상의 순편익을 발생시킬 수 있는 시장 거래를 행위자들이 알지 못하는 상황에서 발생한다(Bartik 1990). 예를 들어 자본시장에 대한 정보가 불완전하다면 투자자는 중소기업 투자를 꺼릴 수 있다. 이는 고수익 투자 기회에 대한 인식과 정보가 부족해서 나타나는 문제이다. 이를 해결하기 위해 공공 정보 인프라를 구축하는 개입이 이루어질 수 있다. 개발은행(development bank)처럼 전문화된 대출 제도를 마련하는 것도 정보 비대칭으로 인한 시장실패를 바로잡는 정책에 해당한다(Mason and Brown 2013).

셋째, **외부효과(externalities)**도 시장실패의 이유다. 이는 재화나 서비스의 생산과 소비가 다른 사람에게 비용으로, 즉 **외부불경제로** (반대로, 편익이나 긍정적 외부경제로) 작용하는 상황에서 나타난다. 이처럼 타인에게 미치는 편익과 비용이 재화나 서비스의 시장 가격에 반영되어 있지 않기 때문에 외부효과는 시장실패로 간주된다. 다시 말해 특정인의 생산이나 소비 활동이 아무런 보상을 제공하지 않은 채로 다른 사람의 후생에 손실로 (또는 아무런 보답 없이 이익으로) 작용할 때 외부효과가 나타난다. 가령 특정 로컬리티의 특정 산업에서 공해가 발생하면 부정적 외부효과, 즉 외부불경제가 대기와 수질 오염의 형태로 나타난다. 그래서 환경 규제와 같은 정책 개입은 정당화될 수 있다. 시장 메커니즘을 통해서 오염 유발자에게 비용을 부과하면서 공해를 방지할 수 있기 때문이다. 개입에 대한 결정을 내리기 전에 각각의 시장실패에 대하여 제시된 정책 방안의 상대적 비용과 편익을 가늠해야 한다. 이러한 프레임에서 비용보다 편익이 높은 개입은 지지받지만, 편익보다 비용이 높은 개입은 회피의 대상이 된다.

한편 정책 개입에서 **공평성** 논리는 하나의 사회나 영토 내에서 자원 분배의 변화에 기초한다. 공평성 논리에서는 시장이 자유롭게 작동하도록 방치하면 불공정, 부정의, 불평등한 결과가 나타나기 때문에 정책 개입이 정당화된다. 이러한 결과에는 불평등한 소득 분배, 열악한 임금과 낮은 질의 일자리 문제가 포함된다. 도시-지역이나 국가 내에서 지리적으로 불균등한 경제적 기회의 분포도 마찬가지다. 이러한 결과들은 로컬·지역의 맥락에 따라서 용인 불가능하다고 여겨질 수 있다. 경제, 사회, 환경, 정치의 측면에서 비도덕적이며 지속 불가능하다고 간주되기도 한다. 예를 들어 EU의 지역정책은 공간 격차를 줄이고 사회적·경제적 결속을 증진하려 하는 목적을 지향한다. 이는 "어떠한 개인도 특정한 지역에 산다는 이유로 고용 기회, 주거 조건, 공공서비스 접근성 등과 관련해 체계적이고 심각한 불이익을 당하지 말아야 한다는" 공평성 논리에 기초한다(Hübner 2008: 3). 이에 따라 EU의 지역정책은 뒤처진 지역에서 경제개발의 잠재력과 성과를 개선하는 투자에 집중되어 있다. 사진 5.1과 같은 인프라 투자가 대표적인 사례이다. 공정하고 정의로우며 평등한 결과를 창출해야 한다는 개입의 논리를 동원하여, 소득과 고임금 일자리의 평등한 분배를 달성하려는 정책을 정당화한다. 마찬가지의 방식으로 지리적 균형과 경제적 기회의 균등한 분포를 지향하는 정책도 정당화된다. 지역개발에서 공평성이 의미하는 바가 무엇인지에 대해서는 객관적 평가뿐만 아니라 주관적 판단도 영향을 미친다. 신념, 전통, 가치 등이 그러한 판단에 영향을 주는데, 이에 따라 로컬·지역을 위한 개발이 무엇인지에 대한 정의가 내려진다(2장). 다양한 지리적 환경에서 공평성에 대한 이해와 그에 상응하는 실천이 형성되는 과정에서 권력과 정치도 중요하게 작용한다.

신고전주의 경제학에 영향받은 전통적인 경제적 프레임에서 효율성과 공평성 간의 **트레이드오프**(trade-off)에 주목한다. 효율성을 더 많이 추구하면 공평성이 낮아지고, 역으로 더 많은 공평성을 추구하면 낮은 효율성의 결과가 나타난다는 것이다. 이러한 긴장관계는 효율성·공평성 접근에

사진 5.1 EU의 결속정책과 인프라 투자 – 그리스 아테네의 전철역 신설

출처: DG REGIO, European Union

내포되어 있으며, 지역개발에서 꾸준하게 표면화되는 이슈다. 이에 대하여 마이클 스토퍼(Michael Storper)는 다음과 같이 서술한다.

> 경제의 지리는 효율성의 원인이면서, 동시에 효율성이 낮은 결과의 표현인 측면도 있다. 효율성은 사람, 제품, 소득의 특정한 지리적 분포를 통해서 극대화될 수 있다. 효율성의 극대화가 사람의 이동, 또는 삶의 양식이나 행동에 변화를 초래한다면, 효율성은 사회적 과정으로서 정의(justice)에도 영향을 미치게 된다. 경제적 효율성을 극대화하는 과정에서 부유한 장소와 가난한 장소가 만들어지며, 이에 따라 불균등한 기회의 접근성이 생길 수 있기 때문이다.
>
> (Storper 2011: 3)

이러한 우려는 (불균형의) 공간 집적과 (국가 전반의) 사회후생 간의 관계에 대한 오늘날의 논쟁에서 분명하게 나타난다. 같은 맥락에서 사회적·공간적 불평등이 경제적 효율성과 성장의 제동장치 역할을 한다는 논의도 있다.

정책 개입에서 효율성과 공평성을 따지는 접근은 네 가지 이유로 비판받는다. 특히 시장실패 접근과 관련해 여러 가지 문제점이 제기되었다(Bartik 1990). 첫째, 비시장 편익의 규모와 성격에 대한 정확한 정보는 획득하기 어렵다. 실제로 사회적·환경적 편익이 제대로 인식되지 못하는 경향이 있으며, 인식된다고 하더라도 측정이 가능한 정량적 경제 지표보다 평가절하된다(Brown and Robertson 2014). 광범위한 사회적·환경적 데이터의 부재 때문에, 지역개발 개입에 대한 논의가 협소한 경제적 관심사에 편향된다는 이야기다. 둘째, 시장실패 접근은 공평성과 분배 이슈보다 효율성에 훨씬 더 많은 관심을 기울인다. 비용-편익 분석에서 정책의 분배적 효과를 다루는 일은 매우 어렵고 상당히 복잡하기 때문이다. 이러한 어려움은 지역 내 또는 지역 간에 발생하는 자본과 노동의 이동과 같은 상호작용 및 상호관계와도 관련된다. 지역개발에 대한 이해가 환경과 지속가능성의 이슈까지 확대되었지만(2장), 시장실패 접근은 그러한 이슈를 경제적 효율성과 사회적 공평성에 제대로 통합하지 못했다. 셋째, 시장실패 접근은 정책 개입 간의 상호관계 때문에 로컬·지역 간에 나타날 수 있는 비용과 편익을 효과적으로 파악하지 못한다. 같은 맥락에서 개별 지역에서 특정한 정책이 국가 전체에 주는 함의도 이해하기 어렵다. 일정한 지역에서 시장실패를 바로잡기 위해 도입된 정책은 다른 지역에서도 긍정적/부정적 외부효과나 유출효과(파급효과)를 유발할 수 있다. 가령 한 지역의 생산성을 증진하기 위한 정책 개입은 다른 지역에서 일자리 감소와 부정적 승수효과를 유발할 수 있다. 물론, 재정적 편익이 다른 지역까지 확산될 가능성도 있기는 하다. 이러한 영향력의 중요성에도 불구하고, 시장실패 접근을 통해서는 특정 지역을 위한 정책 개입이 국가나 상위국가 수준에서 어떤 영향력을 미치는지를 판단하기 어렵다. 넷째, 국가 개입이나 정책 실행의 결정자로서 시장에 초점을 맞추는 설명은 급진주의 관점에서 많은 비판을 받았다. 이들에 따르면, 내재적인 불안정성, 불공정성, 조작에 대한 취약성으로 인해서 시장은 시스템적으로 취약하다(Dunford 2010; Hutton and Schneider 2008).

이러한 비판에 대한 반응으로, 최근의 연구에서는 효율성과 공평성의 논리를 통합하여 균형을 추구하려는 노력이 이루어지고 있다. 여기에는 지역개발이 로컬·지역 간 제로섬 게임(zero-sum game)의 경쟁일 필요는 없다는 인식이 깔려 있다. 이러한 조정은 불평등의 증대와 고착에 관한 국제적 논쟁이 제기되는 상황에서 중대한 정치적 이슈가 되었다(Piketty 2014; Wilkinson and Pickett 2010). 특히, 로컬·지역·도시 성장의 사회적·공간적 불균등성에 대한 우려가 커졌다(1장). 이러한 불평등은 글로벌 금융위기와 대침체의 중요한 요인이자 미래 성장과 번영의 장애물로 해석되며, 사회적 비용을 증가시키는 원인으로 지목되기도 한다. 불평등으로 인해서 재분배, 부채, 사회적 마찰, 정치적 불안정성, 불확실성, 과소 투자 등과 관련된 비용이 유발될 수 있기 때문이다(Lee et al. 2014; Moreno et al. 2010; Ostry et al. 2014; Sankhe et al. 2010; Turok and McGranahan 2013; OECD 2014b; 1장).

성장과 공평성 간의 트레이드오프에 관한 정통 사상이 비판받는 가운데, 대안적 관념도 등장했다. 특히 '번영 증대(growing prosperity)'(Bluestone and Harrison 2001), '착한 성장(good growth)'(PWC and Demos 2013), '포용 성장(inclusive growth)'(Vira and James 2011; Turok 2011), '공정 성장(just growth)'(Benner and Pastor 2012) 등이 많이 주목받고 있다. 같은 맥락에서. '공평 성장(equitable growth)'은 사회 전반에서 균등한 분배로 이어지는 성장으로 정의된다. 공평 성장은 특히 품위 있고 생산적인 고용 기회에 대한 접근성 확대를 중시한다(Rodríguez-Pose and Wilkie 2014). 같은 이유로 개발의 개념에서 출발한 '보다 많고 보다 나은 일자리(more and better jobs)'는 국제적으로 중요한 정책 개념이 되었다. 이는 연령, 젠더, 사회적·공간적 차이를 막론하고 고용의 기회를 늘리면서, 동시에 임금, 생산성, 승진, 기간, 조건 등을 비롯한 일자리 질(quality)의 향상도 추구하는 것이다African Development Bank Group 2013; Asian Development Bank 2008; European Commission 2014; Joseph Rowntree Foundation et al. 2014).

효율성과 공평성을 결합하려는 노력은 EU의 지역정책에서도 분명하게 나타난다. 신경제지리학(NEG)에 기초해 국가 성장을 촉진하는 수단으로서 공간 집적을 공간 균등보다 중시하는 논의가 있었지만, 이러한 주장은 최근 들어 다음과 같은 도전에 직면하게 되었다.

경제활동에서 지속되는 격차는 비효율적이다. '뒤처진' 지역의 노동자와 생산력을 과소 사용한다면 국가의 부는 과소 사용하지 않을 때보다 작아지기 때문이다. 주변부에서 고생하고 있는 200여 개의 지역경제를 EU가 과연 가만히 내버려 둘 수 있을까?

(Hübner 2008: 3)

따라서 EU에서 경쟁력과 성장의 문제가 재정의되었다. 우수한 경쟁력을 보유하고 유지할 수 있는 일부 지역을 지원하기보다, 모든 지역에서 혁신 역량을 키워 기술의 프론티어(frontier)를 전진시키려는 방향으로 선회했다. 다시 말해 EU는 효율성과 공평성이 서로를 대체하기보다 서로를 보완한다고 해석하고 있다. EU의 정책은 다음과 같이 국가의 성장과 지역 간 불평등의 감소 두 가지 목적 모두를 지향하게 되었다.

경제적으로 뒤처진 지역에서 높은 고용률과 생산성을 확보하면 전체 효율성을 높이는 효과만 있는 것은 아니다. 전반적인 삶의 수준도 향상되며, 기회의 공간적 공평성도 지속가능한 방식으로 높아지게 된다. 마찬가지로, 뒤처진 지역에서 사회후생을 높이려는 조치는 경제적 이익도 가져온다. 교육, 훈련, 보건, 정의와 관련해 나은 공공서비스를 제공하면 노동력의 고용가능성과 생산성이 향상된다. 그러면 민간 투자자에 대한 지역의 매력도도 높아지게 된다.

(Hübner 2008: 3)

한편 지역개발에서는 **사람기반형 접근**과 **장소기반형 접근** 간의 오랜 논쟁이 있다. 이 논쟁은 언제, 어디에서, 어떻게 개입할 것인지의 문제에 영향을 주고 있다. 두 가지 접근 중에서 어떤 것이 더 효율적이며 적절하고 공평한지에 대한 논쟁이 여전히 지속되고 있다는 이야기다. 신경제지리학(NEG)과 도시경제학에 대한 관심 증대, 세계은행(World Bank 2009)에서 발간한 『경제지리의 재형성(Reshaping Economic Geography)』 보고서가 논쟁에 기름을 붓는 역할을 했다. 사람기반형 접근은 **공간맹**(spatially−blind)으로 정의되고, 범위와 관련해 영토적으로 보편적이며, "공간에 대한 명백한 고려 없이 설계"되었다(World Bank 2009: 22). 국가적 법률 시스템을 통한 재산권 보호나 국가 영토 전체에 제공되는 교육, 보건 등의 기본적 사회 서비스를 사람기반형 접근의 사례로 들 수 있다(표 5.1). 이러한 개입이 효율성을 창출하는 가장 효과적인 방식으로 이해된다. 경제활동을 위해 시장을 확립·통합·작동시키면서, 동시에 시장실패의 문제도 해결하기 때문이다. 장소보다 사람에 초점을 두는 접근이 사회적·공간적 공평성에 더욱 잘 대처한다고 여겨진다. 모든 사람에게 평등한 기회를 제공하고, 국가 영토 내에서 어디에 살고 일하는지에 관계없이 삶의 기회를 개선하기 때문이다. 조세 시스템을 통한 개인 간 불평등의 축소를 그러한 정책의 사례로 꼽을 수 있다. 직업훈련이나 숙련 개발을 통해서 개인의 고용 가능성을 높이고 경제적 기회의 장소를 찾아 이동할 수 있게 하는 것도 사람기반형 접근의 사례다. 세계은행(World Bank 2009)은 공간맹 접근을 강력하게 옹호하고 있다. 신경제지리학 사상에 영향을 받아서(3장), 그러한 정책이 지리적으로 집중된 경제성장과 집적의 외부경제를 촉진한다고 여기기 때문이다. 사람기반형 접근의 분명한 영향은 도시경제학과 클러스터 정책에서도 나타난다. 이에 영향을 받은 "로컬정책 입안자는 로컬 생산 구조의 초점에서 벗어나 보다 효율적으로 공공재를 제공하는 데에 관심을 기울인다. 주민뿐만 아니라 광범위한 로컬 생산자의 요구에 부응하기 위해서다."(Duranton 2011: 40)

장소기반형 정책은 공간적 민감성의 특징을 가지며, 로컬·지역 맥락의 특수성에 적합하도록 맞춤형 공공재와 서비스를 제공하는 데에 초점을 맞춘다. 이런 방식으로 고질적인 비효율성과 불평등의 문제를 줄이고자 한다. 이는 지역개발 정책의 설계와 전달에서 지리적 맥락의 중요성에 초점을 맞추는 오랜 전통에 영향받은 관점이다(Storper 1997; Pike et al. 2015c). 사람기반형 접근과 달리, 장소기반형 정책은 지리적 맥락을 고려하면서 설계된다. "공간은 개발의 잠재력을 형성하기 때문에 중요하다. 이것이 영토에 관한 것만은 아니다. 영토에서 살아가는 개인들의 외부효과를 통해서도 잠재력이 형성된다."(Barca et al. 2012: 139) 그래서 장소기반형 정책에서는 지리의 복잡성과 특수성을 무시하거나 중립적으로 다루지 않고, 오히려 그것을 전면에 내세운다. 장소기반형 정책은 특수한 사회적·문화적·제도적 맥락에 적합한 정책을 설계하는 데에 있어서 보다 효과적이고 효율적이다. 특정한 로컬리티와 지역에서 개발의 어려움도 보다 잘 고려한다. 지리적 맥락이 사회적·경제적 결과에 영향을 미칠 때 장소기반형 정책 개입을 위한 공평성 논리는 정당화된다. 장소를 지향하면 소외당하

표 5.1 사람기반형 접근과 장소기반형 접근

	사람기반형	장소기반형
기초	공간맹 또는 중립성	맥락민감성
설계	공간과 장소에 대한 명백한 고려 부재	공간과 장소에 대한 명백한 고려
초점	사람	장소
강조	모든 공간에서 일반화할 수 있는 경제적 메커니즘	맥락, 역사, 경로의존성
사례	(교육, 보건 등) 사회 서비스나 (커뮤니케이션, 에너지, 교통, 수자원 등) 인프라 같은 보편적·공간 중립적 프레임워크 정책	특정한 로컬·지역의 맥락과 역사에 적합한 맞춤형 프로그램과 정책 믹스(mix)

출처: Barca et al.(2012); World Bank(2009)

거나 취약한 사회집단의 요구에 더욱 잘 부응할 수 있다는 이야기다(Lawless et al. 2010). 이러한 모습은 지역기반의 재생 정책에서 많이 나타난다. 장소기반형 접근의 논리는 경제적으로 어려운 사람들의 처지로 정당화될 수도 있다. 이들은 주로 궁핍한 지역에 공간적으로 집중하는 경향이 있고, 그런 지역은 대체로 제한적 민간서비스, 열악한 공공서비스, 좋지 않은 평판 등 강력한 지리적 제약에 직면해 있다(Silverman et al. 2006).

2000년대 후반에는 사람기반형 접근과 장소기반형 접근 간의 상대적 장점에 대한 새로운 논의가 등장하기 시작했다. 이 과정에서 지역개발에 대한 정책 개입 논리의 지리적 감수성이 높아졌다. 간접적 지역정책, 즉 **역지역정책**(counter-regional policy)의 효과를 인정할 필요성이 제기된 것이 중요한 계기였다. 역지역정책은 로컬이나 지역적 함의에 대한 민감성을 가지고 설계·전달되지는 않았지만 지역개발에 긍정적·부정적 영향을 주는 정책을 말한다. 국가 주도로 마련된 정책 프레임워크가 종종 그러한 효과를 보인다. 산업, 국방, 무역, 경쟁, 복지 관련 정책들이 역지역정책 사례에 해당한다. 예를 들어 정부의 국방 장비 조달의 지리적 패턴은 영국, 미국 등 여러 국가에서 사회적·공간적 격차의 확대나 감소에 영향을 미쳤다(Markusen et al. 1991; Lovering 1991). 실제로 "명백하게 공간 중립적으로 보이는 정책도 공간적 효과를 낳는다. 이러한 효과 때문에 정책의 목표가 약해지기도 한다."(Barca et al. 2012: 139) 중앙집권화된 정부와 거버넌스 시스템에서는 부처이기주의(departmentalism)가 만연하고 각각의 부처는 수직적인 사일로(silo)와 같은 조직처럼 운영되는 경향이 있었지만, 중앙정부 부처와 이들이 추진하는 비공간적인 정책을 지리적으로 이해하기 위한 노력이 이루어지고 있다. 예를 들어 2000년대 말 영국 잉글랜드에서는 중앙정부 부처가 몰려 있는 "화이트홀(Whitehall)의 공간 인식을 개선"하려는 프로그램도 있었다(Hope and Leslie 2009).

사람기반형과 장소기반형 접근을 옹호하는 이들 간의 대화와 논쟁이 있었다. 우선, 사람기반형 접근의 여섯 가지 주요 주장을 살펴보자. 첫째, 사람기반형 접근을 선호하는 이들은 맥락과 무관한 개입을 선호한다. 장소보다 사람을 우선시하면 개발정책의 지리적 초점과 관련된 딜레마를 해결할 수 있다고 믿기 때문이다. 둘째, 공간 중립적 접근이 시장의 과정과 한결같이 작동한다는 점을 부각한다. 생산성이 가장 높은 분야에서 요소 이동성과 집적을 촉진하면서, 개인과 기업을 넘어서 국가의 성장과 후생을 극대화할 수 있는 접근으로 여기기 때문이다. 셋째, 노동 숙련의 향상과 이동성이 개인의 동기를 자극하며 보상을 제공한다고 해석된다. 어디에 사는지와 무관하게 삶의 기회에 대한 동등한 접근성을 보장하는 측면도 있다. 더 잘 살 수 있는 곳으로 사람들의 이동을 자극하여 생산성이 높은 활동에 참여시키고, 높은 임금을 받을 수 있도록 하면서 전체적인 성장을 높이는 기능도 한다(Gill 2010). 넷째, 경제활동의 불균등 분포는 불가피하지만 요소 이동성을 높일 수 있다. 그러면 뒤처진 로컬리티나 지역의 추격이 가능해지고 장기적으로는 지역 간 수렴이 나타날 수도 있다. 다섯째, 경제적 성과를 설명하는 데에 있어서 개인의 특징에 관한 수치화된 증거는 분명한데 반해, 지리적 맥락의 영향력, 즉 **근린효과**(neighborhood effect)에 대한 계량화된 증거는 부족하다(Cheshire et al. 2014). 여섯째, 사람기반형 접근에서는 장소기반형 접근이 중시하는 맥락을 혼란스러운 것으로 이해한다. 맥락의 인과관계를 정확하게 구별해내기 어렵기 때문이다. 일반화된 접근과 지식의 추구를 어렵게 하여 체계적인 비교분석이 불가능하다는 것도 사람기반형 접근에서 맥락을 무시하는 이유다(Stimson and Stough 2008). 이 주장에 따르면, 각각의 지역개발 에피소드가 특수적이고 독특하여 반복하기 어렵다면 다른 지역과 그곳의 사람들은 아무것도 배울 수 없다. "항상 모든 곳이 다르다."면, 개별적인 맞춤형 말고는 가능한 설명의 방식이 없다. 마찬가지로 다른 맥락에 내려지는 정책 처방은 어떠한 유용성과 가치도 가질 수 없게 된다.

장소기반형 접근과 관련해서는 여덟 가지의 중요한 주장이 있다. 첫째, 장소기반형 접근을 지지하는 사람들은 적합하고 효과적인 개발정책을 설계하려면 맥락을 중시해야 한다고 주장한다. 제도와 지리 (즉 특정한 로컬·지역 맥락) 간의 상호작용이 중요한 역할을 한다고 믿기 때문이다(Barca and McCann 2010). 둘째, 공간 중립적인 부문 정책의 공간적 함의는 불가피하다. 그러나 이러한 효과는 공간맹 또는 중립적 정책 형성 과정에서 고려되지 않고 무시된다. 셋째, 장소기반형 정책이라고 해서 항상 시장을 거슬러 작용하는 것은 아니다. 가령 뒤처진 지역은 과소 활용되는 잠재력을 동원하려는 차원에서 로컬·지역의 지식에 기초한 맞춤형 정책 개입을 추구할 수 있다(6장). 넷째, 생산성이 높은 지역으로 이동하는 사람들의 능력은 자본의 이동성에 미치지 못한다. 노동의 상대적 부동성(relative immobility)은 사회적 유대와 금융 장벽으로 인해 발생한다. 이 때문에, 장소기반형 정책은 사회적·공간적 공평성의 차원에 훨씬 더 많은 관심을 기울인다. 다섯째, 장소기반형 정책은 주요 도시 집적 이외에도 중소도시와 농촌지역을 포함해 다양한 규모와 밀도를 가진 장소에 관심을 둔다. 이런 도시와 지역도 국가의 경제성장에 이바지하고, 생산성 증대의 잠재력을 제공한다(OECD 2009, 2012b). 이러한 지리적 감수성을 바탕으로 장소기반형 접근은 글로벌남부와 글로벌북부 모두를 고려하며 개발에 대한 공간맹 접근에 도전한다. 이런 관점에서 "선진국의 경험을 장기적 개발에 대한 유일한 해결책으로 해석하지 말아야 한다. 대규모 도시와 지역만이 유일한 가능성의 성장 패턴도 아니다."(Barca et al. 2012: 141) 여섯째, 장소기반형 정책 옹호론자는 노골적인 공간맹 접근이라도 사실상 장소기반형 정책의 효과를 낳을 수 있다고 말한다. 특히 대규모 도시 집적의 요구에 초점을 맞춰 설계된 정책의 경우가 그렇다. 이에 따라 집적과 관련된 비용이나 불경제 문제가 제기되었고, 집적이 국가의 총성장과 지역개발을 극대화하는 가장 효과적인 방안인지에 대해서도 많은 의구심이 일었다. 일곱째, 로컬 맥락의 효과, 특히 제도와 관련된 효과를 분석하는 데에는 데이터의 이용 가능성과 질의 문제가 발생한다. 이와 더불어, 장소의 효과를 확인하는 정성적 연구도 부족한 실정이다(Lupton 2003; Storper et al. 2015). 여덟째, 일부의 공간맹 접근은 연역적·실증주의적 프레임에 의존한다. 이러한 관점은 "국가경제를 순수한 (국가 GDP, 실업, 인플레이션, 수출 성과 등) 거시경제 현상"으로 인식하면서 "전체적인 의미를 파악하는 데 실패했다. … 기저에 깔린 지리적 문제를 파악하지 못하고 추상화만 추구하는 경향이 있기 때문이다."(Scott and Garofoli 2007: 7) 이러한 추상화를 통해 개념과 이론이 보편적 논리로 발전하면 광범위한 설명과 정책 자문을 추구하는 학자와 정책 입안자에게는 호소력을 가지게 되지만, 현실에서는 여러 가지 문제가 발생한다.

사람 아니면 장소의 이분법을 초월하려는 노력도 이루어지고 있다. 한편에서는 사람과 장소 서로가 어떻게 연결되었는지를 이해하려 한다. 다른 한편에서는, 어떻게 하면 사람 접근과 장소 접근 모두를 적절하게 효과적으로 통합할 수 있을지에 대한 고민도 있다(McCann et al. 2013; 9장). 예를 들어 가르실라소와 마틴(Garcilazo and Martin 2010)은 장소기반형 정책이 더욱 효과적이려면 사람을 중심에 두어야 한다고 주장했다. 실제로 사람과 장소는 복잡하게 얽혀 있다. 사람들은 하나의 장소에서 이루어지는 연결에 착근하며, 이런 맥락 속에서 장소의 성격이 형성되며 변화한다(Tomaney 2016). 마찬가지로, 장소의 속성과 발전은 그 장소에서 살고 일하면서 학습하는 사람과 밀접하게 상호연관되어 있다. 사람기반형 정책과 장소기반형 정책 모두는 다양한 사람과 장소에 대하여 각양각색의 결과를 낳는다(Martin et al. 2015). 장소의 물리적·공공적·환경적·문화적 자산은 노동(사람)이나 자본(기업)의 이동성과 입지, 고용과 임금의 기회, 투자 수익 등에 영향을 준다. 이러한 방식으로, 장소기반형 정책은 '로컬 특수적 펀더멘탈(locally-specific fundamental)'에 초점을 맞출 때 정당화될 수 있다(Krugman 2005). 질 높은 교육 제도와 인프라의 제공이 그러한 펀더멘털에 해당한다. 8장의 사례 연구를 통해서 알아볼 것처럼, 지역개발을 위해서 사람기반형 접근과 장소기반형 접근 모두를 어떻게 조직하고 통합할 것인지는 매우 도전적인 과제이다. 이어지는 전략과 정책 개발에 대한 논의에서는 행위자들이 어떻게 통합적 접근을 사고하고 성취할 것인지에 대하여 몇 가지 중요한 단서를 제공할 것이다.

3. 전략

지금까지 언제, 어디서, 어떻게, 무슨 이유로 지역개발에 개입하는지에 대한 논리의 문제를 검토했다. 이렇게 해서 개입이 결정되면, 그다음으로 세심한 고찰을 통해서 전략을 세워야 한다. 최근 몇십 년 동안 경제·사회·문화·환경·제도·정치·기술의 맥락이 글로벌화와 함께 빠르게 변했다. 이에 따라 "동일하지는 않더라도 유사한 개발 전략을 마련"했던 기존 관행에 혼란이 가해졌다(Chien 2008: 274; 1장). 국민국가들은 기존에 확립된 중앙집권화의 하향식 모델을 사용해 효과적인 개발 전략을 마련하려고 노력한다. 그러나 로컬·지역의 이질적인 맥락과 광범위한 과정의 불균등한 영향 때문에, 기존의 천편일률적인(one-size-fits-all) 접근은 약화되었다(Pike et al. 2006). 심지어 이제는 쓸모가 없어졌다는 주장도 있다. 지역개발 정책을 세우는 기존의 방식은 이제는 융통성이 부족하고 다양하게 변화하는 환경에 적합하지 않다고 여겨진다. 특히 **이분법적 사고**의 한계가 많은 지적을 받고 있다. 부문별(sectoral) 접근과 영토적(territorial) 접근, 하향식 접근과 상향식 접근이 그러한 이분법의 사례다. 아울러, 대규모 인프라와 산업 프로젝트에 집중하는 경향성, 인적자본과 혁신을 과소평가했던 관행, 금융·인센티브·보조금 지원을 핵심 정책과 전략 수단으로 파악했던 인식도 문제로 제기됐다(2장). 이러한 정책 모델이 효율성과 효과성을 가지는지, 다양한 국가의 맥락에서 사회적·공간적 격차를 완화하는 능력을 보유하는지도 의문의 대상이 되었다(Rodríguez-Pose 2013). 누구를 위해 어떤 종류의 지역개발을 추구할 것인지를 성찰하면서(2장), 신선한 전략적 사고의 지평이 열렸고 이로부터 여러 가지 대안적 지역개발 접근이 출현하고 있다. 여기에서는 영토성과 통합성, 제도와 거버넌스에 대한 민감성, 지속가능성과 양호한 질, 공평한 경제성장과 고용기회 등이 중시된다. 과정적 측면에서는 하향식 접근과 상향식 접근, 사람기반형 접근과 장소기반형 접근을 효과적으로 적절하게 혼합하는 일도 필요해졌다(Crescenzi and Rodríguez-Pose 2011).

지역개발에서 전략은 총체적이고 장기적인 목표와 비전을 성취하기 위해 설계된 계획으로 정의된다. 이 전략을 구성하는 계획에는 비전(vision)과 포부(aspiration), 지향점(aim), 목적(purpose), 목표(goal)가 포함된다. **비전**은 로컬리티나 지역의 행위자들이 바람직하다고 여기는 상상된 아이디어나 미래의 상태를 말한다. 완전고용이나 저탄소경제를 비전의 사례로 언급할 수 있다. **포부(열망)**는 갈구하는 결과를 말하며, 보다 평등하고 공간적으로 균형 잡힌 경제활동의 분포를 지역개발 관련 포부의 사례라 할 수 있다. 로컬리티나 지역 행위자의 비전과 포부는 누구를 위해 어떤 종류의 지역개발을 추구할 것인지의 질문에 대한 답과 연결되어 있다(2장). 비전과 포부에는 지역개발 개념과 이론과 관련해 특정한 이해의 틀을 추구하는 행위자들의 입장도 반영된다(3장). 미래의 변화를 기대하기 위해서는 미래를 준비하는 관점을 마련해 전략과 정책의 중장기적 적절성을 확보해야 한다(National Audit Office 2001). 이러한 접근은 추측에 기반한 예상이 아니라, 잠재적 미래의 시나리오를 상세히 계획하고 분석하는 것이다. 미래지향적 접근은 갈구하는 최종 상태를 설계하여 제시하고, 그것의 달성에 필요한 단계를 하나하나씩 밟아 나가는 것이다. 이는 과거를 돌아보고, 미래를 예견하며, 시나리오를 계획하는 일로 구성된다(Gertler and Wolfe 2002). 한국의 **대통령 직속 국가균형발전위원회**는 미래를 준비하는 지역개발의 비전과 포부를 제시하는 사례에 해당한다(사례 5.2).

어떠한 종류의 지역개발을 추구할 것인지의 질문에 대한 답은 지역개발의 지향점, 목적, 목표를

사례 5.2 한국의 대통령 직속 국가균형발전위원회

사진 5.2 한국의 서울

출처: Dokaspar

중앙집권화와 집중은 한국의 **도약(take-off)**과 산업화 과정에서 중요한 역할을 했다. 이때는 경제적 투입, 지역적 표준화, 해외직접투자(FDI)에 대한 수동적 개방성에 초점을 맞추었던 시기였다. 글로벌화, 국제적 경쟁의 증대, 사회적·공간적 불균형성의 맥락에서, 2000년대 초반 새로운 국가·지역개발 비전과 포부가 마련되었다(Bae and Richardson 2011). 이를 위해, 노무현 대통령의 정치적 리더십 아래 **대통령 직속 국가균형발전위원회**(Presidential Committee for Balanced National Development)가 출범했다. 위원회는 국가의 2차 도약(second take-off)을 위해 새로운 단계의 정책을 마련할 목적으로 지역개발 정책의 국제적 흐름을 검토했다. 그리고 다른 국가와 지역, 특히 유럽의 정책 경험을 학습하여 **영토적 결속(territorial cohesion)**의 아이디어를 받아들였다. 균형 잡힌 사회·경제개발, 지역혁신, 경쟁력에 대한 새로운 사고를 자극하기 위해서였다. 서울과 수도권이 지배했던 기존의 공간개발 패턴을 탈피해 국가균형발전을 추구하는 새로운 비전을 마련했다. 강력한 도시 집적경제가 국가의 경제적 성장과 경쟁력 강화에서 핵심을 차지하고 있었지만, 국가적·지역적 불평등 패턴의 비용과 불경제에 대한 우려가 있었다. 그래서 지역개발 비전의 새로운 변화를 모색했던 것이다. 중앙집권적 하향식 접근의 문제를 해결하기 위해서 국가균형발전 비전을 마련했고, 이에 따라 지역 주도의 성장과 혁신 주도의 전문화, 9개 도와 새로운 특별시로 권한과 책임을 이양하는 분권화, 정부 부처와 공공기관을 비롯한 공공부문 조직의 분산, 수출지향형 경제자유구역의 설립, 적극적인 FDI 유치, 보다 영토적 민감성을 갖는 산업정책 등이 추진되었다(Lee 2004). 그러나 2000년대 후반에 대통령으로 선출된 이명박은 국가의 역할을 축소할 포부를 밝히며 시장주도형 개발과 민영화를 추진했다. 이러한 국가 정치의 변화로 인해서 국가균형발전 비전을 성찰하여 미래 방향을 재설정하게 된 것이다. 결과적으로, 최초의 국가균형발전의 비전을 탈피하여 서울과 수도권 지역을 다른 도시-지역과 함께 강조하는 방향으로 선회했다. 그리고 중국의 부상, 글로벌 금융위기, 경제적 침체의 결과로 국가균형발전 비전은 더욱 진화하게 되었는데, 이 과정에서 **녹색성장(green growth)** 비전이 제시되기도 했다.

통해서도 나타난다. **지향점**, 목적, 목표는 이해의 틀을 형성하는 기본적 개념이나 이론과 관련된다. 일반적으로 지향점은 갈구하거나 의도하는 결과(result)로 정의된다. **목적**은 무엇인가를 수행하거나 무엇인가가 존재하는 이유(reason)라 할 수 있다. **목표**는 지향하는 결과에 집중하는 행위자들의 야심과 노력의 대상(object)을 뜻한다.

지역개발의 지향점, 목적, 목표의 측면에서 광범위한 변화가 나타나고 있다. 이는 변화하는 오늘날의 맥락(1장), 누구를 위해 어떤 종류의 지역개발을 추구할 것인지의 문제(2장), 진화하는 이해의 틀(3장)을 반영한다. 새롭게 등장하는 지역개발 버전은 세 가지 중요한 특성을 드러낸다(Rodrí-guez-Pose 2013). 첫째, 경제·사회·환경의 측면에서 지속가능한 경제활동을 지향한다. 둘째, 로컬·지역 기반의 소유와 참여적 개발 과정이 중시된다. 셋째, 로컬·지역의 공공·민간·시민사회의 이해당사자 간 파트너십에 기초한다. 이러한 지역개발이 지향하는 중심 가치에는 포용적 정책 과정, 평등, 모든 이해당사자의 대표성, 공식적·비공식적 의견 제시와 사회적 대화의 기회, 지속가능한 개발과 고용에 초점을 맞춘 균형 개발 전략 등이 포함된다.

전통적인 전략과 달리, 새로운 지역개발 버전(version)은 하향식 전략과 상향식 개발 간의 조화를 추구하는 영토적 접근을 취한다. 로컬 수준에서 공공기관과 민간기구 간의 분권화된 협력을 요구하며, 로컬·지역의 경제적 잠재력을 동원하는 일에도 초점을 맞춘다(2장). 전통적 접근은 개발에 대한 부문적 접근, 국가 중심부에서 하향식으로 결정하는 정책 개입의 위치와 방식, 대규모 산업 및 인프라 프로젝트, 경제활동을 유치하기 위한 금융 인센티브를 중심으로 이루어져 있었다. 최근에 등장한 새로운 지역개발 접근은 유럽을 중심으로 형성되었다. 이 접근에서는 정체나 쇠퇴를 경험하는 로컬·지역을 위해 다양한 전략을 마련하여 경제적 역동성을 증진하려는 노력이 이루어진다. 새로운 접근은 전통적인 정책이 효과를 발휘하지 못하는 장소에 새로운 잠재력을 불어넣는 선택지를 제공한다. OECD(2014a: 1)는 이러한 지역개발의 변화를 **구(고전)패러다임**에서 **신(현대)패러다임**으로의 전환으로 다음과 같이 설명했다.

지역개발은 광의의 용어이지만, 일반적으로 말하면 (고용, 부의 창출 등) 경제활동을 지원하면서 지역 간 격차를 줄이려는 노력이라고 할 수 있다. 이러한 목적을 달성하기 위해서 과거의 지역개발 정책은 대규모 인프라 개발이나 투자유치를 수단으로 삼았다. 과거의 정책을 통해서 상당 규모의 공적 자금이 투입되었지만, 지역 간 격차는 많이 줄어들지 않았고 뒤처진 지역의 추격을 돕는 데에도 실패했다. 결과적으로 경제적 잠재력이 과소 사용되고 있으며 사회적 결속은 약해졌다. 이에 따라 새로운 접근의 필요성에 대한 인식이 높아지고 있다.

신(현대)패러다임은 여러 가지 차원에서 과거의 접근과 상당한 차이를 보인다. 차이는 문제 인식, 목적, 정책 프레임과 구성요소, 수단, 행위자의 측면에서 나타난다(표 5.2). 문제의 프레임은 지역 격차에서 지역 경쟁력의 결핍과 지역 잠재력의 과소 이용으로 변했다. 개입의 논리도 뒤처진 지역의 입지적 불이익에 대한 일시적 보상과 쇼크(충격)에 대한 방어적 대응에서 능동적·포괄적 지역 프로그램과 과소 활용된 잠재력을 동원하는 것으로 바뀌었다. 목적은 사회적·공간적으로 **균형** 잡힌 지역개발과 공평성 추구에서 지역 **경쟁력**을 우선시하고 공평성을 후 순위에 두는 방향으로 변했다. 이러한 신(현대)패러다임은 중앙정부 주도의 천편일률적(one-size-fits-all) 하향식 접근에서 맥락 특수적인 장소기반형 접근으로 변화하는 제도적 전환에도 부응한다. 여러 수준의 정부가 공공·민간·시민사회의 이해당사자와 협력하게 된 것도 그러한 제도적 전환의 결과이다.

지향점, 목적, 목표가 진화함에 따라 지역개발의 지리적 전환도 분명해지고 있다(2장). 정책 입안자들은 특정 정책 개입에서 적절한 스케일을 찾으려고 꾸준히 노력한다. 영토개발 전략의 공간적 스케일과 범위는 국가별로 다르지만, **재스케일화(rescaling)**가 일반적인 현상이 되었다(Lobao et al. 2009). 제2차 세계대전 이후 개발정책의 핵심 스케일은 지역이었으나, 최근에는 도시, 도시−지역,

표 5.2 지역개발 정책의 구패러다임과 신패러다임

	구패러다임	신패러다임
문제 인식	소득, 인프라, 고용의 지역 간 불평등	지역 경쟁력의 부족, 과소 활용되는 지역 잠재력
목적	지역 균형발전을 통한 형평성	경쟁력과 형평성
정책 프레임	뒤처진 지역에서 로컬 불이익의 일시적 보상, (쇠퇴 등) 쇼크(충격)에 대한 대응(현안 대응적)	지역 프로그래밍을 통해 과소 활용되던 지역 잠재력 활용(잠재력의 능동적 추구)
주제의 범위	특정 부문에 초점을 둔 부문별 접근	광범위한 정책 분야에 대한 통합적·포괄적 개발 프로젝트
공간적 지향성	뒤처진 지역에 초점을 둠	모든 지역에 초점
정책 개입의 단위	행정 단위	기능 단위
시간적 차원	단기	장기
접근	천편일률적 접근	맥락−특수적 접근(장소기반형 접근)
초점	외생적 투자와 이전	내생적 로컬 자산과 지식
수단	보조금 및 국가 원조(대체로 개별 기업 대상)	연성자본과 경성자본의 혼합 투자(기업환경, 노동시장, 인프라 등)
행위자	중앙정부	중앙정부, 지방정부, (공공, 민간, NGO 등) 다양한 이해당사자

출처: OECD(2009: 13)

메트로폴리탄, 로컬 스케일도 함께 고려되고 있다. 심지어는 후자의 스케일로 대체된 경우도 있다 (Bae and Richardson 2011; Bailey et al. 2015; Pike et al. 2015c; 2장). 각각의 지리적 스케일에서 활동하는 행위자들은 지역개발 활동과 정책에 가장 적합한 스케일이 무엇인지에 대한 이해를 추구한다. 예를 들어 창조성, 인적자본 개발, 혁신을 증진하는 데에서 어떤 스케일이 가장 효과적인지를 파악하기 위해 노력한다. 다중 행위자와 **다중 스케일**의 맥락에서 여러 종류의 행위자들이 다양한 공간 수준에 관여하는 상황은 광범위하게 인정된다. 그러나 상이한 개념과 이론은 그러한 문제에 대하여 서로 다른 답을 제시한다(3장). 상황에 따라서 접근 간의 차이도 분명하게 나타난다.

그러나 개발정책은 여전히 지역 수준에서 인식되고, 제도적으로 조직되며, 국제적으로 전달된다 (Bellini et al. 2012). 지역, 지역화(regionalization), 지역주의(regionalism)는 세계 곳곳에서 여전히 건재하다. 이는 **신지역주의(new regionalism)**의 부상을 부분적으로 반영하는 현상이며(Keating 2000), 영토적 이해와 관계적 사고 간의 새로운 긴장관계도 조성되고 있다(Passi 2013). 지역은 특히 대규모 국민국가에서 하위국가 수준의 개발 문제를 해결할 수 있는 일관된 공간 스케일로 간주된다. 일부 국가에서는 지역이 민주적 책임성을 가지고 국가와 로컬 수준 사이에서 개발을 주도하고 조직하며 전략화할 수 있는 제도의 스케일로 여겨지기도 한다(OECD 2012b; Tomaney 2014; 4장). 그러나 지역적 수준의 방식에 대해서 제기되는 비판도 있다. 민주적 책임성의 결핍, 관료주의, 비효율성과 (지역적 수준의) 중앙집권, 도시나 도시−지역 접근과의 마찰, 로컬 수준과의 거리 등이 문제점으로 제기되었다. 이러한 문제 때문에 오스트레일리아나 영국과 같은 국가에서는 지역 수준의 제도적 구조가 해체와 개혁에 직면하기도 했다(Pike et al. 2015b).

신경제지리학(NEG)과 도시경제학 사상의 영향력이 커짐에 따라(3장), 도시, 도시−지역, 메트로폴리탄 수준에서는 도시 집적이 하위국가적 정책 개입의 핵심 스케일이 되었다. 지역개발 전략과 정책 개입을 **기능적 경제지역(functional economic area)**에 매칭하면 더욱 효과적으로 경제적 관계와 과정에 영향을 줄 수 있다는 견해도 있다(Cheshire and Gordon 1998). 가령 도시−지역 노동시장의 통근권(travel−to−work−area)에서는 빈곤한 장소에 사는 사람들에게 교육과 훈련을 제공하여 숙련의 증진을 지향하는 지역개발 정책을 고려해 볼 수 있다. 교통 개선에 투자하여 그곳의 사람들을 인근의 고용기회에 연결시키는 방안도 적절하다. 다른 한편으로, 도시−지역이나 메트로폴리탄의 행정적·제도적 경계를 초월해 나타나는 흐름 때문에 경제는 진화하고 있다. 이에 따라, 영토 간 개발 전략 추구에서 행위자들 간 협력, 조정, 공동 작업을 위한 거버넌스의 필요성도 높아졌다(Storper 2014).

로컬의 지리적 스케일은 상황에 따라 다르게 나타나지만, 어떤 맥락에서는 로컬 수준도 매우 중요하다. 로컬의 중요성은 지역 스케일에서 파악한 문제점에 대한 반응으로 등장했다. 로컬 스케일도 **기능적 경제단위(functional economic unit)**에 초점을 맞춰 거대도시 외곽의 교외지역과 농촌지역 문제를 다루는 데 적합할 수 있다. 이러한 로컬 수준의 방안은 행위자와 이들의 지식을 한데 모아 특정한 맥락을 다루고자 할 때 선호된다. 그러나 상당한 복잡성, 공간 단위 간의 파편화, 제한된 권력과 자원, 국가 중심과의 제도적 거리 때문에 로컬 수준의 문제가 발생하기도 한다. 내부−로컬(intra-local) 이슈와 (지리적으로 인접하거나 인접하지 않은 지역에 영향을 미치는) 외부−로컬(extra-local) 이슈를 동시에 조정하며 해결하기는 매우 어렵다(Ahrend et al. 2014; Pike et al. 2015c).

4. 정책의 설계와 개발

로컬, 지역, 도시, 국가, 상위국가 수준의 행위자들에게 지역개발 정책 설계는 매우 도전적이고 어려운 과제다. 복잡하게 변화하는 맥락(1장), 누구를 위해 무엇을 할 것인지의 근본적인 문제(2장), 진화하는 이해의 틀(3장)에 영향을 받기 때문이다. 우선은 전략, 비전, 포부의 기본적 이슈에 대한 합의가 이루어져야 한다. 그다음 구체적 정책을 수립하는 단계로 이동한다. 이 단계에서 **정책주기(policy cycle)** 프레임이 유용하다. 서로 관계된 단계를 따라 정책 설계(디자인)와 개발의 과정을 밟아가도록 안내하기 때문이다. 실제로 국제기구와 국가정부에서는 다양한 형태의 정책주기를 활용하고 있다(Howlett and Ramesh 1995). 예를 들어 영국 재무성은 ROAMEF 정책주기 모델을 제시한다(그림 5.1). 이 모델은 논리(Rationale), 목적(Objective), 판단(Appraisal), 감독(모니터링, Monitoring), 평가(Evaluation), 환류(피드백, Feedback)의 단계로 구성된다.

정책주기의 첫 번째 단계에서는 지역개발 정책의 문제를 진단한다. 이를 위해 문제의 증상과 원인을 구체적으로 검토하여 문제의 규모와 성격까지 파악해야 한다. 첫 번째 단계에서는 비용−편익 분석과 같이 협소하고 기술관료적인 활동에 의존해서는 안 된다. 더 총체적인 접근을 바탕으로 경제·사회·환경 문제를 통합하여 지역개발을 광범위하게 이해해야 한다. 여기에서 정책 행위자들은 누구를 위해 어떤 종류의 지역개발을 추구할 것인지의 문제에 직면한다(1장). 그리고 어떤 이해의 틀을 활용할 것인지도 결정한다(3장). 무슨 결정을 내리느냐에 따라, 지역개발의 이슈는 다르게 해석될 수 있다. 해석의 차이는 개발이 어떻게 정의되며 이것이 어떠한 역사적 맥락과 지리적 차원을 가지는지의 문제와도 관련된다. 한마디로, 지역개발의 성격, 특성, 형태는 기본 원칙과 가치, 권력과 정치적 관계, 시·공간 환경에 따라 다르게 형성된다. 지역개발의 대상, 주제, 분배의 차원도 그러한 다

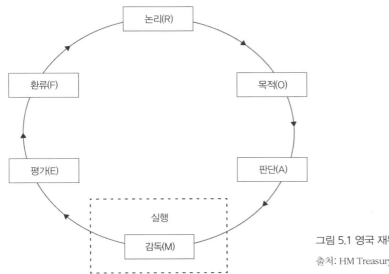

논리(R)

목적(O)

환류(F)

판단(A)

평가(E)

실행

감독(M)

그림 5.1 영국 재무성의 ROAMEF 정책주기
출처: HM Treasury(2003: 3)

양성의 원인이다. 무엇보다, 개념과 이론은 행위자들이 지역개발 문제를 이해하고 설명하는 출발점에 직접적인 영향을 준다. 개념과 이론의 영향력은 범주(카테고리), 이슈의 설명과 원인의 진단, 유망한 정책의 구상을 동원하는 과정에 나타난다. 그리고 새로운 정책적 결단인지, 기존 정책을 개혁한 것인지, 아니면 경제 쇼크나 자연 재난처럼 위급상황에 대응하는 비상 대책인지에 따라서 접근방식이 달라질 수 있다.

이와 같은 시작점의 모습에 따라서, 개발의 의미와 포부, 이해의 틀, 개념과 이론, 구체적 이슈에 대한 진단은 다를 수 있다. 오스트레일리아 뉴사우스웨일스에 위치한 뉴캐슬의 사례를 생각해 보자. 뉴캐슬에는 세계 최대의 석탄 수출 터미널이 입지해 있다. 이곳에서 오스트레일리아 석탄 수출의 40%가 처리된다(Hernandez 2014). 이 사례에서 지역개발 이슈는 경제성장과 도시개발이었고, 이를 위해 행위자들은 인프라 자산과 글로벌 상품 무역 네트워크에서 뉴캐슬의 지위를 활용했다. 구체적으로, 뉴사우스웨일스 주정부는 뉴캐슬항의 민영화를 결정했다. 16억 달러의 98년 임대계약을 통해서 뉴캐슬항의 운영권을 헤이스팅스 펀드 매니지먼트(Hastings Funds Management)와 중국 초상국 그룹(China Merchants Group)에게 넘겼다. 주정부는 뉴캐슬을 '아시아 태평양의 보석(the jewel of the Asia Pacific)'으로 만들겠다는 개발의 지향점을 바탕으로 항만의 민영화를 추진한 것이었다. 여기에는 신규 경전철 건설을 비롯한 중심업무지구(CBD) 재개발의 의지도 담겨있었다. 만약 진화론적 접근이나 지속가능성에 기초한 대안적 진단이 내려졌다면, 상황에 대한 평가는 매우 달랐을 것이다. 그랬다면, 도시와 항만의 주요 이슈는 석탄 수출에 대한 의존성을 탈피하는 다양화의 추구가 될 수도 있었다. 저탄소를 지향하는 국제적 전환의 맥락에서 지속가능한 개발 전략을 마련하는 것도 가능했다. 기후변화에 대처하는 녹색 지역개발도 고려해 볼 만한 시나리오였다(O'Neill 2013). 그러나 뉴사우스웨일스 주정부는 98년 임대계약을 통해서 뉴캐슬 도시 인프라의 핵심 요소를 민간 기업의 이익에 고착(lock-in)되게 만들어 버렸다. 운영 회사들은 터미널을 통해서 석탄 수출을 극대화하고 CBD의 재개발 사업을 추진하며 투자에 대한 수익을 높이려 할 것이기 때문이다. 따라서 뉴캐슬 경제의 장기적 다양화는 매우 어려운 일이 되어버리고 말았다.

정책주기의 두 번째 단계에서도 지역개발 이슈에 대한 진단이 이루어지는데, 여기에서는 연구·증거·분석에 기초한 지식기반을 마련하는 일이 중요하다(사례 5.3). 이를 위해 지역개발을 책임지는 제도적 역량이 필요하다. 독립적인 연구와 분석을 수행하여 이슈를 구체화하고 증거를 제시하면서 정보에 기반한 정책 결정 과정을 지원해야 하기 때문이다(OECD 2008). 주관적·정치적·비이성적 결정을 탈피하고 객관적·탈정치적·이성적 의사결정이 요구되는 경향이 있다. 이는 광범위한 탈이

사례 5.3 지역개발 정책 형성에서 연구·증거·분석의 개선과 활용

공공정책 형성에서 연구·증거·분석의 사용이 강화되고 있다. 이러한 변화는 지역개발을 비롯한 여러 정책 분야에서 나타나며, 국제적으로도 확대되고 있다(OECD 2008). OECD와 같은 국제기구들은 더욱 효과적인 지역개발 전략과 정책의 설계 및 전달을 지원하기 위해서 증거의 기반을 구축하고 이를 바탕으로 적극적인 자문 활동을 펼친다. 이러한 활동은 정책주기 프레임에 기초해 이루어지며, 목적의 정의, 증거의 수집과 활용, 로컬 및 지역의 요구에 대한 진단, 선택지의 식별과 판단, 잠재적 결과의 평가, 전략의 전달과 실행, 정보 시스템의 개발, 효과적인 것과 그렇지 못한 것에 대한 평가의 요소로 구성된다. 도시-지역 수준의 조직도 이러한 어젠다를 적극적으로 추진한다. 영국의 맨체스터 대도시권에서는 신경제 맨체스터(New Economy Manchester)가 전략, 연구, 분석, 정책 개발 활동을 수행하면서 10개의 지방정부, 로컬 엔터프라이즈 파트너십(LEP: Local Enterprise Partnership), 민간·공공부문 단체를 지원한다(Holden and Harding 2015). 신경제 맨체스터는 국비를 지원받는 '로컬 경제성장 센터(What Works Centre in Local Economic Growth)'와 공동 활동을 펼치기도 한다. 그리고 어떻게 증거 기반의 정책을 마련할 수 있는지를 세 단계의 정책주기를 통해서 구체화한다. 첫째는 맞춤형 분석을 제공하는 전략 개발이다. 이는 특수한 정책 맥락을 고찰하여 로컬 환경에 적합한 정책 해결책을 마련하는 것이다. 둘째는 정책 감독과 평가를 지원하는 것인데, 이는 정책 전달 이전, 과정, 이후에 진행된다. 이러한 감독과 평가를 통해서 정책 적응, 개발, 중단에 대한 의사결정이 이루어진다. 세 번째는 체계적인 프레임, 표준화된 산출물, 공통된 결과에 기초한 분석을 제공하며 일상적인 의사결정을 지원하는 단계이다. 신경제 맨체스터는 영국 재무성, 공공서비스 변혁 네트워크(Public Service Transformation Network)와 함께 전통적인 비용-편익 분석을 공식화하여 로컬개발 파트너십을 위한 지침을 마련하는 작업에도 참여했다(HM Treasury, Public Service Transformation Network and New Economy 2014).

데올로기적(post-ideological) 전환의 일부이며, **신공공관리(new public management)**로도 알려져 있다. 이러한 변화 속에서 정책 과정의 전문가 주도성과 기술관료적(technocratic) 성격이 강화되었다(Crouch 2004; OECD 2008). 신공공관리의 핵심 주장에 따르면, 객관적 분석과 증거를 바탕으로 더 나은 의사결정과 효과적인 정책의 마련이 가능해진다. 예를 들어 비용-편익 분석의 결과를 객관적으로 평가하여 개입의 여부를 판단한다. 그러나 정책의 설계와 개발이 정치에서 분리될 수 있는지, 아니면 분리되어야만 하는지는 논란의 여지가 있다(9장). 민주주의 시스템에서 개발정책의 통치를 책임지는 선출직 정치인은 자신의 결정에 대한 책무성을 가지기 때문이다.

지역개발 정책 입안에서 연구·분석·증거의 수준을 높이기 위해 국제적으로 정책을 학습하여 적용하는 일도 강조되고 있다(National Audit Office 2001). OECD, 국제연합(UN), 국제노동기구(ILO), 세계은행과 같은 상위국가 기구들은 지역개발 정책 이동·학습·적응의 통로 역할을 맡고 있다(Peck and Theodore 2015; Pike et al. 2014; McCann and Ward 2011; Wood 2014). 그러나 앞서 논의한 바와 같이, 단순한 **정책이전(policy transfer)**은 대체로 효과적이지 못하다. 지리적 맥락과 환경의 차이 때문이다. 특히, 행위자의 역량, 역사, 제도, 정부와 거버넌스의 구조, 지역개발의 경로, 권력과 자원의 차이가 중요하게 작용한다(Hudson et al. 1997; Peck and Theodore 2015). 더 효과적인 정책 학습을 위해서는 다른 지역 행위자의 경험과 제도를 지식과 영감의 원천으로만 여겨야 한다. 다른 지리적 맥락으로의 단순한 이전이 아니라, 맥락에 적합하도록 맞춤형 적용을 추구해야 한다는 뜻이다.

세 번째 정책주기 단계는 가능한 선택지(옵션)의 개발·판단과 컨설팅(자문) 활동으로 구성된다. 선택지의 개발은 이슈 해결이 가능한 잠재적 정책 아이디어를 발굴하는 과정이다. 정책 개입의 논리, 지향점, 목적, 목표를 마련하는 일도 선택지 개발 단계의 과제이다. 여기에서 활용할 수 있는 테크닉 중 하나는 **논리사슬(logic chain)**이다. 논리사슬은 정책의 맥락, 논리와 목적, 변화의 이론, 투입, 활동, 산출, 결과, 영향, 가치판단 간 인과관계의 흐름을 파악하는 데 유용하다(그림 5.2). 한편 잠재적 정책이나 불개입이 초래할 수 있는 위험(리스크)을 평가·관리·축소하는 일도 중요하다. 이를 위해 의도하는 결과뿐만 아니라, 의도하지는 않았지만 잠재적으로 가능한 결과도 고려해야 한다. 동시에 실패 가능성과 지역개발의 다른 측면에서 나타날 수 있는 긍정적/부정적 **연쇄반응(knock-on effect)**을 가늠해 보는 것도 좋다. 정책의 선택지가 마련된 후에는, 선택지에 대한 판단이 이루어져야 한다. 합리적 판단을 위해서 연구와 분석의 증거를 바탕으로 인과관계를 체계적으로 검토하며 선택지 간의 상대적 장단점을 파악하는 일이 중요하다. 시장실패 접근이나 비용-편익 분석 프레임을 통해서 특정한 정책의 편익과 비용을 체계적으로 비교하는 작업도 가능하다. 비교는 (예를 들어 일자리당 비용, 투자 단위당 경제성장과 같은) 공통된 기준을 바탕으로 이루어져야 한다(Bartik 1990). 성장의 포용성, 직업구조와 창출된 일자리에서 요구되는 숙련, (탄소 방출, 자원 활용 효율성 등) 환경적 요소 등의 측면을 고려할 수 있도록 광범위한 지표를 활용해 볼 수도 있다(Beatty et al. 2015). 마지막으로, 선택지에 대한 컨설팅은 직접적 대상이 되는 행위자와 간접적 영향을 받을 수 있는 행위자 모두를 고려해 진행되어야 한다. 정책 개발 과정에서 다양한 사람들의 관점을 고려하면 더욱 효과적인 정책 설계가 가능해진다. 예를 들어 로컬 중소기업의 금융 접근성을 높이려는 로컬 개발정책을 마련하려면, 중소기업과 금융 서비스 공급자에게 공평한 참여의 기회를 제공할 필요가 있다. 이슈, 장애 요소, 필요한 개혁 등을 파악하여 효과적인 정책을 설계하고 전달하기 위해서다.

지역개발 이슈들은 다층적이고 서로 연결되어 있다. 이런 성격을 고려해, 정책의 선택지는 여러 정책이 서로 보완하도록 적절하게 혼합된 것이 좋다(OECD 2008). 이러한 **정책 믹스 접근(policy mix approach)**에는 두 가지의 전제가 깔려 있다. 첫째, 한 가지 해결책만으로 복잡하게 서로 얽혀 있는 지역개발 문제를 풀어낼 수 없다. 그래서 둘째, 선택한 정책 간의 상호관련성을 생각하는 것이 필요하다. 같은 목표를 향해 하나의 방향성을 가지고 적절하게 작동할 수 있도록 조정하기 위해서다. 정책들이 모순적이거나 서로 배치될 때 문제가 발생한다. 이는 정책 간 반목, 목적 달성 실패, 무익과 낭비의 결과로 이어질 수 있다. 심한 경우, 전혀 새로운 지역개발 이슈가 출현하기도 한다.

정책주기의 네 번째 단계에서는 정책수단(policy instrument), 즉 구체화된 지역개발 프로그램과 이를 구성하는 프로젝트가 선정된다. **프로그램(program)**은 조직적으로 계획·통합된 다양한 미래 정책 활동의 시리즈이며, 여기에는 생산성 향상, 혁신의 촉진, 환경의 질 개선 등 구체적인 주제가 포함된다. 특정 프로그램 목적과 목표에 초점이 맞춰진 (예를 들어 로컬 중소기업의 수출 증진, 노동력 개발의 질적 향상, 에너지 효율성 증진, 도시 교통 인프라 개선 등을 위한) 구체적 노력은 **프로젝트(project)**라고 부른다. 프로젝트는 광범위하게 계획된 프로그램의 프레임 속에서 구체화되며, 프로그램의 조정, 상호보완성, 효과성을 보장하는 기능을 한다.

다섯 번째 단계에서는 지역개발 정책을 전달하고 실행한다. 여기에서 상위 수준의 지향점, 목적, 목표, 프로그램, 정책이 구체적인 전달(delivery), 실행(implementation), 행동(action) 계획으로 해석된다. 어떤 행위자들이 언제 어디서 무엇을 어떻게 할 것인지를 정한다는 이야기다. 어떤 자원을 동원하는지, 어떤 단계를 거쳐서 수행하는지, 성과의 증거는 어떻게 만들어 낼 것인지 결정하는 것도 이 단계에서 이루어진다. 지역개발 정책의 전달과 실행이 영향력을 미치는 맥락과 과정은 매우 복잡하다. 그래서 작은 규모의 예비 실험을 바탕으로 정책 조치의 효과성을 점검한 다음, 실행의 규모를 보다 광범위한 지역과 인구를 대상으로 넓혀 가는 관행이 일반화되고 있다(OECD 2008).

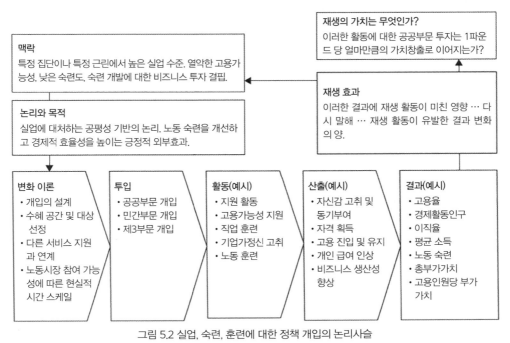

그림 5.2 실업, 숙련, 훈련에 대한 정책 개입의 논리사슬

출처: Tyler et al.(2010: 13)

여섯 번째 단계는 체계적인 감독(모니터링)과 엄정한 평가를 통해서 정책이 만들어 낸, 그리고 만들어 내지 못한 결과를 점검한다. 모니터링은 전달·실행 과정과 함께 이루어지는 활동으로, 프로그램과 정책의 질, 진행 과정, 성과를 체계적으로 관찰하며 검토하는 일이다. 평가는 프로그램과 정책의 지향점·목적·목표를 달성했는지에 초점을 맞춰 실행 과정을 체계적이며 구조화된 방식으로 점검하는 것이다. 일반적으로 평가의 틀은 투입, 활동, 산출, 결과, 영향의 피라미드로 구성된다(그림 5.3). 평가의 피라미드에서는 아래로 갈수록 단기적이고 명백한 성격을 가지며 측정하기 쉬운 경향이 있다. 반대로 꼭대기로 갈수록 여러 가지 장기적 요인에 영향을 받기 때문에 측정이 어렵다.

평가를 통해 지역개발 정책의 효과를 점검하는 과정에서는 반사실(counterfactual)에도 주목할 필요가 있다. 정책 개입이 없었다면 어떤 일이 발생했을지를 파악해 볼 수도 있다는 말이다. 평가의 주요 요소에는 (증가한 또는 보호된 일자리당 비용 등) 비용 효과성, (보조금 수혜 기업의 직접 고용, 재화 및 서비스 공급사슬에서 간접 고용 등) 직·간접적 결과와 **승수효과**, (중립적·부정적인 측면을 제외한 정책의 긍정적 기여만을 고려하는) **추가성(additionality)**, (정책 개입 없었더라도 어쨌든 발생했을 결과나 영향을 뜻하는) **사중효과**, (다른 곳을 희생시키며 발생하는) **대체효과(전위효과)**, (정

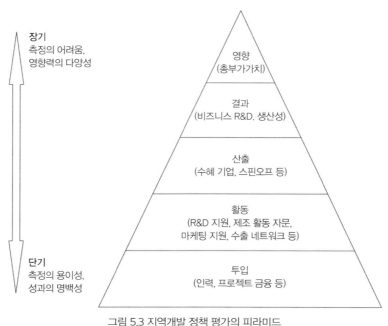

장기
측정의 어려움,
영향력의 다양성

단기
측정의 용이성,
성과의 명백성

영향
(총부가가치)

결과
(비즈니스 R&D, 생산성)

산출
(수혜 기업, 스핀오프 등)

활동
(R&D 지원, 제조 활동 자문,
마케팅 지원, 수출 네트워크 등)

투입
(인력, 프로젝트 금융 등)

그림 5.3 지역개발 정책 평가의 피라미드

출처: Neil MacCallum(2006)

책이나 공공투자로 유도된 민간부문 투자 등) 레버리지(leverage)와 대응자금 등이 포함된다(Valler 2012; OECD 2008). 이와 더불어, 어떤 지표와 무슨 데이터를 가지고 무엇을 측정할 것인지, 그리고 결과나 영향을 측정하기 어려울 때 적절한 평가의 기준은 무엇인지를 판단해야 한다. 불균등한 데이터의 질과 이용 가능성, 표집 편향, 자원의 한계, 명확한 속성과 인과관계의 제시 방법 등도 유의사항에 해당한다(Bartik 2002; Foley 1992; Valler 2012; OECD 2008). 지역개발의 정의가 경제적 관심사에만 한정되지 않고 사회적·환경적 이슈까지 확대되면서, 여러 가지 감독과 평가의 문제가 발생했다. 그렇다 하더라도, 엄밀한 증거를 바탕으로 정책이 어느 정도까지 제대로 작동하고 효과적인지를 평가해야 한다. 다른 정책 영역과 마찬가지로, 지역개발의 불확실성과 복잡성 때문에 정책실패도 흔하게 있는 일이다. 목적과 목표의 미달성, 기대에 미치지 못하는 성과, 저급의 서비스 제공, 지속불가능성, 불균등발전, 경제적·사회적·환경적 역효과 발생 등이 실패의 증상으로 여겨진다(National Audit Office 2001).

마지막으로, 일곱 번째 단계에서는 환류(피드백)를 통해 정책 학습과 적응을 추구한다. 정책의 점검과 평가에서 마련된 통찰과 교훈을 정책주기의 처음으로 돌아가 지역개발 진단·정책·설계·개발에 반영한다는 뜻이다. 이를 통해 최초의 주기에서 드러난 실질적인 이슈들이 새로운 정책주기에 통합된다. 최근 들어 정책 학습이 가속화되고 있다. 지역개발 정책의 행위자들이 광범위한 시·공간 범위에서 이루어지는 **정책 모빌리티**(policy mobility)와 **패스트 정책이전**(fast policy transfer)에 적극적으로 참여하고 있기 때문이다(Peck and Theodore 2015).

정책주기 모델은 국제적으로 광범위하게 사용되고 있지만, 동시에 비판과 성찰의 대상이기도 했다. 이와 관련해 세 가지 사항에 주목해 보자. 첫째, 이 프레임은 정책 설계와 개발에서 분석·도구적 수단으로 활용되는데, 이를 통해 혼란스럽고 비구조화되며 정치적인 정책 형성 과정이 질서정연한 주기적 단계의 모습으로 단순화된다. 이것에는 문제가 있다. 왜냐하면, "정책을 이성적 과정으로 간주하는 아이디어는 사라져야 하기 때문이다. 전문적 기술자처럼 고도로 통제된 도구를 사용해 계산된 결과를 쉽게 얻을 수 있다는 망상을 떨쳐 버려야 한다. 그러한 이미지는 선진국과 개발도상국 모두에게 부적절하다."(Turner and Hulme 1997: 58) 둘째, 주기 프레임은 정책 형성 행위자와 관료주의적 과정에 집중한다. 동시에 그런 행위자들이 활동하며 지역개발 정책이 설계·개발되는 맥락을 체계적으로 말끔하게 통합하려 한다. 그러나 로컬과 지역에 대한 지식과 불완전한 증거가 정책 설계와 개발에서 더 중요할 때도 있다. 이것이 상향식 장소기반형 접근과 하향식 사람기반형 접근 간 통합의 필요성이 증대하는 이유다. 셋째, 전통적인 주류(主流)의 평가 방식에 대한 집착도 여러 가지 문제의 원인이다. 과도하게 협소한 과정이나 형성에 초점을 맞추어, (일자리 창출·유지 지표 등) 전통적인 방식으로 측정되는 단기적이고 직접적인 편협한 산출물만을 평가에서 고려한다. 장기적이며 간접적인 정책의 영향을 무시한다는 이야기다. 이는 정책주기 프레임 자체의 가정과 개념적·이론적 입장에서 벗어날 수 없음을 시사한다. 그러나 새롭게 등장하는 접근에서는 가치판단이 작용하는 평가의 정치적 성격과 그러한 평가의 개념적·이론적 기초를 성찰하려는 노력이 나타나고 있다. 실제로 장기적이며 간접적인 지역개발 정책의 결과와 영향도 중시하는 방향으로 평가의 초점이 옮겨가고 있다. 정책 입안자들이 경제, 사회, 환경을 아우르는 광범위한 영역을 주목하게 되었기 때문이다(Bartik 2002; Bartik and Bingham 1995; Valler 2012). 따라서 정책 평가는 "예전보다 훨씬 더 복잡하고 종합적이며 맥락화된 활동"이 되었다(Valler 2012: 569). 이러한 변동은 지역개발 정책의 경제적 차원에 대한 협소한 초점을 벗어날 수 있도록 해 주었다. 결과적으로, 정책에 대한 평가는 포용 성장, 적응·혁신 역량, 사회적 공평성과 웰빙, 생태적 지속가능성처럼 측정이 곤란한 사회·환경적 측면과 더욱 잘 조화를 이룰 수 있게 되었다.

5. 결론

이 장은 개입, 정책, 수단에 관한 제3부의 도입 부분에 해당한다. 논의의 시작을 위해서, 이 장에서는 개입의 논리를 검토하고 전략, 정책 설계, 개발과 관련된 주요 이슈를 정리했다. 언제 어디서 어떻게 무슨 이유로 지역개발을 위한 정책 개입이 이루어지는지에 대한 논리는 효용성/공평성, 시장실패, 사람기반형/장소기반형 접근에 영향을 받는다. 변화하는 맥락 속에서 지역개발 정책의 전통적 접근이 도전을 받고 있으며 약해지기도 했다. 이에 따라 누구를 위해 어떤 종류의 지역개발을 추구할 것인지의 문제에 새로운 프레임의 전략이 마련되고 있다. 동시에, 대안적 접근을 마련하기 위한 노력도 늘고 있다. 노력의 밑바탕에는 서로 연관된 경제적·사회적·환경적 이슈를 연결하여 효율성과 공평성 모두를 다루는 총체적 논리가 있다. 동시에, 로컬·지역 맥락을 민감하게 받아들이며 지역, 도시−지역, 로컬을 비롯해 다양한 스케일에서 작동하는 장소기반형 영토 전략도 많아졌다. 다중 행위자, 다층 스케일의 정부와 거버넌스 시스템 속에서 공공·민간·시민사회를 통합하는 제도적 장치가 그러한 노력의 사례이다. 이런 맥락에서, 전략이 어떤 방식으로 비전과 포부(열망), 목적, 지향점, 목표에 연결되어 마련되는지를 설명했다. 이해를 돕기 위해 예시도 적절하게 활용하였다.

정책의 설계와 개발은 강력한 영향력을 행사하며 광범위하게 활용되는 정책주기 프레임을 바탕으로 이해하고자 했다. 특히, 지역개발 정책과 관련된 일곱 단계에 주목했다. 이는 ① 이슈와 문제의 진단, ② 연구·증거·분석을 통한 지식기반의 구축, ③ 선택지의 개발과 그에 대한 자문(컨설팅) 및 판단, ④ 구체적 지역개발 프로그램과 프로젝트의 정책수단 선정, ⑤ 전달과 실행, ⑥ 감독(모니터링)과 평가 ⑦ 정책 학습·적응과 다음 주기로의 피드백 단계로 구성된다. 주기 프레임에 대한 비판과 성찰은 ① 단순한 모델과 복잡한 공공정책 형성 과정 간의 불일치, ② 행정·관료적 차원을 과도하게 강조하면서 정책의 맥락을 무시하는 측면, ③ 주류(主流)적 평가 접근에 대한 의존성이 유발한 문제들을 중심으로 마련해 보았다. 이 장의 논의를 바탕으로, 이어지는 6~7장에서는 두 가지의 주요 지역개발 접근을 (즉 토착적 잠재력을 동원하는 접근과 외생적 자원을 유치하고 착근시키는 접근을) 검토하고 둘 간의 관계도 고찰해 볼 것이다.

추천 도서

Barca, F., McCann, P., and Rodríguez-Pose, A. (2012) The case for regional development intervention: place-based versus place-neutral approaches, Journal of Regional Science 52 (1): 134-152.

Bartik, T. J. (1990) The market failure approach to regional economic development policy, Economic Development Quarterly 4 (4): 361-370.

Bartik, T. J. (2002) Evaluating the impacts of local economic development policies on local economic outcomes: what has been done and what is doable? Upjohn Staff Working Paper 03-89, W.E. Upjohn Institute for Employment Research: Kalamazoo, MI.

Cheshire, P., Nathan, M. and Overman, H. (2014) Urban Economics and Policy. Aldershot: Elgar.

Foley, P. (1992) Local economic policy and job creation: a review of evaluation studies, Urban Studies, 29: 557-598.

Holden, J. and Harding, A. (2015) Using evidence: Greater Manchester case study. Paper by New Economy Manchester and University of Liverpool for What Works Centre for Local Economic Growth: Manchester.

McCann, P., Martin, R. and Tyler, P. (2013) The future of regional policy, Cambridge Journal of Regions, Economy and Society 6: 179-186.

OECD (2008) Making Local Strategies Work: Building the Evidence Base. OECD and Local Economic and Employment Development Programme. Paris: OECD.

Peck, J. and Theodore, N. (2015) Fast Policy: Experimental Statecraft at the Thresholds of Neoliberalism. Minneapolis, MN: University of Minnesota Press.

Rodríguez-Pose, A. and Wilkie, C. (2014) Conceptualizing equitable economic growth in urban environments. Draft Concept Paper prepared for the Cities Alliance. London: London School of Economics.

Tyler, P., Warnock, C. and Provins, A. (2010) Valuing the Benefits of Regeneration. Communities and Local Government. Economics Paper 7: Volume I - Final Report. Cambridge Economic Associates with eftec, CRESR, University of Warwick and Cambridge Econometrics. London: Department of Communities and Local Government.

Valler, D. (2012) The evaluation of local and regional development policy. In A. Pike, A. Rodríguez-Pose and J. Tomaney (eds), Handbook of Local and Regional Development. London: Routledge, 569-580.

World Bank (2009) World Development Report 2009: Reshaping Economic Geography. Washington, DC: World Bank.

06 토착적 잠재력의 동원

1. 도입

토착적(indigenous) 개발은 로컬리티나 지역 내부로부터 사회적으로 생산되고 길러진 개발 잠재력을 기초로 한다. 토착적 접근은 '집에서 키운(home-grown)' 자산과 자원을 육성하는 수단이며, 이는 보다 착근되어 있고 헌신적이며 떠나려는 의지가 약한 특성을 가진다. 인내심을 가지고 지속가능한 지역개발에 공헌하는 역량도 더욱 많이 가지고 있다. 따라서 **토착적 지역개발**은 **장소기반형 접근**과 동일시되는데, 이로써 장소가 외생적·외부적 경제 이익보다 로컬과 지역의 부존자원에 더욱 많이 의존하도록 만든다(Barca et al. 2012; 5장). 토착적 잠재력과 전망을 이해하는 데에 있어서 사회적 행위성, 관계, 제도는 필수적인 요소이다. 토착적 개입은 1장에서 상세하게 소개한 상향식 접근과 직결된다. 아래로부터 기존의 자산과 자원을 가지고 작동하여, 지역개발의 잠재력을 발굴하고 분출하기 때문이다. 중앙집권화된 전통적인 하향식 접근은 로컬·지역에 뿌리내리고 머무르는 자산과 자원을 간과하거나 무시했다. 또한, 하향식 접근은 토지나 노동과 같이 저비용 생산요소의 피상적인 매력에만 관심을 두는 특성도 있다. 글로벌화의 맥락에서 생산요소의 이동성이 증가하더라도 장소의 중요성과 착근된 특성을 인식하는 토착적 전략의 중요성은 강화되고 있다. 이론상 자본과 노동은 세계 어느 곳에나 위치할 수 있지만, 현실에서 둘은 모두 장소 간 자산과 자원의 차이에 민감하게 반응한다.

잠복되어 있거나 과소 이용되는 자산과 자원이 토착적 접근에서 중심을 차지한다. 그러한 자산과 자원이 지역개발에 크게 공헌하려면 동원이나 자극의 과정이 요구된다(Goddard et al. 1979). 자문, 격려, 지원이 부족해 미개발 상태에 머물러 있는 새로운 비즈니스 아이디어, 불충분한 경영 전문성 때문에 성장과 발전에 실패한 기업, 로컬 자원의 결핍 때문에 좌절된 교육 및 훈련의 열망을 실현하지 못한 경제적 잠재력의 사례로 언급할 수 있다. 그러한 자원을 결집하여 개인, 가구, 사회집단이 소질을 충분히 발휘할 수 있도록 할 수 있다. 이를 통해 상당한 지역개발의 효과를 마련하는 일도 가능하다. 그러나 로컬리티와 지역에서 제대로 이용되지 못하거나 미개발된 토착 자원의 잠재력을 실현하는 것은 매우 어려운 과제이다. 불충분한 자본 접근성과 ─ 즉 금융 수단이나 전문성을 가진 인적 자원의 부족과 ─ 협소한 로컬·지역 시장이 잠재력 실현을 어렵게 하는 장벽으로 지목된다. 같은 맥락에서 기업가정신, 창업, 교육, 학습, 훈련에 관심을 가지지 못하는 문화적 전통도 문제점으로 지적된다.

   로컬과 지역의 잠재력을 이용하는 전략이 항상 확고한 지역개발로 이어지는 것만은 아니다. 토착적 전략의 타당성은 신경제지리학(NEG) 접근을 비롯해 다양한 관점으로부터 도전을 받고 있다(3장; 5장). 이에 따르면, 공간적 지향성을 가진 장소기반형 전략은 경제적 집적을 촉진하는 전략에 비하면 기껏해야 차선책에 불과하다(World Bank 2009). '공간맹(spatially blind)'의 집적 접근은 경제적 잠재력이 우수한 지역에서 경제적 성장을 더 많이 촉진할 수 있다는 이유로 우월하다고 여겨지기 때문이다. 이러한 집적의 효과로 축적된 부는 **낙수효과(trickle-down effect)**를 통해서 경제적 여건이 좋지 못한 지역으로 확산될 것이라는 가정도 있다. 집적이 경제활동과 성장의 지리적 집중을 촉진하는 것은 사실이지만, 대규모 집적으로부터 확산되는 낙수효과에 대한 증거는 미약하다(Bryceson et al. 2009; Rodríguez-Pose; Barca et al. 2012). 이러한 한계 때문에 토착적 개발 접근은 글로벌남부와 글로벌북부 모두에서 유용한 전략으로 받아들여진다. 특히, 부의 확산, 개발의 파급, 투자유치의 가능성이 낮고, 사회적·환경적·제도적 조건이 불리한 곳에서 이롭다고 여겨진다(Rigg et al. 2009; Scott 2009; Peck and Sheppard 2010; Lawson 2010; Hart 2010).

   이 장에서는 토착적 장소기반형 관점과 공간맹(空間盲)의 관점 간 딜레마에 주목하며 지역개발에 대한 토착적 접근의 논리를 검토한다. 아울러, 토착적 잠재력을 이용하고 로컬·지역 내부로부터의 내생적(endogenous) 개발을 촉진하는 도구들에 대해서도 살펴볼 것이다. 제2부의 논의와 관련해서는, 신규 비즈니스 창업, 기존 비즈니스의 성장·유지, 노동의 개발과 업그레이딩을 위한 정책과 수단을 고찰할 것이다. 이를 바탕으로 결론에서는 토착적 접근의 잠재력과 한계에 대해 성찰한다.

2. 토착적 장소기반형 지역개발 접근

   토착적 장소기반형 지역개발은 3장에서 논의했던 개념·이론과 연관된다. **장소기반형 접근**은 로컬이나 지역 영토의 독특한 특성과 강점을 기초로 하여(Stöhr 1990), 아래로부터의 개발(develop-

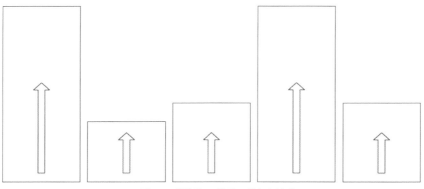

그림 6.1 내생적·토착적·내부적 성장

출처: 저자 작성

ment from below)을 추구하는 것이다(David 2004). 무엇보다, 로컬·지역경제 안쪽이나 내부의 자원을 강조한다(그림 6.1). 따라서 장소기반형 접근은 로컬리티와 지역에 착근한 경제적 활동을 육성하는 상향식 방안이라고 할 수 있다. 전통적인 신고전주의 지역개발 접근과 달리, 지역은 "기업, 부문, 국가와 마찬가지로 경제 조직의 쐐기돌(keystone)"로 간주된다(Scott and Storper 2003: 201). 장소기반형 접근의 목표는 개입을 통해서 로컬과 지역의 상호작용을 발전시키는 것이다. 로컬과 지역에서 신뢰, 협력, 경쟁의 네트워크를 창출하고, 생산적 자원의 공유 역량을 증진하며, 상호작용적 학습·적응·혁신·지식을 확대하는 목표를 지향한다(Cooke and Morgan 1998; Glückler 2007; Sternberg 2009; Komninos 2013; 3장). 기업가정신 함양도 장소기반형 지역개발의 중요한 측면이다. 이러한 형태의 지역개발에서는 지방·지역정부 기관이 중추적인 역할을 맡는다. 로컬·지역의 자본을 형성하는 데에서 다양한 이해당사자 간 중재자나 촉진자의 기능을 할 수 있기 때문이다. 지방·지역정부의 기능은 공적 자금을 기업이나 지식 센터에 제공하는 전통적인 단순한 임무를 초월한다(Camagni and Capello 2012; 4장). 토착적 접근에서는 로컬 스케일에 초점을 맞추지만, 로컬에서 이루어지는 활동을 광범위한 지역과 도시−지역의 이익에 연결하는 노력도 이루어진다.

　토착적 자산과 자원의 개발과 관련해 혁신, 지식, 학습, 창조성의 이론은 로컬·지역제도의 중요성을 강조한다. **제도**는 조직 같은 공식 제도와 네트워크 같은 비공식 제도를 포함한다(4장). 이러한 제도는 로컬·지역의 잠재적 자산 동원, 사회적 자본 형성, 집단 학습, 적응력 증진에 이롭게 작용한다(Amin and Thrift 1995; Scott 2008; Vázquez−Barquero 2012; 4장). 이런 요인들이 아래로부터의 상호작용을 촉진하여 혁신을 지원하기 때문이다(Morgan 2007b). 다른 한편으로, 로컬·지역의 적응과 성장을 방해하는 **고착(lock−in)**을 벗어나는 데에서도 제도는 중요한 기능을 한다(Grabher 1993;

3장). 제도에 기반해 장소의 구조적 문제와 독특한 자산을 인식하는 맥락민감형 정책수단은 오랜 역사를 가지고 있다(Hirschman 1958; Seers 1967; Pike et al. 2015c).

실제로 토착적 장소기반형 접근의 중요한 특징 중 하나는 지리적 맥락에 민감하다는 것이다. 이러한 전략의 성공 역량은 로컬·지역의 조건에 영향받는다. 그래서 장소기반형 접근에서 보편화된 천편일률적(one-size-fits-all) 전략이나 임시변통(quick fix)이 회피된다. 특정한 시간과 장소에서 효과를 본 개발 정책과 전략은 로컬·지역 환경에 적응하지 않고서는 다른 장소에서 성공하지 못할 수 있기 때문이다. 그러나 장소기반형 접근이 모범실천사례(best practice)를 무조건 회피한다는 말은 아니다. 첨단기술 지역이나 고성과(高成果) 지역의 경험에 기반한 모범실천사례 학습의 효과는 보편적으로 나타나는 것이 아니며 성공적인 이전을 위해서는 로컬의 경제적·사회적·제도적 맥락에 적응하는 과정이 필요하다는 이야기다(Tödtling and Trippl 2005).

토착적 장소기반형 개발 접근은 지난 20여 년 동안 크게 주목받았다. 새로운 **내생적 성장이론**(endogenous growth theory)의 등장이 중요한 이유 중 하나였다. 실제로 내생적 이론은 토착적 지역개발의 잠재력에 대한 사고를 새롭게 하는 데에 크게 기여했다. 로컬·지역 내부로부터의 내생적 성장에 대한 논의는 정책 개입의 새로운 기회를 제공했다. 이런 관점에서, 장소기반형 접근은 정책이 어떻게 집적의 외부경제를 로컬·지역에서 형성할 수 있을지를 탐색한다. **집적의 외부경제**는 수확체증(increasing returns)을 일으키며 내생적 성장에서 핵심을 차지한다. 알프레드 마셜(Alfred Marshall)이 강조하는 노동시장 풀, 전문화된 공급자, 기술적 지식의 유출(파급)효과가 집적의 외부경제에 포함된다. NEG에서 말하는 제2의 자연도 집적의 외부경제와 관련된다(3장). **요소부존**에 기반한 **비교우위**(comparative advantage)를 초월해 로컬화된 경제활동의 **경쟁우위**(competitive advantage)에 주목하는 **클러스터**(Porter 2000), 그리고 **포스트개발주의**의 **공동체경제**(커뮤니티경제)도 토착·내생적 장소기반형 접근에 해당한다. 정책 개입은 토지, 자본, 노동 관련 시장실패에 초점을 맞추고 시장의 신호에 반응하기 위해 이루어지며, 인적자본, 혁신, 기술개발 등도 내생적 접근의 정책 개입 대상에 속한다(5장). 또한, 내생적 접근은 집적의 외부경제를 촉진하는 국지화와 재화·서비스·지식의 국가적·국제적 흐름에 관여하는 외부 연결 간 균형의 필요성도 강조한다(Bathelt et al. 2004; Martin and Sunley 1998; Vale 2012). 토착성과 내생성을 기반으로 하는 로컬·지역정책은 성장을 지향하는 초점을 가지고 로컬리티와 지역의 경제적 성과를 높이고자 한다. 그래서 내생적 접근과 관련해서는 영토 간 공평성이나 균형적 지역개발의 이슈가 등장한다(Storper 2011).

한편 정책적 개입은 경제적·사회적·생태적 이슈 간의 관계에 보다 민감해졌고 장기적 전망의 중요성도 점점 더 명확해지고 있다. 그래서 비즈니스는 주류(主流)의 시장에서 경제성장과 고용창출의 기여자로 해석될 뿐만 아니라, 광범위한 사회·경제·환경적 목표를 지향하며 로컬화된 불이익을 해결하려는 **사회적기업(social enterprise)**도 포괄하게 되었다(Amin et al. 2002). 로컬 자산과 자원을 보다 지속가능하게 관리하는 지역개발의 형태도 추진되고 있다. 새로운 비즈니스를 개발하기 위한 환경 규제와 표준의 사용, 로컬 거래 네트워크, 에너지, 자원 사용, 환경오염에 부과되는 생태적 조세 등은 약한 지속가능성 개발정책 개입에 속한다(Deutz and Gibbs 2008; Gibbs 2002; Hargreaves et al. 2013; Hines 2000; Williams and Millington 2004). 이에 비해, 강한 지속가능성 개발은 탈중심화, 로컬화된 소규모 사회조직을 지원하는 정책 개입을 통해서 자립과 상호부조를 촉진한다(Chatterton 2002, 2013; Scott Cato 2012).

로컬과 지역에서 포스트개발주의에 대한 열망도 장소기반형 접근과 결을 같이 한다. 둘 모두는 풀뿌리 리더십의 권한신장이나 국가·지역·로컬에 적합한 개발을 강조하기 때문이다(Gibson-Graham 2012). 포스트개발주의는 외부 이익에 의한 하향식 모델의 대안으로 상향식의 급진주의적 **풀뿌리 지역개발** 접근을 제시한다. 이처럼 포스트개발은 로컬·지역에서 만들어진 정책 개입을 추구하면서, 로컬리티와 지역의 경제적·사회적·환경적 요구와 포부에 더욱 적합한 **다양한 경제들(diverse economies)**을 육성하고자 한다(Gibson-Graham 2012). 풀뿌리 접근이 지속가능한 학습의 강력한 원천을 제공하며 혁신의 확산에 기여한다고 주장하는 이들도 있다(Seyfang and Smith 2007). 이러한 노력의 사례로 지역교환거래제(LETS: Local Exchange Trading Scheme), 타임뱅크(time-bank), 사회적기업, (노동·재화·서비스 등의) 중간시장 또는 2차시장 등을 언급할 수 있다(Leyshon et al. 2003; North and Longhurst 2013).

한마디로, 토착적 장소기반형 접근은 특정한 로컬리티나 지역에 착근하지 않는 자산과 자원을 주입하기보다, 로컬·지역경제에 초점을 맞춘 노력이다. 이러한 개입의 핵심에는 지속가능한 개발이 있다. 이는 경제·사회·환경 간 관계의 본질성과 점진적 소규모 개발의 이익을 인정하면서, 로컬·지역의 개발 요구와 열망에 착근하는 접근에 기초한다. 로컬·지역제도는 장소기반형 정책에서 중심적 역할을 차지한다. 이러한 제도는 특히 사회적·경제적 요구와 맥락에 대한 로컬·지역 지식의 수집과 해석, 관계의 형성, 근접 활동과 지속적 지원, 동료 간 네트워크, 상호학습, 협력의 촉진에 이바지한다(5장). 공공부문, 노동조합, 기업협회, 시민사회 등은 공식적 제도의 영역에서 그러한 노력에 동참한다.

토착적 개입이 맥락민감형 정책의 기초를 마련하기 위해서는 실제로 작동하는 로컬·지역경제를 상세히 평가하고 이해해야 한다. 여기에는 선택성, 즉 특정한 요구에 부응하는 정책을 개발할 필요성이 존재한다. 예를 들면, 불이익을 받는 특정한 커뮤니티에서 청년층의 직업훈련 요구에 부응하고 경제·사회·환경적 이슈에 대응하기 위해서, 여성이나 소수민족 집단의 기업가정신을 활용할 수 있다. 2장에서 제시한 구분을 사용하자면, 장소기반형 개입의 대상에는 개인, 기업가, 극소기업(micro-business), 사회적기업, 중소기업(SME: small and medium-sized enterprise) 등이 포함되며, 주제는 신규 비즈니스 창업, 기존 비즈니스의 성장·유지, 노동력의 개발과 업그레이딩을 포괄한다. 이어지는 절에서는 토착적 장소기반형 지역개발 접근에 동원되는 수단과 정책을 검토한다.

3. 신규 비즈니스 창업

신규 비즈니스의 **창업**은 토착적 장소기반형 지역개발에서 하나의 핵심축을 형성한다. 창업은 로컬과 지역에서 유휴 자원을 이용하며 경제활동을 증진하는 방안이기 때문이다. 과감한 열정을 가지고 새로운 모험에 도전할 준비상태를 뜻하는 진취성(enterprise), 그리고 위험을 감수하는 결단력을 통해서 이익을 추구하는 **기업가정신(entrepreneurship)**은 경제성장, 소득향상, 일자리 창출의 잠재력을 가진 중요한 자산이자 자원이다(Anyadyke-Danes et al. 2010). **기업가(entrepreneur)**는 신규 비즈니스 창업, 더 나은 자원 배분과 효율성 증진, 경쟁 강화를 통해서 과소이용되는 기회와 자원을 발굴하고 이들을 고수익 활동으로 전환하는 역할을 한다(Acs and Storey 2004). 디지털경제와 소셜미디어가 빠르게 성장하면서 기업가정신과 창업도 매우 빠르게 성장했다(사진 6.1). 이에 따라 출현한 새로운 와해성(disruptive) 기술과 일반목적(general-purpose) 기술도 경제활동에 지대한 영향을 미치고 있다. 기업가정신은 특히 뒤처지거나 침체된 지역에서 중요하다. 이런 곳에서 토착 기업의 출현은 로컬의 사회적·제도적·문화적 환경에 심층적으로 착근된 극소·중소기업의 설립에 좌우되어 있기 때문이다. 이러한 커뮤니티 지향성은 더 많은 참여를 이끌고 높은 비즈니스 성공률에도 기여한다(Peredo and Chrisman 2006; Cahn 2008). 광범위한 사회적·경제적·환경적 목표를 가지며 사회적으로 착근된 기업은, 가령 소외된 집단을 교육, 훈련, 경관 개선 활동에 참여시키는 기업은 신규 비즈니스 창출의 중요한 경로로서 점점 더 많이 주목받고 있다(Beer et al. 2003a). 노동시장 기회가 제한된 장소에서 자영업(self-employment)은 자립의 중요한 원천으로 작용한다. 한마디로, 신생기업의 창출은 로컬 고용과 웰빙에 직접적인 효과가 있을 뿐만 아니라, 경쟁력 강화나 효율성과 혁신성 향상과 같은 편익도 가져다준다. 동시에 다른 고용 창출의 원동력으로 작용하기도 한다(Baptista et al. 2008; Mueller et al. 2008; Van Stel and Suddle 2008).

그러나 비즈니스 스타트업의 지리는 매우 불균등하기 때문에, 불이익을 받는 장소에서 지역개발

사진 6.1 나이지리아 라고스 공동창조(Co-Creation) 허브의 소셜미디어 기업가정신

출처: Russell Watkins/Department for International Development

의 전망을 어둡게 한다. 예를 들어 독일에서는 프랑크푸르트, 뮌헨, 함부르크, 뒤셀도르프와 같이 가장 번영하는 장소와 이들의 인근 지역에만 기업가정신 자본(entrepreneurship capital)이 몰려 있다. 이들 지역의 성과는 번영의 수준과 기업가정신이 모두 낮은 구산업 지역이나 구동독 지역보다 훨씬 더 높게 나타난다(Audretsch 2015). 영국도 마찬가지다. 기업가정신 자본이 남동부에 집중하는 경향이 매우 강하며, 리버풀에서 뉴캐슬에 이르는 잉글랜드 북부 구산업 지역, 스코틀랜드 중부, 북아일랜드 지역은 한참 뒤쳐져 있다. 이는 영국 전역에서 나타나는 창업률의 지역 간 차이를 통해서 확인할 수 있다(그림 6.2). 2010년 영국정부는 기업가정신과 로컬 성장의 격차를 해결하기 위해서 **로컬 엔터프라이즈 파트너십(LEP: Local Enterprise Partnership)**을 설립했다. 그러나 제도적 경로의 존성은 극복하기 매우 어려웠고, 기업가정신과 경제개발을 촉진하는 LEP의 역량은 권력의 결핍과 한정된 자원 때문에 제한적으로만 작동했다(Pike et al. 2015c).

세계의 많은 곳에서 창업의 공간적 격차는 증가하고 있다. 경제적 집적이 보편적 법칙인지에 대해서 상당한 논란이 있지만, 대부분의 국가 내에서 중심부(핵심부)와 주변부 간 기업가정신의 격차는 확대되었다. 긍정적인 눈덩이 효과(snowball effect)는 있는 듯하다. 신생기업 창업률이 높은 지

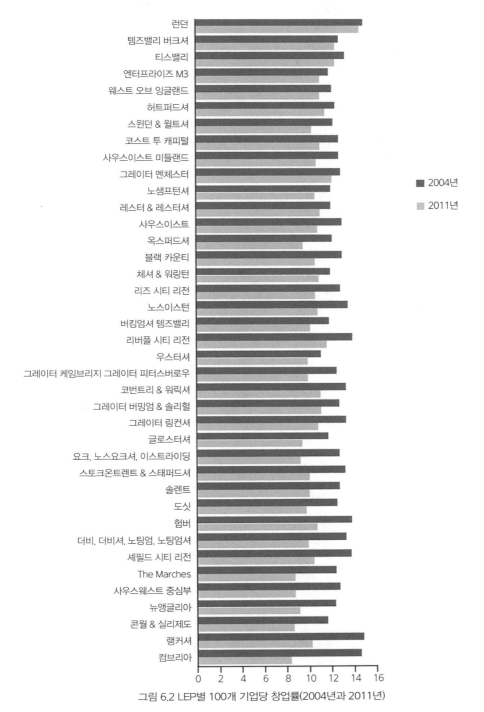

그림 6.2 LEP별 100개 기업당 창업률(2004년과 2011년)

출처: UK National Statistics

역에서 스타트업과 로컬화된 학습이 활발하게 나타나기 때문이다. 이러한 과정을 통해서 긍정적인 기업가정신 지원의 문화가 조성된다(Anderson and Koster 2011; Fritsch and Mueller 2007). 중심부, 특히 소기업 고용이 높고 이주민 비율이 높은 대도시 지역에서 신생기업의 비율이 가장 높았다(Audretsch 2015). 번영한 인구 밀집 지역은 다양한 재화와 상품의 시장을 대규모로 형성하는데, 이는 신규 비즈니스 창업에서 중요한 기회로 작용한다. 비즈니스 스타트업의 오랜 전통과 실패에 대한 **관용**은 로컬·지역을 넘어서 외부로부터 기업가 유입을 촉진한다.

영향에 대한 분석적 증거는 혼재된 양상으로 나타나지만(Storey et al. 2007), 신규 비즈니스의 창업을 촉진하려는 정책 개입이 여러 가지 생산요소로 확대된 것은 사실이다. OECD에 따르면, 로컬리티와 지역에서 기업가정신은 기업가적 문화의 강도, 공공지원 제도와 프로그램의 질에 많은 영향을 받는다(표 6.1). 지원 서비스는 연관성 없는 개별 수단으로 구성되지 않고 더욱 통합된 프로그램의 형식으로 진화했다. 이른바 원스톱 가게(one-stop-shop) 접근이 등장하여, 기업가와 도움이 필요한 기업들은 하나의 기관에서 조언, 정보, 네트워크 등 여러 가지 서비스에 접근할 수 있게 되었다(Potter 2005).

새로운 기업가와 비즈니스를 촉진하는 데에서, 가장 어려운 일은 기업과 기업가주의의 로컬·지역 맥락을 형성하는 것이다. 장소는 보통 뿌리 깊은 전통과 유산을 보유하는데, 이것들은 사람들의 태도와 신념을 형성한다. 이는 다시 신생기업을 시작하려는 사람들의 의지, 즉 고용주가 되어서 위험과 책임을 기꺼이 떠안으려는 마음가짐에 영향을 미친다. 기업가적 인식과 의지는 영토마다 다르게

그림 6.1 기업가적 활력의 기초

로컬의 기업가 문화	• 고용과 기업에 대한 태도 • 기업가적 숙련도	• 기업가적 행동에서 롤모델의 존재
로컬의 프레임워크 조건	• 금융에 대한 접근성 • 거래와 협력의 네트워크 • 인프라(비즈니스 장소, 시설, 건물 등)	• 교육과 훈련 • 관료적·행정적 장벽
공공정책	• 태도와 동기에 영향 • 교육 • 비즈니스 아이디어 • 은퇴자 비즈니스 인수 촉진 • 장소, 건물, 토지 제공 • 상담, 멘토링, 동료 지원 집단 • 혁신 지원(대학-산업 연계 등) • 커뮤니티 개발	• 자문, 컨설팅, 정보 • 훈련 • 금융에 대한 접근성 • 기업가 • 판매 및 수출 지원 • 네트워크, 클러스터, 전략적 연대 프로그램 • 규제 및 조세 환경(특별구역 지정 등)

출처: OECD(2005a; 4)

나타나며 기업가적 결정에 무시할 수 없을 정도의 영향력을 행사한다(Liñán et al. 2011). 예를 들어 개인주의적인 기업가주의보다 연합적(associative), **협력적(cooperative) 기업가주의**가 훨씬 더 적절하다고 여겨지는 경우도 있다. 이러한 형태의 기업가주의는 독특한 사회적·경제적 역사를 보유한 웨일스에서 성공할 가능성이 크다(Scott Cato 2004; 사례 2.3). 구산업 지역에서 비즈니스 창업을 촉진하는 것은 매우 어려운 일이다. 역사적으로 대규모 산업에 의존한 노동시장이 지배해 왔기 때문에 '고용주' 문화보다 '고용자'의 문화가 훨씬 더 두드러지게 나타나기 때문이다. 이것의 효과를 설명하기 위해, 체클랜드(Checkland 1976)는 스코틀랜드 글래스고의 경험을 바탕으로 유퍼스(Upas) 나무의 메타포를 사용하기도 했다. 유퍼스는 아프리카 수목의 종류 중 하나로, 덮개 역할을 하는 넓은 가지와 커다란 잎을 가지고 있어서 태양 빛이 아래로 향하는 것을 막고 다른 식물의 성장을 방해한다. 영국에 관한 최근 연구는 기업가정신이 낮은 지역에서 인적자본이 불충분한 개인에게 비즈니스를 시작하도록 권유하는 정책 조치가 큰 영향을 주지 못하는 점을 확인했다(Van Stel and Storey 2004). 파괴적(destructive) 기업가주의는 기존의 사업을 짧은 시간 안에 정리하고 대체할 수 있지만, 장기적 측면에서 생존이 힘들고 실패로 끝날 가능성이 매우 높다(Acs and Storey 2004).

새로운 비즈니스의 가능성을 식별하고 자극하는 것, 그리고 개인이나 집단에게 비즈니스 아이디어를 권장하는 것이 기업가정신 정책에서 핵심을 차지한다(Potter 2005). 로컬·지역의 수요에 제대로 부응하지 못하는 새로운 세분시장(market segment)이나 공급이 열악한 분야가 새로운 비즈니스 창출의 기회가 될 수 있다. 보다 지속가능하고 포용적인 개발 접근을 촉진하는 일도 효과를 낳을 수 있다. 예를 들어 남수단의 룰루 워크 트러스트(Lulu Work Trust)와 같이 특정한 사회적 활동과 집단을 대상으로 제공하는 프로그램이 그와 같은 사례에 해당한다. 이 조직은 여성들이 소유하고 운영하면서 친환경적인 시어너트(shea nut) 오일 상품을 생산한다(사진 6.2). 새로운 혁신이나 기술을 이용해 기업가정신을 지역적 차원에서 자극할 수도 있다(Audretsch et al. 2008). 토착적 접근과 외생적 접근을 연결하여(7장), 신규 유치 투자 프로젝트에 필요한 공급사슬을 마련하면서 재화와 서비스에 대한 시장 수요를 확대하는 일도 가능하다. 적정 가격의 보육서비스, 부품 하청, 개인서비스, 재활용, 인터넷 기반의 서비스 등이 그러한 지원의 사례에 해당한다. 최근에는 지방정부, 학교, 병원과 같은 공공기관이 지출을 통해서 재화와 서비스를 구매하는 조달정책도 로컬·지역 시장을 창출하고 지원하는 방안으로 주목받는다(Morgan and Morley 2002; Jackson 2009).

신규 비즈니스의 결정적인 출발점은 **자본**에 대한 접근성을 획득하는 것이다. 핵심 요소인 토지와 건물, 장비, 자재, 인력 등 초기 비용에 투입될 금융 조달이 필요하기 때문이다. 비즈니스 스타트업의 불균등 지리와 마찬가지로, 로컬·지역 격차는 자본 접근성 측면에서도 나타난다(Mason and

사진 6.2 남수단에서 로컬 여성 기업가 지원

출처: Oxfam East Africa

Brown 2013). 이러한 금융 격차는 기업의 수준, 규모, 부문이나 펀드의 유형과 관련해서도 존재한다. 표 6.2는 실리콘밸리 주변에서 금융기관의 공간적 집중이 매우 높은 사실을 나타낸다. 금융의 공간적 집중은 미국 북동부에도 나타나지만, 집중 정도는 실리콘밸리보다 낮은 수준에 머물러 있다. 미국 **벤처캐피털** 시장의 40%가 실리콘밸리에 집중하고 12%가 뉴잉글랜드에 위치하는 반면 미국의 대부분 지역에서는 벤처캐피털이 부족한 실정이다. 번영하는 지역에서는 높은 토지와 부동산 가격이 혜택으로 작용하기도 한다. 투자자본 차입에서 담보의 역할을 하기 때문이다. 쇠퇴하는 로컬리티와 지역에서는, 퇴직수당으로 창업하는 **생계형 기업가**(reluctant entrepreneur)가 나타나기도 한다 (Turner 1995). 이들은 약한 노동시장에서 대안적 일자리를 찾지 못해 어쩔 수 없이 자영업자로 전향한 사람들이다. 글로벌 금융위기와 대침체의 상황에서 대처, 생존, 생계 전략으로 어쩔 수 없이 기업가의 길을 걷게 된 사람들도 많아졌다.

자본이 부족하고 비즈니스가 경제·사회·환경적 포부와 목적을 동시에 가진 곳에서는, 토착적 장소기반형 지역개발은 다양한 소유권 구조에 기반한다. 경제·사회·환경의 세 가지 요점(triple bottom line)을 추구하는 기업에게 이윤 극대화 추구의 전형적 조직 형태는 부적절하다. 협동조합, 상호신용, 커뮤니티, 우리사주(employee ownership)와 같은 집단 소유의 형태는 높은 거래비용, 비효율적인 신용시장 등 시장실패에 대처하기 위해 등장했다. 강력한 자본시장이 부재한 상황에서는 **사회적 기업가정신**이 성장하는 경우도 있다(Thompson 2008; Dacin et al. 2010). 이러한 형태의 기업가정신은 일반적으로 사회적·공동체적 가치를 증진하며 사회적 자본을 높이는 목적을 지향한다. **사회적기업**은 비영리조직과는 달리 생존을 위한 이윤 창출이 필요하다. 하지만 이런 형태의 기업에서 벤처캐피털의 투자를 기대하기는 매우 어렵다.

불리한 위치에 처해있거나 미개발된 커뮤니티에서는 로컬 자원을 집단적으로 관리하면서 로컬 역량을 육성할 필요성이 커지고 있다(Narrod et al. 2009). 그러나 이러한 맥락에서는 제도적 조건이 열악하고 자본 접근성이 부족하다. 그래서 보통은 역량을 배양하고 집단적 행동을 자극할 수 있도록 외부의 원조와 지원이 요구된다(Markelova et al. 2008). 대체로 정부 기관이 형평성에 관심을 가지고 사회적 기업가주의에 대한 외부 지원자 역할을 한다(5장). 캐나다의 사회적기업협회(Social Enterprise Council)는 그러한 기관 중 하나이며, 이 협회는 미래의 기업가 훈련, 네트워크 촉진, 무

표 6.2 미국의 지역별 벤처캐피털 투자 비율 (2012~2013년)

지역	2012년	2013년
알래스카/하와이/푸에르토리코	0.00	0.04
콜로라도	2.16	1.41
워싱턴DC 메트로	2.77	5.26
LA/오렌지카운티	7.79	6.00
중서부	5.26	3.74
뉴잉글랜드	12.34	11.18
북중부	1.32	1.27
북서부	3.65	3.58
뉴욕 메트로	8.66	10.87
필라델피아 메트로	1.52	1.43
새크라멘토/북캘리포니아	0.07	0.09
샌디에이고	4.23	2.58
실리콘밸리	41.11	41.29
남중부	0.35	0.48
남동부	2.91	4.41
남서부	2.18	1.58
텍사스	3.47	4.45
업스테이트 뉴욕	0.18	0.35
합계	100	100

출처: Money Tree Reports

엇보다 중요한 초기 자금 제공 등의 임무를 맡고 있다(Jackson 2010). 이러한 지원은 여건이 좋지 못한 맥락에 있는 로컬 기업의 역량을 높여서 변화하는 경제 환경에 적응하고 와해적 변화와 위기에서 회복력을 발휘할 수 있게 만든다.

금융 지원과 관련해, 대부분의 뒤처진 지역들은 전통적인 자금 지원 메커니즘에 의존한다. 이런 상황은 특히 글로벌남부의 신흥국가에서 확연하게 나타난다. 은행, 벤처캐피털, 주식시장, 비즈니스 엔젤(angel) 등 일반적인 제도적 경로가 제한되어 있기 때문이다. 이런 상황의 기업은 대개 개인 저축이나 가족과 커뮤니티의 지원에 의존한다. 이러한 메커니즘은 중국처럼 가족적 유대가 강력한 국가에서 일반적으로 나타난다(Au and Kwan 2009; Aldrich and Cliff 2003; Hernández−Trillo et al. 2005). 멕시코에서는 금융 지원 시스템이 보조금에서 대출로 옮겨 가고 있다. 보다 최근에는 대출 보증(loan guarantee) 제도를 도입해 공적 재원의 레버리지(leverage)를 늘리고 위험을 감수하려는 금융 중개기관의 성장을 자극하고 있다(그림 6.3).

주류(主流)의 통화나 화폐 경제 밖에서 새로운 경제적 활동을 자극하고 확립하는 제도도 있는데, **로컬고용거래제(LETS: Local Employment Trading Scheme)**가 대표적이다. LETS는 국가 화폐가 존재하지 않거나 부족한 상황에서 로컬 커뮤니티가 경제활동을 촉진할 수 있도록 지원하는 노동 거

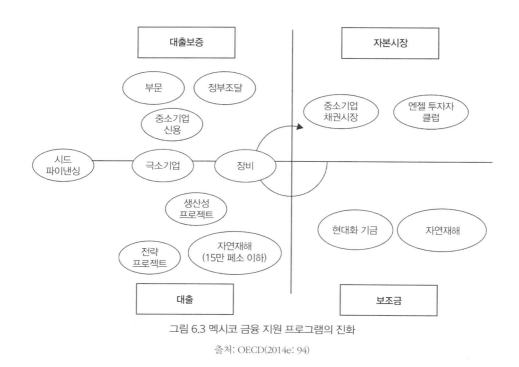

그림 6.3 멕시코 금융 지원 프로그램의 진화

출처: OECD(2014e: 94)

래 시스템이다. LETS의 회원은 회계, 아이 돌봄, 페인팅, 장식과 같은 서비스를 서로에게 제공하기로 동의한다. 회원이 서비스를 제공할 때, 그 사람의 노동은 중앙 회계 시스템에서 신용(credit)으로 기록된다. 이렇게 해서 제공된 노동 시간은 모든 회원이 시스템에서 공유하게 된다. 그리고 회원들은 보상받고 싶은 노동의 형태를 선택할 수 있다. 시스템의 조직자나 참여자의 선호에 따라서 숙련 노동과 비숙련 노동에는 상이한 가중치가 적용될 수도 있다. LETS는 인적자본에 대한 접근을 개선하면서 시간은 많지만 자금이 부족한 로컬 비즈니스에게 유리할 수 있다(Lietaer 2001). LETS를 비롯한 **지역화폐**(local currency) 시스템은 일정 정도의 성공을 이루며 지역개발에 이바지하기도 했다. 다른 한편에서는, 디지털 기술과 온라인 기술 지원을 받는 **공유경제**(sharing economy)의 활성화가 최근 들어 나타나고 있다(Mason 2015). 숙박 플랫폼 에어비앤비나 택시 서비스 우버의 사례에서 알 수 있는 것처럼, 공유경제는 글로벌북부의 대도시 지역에서 많이 성장하고 있다. 이는 기존의 시장경제 안팎에서 재화, 숙련 기술, 서비스의 거래와 공유를 가능하게 한다. 공유경제에서는 일정한 시간을 두고 거래가 발생하며, 대가는 물리적 재화나 화폐로 제공된다(The Economist 2013a). LETS와 공유경제 모두는 저조한 초기 참여율, 실현 가능성, 장기적 지속가능성의 문제를 가지고 있다.

신생 비즈니스에서 올바른 노동의 유형과 숙련도 수준은 매우 중요하다. 기업가와 소유주−경영인은 초기 발전 단계에서는 그럭저럭 비즈니스를 이끌어 나갈 수 있지만, 사업이 성장함에 따라 기능적 분업과 기술적 전문성이 점점 더 중요해진다(Campbell et al. 1998). 로컬 노동시장 정보와 매칭, 그리고 전문적 지원과 숙련도 업그레이딩은 목적성 있는 정책 개입을 통해서 개선될 수 있다. 그러나 기존의 기업가정신 전략은 일반적으로 금융자산, 사회적 자본, 인적자원을 이미 보유한 사람들에게 유리한 측면이 있다(Audretsch 2015). 이러한 토착적 장소기반형 노동시장 정책 개입에 대해서는 아래에서 더욱 상세히 살펴보도록 하겠다.

부동산 기반의 접근을 통해서 기업가정신과 신규 비즈니스 창업이 자리를 잡도록 지원하기도 한다. 이는 에너지, 통신, 교통, 상·하수도 등의 핵심 인프라가 갖추어진 장소와 건물을 로컬·지역 차원에서 제공하는 것을 중심으로 이루어진다. 이러한 요소는 신고전주의 이론에서 말하는 자본스톡(capital stock)의 일부로서 핵심적 생산요소에 해당한다. 예를 들어 비즈니스 **인큐베이터**(incubator)는 공통된 서비스, 공간 공유, 인프라, 동료 그룹 지원을 제공함으로써 신규 비즈니스의 생존율을 높이는 목적으로 운영된다. 이런 시스템이 한번 확립되고 나면, 성장한 비즈니스는 더 나은 곳을 찾아 떠나고 인큐베이션 과정은 다시 시작된다. 인큐베이터는 특정한 활동, 장소, 사회집단에 ─ 예를 들어 여성, 소수민족, 청년, 내부도시(inner city), 주변부 주택단지, 농촌지역 등에 ─ 초점을 맞추고 있어서, 장소기반형 지역개발과 밀접하게 관련되어 있다고 볼 수 있다. 사례 6.1은 모로코에서 여성을

┌───┐

사례 6.1 모로코의 여성 기업가를 위한 비즈니스 인큐베이터

중동과 북아프리카(MENA: Middle East and North Africa) 지역은 스타트업과 새로운 기업가 육성에 많은 어려움이 있다. 창업율이 다른 어떤 개발도상국 지역보다 낮다(OECD 2012c). 제도적·문화적 장벽 때문에 특히 여성 기업가가 적다. 76%의 남성이 노동에 참여하는 것에 반해, 단지 27%의 여성만이 취업해 있다(OECD 2012c). 자신의 비즈니스를 경영하는 여성은 거의 없는 것이나 마찬가지다. 엄청난 인구 압박과 심층적인 사회문제에 직면한 지역이지만, 낮은 수준의 기업가정신은 고용 성장의 제약조건으로 작용한다. 따라서 일반적인 기업가정신뿐만 아니라, 훨씬 더 특수한 여성 기업가정신을 높이는 것이 이 지역에서 매우 중요한 일이다.

이러한 정책 중 하나로 2006년에는 MENA 최초의 여성 비즈니스 인큐베이터(incubator)가 설립되었다. 명칭은 카사 피오니에르(Casa Pionnières)이며 카사블랑카에 위치한다. 스페인국제협력단의 자금을 지원받아 모로코 여성기업가협회가 주도하는 기관이다. 카사 피오니에르는 여성의 기업가 활동 참여를 증진하여 여성 소유의 지속가능한 기업을 창출하기 위해 시작되었다. 프로그램의 일환으로, 인큐베이터 기업을 이끄는 여성은 기술·금융 지원을 받는다. 여기에는 저렴한 임대료의 오피스 공간 서비스, 비즈니스 지원과 자문, 훈련, 사후관리 등이 포함되어 있다.

카사 피오니에르 출신 기업은 MENA 지역 스타트업 전체에 비해 매우 높은 생존율과 일자리 창출 성과를 기록했다. 성공의 결과로, 두 번째 인큐베이터인 카사 라바트(Casa Rabat)가 2009년 라바트에 설립되었다. 두 인큐베이터가 합쳐서 총 50개 이상의 신생 비즈니스를 다양한 부문에서 창출했다. 이들은 관광, 훈련, 커뮤니케이션, 컴퓨팅, 패션 디자인과 제조업, 보육, 프랜차이징 등의 분야에 광범위하게 퍼져 있다. 이 사례는 전문화된 인큐베이터가 기업가적 문제 해결에만 한정되지 않는 점을 보여 준다. 여성의 역할이 취약한 MENA의 노동시장에서 포용과 참여의 이슈까지 폭넓게 다루는 프로그램이라고도 할 수 있다.

└───┘

대상으로 제공되는 인큐베이터 사업을 소개한다.

이러한 혁신·기술 지원과 함께, 대규모로 이루어지는 부동산 기반의 사업도 **연구단지**나 **과학·기술단지**란 명칭으로 진행되고 있다. 이러한 정책 사업은 대체로 마이클 포터의 경쟁우위 이론에 입각한 전문화된 '클러스터' 개발을 테마로 — 예를 들어 바이오테크(생명공학기술) 클러스터나 항공기술 클러스터 형태로 — 이루어진다(3장). 2005년 이후부터 글로벌남부에서는 **사이언스파크, 테크노파크**가 급증하는 경향이 나타나고 있다. 이런 사업이 경제적·사회적·제도적 장벽이 있는 열악한 상황을 해결할 만병통치약 정책으로 인식되기도 한다(Rodríguez-Pose and Hardy 2014). 이러한 부동산 중심의 대규모 단지 조성 사업에서는 일반적으로 인프라와 공공시설, 컨설팅과 자문, 기술 모니터링, 지식 상업화 개선 조치 등의 서비스가 제공된다(Geuna and Muscio 2009).

그러나 과학·기술단지 사업에는 전형적인 모델이 존재하지 않는다. 그래서 그런 사업의 경제적 효과를 평가하는 데에는 어려움이 많다. 혁신적 기업의 스핀오프가 활발하고 상당한 고용의 기회도 창출하며 성공을 누리는 단지 개발 사업이 글로벌남부 일부 지역에 존재한다. 중국, 인도, 브라질과 같은 국가의 대규모 집적 지역이나 연구대학 인근에서 많이 나타난다. 하지만 글로벌남부에서 이런 사업의 성공은 일반적인 사실이라기보다는 예외에 가깝다(Rodríguez-Pose and Hardy 2014). 불분명한 초점, 입주기업의 열악한 지식 수준 때문에 실패로 끝나는 단지 사업이 많으며, 단순한 부동산 개발 사업에 불과한 경우도 많다(Massey et al. 1992; Rodríguez-Pose and Hardy 2014). 한편 혁신·학습의 관계적 네트워크 형성 초기에는 첨단기술 노동자의 참여와 이동성에 유리하도록 돌봄과 워라밸 관련 로컬 정책의 잠재력도 고려할 필요성이 있다(James 2014).

신규 비즈니스 창업을 위한 장소기반형 접근에서 혁신·기술 지원의 중요성이 커지고 있는데, 이는 경제활동에서 지식집약도가 증가하는 경향을 반영한다. 지적재산권, 특허, 라이선스 등과 관련해 법적 보호장치를 보장하는 것이 핵심적인 정책 요소가 되었다. 이것이 새로운 혁신에 대한 대가를 보장하는 수단 중 하나이기 때문이다. 그러나 지적자본의 보호가 지나치면, 지식의 전수 가능성이 낮아지는 문제도 발생한다(Hurmelinna et al. 2007). 혁신, 지식, 학습, 창조성에 주어진 우선순위의 맥락에서(3장), 대학과 연구센터에서 발생하는 **스핀오프** 비즈니스는 중요한 초점이 되었다(Youtie and Shapira 2008). 지역개발을 위해 새로운 기술의 잠재력을 이용하는 것은 중요하기 때문이다. 이에 뉴욕 맨해튼의 '실리콘 앨리(Silicon Alley)', 런던 쇼디치의 '실리콘 라운드어바웃(Silicon Roundabout)'과 같은 신생 산업지구의 성공을 활용하려는 정책 사업도 등장했다. 이들은 정보통신 융합기술과 디지털화을 바탕으로 빠르게 성장하는 신규 미디어 서비스 분야를 중심으로 발전하는 곳이다. 그러나 이러한 신경제의 지리는 공간적으로 집중화되어 있는지만은 않다. 지리적으로 분산된 입지의 패턴이 증가하면서 공간적 목적을 가진 개발정책과 잘 어울리지 않는 경우도 많다(Daniels et al. 2007; Malecki and Moriset 2008).

스타트업 비즈니스의 지리가 불균등한 것과 마찬가지로, 신생기업의 실패율도 로컬·지역 차원에서 불균등하게 나타난다(Armstrong and Taylor 2000; Van Stel and Suddle 2008). 창업기를 지난 기업은 성장과 유지를 통한 생존의 문제에 직면하게 된다. 그래서 이러한 단계의 기업도 토착적 장소기반형 정책 지원의 중요한 대상에 포함된다. 이는 비즈니스 확장을 통해서 지역개발에 대한 기여를 극대화하는 시도라 할 수 있다.

4. 기존 비즈니스의 성장과 유지

토착적 장소기반형 개발 접근은 기존 비즈니스의 발전과 확대에 초점을 맞추기도 한다. 특히 **극소기업**과 **중소기업**에 지원이 집중된다. 이런 기업의 규모는 표 6.3과 같이 고용 인원을 기준으로 결정된다. 3장에서 논의한 것처럼, 소기업은 탈중심화된 로컬 생산네트워크에서 핵심을 차지한다. 실제로 이러한 논의를 중심으로 전환이론, NEG와

표 6.3 기업 규모의 구분

기업 규모	고용 규모
극소기업	0~4명
소기업	5~49명
중기업	50~249명
대기업	250명 이상

출처: Armstrong and Taylor(2000: 266)

도시경제학의 외부경제, 마이클 포터의 클러스터 네트워크와 역동성이 설명된다. 소규모의 지속가능한 로컬개발, 다양한 기업 규모와 소유권 구조를 중시하는 포스트개발에서도 소기업의 로컬 생산네트워크의 역할에 주목한다.

고용 성장의 역동적 잠재력, 새로운 수요와 틈새시장에 빠르게 대처하는 능력, 단순한 의사결정구조에 따른 민첩성, 유연성, 적응력 등이 극소·중소기업의 긍정적인 역할로 평가된다(Audretsch 2015). 극소·중소기업의 소유권과 통제권은 로컬에 머무르는 경향이 있다. 따라서 외부의 경제적 이익에 대한 의존도가 낮고, 로컬·지역적 착근성, 기여도, 충성도가 높은 수준으로 유지된다. 극소·중소기업의 다양화된 규모와 구조는 로컬·지역 경제구조의 회복력 측면에서 보탬이 된다(Armstrong and Taylor 2000). 다양화된 경제구조는 산업 사이클이나 와해적 변화로 인해 발생하는 극심한 변동의 효과를 흡수하는 역량을 가지고 있기 때문이다. 그러나 규모와 시장지배력의 부족, 외부충격과 시장 변동에 대한 취약성, 대기업이 지배하는 공급사슬에서 종속적 위치, 금융자산의 부족, R&D를 비롯한 장기적 투자의 제약, 시장의 협소한 지리적 범위 등은 오랫동안 극소·중소기업의 약점으로 지적되었다(Boswell 1972; Harrison 1994; Rodríguez-Pose and Refolo 2003). 소기업에서 제공하는 낮은 질의 일자리도 문제로 지적된다(Acs and Storey 2004; Hadjimichalis 2012).

글로벌북부에서는 **라이프스타일 비즈니스**(lifestyle business)로 불리는 (극)소기업도 등장했다. 이런 기업은 소유주의 개인적 관심사나 취미가 지속가능한 수준의 수익 흐름에 만족하며, 그 이상의 성장 욕구를 가지지 않는다. 글로벌남부에서 일반적인 **극소기업가주의**(micro-entrepreneurship)는 대체로 **비공식부문**에서 나타난다. 이러한 현상은 공식부문에서 생계를 유지할 수 있는 대안의 부족 때문에 나타나는 현상으로 해석된다. 이에 따라, 비공식부문의 극소기업가주의는 최후의 수단으로서 경제적 어려움의 증거로 이해되기도 한다(Tambunan 2008). 그러나 극소기업가주의는 글로벌

남부의 많은 지역에서 경제가 돌아가는 데에 중요한 역할을 한다. 비공식부문의 극소기업은 규모는 작지만, 글로벌남부에서는 여전히 중요한 이익 창출의 수단이다(OECD 2014c). 따라서 극소기업을 공식화하는 것이 바람직할 수는 있지만, 이러한 방향의 정책 조치는 일반적으로 극소기업가의 반대와 제도적 장벽에 부딪히며 성공으로 이어지지 못한다(Bruhn and McKenzie 2013). 극소기업의 공식적 법제화는 경제활동 위축의 원인으로 작용할 수 있기 때문이다.

그래서 극소기업, 사회적기업, 중소기업의 확대와 성장을 지원하기 위한 토착적 장소기반형 지역 정책 개입은 더욱 정교화되고 있다. 그러나 효과에 대한 불분명한 증거 때문에 정책의 실효성은 의심받고 있다. 정책의 지리적 목표가 명확하지 않을 때는, 못사는 지역보다 이미 잘사는 지역에 이익이 집중되는 역효과도 나타난다. 다른 한편으로 심화되는 글로벌 경쟁의 맥락에서(1장), 경쟁력 강화 정책이 지배적으로 나타나게 되었다. 이는 대체로 비용을 줄이고 (가령 노동을 줄여 기술로 대체하거나 조직 시스템을 합리화하고) 시장을 확대하는 (예를 들어 고부가가치를 창출하는 정교한 재화와 서비스 개발을 지원하는) 정책으로 현실화된다(Giuliani et al. 2005). **클러스터** 정책은 두 분야 모두를 지원하기 위해 활용된다(3장). 시장구조에 대응하거나 새로운 시장구조를 형성하도록 지원하는 것이 그러한 개입의 핵심이다. 가령 중소기업이 특정한 시장 맥락에서 비즈니스 전략을 결정하거나 시장 트렌드에 영향을 주는 급진적 혁신을 이룩하도록 지원책을 마련할 수 있다.

이러한 지원 프로그램을 설계하는 데에서, 극소·중소기업을 연구하여 지식기반을 마련하는 일이 중요하다(5장). 비즈니스 지원 서비스는 (금융 관리와 계획 등) 일반적인 자문과 (기술적 이슈나 맞춤형 사업서비스 등) 특화된 전문성을 제공할 수 있다. 정책을 선택적으로 적용하여 특정한 지역이나 사회집단을 목표로 삼을 수도 있다. **아래로부터의 개발**(development from below) 접근에서는 전문화된 로컬·지역 기관에서 제공하는 현실적 서비스의 중요성을 강조한다. 이러한 서비스는 사용자 커뮤니티에 밀착된 지원을 제공하며 로컬·지역 비즈니스의 성장과 발전에 가시적이고 의미 있게 공헌할 수 있다. 이탈리아 에밀리아로마냐의 지역개발기구 ERVET가 그러한 사례에 꼽힌다(Bellini et al. 2012). 이러한 비즈니스 서비스에서, 주류(主流)의 시장지향형 비즈니스에 대한 지원은 광범위한 경제적·사회적·환경적 목표를 지닌 사회적기업에 대한 지원과 명확하게 구별된다.

신고전주의적 자본시장 비전은 공간과 기업의 유형이나 규모에 상관없이 균등하게 금융을 제공하는 목표를 지향하지만(3장), 로컬·지역 수준에서 중소기업의 경험은 전혀 균등하지 않다(Brown and Mason 2012). 자본시장의 불완전성이나 실패 때문에, 성장하는 극소·중소기업마저도 신생기업처럼 적정 금리의 자본 접근성 문제에 직면할 수 있다. 완전한 내부시장에서는 더 안전한 대안 투자의 기회가 존재하거나 중소기업과의 거래비용이 높으면 자본 대출이 발생하지 않는다. 금융기관의 투자가 시도되지 않았던 비즈니스를 위험으로만 인식할 때도 마찬가지의 현상이 나타난다. 실제로 금융기관은 투자 수익의 기록이 부족하다는 이유로 초기 단계 비즈니스에 대한 투자를 꺼리는 경향이 있다(Wray 2012). 불완전한 외부시장 상황에서는 상대적으로 높은 수익을 올리는 부문으로, 예를 들면 호황기 때의 부동산 부문으로 자본의 이탈이 발생할 수도 있다.

토착적 정책수단에서 소득이 부족한 초창기 비즈니스에 제공되는 주요 **파이낸싱** 수단에는 두 가지가 있다. 한편에서는 대출과 채권이 활용되고, 다른 한편으로는 에쿼티(equity)와 금융적 소유권의 수단이 동원된다. 부채의 적정성은 금리나 대출의 조건과 기간에 좌우된다. 대출은 일반적으로 채무자의 자산을 담보로 제공된다. 담보와 사업계획이 대출 제공자의 주요 결정 기준이다. 에쿼티(지분)는 소유주나 직원을 중심으로 내부적으로 형성될 수 있고, 금융기관 중심의 외부적 형태도 가능하다. 각각이 비즈니스에 미치는 영향은 다양하다. 금융 수익을 정기적으로 감독(모니터링)하는 수동적 방식이 있는가 하면, 능동적으로 경영에 참여하는 금융 투자자도 있다. 금융 접근성을 형성하는 장소기반형 개입에는 중소기업이 비즈니스 계획을 통해서 금융기관이나 개인 투자자와 관계를 개선하도록 지원하는 전략이 포함된다. 개선의 성과는 효과적인 중개와 네트워크 형성, 지역사회 공헌에 초점을 맞춘 지원금이나 보조금적 대출의 제공을 통해서 마련될 수 있다. 로컬·지역에서 자금의 흐름을 창출할 수 있는 개발은행 등 금융기관의 설립, 마이크로파이낸스(소액금융, micro-finance) 같은 정책 프로그램의 마련, 시장의 형성도 유용한 장소기반형 개입의 수단이다(Klagge and Martin 2005; Mason and Harrison 1999). 사회적기업들은 로컬 신용협동조합(credit union)을 비롯해 로컬화된 대안적 자본을 이용하려고 노력한다(Lee et al. 2004; Henry 2013). 보다 공식적인 차원에서 법령을 마련해 차별적 대출 관행의 문제와 극소·중소기업이 겪는 자본 접근성 어려움을 해결하는 노력도 이루어진다.

글로벌 금융위기와 대침체의 여파로 중소기업의 자금 접근성이 악화되었고, 이는 글로벌남부에서 훨씬 더 심각하게 나타났다. 이에 EU와 유럽투자은행(EIB: European Investment Bank) 같은 국제기관은 중소기업의 자금 접근성을 지원하기 위한 수단을 마련하면서 투자의 격차를 줄이기 위해 노력하고 있다. 예를 들어 EIB는 중소기업의 (비)가시적 투자를 지원할 목적으로 금융 중개기관(intermediaries)을 통해 대출을 제공한다. 다른 한편에서는 크라우드펀딩(crowd-funding)과 같은 비전통적이며 새로운 자금 동원의 트렌트에도 정책적 관심이 높아지고 있다(European Commission 2014).

글로벌남부의 국가경제에서는 극소·중소기업이 대다수를 차지하고, 이들의 자금 접근성은 매우 중대한 이슈이다. 그러나 자금 조달 메커니즘의 제도적 구조가 정교화되지 못하고 여전히 비공식부문을 중심으로 돌아가고 있어서 극소·중소기업은 심각한 자금난에 시달린다. 이러한 상황에서 마이크로파이낸스, 저리의 대출과 보조금처럼 참신한 재원 마련에 집중하는 개발 전략이 마련되고 있다. 이러한 전략은 국제농업개발기금(IFAD: International Fund for Agricultural Development)이 베트남에서 추진하는 농업개발과 경제력 증강 프로젝트(Project for Agricultural Development and Economic Empowerment)에 도입되었다.

금융뿐만 아니라 노동력과 숙련도 개발 이슈도 극소·중소기업의 성장에서 매우 중요한 부분을 차지한다(OECD 2013b; Wright et al. 2015). 전문화된 훈련이 핵심 분야 중 하나인데, 이는 특히 빠르고 복잡하게 성장하는 비즈니스의 소유자−경영인에게 중요하다. 숙련 부족 때문에 발생하는 노동시장 실패도 중대한 문제다. 임금 인플레이션과 인력 빼가기가 숙련도 재생산에서 시장실패가 발생하는 주요 원인이다(Love and Reper 2015). 특정한 직업과 숙련 집단에서 노동시장의 공급 측을 지원하기 위한 공공 개입은 중요한 지역개발 정책수단이다. 이는 대체로 노동시장의 기능적 경제지역(functional economic area)에 집중된다. 중소기업은 대기업만큼 경쟁력 있는 임금과 커리어 개발의 전망을 제공하지 못해서 채용의 어려움을 겪는데, 이런 문제를 해결하기 위한 정책도 마련되고 있다. 노동 개발·업그레이딩에서 장소기반형 접근은 다음 절에서 상세하게 논의한다.

장소, 토지와 건물, 인프라는 비즈니스 성장과 확대에서 매우 중요한 역할을 한다. 성장 기업을 한 건물에 입주시키면서 내생적 성장에서 핵심을 차지하는 **집적의 외부경제**를 기대할 수 있다. 수평적 개입은 (신기술 전수와 같은) 기업 간 협력을 지원하며, 수직적 개입은 (경영 자문이나 공동 훈련 프로그램 등) 정보와 지식의 확산을 돕는다. 기업 간 공간적·물리적 근접성은 암묵적 학습, 지식 공유를 비롯한 생산적 관계를 증진하며 참여 기업의 집단적 경쟁력을 높인다(Boschma 2005). 이러한 정책적 개입은 클러스터 정책의 물리적 구현이라 할 수 있다(3장). 예를 들어 관리형 업무공간(managed workspace)을 제공하는 정책을 건물과 공유된 서비스가 필요한 정착기의 기업을 겨냥해 마련할 수 있다. 이러한 공간은 인큐베이터와 마찬가지로 장소기반형 지역개발을 위해 특정한 활동, 집단, 장소를 목표로 삼는다.

연구단지와 **과학단지**는 신생기업의 창업을 돕는 역할을 넘어서 혁신과 기술을 지원하며 기존 기업의 성장에도 기여한다. 이러한 단지의 조성은 토착적 장소기반형 개입에서 국제적으로 널리 받아들여지는 사업의 형태다. 특히 기술이전, FDI 유치, R&D 지원, 고용 창출을 위한 지역개발 수단으로 많이 활용된다(사례 6.2). 그러나 이러한 정책은 앞서 언급한 것처럼 성공하기 매우 어렵다. 성공의 어려움은 특히 글로벌남부에서 심각하다. 이는 단지가 조성된 맥락이나 경영의 문제와 관련된다. 무엇보다, 경영 경험의 부족이 성공의 중대한 장벽으로 거론된다(Yim et al. 2011). 그리고 세계의 많

> **사례 6.2 이스라엘 네게브의 청정기술 허브**
>
> 매우 적절한 기술·제도적 조건이 존재할 때, 첨단기술 정책은 지역개발의 핵심 요인이 된다. 이스라엘 남부 네게브(Negev) 지역의 경험이 바로 그러한 사례에 해당한다. 네게브에서는 청정기술(클린테크, clean-tech) 비즈니스가 빠르게 성장하고 있다(Potter et al. 2012). 이곳의 청정기술 기업 대부분은 스타트업으로 구성되었으며, 이런 맥락에서 효과적인 기술 인큐베이터, 대학, 연구센터의 지원을 받으며 육성되고 있다. 이들은 고숙련 인적자원과 청정기술 비즈니스를 수용하는 기초 인프라를 제공할 뿐 아니라, 관련 기업들이 설립되고 성장할 수 있는 적절한 사회적·제도적 맥락도 마련해주었다. 로컬 연구기관과 대학들은 — 예를 들어 벤-구리온대학교(Ben-Gurion University), 아라바 환경연구소(Arava Institute for Environmental Studies), 정부 소유의 로템 산업단지(Rotem Industrial Park) 등은 — 네게브에서 청정기술 분야 경쟁력을 창출하는 데에 중요한 역할을 했다. 이스라엘 정부뿐만 아니라, 지멘스(Siemens)와 같은 국제적 이해당사자의 지원도 청정기술 기업에서 지식의 창출과 이전에 많은 도움을 주었다. 이곳에서 청정기술 기업의 발전은 포용적인 사회 목표를 수행하는 것이기도 했다. 예를 들어 벤-구리온대학교는 베두인협회(Bedouin Society)와 함께 지역의 R&D 센터를 설립하여 로컬의 모든 이해당사자를 포용하고자 노력했다. 네게브 지역은 성공적인 거버넌스 과정 덕분에 청정기술 분야의 선두주자 중 하나로 부상했고, 사회적 자본과 기술을 사용해 효율적이면서도 포용적인 환경을 조성하는 데에도 성공했다. 이를 토대로 오랜 연구를 통해 형성된 지역의 토착적 청정기술 잠재력을 극대화하고 있다.

은 지역은 거버넌스 이슈와 적절한 숙련의 부족 때문에, 특히 강력한 기술 요소의 부재 때문에 단지 정책의 경제개발 효과를 제대로 누리지 못하고 있다(Li and Scullion 2010; Rodríguez-Pose and Hardy 2014).

5. 노동력의 개발과 업그레이딩

사람들의 역량과 숙련도를 증진하는 것은 토착적 장소기반형 지역개발 정책의 주요 요소 중 하나다. 사람은 교육, 훈련, 자기개발 활동을 통해서 자격과 숙련도를 업그레이드할 수 있는 잠재적 능력을 지니기 때문에 로컬리티와 지역의 중요한 자원이라 할 수 있다(Campbell et al. 1998; Froy 2009). 성장, 소득, 생활 수준, 웰빙을 개선하는 데에서 노동 생산성 향상은 중요한 부분을 차지한다(Cypher and Dietz 2008). 교육과 훈련은 새로운 기술에 적응하고 혁신하며 더욱 효율적인 업무 방식을 창출하는 노동의 능력과 역량, 즉 **인적자본(human capital)**을 높이는 기능을 한다. 노동시장 참여와 빈곤 감소를 촉진하기 위한 노력에서 인적자본의 개발과 업그레이딩은 중요한 부분을 차지한다(Green et al. 2015). 사람을 토착적 장소기반형 접근의 핵심 부문으로 인정하면, 지역개발에서 사람이 먼저냐 장소가 먼저냐의 무익한 이분법을 넘어서 둘 간의 긴밀한 관계를 고찰할 수 있게 된다(5장).

숙련도의 부족과 숙련도 격차(skill gap)는 지역개발의 중대한 장애 요소다. 공식적 교육시스템의 미개발이나 그릇된 기능이 숙련도 부족의 원인이다. 숙련도 격차는 교육의 공급과 노동의 수요 간 불일치 때문에 발생하지만(Rodríguez-Pose and Vilalta-Bufí 2005), 경제적 조건의 변화나 새로운 도전과 기회로 인해 생길 수도 있다. 녹색경제의 사례를 생각해 보자. 기후변화에 대한 우려 때문에 새로운 숙련을 요구하는 새로운 일자리 기회가 많이 창출되었다(Strietska-Ilina et al. 2011). 고용주들은 녹색경제에 적합한 숙련 세트(skill set)를 원하지만, 공식적 훈련 채널에서는 공급이 부족하다. 전통적 직업의 기술적 숙련과 달리, 녹색경제에서는 긍정적 변화를 추구하는 태도나 녹색 기업가주의에 대한 관심이 중요하다. 물론, 전통적인 기술 숙련이 훈련을 통해서 녹색산업에 적합하도록 업그레이드될 수 있다는 의견도 있다(Miranda and Larcombe 2012). 노동의 개발과 업그레이딩은 (대)학교 교육, 직장에서 경험학습(learning by doing), 다양한 형태의 훈련 등 (비)공식적 교육 과정을 통해서 획득할 수 있다는 것이 핵심이다.

사람들이 숙련과 자격을 개발하고 업그레이드하기 위해 로컬·지역제도에 참여하는 정도는 지리적으로 다양하다. 이러한 지리적 격차는 노동의 개발과 업그레이딩을 지향하는 지역개발 정책에 중요한 도전으로 작용한다. 지역의 생산성, 혁신, 성장의 전망에 영향을 미치는 부존 인적자원은 지리적으로 불균등하게 분포한다(Rodríguez-Pose and Vilalta-Bufí 2005). 그러함에도, 최근의 장소기반형 지역개발 정책에서는 노동 수요 형성에 대한 개입을 지양한다. 지역개발 정책의 방향이 수요측(demand-side) 관리를 강조하는 케인스주의에서 시장의 공급측(supply-side)으로 전환되었기 때문이다. 그래서 기존의 로컬·지역 기업을 위한 공급측 자원으로서 노동을 개발하고 업그레이딩하는 데에 장소기반형 정책에 초점이 맞춰지고 있다. 같은 맥락에서, 기업가정신과 신생 비즈니스 창업의 자극제로서 노동을 인식하는 경향도 높아지고 있다.

로컬·지역 노동시장의 경제적 적응은 계속해서 변화하는 노동 수요에 대처하는 노동의 능력에 좌우된다. 재구조화의 영향으로 인해서 고용 수준 변화, 지식과 숙련의 진부화, 새로운 역량과 숙련의 학습 필요성이 생기기 때문이다. **평생교육(lifelong learning)** 개념은 지속적으로 숙련도를 개발하려는 노력을 함의한다(Coffield 2004). 토착적 장소기반형 노동을 개발·업그레이딩하기 위해 구식 또는 평가절하된 숙련을 보유한 노동자의 유휴 자원을 이용해 볼 수도 있다. 이런 노동자들은 수요가 부족해서 경제활동과 성장에 제대로 쓰이지 못하는 경향이 있다. 유휴 노동은 경제성장 과정에서 자산으로 쓰일 수 있음에도 불구하고 여러 가지 문제의 원인이 된다. 개인적으로는 임금 노동의 품위가 박탈되며, 사회 이전지출(social transfer payment)의 형태로 재생산의 비용을 사회가 감당한다. 개인, 가정, 커뮤니티를 빈곤과 사회적 배제에 취약하게 만드는 측면도 있다(Lee et al. 2014).

신고전 이론과 **내생적 성장 모델**(endogenous growth theory)에서 노동은 인적자본(human capital)으로 이해된다(Becker 1962). 이 개념은 노동을 자산으로 인식하며, 투자의 대상과 수익의 원천으로 간주한다. 관련된 용어로 인적자원(human resource) 개념도 많이 사용된다(Bennett and MsCoshan 1993). 노동의 개발과 업그레이딩은 공식적 자격, 숙련의 수준, 노동의 경험을 개선하여, 개인과 로컬 노동 풀(pool)을 이롭게 하고 궁극적으로는 경제활동과 지역개발에 공헌한다. 핵심 목표는 개인과 집단의 역량을 개발해 새로운 기술과 혁신에 적응할 수 있도록 하고 생산성을 높이는 것이다. 로컬·지역제도는 노동의 개발·업그레이딩과 관련된 토착적 장소기반형 접근에서 중추적인 역할을 한다. 제도는 학교에서부터 시작해 (기업협회, 노동조합 등) 국가와 시장 사이에서 작동하는 노동 중개기관(intermediaries)에까지 이르며, 노동 숙련을 개발·지원하는 서비스를 제공한다(Benner and Pastor 2012; Benner et al. 2007). 특히, 민간·공공·자원부문의 고용주들은 로컬·지역 고용의 수요에 연계되어야 하는 필수적인 제도의 행위자로 이해된다.

노동시장의 적응을 촉진하기 위해서 다양한 지역개발 정책 접근이 사용되고 있다(Martin and Morrison 2003; McQuaid et al. 2013; Green et al. 2015). 로컬·지역 노동시장의 적응력은 수요측을 지향하는지 아니면 공급측을 지향하는지, 그리고 제공의 주체가 공공부문인지 혹은 민간부문인지에 영향을 받는다. 산업, 정부, 교육기관 간 상호연계의 성격도 중요한 역할을 한다. 로컬·지역 노동시장의 기능을 이해하기 위해서 노동시장 정보를 개선해야 한다. 이는 로컬 노동력에 관한 공공 정보의 양 증대, 정보 비대칭성 축소, 숙련도 격차의 이해, 재활용 가능한 노동 숙련의 식별 등을 통해서 이루어진다. 노동시장의 자원과 변화를 이해하는 진단 기술로서 수요분석이 많이 활용된다. 아울러 수요와 로컬·지역의 토착적 자원 간의 관계에 대한 분석도 유용하게 쓰일 수 있다(5장).

노동의 개발과 업그레이딩은 광범위한 범위에서 이루어질 수 있는데, 여기에는 공공 및 학교 교육 시스템에 비즈니스 교육을 도입하는 방안도 포함된다(URBACT 2013). 이는 일반 기업과 사회적기업 모두를 위해서 실행될 수 있다. 예를 들어 커리어 개발의 일부로서 교육 성취 수준과 욕구를 높이거나 기업가정신을 증진하는 노력이 이루어지고 있다. 그러나 학교에서 비즈니스의 영향력이 너무 강하면 교육의 우선순위가 편향되는 문제가 발생한다. 산업적 필요성에 따라 학생들이 너무 편협한 훈련만 받으면, 상업적 유용성을 초월하는 광범위한 문제에 대하여 비판적·창의적으로 생각하는 역량을 키울 기회를 상실하게 된다(Rodríguez-Pose 1998). 비즈니스의 이익에는 경제적 합리성이 있을지는 모르겠으나, 교육기관이 특정 분야에 전문성을 갖는 학생들을 너무 많이 배출하는 요인으로 작용할 수도 있다. 이러한 과잉공급은 고용 임금과 소득의 압박으로 이어지고, 희소한 일자리를 얻기 위한 경쟁을 심화시키며, 고용주의 선택성만을 강화하는 문제의 원인이 된다.

직업이나 전문가 교육·훈련에 대한 로컬·지역의 수요에 부응해 교육시스템을 강화하려는 노력도 나타난다. 한 가지 사례로 **도제교육(apprenticeship)**을 언급할 수 있는데, 이는 교육에서 고용으로 빠른 전환을 촉진한다(Müller and Gangl 2003; 사례 6.3). 도제교육은 기업에게 매력적인 프로그램이며, 직업훈련 기관과 고용주 간의 협력이 긴밀할수록 성공 가능성이 높다(Grollmann and Rauner 2007). 다른 한편으로 지식경제의 맥락에서 대학을 비롯한 **고등교육** 기관이 지역개발에 기여하는 역할도 크게 주목받는다(Goddard and Vallance 2013). 대학의 역할은 뒤처진 로컬과 지역에 졸업자를 머물게 하는 기능에서부터 대학원 수준에서 기술과 경영 분야의 교육, 훈련, 연구를 촉

사례 6.3 런던의 도제교육: 독일의 교훈

런던의 지역개발 행위자들은 독일에서 교훈을 얻어 도시의 숙련도를 높이고자 한다. 글로벌 금융위기의 초창기 동안 대부분의 유럽 국가들은 교육에서 일자리로의 전환을 방해하는 오랜 구조적 문제를 경험했지만, 런던만큼 심하지는 않았다. 이러한 상황 속에서 청년실업은 매우 빠르게 증가했다. 반면 독일이나 룩셈부르크처럼 국가적 훈련 시스템, 경험 많은 로컬·지역제도, 도제교육의 전통을 보유한 일부 국가에서는 청년실업이 통제하지 못할 수준으로 증가하지는 않았다. 런던의 기관들은 이를 잘 알고 있었다.

그리고 2010년 새롭게 마련된 계획에 따라 런던 도제교육 캠페인(LAC: London Apprenticeship Campaign)이 출범했다. 목표는 지속되는 청년실업과 노동시장의 수요-공급 불일치 문제를 해결하는 것이었다. 이 캠페인의 기본적인 아이디어는 독일에서 가져왔다. 특히, 청년을 대상으로 구체적인 직업 능력 훈련을 제공하고 노동자의 고용가능성(employability)과 이동성(mobility)을 높이는 독일의 로컬·지역 경험이 중요했다(Evans and Bosch 2012). LAC는 1년 안에 도제 자리를 2배 가까이 늘렸고, 기업, 대학, 훈련기관 간의 연계로 발전시켰다. LAC는 강력한 지지를 받았는데, LAC가 비즈니스, 금융 서비스 등 런던 경제를 지배하는 성장 부문에 집중했기 때문이다. 이 프로그램을 통해서 중간숙련과 고숙련 청년 도제들은 많은 일자리의 기회를 얻을 수 있었다. 이들은 탈중심화된 노동 조직에서 중견 전문가 과정의 훈련을 받는 실험에 참여할 기회도 얻었다. LAC는 로컬 정치인들을 흥분의 도가니로 몰아넣었다. 여기에는 도제교육 제도에 대한 인식을 높이는 데 큰 역할을 했던 런던 시장도 포함된다. LAC는 노동시장의 수요측(demand-side)에도 적극적으로 참여하면서, 도제 청년들이 고용으로 쉽게 전환될 수 있도록 했다. 이 캠페인 이면의 중요한 목표 중 하나는 런던 경제의 회복력을 증진하는 하나의 메커니즘을 마련해 놓는 것이었다. 위기 상황에서는 자동적으로 도제교육 제도에 의존할 수 있게 되었다는 말이다. 런던 경제가 회복하는 동안 LAC는 성공적인 프로그램으로 평가를 받았다. 하지만 도제교육의 질과 프로그램의 사회적·공간적 배분에 대한 우려가 있었다. 영국의 긴축과 맞물린 공공지원의 지속가능성 문제도 이슈로 떠올랐다.

진하는 임무에 이르기까지 광범위하다.

토착적 장소기반형 접근에서는 맞춤형 훈련 프로그램을 활용하여 숙련 노동의 공급 문제도 개선하고자 한다. 특히 지역개발을 제약할 정도로 노동시장에서 공급이 미약한 분야를 대상으로 한다. 여성, 청년층, 노년층 등 만성적 또는 일시적 실업에 처한 집단이 그러한 프로그램의 대상이다. 구체적으로, 새로운 숙련의 개발, 기존 숙련의 현대적 적응, 진입수준(entry-level) 노동의 숙련도 향상, 사전 고용 훈련과 중간 노동시장을 통한 장기적 실업의 해결 등의 사업이 마련된다(Belt and Richardson 2006). 가령 관할권에 이주민 인구가 많은 지방정부는 이주민의 고용 접근성을 개선하기 위해 언어 훈련 프로그램을 제공한다. 한편 인적자본이 낮은 사람들이 자영업을 분야로 진출하도록 유도하는 정책과 공공 보조금의 효과성에 대한 우려가 있다. 이는 특히 기업 활동이 낮은 지역에서 문제가 되는데, 기존의 비즈니스를 약화시키는 결과를 낳기 때문이다.

능동적 정책을 통한 노동시장의 수요측 관리는 최근 들어 주목을 덜 받고 있지만, 이 또한 장소기반형 지역개발의 선택지가 될 수 있다. 예를 들어 고용유지 프로그램은 기업에게 일시적 보조금을 제공해 노동자가 대체 직업을 찾거나 훈련을 받을 수 있을 때까지 정규 급여를 받으며 고용 상태를 유지할 수 있도록 해 준다. 이는 해고나 실업 상태의 노동자에게 지급되는 사회적 급여의 대안 정책이다(Green Leigh and Blakeley 2013). 예를 들어 웨일스 정부는 글로벌 금융위기 동안 일시적 수요 쇼크에 시달렸던 기업에 단기 훈련 보조금을 제공하는 프로그램을 도입해 고용을 유지하도록 했었다. 기업이 폐업하지 않고 운영을 지속하면서 경제적 역량과 숙련 노동 고용을 유도하는 정책이었다(O'Toole 2011). 이러한 노동비 보조금 사업은 해고를 방지하며 적응을 지원하고 산업 역량과 고용수준을 지속할 수 있도록 한다. 아울러 직장을 기반으로 노동자 사이에 형성되는 전문성과 지원의 사회적 네트워크를 유지하는 기능도 한다. 이런 프로그램은 재숙련화(re-skilling)와 재훈련을 통해 장기적이고 지속가능한 해결책을 마련하는 노력에 해당한다(Bosch 1992).

노동 개발과 업그레이딩을 위한 장소기반형 접근은 일반적으로 로컬 노동시장에 초점을 맞춘다(Martin and Morrison 2003; McQuaid et al. 2006). 예를 들어 지역기반형 고용 중점 파트너십은 공공 재원의 지원, 고용주와 노동자 간의 협의를 통해서 로컬 노동 풀 중심의 채용을 유도한다(OECD 2014d). 이는 로컬 수요를 자극하는 정책이다. 장기적 측면에서는 전문화된 로컬 노동시장을 강화하고, 로컬 일자리의 기회에 대한 이해를 증진하며 주민의 교육·훈련 참여 욕구를 자극하는 기능도한다. 이미 고용 상태에 있는 사람들을 대상으로는, 추가적 훈련에 대한 접근성을 높이는 로컬·지역 제도를 마련할 수 있다. 최근의 노동시장 개입은 복지 시스템의 광범위한 개혁과 연동된 근로복지(workfare) 실험의 일부분으로 추진되기도 한다. 대표적으로, 영국에는 뉴딜(New Deal) 고용 보조금 사업이 있다. 이는 사회정책을 경제적 결과에 연동해 공급측 고용가능성(employability)을 촉진하려는 목적을 가진다.

6. 결론

토착적 장소기반형 접근은 아래로부터의 개발, 풀뿌리 상향식 관점, 로컬·지역 내부로부터의 내생적 성장에 관한 개념에 영향을 받았다. 유연성과 적응력을 바탕으로 로컬·지역 상황에 적합한 계획을 마련하는 방안이기도 하다. 토착적 장소기반형 개발 전략은 맥락민감성을 통해서 로컬·지역 자산이나 자원과 연결되는 강점을 보유한다. 그러나 지역개발의 수요에 부응하기 위해서는 유능한 제도적 행위자와 높은 수준의 정책 학습 및 적응력이 요구된다. 신생기업 창업, 기존 기업의 성장과 유지, 노동의 개발과 업그레이딩를 촉진하기 위해서는 정책이 동원되는 장소에 대한 지식이 필수적이다. 그리고 종합적인 개발 프레임 속에서 정책을 효과적으로 조직화하고 통합하기 위해서는 역량 개발과 권한신장도 중요하다. 정부와 거버넌스의 제도가 다층적 시스템과 다양한 지리적 스케일 속에서 작동하기 때문이다. 지역·로컬제도는 토착적인 장소기반형 접근을 위해서 장기적 전략을 마련하고 이를 위해 지속적인 재정 지원을 제공할 필요가 있다. 이러한 접근을 외생적(exogenous) 지역개발 접근에 연결해서 얻는 잠재력은 이어지는 7장에서 다룰 것이다.

한편 토착적 장소기반형 접근에 결점이 없지는 않다. 이러한 전략의 성과는 비교적 천천히 나타나는 경향이 있다. 정량적 측면에서, 극소·중소기업의 성장을 지원하여도 단기간 내에 많은 수의 일자리가 창출되기 어렵다. 대규모 투자유치 프로젝트로 창출할 수 있는 일자리의 규모와 비교해 보면 정량적 측면의 문제는 더욱 분명해진다. 그러나 로컬·지역에서 장소에 기반하는 부문에서 창출된 일자리는 경제적·사회적·환경적 지속가능성이 높으며, 보다 장기적인 지역개발에 기여한다. 마찬가지로, 노동을 개발하고 업그레이드하는 것도 장기적으로 지속해야 할 과제지만, 높은 자격의 숙련 노동자가 뒤처진 로컬·지역에서 고용과 출세의 기회가 높은 이른바 에스컬레이터 지역(escalator region)으로 유출되는 현상도 나타날 수 있다(Champion 2012). 노동의 이동성이 높아져 두뇌유출(brain drain) 효과를 낳을 수 있다는 말이다. 토착적 개발은 작은 규모로 이루어진다. 그래서 로컬리티나 지역의 발전 경로에서 변혁적 효과로 이어질 가능성은 적다. 가시적인 효과는 새로운 시설, 직업, 산업을 가져오는 대규모 투자유치 프로젝트에서 훨씬 더 분명하다. 정성적 측면에서 높은 수준의 기업가정신을 자극하고 교육적 성취 욕구를 높이는 문화적 변화는 여러 세대에 걸쳐서 성취된다.

장소기반형 개발의 형태를 특정하고 정책적 개입의 우선순위를 정하는 일은 가치판단이 필요한 골치 아픈 문제이다. 어떤 종류를 권장하고, 어떤 형태를 피하거나 무시할 것인지에 대한 결정이 따르기 때문이다. 이러한 지역발전의 딜레마에 대해서는 9장에서 보다 상세히 논의한다.

토착적 개발의 경로는 개발에 유용한 자산과 자원이 부족한 로컬리티와 지역에서는 그다지 효과적이지 않을 수 있다. 이런 경우에는 외생적 접근을 생각해 볼 수 있다. 특히 저임금 노동이 주요 자원인 곳에서는 그 외의 선택지가 넓지 않다. 이런 로컬·지역은 고부가가치의 정교한 경제활동을 늘려 마이클 포터 방식의 경쟁우위를 창출하기 어렵다. 클러스터 정책이나 외생적 접근의 잠재적 문제와 마찬가지로(7장), 토착적 장소기반형 개발에서도 **전문화(specialization)**와 **다양화(diversification)** 간의 상대적 중요성에 대한 문제가 있다. 경제적 전문화는 외부경제를 낳을 수 있지만, 협소한 경제기반에 의존하는 위험을 키울 수 있다. 다양화는 의존성을 줄이고 위험을 분산시키지만, 역동적인 집적경제의 이익을 얻기 어렵다. 장소기반형 개발은 속도가 느리고 점진적 변화의 성격 때문에 관리가 쉽지만, 화려하지 않아서 변화가 한 눈에 들어오지 않는다. 그래서 정치적인 지원과 재정적 자원을 꾸준히 끌어들여야 한다. 한마디로 토착적 장소기반형 접근은 유익하고 필요한 것이지만 그 자체로는 지역개발의 충분조건이 되지 못한다. 다음 장에서는 이와 대조되는 외생적(exogenous), 외부지향형(externally-oriented) 지역개발 접근에 대해 살펴보도록 하자.

추천도서

Audretsch, D. (2015) Everything in Its Place: Entrepreneurship and the Strategic Management of Cities, Regions, and States. Oxford: Oxford University Press.

Barca, F., McCann, P. and Rodríguez-Pose, A. (2012) The case for regional development intervention: place-based versus place-neutral approaches. Journal of Regional Science, 52 (1):134-152.

Cooke, P. and Morgan, K. (1998) The Associational Economy. Firms, Regions and Innovation. Oxford: Oxford University Press.

Deutz, P. and Gibbs, D. (2008) Industrial ecology and regional development: eco-industrial development as cluster policy, Regional Studies, 42 (10): 1313-1327.

Froy, F. (2009) Local Strategies for Developing Workforce Skills, in OECD (ed) Designing Local Skills Strategies. OECD Publishing: Paris: 23-56.

Gibson-Graham, J. K. (2012) Forging post-development partnerships: possibilities for local development. In A. Pike, A. Rodríguez-Pose and J. Tomaney (eds), Handbook of Local and Regional Development. London: Routledge, 226-236.

Green, A., Sissons, P., Broughton, K., de Hoyos, M. with Warhurst, C. and Barnes, S.-A. (2015) How Cities Can Connect People in Poverty with Jobs. Final Report. York: Joseph Rowntree Foundation.

Hadjimichalis, C. (2012) SMEs, entrepreneurialism and local/regional development. In A. Pike, A. Rodríguez-Pose and J. Tomaney (eds), Handbook of Local and Regional Development. London: Routledge, 381-393.

Mason, C. and Brown, R. C. (2013) Creating good public policy to support high-growth firms, Small Business Economics, 40 (2): 211-225.

Potter, J. (2005) Entrepreneurship Policy at Local Level: Rationale, Design and Delivery, Local Economy, 20 (1): 104-110.

Stöhr, W. B. (ed.) (1990) Global Challenge and Local Response: Initiatives for Economic Regeneration in Contemporary Europe. London: United Nations University, Mansell.

Tödtling, F. and Trippl, M. (2005) One size fits all? Towards a differentiated regional innovation policy approach, Research Policy, 34 (8): 1203-1219.

Vázquez-Barquero, A. (2012) Local development: a response to the economic crisis. Lessons from Latin America. In A. Pike, A. Rodríguez-Pose and J. Tomaney (eds), Handbook of Local and Regional Development. London: Routledge, 506-514.

Wright, M., Roper, S., Hart, M. and Carter, S. (2015) Joining the dots: building the evidence base for SME growth policy, International Small Business Journal, 33 (1): 3-11.

07 외생적 자원의 유치와 착근

1. 도입

지역개발의 운명은 외생적 자원을 유치해 착근시키는 능력에 좌우된다. 외부적 개발의 수단은 로컬리티와 지역의 행위자들이 내생적 잠재력의 결핍과 문제를 인지할 때 특히 중요하다(6장). 이러한 **외생적(endogenous) 접근**은 토착·내생적 접근과 달리 로컬·지역경제의 외부 또는 밖에 있는 자원의 중요성을 강조한다(그림 7.1). **해외직접투자**(FDI: foreign direct investment)나 **초국적기업**(TNCs: transnational corporations)을 유치하여 이들의 잠재력을 활용함으로써 지역개발의 비용을 최소화하는 것이 가장 일반적인 방식이다. 따라서 이 장에서는 TNC의 성장과 변화, 글로벌 생산네트워크(global production networks)와 가치사슬(value chains)의 등장, FDI를 로컬·지역에 유치하여 착근시키려는 제도·정책·수단을 설명한다. 그리고 창조적 전문가(creative professionals)와 같은 특정한 직업 집단을 유치하려는 최근의 관심에 대해서도 논의한다. TNC의 투자·재투자·투자철

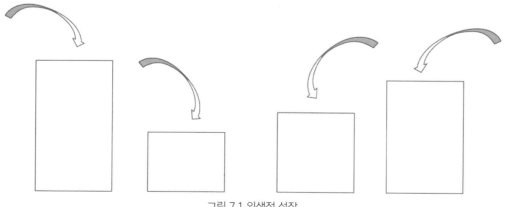

그림 7.1 외생적 성장

회 결정과 이것의 부수적 현상으로 영토 간 경쟁이 나타난다. 이 과정에서 TNC는 지역개발에 영향을 주고 번영과 불이익의 불균등한 지리적 패턴을 결정하는 권력을 발휘한다.

　TNC의 부상은 20세기 후반의 중요한 특징 중 하나다. TNC는 글로벌경제의 '주요한 이동자이자 형성자(key mover and shapers)'로 그려진다(Dicken 2015). 오래전부터 지역개발 기관들은 로컬·지역정책 개입을 통해서 이동성 투자자, 특히 제조업 분야의 투자자를 유치하기 위해 엄청난 노력을 퍼부었다(Firn 1975; Amin et al. 1994). 전통적으로 TNC는 불리한 로컬리티와 지역에서 대규모 일자리 공급자로 여겨져 왔다. 최근 들어 연구자들은 신기술과 혁신적 경영의 전달자나 로컬·지역 공급망 형성의 자극제로서 TNC의 역할에 주목하기 시작했다(Crescenzi et al. 2012). 한마디로, TNC의 결정은 로컬리티와 지역의 개발 전망에 막강한 영향력을 행사한다. TNC의 투자로부터 얻게 되는 긍정적인 이익이 있지만, 외부 소유 기업의 대규모 투자철회는 로컬·지역경제에 재난과 같은 경제적·사회적·환경적 결과도 가져온다. 아래에서 상세히 논의하겠지만, TNC에 대한 과도한 의존성은 **분공장경제(branch plant economies)**로 이어진다고 우려하는 연구자들도 있다(Firn 1975). 이런 형태의 경제에서는 TNC의 위계적인 **공간분업(spatial division of labor)**에 따라 로컬리티와 지역의 개발 전망이 형성되고, TNC는 기껏해야 루틴화된 반숙련 일자리만을 제공한다(Massey 1995; 3장). 일부의 논객들은 TNC 권력과 영향력의 성장을 강조하면서 TNC가 정부보다 투자의 시간과 장소 결정에서 훨씬 더 큰 영향력을 발휘한다고 주장했다(Hymer 1972; Strange 1994). 고용과 부의 제공자로서, 그리고 지역개발의 주요 테마로서 소기업의 중요성이 부상하고 있지만, 진화하는 TNC가 여전히 경제경관을 지배하고 있다(McCann and Immarino 2013).

　이를 배경으로 이 장에서는 로컬리티와 지역에서 TNC 투자의 영향을 검토한다. 지역개발에서 TNC의 기여에 대한 인식은 이론적으로, 경험적으로 변하고 있다. 2장에서 논의한 것처럼, 누구를 위해 어떤 종류의 지역개발을 추구할 것인지의 문제는 뒤처진 로컬리티와 지역에서 유치된 투자의 역할에 대한 논란을 불러일으켰다. 예를 들어 TNC의 투자는 뒤처진 지역에서 유휴 여성 노동력 풀(pool)을 이용하면서 젠더 관계를 재형성하는 데에 이바지했다. 그러나 이러한 개발은 논란의 소지가 있다. 이전에 노동시장에서 배제되었던 여성들에게 일자리를 제공하지만, 여성들을 저숙련 직업에 가두어 버리는 결과도 낳았기 때문이다(Braunstein 2011; Massey 1995). 그래서 연구자들 사이에서는 FDI의 영향을 비판적으로 바라보는 시각이 우세했었다. "사막 한가운데 대성당"을 만들어 로컬·지역경제에 미약하게 착근된 **종속적 발전(dependent development)**을 낳는다고 믿었기 때문이다(Amin 1985). 이러한 비판은 뒤처진 지역에서 이루어지는 TNC의 투자와 관련하여 자주 등장했지만, 1990년대부터 진화하는 TNC의 성격에 주목하면서 변화가 초래하는 다양한 지역개발 가능성을 검토하는 연구자들도 등장했다(Amin et al. 1994; Henderson et al. 2002; Pike 1998). 이는 지역개발 제도와 정책을 통해서 TNC를 투자유치 경제에 착근시키는 방안을 찾으려는 노력으로 이어졌다. 동시에 더 효율적인 정보통신 기술의 등장과 함께 서비스 부문의 무역 가능성이 커지면서 이동성 서비스 투자도 출현하였다(Dossani and Kenney 2007). 지식경제로의 전환은 지역개발과 (신기술과 숙련된 경영을 포함하는) 외생적 자원 유치·착근에 새로운 도전을 안겨 주고 있다. 이러한 상황에서 특정한 직업과 전문가 집단을 유치하는 것이 지역개발에 핵심 이슈로 등장했고, 도시, 로컬리티, 지역의 지식경제에서 핵심을 차지하는 **창조계급(creative class)**이 주목받게 되었다(Florida 2002).

2. 초국적기업의 경제적 역할

해외직접투자(FDI)는 1960년대 말부터 성장하기 시작했고, 이런 경향은 1980년대와 1990년대를 거치며 가속화되었다. FDI의 폭발적 확대는 2004년과 2008년 사이에 일어났다. 많은 측면에서 세계가 심화된 글로벌화의 시대로 돌입했다는 주장에 힘이 실렸던 시기였다(그림 7.2). 그러나 2007년부터 2008년까지는 글로벌 금융위기와 대침체 때문에 FDI의 흐름이 급격하게 감소했다. 금융위기 이

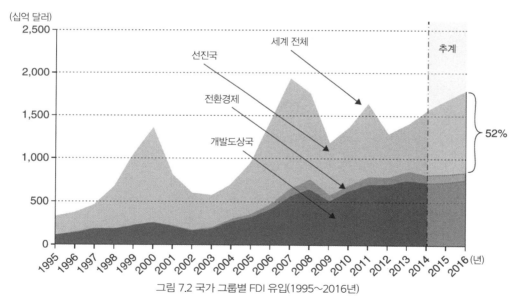

그림 7.2 국가 그룹별 FDI 유입(1995~2016년)

출처: UNCTAD(2014: xiii)

후에는 FDI의 흐름이 불안정해졌지만, 서서히 회복하는 기미를 보였다. 2013년에 이르러 FDI의 수준은 1.5조 달러까지 증가했지만, 여전히 2008년의 정점에는 미치지 못했다(UNCTAD 2014). 이러한 글로벌 패턴에 나타나지 않는 중요한 변화도 있다. 2008년 이후부터 글로벌남부 국가들이 글로벌북부를 추월해 FDI의 주요 목적지가 되었다. 거시지역(macro-region)의 차원에서, 2013년에는 아시아로 가장 많은 FDI가 몰려들었다. 예전에는 EU에서 FDI 유입이 가장 많았다. 개별 국가 수준에서는, 미국이 여전히 가장 많은 FDI를 유치한 국가였고, 그 다음은 중국, 러시아, 홍콩, 브라질, 싱가포르 순이었다. FDI 유출이 가장 많은 곳도 미국이었으며, 일본, 중국, 러시아가 그 뒤를 따랐다(UNCTAD 2014).

FDI 흐름의 패턴은 글로벌경제와 정치의 새로운 질서를 반영한다. 역사적으로 글로벌북부 국가, 가장 두드러지게는 미국과 영국이 FDI 유입과 유출의 흐름 모두를 지배했다(Boyer and Drache 1996; Hirst and Thompson 2000; Ruigrok and Van Tulder 1995). 20세기의 마지막 20년 동안은 다른 국가들, 즉 독일, 프랑스, 일본으로부터 FDI 유출이 빠르게 증가했다. 특히 일본이 1980년대 후반부터 1990년대까지 FDI의 세계적 성장에 가장 많이 기여했다. 이는 엔화의 가치와 금융적 영향력이 높아서 일본 기업의 해외 활동에 유리했던 엔고(endaka) 시대의 맥락을 반영하는 것이다. 이 시기 동안에는 글로벌남부의 신흥공업국으로부터 FDI 유출도 증가했다. 홍콩, 싱가포르, 타이완, 한국, 말레이시아, 브라질 등이 1997년 이전까지 그러한 FDI의 흐름을 주도했다. 보다 최근에 중국과 인도의 비중도 높아졌다. 전반적으로 보았을 때, FDI가 지역개발에 주는 영향은 최근까지도 글로벌남부보다 글로벌북부에서 높았다. 대부분의 FDI는 미국과 유럽으로 향했지만, 해외투자가 활발한 일본으로 유입되는 FDI는 상대적으로 적었다. 1980~1990년대 동안 일본에 쌓여 온 어마어마한 무역 흑자와 해외투자자가 벌충해주었던 미국의 무역 적자가 중요한 이유였다. 20세기 말에 이르러서는 중국이 FDI의 중심으로 떠올랐다. 이는 글로벌경제에서뿐만 아니라 중국의 로컬리티와 지역에도 중요한 함의를 주는 변화였다(사례 7.1; 8장).

FDI의 흐름은 지리적으로 불균등할 뿐 아니라, 부문 간에도 차이를 보인다. FDI는 역사적으로 글로벌남부에서 주로 생산되는 광물, 석유, 가스 등 1차상품 부문에서 매우 중요했다. 이런 분야에서 FDI는 천연자원을 채굴하여 이용하는 데에 필요한 자본의 공급처 역할을 했다. 자원기반형 FDI는 여전히 앙골라, 오스트레일리아, 브라질, 캐나다, 칠레와 같은 국가에서 지역개발의 자극제로 기능한다. 하지만 1960년대부터의 FDI 성장은, 특히 1980년대 후반부터 1990년대까지 FDI의 빠른 증가는 제조업 분야의 국제화에 따른 것이다. 이는 신규의 그린필드(green-field) 투자와 인수·합병 모두의 방식으로 나타났다(Dicken 2015). 1980년대 이후부터는 무역정책의 자유화와 (단일유럽시장

사례 7.1 중국과 FDI의 지리

중국에서 FDI 개방은 1978년 덩샤오핑이 주도한 경제개혁의 산물이었다. 이 개혁은 **중국 특색 사회주의**(socialism with Chinese characteristic)란 이름으로 단행되었다. 아주 짧은 기간 동안 가속화된 개혁은 중국을 세계에서 가장 폐쇄적인 경제 중 하나에서 투자유치에 가장 개방된 국가로 전환시켰다. 이러한 중국의 성장은 2000년대 동안 글로벌경제의 발전에서 핵심 요소 중 하나였다. 경제개혁의 첫 번째 단계에는 남부 해안의 광둥성과 푸젠성을 **경제특구(SEZs: Special Economic Zone)**로 지정하는 것이 포함되어 있었다. 이 두 지역은 홍콩과 타이완의 기업가들로부터 많은 투자를 유치했다. 당시의 홍콩과 타이완은 1960~1970년대 동안 노동집약적 제조업을 기반으로 빠른 경제성장을 경험했지만, 노동과 토지 시장에서 인플레이션 압력에 시달리고 있었다. 경제특구에 속한 선전과 같은 도시는 대규모의 토지와 저임금 노동력을 바탕으로 빠르게 성장할 수 있었다. 글로벌북부 기업들의 제조업 아웃소싱도 선전의 발전에 이롭게 작용했다. 인근의 도시와 성(province)들도 성장을 위해서 조세, 법제, 규제 권력을 요구하기 시작했다. 처음에 중국은 저임금 제조업 활동의 장소로서 글로벌경제에 진입했다(Brandt and Rawski 2008). 남부 성들의 수출주도형 경제성장은 중국의 다른 지역으로부터 유입된 노동력을 기반으로 이루어졌고, 이에 따라 지역 간 불평등도 빠르게 확대되었다. 이는 덩샤오핑이 '일부 사람들 먼저 부유하게 만들자'며 추진했던 개발의 방식이다. 이러한 전략을 추진하면서 중국은 '세계의 공장'으로 부상했지만, 2000년대 들어서부터는 이러한 국가·지역·도시·로컬개발의 경제적·사회적·공간적·정치적 지속가능성에 대한 의문이 제기되기 시작했다.

두 가지 문제가 특히 중요했다. 첫째, 중국 남부의 공장에서 일하는 이주 노동자가 경험하는 사회적·경제적 조건이 주목받기 시작했다(사진 7.1). 특히 2010년에 발생한 폭스콘(Foxconn) 노동자들의 연쇄적 자살 사건에 세계의 이목이 쏠렸다. 폭스콘은 애플, 델, HP, 모토로라, 닌텐도, 노키아, 소니와 같은 기업들과 거래하는 하청업체이다. 폭스콘의 노동문제 해결을 위해서 애플은 한 NGO 단체에 하청업체 공장의 조건을 조사하고 개선 방안을 마련하는 연구를 의뢰하기도 했었다(Fiar Labor Association 2013; Pike 2015). 둘째, 노동력이 부족하고 노동자들의 투쟁성이 높아지면서 생산 비용이 증가했고, 이에 '값싼 중국의 시대는 끝났다'는 주장까지 등장했다. 해안 지대의 기업들이 내륙의 성이나 비용이 더욱 저렴한 다른 아시아와 아프리카 지역으로 이전하려는 경향이 그에 대한 증거로 동원된다(The Economist 2012; Chapter 8). 동시에 글로벌북부 기업들의 **리쇼어링(reshoring)**도 나타나고 있다. 리쇼어링은 생산이 본국으로 다시 돌아가는 현상을 말하며, 환율과 시장 변동, 새로

사진 7.1 중국 우시 시게이트(Seagate) 공장의 최종 테스트 및 품질 점검 라인

출처: Robert Scoble

운 에너지원 등장, 생산 품질에 대한 염려, 글로벌 공급사슬 와해 위험의 맥락에서 총생산비 균형의 변동 때문에 나타난다(Bailey and Propris 2014; Groom and Powley 2014).

이러한 변화 때문에 중국에서는 기존 정책을 다시 생각하기 시작했다. 그러면서 수입된 외부의 제조기술에 대한 의존성을 줄이고 청정에너지나 교통 부문을 발전시켜 회복력을 강화하려는 노력이 나타났다. 중국 정부는 이러한 개발 방식의 국가정책 프레임과 자원을 제공하고, 성(province)정부를 비롯한 지방정부는 현재 정부지출의 40~50%를 R&D에 투자하면서 나름의 산업정책을 마련해 첨단기술 산업의 발전을 지원하고 있다. 그리고 중국의 지방정부는 R&D, 기술 확산, 표준 개발을 확립하는 데에서 국가정부의 중요한 파트너 역할을 하게 되었다. 이런 가운데, 오래된 전략은 폐기되지 않고 새 시대에 맞추어 변화했다. 예를 들어 상하이에는 **자유무역구역**(Free Trade Zone)를 설치해 특정 분야의 외국인 투자를 유치하면서 서비스 부문의 성장을 가속화시키고자 했다(표 7.1). 상하이의 GDP에서 서비스의 비중은 2003년 50%에서 2013년 62%로 급성장했다. 2014년에는 아마존이 상하이 자유무역구역에 지사를 설치할 계획을 발표하는 성과도 있었다. 중국 국무원이 상하이 정부에 부여한 높은 수준의 자치성은 상하이 자유무역구역의 중요한 특징 중 하나다.

표 7.1 상하이 자유무역구역에서 투자 개방 부문

산업	하위 부문
금융 서비스	은행, 건강보험, 임대
물류 서비스	해운 및 투자
상업 서비스	부가가치형 텔레콤 서비스, 게임기 판매 및 서비스
전문직 서비스	법률, 신용평가, 여행사, 투자관리, 건설 서비스
문화 서비스	엔터테인먼트 시설
사회 서비스	교육 및 직업훈련, 의료 서비스

출처: The Economist(2013b)

이나 캐나다, 미국, 멕시코로 구성된 북미자유무역협정(NAFTA) 같은) 무역블록의 출현도 중요한 역할을 했다. **초국적기업(TNC)**이 상당히 많은 산업 부문에서 중요했는데, 특히 (제약, 정보통신 기술 등) 첨단기술, 자동차, (담배, 탄산음료, 가공식품 등) 대량 소비재 분야에서 TNC의 활동이 두드러지게 나타났다. 글로벌북부 국가에서 저비용·저숙련 제조업 FDI의 흐름이 많이 감소했고, 이는 다른 로컬리티와 지역에서는 중요한 함의를 가지는 변화였다(사례 7.2). 서비스 분야에서도 FDI 증가가 두드러졌는데, 특히 금융, 마케팅, 유통, 통신 서비스 분야에 많이 집중되었다. 이는 경제에서 서비스가 차지하는 비중이 늘어나는 일반적인 경향을 나타낼 뿐 아니라, 정보통신 기술(ICT: information and communications technology)의 성장도 반영하는 변화였다(UNCTAD 2014). 이러한 투자의 흐름이 몰리는 **글로벌도시(global city)**는 지휘·통제의 주요 거점으로서 입지를 강화하면서

사진 7.2 글로벌도시의 초국적기업(뉴욕 로어맨해튼)

출처: King of Hearts

글로벌경제의 진화에 큰 영향을 미치고 있다(사진 7.2).

지금까지 살펴본 동향에 따르면, FDI 투자 유입의 흐름은 상당히 많이 증가했다. 그러나 로컬리티나 지역이 FDI를 유치하여 착근시키는 능력은 다양하게 나타나고, 이는 아래에서 논의하는 것처럼 지역개발 전망에 중요한 함의를 가진다. FDI가 유치 경제에 주는 영향은 매우 불균등하다. 이는 출신 및 진출 국가, 투자가 이루어지는 부문, 진출국으로 진입하는 방식 등에 영향을 받기 때문이다. 따라서 FDI가 지역개발에 주는 영향에 대한 일반적 주장은 주의해서 받아들여야 한다. FDI와 지역개발의 관계를 이해하기 위해서는 다양한 종류의 동기, 실천, 결과를 아우를 수 있는 이론적 접근이 요구된다.

3. 초국적기업 이론

초국적기업 이론은 시간에 따라 진화했다. 이는 **다국적기업**(MNC: multinational corporation)의 실천에 나타난 변화를 설명하기 위한 노력의 결과다(McCann and Immarino 2013). 1960년대에 스테판 하이머(Hymer 1979)는 기업과 기업 조직의 역할에 초점을 맞추어 신고전 무역이론을 넘어서는 국제경제 관점을 제시했다. 하이머의 업적은 중대할 뿐 아니라 미래를 내다보는 혜안이었다. 앞으로 글로벌화에 대한 논의에서 등장할 많은 주제들을 예견하며 글로벌하게 통합된 경제에서 TNC가 중심적 역할을 할 것이라고 정확하게 예상했기 때문이다. 하이머의 이론은 1960년대 이후 나타났던 미국의 FDI 유출 증가를 설명하기 위한 것이었다. 그는 대규모의 다부서(multi-divisional) 기업의 출현, 개선된 의사소통 기술, 유럽 및 일본과의 경쟁 심화를 주요 원인으로 지목했다. 하이머에 따르면, 기업은 해외 **시장 접근성**을 확대하기 위해 국제화를 추구한다. 이 시기의 주목할 만한 특징은 유럽에서 미국 기업의 투자가 증가했다는 점이었다. 반면 일본에서는 해외 기업의 투자가 막혀 있었다. 하이머(Hymer1972: 122)는 그런 상황이 "과점적 균형에 대한 마찰의 근원"이 될 것으로 전망했다.

이처럼 기업과 기업 조직에 주목한 하이머의 설명은 MNC 이론화의 새로운 국면을 마련했다. 한편 레이먼드 버넌(Vernon 1966)은 **제품수명주기**와의 관련성 속에서 초국적기업 이론을 제시했다(3장). 미국 산업의 국제화에 대한 이론을 개발하는 노력에서, 그는 기업들이 신제품을 출신국 시장에 내놓는 경향이 있다고 주장했다. 이와 같은 제품혁신의 자극은 미국과 같은 고소득 경제에서 강하게 나타났다. 제품에 대한 해외 수요가 늘어나면, 기업은 우선 제품을 수출했다. 그러나 제품이 성숙화 단계에 이르고 생산이 표준화됨에 따라 해외에 공장을 세우는 경향이 강해졌다. 생산과 유통 비용을 줄이고 보다 나은 시장 접근성을 얻기 위해서였다. 이런 공장이 처음에는 제품의 수요가 많은 고소득 국가에 입지했다. 그러나 제품이 표준화되고 비용 압력과 경쟁이 심해지면서 기업은 그런 공장을 개발도상국에 재입지시켰다. 이에 버넌(Vernon 1966: 190)은 "혁신의 타이밍, 규모의 경제 효과, 무지와 불확실성의 효과가 무역의 패턴에 영향"을 주었다고 강조했다.

존 더닝(Dunning 1988)은 여러 가지 통찰을 하나로 모아 **절충이론(eclectic theory)**을 제시했다. 절충이론은 기업이 국제적 생산을 선택하는 이유를 설명하기 위한 프레임으로 개발된 것이었고, 세 가지의 핵심 주장으로 구성되었다. 첫째, 기업은 소유권의 이점(ownership advantage)과 규모의 경제 이점을 가지고 있어서 더 나은 금융·기술 접근성을 누릴 수 있고, 이를 여러 입지 사이에서 이전시킬 수 있다(O). 둘째, 기업은 시장이나 자원 같은 입지 특수적 자산(location specific asset)을 이용하고자 한다(L). 셋째, 불완전한 시장의 상황에서 국제적 활동의 불확실성을 줄이기 위해서 기업은 활동의 내부화(internalization)를 선택한다(I). 더닝(Dunning 1988)은 이를 '절충 패러다임'으로 칭했고, 다른 사람들은 **OLI 접근**으로 불렀다(Loewendahl 2001; McCann and Mudambi 2004; Mc-Cann and Immarino 2013).

하이머, 버넌, 더닝의 업적은 TNC 활동에 관한 연구에 큰 영향을 미쳤다. 국제 비즈니스에 대한 광범위한 연구로 이어졌고, TNC의 성장이 글로벌화와 지역개발에 관한 논의에서 중심을 차지했기 때문이다(Dicken 2015; McCann and Immarino 2013). 이러한 고전적인 이론들은 기업 활동을 설명하기 위해 마련되었지만 지리적 함의도 가지고 있다. FDI의 지역개발 효과 때문에 위치 간의 계층이 나타나고, 이러한 계층 속에서 어떤 지역은 종속적인 역할에만 머물렀다. 1970년대 후반부터 나타나기 시작한 선진 세계에서의 성장 둔화는 **신국제분업**(new international division of labor)으로 이어졌다. 이는 "점점 더 많은 기업의 생존이 생산을 값싸고 잘 훈련된 노동력이 풍부한 새로운 산업의 장소로 이전하는 것에 좌우되는" 상태를 의미했다(Fröbel et al. 1980: 15; Massey 1995). 이와 관련해 하이머는 다음과 같이 예상했었다.

> 북대서양 다국적기업의 체제는 기업 내에서 수직적 분업에 대응하는 계층적인 분업을 지리적 지역 간에 형성하는 경향이 있다. 이에 따라 의사결정 업무는 선진국의 일부 도시에 집중한다. 이런 도시들은 여러 지역 중심지들로 둘러싸여 있고, 나머지 세계를 낮은 수준의 활동과 수준에, 즉 새로운 제국주의 시스템에서 소읍(타운)과 촌락의 지위에 머물게 한다. 소득, 지위, 권위, 소비 패턴은 중심지로부터 감소 곡선의 형태로 나타나고, 불평등과 종속의 기존 패턴은 계속될 것이다.
>
> (Hymer 1972: 114)

초기의 국제적 투자는 최종 조립의 작업과 관련된 2차 제조업에 집중된 경향이 있었다. 이 시기 동안에는 시장의 규모와 비용 요소가 FDI를 유치하는 데에 큰 영향을 미쳤다. 다부서 기업은 일반적으로 지리적 시장을 기초로 조직되었다. 이러한 분공장의 다수는 물질적·기술적 투입요소를 모기업에 의존했고 자치성을 거의 가지지 못했다. 중심화되고 계층적인 경영 통제가 당시의 질서였다. 이런 관점에서 생산의 국제화는 로컬·지역경제가 외부적으로 통제되는 기업의 결정에 의존하는 **분공장경제**(branch plant economy)에 머물게 했다(Government of Canada 1972; Firn 1975; Telesis 1982; Dicken 2015). 이러한 우려는 반복적으로 제기되었고, 1989년 이후 중·동부 유럽으로 이동하는 투자의 효과에서도 나타났다. 이곳의 초창기 투자는 서유럽 국가로부터 생산의 탈중심화(분산)로 인해서 나타났는데, 이는 재구조화의 산물이었고 재구조화는 서유럽에서 산업화와 탈산업화 모두를 낳았다(Grabher 1994; Hardy et al. 2011; Sass and Fifekova 2011; Pavlínek 2014).

수출가공구역(EPZ: Export Processing Zone)은 외생적 지역개발 접근에서 FDI를 유치하는 가장 일반적인 정책수단이다. 이는 곳에 따라 **경제특구**(SEZ: Special Economic Zone)로 불리기도 한다 (사례 7.1). 지역기반 정책인 EPZ의 설립은 1970년대 이후로 라틴 아메리카, 카리브해, 아시아의 저소득 또는 중간소득 국가에 널리 퍼져 있었고, 좀 더 드물게 아프리카에서도 나타났다. 중국에서도 EPZ는 오랫동안 중요한 경제개발 전략이었다(사례 7.1; 8장). EPZ의 도입은 일반적으로 수입대체산업화(ISI: import substitution industrialization) 전략을 탈피하는 변화의 신호로 여겨졌다. 세계은행(World Bank 1991)은 오래전부터 EPZ 전략을 개발도상국 경제를 국제화하고 로컬 산업 발전을 촉진하는 수단으로 지지해 왔다. EPZ에서는 일반적으로 FDI 유치에 대한 금융 인센티브가 제공된다. 여기에는 세금 면제, 수·출입 무관세, 수익의 본국 송금 자유, 인프라 제공, 노동법 준수 면제 등의 조치가 포함된다. 그러나 EPZ의 효과는 혼재된 양상으로 나타난다. 상당수의 일자리가 창출되지만, 급여, 숙련도, 노동의 조건 측면에서 질이 낮은 일자리가 대다수다. 숙련의 형성이나 로컬 산업과의 연계가 발전한 EPZ의 사례는 매우 드물다. 이러한 목표들이 부분적으로 성취된 경우라 하여도, 저비용 노동, 관대한 양보, 현대적 시설을 갖춘 **엔클레이브(enclave)** 등을 제공하면서 발생하는 비용도 만만치 않다. 예를 들어 정부의 금전적 양보와 열악해지는 노동 표준의 문제가 발생한다(사례 7.2). 파롤(Farole 2011)은 EPZ 프로그램이 역동적인 경제적 이익을 창출하는 데에는 한계가 있다고 말했다. 다시 말해 서비스 부문, ICT, 비즈니스 서비스, 지식과 R&D 집약 산업, 혁신, 숙련의 업그레이드는 EPZ에서 기대하기 어렵다.

사례 7.2 도미니카공화국의 자유지대

도미니카공화국은 자유구역(FZs: Free Zones) 개발의 선구자였다. 미국 섬유와 의류 산업의 아웃소싱이 도미니카공화국에서 FZ의 성장을 이끌었고, 미국과의 특혜무역협정(preferential trade agreement)도 중요한 원동력이었다. FZ의 성장 덕분에 도미니카공화국의 GDP에서 제조업이 차지하는 비중은 18%에서 2000년에는 30%까지 증가했다. 50개 이상의 등록 FZ에서는 도미니카공화국 GDP의 7.5%를 생산하고, 이들은 수도인 산토도밍고와 제2의 도시인 산티아고에 몰려 있다. 아이티와 국경을 이루는 서부에서는 입지의 인센티브가 제공되지만 FZ가 거의 설립되지 않았다. 특혜 무역, 저임금, 유리한 환율, 재정적 인센티브, 국가의 강력한 역할 등이 FZ가 성장할 수 있었던 비결이었다(Burgaud and Farole 2011). 그러나 2000년대 말부터 FZ 기반의 모델은 위기에 몰렸다. 이에 대응해 국가 정부는 세율과 관세를 낮추었지만, 쇠퇴를 멈추기에는 역부족이었다. 이는 인프라의 문제, 섬유와 의류 산업 분야에서 아시아 국가들의 경쟁력 강화, 글로벌 금융위기와 대침체 등의 효과가 혼재된 결과였다. FZ에서 고용은 2000년 195,000명으로 정점을 찍으며 국가 전체 고용의 10%를 차지했었지만, 2000년대 말에 이르러서는 35%나 감소했다. FZ의 노동 표준은 다국적 기업 감시(Multinational Monitor)와 같은 국제적 노동조합 조직들로부터 비판을 받기도 했다. 이들은 경제 위기 속에서 노동의 표준이 더욱더 열악해지는 증거를 제시하기도 했다. 비고와 파롤(Burgaud and Farole 2011: 161)에 따르면,

> FZ 프로그램은 저임금, 무역 특혜, 재정적 인센티브 등 지속불가능한 경쟁력의 원천에 의존하는데, 도미니카공화국의 경험은 이러한 프로그램의 한계를 드러낸다. FZ는 단지 단기적 측면에서만 이익을 제공한다. 도미니카공화국은 (EPZ에 의존하는 많은 국가와 마찬가지로) 교육과 숙련도에 대한 투자나 FZ 기업과 로컬경제 간의 통합을 통해서 경쟁력을 강화하는 데에 실패했다.

4. 초국적기업 성격의 변화: 글로벌 생산네트워크와 가치사슬

연구자들은 1990년대 동안 분공장경제의 변화를 목격했다(Amin et al. 1994). 지리적 **시장기반형**(geographical market-based) 구조의 기업 조직이 **제품기반형**(product-based) 구조로 대체된 것과 관련된 변화였다. 이에 따라, 기업의 해외 공장은 세계 제품 위임(WPM: world product mandate)이나 대륙 제품 위임(CPM: continental product mandate)의 책임을 맡기 시작했다. 이는 공장이 시간에 따라 진화하며 업그레이드되는 점을 시사한다. 다른 한편으로, 광범위해진 공간분업에서 로컬리티와 지역의 위상에도 변화가 있었다. 해외 생산 단위는 원래 반숙련 노동을 기반으로 표준화된 제품 생산에 집중했었다. 그러나 이런 공장은 시간이 지나면서 기술, 경영, 마케팅 분야에서도 전문성을 축적하고 증진할 수 있게 되었다. 그리고 개별 구매자의 요구에 따라 제품의 유지보수와 주문제작 서비스를 제공하기 위해 수행되던 루틴화된 기술적 활동과 나름의 엔지니어링 역량이 명실상부한 R&D로 진화했다. 마찬가지의 방식으로, TNC의 제휴사(affiliate)들은 시간이 흐름에 따라 진출한 경제에서 재화와 서비스 구매의 양과 범위를 늘려 갔다. 이로 인해 로컬·지역에서는 TNC 투자의 긍정적인 경제적 승수효과가 발생했다. 이에 연구자들은 분공장(branch plant)에서 지역개발에 긍정적 함의를 가지는 **성과공장(performance plant)**으로의 전환 가능성을 제기했다(Amin et al. 1994; Pike 1998). 표 7.2는 이러한 변화의 잠재적 함의를 요약해 제시한다. 한편 지역개발 제도들은 FDI의 발전적 잠재력을 극대화하기 위해서 정책적 지원을 제공하며 분공장의 변화를 자극한다. 예를 들어 로컬 기관들은 TNC 조직 내에서 투자 경쟁을 벌이는 로컬 계열사와 제휴사 기업 경영인을 지원하면서 지역개발에 공헌하는 추가적 자원을 유치하려 노력한다. 동시에 로컬·지역의 공급 네트워크와 R&D 활동의 개발도 지원한다(Amin et al. 1994; Hood and Young 1995; Amendolagine et al. 2013).

최근에 등장한 **글로벌 생산네트워크(GPN: global production network)**는 경제활동과 투자에서 복잡한 국제화의 흐름과 영향을 면밀하게 파악하는 이해의 틀을 제공한다(Coe et al. 2004; Henderson et al. 2002; Phelps and Waley 2004; Coe and Yeung 2015). GPN은 경제 자유화 정책, ICT의 빠른 보급, 글로벌 경쟁 심화의 효과가 혼재된 결과로 형성되었다. 이러한 국제 비즈니스의 개념화에서는 기업, 정부, 사회 등 글로벌경제의 다양한 행위자들이 수익성, 성장, 경제발전과 관련해 다양한 우선순위를 가진다고 이해된다. 따라서 기업과 지역발전에서 생산네트워크의 함의를 평가하려면 그러한 우선순위를 먼저 파악해야 한다. 초창기 연구들은 GPN의 세 가지 핵심 요소 즉 **가치(value)**, **권력(power)**, **착근성(embeddedness)**이 어떻게 구성되는지에 주목했다(Coe et al. 2004;

Henderson et al. 2002; Phelps and Waley 2004). 세 가지 요소 간의 상호관계를 파악하면, 지역개발의 외부적 자원으로서 GPN을 유치하여 착근시키는 데에 유리한 정책 개입을 마련할 수 있다.

첫째, **가치**는 기술 혁신, 브랜드 명성, 전문화된 숙련을 통해서 창출(creation)된다. 이러한 가치는 선도기업(lead firm)과 공급자(supplier) 간의 기술이전을 통해서 증진(enhancement)될 수 있다. 창출·증진된 가치는 규제적 체제를 마련해 로컬·지역경제를 위해 확보(capture)될 수 있다. 이를 위해 수익의 해외 송환 금지, 제품의 로컬 조달(local content) 명시, 적절한 노동 기준의 확보 등을 위한 금융 인센티브를 고려할 수 있다. 둘째, GPN에서 **권력**은 기업권력(corporate power), 제도권력(institutional power), 집단권력(collective power)으로 구성된다. 기업권력은 기업과 제휴사 사이에서 비대칭적으로 누적되지만, 제휴사도 다양한 수준의 자치성을 발휘한다. 제도권력은 국가·지역·지방정부 간 다양한 지리적 스케일에서 행사되지만, 이러한 권력이 행사되는 과정과 결과는 국가마다 다르다. WTO, EU 같은 국제기관도 제도권력의 주요 행위자에 해당한다. 집단권력은 NGO, 노동조합 등 비기업, 비국가 집단이 행사하는 권력이며, 초국적기업의 국제적 활동에 영향을 미친다. 셋째, GPN은 기업, 정부, 그리고 이 밖에 여러 행위자가 연계된 연결망에 일차적으로 착근한다. GPN의 **착근성**은 초국적기업의 출신 국가의 역사와 맥락에 강력한 영향을 받는다. 다른 한편으로, GPN은 장소에도 착근하는데, 이러한 착근성은 지역개발에 이로운 면이 있으나 제약 요소가 되기도 한다.

GPN 접근에서는 행위자들이 제도·규제적 프레임과 기업을 비롯한 여러 행위자와의 관계 속에 착근된 방식에 주목한다. 동시에, 특정한 영토(지역)에 기반을 두는 형태의 착근성도 강조한다.* 이런 관점에서, 로컬·지역제도는 GPN과 TNC의 요구에 부응할 수 있도록 (지식, 숙련, 전문성 등) 지역자산(regional asset)을 이용해야 한다. 따라서 지역개발은 TNC와 지역자산 간의 **전략적 커플링(strategic coupling)**의 산물이다. 지역제도는 그러한 커플링을 촉진하는 역할을 하는데, 이를 통해 지역개발은 지리·역사적 조건에 결부된 과정이 된다(Coe et al. 2004, 2008). 따라서 전략적 커플링은 TNC와 지역제도 간의 권력 비대칭이 표면화되는 과정이며, 지역과 GPN의 관계는 특정한 경로의존성에 따른 진화의 궤적 속에서 발생한다. 이러한 진화의 과정은 로컬리티와 지역의 위치성에 영향을 받는데, 이들의 위치성은 불균등발전의 과정, 제도적 규제와 조절, GPN 선도기업의 다양화된

---

* GPN에서는 세 가지로 범주화된 착근성에 주목한다. 대체로 국가 스케일에서 결정되는 제도·규제적 프레임은 **사회적(soci-etal)** 착근성, 기업을 포함해 다양한 행위자들이 형성하는 광범위한 사회적·경제적 관계는 **네트워크(network) 착근성**, 특정하게 영토화된 장소나 지역이 미치는 영향력은 **지역적(영토적, territorial)** 착근성으로 개념화되었다(박경환·권상철·이재열 2021, 『경제지리학개론』, 사회평론아카데미, 351–352).

표 7.2 공장 유형별 지역개발 함의

	분공장	성과공장(네트워크화된 분공장)
역할 및 자치	외부 소유·통제; 구조화된 위치와 자치권의 제약; 부품−공정 생산·조립 등 협소하고 부분적인 기능의 구조; 복제된 역량과 (공급업체, 기술 등) 로컬에서 외부 연계가 가능한 일부 노드(node) 간 수직적 통합; 특정 지역에 제공되는 국가정책과 자금 지원	외부 소유·통제의 형태이나, '평탄화된' 계층 구조 속에서 향상된 성과에 대한 책임과 전략적·실질적 자치성 보유; 조립보다 제조, 즉 공정 전반에 관여하는 광범위한 기능적 구조; 제품(범위), 부서, 또는 시장 위임의 역량; (기술 지원 R&D, 훈련된 인적자원 등) 연계 가능한 노드의 개선; (일자리 창출, 로컬 조달 등) 선택적 규제에 기초한 국가정책의 설립 지원
노동 과정	노동집약적 반·비숙련 노동; 한정된 분업 속에서 '루틴화된' 구체적 업무; 중·저기술 제품의 대량생산; 표준화된 공정기술; 단기간 업무특수성; 생산과 통합된 '직장 내' 훈련	자본·기술집약적 중·고숙련 노동, 진단·인지적 숙련의 필요성; 성과를 위해 직무와 개인/팀 책임의 재결합; (다양한 수준의) 기술 및 (다양한 양의) 생산 유연성; 재프로그래밍이 가능한 유연적 공정기술; 투자를 통한 장기적 조직화; 직장 내·외 훈련
노동−경영 관계	조직화된 조합원 노동자; 연공서열식(seniority−based) 급여와 연계된 일의 분류, 업무분담, 작업/감독 규칙; 고용계약과 연계된 공식적 단체협상; 행정적 초점에 맞춰진 개인별 관리	비즈니스 조합주의; 서열과 직위의 단순화 및 업적주의(meritocratic) 급여 체계; 회사 중심 비(전통적)조합주의로 전환, '기본' 협약과 연계된 개별화된 협상; 인사관리 기술
노동 시장 전략	교환 및 대체 가능하며 꾸준한 감독이 필요하다고 여겨지는 고용자; 제한된 선별, 높은 노동이동, 잦은 결근; 외부 노동시장 의존성	철저한 채용 조사와 선택성; 투자가 필요한 인적자원으로서 고용자; 이탈 방지와 회사 목표에 부응하는 고용자 식별을 위한 팀워크; 핵심부의 내부 노동시장과 (파트타임, 임시직 등) 주변부 간 구분
공급망	광범위한 기업 내 생산·공급사슬 구조와 통합; 로컬 결속을 대체하는 기업 내 연계; 제한된 로컬 공급사슬 지식, 본사 지역 공급자 우선시	동기화된 적시(JIT) 공급자에게 아웃소싱 증가; 로컬 구매 및 공급자 집적의 잠재력 증가; 1·2층위 공급사슬 관리; 글로벌 소싱과 파트너십 관계 증가; 로컬 공급 네트워크에 대한 의존성 증가; 지리적으로 분산된 생산네트워크와 국내·외에서 작동하는 적시 공급망
로컬 경제 개발 함의	외부 소유·통제 공장, 로컬 의사결정 권력 제한('종속적 발전', '분공장경제'), 폐쇄·이전에 취약('얽매이지 않는', '탈주(runaway) 산업', '초이동성 자본'); 제한된 고용·생산 성장률; 저기술·저숙련('스크루드라이버 공장'); 로컬 연계 미약('엔클레이브 개발', '이중경제', '성장 없는 산업화', '사막 한가운데 대성당'); 기존 지역산업과 무관한 산업 다양화; 제한된 혁신 잠재력과 기술이전	전략과 운영에 대한 의사결정 자치성이 향상된 외부 소유·통제의 공장이라는 신개념, 로컬경제에 착근('착근된 기업'), 높은 수준의 기술·숙련 수준, 높은 혁신 잠재력, 높은 로컬 연계, 연구·기술개발 기능을 통한 기술이전의 증가; 공정기술을 개선하는 공급자와 연계·공동개발; 공장은 '추진력 있는 로컬 성장거점', '로컬 경제개발의 매개체/촉진제', '지속가능한 개발' 조건

출처: Pike(1998: 886−887)

성격과의 관계 속에서 결정된다. TNC는 지역에서 **글로벌 파이프라인(global pipeline)**의 역할도 맡을 수 있다(Bathelt et al. 2004; 8장). 심할 경우, 지역은 강력한 TNC가 지배하는 외부적 네트워크에 갇혀 버리게 된다. 그러나 전략적 커플링에는 **재커플링(리커플링, re-coupling)**과 **탈커플링(디커플**

표 7.3 GPN과 지역 간 커플링의 주요 차원과 시나리오

차원	시나리오*
진입 양식	그린필드, 반복 투자, 인수·합병
TNC 제휴사 지위	자치성 – 의존성
지역 종류	공급처, 호스트(host)
지역자산	특수 – 일반
커플링 유형	자생형, 전략형(기능형), 구조형
커플링 정도	완전 – 전무
재커플링 심도/층	심층 – 피상
권력 관계	대칭 – 비대칭
지역개발 결과	개발 – 종속
탈커플링에 대한 노출	낮음 – 높음

* 쉼표(,)는 구분된 시나리오, 붙임표(–)는 연속적 스펙트럼을 의미함
출처: MacKinnon(2012: 240)

링, de-coupling)의 과정도 포함된다. 이러한 커플링의 방식은 진입 양식, 제휴사 지위, 지역 종류 등 여러 가지 조건에 따라 다르게 나타난다(MacKinnon 2012; 표 7.3).

GPN과 더불어, **글로벌 가치사슬(GVC: global value chain)**도 영향력 있는 국제화와 글로벌화 경제에 대한 이해의 프레임이다. TNC, 그리고 TNC를 초월한 경제활동의 조직과 지역개발 간의 관계를 해석하는 데 도움을 주기 때문이다. GVC는 "경제적 글로벌화의 중추적 인프라로서 … 기업과 행위자들 간에 맺어지는 부문 내 연계망(intra-sectoral linkage)을 말한다. 이를 통해 글로벌 생산은 지리적으로, 조직적으로 재구성된다."(Gibbon et al. 2008: 318). 이 접근에서는 기업 기반 **거버넌스**의 다양한 형태를 정의하며 특성을 파악한다. 무엇보다, 글로벌 수준에서 분산된 경제활동의 네트워크를 조직·통합·관리·경영하는 선도기업의 역할이 중요하다. GVC는 청바지와 같은 제품을 생산하기 위해 마련된 복잡한 글로벌 네트워크의 형태를 설명하는 프레임을 제시한다(그림 7.3). GVC 관점에서 경제활동의 글로벌 조직은 역사적 맥락의 진화, 지리적·부문별 불균등발전, 전문화와 다양화의 수준, 소유권 패턴의 변화에 좌우된다(Gibbon et al. 2008). GVC의 거버넌스는 거래의 복잡성, 거래의 형식화·조직화 정도, 공급 기반의 역량에 따라 결정된다(Gereffi et al. 2005). 구체적으로 GVC 거버넌스는 **위계형(hierarchy), 전속형(captive), 관계형(relational), 모듈형(modular), 시장형(market)**을 포함해 다섯 가지 유형으로 범주화된다. 각각 유형에서는 조정(coordination)과 권력의 비대칭성(power asymmetry) 수준이 다르게 나타난다(Gereffi et al. 2005; 그림 7.4). GPN의 커플링 개념과 마찬가지로, 거버넌스의 유형에 따라 GVC와 지역 간에 맺어지는 관계와 연결망의 성격

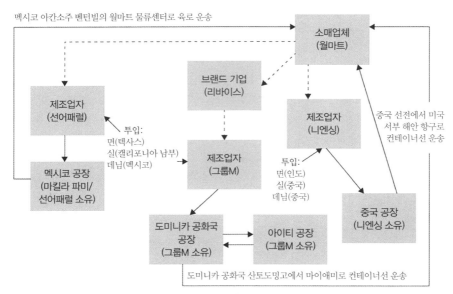

멕시코 아칸소주 벤턴빌의 월마트 물류센터로 육로 운송

소매업체
(월마트)

브랜드 기업
(리바이스)

제조업자
(선어패럴)

제조업자
(니엔싱)

중국 선전에서 미국
서부 해안 항구로
컨테이너선 운송

투입:
면(텍사스)
실(캘리포니아 남부)
데님(멕시코)

제조업자
(그룹M)

멕시코 공장
(마킬라 파미/
선어패럴 소유)

투입:
면(인도)
실(중국)
데님(중국)

도미니카 공화국
공장
(그룹M 소유)

아이티 공장
(그룹M 소유)

중국 공장
(니엔싱 소유)

도미니카 공화국 산토도밍고에서 마이애미로 컨테이너선 운송

* 그룹M(Grupo M)은 도미니카공화국, 니엔싱(Nien Hsing)은 타이완, 마킬라 파미(Maquilas Pami)는 멕시코, 선어패럴(Sun Apparel)은 캘리포니아에 기반한 의류 OEM 기업임.

그림 7.3 미국 월마트에서 팔리는 청바지의 가치사슬

출처: Bair(2011: 7)

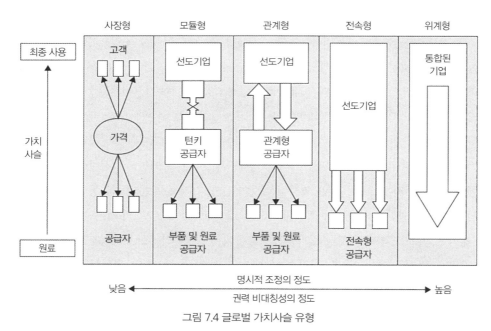

그림 7.4 글로벌 가치사슬 유형

출처: Gereffi et al.(2005: 89)

이 다르게 나타난다. 가령 창출되는 일자리, 형성되는 공급사슬, 촉진되는 혁신 네트워크의 성격은 GVC 거버넌스 유형에 따라 다를 수 있다(Bair and Werner 2011; Humphrey and Schmitz 2002; Pietrobelli and Rabellotti 2006). 한마디로, 지역개발은 로컬·지역경제를 광범위한 GVC에 끼워 넣어 위치시키는 정도와 특성의 문제로 이해된다.

GPN과 GVC 접근 모두는 생산네트워크나 가치사슬 내에서 **업그레이딩(upgrading)** 과정의 중요성과 잠재력을 강조한다. 실제로 업그레이딩 과정은 지역개발과 관련해 매우 중요한 함의를 가진다. 정책이나 제도적 기관에 관계된 로컬·지역 행위자는 업그레이딩에 초점을 맞추며 광범위한 글로벌 생산네트워크나 가치사슬에 속한 특정한 기업들의 위치성을 개선하기 위해 노력한다. 예를 들어 행위자들은 기업 수준의 경쟁력을 강화하기 위해서 훈련이나 혁신 지원 같은 로컬의 공급측 요소를 업그레이딩하는 정책을 마련할 수 있다(Gibbon et al. 2008). 이러한 **경제적(economic) 업그레이딩**은 두 가지 방식으로 이루어진다. 첫째는 생산 내에서 이루어지는 것으로, 고품질 원료, 숙련 노동, 추가적 R&D와 기술 투입, 생산설비 개선을 통해서 제품(product)과 공정(process)이 품질, 유연성, 생산성의 측면에서 개선되는 것이다(Tokatli 2013). 둘째는 생산의 차원을 넘어서는 디자인, 브랜딩, 마케팅, 세일즈(영업) 역량과 관련된다. 이와 같은 비생산적 역량의 개발·획득·정교화는 고부가가치 활동을 수행하도록 하며 기능적(functional) 업그레이딩에 기여한다. 이러한 기능적 업그레이딩를 통해서 외부 구매자의 주문에 따라 생산하는 계약업체는 **주문자상표부착생산자**(OEM: original euipment manufacturer), **제조자설계생산자**(ODM: original design manufacturer)의 단계를 거쳐서 최고봉인 **자가브랜드생산자**(OBM: own brand manufacturer)로 전환될 수 있다(Humphrey and Schmitz 2002; Tokatli 2013).

한편 GVC 접근은 사회적·환경적 목표와 이슈를 포함하면서 확대되고 있다. 이에 경제적 업그레이딩을 보완하는 차원에서 **사회적 업그레이딩**을 인식하려는 노력도 이루어지고 있다. 사회적 업그레이딩은 특히 글로벌남부의 맥락에서 빈곤 완화, 노동 기준 개선, 생산성 향상, 부가가치 증진, 임금 인상 등과 관련된다(Gibbon et al. 2008). 여기에는 임금과 수당, 일자리의 질, 고용의 기간과 조건, 훈련 접근성처럼 측정 가능한 기준의 개선뿐만 아니라, 결사의 자유, 단체교섭, 평등, 커리어 개발 지원과 같은 권한신장의 부분까지 포함된다(Milberg and Winkler 2010). 경제적·사회적 업그레이딩의 유형과 측정 방식은 로컬·지역·국가개발에 대한 정책적 개입의 초점이 되었다(표 7.4). 경제적·사회적 업그레이딩은 고부가가치 일자리, 높은 생산성, 고임금 사이의 선순환 관계에 기초한 **하이로드**(high road) 지역개발과 연결된다(Barrientos et al. 2010; 2장; 9장). 경제적·사회적 업그레이딩의 잠재력과 실현은 경제적 활동과 부문, 그리고 로컬리티나 지역에 따라 다르게 나타난다. 그러나

표 7.4 경제적·사회적 업그레이딩의 유형과 측정

합산의 수준	경제적 업그레이딩	사회적 업그레이딩
국가	생산성 성장, 부가가치 성장, 수익 성장, 자본집약도 증가, 수출 성장, 수출 소득	임금 성장, 고용/인구 성장, 노동 비율 증가, 공식적 고용, 청년실업 감소, 비농업 고용 중 임금 고용 비율, 고용과 임금의 젠더 평등(임금 고용에서 여성 집약도 등), 빈곤 감소, 노동 기준 개선(결사의 자유와 단체교섭, 직업 안정성, 아동 노동, 강제 노동, 고용 차별 등), 모니터링 규제, 정치적 권리의 개선(프리덤 하우스 지수(freedom house index) 등), 인간개발지수, ILO 주요협약 채택 수, 양질의 일자리
부문 또는 GPN/GVC	생산성 성장, 부가가치 성장, 수익 성장, 수출 성장, 자본집약도 증가, 기능의 숙련집약도 증가(조립/OEM/ODM/OBM/풀 패키지), 고용의 숙련집약도 증가, 수출의 숙련집약도 증가	임금 성장, 고용 성장, 노동 기준 개선(결사의 자유와 단체교섭, 직업 안정성, 아동 노동, 강제 노동, 고용 차별 등)
기업 또는 공장	기능의 숙련집약도 증가(조립/OEM/ODM/OBM/풀 패키지), 공급망 관리 숙련 개발, 일자리의 구성, 자본집약도 증가/기계화, 제품·공정·기능·사슬 업그레이딩	공장 모니터링 표준 개선(M-audit criteria 등), 일자리 당 노동자 수
로컬·지역경제	총부가가치 성장, 로컬/지역 부가가치의 보유, 투자 수준, 수출 수준, 무역수지, 고용·기능·수출의 숙련집약도, 일자리 유형과 직업구조, (로컬 조달 등) 공급망 착근성	임금 수준, 고용/인구 성장, 실업 감소, 노동과 임금의 젠더 평등, 빈곤 감소, 노동 기준 개선, 인간개발지수

출처: Milberg and Winkler(2010: 10)

기업의 업그레이딩이 권력 관계와 거버넌스 구조에 따라 선택적으로 이루어지는 점과 경제적·사회적 **다운그레이딩(downgrading)**의 가능성은 지역개발의 한계로 지적된다. 선형적이거나 획일적이지 않은 다양한 경로, '누구를 위한 업그레이딩인가?'의 의문, 기업·부문 수준의 분석을 지역개발의 이슈로 일반화할 수 있는지의 문제 등도 GVC 업그레이딩과 관련된 주요 이슈에 해당한다(Pickles et al. 2006; Tokatli 2013).

5. 지역개발 제도와 정책의 역할

많은 국가정부와 로컬·지역 기관들은 외생적 개발 전략에 영향을 받아 이동성 투자자를 유치하기 위한 인센티브를 제공한다. 이러한 조치는 1950년대부터 지역정책에서 핵심 요소로 자리매김했다

(4장). 1960~1970년대 동안 투자 인센티브는 국가 내에서 이동하는 기업의 지리적 분포를 결정하고 뒤처진 지역에서 제조업 고용을 늘리는 데에 중요한 역할을 했다(Moore and Rhodes 1986). 하지만 그러한 정책은 비판을 받기도 했다. 지원이 없어도 어쨌든 발생할 기업 프로젝트에 대하여 —이른바 **사중효과**를 유발하는— 인센티브를 제공한다는 이유였다. 지역 간 보조금 경쟁을 유발하며, 저·반숙련 고용만을 늘리고 로컬경제 착근성이 미약한 **분공장경제**를 낳는 문제도 있었다(Massey 1995; Rodríguez-Pose and Arbix 2001). 2장에서 논의한 것처럼, 그러한 정책은 지역 내에서 개발을 창출하는 효과가 있지만, 지역의 개발로 이어지지는 못한다(Morgan and Sayer 1988). 이러한 비판에 대응해, 외생적 전략에 대한 접근은 이동성 투자를 유치해 **착근성**을 높이는 방향으로 선회했다. 일반적으로 로컬·지역 기관은 정교한 정책을 능동적으로 마련해 TNC, GPN, GVC와 연계된 지역개발의 궤적을 형성하려 노력한다. 이러한 정책적 전환은 FDI의 성격과 개발 잠재력에 대한 인식의 변화와도 관련된다.

GPN과의 전략적 커플링을 성취하기 위한 제도적 메커니즘으로서 **지역개발기구**(RDA: regional development agency)가 출현했다. '모델 RDA'의 주요 임무에는 FDI를 유치하기 위한 지역 홍보 활동, 금융 인센티브 제공, 지역자산으로서 대학·공급업체·인적자원 동원 등이 있다(Bellini et al. 2012; 표 7.5). 1960~1970년대에는 국가나 정부 부처와 팔 길이(arm's-length)에서 작동하며 준자치성을 누리는 강력한 RDA가 설립되어, 지역경제에 FDI를 유치하는 데에 중심적 역할을 했다. 아일랜드 산업개발청(IDA Ireland)과 스코티시 엔터프라이즈(Scottish Enterprise)가 그런 RDA의 전형적 사례로 언급된다. 단일유럽시장의 완성으로 FDI 흐름이 증가했고, 이로 인해 유럽의 많은 지역에서 RDA가 설립된 것이었다. 2004년과 2007년 사이에 EU가 중·동부 유럽 국가로 확대되면서, FDI 유치를 위한 RDA 설립이 늘어났다(Halkier et al. 1998). 유럽에서는 대표 기구로서 유럽개발기구협회(EURADA: European Association of Development Agencies)가 설립되어 RDA 간의 학습과 이해를 도모하고 있다. RDA 모델은 세계로 뻗어 나가고 있으며, 아시아, 아프리카, 라틴 아메리카에도 나름의 버전(version)이 존재한다.

글로벌북부에서 RDA의 초점은 시간의 흐름에 따라 변화했다. 과거에는 새로운 라운드(round)의 FDI를 유치하는 것에 집중했지만, 사후관리를 통한 착근성 강화도 이제는 중요한 임무가 되었다. 여기에는 투자자와 로컬 공급자, 대학, 연구기관 간의 연계를 촉진하는 일도 포함되는데, 이는 유치한 조직이 TNC 내부의 투자 경쟁에서 우위를 점할 수 있도록 하는 목적도 있다(Dawley 2007, 2011). 최근 들어, 유럽의 RDA는 FDI에 초점을 맞추기보다 지식과 네트워킹을 촉진하며 지역자산의 기반을 개발하는 데에 역점을 두기 시작했다(Bellini et al. 2012). 그리고 정치와는 팔 길이(arm's-

표 7.5 투자유치에서 지역개발기구(RDA)의 역할과 기능

정책 형성	• 상위 조직과의 소통 • 투자유치 정책 지침 마련 • 정책의 효과성 평가 • 국가·지역 산업정책과 통합 • 협력을 위한 파트너십 문서와 프로토콜 개발
투자 촉진 및 유치	• 마케팅 정보와 지식 • 마케팅 계획 • 적정 지역 내·외부에서 마케팅 활동 • 해외 사무실과 에이전트 관리
투자 승인	• 잠재적 프로젝트의 선별·평가
인센티브 제공	• 투자 의향서 검토 • 인센티브(장려금, 지원금, 토지 건물 등) 지원 자문·승인
지원 서비스 제공	• 공공설비(도로, 상·하수도, 전기, 정보통신 등) 지원 • 시설 및 부지 • 직업훈련 및 채용 • 대학 및 연구소 연계 • 공급사슬 연계 및 개발
모니터링과 사후관리	• 투자유치 후 지속적 지원 활동 • 관계의 관리 및 소통(재투자 프로젝트, 로컬 공급업체 업그레이딩 등)

출처: Young et al.(1994: 145)

length) 관계를 유지하며 토착 기업과 외부 투자자에게 통합 서비스를 제공하는 유럽의 '모델 RDA'는 2000년대부터 쇠퇴하기 시작했다(Bellini et al. 2012). 글로벌화와 지식경제의 출현으로 토착적 로컬·지역 역량보다 국제적 연계를 강조할 필요성이 높아졌기 때문이다. 동시에 다층 거버넌스로의 변화로 인해서 지역개발 계획에 다양한 유형의 새로운 행위자들을 포섭하는 일도 필요해졌다(4장). 유럽 전역에서 나타나는 국가기관의 민영화, RDA의 금융 자립 요구 증대, 지방정부로의 정치적 분권화(탈중심화)로 인해서 RDA가 작동했던 전통적인 토대는 복잡해졌다. 한마디로, '모델 RDA'는 빠르게 변화하는 시장에 대응하는 유연성과 민첩성이 부족했다(Bellini et al. 2012). 오스트레일리아와 영국에서는 2000년대 동안 RDA 구조가 폐지, 해체되었다(Pike et al. 2015b). 그러함에도 유럽의 성공적인 RDA의 사례는 여전히 남아 있다. 이들의 형태와 범위는 다양하고, 다른 행위자들과 함께 네트워크를 형성하며 작동한다. 따라서 RDA는 장소기반형 지역개발의 실행에서 여전히 필수적 역할을 보유한다고 말할 수 있다(Tomaney 2010).

6. 초국적기업과 지역개발의 현실

펠프스와 웨일리(Phelps and Waley 2004)는 TNC의 지역개발 지향성은 과장된 주장이라고 말한다. 이들에 따르면, 로컬 연계의 범위와 로컬 공급자 대상 프로그램의 영향은 국제적인 주요 공급 파트너 사이에서 조달을 통합하는 동향과 배치된다. 따라서 로컬 관계자의 자치성과 개발 기관이 TNC에 영향력을 행사하려는 노력의 성과는 제한적일 수밖에 없다. 글로벌 생산네트워크와 가치사슬에서 이루어지는 결정에 대한 의존성도 제한적 성과의 주요 원인이다. 한편 많은 기업이 마케팅 등의 목적으로 '글로벌' 수사(修辭, rhetoric)를 동원하지만, 자산, 판매, 고용의 국제화를 측정해 보면 말 그대로 '글로벌'한 기업은 일부 존재하지만 거의 없는 것이나 마찬가지다. 대부분은 국가경제에 강력한 뿌리를 내리고 있다. 국제화된 기업 대부분은 협소한 내수시장을 보유한 소규모 국가의 출신인 경향이 있다. 이외의 거대 기업은 생산의 상당 부분을 출신국 경제에서 집중하고, R&D와 같은 핵심 기능은 극히 일부만 국제화되었다(Ruigrok and Van Tulder 1995; McCann and Immarino 2013; UNCTAD 2014). 국내에서 국가나 노동과 이루어지는 협상의 성격에 따라 기업의 국제화 전략이 다르다는 주장도 있다(Ruigrok and Van Tulder 1995). 다시 말해 기업의 국제화 전략은 출신국 내의 산업적 상황과 경제적·사회적·정치적 구조 속에서 나타나는 권력 관계의 성격에 영향받는다(4장).

이에 피터 디큰(Dicken 2015)은 진출한 로컬·지역에 미치는 TNC의 영향에 대한 총체적 평가의 위험성을 경고했다. 이익과 손해의 여부는 기업 시스템 내에서 발생하는 특정한 활동의 기능적 성격과 진출 지역의 특성 간 상호작용에 영향을 받는다. 이러한 지역개발의 영향은 대조를 이루는 사례연구를 통해서 확인할 수 있다. 우선, GPN 접근을 활용해 체코 자동차 산업의 전략적 커플링 과정을 검토한 연구를 살펴보자(Pavlinek 2012, 2014). 1989년 이후부터 서유럽의 자동차 기업은 중·동부 유럽으로 생산을 탈중심화(분산)하는 전략을 도입했다. 새로운 시장 기회를 찾고 생산비를 낮추기 위한 노력이었다. R&D의 글로벌화에 대한 논의가 있지만(UNCTAD 2006), 유럽의 자동차 기업은 R&D 대부분을 출신국에서 수행하는 경향이 있다. 국제화의 증거가 일부 존재하지만, 이들은 대체로 최첨단 연구 활동이라기보다 제품 개발 수준에 가깝다. 이는 1980~1990년대 일본에서 EU로 유입되었던 신규 투자와 비슷하다. 당시 일본 기업들은 이전에 가지고 있었던 R&D 활동의 공간분업을 강화하는 경향이 있었기 때문이다. 어쨌든, 서유럽에서 중·동부 유럽으로 생산은 이전했지만, R&D는 그것을 따라가지 않았다. R&D는 여전히 산업의 심장부라고 할 수 있는 잉글랜드의 중부와 남부, 독일의 남서부, 이탈리아의 북부에 남아 있다.

그러나 중요한 예외는 있었다. 2000년 폭스바겐(VW)의 스코다 자동차(Škoda Auto) 인수 이후 체코에서는 R&D 활동이 성장하는 지역이 생겼다. 스코다는 체코슬로바키아 시대 때부터 중요한 자동차 생산업체였고, 중부의 보헤미아 지역 믈라다볼레슬라프(Mladá Boleslav)에 위치한다. 2008년 VW는 체코 정부의 장려금을 지원받고 자사의 자금을 투자해 새로운 R&D 센터를 열었다. 그 이후 믈라다볼레슬라프의 스코다 자동차에서 R&D 노동자는 1,584명까지 증가했다. 공급업체들도 스코다 자동차와 동반 입지하기 위해 이곳으로 R&D 활동을 가져오며 고숙련 일자리가 몇백 개 더 늘었다. 이러한 기업들은 프라하, 리베레츠, 플젠에 위치한 대학과도 관계를 형성해 나갔고, 믈라다볼레슬라프에는 시정부와 협력을 통해 스코다 자동차 대학교(Škoda Auto University)가 설립되었다. 이에 대해 한 연구자는 다음과 같이 이야기했다.

> 스코다에서 R&D 성장은 지역자산과 TNC의 전략적 요구 간에 나타나는 전략적 커플링의 사례라 할 수 있다. 지역자산은 R&D 능력, 엔지니어링 전통, 숙련 노동의 형태로 나타났는데, 이는 기존 자동차 산업의 발전과 정부 정책을 기반으로 형성되었다. 이러한 지역자산이 기존 브랜드와는 별개로 저비용 브랜드를 개발하고자 했던 폭스바겐의 전략적 요구와 커플링하게 된 것이다. VW는 성공적인 커플링과 브랜드 개발을 바탕으로 규모와 범위의 경제를 확대했고, 이를 통해 중·동부 유럽, 중국, 인도의 '신흥'경제 시장에 침투할 수 있었다. VW 입장에서는 이미 포화된 기존의 서유럽 시장을 넘어서 새로운 틈새시장을 만들어낸 중요한 성과다. VW의 적극적인 개발 노력과 커플링된 지역의 역량 덕분에 스코다는 공정, 제품, 기능 업그레이딩에 성공할 수 있었다. … 한마디로, VW는 자사의 기업권력을 동원해 공급자들이 [믈라다볼레슬라프에] 생산시설을 구축하도록 했다. R&D 파트너들은 공동 입지를 통해서 소규모 공동 설계에 참여했다.
>
> (Pavlinek et al. 2009: 295-296)

이러한 발전 과정을 통해서 믈라다볼레슬라프에서 R&D의 지리적 집중이 나타나게 되었다. 그러나 이면에는 다른 이야기도 있다. 해외 기업이 체코 자동차 산업의 R&D를 지배한다는 것이다. 이것이 국내 R&D를 자극한다는 증거는 거의 없다. 따라서 이 사례는 전속형 네트워크의 사례라고 할 수 있다.

서비스 부문 FDI가 부상하게 되면서, 서비스 투자가 어느 정도로 로컬리티나 지역에 착근하며 개발 효과를 창출하는지에 대한 의문도 생겨났다. 이와 관련된 가장 놀라운 지역발전 사례로, 인도 카르나타카 벵갈루루의 소프트웨어 산업의 성장을 살펴보자. 1990년대부터 인도의 대표적 ICT 클러스터로 부상하면서 벵갈루루의 이야기는 국제적 주목을 받았다. 벵갈루루 클러스터의 성장은 실리콘밸리 같은 장소를 향했던 인도 사람들의 디아스포라(diaspora)와 연계된 발전이었다(Lorenzen and Mudambi 2013; Saxenian 2006). 이를 통해 벵갈루루는 텍사스인스트루먼트, 마이크로소프트, 휴렛팩커드, 모토로라, 필립스, 시스코와 같은 TNC의 GPN을 유치할 수 있었다. 이곳은 다른 한편으로 인포시스(Infosys), 와이프로(Wipro), 타타 컨설턴시 서비스(TCS: Tata Consultancy Services) 등 토착 기업의 성장 기반 역할도 했다. 여기에서 이루어지는 활동의 상당 부분은 수많은 중소기업에서 수행되었다. 클러스터 개발은 TNC를 상대로 표준화된 업무를 수행하며 이루어졌다. 특히, 코딩이나 데이터 입력과 같은 테스트 및 실행 활동이 미국을 비롯한 선진국 시장 지향성을 토대고 활발하게 나타났다(Dosanni and Kenny 2007).

벵갈루루에 소프트웨어 기업이 집중한 이유는 무엇일까? 인도 정부는 영국에서 독립한 직후 수입 대체와 자립경제 정책을 펼쳤다. 이런 맥락에서, 외국인 투자를 제한하고 국가 소유의 유치(幼稚)산업(infant industry)을 촉진하면서 국내 전자산업을 발전시키려 노력했다(4장). 이 정책은 제한적인 개발의 결과만 낳았지만, 인도과학원(Indian Institute of Science)과 같은 고등교육 기관과 연구소의 설립으로 이어졌다. 결과적으로 영어를 사용하는 엔지니어와 과학자가 많이 배출되었는데, 이러한 인적자본은 소프트웨어 산업에 이롭게 작용했다. 인도에서 소프트웨어 산업을 개발하기 위한 노력은 1970년대에 시작되었고, 벵갈루루에 소프트웨어기술단지(Software Technology Park)가 설립된 것은 1980년대의 일이었다. 인도 정부 전자산업부의 카르나타카 사무소가 주도했던 사업이다. 1989년에는 당시 국영기업이었던 (하지만 이후에 민간기업 타타 커뮤니케이션즈에 합병된) VSNL이 미국과 인공위성으로 연결하는 사업을 시작했다. 이로 인해 대규모 데이터 교환이 가능해졌다. 1990년대부터 인도 소프트웨어기술단지 계획(Software Technology Parks of India Scheme)이 실행되면서, 벵갈루루의 성장은 더욱 가속화되었다. 초고속 인공위성 연결, 전기의 안정적 공급, 수출 주도형 기업에 대한 세금 면제도 핵심적인 성장요인이었다. 인도 경제의 개방도 중요한 역할을 했다. 관세와 해외 통화에 대한 통제가 완화되었고, 이를 통해 국가 통화인 루피화의 태환성이 확대되었다. 동시에, 1997년 시행된 IT 산업정책을 비롯해 카르나타카 주정부가 주도하는 프로그램도 늘어났다. 이러한 제도와 정책이 투자자 유치에 유리한 조건으로 작용했다(Chaminade and Vang 2008; James 2014; Lorenzen and Mudambi 2013; Narayana 2011; Parthasarathy 2004).

1990~2000년대 동안 벵갈루루의 인구는 매우 빠르게 증가하여, 이 도시는 인구 1,000만 명 이상의 **메가시티(거대도시)**로 거듭났다(1장). 벵갈루루의 성장은 인도 전반의 빠른 도시화와 관련되지만, ICT 부문의 성장은 차별화된 모습이다(Narayana 2001). 이러한 지역개발 모델은 얼마나 지속가능할까? 업그레이딩의 문제를 중심으로 생각해 보자. 단순한 아웃소싱 역할을 넘어설 수 있느냐가

벵갈루루 소프트웨어 부문의 관건이다. 벵갈루루 기업들이 미국을 넘어서 시장을 다양화한다는 증거는 있다(Chaminade and Vang 2008). 그러나 TNC는 R&D와 같이 높은 수준의 활동을 벵갈루루 중소기업에게 맡기기를 꺼린다. 이들의 역량이 부족하고 인도에서는 지적재산권 보호가 제대로 이루어지지 않기 때문이다. 결과적으로, "토착 기업들이 채택했던 성장 모델은 (즉 TNC 주도의 수출 지향형 모델은) 로컬 연계가 아주 미약한 파편화된 산업을 창출했다."(Chaminade and Vang 2008: 1691) TNC와 로컬 대기업이 지배하는 벵갈루루의 ICT 산업은 이곳에 만연한 사회적·공간적 불평등과도 관련된다(James 2014). 벵갈루루의 이야기는 서비스기반 산업화의 성공적인 사례이지만, TNC와 토착 대기업과 관계된 사회·공간 집단에 집중된 성장의 혜택을 어떻게 배분할지의 문제는 앞으로 해결해야 할 과제이다.

7. 일자리와 사람의 유치 및 착근

이동성 투자(mobile investment)와 같은 외생적 자원을 유치하여 착근성을 높이려는 지역개발 정책은 풀기 어려운 도전적 문제에 직면해 있다. 이러한 문제는 특히 글로벌북부와 글로벌남부의 뒤처진 지역에서 두드러진다. 관련 문헌에 따르면, 특정한 유형의 이동성 투자 유치를 추구하는 로컬·지역 행위자의 능력은 중요하지만 어려운 문제이다. 이에 앤 마커슨은 산업과 더불어 직업도 목표로 삼아야 한다고 주장했다. "통합이 가속화되고 인터넷을 통한 원거리 작업이 가능해지면서, 기업과 노동자가 서로에게 그리고 로컬리티에 헌신하는 정도가 감소"했기 때문이다(Markusen 2002: 1). 이러한 접근은 지역개발 정책에 미묘한 변화를 가져왔다. 그것은 바로 특정한 유형의 일자리와 사람들을 유치하는 조건을 마련해야 한다는 것이다. 이는 특정한 경제활동이나 기업에 초점을 두었던 기존의 관점과 구분된다. 새로운 전략의 핵심은 이동성 노동자의 삶의 질이 높아질 수 있도록 어메니티(amenities)와 주택을 개선하자는 것이다.

이런 맥락에서, 리처드 플로리다(Florida 2002, 2005, 2008)는 로컬·지역·도시경제의 미래는 창조계급(creative class)을 유치하고 보유하는 능력에 좌우될 것이라고 주장했다. 창조계급은 기술, 미디어, 엔터테인먼트, 금융처럼 빠르게 성장하는 분야에서 자신의 창조성, 개성, 차이를 동원하는 사람들로 구성된다. 창조계급은 한마디로 자신의 창조성을 바탕으로 경제적 가치를 부가하는 사람들이다. 창조계급은 높은 수준의 혁신을 통해서 도시와 지역의 성장을 이끄는데, 이들과 기술기반형 산업은 관용적인 장소에 몰리는 경향이 있다. 플로리다는 창조성이 경제의 새로운 원동력이라고 주장한다. 창조계층은 편안한 옷차림, 유연한 근무 시간, 운동과 익스트림스포츠를 즐기는 여가 활동, 토착적인 거리 수준의 문화를 선호하는 사람들이다. 창조성을 육성하고 지원하는 데에 이로운 **보헤미안(bohemian)** 환경에 이끌리는 점도 창조계층의 중요한 경향 중 하나다. 이러한 도시는 **관용(tolerance), 인재(talent), 기술(technology)**의 3T를 갖추는 특징이 있다. 플로리다의 주장에 따르면, 오늘날 도시는 창조계층에 속한 사람들을 유치하기 위해 이들이 선호하는 어메니티와 환경을 갖추고 서로 경쟁해야 한다. 창조계층은 진정성(authenticity)과 차별성(distinctiveness)을 기준으로 장소의 가치를 평가한다. 이들이 선호하는 **창조도시**는 다음과 같은 성격을 가진다(Harris and Moreno 2012: 3).

'창조도시'는 도시 커뮤니티의 성장, 재상상, 재생력을 자극하려는 노력에서 템플릿(template)이나 내러티브로 동원되며 영향력을 발휘한다. 이 개념의 함의는 재능 있는 인재들이 경제성장의 핵심을 형성한다는 것이다. 다양성, 디자인, 헤리티지가 풍부한 대도시가 새로운 아이디어와 기술의 로컬 인큐베이션(incubation)과 글로벌 수출의 물질적·사회적 조건을 마련하는 점도 강조한다.

리처드 플로리다는 모두가 아니더라도 많은 도시에서 창조계급의 성장 조건을 조성할 수 있다고 이야기한다. 그러나 그가 강조하는 조건들은 세계도시나 글로벌도시와 같이 지식기반경제의 최첨단에 있는 도시의 모습이다. 이미 경제적 이익을 누리는 곳의 이야기란 말이다. 이러한 창조도시의 측면은 비판의 대상이 되기도 했다. 예를 들어 앤 마커슨(Markusen 2003)은 창조계급을 퍼지 개념(fuzzy concept)이라고 주장했다. 확실한 증거로 뒷받침하지 못하며, 다양하고 심지어 모순된 사회집단에 그럴싸한 일관성을 부여하는 설득력 없는 개념이란 뜻이다. 글로벌 스케일에서 발생하고 있는 창조계층에 대한 추종과 창조도시의 확산이 하나의 역설인 측면도 있다. 대표적으로, 제이미 펙(Peck 2012b: 482)은 창조계급 관념을 **패스트 정책이전(fast policy transfer)**의 사례로 검토했다. 암스테르담의 경우, 창조도시를 마치 "정책 제너리카(generica)처럼 동원해 도시의 독특함을 보편적으로 거래가 가능한 경쟁 자산인 것처럼 변신"시킨다.* 펙(Peck 2005)은 이러한 힙스터화(hipsterization)와 창조도시 정책의 기반이 되는 연구와 분석을 비판한다. 고소득 집단이 선호하는 라이프스타일을 찬양하며, 사회적·공간적 불평등을 가속화하고 영토 간 경쟁을 심화시키는 심각한 부작용을

---

* 제너리카는 제너릭(Generic)과 아메리카(America)의 합성어로, 미국 어디에서든 일반적으로 볼 수 있는 경관을 함의하는 용어이다. 소화전, 우체통, 패스트푸드 체인, 메인(Main)이란 단어가 들어간 시내 중심가 이름 등이 그러한 경관 요소에 해당한다.

낳기 때문이다. 실제로 플로리다도 창조계급의 출현이 세계도시의 사회적·공간적 불평등과 연관된다고 인정했다. 이러한 약점이 있기는 하지만, 플로리다의 업적은 지역개발에서 인적자본의 중요성과 이동성 자원 유치에 초점을 맞추는 외생적 전략 형성에 공헌했다(3장; 6장).

에드워드 글레이저(Glaeser 2011)도 **도시경제학(Urban Economics)** 관점에서 **인적자본**이 높은 사람들을 유치하는 것의 중요성을 주장했다. 그러나 그는 3T보다 3S를 더 중요한 도시 성장의 요인으로 부각했다. 3S에는 **햇볕(sun), 스프롤(sprawl), 교외(suburb)**로 구성된다. 3S는 미국 북동부의 추운 러스트벨트 지역에서 따뜻한 남부의 선벨트 지역으로 인구가 이동하는 현상을 설명하기 위해 제시되었다(3장). 그리고 글레이저(Glaeser 2005: 150)는 "소비자를 지향하는 장소가 생산으로 조직된 장소보다 더 많이 성장"하는 패턴도 강조했다. 그의 주장에 따르면, 소비의 장소는 다양화된 엔터테인먼트의 기회, 문화시설, 고급 레스토랑과 같은 어메니티를 제공하며 인재 유치에 이롭게 작용한다. 글레이저는 이런 개발에서 공공정책보다 **시장**의 힘이 훨씬 더 결정적이라고 여기며 다음과 같이 설명했다. "도시 혁신은 상향식으로 나타나기 때문에, 최상의 경제개발 전략은 스마트한 사람들을 유치해서 그들이 하고 싶은 대로 내버려 두는 것이다."(Glaeser 2011: 259−261) 그러나 마이클 스토퍼와 앨런 스콧에 따르면(Storper and Scott 2009: 154), "잘 정리된 선호 함수(preference function)에서 개인이 아무리 햇볕을 우선시한다고 하여도, 소득의 기회가 동시에 주어지지 않는다면 햇볕은 삶의 영원한 부분이 될 수는 없다." 따라서, "창조계급에 속한 사람들이 어메니티 기반의 젠트리피케이션을 추구하면서 경제경관을 변화시킨다는 가정에는 신빙성이 부족하다." 한마디로, 인재나 창조적인 사람들의 유치는 의심할 여지 없이 지역개발에서 중요한 부분을 차지하지만, 그런 사람들의 효과는 다른 과정 및 개입의 영향력과 함께 나타날 가능성이 크다.

8. 결론

이동성 투자·직업·사람 등 외생적 자원의 유치와 착근은 지역개발 전망의 결정적인 요소이다. 얽매이지 않는 탈주(runaway)의 형태를 가진 경제활동과 성장의 잠재력을 개발하고 다른 한편으로는 관련된 문제를 해결하는 데에 있어서, 지역개발 기관의 정책수단과 조치가 유용할 수 있다. TNC는 계속해서 세계 경제의 '주요한 이동자이자 형성자'처럼 행동하고 있다. 경제 관계의 자유화와 탈규제화를 향한 경향이 국내·외적으로 심해지면서, 이동성 기업의 위치성이 공고해지고 있다. 하지만 지역개발의 전망도 TNC의 성격 변화에, 특히 글로벌 생산네트워크와 가치사슬의 출현에 영향을 미치고 있다. 그러한 네트워크와 사슬의 출현은 같은 시점에서라도 서로 다른 로컬리티와 지역에 대해 매우 모호한 함의를 가질 수 있다. 일부 로컬리티와 지역은 능수능란하게 TNC 조직의 변화와 GPN/GVC의 역동성을 아주 잘 활용하여, 경제적·사회적 업그레이딩을 유도하고 투자의 이익을 지역개발 차원에서 극대화한다. 다른 한편으로, 특정한 직업과 사람의 유형을 끌어들이는 것도 외생적 개발 전략의 핵심 요소가 되었다. 이처럼 얽매이지 않은 자산의 착근성을 높이는 일도 지역개발 제도와 정책의 역할에서 핵심을 차지한다. 물론, 영토 간 경쟁의 모호성과 변동성 때문에 외부를 지향하는 개발 접근이 어렵고 불확실한 전략인 측면도 있다.

이 장에서 논의한 증거는 4장에서 살펴본 주제들을 더욱 분명하게 해 준다. 무엇보다, 외생적 개발 전략의 기회에 부응하고 위험에 대처하는 메커니즘으로서 효과적인 지방·지역정부와 거버넌스의 중요성을 재확인했다. 얽매이지 않는 이동성 자산은 개발과 네트워크 형태의 개입을 지향하는 로컬·지역정책을 통해서, 장소의 부가가치 활동과 얽히며 지역개발에 이바지할 수 있다. 물론, 이러한 효과는 영원하지 않고 일정한 기간에만 나타난다. 평평하고 미끌미끌한 세계의 맥락에서, 로컬·지역 행위자들은 장소를 뾰족하고 끈적끈적하게 만드는 일에 열중한다(Christopherson et al. 2008; Markusen 1996). 주요 개발 자원을 유치하고 계속해서 보유할 수 있기 위해서다. 동시에, 규제되지 않는 영토 간 경쟁의 소모적 효과를 제한하는 데에서(1장), 국가와 국제기관의 역할이 점점 더 중요해지고 있다. 이와 같은 외생적 지역개발 접근의 맥락을 고려할 때, 다중 행위자와 다층 거버넌스 시스템의 역할은 매우 중요해 보인다(4장).

글로벌남부와 글로벌북부의 제도들은 내생적 접근과 외생적 접근을 연결하고 통합하는 지역개발을 추구한다. 이러한 연계를 바탕으로 개입 프로젝트와 프로그램을 조직적으로 통합하면서, 정책의 잠재력·효과성·영향력을 높일 수 있다. 일례로, 멕시코에서는 국가·주·시 수준의 제도를 마련해 선도 TNC를 견인차 기업으로 인식하고 이들의 관계에 초점을 맞춘 전략을 추진했다. 결과적으로, 재화와 서비스 시장에서 견인차 기업과 로컬 중소기업 간의 긍정적인 공급사슬 연계가 창출되었다(OECD 2014e). 그러나 두 가지 접근을 연결하는 데에서 발생할 수 있는 여러 가지 위험성의 문제도 있다. 외부 행위자들에 대한 과도한 의존성, GPN/GVC를 통한 쇼크나 와해의 전파와 증폭, 내부적 지향성과 외부적 지향성 간의 장기적 균형 관리, 로컬·지역을 위한 제도적 전략 등이 그러한 문제에 해당한다. 이런 맥락에서, 4부에서는 글로벌북부와 글로벌남부의 다양한 지역개발 사례를 살핀다. 사례 검토는 누구를 위한 어떤 종류의 지역개발인지의 문제, 이해의 틀, 논리·전략·정책 개입에 대한 논의와 함께 이루어질 것이다.

추천도서

Bailey, D. and De Propris, L. (2014) Manufacturing reshoring and its limits: the UK automotive case, Cambridge Journal of Regions, Economy and Society 7 (3): 379-395.

Barrientos, S., Gereffi, G. and Rossi, A. (2011) Economic and social upgrading in global production networks: a new paradigm for a changing world, International Labour Review 150 (3-4): 319-340.

Bellini, N., Danson, M. and Halkier, H. (eds) (2012) Regional Development Agencies: The Next Generation? Networking, Knowledge and Regional Policies. London: Routledge.

Coe, N. and Yeung, H. (2015) Global Production Networks: Theorizing Economic Development in an Interconnected World. Oxford: Oxford University Press.

Crescenzi, R., Pietrobelli, C. and Rabellotti, R. (2012) Innovation Drivers, Value Chains and the Geography of Multinational Firms in European regions. LSE Europe in Question Discussion Paper Series, 53/2012. London: London School of Economics and Political Science.

Dicken, P. (2015) Global Shift: Reshaping the Global Economic Map in the 21st Century (7th Edition). London: Sage.

Firn, J. (1975) External control and regional development: the case of Scotland, Environment and Planning A, 7: 393-414.

Florida, R. (2002) The Rise of the Creative Class: And How it is Transforming Work, Leisure, Community and Everyday Life. New York: Basic Books.

Gereffi, G., Humphrey, J. and Sturgeon, T. (2005) The governance of global value chains, Review of International Political Economy, 12 (1): 78-104.

Glaeser, E. (2011) Triumph of the City: How Our Greatest Invention Makes Us Richer, Smarter, Greener, Healthier and Happier. New York: Penguin.

Iammarino, S. and McCann, P. (2013) Multinationals and Economic Geography: Location, Technology and Innovation. Cheltenham: Edward Elgar.

MacKinnon, D. (2012) Beyond strategic coupling: reassessing the firm-region nexus in global production networks, Journal of Economic Geography 12 (1): 227-245.

Markusen, A. (2002) Targeting Occupations in Regional and Community Economic Development. Minneapolis: Humphrey Institute of Public Affairs, University of Minnesota.

Massey, D. (1995) Spatial Divisions of Labour: Social Structures and the Geography of Production (2nd Edition). London: Macmillan.

Pickles, J., Smith, A., Buček, M., Roukova, P. and Begg, R. (2006) Upgrading, changing competitive pressures, and diverse practices in the East and Central European apparel industry, Environment and Planning A, 38 (12): 2305-2324.

Pietrobelli, C. and Rabellotti, R. (2006) Upgrading to Compete: Global Value Chains, Clusters and SMEs in Latin America. Cambridge, MA: Inter-American Development Bank and David Rockefeller Center for Latin American Studies, Harvard University.

제4부
통합적 접근

08 지역개발의 실천

1. 도입

이 장은 글로벌남부와 글로벌북부의 **지역개발 사례**를 검토한다. 책의 모든 관심사를 한데 모아 지역개발 실천의 통합적 접근을 고찰하기 위해서다. 각각의 사례에서는 지역개발의 정의와 이론, 정부와 거버넌스의 제도, 토착적/외생적 개발정책의 논리·전략·접근이 특정한 로컬·지역 번영과 웰빙을 위해서 다양한 방식으로 동원되는 점을 확인할 수 있다. 지역개발은 글로벌 관심사의 특성을 반영한다(1~2장). 그래서 이 장의 사례를 국제적으로 다양하게 구성하였다. 구체적으로 하위국가 수준에서 나타나는 행위자, 제도, 장소의 경험을 아프리카, 유럽, 북아메리카, 동아시아, 중동을 포함해 여러 대륙에서 살펴볼 것이다.

각각의 사례 연구는 이 책의 중심 주제들과 연결된다. 여기에서는 특히 네 가지 주제에 주목한다. 첫째, 로컬·지역 행위자들이 어떻게 글로벌 맥락에서 발생하는 변화의 영향을 진단하고 해석하며 그런 변화와 관련된 문제에 대처하는지를 살핀다. 둘째, 행위자들이 지리적 스케일, 원칙, 가치, 열망을 이해하는 방식에 따라서 구성, 추구되는 현실적 지역개발의 정의와 의미를 검토한다. 셋째, 개념과 이론으로 구성된 이해의 틀을 바탕으로 지역개발 이슈를 해석하는 점을 부각한다. 이러한 이해의 틀은 논리, 전략, 토착적/외생적 접근, 정책적 개입, 정부와 거버넌스의 제도적 장치를 마련하는 데에도 영향을 준다. 넷째, 행위자들이 어떻게 성과, 진보, 문제점을 평가하여 미래의 관심사를 결정하는지를 파악한다.

선정된 사례는 규모, 번영, 개발의 궤적, 영토적 스케일과 관계적 네트워크, 정부와 거버넌스의 맥락 측면에서 상이한 곳들이다. 각각의 사례는 경제적·사회적·환경적 특성, 맥락, 유산, 난관의 측면에서 다양한 경험을 보유한다. 사례들은 예시를 위한 것이며, 지금까지 논의한 지역개발 이슈의 대표 지역으로 제시하여 분석한 것은 아니다. 각각의 사례는 행위자들이 어떻게 다양한 현장의 환경에서 지역개발 이슈에 직면하는지를 검토하는 것에 초점을 맞춘다. 분석은 **잉글랜드 북동부**에서부터 시작한다. 이 지역은 19세기 동안 영국에서 처음으로 산업화를 경험했지만, 꾸준히 탈산업화 전환과 주변부성 문제에 시달리고 있다. 이는 전통 산업의 장기적 쇠퇴, 분공장경제의 전통, 미약한 서비스 부문, 고도로 중앙집권화된 국민국가에서 제한된 지역개발 제도의 맥락과 결부된다. 반면 미국 북동부의 **보스턴 메트로** 지역은 반복되는 위기를 경험하고 있지만, 재도약과 르네상스의 역량을 보유하고 있다. 민간부문의 역동성과 공공제도와 인프라가 이 지역의 경제를 뒷받침하고 있기 때문이다. 노르웨이의 **스타방에르** 도시–지역은 경제적·지리적 주변부이지만, **글로벌 파이프라인(global pipeline)**의 연결을 통해서 지역개발의 성과를 누리고 있다. 이러한 연결성이 로컬의 생산 기반 역동성과 적응력으로 이어지고 있기 때문이다. 한편 중국 **허난성**에서는 급속한 도시화와 산업화가 진행되고 있다. 허난성의 개발 궤적은 사회적·공간적으로 불균등한 방식으로 진행되고 있으며, 이러한 개발 전략과 모델은 지속가능성이라는 중대한 도전 과제에 직면해 있다. 부르키나파소의 **보보디울라소**에서는 취약한 제도적 구조와 제한된 자원의 맥락에서 개발의 문제를 해결하기 위한 꾸준하게 노력이 이루어지고 있다. 이러한 상황 속에서도 도시재생과 빈곤 감소의 성과가 나타나고 있다. 이라크의 쿠르디스탄 지역은 2000년대부터의 전후 안정화 노력에도 불구하고 지속적인 위기와 불안정에 시달리고 있다. 이 지역은 개발의 측면에서 궁지에 몰려 있다고 할 수 있으며, 지정학적 긴장 관계와 사회적·환경적·정치적 문제에서 그 원인을 찾을 수 있다.

2. 탈산업화와 주변부성에 대한 대처: 잉글랜드 북동부

스코틀랜드와 경계를 맞닿고 있는 **잉글랜드 북동부** 지역은 세계 최초의 산업화 지역이라고 해도 과언은 아니다(Levine and Wrightson 1991; 그림 8.1). 19세기 동안 잉글랜드 북동부 지역은 세계의 도시 산업사회에서 가장 빠르게 성장하는 경제 중 하나였지만, 20세기에는 절대적·상대적 쇠퇴를 경험했다. 탈산업화와 후기산업화로의 전환이 사회적·공간적으로 불균등하게 진행되었기 때문이다(Hudson 1989). 이러한 장기적인 변화의 결과로 이 지역은 이미 1930년대부터 지역계획과 재생 정책의 대상이 되었다(Robinson et al. 1997). **산업혁명**뿐 아니라 최초의 **지역계획** 노력도 잉글랜드 북동부에서 시작되었다는 이야기다. 실제로 지난 100여 년 동안 이 지역은 정책 실험실 같은 역할을 해 왔다(Robinson 2005: 18). 2010년 공식적 행정 지역은 폐지되었지만, 유럽통계청(Eurosat)은 통계적 목적으로 잉글랜드 북동부를 하나의 NUTS1 지역으로 정의한다. 2011년을 기준으

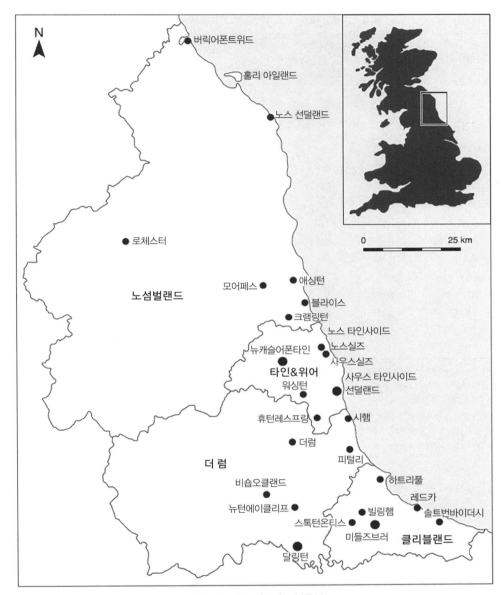

그림 8.1 영국 잉글랜드 북동부

출처: Cath D'Alton, UCL

로 인구 260만 명이 잉글랜드 북동부에 거주한다. 2013년 기준 4,500만 파운드의 총부가가치(GVA: Gross Value Added)가 이 지역에서 생산되었다. 1인당 GVA는 17,381파운드로, 13개 영국 지역 중에서는 밑에서 두 번째에 해당한다(표 8.1).

표 8.1 영국의 NUTS1 지역의 총부가가치(GVA[1,2], 2013년[3])

NUTS1 지역	1인당 GVA (파운드)[2]	2012년 대비 1인당 GVA 성장률(%)	1인당 GVA 지수 (영국=100)	총 GVA (백만 파운드)[2]	2012년 대비 총 GVA 성장률(%)	영국 전체 GVA 에서 차지하는 비율(%)[4]
영국 전체[5]	23,394	2.6	100.0	1,525,304	3.3	100.0
북동부	17,381	2.8	74.3	45,374	3.1	3.0
북서부	19,937	3.4	85.2	141,620	3.6	9.3
요크셔와 험버	19,053	2.4	81.4	101,701	2.8	6.7
이스트 미들랜드	19,317	2.0	82.6	88,835	2.7	5.8
웨스트 미들랜드	19,428	2.8	83.0	110,246	3.4	7.2
잉글랜드 동부	21,897	2.4	93.6	130,378	3.2	8.6
런던	40,215	2.6	171.9	338,475	4.0	22.2
남동부	25,843	2.0	110.5	227,232	2.8	14.9
남서부	21,163	2.5	90.5	113,806	3.2	7.5
잉글랜드 전체	24,091	2.6	103.0	1,297,667	3.3	85.2
웨일스	16,893	3.4	72.2	52,070	3.7	3.4
스코틀랜드	21,982	2.6	94.0	117,116	2.9	7.7
북아일랜드	17,948	0.9	76.7	32,841	1.2	2.2
기타	n/a	n/a	n/a	23,107	−2.4	1.5

1. 현재 가격 GVA는 업체의 위치를 기준으로 집계
2. 반올림 때문에 합계가 다를 수 있음. 1인당 GVA에서 반올림이 적용됨.
3. 2013년 집계는 잠정수치임
4. 통계적 불일치를 제외하고 영국 전체에서 차지하는 지역의 비율을 산출함
5. 1인당 수치는 통계적 불일치와 기타를 제외함. GVA의 해외 기여분은 어떤 지역에도 할당되지 않음.
출처: Office for National Statistics

잉글랜드는 영국 내에서 고도로 중앙집권화된(centralized) 지역이며, **자유시장형 자본주의 다양화**(liberal market variegation)에 속하는 국가적 정치경제의 특성을 보유한다(Peck and Theodore 2007). 이곳에서 지방정부는 상대적으로 약하다. 지방정부의 권한과 기능은 영국 국회에서 결정되고, 지방 재원의 대부분은 중앙정부에서 이전(transfer)된다. 북동부 지역은 12개의 지방의회로 구성되고, 이들 간 하위지역 스케일에서 협력이 티스사이드를 비롯한 지역에서 확대되고 있다. 역사적 관점에서 지역화, 로컬화, 지방이양은 제한된 방식으로 불안정하게 진행되었다. 영국에서는 지역적 수준의 공간 격차가 지속적으로 크게 나타나고 있는데, 지역 격차는 지난 40~50년 동안 더욱 커졌다. 이 기간에 북동부 지역의 위상은 영국 전체 평균에 비해 악화되었다. 런던에 비하면 그 격차는 훨씬 더 커졌고, 수많은 다른 지역에서도 마찬가지의 변화를 경험했다. 실제로 영국에서 지역 간 격차는 성장과 고용 측면에서 누적적으로 증가하고 있다(표 8.1~8.3). 잉글랜드 북동부가 영국 GVA 전

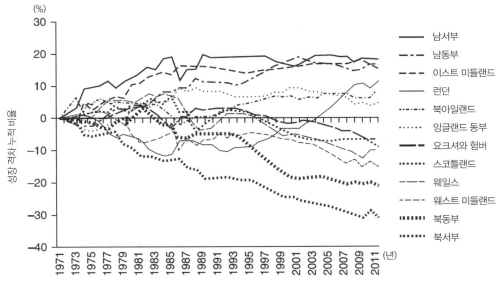

그림 8.2 지역별 총부가가치(GVA)의 성장 격차 누적 비율(2011년 가격 기준, 1971~2013년)

출처: Martin et al.(2015: 4)

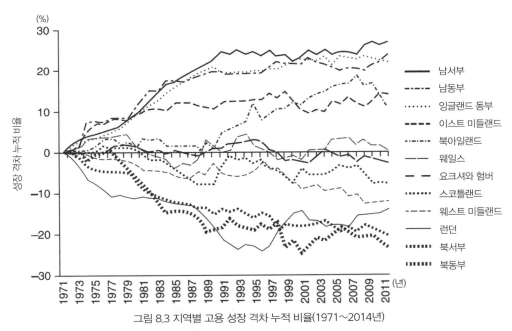

그림 8.3 지역별 고용 성장 격차 누적 비율(1971~2014년)

출처: Martin et al.(2015: 4)

체에서 차지하는 비율은 3%에 불과하며, 이는 잉글랜드의 어떤 지역보다도 낮은 수준이다.

1) 산업화와 지역의 경로창출

풍부한 석탄은 잉글랜드 북동부 지역에서 초창기 산업화의 촉매제였다. 이 지역에서 석탄은 로마 시대부터 채굴되었지만, 타인강과 위어강 인근 주요 탄전의 생산량은 16세기 동안 엄청나게 증가했다. 런던의 성장을 지원하기 위해서였다. 석탄 산업의 대규모 성장을 이끈 것은 17세기의 교통 혁신이었다. 처음에는 말을 이용한 목재 선로나 선박을 이용해 타인, 위어, 티스 지역의 석탄을 먼 거리까지 수송했다. 이에 따라 북동부 지역에서 도시적 경제와 사회가 시작될 수 있었다. 북동부는 대영제국 시장에서 석탄 수요 증가의 혜택도 보았고, 당시 기술 혁신의 중요한 장소가 되었다. 그러한 혁신 분야에는 채굴, 광산보안, 철강 생산, 교량, 크레인, 선로, 조선, 발전 등이 포함되어 있었고, 이들은

사진 8.1 19세기 타인사이드의 산업

출처: William Bell Scott, 1861

생산 클러스터의 주요 구성요소로 발전하였다(사진 8.1).

이러한 **석탄 자본주의**(carboniferous capitalism)는 로컬 소유 은행 부문의 지원을 받았다(Phillips 1894). 그리고 기술변화는 사회적·제도적 혁신을 자극했다. 조직화된 노동계급이 부상하며 상호부조와 사회보험의 전통이 생겨났다. 근대적 지방정부도 출현했는데, 북동부 지역 대부분에서는 노동당이 지배하고 있었다. 문화, 과학, 교육 부문에서도 새로운 움직임이 나타나 사회적·경제적 요구에 부응하는 대학도 설립되었다.

이 시기 동안 북동부 지역은 다른 지역과 마찬가지로 제도적 자치성을 누렸다. "제도는 고도의 적응력을 갖추며 로컬 요구에 부응했고, 지방세를 거두어 필요한 로컬 서비스 재원을 마련할 수 있었다. 중심부는 (즉 정부는) 재원 마련이나 정책 방향과 관련해 최소한의 역할만 했다."(Travers and Esposito 2003: 10) 17세기 동안 지방정부는 관대한 국가 법률의 프레임 속에서 기초 교육, 대중교통, 공공의료, 건조환경을 마련하는 데에 크게 공헌했다.

2) 성장 경로의 소진, 쇠퇴의 시작, 제도 및 정책 혁신

북동부 지역에서 산업 성과는 19세기 말에 들어서면서 눈에 띄게 약해졌다. 산업가들이 이익을 새로운 제품과 공정이 아니라 부동산에 투자했기 때문이다(Benwell Community Development Project 1979). 지역의 기업들은 미국이나 독일과의 경쟁에 직면했지만 현대화에 실패했다. 실패의 규모는 제1차 세계대전 이후부터 명백해졌다. 구체적으로 세계 무역이 감소하는 맥락에서 전통 산업이 붕괴했고 이 지역은 대규모 실업을 경험했다(Mess 1928). 사회적 갈등의 수준도 높아졌는데, 이는 1926년 광부 파업, 1936년 재로 시위(Jarrow March)로 표면화되기도 했었다. 이 시기 동안 최초의 지역정책이 시도되었다. 처음에는 직업을 찾아 새로운 대량생산 산업이 발달했던 잉글랜드 남부로 옮겨 가는 노동자에게 인센티브를 제공했다. 그 이후에 정책은 북동부 지역에 새로운 산업을 유치하기 위한 시도로 옮겨 갔는데, 이는 지방정부보다 중앙정부 주도로 이루어졌다. 이는 공적 재원으로 조성한 산업단지(trading estate)와 선진 공장(advance factory)에 대한 지원 형태로 나타났다(Loebl 1987). 중앙정부는 이러한 정책 개입을 조정하기 위해서 특별지역감독관(Special Area Commissioner)을 임명하기도 했다. 이 시기 동안에는 로컬 산업의 인수·합병이 활발해지면서, 기업의 로컬 소유와 통제가 북동부 지역에서 약해져 갔다. 이러한 경향은 특히 은행 부문에서 두드러졌다. 앤더슨(Anderson 1992: 200ff)에 따르면,

영국 지방의 국가화 과정은 1930년대 초반부터 시작되었고 1945년 이후에는 완전한 수준으로 나타났다. 북동부에서는 한때 지역적인 삶을 정의하는 광범위한 스펙트럼의 토착적 조직이 존재했었다. 이는 은행, 노동조합, 기업가협회, 정당을 포함했다. 이들은 국가적 초점을 가지고 있는 조직으로 대체되거나 중앙당에 흡수되었다.

이 시기 잉글랜드 북동부의 독특한 특징 중 하나는 비즈니스 주도의 자발적 지역개발 협회의 역사

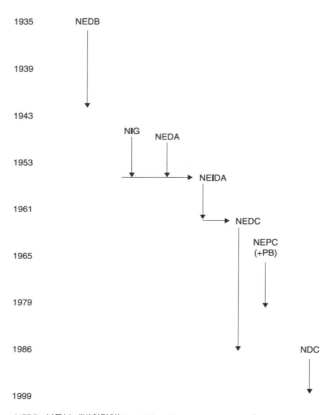

NEDB: 북동부 개발위원회(North-East Development Board)
NIG: 북부 산업단(Northern Industrial Group)
NEDA: 북동부 개발협회(North East Development Association)
NEIDA: 북동부 산업개발협회(North-East Industrial Development Association)
NEDC: 북동부 개발협의회(North-East Development Council)
NEPC(+PB): 북부 경제계획협의회(Northern Economic Planning Council + Planning Board)
NDC: 북부 개발회사(Northern Development Company)

그림 8.4 잉글랜드 북동부의 지역개발 제도(1935~1999년)

출처: Tomaney(2006: 31)

표 8.2 잉글랜드 표준통계지역별 1인당 GDP(1871~2007년)

표준통계지역(UK=100)	1871	1911	1981	2001	2007
런던	141.9	165.6	126	133.9	164.9
남동부	89.5	86.3	108.4	119	101.3
잉글랜드 동부	97	76.8	94.7	109.1	91.9
남서부	88.6	85.7	91.8	88.4	89.3
이스트 미들랜드	106.2	90.6	91.9	91	86.2
웨스트 미들랜드	84.8	78.4	95.6	89.7	83.4
북서부	106	97.2	89.1	89.3	83.9
북동부(컴브리아 포함)	94.1	89.5	92.9	85.5	75.2
요크서와 험버	91.3	76.2	90.2	75.6	81.6
변동계수	10.8	15.8	11.4	16.9	17.7

주석: (1) 지역의 총부가가치(GVA)는 직장을 기준으로 집계하여, 통근자의 소득은 직장의 위치에서 합산함. (2) 변동계수 산출에서 런던과 남동부 지역은 하나로 합쳐짐. (3) 변동계수는 분산의 측정치로, 표준편차를 평균으로 나누어 산출함.
출처: Crafts(1996)

가 시작된 것이었다. 이는 오랜 생명력을 가지고 지역의 주요한 제도적 장치로 진화했다(그림 8.4). 그러나 산업 재구조화 노력은 잉글랜드은행(Bank of England)이나 재무부(Her Majesty's Treasury)와 같은 국가제도가 주도했다. 새로운 지역 수준의 정부 구조를 창립할 필요성도 제기되었지만 아무런 성과를 내지 못했다(Heim 1986; Royal Commission 1937). 당시 정책 논의에서 북동부 지역은 고통받는(distressed) 지역이나 버려진(derelict) 지역으로 표현되었다. 재무부(HM Treasury 2001)가 몇십 년 후에 언급한 바와 같이, 영국에서 지역 간 불평등의 광범위한 패턴은 바로 이 시기에 확립되었다. 이 단계에서 과거의 전문화와 협소한 부문에 대한 의존성을 탈피해 지역경제를 다양화하려는 전략이 필요했었다. 그러나 제2차 세계대전 무렵 북동부 지역은 전통 산업 제품에 대한 수요 증가를 배경으로 또 다시 부흥할 수 있었다. 그 이후에는 전통 산업 기반의 합리화와 재구조화에 따라 지역경제가 재형성되었다. 영국 전체에 대한 이 지역의 1인당 GDP 비율은 19세기 후반 정점에 도달한 이후에 꾸준히 감소했다(표 8.2).

3) 공간적 케인스주의, 지역주의, 로컬주의

1945년 최초의 노동당 다수 정부가 수립되면서 많은 변화가 생겼고, 이는 북동부 지역의 장기적 개발 경로 형성에 영향을 주었다. 당시의 중대 변화 중 하나는 석탄, 철도, 제철 등 주요 산업의 국유화였는데, 이는 전쟁 기간 동안 중앙통제경제의 성공에 힘입어 추진된 것이었다. 이로 인해 노동 조건은 개선되었고 새로운 투자도 늘었지만, 산업의 소유권과 통제를 런던의 중앙정부로 이전해야 하는 대가를 치러야 했다. 국유화를 통해서 지역의 자본가들은 매몰 자본을 현금화하여 유동화의 기회를 얻었지만, 이는 지역으로부터 자본이 탈주하는 결과를 낳았다(Benwell Community Development Project 1979). 전쟁 직후 영국에서는 중앙정부의 지도하에서 지방정부의 로컬 서비스도 확대되었다. 토지이용 통제와 지역계획의 시스템도 도입되었는데, 여기에는 빠르게 성장하는 남부 지역에 대한 규제와 느리게 성장하는 북부 지역에 대한 투자 인센티브가 포함되어 있었다. 한마디로 국가적으로 프레임된 재분배의 장치로서 **케인스주의 복지국가(Keynesian Welfare State)와 공간적 케인스주의(Spatial Keynesianism)**가 확립되었다. 이는 뒤처진 지역이나 주변부 지역까지 포함해 영국 전역을 포괄하는 것이었다. 북동부는 정부가 기초 산업을 직접 통제하는 국가 관리 지역(state-managed region)으로 지정되었다(Hudson 1989).

이러한 지역정책 시스템은 뒤처진 지역에 초점을 맞추어 경제적·공간적 격차를 줄이려는 명확한 목표를 가지고 있었으며, 1960년대 동안 북동부 지역경제의 변화를 관리하는 데에 중요한 역할을 했다. 당시 지역정책에 대한 정치적 합의 수준은 매우 높았다. 영국을 구성하는 영토들을 '단일 국가'의 정치로 꿰매는 것에 대하여 광범위한 공감대가 형성되었기 때문이다. 이런 맥락에서 신도시 개발, 도시재생 프로그램을 비롯해 주요 인프라 투자가 이루어졌고, 석탄 채굴이 축소되는 지역에서는 기업의 신규 투자에 대한 금융 인센티브가 무조건적으로 제공되었다. 국가정부는 지역 경제계획협의회(Regional Economic Planning Council)라는 이름의 새로운 제도를 출범시키기도 했다(그림 8.4). 그러나 이 조직은 재원과 민주적 책임성의 부족 문제에 시달리기도 했다. 어쨌든 이때는 완전고용을 이루며 삶의 수준이 높아지는 새로운 시대였다. 그러나 새로운 투자자들이 지난 시대의 산업화와 개발을 낳았던 높은 생산력의 클러스터를 재창조하지 못했다는 우려도 있었다. 전통 산업의 쇠퇴가 멈출 기미를 보이지 않고 있던 상황에서, 지역정책을 통해서 경제는 다양화되었지만 이는 착근성이 낮은 **분공장경제** 중심이었다(Northern Economic Planning Council 1966; 7장). 따라서 당시에는 R&D와 혁신 역량 결핍의 우려도 있었다. 1970년대부터 경제적 하강기에 접어들면서 새로운 실업의 위기가 나타났다.

지역정책에 대한 국가적 합의는 1979년 마거릿 대처의 보수당 정부가 들어서면서 와해되기 시작했다. 새 정부가 들어서서 처음 한 일 중 하나는 20년 동안 개발을 지배해 왔던 지역계획 제도를 폐지하는 것이었다. 당시로서는 최신의 지역 전략도 폐기되었다(Northern Region Strategy Team 1977). 지역을 대상으로 한 금융 인센티브도 대폭 삭감되었고, 기존의 무조건적 조치에서 재량권적 조치로 전환되었다. 그리고 도시의 정책과 제도가 재생 정책에서 핵심을 차지하게 되었다(Co-chrane 2012). 이는 자원 분배에서 **시장**을 중심에 두었던 대처 정부의 방침에 따른 것이었다. 고금리와 화폐의 평가절하와 같은 거시경제 정책 결정이 전통 산업의 급속한 몰락으로 이어지며 북부의 제조업 기반은 빠르게 약화되었다. 이에 따라 분공장의 폐쇄가 늘었고 **탈산업화**는 가속화되었다. 반면 이 같은 정책은 금융 부문의 이익에는 이롭게 작용했고, 이에 따라 런던과 잉글랜드 남부의 개발이 강화되면서 영국에서 지역 간 격차가 확대되었다.

정책은 변했지만, 중요한 연속성도 있었다. 1980~1990년대 동안 지역정책의 규모는 줄어들었지만, 지역정책은 더 선택적으로 적용되어 외부지향적 성격을 가지게 되었다. 특히 FDI 유치에 초점이 맞춰지게 되었고, 이러한 변화의 상징은 1984년 선덜랜드에 문을 연 닛산 공장이었다. 이곳의 닛산 공장은 2015년을 기준으로 6,000명을 고용하며, 인근에 광범위한 로컬 공급사슬의 형성을 지원한다. 타인강, 위어강, 티스강 어귀에는 **엔터프라이즈 존**(Enterprize Zones)이 설립되었다. 여기에서는 개발을 지원하는 수단으로 로컬 세금 감면 기간의 혜택이 제공된다. 이 정책은 기존 주민의 이탈과 **사중효과**(deadweight effect)의 문제를 유발하기도 했었다. 한편 새로 설립된 타인·위어 개발

사진 8.2 영국 뉴캐슬어폰타인의 문화주도형 재생

출처: Wilka Hudson

회사(Tyne and Wear Development Corporation)와 티스사이드 개발회사(Teesside Development Corporation)는 새로운 도시재생 정책을 추진했다. 이들은 뉴캐슬어폰타인의 부둣가 개발 프로젝트처럼 부동산 주도의 로컬 문화 재생 사업에 집중한다(사진 8.2). 이러한 제도들은 민주주의적 통제의 영역 밖에서 작동하면서, 국가정부가 지명하는 비즈니스 주도 이사회의 지배하에서 버려진 산업 지대의 물리적 재생 업무를 맡고 있다. 1998년 해체된 티스사이드 개발회사는 감사원(National Audit Office 2002) 조사에서 열악한 거버넌스와 기대에 미치지 못한 결과로 비판받기도 했다.

4) 지역주의의 귀환

1997년 토니 블레어의 노동당 정부가 선출되면서 지역개발 접근에는 또 다른 변화가 일었다. 블레어 시대는 이런저런 지역기구를 출범시키거나 강화하는 엉성한 지역주의의 기간이었다. 이러한 지역기구들은 중앙정부 소속 기관으로서 작동하며 지역에 대한 직접적 책무성은 결여되어 있었다. 블레어 정부는 유럽의 제도와 모델을 모방하여 **지역개발기구(RDA: regional development agency)**를 런던을 포함한 모든 잉글랜드 지역에 설립했고, 국가정부에 대하여 책무성을 가지는 지역 공간계획 법령을 제정했다. 선출직으로 구성된 지역의회의 설립도 제안했지만, 2004년 국민투표를 통과하지 못했다. 권력과 재원의 부족에 대한 우려와 지역 정치와 제도에 대한 대중의 불신이 있었기 때문이다. 블레어 정부의 새로운 정책 프레임에서는 지역개발의 수단으로 **지식경제**가 강조되었다. 주요 주제 중 하나는 대학과 로컬 산업 간의 연계를 높이는 것이었는데, 뉴캐슬의 과학도시 지정이 그러한 정책의 사례였다.

2006년 이 지역에 관한 OECD(2006) 보고서에 따르면, 뉴캐슬은 새로운 성장의 중심으로 등장하고 있지만 북동부 지역 전체는 대부분의 개발 지표에서 영국 평균을 밑돌았다. 북동부 지역의 지식 기반 산업 성장도 보통 수준에 머물러 있었다. 이 보고서에서는 대학을 역동성의 원천으로 강조했다. 반면 지역 리더십과 제도의 파편화는 우려할 만한 약점으로 지적되었다. 리더십과 제도는 일관된 지역개발 전략의 전제조건이기 때문이다. OECD(2006: 25)에 따르면, "북동부에는 강력한 정체성이 존재하지만, 이것이 정치적 목표로 동원되지 못한다. 로컬리티나 조직 간 심각한 경쟁도 방지하지 못한다."

5) 위기, 긴축, 로컬주의로 회귀

금융위기 이후 대침체를 겪고 있는 가운데 2010년 총선 결과에 따라 보수당과 자유민주당의 연합 정부가 구성되었는데, 이는 급진적 변화를 예고하는 사건이었다. 새 정부는 지역 수준의 거버넌스와 경제 및 공간 전략을 신속하게 폐지했고, 지방정부에 대한 공공지출을 대폭 축소했다. 그 대신, 두 개의 **로컬 엔터프라이즈 파트너십**(LEP: Local Enterprise Partnership)이 남부와 북부에 설치되었다. LEP는 법령 밖의 자발적인 비즈니스 주도 조직으로, 제한된 권력만 보유하며 RDA 예산의 일부를 가지고 운영된다(Pike et al. 2015b, 2015c). 그리고 기존 지방의회 간 자발적 협의에 따라 두 개의 **연합 기구**(Combined Authority)도 출범했다. 이러한 연합기구는 협상된 '딜(deal)'의 프레임 속에서 중앙 정부가 제공하는 추가적 재원을 가지고 복수의 지방의회가 함께 활동하는 것이다(O'Brien and Pike 2015). 2008~2009년의 경제위기는 금융 부문에서 시작되었지만, 런던 경제는 상대적으로 빠르게 회복했고 영국의 다른 지역은 성장 회복에 많은 어려움을 겪었다. 이런 상황에서 LEP는 새로운 전략 을 마련하는 작업에 착수했지만, 기존에 RDA와 이들의 하위지역 파트너들이 제시했던 아이디어를 재활용하는 수준에 머물렀다. 북동부 연합기구(North East Combined Authority)가 새로운 거버넌 스 체제로서 직선제 시장의 선출에 동의한다면, 보다 많은 권력을 이양받을 수 있게 된다.

OECD의 2012년 보고서에 따르면, 잉글랜드 북동부 지역은 여전히 생산성 하락, 열악한 노동시 장, 낮은 인적자본 수준, 인프라 부족, 저조한 혁신 성과의 문제를 가지고 있다. 보고서는 지역의 대 학이 여전히 강점으로 작용하지만, 민간부문의 취약성, 노동시장의 파편화, 잠재적 노동력 동원의 실패 문제도 강조했다. 거버넌스와 정책의 연속성 부족 또한 개발의 문제로 지적하면서 다음과 같이 진단했다. "영국의 제도적 불안정성이 특히 이 도시−지역에서 문제로 작용하고 있다. 지역 이해당사 자의 발의로 시작되는 상향식 접근은 정책 조정의 안정성을 제공할 수 있지만, 이러한 노력은 부족 한 설정이다."(OECD 2012b: 76)

경제위기의 결과로 더딘 경제회복이 나타나기 시작했다. 그러나 심각한 긴축과 확대되는 지역 간 불평등은 주변부 지역인 북동부에 불리하게 작용하고 있다. 이 지역은 미래 거버넌스의 불확실성에 도 직면해 있다. 런던의 보수당 정부가 지역 정치인들이 거부감을 가지는 로컬리즘 아젠더를 부과하 려고 시도하기 때문이다. 북동부 지역은 한 세기 동안 경제적 쇠퇴를 겪었고, 그러는 사이에 몇십 년 동안 격변하는 거버넌스 문제에 시달렸다. 이곳에서 자립적인 지역 성장 목표는 실현이 요원해 보 인다.

3. 반복된 재발명과 재생: 보스턴 메트로

보스턴 메트로 지역은 미국의 동부해안을 따라서 남쪽으로는 워싱턴 DC에까지 이르는 경제 회랑 (corridor)의 북쪽 끝에 위치한다(그림 8.5). 보스턴과 인근 도시 케임브리지를 포함하는 이곳은 미국에서 1인당 GDP가 세 번째로 높은 메트로폴리탄 지역이다(표 8.3). 보스턴 메트로는 **자유시장형 자본주의 다양화**(liberal market variegation)가 특정적으로 나타나는 앵글로−아메리카의 정치경제 상황에 놓여 있다. 이러한 자본주의에서는 자유시장에 기초한 산업 관계, 교육·훈련, 기업 간 관계, 기업 금융, 거버넌스의 시스템이 나타난다(Peck and Theodore 2007). 한편 보스턴 메트로 지역은 미국 **연방정부**와 거버넌스 시스템에 속해 있다. 그래서 권력과 책임의 **분권화(탈중심화)**가 주 수준의 매사추세츠, 도시 수준의 보스턴과 케임브리지, 구역 수준의 지방정부에서 매우 높게 나타난다.

보스턴 메트로는 독특한 개발의 역사를 보유하는데, 이는 반복되는 위기와 이를 극복하려는 지속적인 재발명 및 르네상스 역량으로 요약된다(Bluestone and Stevenson 2000; Glaeser 2004). 보스턴은 1650년대부터 무역 네트워크의 중심으로 성장했고, 1800년대 초반에는 글로벌 항해와 해운의 허브(hub)로서 전문성과 입지를 강화했다. 1840~1890년대에는 아일랜드 이주민과 산업화의 중심지 역할을 했다. 1920~1980년대 동안에는 미국 남부 선벨트의 부상에 따라 탈산업화와 **서비스화 (tertiarization)**를 경험했고, 이런 변화 속에서 보스턴은 최근에 '첨단산업 경제의 거물'로 변모했다 (Glaeser 2004: 15; Bluestone and Stevenson 2000). 이는 다양성 증가와 젊어진 연령 구조를 포함한 인구변화와도 관련된다. 이처럼 보스턴 도시−지역은 지난 몇 세기 동안 여러 위기를 경험하면서

표 8.3 미국 메트로폴리탄 지역의 1인당 GDP 순위(2013년)

순위	메트로폴리탄 지역(주)	1인당 GDP(달러)
1	새너제이(캘리포니아)	77,440
2	하트퍼드(코네티컷)	76,510
3	보스턴(매사추세츠)	70,390
4	브리지포트(코네티컷)	68,670
5	워싱턴 DC	68,530
6	시애틀(워싱턴)	67,830
7	샌프란시스코(캘리포니아)	66,790
8	뉴욕(뉴욕)	64,460
9	포틀랜드(오리건)	64,370
10	휴스턴(텍사스)	63,730

출처: 저자 작성(Oxford Economics, Moody's Analytical, US Census Bureau Data 참조)

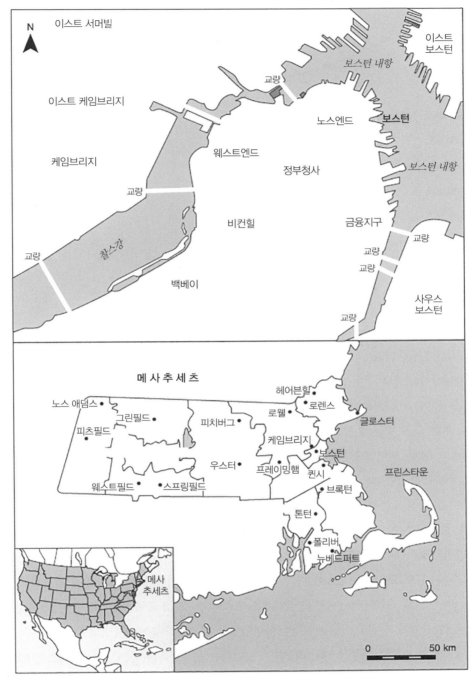

그림 8.5 미국 매사추세츠의 보스턴

출처: Cath D'Alton

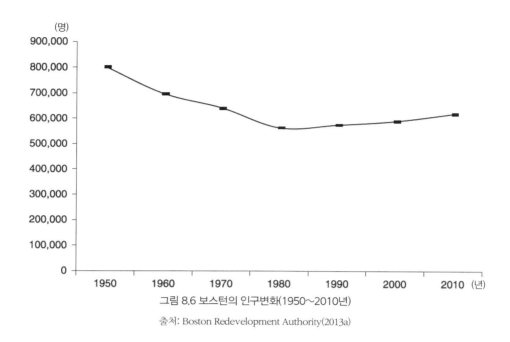

그림 8.6 보스턴의 인구변화(1950~2010년)

출처: Boston Redevelopment Authority(2013a)

스스로를 재정의해 왔다.

글로벌화가 시작되었을 때, 보스턴 메트로 지역에서는 과열된 경쟁과 **탈산업화**의 효과가 강렬하게 나타났다. 보스턴 인구는 1950년 80만 명으로 정점을 찍은 뒤 1980년대에는 56만 3천 명 수준까지 줄었다(그림 8.6). 보스턴은 1980년대 동안 탈산업화를 겪었던 다른 미국 도시들과 마찬가지로 경제적 쇠퇴, 도시 갈등, 인종 마찰, 백인의 탈주, 재정 위기 등의 문제를 경험했다(Bluestone and Stevenson 2000). 이러한 전환 시점에서 "보스턴은 로체스터, 뉴어크, 디트로이트 등 산업화 역사의 쓰레기통처럼 보였던 러스트벨트 유적지들을 뒤따르는 듯했다."(Glaeser 2004: 14)

그러나 몇 가지 요인이 동시에 작용하여 보스턴은 탈산업화의 하강 경로를 탈피해 반전을 이룰 수 있었다. **첨단산업** 주도의 재산업화가 1980년대 보스턴의 재발명을 뒷받침했다. 미국과 소련이 대치했던 냉전의 맥락에서 마이크로컴퓨팅과 국방산업을 지탱하는 기술 변동이 있었고, 이는 보스턴 메트로 교외의 **루트128(Route 128)**을 따라서 첨단산업 집적이 성장하는 원동력으로 작용했다(Saxenian 1994). 로컬 대학에서는 출중한 졸업생을 배출하며 기술 노동력을 공급했다. 이에 따라 보스턴에는 첨단산업이 확대될 수 있는 여건이 마련되었다. 일자리가 증가하며 실업이 줄어드는 상황에서도, 보스턴의 노동력 성장은 전국 평균보다 낮았다는 문제를 지적하는 사람도 있었다(Harrison and Kluver 1989). 그러나 보스턴 지역경제는 재산업화에 힘입어 '매사추세츠의 기적'이라 불릴 정도로 부흥의 성과를 거둘 수 있었다. 도시 핵심부에서는 탈규제화와 시장 자유화에 힘을 얻어 비즈

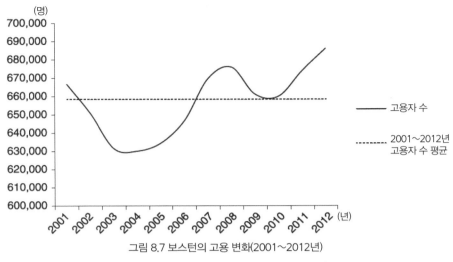

그림 8.7 보스턴의 고용 변화(2001~2012년)

출처: Boston Redevelopment Authority(2013b: 3)

니스, 특히 **금융** 서비스의 성장이 두드러졌다. 이런 변화들은 보스턴 지역이 1980년대 시작된 지식집약형 자본주의로의 전환에 적합한 장소였음을 시사한다(Glaeser 2004). 그러나 사회적·공간적 불균등이 확대되면서 소득과 임금의 불평등이 예전보다 심각해졌다(Harrison and Kluver 1989). 지리적으로는 보스턴 메트로 지역 중에서도 도심의 핵심부에만 경제적 집중이 나타났고 개발의 혜택은 매사추세츠 전체 지역으로 확산되지 못했다(Sullivan 2013).

이처럼 1980년대 침체기를 벗어난 보스턴의 회복기는 오랫동안 지속되지 못했다. 1980년대 후반부터 1990년대 초반 사이에 경제 환경이 훨씬 더 빠르게 변화했고, 이런 맥락에서 위기와 재발명의 또 다른 라운드가 나타났다. 냉전이 끝난 후에 국방산업은 축소되면서, 첨단산업 부문의 주도권을 캘리포니아 실리콘밸리에 내어 주고 말았다(Saxenian 1994). 보스턴의 금융 서비스 부문도 붕괴에 직면했다. 그러다가 새로운 성장기가 1990년대 중반부터 시작해 2000년대까지 계속되었다. 이는 지식집약형 기술과 금융 서비스 부문의 성장에 힘입은 것이었다(Crabtree 2006). 그러나 이 시기의 경제적 활력은 미국 주식시장에서 닷컴 버블(거품)이 초래한 과대평가, 투기, 인플레이션과 결부되어 있었다. 결국, 버블은 2001년에 터져버리고 말았다. 이 붕괴가 초래한 짧은 경기후퇴 기간에 보스턴의 고용은 가파르게 하락했다가, 2004년부터 또 다른 회복기가 시작되었다(그림 8.7).

2000년대 말의 글로벌 금융위기와 대침체는 또 다른 재발명의 원인이 되었다. 물론, 이런 위기 상황 속에서도 보스턴 메트로 지역은 최악의 상황까지 내몰리지 않았고, 지식 생산의 중심지로서 입지를 강화할 수 있었다(Florida 2013a; 그림 8.7). 글로벌 금융위기의 중심에 있었던 금융 부문은, 특히 투자은행, 증권거래, 뮤추얼펀드 분야가 보스턴을 시련에 빠지게 했었다. 그러나 2012년 보스턴의 경제 사정은 임금, 주택가격, 부동산 가치, 건설 활동 측면에서 다른 미국 지역들보다 훨씬 양호했고, 실업률도 하락하며 완벽하게 회복되는 기미도 보였다(Pew Charitable Trusts 2014).

1) 보스턴의 재발명에 대한 설명

보스턴 메트로 지역이 꾸준히 다시 일어서는 능력에 대하여 여러 가지 해석이 있다. **신도시경제학** (New Urban Economics) 관점에서는 **인적자본**을 중심으로 설명한다. 우수한 자격과 숙련을 갖춘 고학력 인구는 변화하는 맥락을 창조적·혁신적인 방식으로 해석하면서, 다른 사람들보다 그러한 변화에 더욱 잘 적응한다는 이야기다(Glaeser 2004). 실제로 보스턴 메트로 지역은 미국 내에서 다섯 번째로 인구의 교육 수준이 높은 도시이다(표 8.4). 우수한 인적자원이 지역 내 학교와 대학에서 육성되거나 다른 지역에서 보스턴으로 몰려들기 때문이다. 사람, 경제활동, 인프라의 도시 집중 규모와 밀도 때문에, 집적의 긍정적 외부경제, 수확체증, 로컬화된 지식·기술의 유출효과가 발생한다 (3장). 이로 인한 보스턴 메트로 노동의 높은 생산성이 집적의 불경제와 그와 관련된 비용 효과를 상쇄한다. 높은 수준의 인적자본은 보스턴 도시−지역 인구의 혁신 능력을 뒷받침하며, 도시의 주요 산업을 개조할 수 있도록 했다. 보스턴의 인적자본은 슘페터가 말하는 **창조적 파괴** 아이디어에 부응

표 8.4 미국 대도시의 교육 수준 순위(2012년)

순위	도시(주)	학사 학위 소지자 비율(%)	대학원 및 전문 학위 소지자 비율(%)	학사 이상 학위 소지자 비율(%)
	미국 전체	17.7	10.4	28.1
1	시애틀(워싱턴)	33.4	22.8	56.2
2	워싱턴 DC	23.3	29.2	52.5
3	샌프란시스코(캘리포니아)	32.1	20.0	52.1
4	오스틴(텍사스)	27.7	16.8	44.5
5	보스턴(매사추세츠)	23.4	19.3	42.7
6	샌디에이고(캘리포니아)	24.9	16.2	41.1
7	샬럿(노스캐롤라이나)	28.4	11.8	40.2
8	새너제이(캘리포니아)	23.7	12.9	36.6
9	내슈빌(테네시)	22.4	11.7	34.1
10	뉴욕(뉴욕)	20.1	14.0	34.1

출처: Boston Redevelopment Authority(2013a: 7)

이라도 하는 듯이, 도시의 성장 전망에 긍정적인 변화를 가져다주었다. 에드워드 글레이저(Glaeser 2004: 16)의 주장에 따르면, "이탈과 난관은 경제적 재발명에서 불가피하며 … 자본에 대한 접근성을 가진 야심 차고 스마트한 사람들이 재탄생을 이끈다." 2008년 위기 이후의 기간에 도시 중심부 집적에서는 구심력이 작동했다. 예를 들어 벤처캐피털 투자와 신생 스타트업이 루트128의 교외 지역보다 보스턴과 케임브리지 중심(다운타운)에 집중하기 시작했다(Florida 2013b).

신도시경제학에서는 **정부** 정책의 역할도 인정은 하고 있다. 그러나 보조금을 제공하는 역할, 즉 "자유시장의 고삐로 붙들어 매는" 역할까지는 고려하지 않는다(Glaeser 2004: 16). 법적 틀을 제공하고 사유재산 보호하며 혁신을 지원하는 공공재 투자에 한해서, 보스턴을 재생시키는 정부 역할의 중요성을 이야기한다. 정부의 역할은 보스턴에 대한 인식을 높여서 이동성 숙련 노동자가 배우고 살며 일하기에 좋고 비즈니스 투자에 매력적인 장소의 이미지를 가지게 된 점과 관련해서도 높게 평가된다. 그러나 신도시경제학은 토지이용과 계획을 규제하는 지방정부의 역할에 대해서는 매우 비판적인 입장이다. 주택 공급의 제약 요소로 작용하고 가격 인플레이션을 유발하기 때문이다(Glaeser and Ward 2009).

한편 도시 집적과 집중으로 인해서 발생하는 보스턴 메트로 지역의 사회적·공간적 불균등의 결과를 지적하는 논의도 있다. 예를 들어 리처드 플로리다(Florida 2013a: 15-16)에 따르면,

> 재능 있는 사람들이 많이 모여들수록 이들이 생산하는 경제적 수익이 더욱 커진다. 그러나 고학력 인재들의 클러스터가 형성되고 커지면서 중산층이 밀려날 수도 있다. 이는 사람과 장소의 무자비한 분급의 문제를 낳기도 한다. 새로운 경제경관의 경제적 잠재력이 큰 만큼 사회적 균열도 확대되는 경향이 있다.

그렇지만 에드워드 글레이저(Glaeser 2013)는 사회적·공간적 불평들을 도시의 위기라기보다 혁신과 성장을 자극하는 성공의 신호로 해석한다.

국가와 시장의 단순한 이분법을 넘어서 둘 간의 복잡하게 얽힌 관계를 포착하려는 설명도 있다(Harrison and Kluver 1989; 4장). 이런 설명에서는 보스턴 메트로 지역의 경제적 재발명에 결정적인 영향을 미치는 국가와 공공부문의 계속된 역할에 주목한다. 『커먼웰스 매거진(Commonwealth Magazine)』의 편집인을 역임한 코프(Keough)에 따르면, "연방정부는 보스턴 경제 성공의 주요 요소였다. … 표면 아래에서 연방정부는 매사추세츠와 보스턴에서 무엇이 효과를 보는지, 무엇이 그렇지 못한지와 관련하여 큰 영향을 미쳤다."(Crabtree 2006: 26-27 재인용) 보스턴 메트로의 반복되는

재생은 번영의 상실과 회복이 되풀이되었기 때문에 가능했다. 물론 세금이 낮고 규제가 느슨한 선벨트의 일할 권리(right-to-work) 주에 비해(4장; 그림 4.5), 보스턴에서는 "세금이 높고 규제가 과하다"는 주장도 있다(Glaeser 2004: 15). 이에 매사추세츠는 1980년대 동안 '택사추세츠(Taxachu-setts)'란 풍자적인 별명을 얻기도 했었다.

보스턴 메트로의 재생에서 국가와 공공부문의 역할은 네 가지의 주요한 방식으로 나타났다. 첫째, 시장(mayor)과 거버넌스 제도의 리더십이 중요했다. 강력한 리더십을 바탕으로 위기의 원인을 진단하고 공공·민간·시민사회 행위자들을 한데 모아 재생 전략을 마련하고 실행할 수 있었다(Blue-stone and Stevenson 2000). 2008년 위기 이후 경제 회복 과정에서 주도(state capital)로서 보스턴의 역할은 이미 주어진 붙박이 우위(built-in advantage)처럼 해석되었다(Pew Charitable Trusts 2014). 실제로 둘째, 보스턴에 위치한 매사추세츠 주정부는 인프라 개발과 업그레이드에서 매우 중요한 역할을 했다. 여기에는 연방정부 재원을 일부 사용한 빅딕(Big Dig)과 그린웨이(Greenway) 사업, 그리고 보스턴 수변구역 재생의 촉매제 역할을 했던 항만 정리 사업이 포함된다(사진 8.3). 이런 점 때문에 사람, 요소 이동성, 공간 분급을 강조하는 신도시경제학에서도 장소 애착(place attach-ment)의 역할을 부각한다. 예를 들어 글레이저(Glaeser 2004: 16)에 따르면, 보스턴의 재발명을 이

사진 8.3 미국 보스턴의 그린웨이

출처: Jeramey Jannene

끈 "야심차고 스마트한 사람들은 … 다른 선택지가 있었음에도 불구하고 보스턴에 머물거나 보스턴으로 옮겨 왔다." 보스턴이 발산하는 매력의 핵심에는 역사가 있고, 주정부는 리더십을 발휘하여 공공자산, 어메니티, 인프라의 관리자 역할을 한다. **기업가적인 국가**(entrepreneurial state)는 적절한 재정 분권에 힘을 받아 공공재 투자 결정을 내릴 수 있다(Mazzucato 2013). 그러한 국가는 성장을 가능하게 하는 공공부문 투자를 통해서 민간부문이 주도하는 경제활동을 뒷받침하는 역할도 한다(Mizell and Allain-Dupré 2013).

셋째, 고등교육 기관들은 보스턴 메트로 지역의 재발명 역량에서 핵심을 차지하며, 공공부문과 긴밀한 관계를 유지하는 기능도 한다. 이는 연방정부와 주정부의 연구 지원금이나 직접적 재원 제공의 형태로 나타난다. 이 도시-지역에는 보스턴대학교, 노스이스턴대학교, 스미스칼리지, 터프츠대학교, 매사추세츠 주립대학교 보스턴 캠퍼스, 하버드, MIT 등 세계적인 명성을 쌓은 대학교가 많이 있다. 이런 대학들과의 긴밀한 관계 속에서 보스턴 메트로는 건강·의료 분야의 전문화를 확립할 수 있었다. 매사추세츠 종합병원, 베스 이스라엘, 어린이 병원 등을 포함한 도시의 주요 병원에 공공 재원이 투입된다(Bates 2009). 이러한 제도들은 상당한 규모의 경제 행위자 역할도 한다. 2000년대 동안 보스턴의 대학들은 5만 명 이상을 고용하면서 연간 70억 달러의 도시경제 효과를 유발했다(Massachusetts College 2003). 여기에는 임금, 재화·서비스 조달 형태로 지급된 39억 달러가 포함된다. 한편 보스턴 교육병원 연맹(Conference of Boston Teaching Hospital)에 따르면, 보스턴의 14개 교육병원은 110,000명 이상을 고용하며 243억 달러의 경제활동을 유발한다(Bates 2009). 이러한 장소기반의 제도들은 장소와 결합된 부동 자산(immobile asset)의 역할을 하며 도시경제의 운명과 얽혀 있다. '교육과 의료(Eds and Meds)' 덕분에 매사추세츠는 2000년대 동안 미국에서 가장 많은 정부 연구비를 수주할 수 있었다(Massachusetts College 2003). 이들은 **앵커제도**(anchor institution)로서 인적자원, 자본, 또 다른 제도적 기관을 유치·보유하는 기능을 하면서 로컬·지역·도시개발의 노력과 전망에서 중추적인 역할을 한다(Katz and Wagner 2014). 이러한 자산이 지리적으로 집중하게 되면 R&D 활동을 유치하는 효과도 나타난다. 보스턴 메트로에서는 암젠, 시스코, 머크, 노바티스, 화이자, 선마이크로시스템스 등과 같은 기업이 그러한 지역자산을 구성한다.

넷째, 국가는 새롭게 등장하는 경제활동 분야의 시장을 자극하는 능동적 프레임으로 작용한다. 제2차 세계대전 이후 냉전 체제의 맥락에서 연방정부의 국방 지출은 **군·산·학 복합체**(military-industrial-academic complex) 형성에 지대한 영향을 미쳤다(Markusen 1991). 이러한 미국 국방성의 조달 사업은 1980년대 동안 루트128 첨단산업 부문 성장에 결정적이었다(Saxenian 1994). 미국이 시장 기반의 자유방임형 정치경제로 인식되지만, 연방과 주 제도의 **숨겨진 산업정책**(hidden industrial policy)은 매우 중요하다(Block 2008). 이러한 효과는 심지어 금융 부문에서도 나타난다. 예를 들어 보스턴 다운타운에 밀집한 뮤추얼펀드 부문 성장에서는 공적연금 재원의 기여가 높았다.

진화론적 관점에서 새로운 성장 경로를 증진하는 보스턴 메트로 경제의 적응력은 **연관 다양화** (related diversification)를 통해서도 설명된다(Pike et al. 2010; 3장). 이러한 해석은 관련된 다양한 부문 간의, 예를 들어 생명과학, 금융, 첨단기술, 고등교육, 의료 등 간 관계의 역동성에 기초한다. 진화론적 관점을 통해서 관계적 역동성이 고도로 전문화된 활동들로 다양화된 경제기반을 형성하는 과정도 이해할 수 있다. 일련의 광범위한 활동들은 충격을 흡수하는 이른바 완충기(shock absorber) 의 기능을 하며, 특정 부문에서 나타날 수 있는 와해적 경제 변화의 효과를 누그러뜨린다. 2000년대 초반 닷컴 붕괴가 있었을 때, 실리콘밸리는 첨단기술 분야에 협소하게 전문화되었었기 때문에 큰 어려움을 겪었다. 공간적 근접성이 집적의 외부경제로 이어지지만(Jacobs 1984), 다른 한편에서 지리적으로 확장된 부문 간의 관계적 연결성도 매우 중요한 역할을 한다(Boschma 2005). 상호보완적이며 관계된 경제활동 간의 새로운 타가수정(cross-fertilization)을 자극하면서 혁신이 지속되도록 하기 때문이다. 이는 지역 수준에서 새롭고 전도유망한 개발의 경로창출로 이어지기도 한다. 예를 들어 생명공학기술(바이오테크, biotechnology)의 "수퍼-클러스터(super-cluster)는 … 금융 서비스, 교육, 보건 산업이 그에 앞서 존재해야만 형성될 수 있다. 공간에 모두 함께 집적하는 이러한 '기초' 산업들 때문에 생명공학기술이 혁신적 분야로 등장할 수 있었다."(Bates 2009: 3) 예를 들어 금융 부

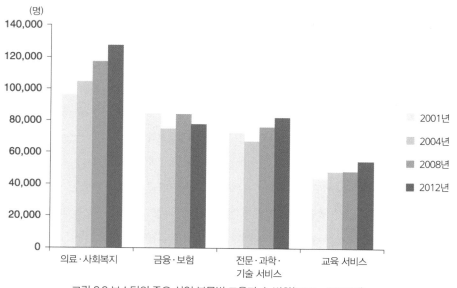

그림 8.8 보스턴의 주요 산업 부문별 고용자 수 변화(2001~2012년)

문은 벤처캐피털을 제공하면서 대학이나 병원으로부터 신생 첨단기술 스타트업과 스핀오프 상업화가 이루어질 수 있게 지원한다. 2013년 미국 **벤처캐피털** 투자의 12%가 보스턴 메트로 지역으로 몰렸다. 이는 미국 내 3위에 해당하는 투자액이며, 26%를 점유한 샌프란시스코-오클랜드와 15%를 유치한 새너제이-서니베일 지역 다음으로 높은 수치다(Florida 2013b; 표 6.2).

보스턴의 의료·사회복지 분야와 교육 서비스는 두 번의 위기를 잘 견뎌 냈고, 두 분야의 고용은 계속해서 성장했다(그림 8.8). 전문·과학·기술 서비스 분야는 한때 하락을 경험했지만 바로 회복했다. 오직 금융·보험 부문만이 과거 수준을 회복하지 못했다. 보스턴 메트로의 경제구조 진화에서는 긍정적 **고착**(lock-in) 효과가 나타나는 것으로 보인다. 변화하는 시장의 맥락에서 부정적 경직성을 탈피하고 전문화와 성장을 유지하고 있기 때문이다. 한마디로 보스턴 메트로는 사람과 제도의 역량이 깊이 스며든 적응력 덕분에 회복력을 보유하고 이 때문에 와해적 경제 변화를 잘 견뎌 내고 회복할수 있었다.

2) 미래의 재발명?

보스턴 메트로의 재발명 역량은 글로벌 금융위기와 대침체 상황에서 한 번 더 시험대에 올랐다. 이 지역의 특수한 개발과 성장 패턴 때문에 로컬·지역의 행위자들이 해결해야 할 세 가지 구조적 문제의 이슈가 떠올랐기 때문이다. 첫째, 경제적 전문화의 범위가 감소하는 방식으로 경제구조가 진화하는 것에 대한 우려가 생겼다. 기존 재발명의 핵심이었던 다양화의 정도가 줄어들었다는 이야기다. 이러한 과정은 **맨해튼화**(Manhattanization)로 불리기도 했는데, 뉴욕과 같이 성숙한 도시체계에서 전형적으로 나타나는 현상이다(Norton 1987). 매사추세츠에서도 1980년대 동안 경쟁우위의 범위가 비즈니스 서비스, 부동산, 건설 활동 등으로 협소해지는 현상이 나타났었다(Harrison and Kluver 1989). 본사 기능을 많이 상실하면서 그와 같은 경제적 변화에 대한 우려가 생겼다. 본사의 상실은 금융 서비스, 제조업, 소매업 부문의 인수·합병과 관련된다. 과거에 마이크로컴퓨터 부문의 주도권을 캘리포니아에 내주었던 일이 생명공학기술 분야에서도 발생할 수 있다는 우려가 있다(Crabtree 2006). 이와 더불어, 대학이나 병원 같은 주요 제도에 공공투자를 유지하는 어려움 때문에 보스턴 메트로의 경제적 경로에 악영향을 줄 수 있다는 전망도 있다. 다른 한편으로 긴축과 부채 감소에 부여된 정치적 우선순위의 맥락에서 리더십과 정책적 개입의 문제가 나타나고 있으며, 일반 대중들은 세금 인상을 꺼린다.

둘째, 도시 **집적의 불경제**와 비용은 생활비, 특히 주거비 위기로 이어지고 있다. 이는 이미 1980년대부터 불거졌던 고질적인 문제다. 당시의 기록에 따르면, "보스턴과 인근에 고도로 집중된 경제성장 때문에 … 이미 엄청나게 높은 주거 비용 문제가 더욱 악화"되었다(Harrison and Kluver 1989: 793). 주거 비용 문제는 2008년 위기 이후에도 나타났다. 인구의 안정화와 성장, 그리고 지역경제의 재발명과 확대에 따라서 중위소득을 올리는 사람조차도 감당하기 어려울 정도로 주택가격이 치솟았다(Bluestone et al. 2015). 2014년을 기준으로 보스턴의 **주택 구매력(affordibility)**은 미국에서 일곱 번째로 낮았다(그림 8.9). 이처럼 높은 비용은 보스턴 내에서의 비즈니스 확장, 기존 비즈니스의 유출 방지, 다른 곳에서 새로운 비즈니스를 유치해 오는 것에 대한 방해 요인으로 작용했다. 이는 기존 노동자의 유출 방지와 새로운 노동자의 유치에서도 문제를 유발했다. 그래서 보스턴 메트로 경제의 재발명 역량에 핵심을 차지했던 인적자본의 재생산도 약해지고 말았다. 보스턴이 이동성 전문가의 유치와 유출 방지 경쟁에서 다른 곳, 특히 텍사스 오스틴이나 캘리포니아 샌디에이고 같은 첨단산업과 생명공학기술 중심지에 밀릴 것이란 전망도 있다. 이런 경쟁 도시들은 높은 삶의 질에 비해 생활비가 상대적으로 낮다고 알려져 있다. 이 상황은 보스턴 메트로의 다가올 경제적 위기의 씨앗으로 인식되기도 했다. 높은 주택 비용이 "다음 세대의 재발명가들을 시장에서 쫓아내고 있기" 때문이다(Glaeser 2004: 17). 보스턴에서는 저소득 가구와 고소득 가구 모두가 증가하면서 소득 불평등도

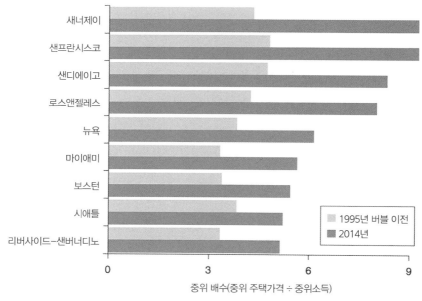

중위 배수(중위 주택가격 ÷ 중위소득)

그림 8.9 미국 주요 메트로 지역의 주택 구매력

출처: Demographia(2015: 21)

심해졌다. 높은 생활비와 주거비는 보스턴의 성장 모델 뒤편에 남겨진 사람, 사회집단, 장소에 고통을 안겨 주고 있다(Boston Foundation 2012). 상황이 이러함에도, 생활비 위기와 사회적·공간적 불평등을 개선하기 위해서 인프라를 개발하고 재생의 수요에 부응하는 것은 보스턴에서 더욱 어려워졌다. 2000년대 후반의 위기와 침체 이후 등장한 재정 압박과 긴축의 맥락 때문이다.

셋째, 혁신과 관할권 간 경쟁은 "죽이는 로컬리즘(wicked localism)"으로 칭송되기도 하지만(Glaeser 2014: 3), 지방정부의 분열은 거버넌스가 제대로 기능하지 못하는 문제도 유발한다. 개발, 계획, 서비스 제공의 전략을 고도로 파편화시키는 홈 룰(home rule)의 전통 때문이다. 분권화된(탈중심화된) 계획 시스템, 개발에 대한 로컬 거부권(veto), 복잡한 주택 규제는 느린 신규 주택 건설과 구매력 위기의 원인으로 지목된다(Glaeser 2004). 제도적 거버넌스의 비일관성이나 조정·통합의 부재는 생산성과 경제성장의 제동장치로 간주되는데(Ahrend et al. 2014), 바로 이러한 문제가 보스턴 메트로에서 끊임없이 나타나고 있다. 보스턴의 제도들이 경계 사이에서 나타나는 전략적 이슈들을 해결하기 위해서 메트로폴리탄 수준의 지역 협력을 추구하고 있지만, 거버넌스의 파편화는 여전히 해결하기 어려운 문제다.

최근에는 불균형 성장과 관련된 비용, 불경제, 부정적 외부효과를 해결하는 노력이 이루어지고 있다. 노력은 지속가능성과 토지이용 계획에 초점이 맞춰져 있는데, 이러한 **스마트 성장(Smart Growth)**에 대한 제도적 지원은 정치적 논쟁의 장이 되기도 했다(Fitzgerald 2010; Gibbs and Krueger 2012; 사례 2.4). 예를 들어 "보스턴의 새로운 성장이 지역의 다른 도시들로 확산할 수 있는지, 아니면 그러한 허브가 존재하더라도 대도시 군도(archipelago)의 일부에 불과해서 작은 도시들은 신경제에서 여전히 어려운 상황에 있는 것은 아닌지"에 대한 우려가 있다(Sullivan 2013: 3). 어쨌든, 도시경제학자들이 지지하는 재도시화(re-urbanization)의 한계를 교외화의 확산을 통해서 해결하려는 노력이 보스턴 메트로 지역의 미래 개발 경로가 될 것처럼 보인다.

4. 글로벌 파이프라인과 주변부의 역동성: 노르웨이 스타방에르

스타방에르는 노르웨이의 남서쪽 끄트머리에 위치하며, 노르웨이에서는 세 번째로 큰 메트로폴리탄 지역에 해당한다(그림 8.10). 인구는 32만 명이며, 이들은 총 13개의 로컬리티에 흩어져 거주한다. 스타방에르의 인구는 수도인 오슬로의 20%, 두 번째로 큰 도시인 베르겐의 80% 수준에 불과하다(그림 8.11). 정치경제적으로는 노르웨이의 **복지국가형 자본주의 다양화**(welfarist variegation)

의 맥락 속에 있다. 스타방에르는 스칸디나비아 지역 전체에서 가장 역동적인 도시−지역으로도 알려져 있다. 국제적 지역개발 및 지역계획 연구센터인 노르드레지오(Nordregio)에 따르면, 이 도시는 북유럽 국가의 도시−지역 중에서 가장 높은 인구성장이 기대되는 곳이다(Rauhut and Kahila

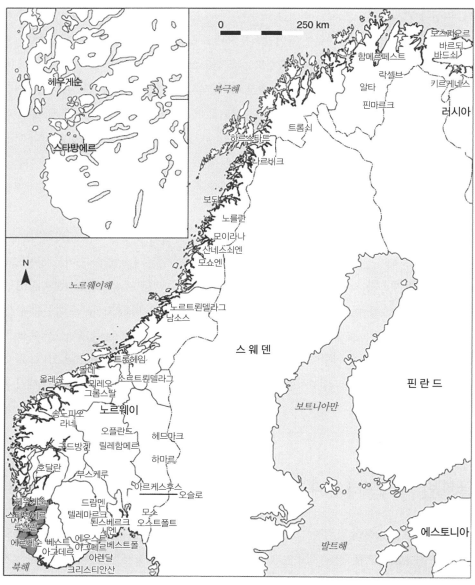

그림 8.10 노르웨이 스타방에르의 위치

출처: Cath D'Alton, UCL

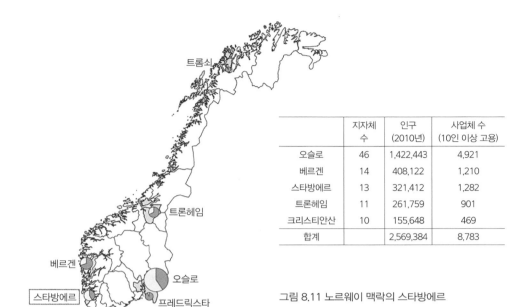

	지자체 수	인구 (2010년)	사업체 수 (10인 이상 고용)
오슬로	46	1,422,443	4,921
베르겐	14	408,122	1,210
스타방에르	13	321,412	1,282
트론헤임	11	261,759	901
크리스티안산	10	155,648	469
합계		2,569,384	8,783

그림 8.11 노르웨이 맥락의 스타방에르

출처: Rodriguez-Pose and Fitjar(2013: 363)

2008). 스타방에르는 강력한 경제 중심지이기도 한데, 실제로 북유럽에서 가장 부유한 도시 집적이라 할 수 있다. 2015년을 기준으로 스타방에르의 가구당 평균 소득은 11만 5천 달러 이상이고, 이 도시-지역에서 세후 소득이 10만 달러를 넘는 가구는 전체의 41%에 이른다. (스타방에르를 제외하고, 10만 4천 달러의 오슬로만이 가구당 평균 소득이 10만 달러를 넘는 북유럽의 도시이다.) 스타방에르의 중심부에서 15km 떨어져 위치한 산네스(Sandnes)는 이 도시-지역에서 두 번째로 큰 도시이며, 노르웨이 전체에서 가장 부유한 지방자치단체(지자체)이다.

　스타방에르가 부유한 가장 중요한 이유는 이 도시-지역이 맡고 있는 노르웨이 **석유**산업의 수도 역할 때문이다. 이곳에는 노르웨이의 거대 석유기업 스타토일(Statoil)의 본사가 입지한다. 스타토일은 국제적 석유·천연가스 기업의 노르웨이 지사와 함께 이곳에서 클러스터를 형성한다. 노르웨이의 석유 관련 산업 일자리의 반 이상이 스타방에르에 몰려 있다. 하지만 스타방에르의 부는 석유와 천연가스에만 전적으로 의존하지는 않는다. 농업, 어업, 조선·해양, 화학, ICT 분야도 높은 회복력을 바탕으로 이 지역에서 혁신을 선도한다(Fitjar and Rodríguez-Pose 2011a). 이처럼 구산업과 신산업이 조화를 이루고 있기 때문에 혁신성의 수준도 높다. 노르웨이에서 1인당 등록 특허 수가 가장 많은 곳이 바로 스타방에르이다. 이러한 혁신 활동에서 석유산업이 중요한 것은 사실이지만, 혁신의 활발한 도입은 스타방에르 기업 전반에서 나타나고 있는 현상임이 조사를 통해서 밝혀졌다(Fitjar

표 8.5 노르웨이 도시-지역의 제품혁신과 공정혁신*

	제품혁신(%)		공정혁신(%)	
	전체	급진적 혁신	전체	급진적 혁신
오슬로	59.60	34.00	50.40	20.40
베르겐	46.40	25.10	42.40	16.50
스타방에르	54.00	33.80	46.80	18.80
트론헤임	52.30	29.00	48.70	19.70
크리스티안산	58.00	30.00	47.00	20.00
전체	53.40	30.50	46.90	18.80

* 10인 이상 고용 기업만을 대상으로 함.
출처: Fitjar and Rodríguez-Pose(2013)

and Rodriguez-Pose 2011b). 조사에 따르면, 이 도시-지역 기업의 54%가 새로운 **제품혁신(product innovation)**을 경험했고 **공정혁신(process innovation)**을 도입한 기업의 비율도 약 47%에 달했다(표 8.5). 조사 시점까지 3년 동안 스타방에르 기업 둘 중 하나는 어떤 방식으로든 새로운 혁신을 도입했다는 이야기다. 그리고 조사 기업의 1/3은 급진적(radical) 상품혁신, 약 20% 정도는 급진적 공정혁신을 이룬 경험이 있다. 노르웨이의 다른 도시-지역에서도 기업 수준의 혁신은 비슷한 양상으로 나타나지만, 어쨌든 다른 선진국에 비하면 매우 높다고 할 수 있다. 또 다른 연구에 따르면, 스타방에르를 포함한 노르웨이 서부 해안지역의 혁신성은 오슬로나 트론헤임과 같이 주요 기술 대학이 위치한 대규모 메트로폴리탄 지역보다 더 높게 나타난다(Strand and Leydesdorff 2013).

노르웨이와 스타방에르 기업의 높은 혁신 수준은 네 가지 이유에서 매우 놀랍다고 할 수 있다. 첫째, 스타방에르는 비교적 작고 고립된 지역이다. 10인 이상 고용 기업이 1,300개 정도에 불과하고(그림 8.11), 다양한 부문에 분산되어 있다. 이처럼 스타방에르의 경제는 수확체증과 혁신을 발생시키는 집적의 외부경제와 관련된 **임계규모(critical mass)**가 부족하다(3장). 둘째, 입지와 열악한 접근성도 혁신에 이상적이라고 할 수 없다. 물리적 근접성이 지식 **유출효과**의 핵심 요인으로 알려졌지만(Moreno et al. 2005; Rodríguez-Pose and Crescenzin 2008; Sonn and Storper 2008), 주요 대도시로부터 먼 거리 때문에 유출효과의 혜택을 얻기도 어렵다. 550km 떨어진 오슬로까지는 7시간, 210km를 가야 하는 베르겐까지는 5시간 이상 걸린다. 셋째, 스타방에르 지역에서 R&D 투자는 노르웨이의 다른 지역에 비해 낮은 편이다(Blomgren et al. 2007). 스타방에르에서는 노르웨이의 다른 지역과 마찬가지로 고학력 인력의 비율이 높게 나타나지만, 주요 5개 도시-지역만 비교하면 가장 낮은 수준이다(Staistics Norway 2009).

넷째, 혁신을 촉진하기 위해서 우선시되는 노르웨이 정부의 클러스터 개발정책은 소규모 부문에 특별한 혜택을 부여하지 않는다. 이러한 정책은 대체로 석유산업과 같이 비교적 대규모 클러스터 발전에만 우호적이기 때문이다. 노르웨이 정부는 지난 몇십 년 동안 클러스터와 지역혁신체계 정책을 추진하면서, 로컬·지역 수준에서 혁신을 촉진하고 로컬화된 기업 간 상호작용을 통해서 경제활동의 착근성을 증진하려고 노력했다(Asheim and Coenen 2005). 하지만 스타방에르의 경우, 상대적으로 작은 규모와 지리적 고립성 때문에 클러스터의 실현 가능성에 의문이 제기되기도 했었다. 스타방에르처럼 노르웨이 대부분을 차지하는 외딴 주변부 지역들은 대체로 임계규모가 부족하기 때문이다. 그래서 통합된 경제에 요구되는 혁신의 수준을 지탱하는 데에 많은 어려움이 있다. 실제로 대규모 도시 집적이 가장 역동적인 공간으로 간주된다. 대도시나 메트로폴리탄 도시−지역과 달리, 주변부 지역은 로컬 상호작용을 촉진하는 정책을 추진할 역량이 부족하다.

사진 8.4 노르웨이 스타방에르의 울리그 시추 센터
(Ullrigg Drilling and Well Centre)

출처: Wikimedia

그러나 스타방에르의 경우, 기업의 혁신 역량은 반드시 클러스터의 존재로부터 발생하지는 않는다. 글로벌 파이프라인(pipeline)의 개발, 즉 국제적 연결성과 원거리 지식 교류가 훨씬 더 중요한 역할을 한다. 노르웨이의 다른 도시−지역에서도 마찬가지다. 파이프라인을 경제지역 외부에서 창출된 새로운 지식과 혁신을 받아들이며 흡수역량을 높이는 통로로 활용할 수 있기 때문이다(Fitjar and Rodriguez−Pose 2011a; Flåten et al. 2015). 이러한 방식으로 스타방에르의 기업들은 상대적 고립성과 (스웨덴이나 핀란드와 같은 이웃 국가에 비해) 비교적 낮은 수준의 R&D 투자를 극복하고 있다. 다시 말해 노르웨이 기업은 외부 세계와 연결성을 높이는 역량 덕분에 세계에서 가장 혁신적인 기업으로 남을 수 있었다. 예를 들어 스타방에르 국제연구소(IRIS: International Research Institute of Stavanger)와 같은 제도는 연구·개발·혁신 인프라를 갖추고 전문화된 분야의 응용연구에서 중점적인 활동을 펼치고 있다(사진 8.4).

1) 주변부화에 대한 대처: 클러스터 vs. 파이프라인

지난 30여 년 동안 **클러스터** 정책은 널리 받아들여지는 로컬·지역 경제개발 방안이었다. 포터 (Porter 1990, 2000)의 클러스터 혁명(cluster revolution) 이후에 많은 국가와 지역은 경제적 성과를 자극하고 경쟁력을 강화하기 위해 클러스터를 촉진하려 노력했다. 이것은 경제 규모나 지리적 조건과 무관하게 널리 퍼진 현상이다. 노르웨이에서 클러스터가 생산성과 고용 창출 측면에서 중요한 역할을 한다는 증거는 많다(Isaksen 1997). 그러나 클러스터가 모든 영토에 대하여 천편일률적 해결책인지에 대해서는 의문의 여지가 남아 있다. 하나의 영토에서 혁신 역량과 경제적 역동성을 증진할 수 있는 효과적인 대책을 설계하려면, 정책 입안자들은 중요한 요소들을 반드시 고려해야 한다. 개입이 실행되는 지리적 스케일, 사회적·경제적 행위자 간 상호작용의 잠재력 등이 그러한 문제에 해당한다. 오늘날의 세계에서 대규모 도시 집적은 혁신성, 생산성, 발전의 주요 촉매제로 여겨진다 (Glaeser 2011). 그러나 도시 중심부의 경쟁력을 증진하는 혁신 활동 정책은 스타방에르와 같이 소규모 도시−지역으로 쉽게 이전되지 못한다. 핵심부(중심부) 지역에서 발생하는 행위자 간의 상호작용은 다른 곳에서 쉽게 재생산되지 않기 때문이다. 특히 **버즈(buzz)** 경제 창출에 요구되는 측면과 밀도가 부족한 곳에서 그렇다(Storper and Venables 2004). 고밀도 대도시에서는 행위자와 조직 간의 긍정적인 시너지가 발생하여 지속적인 지식 창출이 가능하지만, 이러한 효과는 소규모의 주변부 맥락에서 쉽게 반복되지 않는다. 후자의 지역에서 대도시 집적 효과를 지향하는 목적의 산업 클러스터 정책은 장기적 혁신을 보장하지 못하는 폐쇄적 네트워크의 창출로만 이어진다. 이러한 환경에서 외부 세계와 가교역할을 하는 연결망을 창출하여 원거리 지식 교류를 강화하는 방안이 훨씬 더 효과적인 개입으로 밝혀졌다(Bathelt et al. 2004). 로컬화된 규모의 경제 결핍을 극복하도록 해 주기 때문이다.

대도시의 경쟁력 강화는 로컬화된 네트워크를 창출하고, 지식의 확산을 촉진하며, 동일하거나 관련된 부문 기업의 집적을 증진하는 혁신 정책을 통해서 가능하다. 기업과 노동력의 공동입지가 적절하게 촉진된다면 집적의 긍정적 외부경제를 마련하는 것도 가능하다. 이를 통해 스스로 재생산되는 혁신과 성장의 메커니즘이 촉진되어 도시 중심부는 다른 위치에 대하여 경쟁우위를 얻을 수 있다. 소규모의 고립된 지역은 그러한 대도시와 같은 방식으로는 경쟁할 수 없다. 기업을 집중시키는 산업 클러스터를 구축하여 혁신을 촉진하는 전략의 효과가 대도시만큼 나타나지 않을 수도 있다는 이야기다. 경제활동의 임계규모가 충분하지 않은 상황에서 클러스터를 통해 혁신의 창출·확산·흡수를 지원하는 네트워크 정책의 효과는 제한된다(Rodriguez−Pose and Fitjar 2013). 이러한 개입의 결과로 같은 정보가 폐쇄된 환경에서 일부 행위자들 사이에서만 순환하게 되면서, 새로운 지식의 도입이 오히려 방해받는 고착(lock-in)의 상황이 조성될 수도 있다(Boschma 2005). 중소도시나 주변부 지역에서는 역동성을 유지하고 증진하기 위해서 커뮤니티의 경계를 초월해 행위자 간 연계의 창출을 지원하는 것이 더 나은 방안일 수 있다. 내부 산업 부문을 선정해 외부 지역과 전략적 연계를 형성함으로써, 로컬경제는 새로운 지식, 아이디어, 트렌드에 노출되어 역동성이 강화되고 빠르게 성장하는 대도시에 대하여 경쟁력을 높일 수 있다.

2) 스타방에르 도시–지역에서 지식 파이프라인 구축

스타방에르 도시–지역은 원거리 지식 교류를 통해서 혁신의 효과성을 누리는 비교적 고립된 지역의 사례이다. 명백한 불리함 때문에 경제와 혁신 성과가 낮을 수 있다는 우려가 있음에도 불구하고, 이곳의 기업들은 매우 높은 수준의 혁신을 유지하고 있다. 노르웨이의 도시들은 대체로 소규모이며, 서로 간 거리는 멀고 유럽 경제의 핵심부에서도 동떨어져 있다. 기존 문헌에 따르면, 이러한 맥락에서 도심부의 기업 집중은 대규모 집적경제에서 일반적으로 나타나는 긍정적 외부효과와 지식 순환 형성에 충분조건이 되지 못한다(3장). 하지만 스타방에르를 비롯한 노르웨이 도시들은 로컬 산업과 해외 기업 간의 국제적 연결망을 발전시키며 혁신성을 유지해 왔다(Fitjar and Rodríguez-Pose 2011a, 2013). 이런 형태의 협력은 노르웨이 기업에게 새로운 지식 획득의 기회를 부여하고, 새롭게 도입된 지식은 노르웨이의 클러스터와 로컬혁신시스템 사이에서 확산하고 있다. 노르웨이에서 기업의 국제적 파트너의 수는 기업의 혁신 역량과 양(+)의 관계를 맺고 있으며, 위치한 클러스터나 인접한 지리적 환경의 외부와 연결망을 구축한 기업들이 급진적인 공정혁신과 제품혁신을 주도하는 것으로 나타났다(Fitjar and Rodríguez-Pose 2011a, 2011b; Isaksen 2015). 스타방에르 기업의 다수는 부문이나 글로벌 가치사슬에서의 위치와 무관하게 해외 공급자나 고객과 네트워크를 형성하고 있다. 동시에, 해외 대학·연구기관과 네트워크를 구축하여 유익한 지식을 획득하고 이것을 혁신성의 원천으로 활용한다(Fitjar and Rodríguez-Pose 2013).

이러한 혁신모델은 공공정책을 통해 지원받고 있다. 물론 이러한 개입이 노르웨이 지역개발 정책에서 클러스터 촉진에 비해 후 순위에 밀려 있는 것은 사실이다. 그러나 국가기관들은 노르웨이 밖에 지사 설립을 지원한다. 이를 위해 수출, 네트워킹, 국제적 지식 이전 분야에서 활동하는 노르웨이 기업에게 멘토링(mentoring)을 비롯한 현실적 지원을 제공한다. 이러한 활동은 지역개발기구(RDA: Regional Development Agency)의 활동으로 보완되기도 한다. 노르웨이의 RDA는 무역박

람회나 콘퍼런스를 조직하는 해외 오피스 설립을 지원하면서 기업의 국제화를 촉진해 왔다. 교환학생 장학 프로그램도 대학과 학생의 국제적 네트워크 개발을 지원하면서 외부적 상호작용형 학습 연계 형성에 크게 이바지한 정책이다.

스타방에르, 더 나아가 노르웨이의 성공은 특정한 국가적 조건에 힘을 얻었다. 높은 수준의 인적 자본과 우수한 질의 제도가 성공의 중요한 열쇠이다. 동시에, 원거리 상호작용의 비용을 낮추고 해외 파트너와의 인지적 격차(cognitive gap)를 줄이고자 하는 기업의 노력도 매우 중요하다. 노르웨이에서 국가·지역의 개발 제도는 적절한 기업이나 부문을 식별하여 지원하고 국제적 파트너십을 형성하기에 적합한 분야를 선정하는 데에 탁월한 역량을 발휘한다. 그러나 글로벌 지식 교류에 기반한 혁신 지원 전략을 제대로 설계하려면 상당한 주의가 필요하며, 이것에는 위험 부담이 따르기도 한다. 로컬의 인적자본 투자도 혁신 사슬의 또 다른 중요한 연계에 해당한다. 고학력 인력의 존재 덕분에 스타방에르 기업들은 **흡수역량**(absorptive capacity)의 증진을 경험하기도 했다(Isaksen and Nilsson 2013). 이러한 흡수역량은 일차적으로 글로벌 파이프라인을 통해 전달된 지식을 기업 내에서 효과적인 혁신으로 빠르게 전환될 수 있도록 한다. 그다음 혁신의 효과가 도시-지역에 같이 입지한 기업들 사이에서 퍼지는 이차적 확산 효과도 나타난다(Fitjar and Rodríguez-Pose 2015). 이처럼, 로컬 조건은 기업 수준의 혁신에 지식을 꾸준하게 공급하는 중추적 네트워크와 글로벌 파이프라인을 구축할 수 있도록 해 준다. 여기에서는 특히 역량을 갖춘 고학력 노동력의 역할이 중요하다. 다른 한편으로, 로컬 조건은 새로운 지식의 빠른 로컬 확산을 촉진하면서 클러스터의 장기적 역동성과 경쟁력 강화에도 이바지한다(Karlsen and Nordhus 2011). 이 과정에서는 로컬 행위자, 특히 로컬 의사결정자, 기업가, 경영인 등이 주도적으로 원거리 교류를 증진하려는 행동이 중요하다. 다른 문화와의 교류에 대한 의지와 개방성은 스타방에르와 지역 전체 기업들의 혁신성과 경쟁력에 기여하는 문화적 특징이다(Fitjar and Rodrídguez-Pose 2011a).

외딴 주변부의 지역은 폐쇄적인 네트워크에 갇혀 있을 수 있지만, 스타방에르 도시-지역의 경험은 그러한 지역에 대한 정책에 중요한 시사점을 제공한다. 국제화된 지식 파이프라인을 통해서 이루어지는 팔 길이(arm's length) 상호작용이 새로운 지식의 도입과 창출에서 더 나은 정책 선택지가 될 수 있다. 파이프라인을 통해서 도입된 새로운 지식은 버즈의 채널(channel)을 통해서 로컬 맥락으로 확산될 가능성이 있기 때문이다. 이것은 대규모 집적의 혁신 역량이 지배하는 오늘날의 세계에서 중소도시나 주변부 지역이 지식의 로컬 원천을 꾸준히 새롭게 하면서 혁신성을 누리도록 돕는 기능을 한다.

경쟁이 심화되면서 중심지와 대규모 집적에 유리한 상황이 조성되었지만, 스타방에르처럼 고립된 주변부의 소규모 도시-지역은 로컬 상호작용의 대안을 찾고 고립성이나 임계규모의 부족과 관련된 문제를 해결할 수 있도록 해야 한다. 로컬 상호작용이 로컬 경쟁력에 기여하는 것은 사실이지만, 동떨어져 있는 지역에서 그러한 효과를 충분하게 기대하기는 어렵다. 스타방에르의 경우는 변동성이 매우 큰 석유 부문에 대한 의존성 때문에 훨씬 더 취약할 수 있다. 그러나 스타방에르의 기업과 로컬 이해당사자들은 세계의 다른 곳으로 뻗어 가는 역량을 길러서 그러한 불이익과 취약성을 극복했다. 결과적으로 스타방에르는 경쟁력 있는 기업들을 꾸준히 만들어 내는 역동적인 지역이 되었다.

5. 급속한 도시화와 산업화의 관리: 중국 허난성

허난성은 중국에서 인구가 가장 많은 성이며, 주요 곡창지대이자 한나라 시대 문명화의 심장부로 알려져 있다. 실제로 허난성은 중국의 중원에 위치하며, 황허강 하류에서 두 지역으로 나뉜다(그림 8.2). 허난성은 20세기 말까지 촌락 중심의 지역이었지만, 성도인 정저우는 중요한 도시로 부상했다. 정저우는 1954년 카이펑을 대체하며 성도의 지위를 얻었고, 최근에는 새로운 중국 철도 시스템에서 중요한 교차점의 역할을 맡게 되었다.* 허난성의 인구는 1950년 4천만 명에서 2010년 1억 명으로 빠르게 증가했고, 인구 증가의 속도는 최근에 더욱 빨라졌다. 1978년 덩샤오핑의 개혁개방 정책 이후 신속한 도시화와 산업화를 겪는 과정에서, 허난성에서는 사회적·공간적 불균등이 두드러지게 나타나기도 했다. 최근에는 영토개발, 계획, 공공정책의 측면에서 여러 가지 중대한 도전에 직면해 있다.

1949년 중화인민공화국(PRC: People's Republic of China) 수립에 따라 중국공산당(CCP: Chinese Communist Party)은 중앙집권화된 **권위주의** 정부를 기초로 자립을 추구하는 정책을 추진했다. 중국의 경제개혁 과정은 1978년부터 시작되었다. 마오쩌둥이 수립했던 기존 집단농장 시스템의 시대를 끝내고 해외직접투자(FDI)에 경제를 점진적으로 개방하고 민간기업의 활동을 보장하기 시작했다는 이야기다. 이후에는 국영기업(SOE: state-owned enterprises)도 민영화되었고, 투자의 배분에서 시장 원리의 역할이 높아졌다. 결과적으로 중국에서는 독특한 정치경제 모델이 마련되었다. FDI, 민간기업, 시장 원리의 역할이 증대되었지만, 공산당의 지도하에 **국가**가 중심적인 역할을 계속해서 맡고 있기 때문이다. 중국공산당은 마르크스주의의 유산을 인정하면서 자국의 경제시스템을 **중국 특색 사회주의**(socialism with Chinese characteristics)로 불렀다. 이는 매우 독특하고 특

---

* 정저우에서 남북 방향의 베이징-정저우-우한-광저우-홍콩 노선과 동서 방향의 쉬저우-정저우-시안-란저우 노선이 교차한다.

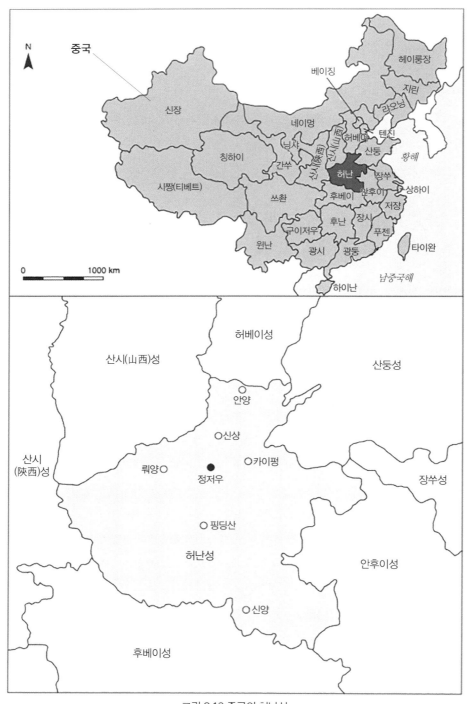

그림 8.12 중국의 허난성

출처: Cath D'Alton

별한 **자본주의 다양화**(variegation of capitalism)의 모습을 구성한다(Peck and Zhang 2013).

1) 공간·영토개발과 정책 거버넌스

정부와 거버넌스의 측면에서, "중국은 중앙정부가 헌법적 제약을 거의 받지 않고 지방정부에 권력을 행사하는 단일국가(unitary state)"에 해당한다(OECD 2015b: 16). 그러나 중국의 하위국가 정부와 **다층 거버넌스** 시스템은 몇 개의 층위로 구성되어 독특한 방식으로 작동한다(Wu 2015). 매우 강력한 중앙정부가 국가개발의 방향을 설정하지만, 첫 번째 층위를 구성하는 성정부(provincial government)의 역할도 커지고 있다. 중국의 성들은 경계의 변화를 경험했지만 나름의 역사적 정체성을 바탕으로 정치적 영향력을 키워 가고 있다. 성 수준에서 영토개발의 이슈가 숙의되고 관련 공공정책이 마련되기 때문이다(그림 8.13).

이론적으로 성(province)은 다른 하위국가 정부보다 위에 있는 상위 기관이며, 정책의 목적을 통합하고 관할권 간의 소모적 경쟁을 방지하는 기능을 한다(그림 8.13). 그러나 현실적으로는 다양한 정부 관할권이 존재하고, 이들 사이에서는 공공 자원과 민간투자에 대한 **경쟁**이 첨예하게 발생한다. 최근 불균등한 산업화와 도시화를 경험하는 과정 속에서 영토개발을 추구하는 제도 간의 경쟁은 더욱 치열해졌다. 이러한 측면은 앞에서 공항건설 광란(airport-construction frenzy)의 사례를 통해서 살펴보기도 했다(4장).

한편 국가발전개혁위원회(NDRC: National Development and Reform Commission)는 국민경

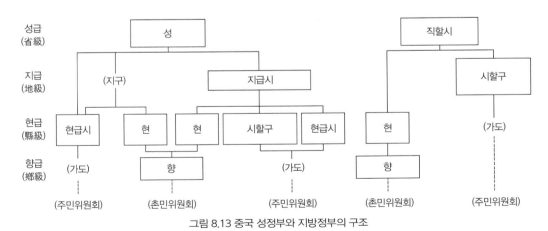

그림 8.13 중국 성정부와 지방정부의 구조

출처: Ministry of Land, Infrastructure, Transport and Tourism Japan

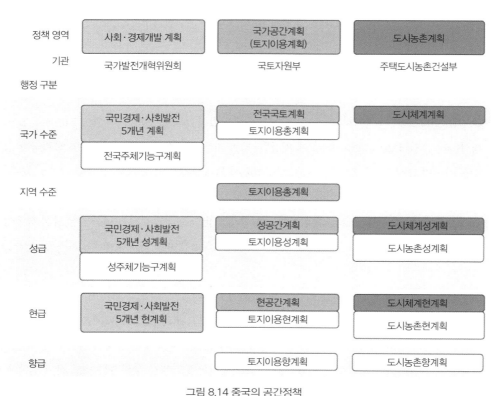

정책 영역	사회·경제개발 계획	국가공간계획 (토지이용계획)	도시농촌계획
기관	국가발전개혁위원회	국토자원부	주택도시농촌건설부
행정 구분			
국가 수준	국민경제·사회발전 5개년 계획 전국주체기능구계획	전국국토계획 토지이용총계획	도시체계계획
지역 수준		토지이용총계획	
성급	국민경제·사회발전 5개년 성계획 성주체기능구계획	성공간계획 토지이용성계획	도시체계성계획 도시농촌성계획
현급	국민경제·사회발전 5개년 현계획	현공간계획 토지이용현계획	도시체계현계획 도시농촌현계획
향급		토지이용향계획	도시농촌향계획

그림 8.14 중국의 공간정책

출처: Minstry of Land, Infrastructure, Transport and Tourism Japan

제·사회발전 5개년 계획(Five-Year Plan for National Economic and Social Development)의 시행을 책임진다. 이것은 중앙경제계획에서 핵심 수단의 기능을 한다. 국토자원부는 전국국토계획과 토지이용총계획을, 주택도시농촌건설부는 도시체계계획과 도시농촌계획을 주도한다. 성정부와 다른 하위국가 정부는 국가 계획에 상응하는 계획을 마련해야 한다(그림 8.14).

2) 불평등 성장과 공간 격차의 심화

1984년부터 중국에서는 정치적 분권화가 진행되어 왔다. 이 기간에 국제 무역과 FDI가 증가했고, 성, 도시/촌락, 내륙/해안 간 사회적·경제적 조건의 공간 격차도 빠르게 커졌다(Dunford and Li 2010; Fan 1995; Fan and Sun 2008; 그림 8.15). 중국공산당이 등장하기 시작했을 때 지역 간 격차의 원인은 북동부 지역의 중화학공업 발전에서 찾을 수 있었다. 공간 격차는 1990년과 2004년 사이에 더욱 빠르게 확대되었는데, 이는 동부의 해안 도시와 성을 중심으로 진행된 신속한 산업화, 도시화, 성장 때문이었다(사례 3.2). 특히 주강과 양쯔강 삼각주 지역과 베이징–톈진–허베이 삼각지대의 성장이 두드러졌다. 이처럼 앨버트 허시만(Hirschman 1958)의 분석에서 밝혀진 국가 경제개발 초기 단계의 사회적·공간적 불평등 성장이 중국에서도 표면화되었다. 1990년대 개혁 기간에 허난성은 빠른 성장 지역으로 이주하는 노동력을 통해서 중국의 경제성장에 이바지했다. 이에 따라 **이주노동자의 송금(remittance)**은 허난성 경제의 중요한 부분을 차지하게 되었다. 21세기 초반에는 서부 지역 개발, 북동부 지역과 중부 지역의 재구조화에 지역정책의 초점이 맞춰졌다. 이러한 정책은 중국 수출 시장의 대침체 효과와 맞물려 해안지역과 내륙지역의 격차가 줄어들도록 했다. 다른 한편으로, 도시와 촌락 간 격차도 지역 간 격차의 중요한 부분이며, 이것도 신속하고 불균등하게 전개된 산업화와 도시화의 산물이다.

중국 내에서 이주는 가구 등록의 **호적제(호커우, hukou system)**를 통해서 규제되었다. 여기에서 사람들은 도시 노동자와 촌락 노동자로 범주화된다. 2014년을 기준으로 54%의 중국 인구가 도시

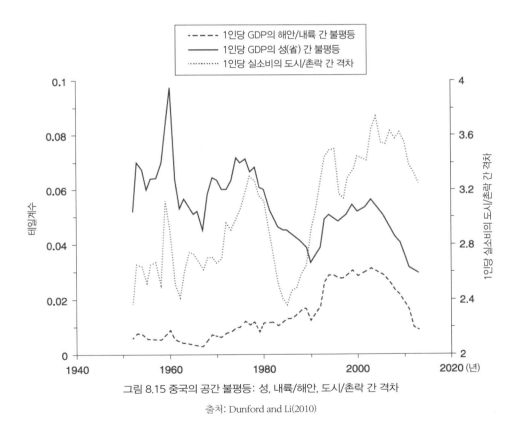

그림 8.15 중국의 공간 불평등: 성, 내륙/해안, 도시/촌락 간 격차

출처: Dunford and Li(2010)

에 살고 있지만, 이 인구 중에서 단지 36%만이 도시호적 권리를 보유했다(OECD 2015b). 촌락호적을 가지고 있는 도시 거주자는 도시호적 등록자에게만 제공되는 교육, 보건, 연금, 주택 등의 공공서비스 혜택에서 배제된다. 실제로 도시에 사는 촌락호적 등록자는 도시 중산층에 미치지 못하는 이류시민의 취급을 받는다(Wang et al. 2015). 그럼에도 불구하고 1980년대 중반부터 수백만의 촌락 거주자들이 고용의 기회를 찾아 빠르게 성장하는 도시로 이주했다. 이에 신형도시화규획(2014-2020)에서는 도시/촌락 지위의 철폐와 이주 노동자들의 통합을 추구했다. 호적제의 문제는 명백했지만, 이것의 개혁은 매우 어려운 일이다. 로컬 서비스 비용의 증가를 우려하는 지방정부의 반대 때문이다. 비공식 경제에서 일하는 노동자들도 공식부문으로 편입되어 납부해야 하는 세금 문제를 걱정한다. 이들 사이에서는 고향 촌락에서 토지 소유권 상실에 대한 우려도 존재한다(OECD 2015b).

3) 공간적 재균형과 중부 허난성의 부상

2000년대 이후로 공간적 불균등 성장의 패턴에 대한 우려가 커지면서 공간적 재균형의 문제에 주목하게 되었고, 이에 따라 몇 가지 중요한 정책 개입이 이루어졌다(Wu 2015). 대표적으로 원자바오 당시 총리는 '중원의 부상'을 천명하면서 허난성을 비롯한 중부 지역의 발전 프로그램을 제안했다. 기존 산업 핵심부에서 노동시장 압력이 커지고 가격이 상승하면서 동부 해안지역 기업의 분산과 이전이 촉진되었다. 이는 신고전 경제학 모델의 조정 메커니즘에 상응하는 변화였다(3장). 일부 기업은 베트남과 같은 아시아의 다른 지역으로 옮겨 가기도 했지만, 상당수는 내륙지역의 성으로 이전했다. 허난성은 다른 성과의 경쟁 속에서 새로운 이동성 투자의 상당 부분을 유치했다. 글로벌 금융위기도 이러한 패턴에 교란을 가져오지는 못했다. 국가·성·지방정부의 인프라 투자가 증가했기 때문이었다. 이는 케인스주의적 경기조정 수요부양정책과 같은 방식이었다. 허난성의 개발 전략은 '도시화와 산업화'를 중심에 두고 인프라의 제공, 산업구역 지정과 FDI 유치, 상업·주거 개발 촉진 등 몇 가지 요소로 구성되었다. 이러한 개발 전략의 초점에는 중국의 메갈로폴리스(megalopolis) 중 하나로 등장하고 있는 인구 700만의 정저우가 있었다(사진 8.5). 일자리를 찾아 정저우로 이주하는 촌락 거주자가 늘어나면서 허난성의 도시 인구는 2030년까지 2,060만 명 정도 증가할 것으로 예상된다. 이 과정에서 광역 정저우 지역의 인구는 2020년까지 거대도시(메가시티, megacity) 수준인 1,100만 명까지 커질 것으로 기대된다(The Economist Intelligence Unit 2012, 2014). 정저우 개발 전략의 핵심에는 250만 인구로 계획된 정동신구(Zhengdong New Area)의 조성이 있는데, 이는 상하이 푸동지구를 모델로 한 것이다(Wu 2015).

사진 8.5 허난성 정저우의 동부지구

출처: Mark Nan Tu

급속한 도시화와 산업화를 지원하기 위해서 2000년대 중반부터는 대규모 인프라 개발 사업도 추진되었다. 여기에는 40억 위안(RMB)에 이르는 정저우동역 건립이 포함되어 있다. 이 역은 중국의 새로운 고속철도 시스템의 주요 교차점에 위치하며 18개의 플랫폼으로 구성된다. 그리고 중국 국무원은 2013년에 정저우 공항의 확장 계획을 승인하였고, 이에 따라 새로운 터미널과 활주로가 건립된다. 2030년까지 정저우 공항은 5개의 활주로를 갖추고, 연간 7,000만 명의 승객을 처리할 수 있게 된다. 2009년과 2013년 사이에는 20개의 역으로 구성된 두 개의 신규 전철 노선도 완공되었다. 이러한 투자는 도시화를 가속화하고 신규 투자유치의 지렛대의 역할을 하면서, 산업화를 더욱 확대하여 집적의 외부경제를 촉진할 것으로 기대된다. 인프라를 경제개발을 위한 지역 자본스톡(capital stock)의 핵심 요소로 파악하는 인식이 반영된 투자라고 할 수 있다(O'Brien and Pike 2015).

한편 성정부도 일련의 산업구역을 지정하여 새로운 산업활동을 위한 토지를 마련하였다(그림 8.16). 허난성의 경제는 2000년대 동안 연간 12% 이상의 성장률을 기록했고 수출의 규모도 30% 이상 증가했다. 건설업과 (IT, 자동차, 알루미늄 등) 제조업의 확대가 결정적인 역할을 했다. 대표적으로, 애플을 비롯한 주요 기술기업의 계약생산업체 역할을 하는 폭스콘(Foxconn)은 공장 여러 개를 정저우에 세웠다. 여기에는 정저우 테크놀로지 파크(Zhengzhou Technology Park)와 정저우 공항 경제구역(Zhengzhou Airport Economic Zone)에 설립된 공장도시(factory city)가 포함된다.

공장도시는 30만 명의 노동자를 고용하고 있으며, 2015년에는 1억 대의 아이폰을 생산했다(South China Morning Post 2014). 2013년을 기준으로 폭스콘이 허난성 수출에서 차지하는 비중은 60%에 달했다. 한편 닛산자동차도 정저우에서 두 곳의 공장을 가동하며 매년 20만 대의 자동차를 생산하고, 독일기업 만(MAN)도 이 도시에서 트럭 생산 공장을 운영한다. 공항 확장 사업을 통해서는 물류산업 투자유치를 목적으로 정저우 공항 경제구역이 조성되었다. 이곳에서는 UPS, DHL, 에어브릿지카고(AirBridgeCargo), 카고룩스(Cargolux)를 비롯한 세계 주요 기업들이 물류센터를 운영하고 있다(South China Morning Post 2014). 공항 경제구역 프로젝트는 **에어로트로폴리스(Aerotropolis)** 모델에 기초한 사업이다(The Economist 2015a; South China Morning Post 2015a).* 허난성 당국은 이러한 형태의 개발을 통해서 공항에 지역개발의 역할을 부여하고자 했다.

정동신구(Zheongdong New Area): 2001년 설립된 150㎢ 규모의 상업·주거 개발 사업이다.

정저우 신·첨단산업 개발구역(Zhengshou New and Hi-Tech Industries Development Zone): 1988년에 제안되어 1991년 중국 국무원의 승인받은 국가급 개발 사업이다. 2004년 정저우 시정부는 확장 사업까지 승인했다. 이 구역에서는 소프트웨어, 정보기술, 첨단소재, 바이오·제약, 광학·기계·전자산업의 발전이 촉진된다.

정저우 경제·기술 개발구역(Zhengzhou Economic and Technological Development Zone): 2000년에 개발구역으로 지정되었다. 투자유치는 전자제품 조립·제조, 통신장비, 무역·유통, 바이오테크/제약, 기계·산업 장비 생산, 의료 장비·소품, 운송·창고·물류, 중공업을 중심으로 이루어지고 있다.

정저우(허난) 수출가공구역(Zheongzhou(Henan) Export Processing Zone): 2002년 중국 국무부의 승인을 받아 설립되었다. 보세물류구역, 보세가공구역, 지원산업구역 등으로 구성되어 있다.

정저우 공항 경제구역(Zhengzhou Airport Economy Zone): 2013년 중국 국무성의 승인을 받아 설립되었으며, 정저우 신정 국제공항 확장 사업과 연계되어 있다. 415㎢ 규모로 계획되었고, 국제적 항공 물류센터와 '에어로트로폴리스' 개발을 목적으로 한다.

그림 8.16 정저우의 주요 산업구역(2015년)

출처: 저자 작성

---

* 에어로트로폴리스는 항공을 뜻하는 접두사 에어로(aero-)와 대도시의 의미를 가진 메트로폴리스(metropolis)의 합성어이며, 공항을 중심으로 도시 인프라를 조성하고 연관 산업을 유치하는 지역개발 방식을 말한다. 이 개발 개념은 공항을 도시의 배후 인프라로 간주했던 기존 인식의 역발상이라고 할 수 있다. 인천의 송도는 댈러스-포트워스 공항 인근 라스 콜리나스(Las Colinas), 암스테르담의 자우다스(Zuidas) 등과 함께 전형적인 에어로트로폴리스로 알려져 있다. 자세한 사항은 이 개발 개념의 글로벌 구루(guru) 역할을 하는 존 카사르다(John Kasarda)의 에어로트로폴리스 홈페이지를 참고할 것(www.airtropolis.com).

허난성의 성장에서 건설 부문, 특히 대규모 상업·주거 개발이 상당 부분을 차지한다. 정동신구의 중심업무지구는 2013년 미국 채널 CBS의 시사프로그램 〈60분(60 Minutes)〉에 소개되면서 국제적으로 주목받았다. 당시에는 유령도시로 소개되며 다가오는 부동산 거품(버블)의 사례로 소개되었다. 그러나 2015년 전철이 개통하며 입주 비율이 늘어갔다(Sheppard 2015). 룽쯔후대학 단지(Longzihu University Park)도 정동신구 사업의 중요한 부분을 차지한다. 이곳은 15개의 대학으로 구성되어 있고, 구성원은 학생과 교직원을 포함해 24만 명에 이른다. 이 사업은 지식기반형 도시개발의 아이디어를 바탕으로 이루어졌지만, 아직은 대학과 기업 간 심층적 연결의 증거는 나타나지 않고 있다(Wang 2009).

4) 급속한 도시화와 산업화의 관리·유지

허난성은 비교적 짧은 시간 동안 산업화와 도시화에 기반한 사회로 전환되었다. 그러나 전환의 과정에서 심각한 도전의 문제가 발생했다. 물리적 인프라 투자가 인구와 경제에 기본적인 서비스를 제공한다는 사실에는 의심의 여지가 없다. 그러나 그러한 투자는 성 간의 그리고 성 내에서 소모적인 **경쟁**을 낳았다. 중국 전역을 휩쓸고 있는 공항건설 광란이 가장 명백한 사례다. 중국에서 공항은 이미 과잉 상태에 있는데도(The Economist 2015a, South China Morning Post 2015a), 정저우 공항에 활주로를 추가 건설하려는 계획이 있다. 심지어 성 내에서도 시정부 간 경쟁 과열로 인한 인프라 중복 투자가 빈번하게 발생한다.

허난성은 외부지향적인 개발 전략을 마련해 이동성 투자를 유치하는 성과를 올렸다. 동부 해안지역에서 노동 분쟁과 비용 상승의 문제가 발생했기 때문이었다. 허난성의 상대적으로 낮은 비용과 엄청난 인프라 투자도 중요한 흡인요인으로 작용했다. 그러나 이러한 접근 자체의 문제도 있다. 경제가 확장하며 해안지역으로 떠났던 이주민이 호적 권리를 보유한 고향으로 되돌아오고 있는데, 이것이 새로운 문제의 원인이 되었다. 2015년 무렵까지 정저우와 같은 2순위 도시들도 대학 졸업자들이 살고 일하기에 매력적인 장소로 거듭났다. 이런 현상에 따른 인구 유입으로 성 내에서 공공서비스에 대한 수요와 비용이 증가하였다. 글로벌 금융위기 이후인 2010년대에는 저비용의 이익이 사라져가는 신호마저 나타나기 시작했다. 폭스콘의 정저우 공장 여러 곳에서 노동쟁의가 발생했고, 2008년과 2013년 사이에 공장의 평균 급여는 두 배 상승했다(Bloomberg Business 2013). 이처럼 허난성의 지역개발 전략은 **로우로드(low-road)** 접근법의 한계를 구체적으로 보여 준다. 저임금 비용과 막대한 인프라 투자에 기초한 개발 방식은 장기적 지속가능성을 확보하기 어렵다는 점을 드러내기 때문이다. 허난성에서 첨단기술 생산의 규모는 크지만, 기껏해야 **분공장경제**에 불과한 측면이 있다. 예를 들어 정저우는 아이폰 조립의 세계적 중심이 되었지만, 애플은 여전히 캘리포니아 쿠퍼티노에서만 디자인과 R&D 기능을 유지하고 있다. 고생산성, 고숙련, 고임금의 하이로드를 지향하는 전략을 마련하려면, **글로벌 생산네트워크**에서 허난성의 위치를 증진하는 정책 목적의 수립이 중요하다. 업그레이딩의 잠재력이 거의 없는 경제적 역할에 갇히게 되는 것을 막아야 하기 때문이다.

허난성 도시의 빠른 성장으로 인해서 환경 피해가 심해졌고 이것이 도시에 주는 압력도 커졌다. 정저우 사람들은 심각한 도시 오염 문제로 고통받으며, 호흡기 질병을 앓는 사람의 수도 빠르게 증가하고 있다. 실제로 정저우는 중국 10대 최악의 도시에 꼽힌다(OECD 2015b). 2015년 정저우 시정부는 먼지 제거를 위해서 매일 350만 톤의 물을 다른 곳에서 들여왔다(People's Daily Online 2015). 대기오염이 긴급한 정치적 사안이 된 적도 있다. 환경보호부가 정저우 시장을 소환해 그러한 상황에 대한 긴급 대책을 논의했던 적도 있다(South China Morning Post 2015b). 대기오염 악화는 허난성의 수자원에도 심각한 부담을 안겨 준다. 해결책으로 양쯔강의 물을 허난성과 같이 물이 부족한 성으로 옮기는 국가적 배수망 개발이 논의된 적도 있다. 이러한 정책은 해결하고자 했던 문제를 오히려 악화시킬 가능성이 크다. 콘크리트 배수관과 수도관의 생산을 늘려야 하기 때문이다. 이코노미스트 인텔리전스 유닛(The Economist Intelligence Unit 2014)의 성(province) 건강 지수에서 허난성은 31개 성 중 28위에 머물러 있다. 이런 상황에서도 지속가능한 도시화에 대한 수사(rhetoric)가 광범위하게 동원되고 있다. 하지만 다른 종류의 지역개발에 대한 염원은 대개 협소한 경제적 산출의 목표에 비해 후 순위로 밀린다. 중국 국무성은 신형도시화규획(2014−2020)을 마련해 "도시화의 질을 개선"하려는 목표를 수립했지만, 이러한 야심을 성취하기에 중대한 장애물이 너무 많다.

엄청나게 빠르게 진행된 메가시티 개발 때문에 정저우에서는 도시계획의 문제도 발생한다. 중국의 맥락에서 계획은 기술적(technical) 활동으로 이해되는 경향이 있고, 개발은 중앙에서 결정된 생산량과 도시화율 성장 목표를 기반으로 한다(Curien 2004). 이것은 대규모 토지, 단일 기능 블록, 광대한 직교형 도로 시스템, 부문별로 나뉜 도시 기능의 건설과 개발을 강조하는 접근으로 해석된다. 이러한 접근은 정동신구에서 매우 분명하게 나타난다. 로컬 리더들은 생산 목표를 맞추는 경쟁 압박에 시달리고 있으며, 이들의 정치적 결정은 멀리 내다보지 못하는 단기적인 계획만을 양산하는 경향이 있다. 지속가능한 도시개발로의 전환이 도전적인 문제이기는 하지만, 신선한 도시계획 접근의 신호도 나타나고 있다. 예를 들어 주택도시농촌건설부는 정저우를 비롯한 14개 도시에 도시 성장의 경계를 지정하여 **스프롤(sprawl)**과 무질서한 도시화를 관리하도록 요구하기 시작했다(China Daily 2015a).

거버넌스도 허난성이 직면하고 있는 개발의 문제에 해당한다. 중앙정부는 하위국가 정부에게 서비스 전달의 새로운 책임을 부과했지만, 이 과정에서 재정적 자치와 금융 자원의 분권화는 이루어지지 못했다. 소도시와 농촌의 지자체는 재정 역량이 부족하지만, 큰 규모의 성정부와 시정부는 공공인프라 투자에 예산 외 수입을 활용할 수 있다. 지방 관료들이 경제적 성과와 성장 순위를 바탕으로 진보를 이해하는 상황에서 지자체 간 경쟁이 치열해졌고 조정과 협력의 인센티브는 낮아졌다. 이에 대해 OECD(2015b: 183)은 다음과 같이 설명한다.

중국에서는 하위국가 수준의 정부 간 조정이 부족하다. 이러한 파편화로 인해 정책의 효과성이 낮고 메트로폴리탄 지역의 경제적 성과는 저조하다. 일반적으로 중국의 메트로폴리탄 지역은 여러 행정경계를 가로질러 형성된다. 이처럼 여러 지방정부가 섞이게 되면, 정책 형성과 도시 계획 설계의 파편화가 나타난다. 각각의 행정 단위가 개별적으로 정치적 목표를 성취하고는 있지만, 이들이 모두 함께 메트로폴리탄 지역의 경제적 잠재력을 개발하는 역량은 부족하다.

이러한 거버넌스의 실패 때문에 공공부채가 증가했다. GDP의 54% 수준인 중국정부의 부채는 국제적으로는 낮은 수준이지만, 하위국가 정부가 차지하는 비중이 절반 이상이라는 점은 매우 우려스럽다. 2007년과 2014년 사이에 지방정부의 채무는 매년 27% 성장했는데, 이는 중앙정부보다 두 배 빠른 속도이다. 다른 성에 비해 높은 수준은 아니지만, 2012년을 기준으로 허난성의 부채-소득 비는 100%, 부채-GDP 비는 17%에 이른다(McKinsey Global Institute 2015). 지방정부의 부채 증가는 글로벌 금융위기 및 대침체와도 관련된다. 중앙정부의 경기부양책에 따라 지방정부의 채무 요건이 완화되었기 때문이다. 반면 중국에서 하위국가 정부의 세수 증대 권한은 제한되어 있다. 그래서 지방정부는 대개 토지 사용권 매각에 의존해 도시화와 산업화에 필요한 인프라 사업 자금을 마련한다. 일반적으로 지방정부는 토지 사용권을 담보로 인프라 개발을 위한 부채를 얻는다. 이러한 시스템에는 투명성이 부족하다. 실제로 지방의 정치 지도자들이 "필요한 재원을 얻기 위해 비공식적인 뒷구멍 해결책을 사용하는 데에 주저하지 않는" 상황이 조성되었다(OECD 2015b: 192). 이러한 거래는 부패의 원천이며, 시진핑 개혁 프로그램의 주요 대상 중 하나이다. 이런 상황에서 허난성 관료 몇 명이 체포되는 사태가 벌어지기도 했다.

6. 부활한 도시: 부르키나파소의 보보디울라소

인구 50만의 보보디울라소는 수도 와가두구에 이은 부르키나파소 제2의 도시이다(그림 8.17). **자본주의 다양화**의 정치경제학 측면에서 부르키나파소는 약한 제도의 **불안정 국가**(unstable state)에 속한다. 보보디울라소는 서아프리카의 전통적인 산업·물류·무역 허브 중 하나였지만, 그러한 역할을 지탱하는 데에 어려움을 겪고 있다. 프랑스로부터 독립하기 이전에 이 도시는 부르키나파소의 옛 이름 오트볼타의 경제수도로 여겨졌다. 하지만 1960년 독립과 함께 보보디울라소의 경제는 기반을

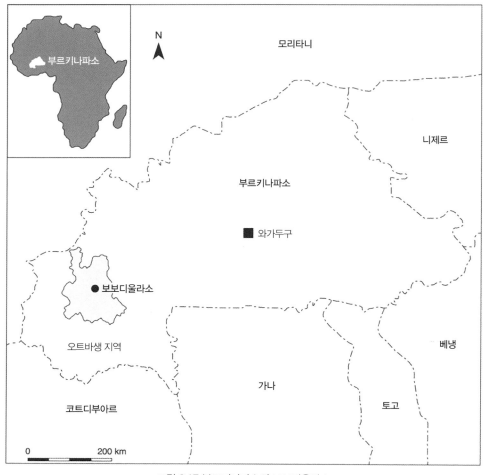

그림 8.17 부르키나파소의 보보디울라소

출처: Cath D'Alton

잃고 쇠퇴하기 시작했다. 와가두구가 국가 수도로 지정된 것이 중요한 이유 중 하나였다. 독립 후 35년 정도 동안 보보디울라소는 금융, 문화, 교육 인프라가 부족했다. 낮은 삶의 질 때문에 기업과 최고급 노동자가 도시 밖으로 유출되기도 했다. 기초 통계가 부족한 실정이지만, 1990년대 말까지 이 도시의 경제적 상황이 위태로워진 것만은 확실한 사실이다.

1990년대 후반의 위기로 보보디울라소는 국제적 주목을 받기 시작했고, 그에 대한 대응으로 첫 번째 파일럿(pilot) 개발 프로젝트가 마련되었다. 이는 1991년 헌법으로 가능해진 분권화된 맥락에서 이루어진 것이다. 헌법의 틀 속에서 부르키나파소의 지역·주·지방정부가 출범하였다. 그러나 지방정부의 정당성은 제한되었고 효과성도 미약했다. 2000년대까지 지방선거가 실시되지 못하면서, 하위국가 정부로의 권력과 재원의 실질적 이전이 제대로 이루어지지 못했기 때문이다. 정치인에 대한 오랜 불신과 높은 수준의 부패도 지방정부의 무능에 한몫했다. 보보디울라소도 예외는 아니었으며, 이러한 권력의 공백은 **시민사회**와 **국제기구**에 의해 채워졌다.

국제기구는 국가정부와 지방정부를 건너뛰거나 이들의 역할을 최소화하는 방식으로 개발 프로젝트를 수행했다. 그리고 시민사회 지향형의 **상향식 개발** 전략을 마련해 보보디울라소의 운명을 어느 정도 변화시켰고, 이 도시는 2000년대 초반 이후에 부활을 경험할 수 있게 되었다. 새롭게 찾아진 보보디울라소의 역동성은 경제 참여, 생산 활동, 거래와 소비의 증가, 국제적 경제 행위자 유치 등의 모습으로 확인되었다(사진 8.6). 그러나 부르키나파소의 정치적 불안정성 때문에 많은 인구가 회복의 과정에서 배제되었다. 이에 따라 도시 회복의 지속가능성에 대한 중대한 의문이 제기되고 있다.

1) 초창기 문제와 성과 부진

보보디울라소는 식민지 시대 초창기에 번영하던 경제 허브였다. 1934년부터 아비장-니제르 철도 노선의 중요한 역이 보보디울라소에 설치되었기 때문에 서아프리카에서 시장과 무역의 중심지 역할을 맡을 수 있었다. 당시에 보보디울라소는 사헬 지대에서 식민지 무역의 심장부에 있었다(Hitimana et al. 2011).* 그러나 독립은 이 도시의 미래에 중요한 변화를 일으켰다. 무엇보다 1960년대부터 보보디울라소의 경제적 역할이 급격하게 약해졌다. 도시의 쇠퇴는 몇십 년 동안 국가 수도 와가

---

* 사헬(Sahel)은 사하라 사막의 남쪽 경계 지역을 일컫는 용어이다. 서쪽의 세네갈에서부터 시작해 모리타니아 남부, 말리 중부, 부르키나파소 북부, 니제르 남부, 차드 중부, 수단의 남부, 남수단, 에리트레아, 에티오피아 북부에까지 이르는 광대한 띠 모양의 땅이다. 전통적으로 유목을 중심으로 경제활동이 이루어진 지역이었으나, 식민지 시대 이후 인구가 급증하며 농경 생활이 활발해졌다. 이에 따라 삼림파괴와 가축사육이 늘면서 사막화의 피해가 심각해지게 되었다.

사진 8.6 부르키나파소
보보디울라소의 시장

출처: 300tdorg

두구에 유리하게 작용했던 정부 정책 때문이었지만, 이것만이 유일한 원인은 아니었다. 보보디울라소가 자초한 문제도 많았다. 기업들은 폐업하거나 와가두구로 이전했다. 무역 허브의 역할이 점차 약해져서, 도시의 주요 활동은 전적으로 농업에 의존하게 되었다. 서비스 기능은 인근 지역에 무가공 농산물을 공급하는 수준에 머물렀다(Bossard et al. 2001). 보보디울라소 경제 쇠퇴의 정확한 모습을 보여 주는 신뢰할 만한 통계를 찾기가 거의 불가능하지만, 1990년 중반에는 독립 초기 때 기업의 20%만이 남아 있게 되었다는 주장도 있다(Fauré and Soulama 2000). 도시의 농업마저도 부르키나파소의 다른 지역이나 새롭게 부상하는 해외 경쟁자에게 뒤처지기 시작했다. 이러한 경제적 쇠퇴의 영향은 강력한 인구 압력으로 더욱 심해졌다. 1975년과 1996년 사이에 보보디울라소의 인구는 매년 5%씩 성장하여, 1996년에는 부르키나파소 인구의 3%를 차지하게 되었다. 1975년에는 국가 인구의 2%가 보보디울라소에 거주했었다(Beauchemin et al. 2002). 일반적으로 도시 집적은 생산성과 성장의 요인으로 여겨지지만(3장), 보보디울라소의 경우 인구성장은 강력한 인구의 자연적 동태와 관련되었다. 농촌 지역의 궁핍함을 벗어나 이 도시로 옮겨온 사람들은 새로 형성된 **슬럼**의 비참한 환경에서 살았다. 이러한 상황은 보보디울라소에 경제적·사회적·환경적 도전을 안겨 주었다. 일례로, 이 도시는 빠르게 증가하는 인구에 부응해 일자리, 주택, 공공서비스를 제공하지 못한다 (Beauchemin and Schoumaker 2005). 보보디울라소보다 수도 와가두구에 유리하게 작용했던 국가정책의 맥락에서 열악한 거버넌스와 자치성의 결핍은 상황을 더욱 악화시켰다. 광범위한 도시 빈곤, 불충분한 서비스, 높은 실업률은 보보디울라소의 일상이 되었다. 수준 이하의 임대 시설, 열악한 도시 상수도와 위생 서비스, 취약한 도시 교통 연결망, 교육·보건 시설의 부족 등도 도시에 심각한 부담으로 작용하며 영토개발 잠재력의 제약조건으로 남게 되었다.

1990년 중반 동안 보보디울라소는 최저점의 바닥을 경험했다. 그리고 이러한 상황을 벗어나기 위해서 조치가 필요하다는 내부적 합의가 있었다. 로컬 시민사회는 경제적 재도약을 지원하기 위해 더 적극적인 개입주의적 입장과 태도를 요구했다(Fauré and Soulama 2000). 부르키나파소는 고도로 중앙집권화된 국가였지만, 시민사회를 중심으로 분권화된 **상향식 접근**에 대한 요구가 높아졌다. 사회적·경제적 개혁에 필요한 제도적 역량의 결핍과 씨름하는 지역은 보보디울라소만이 아니었다. 부르키나파소의 다른 도시들도 비슷한 경제적 쇠퇴로 고통을 받고 있었다. 이에 1998년 부르키나파소 국회는 국가의 분권화를 진전시키기 위한 네 가지 입법 조치를 통과시켰다. 이 법에 따라 최초의 지방선거가 실시되었고, 선거 결과로 조직된 지방정부는 재정적 자치권의 일부 얻을 수 있었다 (Fauré and Soulama 2000).

이러한 변화의 맥락에서 보보디울라소는 서아프리카에서 정치적으로 안정된 지역 중 하나로 거듭났고, 국제기관들도 이곳의 불균등발전과 거버넌스 문제에 예전보다 많은 관심을 보였다. 뒤이어 기존과는 다른 개입이 나타났다. 사하라 이남 아프리카의 다른 곳에서와 마찬가지로 지역개발에 대한 지원은 감소했지만, 1990년대 중반부터는 교육과 숙련을 더욱 강조하게 되었다. 거버넌스와 로컬 주민의 개발 프로젝트 참여도 더욱 중요해졌다(Silver et al. 2013). 특히 1997년 보보디울라소에서 시작된 아프리카 로컬경제 회복 프로그램(African Local Economy Recovery Programme)에서 많은 진전을 보았다. 이 프로그램은 ECOLOC 프레임워크로 불리기도 한다. 프로그램을 마련하는 데에서는 OECD의 사헬 클럽 사무국(Club du Sahel Secretariat)과 아프리카개발은행(African Development Bank)의 지방자치 개발 프로그램(Municipal Development Programme)이 선도적인 역할을 했다. 구체적 실천 방안은 서아프리카의 유사한 프로젝트를 참고해 마련되었다.

2) 보보디울라소의 지역개발 전략

　보보디울라소의 개발 전략을 책임지는 행위자들은 **ECOLOC 프레임워크**를 활용하여 로컬·지역의 커뮤니티(공동체) 지원 계획과 관리 도구를 마련하였다. 이러한 정책도구는 다양한 방식의 실험을 통해서 확산되었다. 프레임워크의 주요 목표는 사회적·경제적 기초 정보 데이터베이스를 구축하여 로컬경제에 대한 지식을 개선하는 것이다. 이는 로컬 의사결정자들이 로컬리티의 문제 진단과 개발 잠재력에 대하여 정보에 기반한 판단과 선택을 하도록 지원하는 기능을 한다. ECOLOC는 규모와 기능의 측면에서 2차 도시와 이들의 배후지역을 대상으로 설계되었다. 예를 들어 인구 10~50만의 도시나 주도(provincial capital)에서 ECOLOC가 활용된다. 이 프로그램의 파일럿 사업은 보보디울라소를 비롯한 8개의 서아프리카 도시에서 실행되었고, 이 중에서 보보디울라소가 가장 큰 도시였다. 보보디울라소에서 ECOLOC는 도시와 배후지역의 경제적 잠재력의 역동성을 강화하는 목표를 지향하며 아프리카의 로컬경제 회복이란 명분으로 수행되었다. 이는 부르키나파소의 국가적 과정과 결합하여 추진되었는데, 특히 거버넌스, 재정 분권화, 빈곤 대응 정책과 관련되었다. 중앙정부가 지배했던 기존의 하향식 접근에 변화가 나타나면서, 수많은 행위자가 참여할 수 있게 되었다. 수직적·수평적 **조정**의 필요성도 상당히 높아졌다. 우선 수평적 측면에서, 로컬의 진단과 전략의 설계·개발에 다양한 정치적·경제적·사회적 이해당사자들이 기술팀과 함께 참여하게 되었다. 로컬의 사회적·경제적 이해당사자들의 참여는 광범위했다. 이 사업의 정치적 우선권은 보보디울라소 시장(mayor)이 새롭게 조직한 ECOLOC 위원회에 부여되었다. 위원회는 시정부 인사만으로 구성되지는 않았다. 경제적 이해당사자, (NGO, 각종 협회 등) 시민사회, 분권화된 정부 제도의 대표자를 비롯해 다양한 활동 부문을 대표하는 개인과 집단이 참여했다.

　이러한 수평적 조정은 로컬 행위자, (국가 로컬경제 위원회, 지방행정부, 부르키나파소 시장 협회 등) 국가 제도, (지방자치 개발 기금, 사헬·서아프리카 클럽, 프랑스개발기구 등) 국제기구 간의 수직적 조정과 상호보완되었다. 개발 과정의 일상적 관리 책임은 로컬 전문가팀에게 부여되었다. 로컬 지식의 맥락민감성을 중요하게 여겼기 때문이다. 기술 보고서(technical report) 설계, 실행 감독, 로컬 이해당사자 지원의 조정 책임도 로컬 전문가들의 몫으로 넘겨졌다.

　정책주기 모델의 첫 번째 단계에 부응해(5장), 개발의 과정은 ECOLOC의 인구−경제 모델을 사용하여 로컬의 잠재력을 진단하면서 시작됐다. 인구−경제 모델은 두 가지 사항에 초점이 맞춰져 있다. 첫째, 로컬경제의 상태에 대하여 되도록 정확한 평가를 추구한다. 둘째, 로컬의 경제적 상태와 인구학적 조건의 분석에 기반하여 개발의 비전을 마련한다. 이에 따라 보보디울라소에서도 ECOLOC 과정은 데이터 수집과 분석을 기초로 하여 도시와 배후지역의 비전과 개발 전략을 마련하는 데 사용되었다. 로컬 경제개발 평가의 과정은 세 단계로 구성됐다. 첫 번째 단계에서는 도시와 주변부에 대한 사회적·경제적·인구학적·환경적 연구가 수행되었다. 두 번째는 협조와 대화의 단계였는데, 여기에서는 로컬 이해당사자를 비롯한 인구 전반의 참여가 촉진되었다. 이는 비전에 대한 환류(피드백)를 통해서 전략 수립에 정보를 제공하기 위한 것이었다. 세 번째 단계는 전략을 실행하는 것이었지만, 여러 가지 이유로 지연이 발생했다. 재원 부족이 가장 중요한 이유였고, 국가 정치의 불안정성 증대도 중대한 문제로 떠올랐다. 이는 재정적 제약과 와해적 맥락에서 지역개발은 난관에 부딪힐 수 있음을 시사한다.

어쨌든 로컬 이해당사자의 참여는 광범위했다. 협조와 대화의 단계에서 이들의 매우 높은 참여율은 보보디울라소에 유리하게 작용했다. 이것이 투명하고 개방적인 과정을 낳았을 뿐만 아니라, 인구의 상당수가 권한신장의 경험을 할 수 있는 기회도 제공했다. 협조와 대화의 과정이 없었다면, 보보디울라소 사람들은 도시의 미래에 대하여 어떠한 목소리도 내지 못했을 것이다. ECOLOC 프로그램이 보보디울라소 사회에서 제도 형성과 시민사회 발전의 이정표가 되었다고 할 수 있다. 그러나 많은 사람의 참여는 두 가지 문제의 원인으로 작용했다. 첫째, 이 과정에서 너무 많은 시간이 허비되었고 이따금 관리의 문제도 나타났다. 둘째, 다양한 형태의 참여 때문에 너무 많은 지향성이 분산적으로 나타났고, 참여자 사이에 반목이 발생하기도 했다. 결과적으로 비전과 개발의 우선순위를 정하는 일이 어렵게 되고 말았다. 이 과정은 역량의 형성과 대중 참여의 측면에서 유익한 일이었지만, 로컬 경제개발 전략 과정에 지연을 초래했다. 포용과 배제, 참여와 효율성 간의 긴장관계가 표면화되었던 접근이라 할 수 있다.

이러한 이슈들을 해결하기 위한 추가적 전략도 마련되었다. 무엇보다, 정치적 대화를 통해서 이주민 유입의 증가와 관련된 문제를 해결하려는 노력이 있었다. 이를 통해 환경과 도시 문제에 집중하는 로컬 프로그램과 국제적 사업이 추진되었다. 2006년 보보디울라소의 시정부는 도시 서비스의 부족을 개선하려는 전략을 수립했다. 특히 식수, 위생, 고체 폐기물 관리, 빗물 배수, 환경교육에 대한 접근성을 향상하려 했다. 이 전략이 2008년에는 지속가능성을 추구하는 도시농업 및 근교농업 행동계획과 보완을 이루기도 했고, 이를 통해 보보디울라소는 2010년 UN-해비타트의 도시 및 기후변화 이니셔티브(Cities and Climate Change Initiative)의 파트너가 되었다(Silver et al. 2013). 추가적인 사업을 진행하는 것도 일반화되었다. 대표적으로 2008년에는 유휴 토지를 재생하여 도시농업을 위한 토지를 늘리고 녹색 공간의 가치를 창출하기 위한 파일럿 프로젝트가 마련되었다. 궁극적으로는 도시와 근교 농부 생계 개선의 목적을 가진 사업이었다. 여기에는 퇴비 시설 마련, 지하수 시추와 공급, 소규모 창고 건축, 훈련 제공, 종자와 유기농 비료 지원 등이 포함되어 있었다(RAUF Foundation 2010). 한편 2011년에는 세네갈 선한목자 수녀회(Good Shepherd Sisters of Senegal) 주도로 훈련과 숙련 개발의 기회를 제공하며 보보디울라소 여성의 권한을 신장하기 위한 프로그램이 시작되었다. 이 사업은 특히 극빈 여성과 어린이의 교육·고용 수요에 부응하고 지속가능한 생계 여건을 구축함으로써 경제 정의를 개선하는 데 초점이 맞춰져 있었다. 이러한 프로그램들의 효과로 보보디울라소 행위자들의 자신감이 높아졌고 이들의 로컬개발 참여 역량도 향상되었다. 자신감과 역량의 향상은 도시 자체의 문제에 대해서 뿐만 아니라 국제적 개발협력 파트너와의 관계 속에서도 중요하게 작용했다. 한마디로 보보디울라소에서는 제도적 조직화의 역량이 개선되는 신호가 나타나고 있다.

3) 허브 역할의 회생과 조건적 회복

상향식 영토개발 전략의 설계와 실행이 보보디울라소의 도시 운명을 변화시켰을까? 신뢰할 만한 데이터가 부족하기 때문에, 보보디울라소에서 ECOLOC를 비롯한 개발 프로그램의 실제 결과를 평가하기는 매우 어렵다. 개발 프로그램과 도시의 사회적·경제적 변화 간의 관계도 아직은 제대로 파악되지 못했다. 그러나 도시 변화의 신호는 많이 나타나고 있다.

몇십 년간의 쇠퇴 끝에 보보디울라소는 일정 정도의 활력을 회복했다. 부르키나파소에는 데이터의 공백이 있기는 하지만, 이 도시가 서아프리카의 경제적 허브라는 전통적인 역할을 되찾은 단서는 여러 가지로 나타난다. 우선 시정부에 따르면 보보디울라소와 주변 지역이 부르키나파소의 과일과 채소 생산의 60%를 담당하게 되었다. 도시의 인근 지역은 면화와 여러 가지 곡물의 중요한 생산지가 되었고, 목축의 중심지 기능도 한다. 이와 함께 보보디울라소는 조립공업과 물류 중심지의 위상도 얻으며, 수입과 유통의 허브 역할도 강화했다.

경제적 반전은 사회적·경제적 혜택으로 이어졌고, 무엇보다 로컬제도와 인구 사이에서 권한신장의 감정이 높아졌다. 로컬개발 헌장(Charter for Local Development)도 발표되었는데, 여기에서는 보보디울라소와 주변 지역을 서아프리카의 주요 과일·채소 생산지로 변화시키는 목표가 제시되었다. 시정부에 따르면, ECOLOC, 빈곤퇴치전략프레임워크(Strategic Framework for the Fight against Poverty), 국가계획(National Planning), 지속가능한 개발을 위한 성장촉진전략(Accelerated Growth Strategy) 등의 프로그램이 보보디울라소의 생산사슬 개선과 업그레이딩에 기여했다. 가공과 마케팅을 통해서 로컬 생산품의 가치도 증가했다.

도시의 행위자들은 제도주의적 관점에서 **거버넌스** 구조를 완전하게 개조하고자 했으며, 이 과정에서 광범위한 사회적·문화적·경제적·정치적 이해당사자들의 주민 참여 수준도 높아졌다. 영토개발 과정에서 워크숍, 세미나, 포럼의 개최는 하나의 규범이 되었으며, 이는 권한신장의 감각을 높이는 데도 공헌했다. 보보디울라소 시정부는 워크숍과 훈련을 꾸준하게 조직하면서, 다양한 이해당사자들이 도시계획·개발에 참여할 기회를 제공한다. 그리고 실천적 접근을 마련해 민간 건설, 교통 인프라, 폐기물·환경 관리에 대한 투자의 책임을 지고자 하는 지방정부의 의지도 높아졌다(Silver et al. 2013). 이처럼 보보디울라소에서는 더 많은 권력과 자원의 이양을 추구하는 **분권화**의 경로가 공고해지고 있다.

그러나 균형의 추가 경제적 목표보다 직접적 참여의 방향에 과도하게 쏠린 것은 아닌지에 대한 의문이 남아 있다. 높은 참여의 수준이 목적을 위한 수단이라기보다 하나의 목표가 되어 버렸다고 문제를 제기하는 사람들도 있다. 대중의 참여를 통해서 보보디울라소와 주변 지역은 이전보다 역동적이고 활력 넘치며 생동력 있는 경제 환경으로 변했다. 스스로 개발 사업을 해낼 수 있다는 자신감이 충만해지기도 했다. 그러나 경제적 개선의 성과가 모든 인구로 확산된 것은 아니다. 상당한 사회적·공간적 불평등으로 인해서 긴장관계의 상황이 지속적으로 조성되었고, 이것이 시민참여의 과정을 위기에 빠뜨리며 10여 년간의 경제 회복을 무너뜨릴 수 있는 위협 요소로까지 여겨지기도 한다. 이러한 과정의 취약성은 지방세 납부에 저항하는 시위로 표출되었다. 이 정책에 대한 동의는 이미 이루어졌지만, 2008년과 2011년에 시행을 앞두고 표면화된 마찰이었다. 2011년 이후에 나타난 정치적 갈등도 2000년대 초반부터 진행되어온 개발 과정의 지속가능성을 약화시켰다. 갈등의 결과로 1987년부터 장기 집권했던 블레즈 콩파오레(Blaise Compaoré) 대통령 정권은 2014년 무너졌고, 2015년 9월에는 군부 쿠데타가 발생했다. 2014년 말에는 보보디울라소 시청 방화 사건이 있었는데, 이는 콩파오레 대통령을 몰아내며 민중봉기를 주도한 집단의 소행이었다. 이 사건은 몇 년 동안 지속된 정치적 갈등과 함께 보보디울라소의 대중 참여적 개발 과정에 심각한 타격이 되었다. 개발 과정이 다시 시작될 수 있을지의 여부는 얼마나 빠르게 정치적 안정성을 회복하느냐에 달려 있다. 정치적 격변으로 파괴된 이해당사자 간 신뢰를 재건할 수 있을지의 여부도 관건이다. 어쨌든, 장기적인 노력이 필요할 것으로 보인다. 보보디울라소의 경험은 정치적·거시-경제적 안정성의 맥락에서만 지역개발 전략이 제대로 추진될 수 있다는 점을 시사한다. 안정성이 위협을 받거나 붕괴된다면, 지역개발 전략을 지탱할 가능성은 심각하게 훼손될 것이다.

7. 분쟁 후 안정화, 위기, 불안정화: 이라크 쿠르디스탄 지역

이라크 쿠르디스탄 지역(KRI: The Kurdistan Region of the Republic of Iraq)은 이라크 북부에 있다(Figure 8.18). 2012년과 2015년 사이 이 지역의 쿠르드족 인구는 500만 명에서 650만 명으로 빠르게 늘었다. 150만 명의 인구성장은 분쟁의 맥락에서 나타났던 현상인데, 이들의 대부분은 이라크의 다른 지역에서 이주해 온 **국내 실향민(IDP: Internally Displaced Persons)**과 인접한 시리아에서 유입된 **난민(refugee)**으로 구성된다. 이에 따라 쿠르드족은 이라크 인구에서 17~20% 정도를 차지하는 집단으로 성장했다(World Bank 2015). KRI의 GDP도 이라크 전쟁의 결과로 2004년 2조 5천만 디나르(약 22억 달러)에서 2011년 28조 디나르(약 240억 달러)로 급성장했다. 한편 KRI는 중동에서 석유에 기반한 정치경제의 특성을 가지는 이라크적 **자본주의 다양화** 속에 위치한다. 이러한 형태의 자본주의 다양화는 전제주의나 강력한 국민국가, 중앙집권화, 위계의 특징을 가진다. 국가를 넘어서는 보다 광범위한 지역에서는 지정학적 불안정성, 마찰, 소요의 문제도 만연하다(Jessop 2010).

KRI는 더 광범위한 범위에서 경합하는 쿠르디스탄 지역 일부에 해당한다. 쿠르디스탄은 3~4천만 명에 이르는 단일한 민족, 언어, 종교의 공동체이며, 이란, 이라크, 시리아, 튀르키예에 걸쳐 형성되어 있다. 제1차 세계대전 이후 오스만제국을 해체하며 중동의 국경을 새로 그렸던 국제협약에 따라 쿠르디스탄은 여러 국민국가의 경계를 넘어서 흩어져 살게 되었다(Stanfield 2013). 쿠르드족은 "무국적의 한 세기(century of statelessness)"를 보냈고(Stanfield 2014: 3), 이 과정에서 독립적 국민과 국가로서 자신들의 영토적·정치적 존재감을 보장받기 위해 투쟁해 왔다.

KRI는 이라크의 연방 거버넌스 구조에서 "준자치 지역(semi-autonomous region)"으로 인정받는다(World Bank 2015: 13). 1992년 쿠르디스탄 의회는 쿠르드 지방정부(KRG: Kurdistan Regional Government)를 출범시켰다. 이 정부의 수도는 아르빌(Arbīl)에 위치하며, 2005년 제정된 이라크 헌법에 따라 입법권, 사법권, 행정권을 행사한다. KRG는 아르빌, 다후크(Dahūk), 술라이마니아(Sulaymanīyah)의 행정 구역을 관할한다(그림 8.18). 역사적으로 이라크는 고도로 중앙집권화된 국가였지만, 1991년 통합된 지방정부가 설립된 이후부터 KRG의 자치권은 높아졌다. 쿠르드 민주당(Kurdish Democratic Party)은 튀르키예에 우호적이며 보다 높은 수준의 자치권을 추구했던 반면 쿠르드애국동맹(Patriotic Union of Kurdistan)은 바그다드의 연방정부나 이란에 더 가까운 입장으로 이라크의 온전성을 유지하려 노력했다. 이러한 견해의 차이는 2000년대 후반부터 부분적으로 해결되었다. 이에 따라 이라크에서 지역적 민주주의 실험의 일환으로 분권화가 높아졌고 KRG의 자치성도 커졌다(Stansfield 2014).

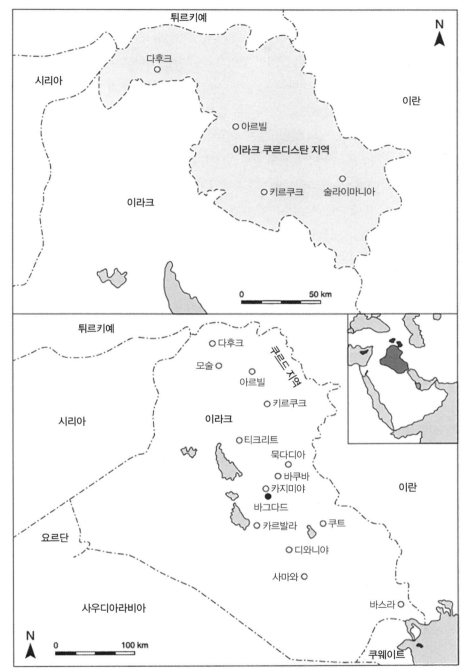

그림 8.18 이라크의 쿠르드 지역

출처: Cath D'Alton

그러나 KRI는 지난 몇 십 년 동안 안정화, 위기, 불안정화의 시기를 반복적으로 경험했고, 이는 지역개발 궤적에 지대한 영향을 미쳤다. 우선 쿠르드의 분리독립 요구는 오랫동안 무시되어 왔다. 1918년부터 영국의 식민 지배에 의한 탄압이 있었고, 이후에는 이라크의 국가주의적 지배에 따른 억압이 있었다. 이는 쿠르드 민족의 반란으로 이어지기도 했다. 이라크의 바트(Ba'at)당 정권은 쿠르드 소수민족을 차별하며 억압했고, 쿠르드족은 심지어 집단학살(genocide)의 대상이 되기도 했었다(Stansfield 2013). 이 과정에서 KRI의 경제기반은 큰 피해를 보았는데, 특히 농업 부문의 피해가 심각했다. 아울러 산업화, 서비스 부문의 발전, 민간부문 주도 성장 등의 노력에서도 커다란 좌절을 경험했다. 실제로 KRI는 이라크 국민국가와 시혜적 관계를 형성하며, 로컬 인구의 상당수가 "공공부문에 고용되어 있는데, 이는 바그다드에 대한 종속성을 강화하기 위한 노력에서 나타난 것이다."(The Economist 2014: 1) 고도로 중앙집권화된 이라크 국가정부는 다수를 차지하는 아랍인을 대하는 방식과는 달리 자국 내 쿠르드 공동체의 자치성을 거의 또는 전혀 인정하지 않았다. 이런 상황에서 사담 후세인(Saddam Hussein)이 지배하고 있던 이라크는 쿠웨이트를 침략했고, 이 사건은 1990~1991년 동안의 제1차 걸프 전쟁(Gulf War)으로 이어졌다. 이때 미국과 다국적 연합군은 KRI 상공을 비행 금지 구역으로 지정하여 쿠르드족이 분쟁을 피할 수 있도록 안전망을 제공했다. 이러한 영토의 보호 덕분에 쿠르드족의 자치가 시작되고 분권화된 거버넌스의 기초가 마련될 수 있었다. 1990년대부터 2000년대 초반까지 **취약국가(fragile state)**로 전락했던 이라크의 상황도 쿠르드족에게는 기회로 작용했다.

　　그러나 안정성은 단지 짧은 기간만 유지되었다. 2003년 미국이 주도한 이라크 전쟁으로 사담 후세인이 실권하며 바트당 정권이 몰락하는 사태가 발생했기 때문이다(Stanfield 2013). 뒤이은 이라크 재건은 미군의 점령과 감독 아래, 연합국 및 국제기구와 협력 속에서 이루어졌다. 2003년과 2007년 사이 폭력적 반군이 등장하고 이슬람 내에서는 시아파와 수니파가 분열하는 양상이 나타나면서 이라크 재건 사업은 혼란에 빠졌다.* 이라크 전역에서 나타난 광범위한 불안 속에서 자치와 분리독립에 대한 KRI의 열망이 높아졌다. 2005년 새롭게 마련된 이라크 헌법 체제에서 "쿠르드는 여전히 이라크의 일부였다. 바그다드의 정치적 과정에 참여했고, 쿠르드 지역 정부는 이라크 국가정부에 의존해 재정을 마련했다. 그러나 문화적·민족적 측면에서 쿠르드는 이라크로부터 상당히 많이 '분리'되어 있다."(Stansfield 2014: 3) 이러한 혼란의 상황에 영향을 준 미군과 연합군의 철수는 2000년대 말

---

* 이라크의 종교 구성에서는 시아파(61%)가 수니파(34%)를 압도한다. 그러나 후세인 정권 동안 소수의 수니파를 중심으로 국가의 지배 권력이 형성되었다. 이러한 정치적 지배구조는 시아파가 압도적 다수를 차지하는 이란과 오랜 마찰의 원인 중 하나였다.

부터 시작되어 2011년에 마무리되었다.

　2000년대 중반부터 KRI는 경제적 성장과 호황의 기간을 경험했다(그림 8.19). 이라크의 다른 지역과 대비되는 상대적 안정성의 맥락에서 KRI 지역정부의 행정과 제도 역량도 마련되기 시작했다. 지역개발 전략은 금융적·재정적 독립에 초점이 맞춰졌다. 바그다드에 대한 경제적 의존성을 줄여 나가 궁극적으로는 의존성에서 벗어나기 위해서였다. 지역의 국가기관과 정책 프로그램, 그리고 불확실한 지정학 맥락에서 쿠르드 민병대 페슈메르가(Peshmerga)에 대한 재정 투입을 스스로 할 수 있기를 원했다. 산업화, 서비스 경제로의 전환, 경제개발과 사회개발 간 연결도 핵심 전략에 속했다 (KRG 2013a). 더 광범위한 지역에서 나타나는 자본주의 다양화의 영향으로, 석유와 천연가스 수출이 경제적 자립의 수단으로 우선시되었고 실제로도 소득 창출의 풍부한 원천으로 기능했다. 석유와 천연가스 운송 시스템에 대한 투자는 인프라 재건 사업에서 중요한 부분을 차지했다.

　지역개발 전략의 일부로서 글로벌경제에 대한 개방성과 연결성을 추구하며, 해외직접투자(FDI) 형태로 자본을 유치하려는 노력도 있었다. KRG는 KRI를 비교적 안정적인 "이라크의 관문(gateway to Iraq)"으로 소개하며 재건 참여의 기회를 홍보했다(The Economist 2014: 1). 투자청을 설립해 지방정부의 정책을 선도할 수 있도록 하였고, 2006년에는 투자법도 마련되었다. 이 법은 외국인 투자자에게 매우 유리한 것이었다. 자산의 매입이나 소유와 관련해 내국인과 외국인 간 무차별을 보장하

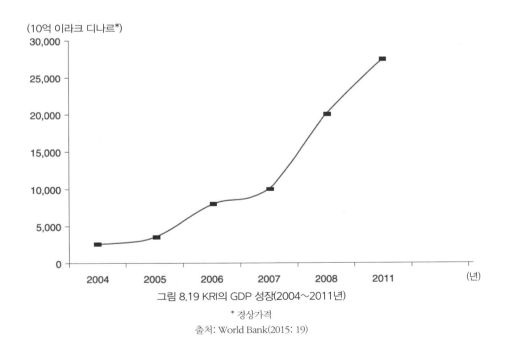

그림 8.19 KRI의 GDP 성장(2004~2011년)

* 경상가격

출처: World Bank(2015: 19)

고, 10년간 세금 공휴일(tax holiday)과 자본의 자유로운 송금도 허용하는 조항이 포함되었기 때문이다. 한 분석가에 따르면, "쿠르디스탄 지역은 자체적으로 중요한 시장을 보유하고 이라크의 나머지 지역에 대하여 관문의 역할을 한다. 그래서 고위험·고수익을 감당할 수 있는 투자자에게는 흥미로운 지역이다."(Stanfield 2014: 9) KRI의 경제기반을 재건하는 데에 있어서, 신규 비즈니스 등록과 투자는 건설과 부동산 개발에 편향된 다소 불균형한 구조의 모습으로 나타났다. 특히 주택과 상업 개발에 초점이 맞춰져 있었고, 지리적으로는 KRI 수도 아르빌의 성장 중심에 집중되었다(사진 8.7). 경제적 호황은 시멘트와 같은 원자재 가격의 인플레이션 압력으로 이어졌으며, 이는 주택 공급 가격 상승의 원인으로 작용했다(The Economist 2014).

이러한 호황의 시기는 오래가지 못했다. 2005년에 시작해 2011년까지만 지속되었다. 2012년부터는 서로 연관된 다양한 요인들 때문에 위기와 불안정화의 모습이 나타났다. 상당한 충격(쇼크)이 KRI의 경제, 사회, 정치를 강타했는데, 이는 지역개발에 악영향을 미치며 쉽게 해결되지 않았다. 불안정화의 주요한 요인은 네 가지로 요약된다. 첫째, 폭력과 불안정이 이라크의 다른 지역에서 또다시 발생했다. 이는 민족 간 긴장 관계와 시아파와 수니파 간 갈등에 따른 것이었다. 갈등으로 인해서 이라크에서는 1,253,300명의 국내 실향민이 발생했고, 이 중 많은 이들이 비교적 평화롭고 폭력 사

사진 8.7 이라크 쿠르드 지역 아르빌의 요새

출처: MSinjari

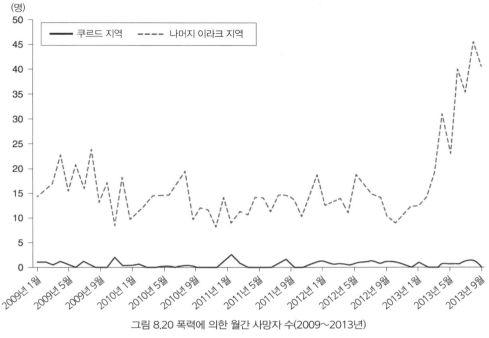

(명)

그림 8.20 폭력에 의한 월간 사망자 수(2009~2013년)

출처: World Bank(2015: 97)

건이 적은 KRI로 몰려들었다(World Bank 2015; 그림 8.20). 국민국가 기능의 재건과 정치적 안정성을 회복하려는 노력이 있었지만, 상황이 변하면서 이라크 연방정부의 실패에 대한 우려가 생겼다. 심지어 이라크가 분할될 수 있다는 전망도 있었다(Stanfield 2014). KRG가 그러한 불안정성과 불확실성의 영향을 차단하려고 노력하는 동안, 이라크의 다른 지역 사람들이 KRI로 많이 유입되었다. "불완전하며 부패의 문제가 있기는 했지만, 이라크의 다른 어떤 지역보다 쿠르드 지역에서 민주주의가 잘 작동"하고 있었기 때문이다(The Economist 2014: 2).

둘째, 이웃하는 시리아에서 내전이 발생했다. 내전은 바샤르 알 아사드(Bashar al-Assad) 대통령에게 충성하는 정부군, 민주주의를 요구하는 반정부군, 이라크와 시리아의 이슬람 국가(ISIS: Is-lamic State in Iraq and Syria) 사이에서 일어났다.* 이 분쟁은 2011년에 시작되었고, 그 이후로 20

---

* ISIS는 ISIL(Islamic State of Iraq and the Levant)로 불리기도 했었다. 이에 가담한 사람들은 칼리프가 지배하는 이슬람국가(IS: Islamic State)로 불렀지만, UN을 비롯한 국제사회에서 테러 조직으로 분류되었다. 원래는 요르단 출신의 아부 무사부 알 자르카위(Abu Musab al-Zarqawi)가 1999년에 결성한 수니파 중심의 지하드 단체로 출발했다. 2003년 이라크 전쟁 이후 수니파 반군 세력이 많이 유입되며 이라크 북부에서 규모를 키워 갔고, 2011년 시리아 내전이 발발하면서 권력의 공백이 생긴 시리아 북부까지 지배의 범위를 넓혀 갈 수 있었다. ISIS가 가장 강했을 때 이라크 영토의 40%, 시리아 영토의 25% 정도까지 지배했다. 그러나 미국이 주도하는 연합군 소탕 작전의 결과로, 2020년 말부터 ISIS는 중동에서는 거의 자취를 감추었다. 이후에는 나이지리아와 모잠비크의 일부 지역에서만 ISIS의 활동이 간헐적으로만 확인되고 있는 상태다.

만 명 이상의 사망자와 1,100만 명의 실향민이 발생했다. 그리고 2015년 초반까지 약 25만 2천 명의 난민이 KRI로 유입되었다(World Bank 2015). 셋째, 2014년 무렵부터 ISIS 반군이 이라크 북부로 접근해 KRI 영토에 진입했고, 이에 따라 쿠르드 민병대 페슈메르가가 분쟁의 핵심 행위자로 떠올랐다. 분쟁의 폭력성 때문에, KRI에서도 국내 실향민과 난민이 폭증했고 인도적 지원의 위기까지 발생했다. ISIS의 상황은 무역로, 특히 석유와 천연가스의 수출로 확보에 지장을 초래했다. 그래서 무역은 훨씬 더 큰 비용이 드는 경로로 우회해 이루어져야만 했고 시장도 파편화되었다. 이라크 남부의 큰 시장으로 향하는 안전한 관문의 장소로 여겨졌던 KRI의 입지도 흔들리게 되었다. 수많은 공공투자, 민간투자, 건설 프로젝트는 멈췄고, 시멘트와 철강 부문의 시설은 일시적 폐쇄의 상태에 몰렸다(World Bank 2015).

넷째, 2014년 초반부터 바그다드의 연방정부가 재정 위기에 처하고 정치적 교착 상태에 빠지게 되면서, KRI도 심각한 타격을 받았다. 이러한 위기 속에서 바그다드의 중앙정부와 아르빌의 쿠르드 지방정부 간의 삐걱거리는 관계는 의사소통 제약 때문에 더욱 악화되었다(Economist 2014: 2). 실제로 중앙정부에서 KRG로 보내는 재정 교부금이 90%나 감소했다. 이에 따라 연방정부의 자원부로부터 50억 달러의 지원이 필요한 상황에 몰렸다. 이 중 15억 달러는 이라크의 민간기관에서 차입했고, 15억 달러는 석유를 선물시장에서 증권화하여 해외 기업으로부터 마련했다(World Bank 2015). 이에 앞서 2013년 KRG는 튀르키예와 석유 및 천연가스 수출 협정을 맺었는데, 협정의 적법성을 두고 이라크 정부와 마찰이 생겼다. 이에 연방정부가 KRG에 예산을 지급하지 않으면서 재정 위기가 발생했던 것이다. 석유와 천연가스 수출 대금의 소유권과 분배를 두고 연방정부와 KRG 간의 협의가 이루어지지 않았던 것이 사건의 핵심이다. 헌법에 따르면 KRG는 국가 전체 예산의 17%를 받아야 하는데, 이는 연간 120억 달러 정도였다. 하지만 KRG는 80억 달러밖에 받지 못했고 60억 달러에 이르는 부채를 떠안게 되었다(Stanfield 2014; World Bank 2015). 재정 교부금의 급격한 감소 때문에, KRG는 석유와 천연가스를 인근 국가로 수출해 소득원을 마련하려던 것이었다. 재정 위기와 경제적 의존성의 한계로 인해서 KRI에서는 민족 자결, 재정적 자치, 경제적 자립에 대한 요구가 높아졌다. 이러한 사건들을 포함해 2012년부터 발생한 심각한 충격과 다각적인 위기는 KRI에서 경제활동의 저하로 이어졌다. 2013년에 8%였던 GDP 성장률은 2014년 3%로 급락했고, 이는 임금과 소득, 수익, 소비, 국내·외의 투자, KRI의 세수 등에 악영향을 미쳤다.

1) 안정화, 위기, 불안정화에 대한 설명

신고전 경제학 사상에 기초한 진단에 따르면, KRI 개발에서 직면한 난관은 지속적인 성장을 위한 주요 조건의 부재 때문에 발생했다(Heshmati 2012). 이 관점에서, 특히 세 가지 결정적 요소의 부재가 경제성장의 장애 요소로 분석되었다. 첫째는 노동의 공급과 수요의 불일치에서 나타나는 **시장실패**이다. 이는 특히 교육 자격과 숙련의 부족 측면에서 나타났다. 둘째, 신용 시장과 은행 시스템이 제대로 작동하지 않았다. 낮은 저축률과 신용 규모, 은행 간 관계의 제약이 민간부문의 성장을 어렵게 했다. 투자 자본으로 전환될 신용의 부족 때문에 신규 비즈니스 창업과 중소기업의 확대가 충분하지 못했다는 이야기다. 셋째, 과대한 규모의 공공부문이 지역경제의 비생산적 요소로 지목되었고 "구식이거나 존재하지 않는" 조세 시스템도 문제로 지적됐다(Heshmati 2012: 1). 그래서 분쟁 이후 재건을 위한 경제개발 계획, 정책, 역량 증진을 추진하는 데에 있어서 지역정부와 제도의 결함이나 실패가 나타났다는 것이다. 한편 세계은행(World Bank 2015: 3)은 2012년 이후의 위기 중에 "짧은 기간 동안 빠르게 증가하는 부채 비용"을 우려했다. 실제로 1년이 채 되지 않는 기간 동안 부채는 GDP의 12%까지 증가해서 재정의 지속가능성에 대한 의문이 있었다. 이에 세계은행은 중·장기적 안정화를 위해서 석유 판매 수입에 과도하게 의존하는 상황을 벗어나도록 시장 기반의 해결책을 제시했다. 해결책은 "민간부문이 주도하는 … 다양화된 경제를 지향"했고, 여기에는 "KRI 사람들, 실향민, 난민에게 일자리의 기회를 제공"하기 바라는 기대가 있었다(World Bank 2015: 12).

이러한 신고전주의적 설명 방식에서 불규칙한 소득 유동성, 적대적인 이웃에 대한 의존성, 생산요소 부족이 지역경제의 불안정성과 쇼크를 일으켰다는 점이 일부 인정된다(Heshmati 2012). 그러나 지역개발을 해석하는 데에 있어서 신고전주의 경제학이 가지는 한계가 표출되기도 했다. 무엇보다, 복잡한 지정학적 상황, 인종·언어·종교의 분리, 위기·분쟁·폭력의 반복을 제대로 고려하지 못했다. 신고전주의 이론은 안정된 성장기에 대해서는 잘 설명하지만, 위기와 불안정성의 시기에 대해서는 그렇지 못한 경향이 있다. 다른 한편으로, KRI의 사례에서는 시장 기반의 혼합경제(mixed economy)가 제대로 작동하는 제도적 전제조건이 존재하지 않는다. 실제로 KRI는 제도적 환경이 약하거나 취약한 상태에 있었다. 생산요소 시장이 실패했을 뿐만 아니라, 혼란스럽게 깨어져 전혀 존재하지 않는 상태 같았다. 따라서 KRI의 사례에서는 시장에 통합되기도 하고 시장을 초월하기도 하는 **제도**가 이해의 중심이 되어야 한다. 국가나 지역 스케일에서 국가의 역할과 국제적으로 활동하는 기관 및 투자자의 영향력이 특히 중요하다.

요컨대, KRI의 혼란은 신고전 경제학 사상 관점에서 시장실패의 문제로 설명된다. 이와 달리, 케인스주의 복지국가에 기초한 설명은 안정화, 위기, 불안정화의 주기(사이클)에 대하여 국가나 다자적 국제제도의 역할에 주목한다. 국가와 제도는 장·단기적 측면에서 두 가지의 중요한 방식으로 안정화에 기여한다. 첫째, 단기적 위기에 대응한다. 분쟁 중이나 분쟁 후보다 어려운 지역개발의 맥락은 거의 없을 것이다. 파괴와 되돌이킬 수 없는 손실은 장소와 사람에게 공포, 불확실성, 불안정성의 조건으로 작용한다. 그래서 식량, 거처, 난방, 식수 등 기초적 욕구에 대한 인도주의적 차원의 원조가 중요한 역할을 한다. KRI에서는 국가를 비롯한 다양한 제도들이 그러한 활동에 참여한다. 2012년 이후 시리아로부터 국내 실향민과 난민이 엄청나게 유입되었기 때문이다. 비상사태 고용을 통한 일자리 창출은 기본적 욕구의 문제를 단기적으로 해소하면서 사람들과 커뮤니티가 생존할 수 있도록 하였다. 둘째, 그러한 일은 보다 장기적 측면에서 안정화와 재건에 힘을 실어줄 수 있다. 분쟁의 상황이 끝나고 해결의 국면으로 넘어가면 지역개발과 회복이 중요해진다. 특히 고용을 통해 경제활동을 다시 시작하는 것이 지속가능한 안정화, 재통합, 생계유지, 평화에 보탬이 된다. 이러한 중·장기적 노력의 초점은 로컬·지역경제 잠재력의 재활성화, 사회적 안전망의 복원, 파괴된 인프라의 재건에 있다. **케인스주의** 사상에서 국가의 개입과 자본의 차입은 단기적 측면에서 혼란 상황에 대처하고 지역경제를 회복하는 중요한 수단으로 인식된다. 장기적 측면에서는 성장을 이룰 수 있도록 제대로 작동하는 경제를 복원하고 세수를 늘려 균형 있게 재정을 관리하는 것이 필요하다. 세계은행(World Bank 2015)이 인정하는 바와 같이, 이라크와 KRG는 30억 달러를 마련해 공공부문 노동자에게 급여를 지급하며 공공서비스가 지속될 수 있도록 하였다. 2012년 위기 이후 안정화에 투입된 자금은 14억 달러에 이를 것으로 추산된다.

이러한 금융 지원과 기술 원조를 제공하는 데에 있어서, 다자적 **국제기구**의 역할이 중요했다. 이러한 노력은 이라크 연방정부나 지역국가 KRG와의 협조 속에서 이루어졌다. 유엔 국제노동기구(UN-ILO: United Nations International Labour Organization)는 위기·대응·재건 프로그램(Programme on Crisis, Response and Reconstruction)을 통해서 상황을 해석하고 통합적인 대응 방안을 마련했다. 이것은 일석삼조의 프로그램을 사용하는 정책 프레임워크이며, 평화협상, 안정화, 재통합, 전환으로 이어지는 중첩된 단계를 거치며 실행된다(그림 8.21). 이 프레임워크는 지속가능한 고용 창출의 궁극적 목표를 지향하며, ILO에서 제시하는 '양질의 일자리(Decent Work)' 비전도 여기에 내포되어 있다. UN-ILO는 이미 2012년 위기 발생 이전부터 로컬 경제개발을 위한 역량 증진 활동을 KRG 등 이라크의 지방정부를 상대로 실시해 오고 있었다(Pike 2013).

한편 데이비드 하비(Harvey 2003)는 신제국주의(new imperialism) 논제를 바탕으로 이라크와 KRG의 상황에 대한 **마르크스주의 정치경제학** 설명을 제시했다. 이 주장은 2003년 이라크 전쟁을

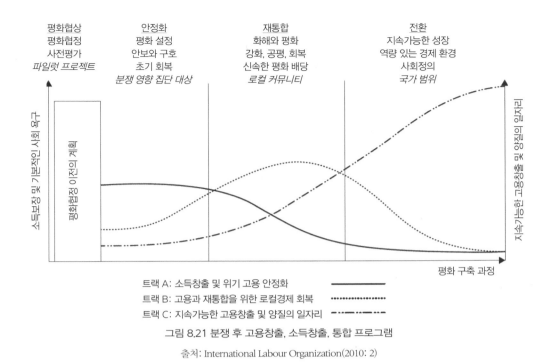

평화협상
평화협정
사전평가
파일럿 프로젝트

안정화
평화 설정
안보와 구호
초기 회복
분쟁 영향 집단 대상

재통합
화해와 평화
강화, 공평, 회복
신속한 평화 배당
로컬 커뮤니티

전환
지속가능한 성장
역량 있는 경제 환경
사회정의
국가 범위

소득보장 및 기본적인 사회 욕구

평화협정 이전의 계획

지속가능한 고용창출 및 양질의 일자리

평화 구축 과정

트랙 A: 소득창출 및 위기 고용 안정화 ──────
트랙 B: 고용과 재통합을 위한 로컬경제 회복 ·············
트랙 C: 지속가능한 고용창출 및 양질의 일자리 ─·─·─·─

그림 8.21 분쟁 후 고용창출, 소득창출, 통합 프로그램

출처: International Labour Organization(2010: 2)

신보수주의(네오콘, new-conservative) 정치경제 프로젝트라고 말하는 편협한 설명을 넘어선다. 기존의 설명에서는, 조지 부시(George W. Bush) 대통령을 필두로 네오콘(NeoCon)이 미국 행정부와 대외정책을 이용해서 이라크의 석유 자원을 확보하고 미국 석유산업의 이익을 대변한 사건으로 이라크 전쟁을 이해했다. 이와 달리, 하비는 사적 유물론(historical materialism) 접근을 바탕으로 글로벌경제와 정치 질서의 변화 속에서 분쟁, 침공, 점령을 설명했다. 그는 이라크 전쟁을 **확대된 재생산에 의한 축적(accumulation by expanded reproduction)**에 기초했던 **포디즘**의 종말과 관련하여 파악했다. 그에 따르면, 이러한 움직임은 1970년대 초반부터 시작되었고 이 과정에서 포디즘적 축적체제는 **탈취에 의한 축적(accumulation by dispossession)**으로 대체되었다. 후자의 축적체제는 부패하고 심지어 사기에 가까운 투기적 **금융** 권력이 주도한다. 이처럼 하비는 석유의 지정학(geo-politics)과 지경학(geo-economics)을 역사적으로 진행되는 경제적·사회적·정치적 과정의 핵심적 국면으로 설명한다. 이런 맥락에서 미국은 지속해서 유지하고 있는 군사적 우월성을 이용하여 중국의 경제적 부상으로 조성된 도전적 상황에 대처하고 있다는 것이다. 하비와 마찬가지의 방식으로, 나오미 클라인(Naomi Klein 2007)은 **쇼크 독트린(shock doctrine)**에 대한 설명을 제시했다. 그녀의 주장에 따르면, 분쟁이나 재난 이후의 조건은 **신자유주의**적인 시장 기반의 개혁과 탈규제화

를 도입하기 위한 수단으로 이용되어 왔다. 이러한 설명을 KRI의 경험에 연결하여, 위기와 안정화의 다차원적인 원인을 이해하고 그것이 광범위한 지리정치경제학 맥락에 심층적으로 착근해 있음을 파악할 수 있다. 그러나 안정화와 경제성장에 이로운 제도적 장치나 조건의 **구조화된 일관성**(structured coherence)은 일시적이고 취약하며 단기적으로만 지속된다는 점에 유의해야 한다(Harvey 1985: 146). 광범위한 글로벌경제와 지정학의 맥락 속에 있는 중동의 화약고 지역에서 발생하는 단기적 사건으로 인해서 일시적 안정화는 방해받고 와해되어 불안정한 상태로 전환될 수 있기 때문이다.

2) 만성적 위기와 안정화의 갈림길

2012년 이후에는 이라크의 쿠르드 지역이 중·장기적으로 위기에서 벗어날 수 있을지에 대한 의문이 제기되었다. KRG의 지역개발 이슈는 네 가지의 중요한 차원의 프레임 속에 있는데, 이들은 이라크 연방정부, 이라크의 다른 지역, (이란, 시리아, 튀르키예를 포함한) 인접한 국가, 국제기구, 국제적 투자자와 관련된다. 첫 번째 이슈는 2012년의 위기가 어떻게 전개될지와 관련된다. KRI의 경제성장과 사회개발이 가능할 수 있도록 안정화된 평화가 정착될 수 있을지의 여부가 가장 중요하다. 2015년까지도 KRI는 매우 어려운 상황에 있었다. 위기가 다양한 측면에서 전개되고 있어서 분쟁과 재난의 기간, 규모, 영향을 파악하기도 어려웠다(World Bank 2015). KRG(2013a)는 지역개발을 위한 나름의 정의와 전략을 제시하고 있지만, 진전을 이루려는 KRG의 노력은 지속되는 위기와 불안정화 조건에 방해받고 있다. 지금의 위기 이전에 명백했던 구조적 문제들은 더욱 커졌다. 수입 의존성, 금융 부문과 제도의 미개발, 지배적인 현금 사용 문화, 불충분한 공공부문의 규모와 효과성, 인프라(재)건설과 업그레이딩을 위한 공공투자와 민간투자의 부족이 그러한 구조적 문제에 해당한다. 이에 더해, 기초 재화와 서비스의 부족, 공급망의 병목현상, 연료비·전기료·운송비의 급등으로 인해서 KRI의 지역경제는 2015년까지도 불안정한 상태에 있었다(World Bank 2015). 분쟁 지역의 국내 실향민과 난민이 노동시장으로 유입되면서 임금 수준이 낮아지고 실업도 증가하였다.

둘째, 2012년의 위기는 석유와 천연가스 의존성을 탈피해 경제적 **다양화**를 추구했던 중·장기적 전략의 방해 요소로 작용했고, 저탄소나 포스트-탄화수소(post-hydrocarbon) 경제를 추구하려던 계획의 실행도 어려워졌다. 2020년대를 향한 KRG(2013a)의 비전에는 석유와 천연가스 판매 수입을 장기적인 경제 적응에 투자해야 한다고 명시했었다. 그러나 KRI는 그에 필요한 장기적 계획과 투자 전략의 추진을 위해 필요한 안정성을 갖추지 못했다. 그러한 전략을 오랫동안 추진해 왔던 다른 석유 의존 경제와는 다른 모습이다. 일례로, 아랍에미리트의 두바이는 비즈니스와 관광을 촉진하고 국부펀드와 같은 제도적 수단을 마련해 해외투자도 늘리면서 경제의 다양화를 위해 노력하고 있다 (Hvidt 2013). 아울러, KRI는 경제적·사회적·환경적·정치적 측면에서 전략의 안정성과 잠재적 문제를 성찰할 기회도 찾지 못했다. 예를 들어 석유 자본에 기반한 두바이의 경제 전환 전략은 남부 아시아인의 노예적 계약 노동(indentured labor)을 낳았고, 생태적 피해를 유발하는 자원을 남용하면서 많은 문제를 일으켰다(Davis 2006). 2012년 이후 조성된 위기의 상황도 그러한 비전과 경제 적응 전략에 대한 위협으로 작용했다. 실제로 KRI에서 지역국가의 예산은 석유와 천연가스 수출에 더욱 많이 의존하게 되었고, 민간부문은 단기적 수익에만 집중하는 경향이 나타났다.

셋째, 2000년대 후반 동안 이룩했던 사회적·공간적 불평등의 완화에 역전 현상이 나타났다. 2007년과 2012년 사이 KRI의 빈곤율은 4.7%에서 3.5%까지 하락했다. 이는 22.9%에서 18.9%까지 떨어진 이라크 전체의 패턴과 일치했다(그림 8.22). 빈곤율 감소는 다후크와 술라이마니아를 중심으로 나타났고, 지역의 수도인 아르빌에서만 빈곤율이 약간 증가했다. 그러나 2012년 이후의 위기와 경기후퇴로 인해서 빈곤율이 또다시 증가하기 시작했다. 주원인은 시리아의 국내 실향민과 난민 유입이었다. 이들이 노동시장 최말단에서 임금 하락과 실업 증가의 원인으로 작용했다. 결과적으로, 2014년 무렵까지 빈곤율은 8.1%까지 두 배 이상 늘었다(World Bank 2015).

넷째, KRI의 거버넌스도 중요한 이슈로 남아 있다. 이 지역은 사실상의 자주적 국가처럼 작동하며

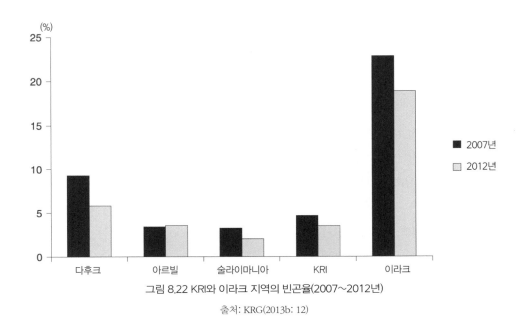

그림 8.22 KRI와 이라크 지역의 빈곤율(2007~2012년)
출처: KRG(2013b: 12)

이라크의 취약한 연방국가 시스템 내에서 더욱 많은 자치성을 인정받기 위해 노력하고 있다(Stans-field 2013). 최우선적인 관심사는 분권화를 확립하고 강력한 세수 기반을 마련하기 위해서 연방 예산의 분배 문제를 해결하는 것이다. 여기에는 연방정부로부터 재정 권한을 이전받아 새로운 재정 권력의 기초를 마련하는 일도 포함된다. KRI의 석유 수출을 합법화할 수 있는 새로운 입법권도 요구된다. KRI는 이라크의 중앙정부를 거치지 않고 해외 기업과 직접 계약을 맺어 석유를 시추하고 관리할 수 있는 권한을 요구하고 있다. 동시에 이란이나 튀르키예 수출을 늘리기 위해서 새로운 인프라를 조성하는 방안도 모색하고 있다(The Economist 2014). 하지만 2012년 위기 사태 이후로 거버넌스에 대한 논의는 더욱 복잡해졌다. KRI 영토의 정치지리가 보다 유동적으로 확대되며 새롭게 그려지고 있기 때문인데, 이는 ISIS를 차단하는 데에서 쿠르드 민병대 페슈메르가가 중요한 역할을 맡게 된 것과 관련된다. 쿠르드의 군사적 영향력은 KRG와 국가정부 간의 역사적 분쟁을 일으켰던 키르쿠크(Krikūk)와 바이 하산(Bai Hassan) 유전지대까지 확대되었다. 더 나아가 페슈메르가의 활동 영역은 시리아와 접경을 이루는 라비아(Rabia)까지 이르기도 했다. 위기로 인해서 이라크가 민족이나 종파에 따른 민족국가로 분할되거나 수도는 바그다드에 두지만 보다 느슨한 연방국가로 전환될 수 있다는 전망도 있었다(The Economist 2014). 그러나 오늘날의 맥락에서 '쿠르디스탄 공화국(Republic of Kurdistan)'으로 명백하게 분리된 독립 국가의 출현은 복잡하게 해석된다. 이란, 시리아, 튀르키예에 있는 쿠르드 소수민족과의 관계 때문이다. 이들 국가는 이라크 영토의 통합과 해체, 더 나아가 중동 지역 국가 시스템의 광범위한 변화에 대하여 서로 다른 이해관계를 가지고 있다.

8. 결론

사례 연구를 통해서 살펴본 지역개발의 현실은 여섯 가지 측면에서 이 책의 중심 주장과 호응을 이룬다. 일부는 공통된 사항이지만, 특수한 시·공간적 맥락에서 차별화된 부분도 있다. 첫째, 다양한 행위자들이 특정한 형태의 성장, 고용, 소득, 사람과 장소의 웰빙을 이룩하기 위하여 지역개발을 정의한다. 일부의 정의는 공통되지만 그렇지 않고 특수하게 나타나는 지역개발의 정의도 있다. 그리고 행위자들은 로컬·지역 특유의 관심사를 다루는 개발의 버전(version)을 추구하는데, 이에 관한 결정은 역사, 지리, 자치성의 정도에 영향을 받는다. 선정된 개발의 버전은 확고하게 고정되어 있지 않을 수도 있다. 실제로 누구를 위해 어떤 종류의 지역개발을 추구할 것인지의 문제는 다양한 방식으로 표면화되며 여러 가지 방법으로 다루어진다. 한마디로, 개발의 정의는 특정한 목표, 원칙, 가치의 결합으로 프레임된다. 개별 장소의 행위자들은 특수한 맥락에서 나름의 지역개발 경로를 종합해야 하는 상황에 놓여 있다는 이야기다. 일부의 노력에서는 경제적 측면을 넘어서 개발의 정의를 확대하여, 사회적·공간적 불평등, 기후변화, 인구 변동 등을 비롯한 사회적·환경적 측면의 현안까지 고려한다(1장). 잉글랜드 북동부 지역의 행위자들은 탈산업화나 주변부성으로 야기된 결과와 구조적 문제를 해결하기 위한 개발의 형식을 만들어 내기 위해 꾸준히 노력한다. 보스턴 메트로의 행위자들은 재발명의 역량을 유지할 수 있는 개발의 접근을 마련하고자 한다. 이들의 관심은 특히 역동적인 첨단기술과 지식기반경제에 기초한 지역개발 모델에 집중되어 있다. 이런 노력은 한편으로 선도산업 부문에서 나타나는 국제적 경쟁, 다른 한편으로는 사회적·공간적 불평등과 지속가능성 압박에 대응하기 위한 것이다. 노르웨이에서 스타방에르 개발 전략에 관여하는 행위자들은 외부적인 국제 관계와 내부적인 역동적 혁신 간의 균형을 추구한다. 중국 허난성의 개발 전략은 대규모의 신속한 도시화와 산업화에 기초하고 있지만, 동시에 사회적·공간적 불균등을 관리하는 노력도 이루어진다. 부르키나파소 보보디울라소의 행위자들과 제도는 참여적 개발 전략을 추구하면서, 이 도시가 과거에 누렸던 서부 아프리카의 허브 역할을 복원하고자 한다. 분쟁과 혼동 속에 있는 이라크의 쿠르디스탄 지역에서 개발 전략의 핵심은 안정을 추구하고 평화와 안보의 기본 조건을 확보하는 일이다.

둘째, 행위자들은 지역개발 개념과 이론을 행동의 지침으로 사용하는데, 이는 때때로 느슨하고 절충적인 방식으로 나타난다. 논리와 전략은 로컬·지역 스케일에서 개발에 대한 개입을 설명하며 정당화하는 다양한 아이디어와 프레임워크에 기초해 마련된다. 개별 장소의 행위자들은 지역개발의 문제를 분석하여 미래 개발의 궤적을 형성할 수 있도록 실행 가능한 모델과 전략을 마련하는 일을 맡는다. 잉글랜드 북동부의 제도는 산업경제의 쇠퇴, 서비스 경제로의 불균등한 전환, 케인스주의 국가 관리와 복지의 후퇴를 관리하고자 한다. 보스턴 메트로 행위자들은 광범위하게 국제화된 지식경제에서 선도적 경쟁력을 유지하면서 보다 지속가능하고 훨씬 더 스마트한 형태의 도시-지역주의를 현실화하기 위해 노력한다. 노르웨이의 클러스터들은 국가적으로 초점이 맞춰져 있지만, 스타방에르의 접근은 로컬 버즈와 글로벌 파이프라인 프레임워크에 기초한다. 지속적인 혁신과 성장을 현실화하기 위해서이다. 허난성 행위자들의 포부(열망)에서는 계획, 관리, 지속가능한 영토개발이 중요하지만, 이는 대규모의 신속한 산업화와 도시화가 초래한 불평등 압력과 충돌한다. 보보디울라소의 전략은 무역·물류 허브의 역할을 복원하여 빈곤을 감소시킬 수 있도록 참여적 형태의 도시개발에 초점이 맞춰져 있다. 이라크의 쿠르디스탄 지역에서 단기적 전략은 1차상품 기반의 수출지향형 개발에 의존하고 있다. 동시에, 보다 균형 잡힌 경제·사회·환경개발을 이룩할 수 있도록 안정성과 안보를 추구하는 중·장기적 열망도 존재한다.

셋째, 이 장에서 소개한 사례 간에는 다양하고 다채로운 지역개발의 경험, 실천, 궤적이 분명하게 나타난다. 지역개발에 이롭게 작용하는 조건과 사건은 일시적이고 빠르게 사라지며, 심지어 혼란과 불안정화의 상태에 처해지기도 한다. 보보디울라소와 이라크의 쿠르디스탄 지역에서는 분쟁, 정치적 혼란, 갈등과 같은 극단적인 사건이나 쇼크로 인해서 개발이 진로를 벗어나는 사태가 발생했다. 허난성의 영토개발 모델과 경로에는 주기적 호황과 불황이 나타나고, 국제적 석유와 천연가스 가격의 등락은 스타방에르에서 위협으로 작용하기도 한다. 잉글랜드 북동부의 경제적 전환이나 보스턴 메트로의 주택가격 문제처럼 오랫동안 지속되는 현상도 지역개발 열망과 모델에 혼란을 높일 수 있다. 이처럼 지역개발은 조건, 단서, 시간에 따라 다르고 복잡하게 이루어지기 때문에, 단순명료한 **성공**이나 **실패**의 이야기로만 따질 수 없다. 지역개발은 언제나 꾸준한 진행 과정 중에 있는 프로젝트이다. 지역개발에 관여하는 행위자들은 경제적·사회적·환경적 차원에서 지역개발 정의에 적합하도록 혁신, 성장, 웰빙의 조건을 찾아 나서고자 하기 때문이다.

넷째, 지리적으로 차별화된 로컬·지역제도 사이에서는 자치의 종류, 정도, 범위가 다양하게 나타난다. 이러한 제도들이 국가나 하위국가의 자본주의 다양화(variegation) 맥락에서 개발의 경로를 형성하려고 노력하기 때문이다. 정부와 거버넌스의 구조나 배치, 권력과 정치, 사회·영토적 정치경제도 영향을 미친다. 다중 행위자로 구성된 정부와 거버넌스의 다층 시스템에서 행위자들은 하향식 접근과 상향식 접근 간의 조화를 모색한다. 잉글랜드 북동부의 개발은 고도로 중앙집권화된 국가의 맥락과 약한 지역의 제도적 구조에 제약을 받는다. 보스턴 메트로는 미국의 자유시장 경제와 연방국가 정치 시스템 속에서 일정 정도의 자치를 누리지만, 제도적 파편화, 로컬 간 경쟁, 지역주의로 인한 한계도 표출한다. 스타방에르 도시-지역의 혁신적 개발 모델은 스칸디나비아 복지국가 맥락에서 누릴 수 있는 상대적 자치성의 혜택에 기초한다. 허난성의 급속한 산업화와 도시화는 중국의 국가주의적 개발 전략의 맥락에서 허가, 제재, 지휘의 대상이 된다. 보보디울라소는 국가와 지역의 정치 제도와 관련하여 빈곤을 줄이고 서부 아프리카 허브 경제 모델을 복원하려 노력하지만, 로컬의 정치적 불안은 와해적 요소로 작용한다. 이라크의 쿠르디스탄 지역은 중앙집권화된 국가 이라크 내에서 상대적으로 높은 수준의 자치성을 이룩하였으나, 갈등, 불안정화, 분쟁에 영향을 받는다.

다섯째, 로컬·지역의 행위자들은 내부의 토착·내생적 자산과 외부의 외생적 자원 모두를 지역개발에 연결하여 이용하려고 노력한다. 스타방에르 도시-지역은 혁신, 성장, 적응력을 증진하기 위해 글로벌 파이프라인을 구축하기 위해 적극적인 노력을 펼친다. 이는 국제적인 로컬 버즈의 중심에서 멀리 떨어진 주변부의 지리적 위치를 극복하기 위한 것이다. 잉글랜드의 북동부는 지역개발을 자극할 목적으로 제조업과 서비스 부문의 외부 투자를 유치하여 착근시키려 한다. 이것은 분공장경제의 역사에서 탈피하기 위한 노력이다. 허난성은 지역 내 투자를 활용하며, 이것에 중국의 다른 지역에서 유입되는 투자를 통합시키려 한다. 동시에 국제적 투자, 글로벌 생산네트워크, 글로벌 가치사슬에 대한 개방성도 높여 가고 있다. 보보디울라소의 행위자들은 지역 내부의 경제기반을 광범위한 서부 아프리카의 맥락에서 외부 무역 네트워크에 연결하고자 한다. 이라크의 쿠르디스탄 지역에서는 광범위한 분쟁과 불안정성 때문에 토착적 자원을 수출지향적으로 이용하는 것이 필요해졌고, 다른 국가와 국제기구도 다양한 원조 프로그램을 제공한다. 이러한 지역개발의 경험적 사례를 통해서 토착적 접근과 외생적 접근 모두를 균형 있게 조정·통합하는 일은 매우 어렵고 도전적이라는 점을 파악할 수 있다.

여섯째, 보편화된 정책보다는 맥락민감형 정책이, 단순한 정책이전(policy transfer)보다는 정책학습과 적응이 훨씬 더 중요하다. 잉글랜드 북동부는 탈산업화 전환이 여전히 진행 중인 주변부 지역이지만 지역혁신 전략도 발전시키고 있다. 보스턴 메트로는 도시 집적경제 모델을 보다 지속가능한 형태의 스마트 성장과 함께 활용하려고 노력한다. 스타방에르의 행위자들은 지역 내부의 생산 구조를 글로벌 연결망과 흐름에 적응시키려 한다. 허난성에서는 국제적인 도시화와 산업화 경험을 지역의 상황에 맞게 받아들여 신속한 대규모 성장을 계획하고 관리하는 데에 이용하려는 노력이 이루어진다. 보보디울라소의 행위자들은 역사적인 개발 경로와 역할에 상응하는 개발 전략을 복원·복구하려는 노력을 펼치고 있다. 이라크의 쿠르디스탄 지역에서 행위자들은 다른 국가와 국제기구로부터 경험을 배우려 하지만, 광범위한 지역에서 발생하는 분쟁과 지정학적 불안정성으로 인한 제약과 한계도 경험하고 있다.

지금까지 살펴본 사례들을 통해서 이 책에서 제시하는 이해의 틀과 관련된 핵심 요소들을 파악할 수 있다. 지역개발은 맥락 특수적이고 경로의존적이며, 이런 과정에서 제도와 정책은 중요한 역할을 한다는 점이 무엇보다 중요하다. 이에 대한 이해를 돕기 위해 이 장에서는 지역개발의 현실을 파악할 수 있도록 국제적 사례에 대한 통합적·비판적 분석을 제시했다. 이어지는 결론에서는 이 책의 주요 주제들을 한데 모아 정리하고 지역개발의 광범위한 중요성을 성찰하는 기회를 갖도록 하겠다.

추천도서

• 잉글랜드 북동부

Hudson, R. (1989) Wrecking a Region: State Policies, Party Politics and Regional Change in North East England. London: Pion.

OECD (2006) OECD Territorial Reviews: Newcastle in the North East, United Kingdom 2006. Paris: OECD.

OECD (2012) Promoting Growth in All Regions. Paris: OECD.

Robinson, F. (2005) Regenerating the West End of Newcastle: what went wrong? Northern Economic Review, 36: 1-41.

Tomaney, J. (2006) North East England: A Brief Economic History. Paper for the North East Regional Information Partnership (NERIP) Annual Conference, 6th September, Newcastle upon Tyne.

• 보스턴 메트로

Bluestone, B. and Stevenson, M. H. (eds) (2000) The Boston Renaissance: Race, Space and Economic Change in an American Metropolis. New York: Russell Sage Foundation.

Florida, R. (2013) The boom towns and ghost towns of the new economy, Atlantic, October, http://www.theatlantic.com/magazine/archive/2013/10/the-boom-towns-and-ghost-towns-of-thenew-economy/309460/ (accessed 15 July 2015).

Gibbs, D. and Krueger, R. (2012) Fractures in meta-narratives of development: an interpretive institutionalist account of land use development in the Boston city-region, International Journal of Urban and Regional Research 36(2): 363-380.

Glaeser, E. L. (2004) Mother of reinvention: how Boston's economy has bounced back from decline, time and again, Commonweath 8 (4).

Saxenian, A. (1994) Regional Advantage: Culture and Competition in Silicon Valley and Route 128. Cambridge, MA: Harvard University Press.

• 스타방에르

Fitjar, R. D. and Rodríguez-Pose, A. (2011) When local interaction does not suffice: sources of firm innovation in urban Norway, Environment and Planning A 43: 1248-1267.

Isaksen, A. and Karlsen, J. T. (2013) Can small regions construct regional advantages? The case of four Norwegian regions, European Urban and Regional Studies: 243-257.

Rauhut, D., Rasmussen, R., Roto, J., Francke, P., Östberg, S. (2008) The Demographic Challenge to the Nordic Countries. Stockholm: Nordregio.

Rodríguez-Pose, A. and Fitjar, R. D. (2013) Buzz, archipelago economies and the future of intermediate and peripheral areas in a spiky world. European Planning Studies 21 (3): 355-372.

Strand, Ø. and Leydesdorff, L. (2013). Where is synergy in the Norwegian innovation system indicated? Triple helix relations among technology, organization, and geography, Technological Forecasting and Social

Change, 80 (3): 471-484.

• 허난성

The Economist Intelligence Unit (2014) China - Healthy Provinces Index. London: Economist Intelligence Unit.

Fan, C. C. and Sun, M. J. (2008) Regional inequality in China, 1978-2006, Eurasian Geography and Economics, 49 (1): 1-20.

OECD (2015) OECD Urban Policy Reviews: China 2015. Paris: OECD.

Peck, J. and Zhang, J. (2013) A variety of capitalism ... with Chinese characteristics?, Journal of Economic Geography, 13 (3): 357-396.

• 보보디울라소

Beauchemin, C. and Schoumaker, B. (2005) Migration to cities in Burkina Faso: does the level of development in sending areas matter? World Development 33 (7): 1129-1152.

Bossard, L., Arnaud, M. and Elong Mbassi, J.-P. (2001) Managing the Economy Locally in Africa: Assessing Local Economies and their Prospects. ECOLOC Handbook Vol. 1. Club du Sahel/OECD. Paris: OECD.

Fauré, Y. A. and Soulama, S. al (2000) L'éonomie locale de Bobo-Dioulasso. Report at the National Commission of Decentralization and at the Municipality of Bobo-Dioulasso. Ouagadougou: IRD and UFR-SEG/CEDRES.

Hitimana, L., Allen, T. and Heinrigs, P. (2011) Informal economy and food security, West African Futures, 5.

• 이라크 쿠르디스탄 지역

Heshmati, A. (2012) Preconditions to development in Kurdistan. In A. Heshmati, A. Dilani and S. M. J. Baban (eds), Perspectives on Kurdistan's Economy and Society in Transition. New York: Nova Science Publishers, 305-326.

Stansfield, G. (2013) The unravelling of the post-First World War state system? The Kurdistan Region of Iraq and the transformation of the Middle East, International Affairs, 89 (2): 259-282.

Stansfield, G. (2014) Kurdistan rising: to acknowledge or ignore the unraveling of Iraq. Middle East Memo 33. Washington, DC: Brookings Institution.

World Bank (2015) The Kurdistan Region of Iraq: Assessing the Economic and Social Impact of the Syrian Conflict and ISIS. Washington, DC: World Bank.

09 결론

1. 도입

이 장에서는 『지역개발론』의 주요 주장을 통합하여 다시 한번 강조하고자 한다. 논의는 네 개의 절로 나누어 이루어질 것이다. 첫째, 각 장의 논점을 요약하여 정리하고 이 책의 학술적·정책적 기여 방안을 고찰한다. 둘째, 지역개발이 직면하고 있는 한계를 논의한다. 셋째, **누구를 위해 어떤 종류의 지역개발을 추구할 것인지**에 관한 핵심 문제에 대한 우리 필자들의 견해를 제시한다. 특히, 목표, 원칙, 가치, 내용의 측면에서 **총체성, 진보성, 지속가능성**을 추구하는 지역개발의 필요성을 강조한다. 이런 맥락에서 마지막 절에서는 지역개발의 **정치**에 대해 논의할 것이다. 논의의 핵심은 정치의 잠재력과 위험성을 고려하며 폭넓은 국제적 이해와 혁신적 실천을 위한 전제조건을 마련하는 것이다.

2. 요약 및 정리

이 책에서는 진화하고 변동하는 글로벌화의 맥락에서 지역개발을 비판적, 통합적으로 검토했다. 특히, 지역개발과 관련된 개념, 이론, 제도, 논리, 전략, 정치의 문제에 주목했다. 개념, 이론, 경험에 근거한 접근을 강조하며, 경제에만 초점을 맞춘 개발에 대한 이해에 의문을 제기하고 논의를 사회·환경·정치·문화적 차원까지 확대했다. 광범위한 논의는 학문적·지리적 측면에서도 이루어졌다. 개발학, 경제학, 지리학, 도시계획 등을 포함해 여러 분야를 살폈고, 글로벌남부와 글로벌북부 모두에서 다양한 사례도 검토했다. 이를 통해 지역개발 분야의 장기적인 학문 어젠다와 연구, 교수학습, 참여적 정책 프로젝트에 이바지하고자 한다(Pike et al. 2006, 2007, 2012a, 2014, 2015a; Tomaney et al. 2010).

한마디로 이 책의 주안점은 지역개발의 중요성과 범위의 확대를 인식하는 것이다. 지역개발의 개념, 이론, 경험적 근거, 논리, 전략, 정책은 글로벌 금융위기와 대침체 이후에 엄청나게 변화했다. 이런 맥락에서 지리적으로 차별화된 지역개발의 경험이 세계 곳곳에서 나타나고 있다. 이러한 지역개발의 의미와 가치를 국가적 접근의 대체재로만 생각해서는 안 된다. 국가와 지역개발은 상호보완성을 가지며, 이 책에서는 그러한 측면을 재확인하고 강조했다. 이를 위해 다음과 같은 질문에 대한 답을 중심으로 책의 내용을 구성했다.

1. 무엇이 지역개발의 정의, 목적, 전략을 결정하고 형성하는가?
2. 지역개발을 이해하고 설명할 수 있는 개념적·이론적 프레임에는 어떤 것이 있는가?
3. 지역개발에 대한 개입, 접근, 전략, 정책, 수단의 주요 논리는 무엇인가?
4. 로컬·지역의 행위자와 제도는 개발의 효과를 창출하기 위해서 어떠한 실천을 하는가?
5. 규범적 측면에서, 행위자들은 어떠한 종류의 지역개발을 추구해야 하는가?

이러한 질문들은 일관된 분석 프레임 속에서 다루어졌다. 지역개발의 중요성과 목적, 원칙과 가치, 이해 구조, 접근과 개입을 여러 가지 차원에서 통합적으로 살폈고, 국제적인 스케일에서 다양한 사례에 주목했다.

제1부(1~2장)에서는 지역개발을 고찰하기 위한 출발점을 마련했다. 1장 서론에서 국가·지역·로컬의 정부와 거버넌스 제도에서 지역개발의 의미와 중요성이 커지는 상황을 살펴보았다. 변화하며 진화하는 지역개발의 광범위한 맥락도 정리하여 소개했다. 무엇보다 지식집약적 **자본주의**가 강화되고 **글로벌화**가 가속화되는 맥락이 중요하다. 이에 따라 사회적·공간적으로 **불평등**하고 불균등한 연결성과 상호의존성이 형성되었다. 영토 간 경쟁이 치열해지면서 지경학 및 지정학 지도의 변화도 뚜렷해졌고, 선진국과 개발도상국이란 해석적 범주의 유용성도 약해졌다(Pike et al. 2014). 글로벌 금융위기, 대침체, 경제회복의 결과는 지리적으로 차별화된 양상으로 나타난다. 정체, 불확실성, 변동성, 와해적 변화가 계속될지 모른다는 우려와 불안감도 존재한다. 경제성장, 쇼크, 쇠퇴, 회복의 시기 동안 번영과 웰빙의 사회적·공간적 격차가 더욱 심각해졌다. 이러한 격차는 로컬리티나 지역 간에서뿐 아니라, 로컬리티나 지역 내에서도 분명하게 나타난다. 다중 행위자, 다중 스케일의 **정부**와 **거버넌스**도 관계적으로 포섭된 지리 속에서 작동한다. 공공·민간·시민사회 제도가 복잡한 관계 속에서 상호연결되어 있기 때문이다. 이런 맥락에서 행위자들은 변화하는 지역개발 이슈에 대한 거버넌스 문제와 씨름하고 있다. 다른 한편으로, **기후변화**에 대한 대처도 다양한 지리적 스케일에서 발

생하고, 로컬과 지역은 그러한 변화에 적응해 생태적으로 지속가능한 저탄소개발 전환을 모색하고 있다. 에너지, 식량, 물을 비롯한 필수적 자원의 희소성도 지역개발에서 첨예한 이슈다. **인구변천**과 **고령화**는 공공서비스와 연금체계에 압박으로 작용하고, 경제적·정치적·사회적 혼란 속에서 이주민의 흐름과 만성적 난민 위기도 발생한다.

이처럼 빠르게 변화하는 맥락 속에서, 1장에서는 대안적 지역개발의 적응력과 혁신성도 강조했다. 동시에 계속해서 진화하는 정부와 거버넌스 제도, 공공정책 개입의 방향도 살폈다. 기본적으로, 국가에 중앙집권화된 **하향식 접근**에서 로컬·지역으로 분권화된 **상향식 접근**으로 변해 가고 있다. 이에 따라 두 가지 측면이 중요해졌다. 첫째, 하향식과 상향식 접근 모두를 조화롭게 통합하여, 지역개발의 목표, 정의, 포부에 적합하도록 조정할 필요성이 있다(Crescenzi and Rodríguez-Pose 2011). 둘째, **사람기반형 접근**과 **장소기반형 접근**의 통합도 마찬가지의 방식으로 이루어져야 한다 (McCann et al. 2013). 그러나 이 두 가지는 매우 어려운 과제이다. 공간 격차 축소와 같은 오랜 영토개발의 목표가 여전히 중대한 문제인지, 그리고 그러한 목표가 공공정책에 적합한 초점인지에 대한 의문마저 생기고 있기 때문이다. 실제로 공간정책 개입의 결과가 혼재된 양상으로 나타나고 도시 및 도시-지역 수준에서 집적에 기반한 경제성장 정책도 계속되고 있다. 많은 국가정부가 부문적·공간적 재균형을 추구하는 프로젝트에 헌신하고 있지만, **불균등발전**의 상황은 여전하다(Gibbons et al. 2011; Martin 2015; Martin et al. 2015).

2장에서는 지역개발이 무엇이고 무엇을 위한 것이며, **규범**적 측면에서는 언제야 하는지에 대한 근본적 문제에 초점을 맞췄다. 즉 '누구를 위해 어떤 종류의 지역개발을 추구할 것인가?'에 대해 논의했다. 경제적 사고에만 집중하는 개발에 대한 협소한 이해에 의문을 제기했고, 사회·환경·정치·문화의 측면을 로컬·지역 스케일에서 통합한 보다 폭넓은 의미의 지역개발에 주목했다. 지역개발의 의미와 역사적 변화, 그리고 **공간**, **장소**, **영토**, **스케일** 등 지리적 이슈도 검토했으며, 이를 통해 지역개발의 정의도 도출했다. **권력**과 **정치**의 중심적 역할을 인정하면서, 지역개발을 로컬·지역에 따라 다른 역사적 테마, 원칙, 가치의 맥락 속에서 사회적으로 구성되는 현상으로 개념화했다. 로컬이나 지역의 행위자와 제도가 와해적 변동과 전환 속에서 번영과 행복에 대한 나름의 이해방식을 추구하는 점도 강조했다. 개발의 열망(포부)과 경험을 다양한 로컬·지역의 맥락에서 이해하는 이 책의 목표에 따라, 지역개발을 종류, 대상, 주제, 웰빙(행복)의 차원에서 구분하며 사회적·공간적으로 불균등한 분포를 해석하여 설명하는 프레임들도 제시했다. 특정한 형태의 지역개발이 누구에게 그리고 어느 곳에서 혜택을 주고 손해를 끼치는지를 이해하기 위해서였다.

제2부(3~4장)에서는 지역개발을 이해하고 설명하는 프레임이 어떻게 진화해 왔는지에 주목했다.

우선, 3장에서 과거와 오늘날의 주요 접근을 비판적으로 검토했다. 이는 신고전주의, 케인스주의, 마르크스주의와 급진주의 정치경제학, (단계·주기·파동·전환이론 등) 구조적·시간적 변화 이론, 진화론적 접근, 혁신·지식·학습·창조성 담론, 신경제지리학(NEG), 도시경제학, 경쟁우위와 클러스터, 지속가능성, 포스트개발주의를 포함하는 논의였다. 각각의 접근은 출발점, 열망, 가정, 개념, 관계, 인과적 행위자, 메커니즘, 과정, 정책과의 관계를 중심으로 설명했다. 이와 함께 개별 접근법의 단점과 한계도 시간, 공간, 장소의 측면에서 살폈다. 한마디로 3장의 핵심은 지역개발의 과정과 패턴이 변함에 따라 지역개발을 이해·설명하는 혁신적인 사고방식이 등장했다는 것이다. 오래된 개념과 이론은 비판의 대상이 되었고, 이를 견디고 극복해 긍정적 반향을 일으키는 측면도 확인했다.

4장은 정부·거버넌스 제도와 지역발전 간의 관계에 관한 내용이었다. **제도**에 대한 관심의 증대에 주목하며, '공동화'의 맥락 속에서도 권력과 자원을 동원해 여전히 많은 영향력을 행사하는 정부 역할의 중요성을 강조했다. 상위국가적·초국가적·탈중심적 **거버넌스** 구조의 출현에 따른, 국민국가의 역할, 형태, 성격 변화에 특히 주목했다. 이를 통해 다양한 지리적 스케일에서 작동하는 다중 행위자, 다층 시스템의 정부와 거버넌스는 지역발전에서 필수적인 부분임을 확인했다. 정부와 거버넌스의 제도는 특수한 국가적 상황에서 특정한 **자본주의 다양화**, 권력의 작용, 민주주의와 정치의 조건 속에서 형성되기 때문이다. 아울러, 그러한 제도가 행위성의 범위와 성격을 구성하는 프레임인 측면도 살폈다. 로컬·지역의 행위자들이 지역개발 접근을 재형성하거나 새롭게 만들어 내는 역량을 발휘하는 데에 영향을 주기 때문이다. 많은 사회에서 제도, 정책, 전통적 대의 민주주의는 신뢰를 잃어가지만, 지역개발 문제에 대중의 참여를 자극하는 변화의 모습도 확인했다. 이러한 변화 속에서 시민사회의 참여, 혁신, 실험이 어떤 역할을 하는지에 특히 주목했다.

이와 같은 맥락, 개념, 원리, 가치, 이해의 틀을 바탕으로, 제3부(5~7장)에서는 지역개발에 대한 **개입**의 논리, 전략, 정책, 수단을 살폈다. 우선, 5장은 개입, 비전과 전략, 정책 설계와 개발의 논리를 중심으로 내용을 구성했다. 지역개발의 관계, 과정, 정부·거버넌스에서 행위자들의 개입을 정당화하는 다양한 주장과 논리를 설명하기 위해서였다. 여기에는 **효율성**과 **공평성(형평성)**의 이슈가 포함됐다. 개입을 언제 어디서 어떻게 할 것인지의 문제도 살폈다. 특히 비전과 포부(열망), 지향점, 목적, 목표에 주목하며, 지역개발과 정책 개입의 전략이 인식되는 방식을 검토했다. 이분법적인 이해를 초월해 장소기반형 접근과 사람기반형 접근, 상향식 접근과 하향식 접근 간 통합과 조화의 노력이 필요함을 강조했다. 아울러, 정책 개발을 여러 가지 측면에서 살펴보았다. 이를 위해 이슈 진단, 지식기반 구축, 선택지(옵션) 판단, 정책 수단 선정, 실행 설계, 결과 평가, 전략·정책의 학습과 적응에 주목하는 **정책주기** 프레임을 활용했다.

다음으로 6장에서는 로컬리티나 지역 내에서 토착·내생적 형태의 개발을 촉진하여 로컬·지역경제의 잠재력을 활성화하는 접근을 살폈다. 이러한 접근을 상향식·장소기반형·맥락민감형 지역개발 전략의 기반으로 소개했다. 기업가정신과 창업 지원, 기존 사업체의 생존 및 성장 촉진, 노동 숙련·역량의 개발과 업그레이드를 포함한 전략과 수단에 대해서도 논의했다. 이러한 토착·내생적 장소기반형 접근의 잠재력과 더불어, 이 접근이 낳을 수 있는 문제도 살펴보았다. 무엇보다, 로컬·지역·국가 행위자의 한계를 지식과 역량의 측면에서 주목했다. 다중 행위자, 다층 정부·거버넌스 구조 속에서 로컬·지역의 행위자가 얼마만큼의 자치성을 누리며 자원을 동원할 수 있는지의 문제도 검토했다.

이런 맥락에서 7장에서는 로컬리티와 지역의 범위를 초월해 외부 자원을 끌어들여 지역개발에 활용하려는 접근에 주목했다. 우선은 **초국적기업(TNC)**의 성장과 형태 변화, **글로벌 생산네트워크(GPN)**와 **글로벌 가치사슬(GVC)**의 부상, 국제투자 유형과 패턴의 진화를 살펴보았다. 그다음 이러한 변화와 로컬·지역경제와의 관계를 사회적·경제적 업그레이딩의 가능성과 한계를 중심으로 이해했다. 아울러, 지역개발을 목표로 외부 투자를 유치하여 착근성을 개선하려는 노력 속에서 제도, 정책, 수단의 역할과 형태가 변화하고 있음을 파악했다. 이러한 변화 때문에 투자유치의 지속가능성, 로컬·지역경제와 통합의 한계, 자본의 탈주, 투자철회에 대한 우려가 생기고 있다. 다른 한편으로, 창조적 전문가와 같은 특정 직업군의 사람과 집단을 유치하고 보유하려는 최근의 지역개발 방식도 검토했다. 마지막으로 6장과 7장의 논의를 종합해, **토착·내생적 접근**과 **외생적 접근**을 연결하는 지역개발 노력이 초래할 수 있는 잠재적 가능성과 한계에 대한 토론도 제시하였다.

마지막으로 제4부(8~9장)의 목적은 이 책의 주요 주제를 요약하고 지역개발의 현실에 대한 통합적 접근을 제시하는 것이다. 이를 위해 8장은 주요 주제, 이해의 틀, 전략적 접근을 바탕으로 국제적 비교연구의 관점에서 몇 가지 지역개발 사례로 구성했다. 유럽, 미국, 아프리카, 동아시아, 중동에서 나타나는 차별화된 지역개발의 실천과 경험을 분석적으로 검토하기 위해서였다. 구체적 **사례 연구**는 영국의 잉글랜드 북동부, 미국의 보스턴 메트로, 노르웨이의 스타방에르, 중국의 허난성, 부르키나파소의 보보디울라소, 이라크의 쿠르디스탄 지역으로 구성됐다. 각각의 사례는 지역개발의 정의, 원칙, 가치, 설명, 논리, 전략, 정책 접근에서의 공통점과 차이점, 정부·거버넌스의 역할, 개발 경험과 미래 이슈에 대한 분석에 초점을 맞췄다. 위의 사례들을 비교·분석하면서 일곱 가지의 사실을 확인할 수 있었다. 첫째, 행위자들은 지역개발 정의의 공통점과 특수성을 결합하여 특정한 사람과 장소를 위해서 특정한 종류의 성장, 고용, 소득, 웰빙을 이룩하려 노력한다. 둘째, 지역개발 행위자들은 결정론적인 프레임을 사용하기보다 다양한 개념과 이론을 동원하여 느슨하게 결합한다. 셋째, 지역개발의 경험, 실천, 궤적은 다양하며, 성공과 실패의 구분은 임시적이고 일시적인 경향이 강하다. 넷째, 지리적으로 차별화된 로컬·지역제도의 자치성과 범위는 특수한 국가 자본주의 다양화, 정부·거버넌스 구조, 권력과 정치에 대한 사회적·지역적 합의의 맥락 속에서 형성된다. 이는 로컬·지역의 발전 경로를 창출하거나 유지하려는 노력에 영향을 미친다. 다섯째, 내부·토착·내생적 지역개발 방식과 외부적·외생적 지역개발 방식을 연결하여 활성화하려는 노력이 이루어진다. 여섯째, 보편화된 천편일률적 정책을 거부하고 맥락민감형, 장소기반형 접근의 중요성이 증대되는 경향이 있다. 일곱째, 국제적 정책 학습과 적응은 단순한 정책이전을 초월해 훨씬 더 정교하고 성찰적인 형태로 나타난다.

3. 지역개발의 한계

지역개발의 가능성과 성과에는 명백한 한계도 있다. 이에 대한 인식은 글로벌북부와 글로벌남부 모두에서 중요해지고 있다. 누구를 위해 어떤 종류의 지역개발을 추구할 것인지에 대하여 어떤 답이 마련되든 간에, 개발 전략이 사람과 장소의 번영과 웰빙을 보장한다고 가정할 수는 없다. 이것은 로컬·지역의 행위자와 제도가 분명히 인식해야 할 부분이다. 실제로 그렇게 단순한 경로는 존재하지 않는다. 지역개발의 한계에 대하여 진지하게 고민해 봐야 할 이슈에는 여러 가지가 있다. 이 절에서는 다섯 가지 측면에 주목한다.

첫째, 글로벌화가 **국민국가**를 공동화하고 철저하게 무력화시켰기 때문에 지역개발이 영토 내의 사회적·공간적 조건에 영향을 미치는 역량은 한계에 봉착했다고 주장하는 사람들이 있다(Strange 1996; Rodrik 2011). 1장의 서론과 4장의 정부와 거버넌스에 관한 논의에서 살핀 것처럼, 글로벌화가 상당한 변화를 일으키고 있는 것은 사실이다. 특히 국제적 지리정치경제에서 국가 참여의 성격과 범위에 큰 영향을 미쳤다. 그러나 글로벌화는 국가를 소멸시키지 못했고, 국가의 재작업을 자극했다. 특정한 시·공간 맥락에서 국가의 역량, 역할, 자원이 수정되었다는 이야기다(Ashton et al. 2014; Jessop 2013). 글로벌화는 정치적 행위자들의 결정에 따라 만들어진 산물이다. 국제적 제도, 국가정부, 초국적기업, 시민사회, 소비자 등이 그러한 정치적 행위자에 속한다(Hirst and Thopson 2000). 실제로 국민국가와 정부 간 행동이 지역개발의 조건과 맥락을 형성하는 데에 중심적 역할을 한다. 공적 소유권의 재등장이나(Cumbers 2012), 신자유주의의 이상한 불멸(Crouch 2013)이 그러한 사례에 해당한다. 특히 글로벌 금융위기, 대침체, 경제회복의 과정에서 보다 균형 잡히고 지속가능한 지역개발의 모델에 대한 전망이 높아졌다. 은행의 부분적 또는 전면적 국유화, 금융 시스템에서 신용 흐름의 재건, 긴축과 재정 건전성, 경기 부양 프로그램 등이 그러한 국가 전략과 정책에 해당한다. 물론 이런 과정에서 대안적 논의를 배제한 문제가 나타나기도 했다(Pike et al. 2015b). 어쨌든, 국민국가는 여전히 지역개발 문제에서 핵심적인 행위자이다(4장). 국가는 특정한 개념·이론적 이해를 우선시하면서, 지역개발의 종류와 사회적·공간적 분포의 문제에 대한 대응 프레임을 제공한다. 지역개발의 논리, 전략, 수단 선정의 프레임을 마련하며, 내부적 접근과 외부적 접근 간 선택과 조율의 상황을 조성한다. 법적·규제적·제도적 맥락을 제공하는 것도 역시 국가의 몫이다.

둘째, 글로벌화와 위기를 통해서 국가의 재작업이 발생했지만, 국가 수준에서 **권력**과 **정치**의 균형이 와해되지는 않았다. 이는 지역개발의 구조적·제도적 제약조건으로 작용한다. 막강한 이해집단은 여전히 확고하며, 지역개발의 우선순위, 목표, 전략, 실천을 정하는 능력을 발휘한다. 그리고 오늘날 로컬과 지역의 행위자들은 변화의 내부적·외부적 과정에 대한 적응에 책임지는 위치에 있는 경우가 많다. 이는 "장소와 지역 간에 불균등발전을 형성하는 정치·경제적 과정"이 더욱 중요해졌음을 시사한다(Christopherson 2008: 241). 더욱 분권화된 정부와 거버넌스 시스템에서조차도 국민국가는 지역개발 문제의 유형과 성격을 정의하는 데에 강력하고 결정적인 역할을 한다. 특히, 어떤 자원을 가지고 누구와 함께 무엇을 할 것인지에 큰 영향을 미친다.

지역개발은 최근에 부상하고 있는 '포스트민주주의(post-democracy)'(Crouch 2004), '포스트정치(post-politics)'(Allen and Pryke 2013)에 대한 우려와도 연관된다. 의사(疑似)거버넌스(quasi-governance)가 국민국가의 권력기하(power geometry)에 깊숙이 자리 잡게 되었지만, 이는 지역개발의 책무성, 투명성, 조정력의 문제를 일으킨다(Pike 2004; Skelcher and Torfing 2010; 4장).* 이런 맥락에서 새로운 지역개발 제도를 마련해 증거의 객관적 평가, 의사결정, 정책자문, 공공재원 지출, 공공정책 실행 등 기술관료적(technocratic) 형태의 기능을 부여할 수는 있다. 하지만 그런 방식의 거버넌스 운영을 통해서 원칙, 가치, 정치적 선택 등 많은 이슈가 **탈정치화**될 위험성이 있다. 규범적 이슈는 반드시 정치와 공공의 영역에 위치해야 한다. 이런 조건에서 로컬에 뿌리내린 개발 전략과 정책에 대한 숙의(deliberation)와 설계가 가능해지고 로컬·지역·국가 수준의 책무성과 투명성도 증진될 수 있기 때문이다(Geddes and Newman 1999; Pike 2004). 다른 한편에서는 대중적 저

---

* **의사거버넌스**는 지방정부와 민간자본 간의 민·관 파트너십 형태로 추진되는 지역개발 거버넌스 형태를 의미한다. 기능적으로는 세금 감면, 지방채 발행 등 다양한 정책수단을 동원해 민간개발을 지원하는 역할을 한다. 따라서, 의사거버넌스는 공공서비스와 집합적 소비의 관리보다 경제성장 지원에 초점을 두는 기업가형(entrepreneurial) 거버넌스의 단면으로 파악할 수 있다(한국도시지리학회 2020, 「도시지리학개론」, 법문사, 343).

항과 광범위한 집단이 공공정책에 관여하는 참여적 거버넌스에 대한 요구도 커지고 있다(사진 9.1). 그러나 크리스토퍼슨(Christopherson 2008: 242)의 주장에 따르면, "계획의 과정에서 정부에 기반한 책무성만이 힘이 부족한 사람들에게 발언의 기회를 제공한다. 정부 책무성의 가치가 평가절하된다면, 보다 민주적이고 참여적인 계획으로부터 멀어지게 된다." 실제로 로컬·지역 이해관계자의 상당수는 책무성과 투명성의 제도적 메커니즘에서 배제되어 대표, 대화, 결의, 발언, 관여, 참여의 기회를 얻지 못하고 있다.

셋째, 기술관료적 의사거버넌스의 맥락에서도 정부·거버넌스의 제도를 통한 지역개발의 조정과 통합은 훨씬 더 어려운 일이 되었다. 다중 행위자와 다층 거버넌스 시스템이 다양한 지리적 스케일과 네트워크 사이에서 작동하기 때문이다(4장). 심지어 누가 무엇에 책임이 있고 어떤 수준에서 무

사진 9.1 글로벌 행동의 날 몬트리올 점령(캐나다 퀘벡)

출처: Justinform

슨 자원이 있는지를 파악하기 어려운 경우도 있다. 다층 시스템에서는 정부와 거버넌스 관계가 전문화된 제도와 상호의존적 수준 사이에서 나타나기 때문에, 보다 포용적이고 수평적으로 네트워크화된 지역개발 거버넌스의 가능성이 유지될 수 있다. 역으로 시스템의 진화를 통해서 오히려 배타성, 선택적 연결성, 수직적 계층이 강화될 수도 있다. 중요한 것은 다중 행위자 및 다층 시스템 속에서 국가는 여전히 많은 권한, 권력, 자원을 보유하며 이를 통해 지역개발의 책임과 재원을 배분한다. 국민국가는 다중 행위자, 다층 시스템에서 조정의 중요한 메커니즘이며, 로컬·지역경제의 미래 개발 궤적을 조정하고 지휘할 역량을 보유한다는 이야기다(Scott 1998).

넷째, 전통적인 지역개발 접근과 개입의 목적, 효과성, 가치는 도전을 받고 있다(Cheshire et al. 2014; Martin et al. 2015). 사람기반형 접근과 장소기반형 접근에 대한 논쟁과 관련해, 목적, 논리, 목표, 편익과 비용, 효과성, 사중효과, 전이(대체)효과에 대한 의문이 제기되고 있다. 공간 및 지역 기반의 개입에서 전통적인 정책수단의 효과에 대한 증거는 미약하고 결정적이지 못하다는 평가를 받는다(Grattan Institute 2011; Overman 2010; Leunig and Swaffield 2008; Wolf 2013). 개입의 논리와 접근이 진화하면서, 지역개발에 대한 무개입 논리도 쉽게 용인되는 분위기다. 이러한 어젠다는 국가적 맥락에 따라서 공공지원의 포기에 관한 주장으로 이어지기도 한다. 예를 들어 요소 이동성 측면에서 실패하고 지원의 가치가 없는 로컬·지역경제를 버리고 떠나도록 권유하는 이들이 있다. 심지어 관리적 쇠퇴(managed decline)의 논리와 전략이 마련되기도 했다(Grattan Institute 2011; Leunig and Swaffield 2008; Pike et al. 2016). 허리케인 카트리나(Hurricane Katrina) 재난이 발생했을 때, 글레이저(Glaeser 2005: 1)는 그러한 정서에 부응하며 "정부가 뉴올리언스를 재건해야 하는가? 아니면, [뉴올리언스를 떠나도록] 주민에게 돈을 쥐어 줄 것인가?"라고 질문하며 논란에 휩싸이기도 했다. 이러한 생각은 주류 경제학 한 분과의 논리를 반영하는 것이다. 하지만 그와 같은 반응은 현실 세계에서 경제적·사회적·정치적인 용인이나 지지를 받기 어렵다. 많은 로컬·지역에서 심층의 구조적 문제를 해결하기보다 쇠퇴가 서서히 일어나도록 하는 다양한 전략과 정책을 추진해 왔지만, 이들은 여전히 만성적 개발의 문제에 시달리고 있다. 혜택받지 못한 주민들과 개발이 필요한 로컬·지역에 필요한 국민국가의 책임과 의무는 여전히 남아 있다(Storper 2011).

다섯째, 공공제도와 전통적 대의 민주주의가 신뢰와 믿음을 잃어 가면서 국가·지역·로컬 수준에서 국가의 권한, 정당성, 역량이 약해졌다는 이야기가 있다(Wainwright 2003; Crouch 2013; 4장). 그래서 시민사회와 참여적 민주주의 실험은 민주주의 복원에 필수적인 보완재로 여겨진다. 이를 통해 로컬·지역의 광범위한 사회적·정치적 이해당사자들의 의미 있는 참여를 기대할 수 있기 때문이다. 국가와 대의 민주주의를 대체하지 않고, 시민사회의 자주적 행위성을 통해 그것들을 보완하면서 지역개발에 대한 제도적 지원이 가능해진다는 이야기다. 이런 방식으로 지역개발에 관계된 이해관계의 폭을 넓히면, 경제적 초점을 확대해 사회적·환경적·정치적·문화적 측면의 이슈들까지 포괄할 수 있다.

지역개발은 균형 잡힌 영토개발, 다시 말해 부와 웰빙의 균등한 분포는 사회·경제·환경 부문 간 조화, 로컬·지역 간 격차를 줄이는 영토개발의 필수조건이지만 충분조건은 아니다. 지역개발의 가치를 평가절하하려고 이러한 조건부 결론을 제시하는 것은 아니다. 오늘날에 적합하고 유익한 형태의 지역개발에 대한 논의와 토론을 계속해 나아가야 할 필요성 때문에 조건부 결론을 제시하는 것이다. 실제로 오늘날 글로벌 금융위기, 대침체, 회복의 맥락에서 새롭고 신선하며 혁신적인 사고방식이 필요해졌다.

4. 총체적·진보적·지속가능한 지역개발

경제개발 정책의 목적과 목표에 대한 논의가 없다면, 비즈니스 활동의 비용을 줄이거나 기업의 역량을 개선하는 정도의 정책만 마련될 것이다. 이러한 정책은 오늘날의 실천 방식만을 정당화하는 이론을 다시금 강조하며, 경제적 박탈의 원인이 되는 심층적인 하부구조로부터 우리의 관심이 더욱 멀어지게 한다.

(Glasmeier 2000: 575)

글로벌북부와 글로벌남부 어디에서든, 지역개발의 논의에 한계를 설정해 두는 것은 태만하고 무책임한 태도이다. 기저에 깔린 구조적 문제에 대처해야만 하는 행위자들을 고립시킬 위험성이 있기 때문이다. 유쾌하지 않거나, 개선이 어렵고 심지어는 불가능해 보이는 지역개발의 조건과 맥락에 처한 사람과 장소에 실망감을 안겨 줄 수도 있다. 포부, 희망, 낙관, 비전, 비판 없이 기존의 지역개발 형태와 실천만을 계속해 나가면, 로컬과 지역 행위자들의 일부만 고려하게 된다. 이러한 접근은 신뢰성이 부족하고, 갈등적인 이해관계와 로컬·지역 행위자의 역량을 무시한다고 비판받는다(Christopherson 2008). 윌리엄스(Williams 1989: 118)의 주장에 따르면, "진정으로 급진적인 것은 희망을 가능하게 하는 일이다. 절망에 대한 확신을 주어서는 안 된다." 이에 우리 필자들은 "누구를 위하여 어떤 종류의 지역개발을 추구할 것인가?"의 근본적인 질문에 답해야 할 필요성을 느낀다. 위기 이전 모델 재건의 맥락에서, 특히 긴축을 당연시하고 편협하게 경제에 편향된 회복을 추구하는 맥락에서,

총체적이고 진보적이며 지속가능한 형태의 지역개발을 추구해야 할 필요성이 더욱 높아졌다. 이러한 노력을 위해서 규범적 어젠다의 유일성에 대한 위험을 인정하고 사회적 이해관계를 인식하며 로컬·지역 간에 차별화된 역량을 이해해야 한다. 총체성, 진보성, 지속가능성이란 용어가 논쟁적이며 숙의, 토론, 이의(異意)에 열려 있는 것은 사실이다(Hudson 2007). 그러나 이들은 규범적 헌신에 대해 의문을 품는다. 동시에 원칙과 가치, 이에 따른 접근의 잠재력과 한계, 맥락에 대한 민감성, 권력과 정치에 대한 사고에도 영향을 미친다.

총체성, 진보성, 지속가능성의 지역개발은 실현 불가능한 유토피아에 대한 기대와는 거리가 멀다. 세계·국가·지역·로컬의 이해당사자들이 그러한 형태의 지역개발을 검토하고 실천으로 옮기고 있다. 로컬개발, 인간개발, 양질의 일자리에 주목하는 유엔 국제노동기구(UN-ILO 2015), 경제개발을 위한 아와니(Ahwahnee) 원칙(Local Government Commission 1997), 공평 성장(equitable growth)에 초점을 맞춘 도시연맹(Cities Alliances) 등이 그러한 사례에 해당한다(Rodríguez-Pose and Wilkie 2015; 2장). 8장에서 살핀 사례 연구에서는 보보디울라소의 빈곤 퇴치, 보스턴의 스마트 성장, 이라크 쿠르디스탄 지역의 안정화와 평화를 위한 노력을 총체성, 진보성, 지속가능성을 추구하는 지역개발의 예시로 언급할 수 있다.

총체적이고 진보적이며 지속가능한 지역개발의 몇 가지 형태를 생각해 보자. 이는 지역개발의 정의, 지리, 다양성, 원칙과 가치, 권력과 정치에 대한 논의를 기초로 하며, 동시에 누구를 위해 어떤 종류의 지역개발을 추구할 것인지에 대한 배분적인 문제와도 관련된다(2장). 이러한 지역개발은 규격품(off-the-shelf)처럼 단일한 템플릿이나 천편일률(one-size-fit-all)의 보편적인 설계와 모델로 만들어지지 않는다. 지역개발에 대한 상대주의(relativism)나 주의주의(主意主義, voluntarism) 개념에 호소하지도 않는다. 이러한 개념은 편협하고 퇴행적인 로컬·지역의 이익을 좇고 다른 곳을 희생해 가며 자신의 영토만 개발하려는 행태에나 어울린다. 총체적이고 진보적이며 지속가능한 접근은 보편적 가치에 근거한 지침을 제시하고, 이를 통해 시·공간적으로 차별화된 지역개발의 정의, 지리, 다양성, 원칙, 가치에 영향을 미치고자 한다. 이러한 사고방식은 누구를 위해 어떤 종류의 지역개발을 추구할 것인지에 대한 근본적 질문에 대한 로컬·지역 수준의 논의와 토론에 영향을 준다. 필자들이 추구하고자 하는 개발은 사람, 공동체(커뮤니티), 장소의 잠재적인 능력과 역량을 실현할 수 있도록 제도와 조건을 확립하는 일을 의미한다. 규범적 측면에서 이러한 로컬리티와 지역의 개발 비전은 보다 높은 수준의 균형성, 결속력, 지속가능성을 추구하는 프로젝트의 일부이다. 이러한 개발에 대한 이해에서는, 로컬리티나 지역 간에, 그리고 로컬리티나 지역 내에서 사회적·공간적 불평등을 줄이고 격차를 좁히는 것이 필수적인 일이다.

총체성의 차원은 지역개발에서 경제적·사회적·정치적·생태적·문화적 차원 간의 밀접한 상호관계에 대한 해석에 기초한다(Beer et al. 2003a; Perrons and Dunford 2013). 여기에서 "사회적 웰빙 확보의 선결 조건이나 플랫폼으로서 '경제 해결'"을 우선시하는 전통은 도전받는다(Morgan 2004: 883). 이와 달리, **총체적 접근**에서는 경제·사회·정치·생태·문화 간 균형적, 포괄적 통합에 대한 보다 나은 인식을 추구한다. 이러한 통합에서는 트레이드오프, 갈등, 타협도 존재함을 인식한다. 총체적 사고는 지역개발의 관념을 넓혀 웰빙과 삶의 질 개념에 연결한다(2장). 로버트 뷰리가드(Robert Beauregard 1993)에 따르면, 포괄적인 사고는 가족이나 가구와 같은 사회적 재생산 영역, 젠더 분업, 광범위한 평등과의 연계도 포함한다(Gibson-Graham et al. 2013; James 2014; Perrons 2012). 확대된 지역개발 관념은 성장, 소득, 생산성 등 경제적 측면도 고려하지만, 지역개발을 경제의 문제로만 축소하지는 않는다. 실제로 총체적 접근은 편협한 경제주의, 1인당 GDP와 1인당 소득 같은 "건조한 지표(desiccated indicator)"를 초월하고(Morgan 2004: 884), 지역개발의 포용성과 지속가능성을 포착할 수 있도록 새로운 측정을 개발하려 노력한다(Bristow 2005; Geddes and Newman 1999; Stiglitz et al. 2008; 사례 9.1). 8장의 사례 분석은 지역개발의 현실에서 그러한 관계 및 딜레마와 씨름하는 모습을 제시한다. 예를 들어 사회적·공간적 불평등이 개발의 결과를 약화시킬 수 있음을 잉글랜드 북동부, 보스턴 메트로, 허난성, 보보디울라소에서 확인했다. 즉 총체적인 지역개발은 경제적 효율성, 사회후생, 환경적 결과에 대한 관심 모두를 통합하는 노력인 것이다.

총체적 사고를 비판하는 사람들은 아마도 지역개발에서 모든 면을 포함하는 접근의 현실적 가능성에 의문을 제기할 것이다. 행위자들이 로컬리티와 지역을 위해서 동원하는 제도와 정책은 그처럼 광범위하고 복잡한 관계 모두에 개입하여 영향을 줄 수는 없다. 이러한 행위성의 도달범위는 권한, 권력, 자원, 책임의 제약을 받을 수 있다. 경제적 효율성과 사회후생의 통합은 만만치 않은 도전적 과제다. 이 문제는 특히 긴축이나 회복처럼 경제적 우선순위가 지역개발을 지배할 때 분명하게 나타난

사례 9.1 지역개발 측정의 확장

페론과 던포드(Perrons and Dunford 2013)는 포용적이며 사회적·경제적으로 지속가능한 개발 모델의 유형을 정교화하면서 누구를 위해 어떤 종류의 지역개발을 추구할 것인지의 문제를 다루었다. 이들은 경제적 지표에 대한 집착을 비판했다. 편협하게 성장에만 초점을 맞추며, 사회적 분배와 광범위한 사회적 웰빙의 측면을 무시한다는 이유 때문이었다. 이에 대한 사례로, 영국의 **총부가가치(GVA: gross value added)**를 생각해 보자. GVA는 개별 생산자, 산업, 또는 부문이 경제에 공헌하는 정도를 측정하는 지표이다. 영국에서

GVA는 런던과 인근의 잉글랜드 남동부에서 높게 나타난다. GVA를 통해서 지역 간의 격차도 확인할 수 있다(표 9.1).

그러나 페론과 던포드는 보다 포용적인 대안 측정법을 마련하기 위해서 유엔의 **인간개발지수(HDI: Human Development Index)**를 활용해 **지역개발지수(RDI: Regional Development Index)**를 제시했다. 이 지수는 경제에만 치우치지 않고, 보다 폭넓게 건강생활, 지식, 경제적 생활수준, 고용까지 고려한다. RDI를 기준으로 하면 런던의 순위는 중간 수준인 7위로 밀려난다(표 9.1). 여기에서 더 나아가 **성인지 지역개발지수(GRDI: Gender-sensitive RDI)**를 측정하면 런던의 순위는 최하위에 머문다. 이러한 포용적인 측정 방식을 고려하면, 런던의 개발은 특정한 종류로 나타난다는 사실을 확인할 수 있다. 다시 말해 협소한 GVA를 기준으로 런던의 순위는 높지만 보다 폭넓은 기준을 적용하면 런던의 순위는 그에 미치지 못한다. 따라서 런던을 다른 장소가 모방해야 하는 이상적 모델이라고 말하기 어렵다. RDI와 GRDI는 로컬리티 및 지역의 진보와 사회적 웰빙을 어떻게 측정하고 평가할 것인지에 대한 의문을 품게 한다. 아마도 대부분 영국인은 잉글랜드 북동부가 개발의 최상위에 있을 것이란 생각은 하지 못할 것이다. 이 지역은 실업, 건강, 생산성 측면에서 심각한 문제를 가지고 있기 때문이다(8장). 그러나 측정의 폭을 넓히면, 이 지역에서 삶의 질은 높게 평가된다. 한마디로, 어떻게 개발을 정의하는지에 따라서 개발된 영토의 순위는 달라질 수 있다.

표 9.1 영국의 지역별 성과 측정 간 비교(2010~2011년)

지역	총부가가치 (GVA)	지역개발지수 (RDI*)	성인지 지역개발지수 (GRDI**)
런던	1	7	12
남동부	2	1	6
스코틀랜드	3	5	4
잉글랜드 동부	4	3	7
남서부	5	2	9
이스트 미들랜드	6	4	10
북서부	7	9	5
웨스트 미들랜드	8	10	11
요크셔와 험버	9	8	3
북동부	10	11	2
북아일랜드	11	12	8
웨일스	12	6	1

출처: Dunford and Perrons(2013: 493)

자료: ONS(2012)

* RDI = (HL + K + ESL + E) ÷ 4

   HL(Heath Life): 건강생활(유아사망률과 표준화사망률), K(Knowledge): 지식(무학위 인구의 비율), ESL(Economic Standard of Living): 경제적 생활수준(중위소득, 소득불평등(S90/S10 비율), 아동빈곤을 복합해 측정), E(Employment): 고용(정규직 고용의 비율)

** GRDI = (HL + ESL + E) ÷ 3

   HL(Heath Life): 건강생활(표준화사망률의 젠더 비율), ESL(Economic Standard of Living): 경제적 생활수준(소득 분위차의 젠더 비율), E(Employment): 고용(정규직 고용의 젠더 비율)

다. 예를 들어 보보디울라소는 경제가 쇠퇴할 때 빈곤과 도시 서비스 문제와 씨름해야 했고, 잉글랜드 북동부의 지방정부는 세출을 줄이며 동시에 로컬경제 성장을 부양시켜야 하는 어려움을 겪었다(8장). 그러나 우리는 지배적 사고에 도전하고 경제·사회·정치·생태·문화 간 상호관계의 잠재력을 검토하여, 지역개발의 의미를 정의해야 한다. 그렇지 못한다면 균형성, 결속력, 지속가능성의 지역개발은 결코 이루어 내지 못할 것이다.

지역개발에서 진보적 차원의 핵심은 **불균등발전**이 초래한 공간적 불평등과 격차를 사회적 **부정의**(injustice)로 인식하는 것이다. 이 원칙은 언제 어느 곳에 사는지와 사회적 맥락이 삶의 기회 측면에서 불공평과 불공정에 영향을 준다는 점을 강조한다(Dorling 2014; Wikinson and Pickett 2009). 진보적 지역개발은 총체적 접근과 마찬가지로 경제·사회·생태·정치·문화적 변화 간의 복잡한 관계를 인정한다. 진보주의의 뿌리는 자본주의를 전복하여 대체하기보다 더욱 잘 관리하자는 급진주의적 비판에서 찾을 수 있다. 진보적 가치 시스템은 사회민주주의와 좌파 정치에 기초하고 있지만, 이에 한정하지 않고 사회적·공간적으로 균등한 개발에 대한 열망을 지향한다(Hadjimichalis and Hudson 2007; Massey 1993, 2005; Marquand 2004).

진보적 접근은 로컬·지역의 불이익, 불평등, 빈곤 문제에 대처하는 데에서 국가의 역할을 강조하지만, 국가를 유일한 행위자로 파악하지는 않는다. 그 대신, 국가를 공공·민간·시민사회 영역의 다른 제도와 함께 고려한다. 진보적 관점은 자원 배분과 관련해 시장의 이론적 효율성을 인정하지만, 제도주의 접근과 사회·경제적 접근을 지지한다. 그래서 시장을 걷잡을 수 없이 자유로운 사회적 현상이 아니라 제도와 관례에 영향을 받아 구성되는 현상으로 이해한다(Somers and Block 2005). 앨런 스콧(Scott 1998: 102)에 따르면 "집합적 형태의 질서와 행동이 경쟁이나 시장과 함께 작용해야만 경제적 효율성과 장기적 성과 모두를 이룰 수 있다." 불안정성과 경제적·사회적·공간적 불평등을 낳는 시장의 경향성을 누그러뜨리기 위해서 시장은 정의되고 통제·조절되어야 한다는 뜻이다(Wade 1990; Amsden 1992; Chang 2011). 그렇지 않으면 균형성, 결속력, 지속가능성의 지역개발에 대한 열망이 약해질 수밖에 없다.

진보적 접근의 반대에는 퇴행적(regressive) 형태의 지역개발이 있다. 퇴행적 접근은 사회적 부정의, 지역 간 격차와 불평등을 조장하거나 해결하기 어렵게 만든다. 글로벌 금융위기와 대침체 이후에 더욱 공고해진 신자유주의의 깃발 아래, 긴축, 경제 자유화, 국가 재구조화, 복지 개혁, 영토 간 경쟁이 심해지면서 사회적·공간적 불평등은 더욱 커졌다(Brenner et al. 2012; Crouch 2013). 비즈니스가 주도하거나 지배하는 정부·거버넌스의 구조에서 지역개발은 개인, 비즈니스, 부문의 이해관계에 종속된다. 경쟁력, 성장, 혁신, 노동시장 유연성 등 경제적 관심사에 집중된 편협성도 나타난다.

이러한 환경에서는 총체적이고 진보적인 접근의 전망이 어둡다. 글로벌 금융위기와 대침체의 상황에서 진보적 지역개발 정치와 퇴행적 지역개발 정치 간의 마찰이 노골화되기도 했다(사례 9.2). 이러한 우려는 8장의 사례 연구에서도 확인했다. 예를 들어 중국의 국가·성·지방정부 기관은 급속한 도시화와 산업화 모델을 추구했고 이에 따라 허난성에서는 사회적·공간적으로 불균등하고 불평등한 지역개발의 패턴이 나타나고 있다. 이러한 **퇴행적 지역개발**의 형태에서는 소모적인 영토 간 경쟁과

사례 9.2 하이로드의 승리: 미네소타가 위스콘신을 앞서는 이유

사진 9.2 미국 미네소타의 미니애폴리스

출처: Runner 1928

미네소타와 위스콘신은 인구와 경제가 비슷하지만 대조되는 개발 전략을 추진한다. 그래서 두 지역을 바탕으로 경제정책의 "실험실 실험(laboratory experiment)"을 해 볼 수 있다(Markusen 2015: 100; 사진 9.2). 2010년 지방선거에서 민주당의 마크 데이튼(Mark Dayton) 미네소타 주지사와 공화당의 스콧 워커(Scott Walker) 위스콘신 주지사가 당선되었다. 이에 따라 미네소타에서는 주정부의 역할을 중시하며 누진세(progressive taxation) 제도와 고임금·고생산성을 지향하는 진보적 **하이로드(high-road)** 경제개발 전략이 추진되었다. 이와 대조적으로, 위스콘신은 억압적인 **로우로드(low-road)** 전략을 마련했다. 여기에는 주정부 역할의 축소, 감세, 긴축 재정, 노동시장 유연성 확대, 노동조합 약화를 지향하는 정책이 포함되었다. 다시 말해 워커 주지사는 탈규제화에 초점을 맞추고 부와 일자리를 창출하도록 민간부문의 부담을 덜어 주

는 전략을 추진했다. 정부의 규모와 적자재정을 줄이고, 일자리를 늘리며 투자를 유치할 수 있도록 감세 방
안도 마련했다. 반면 데이튼 주지사는 번영의 경로로서 활동적인 정부와 누진세 정책을 강조했다. 이에 교육,
인프라, 공정한 일자리를 위한 프로그램을 마련하고, 최저임금도 인상하며 건강과 사회복지 투자도 늘렸다.
2014~2015년 무렵 차별화된 영토개발 전략의 결과는 인구성장, 일자리, 임금, 삶의 질 측면에서 분명하게
나타났다. 2010년과 2014년 사이에 미네소타의 인구는 2.9% 성장했는데, 이는 위스콘신의 1.2%보다 높았
다. 외국인, 청년층, 고숙련 노동자를 중심으로 양(+)의 순이동을 기록했기 때문이다. 근소하게 높은 노동참
여율을 기록하며, 고용 성장도 4.4%의 위스콘신보다 미네소타에서 4.8%로 높았다. 위스콘신에서는 낮은 고
용 성장과 높은 실업률 때문에 인구유출이 많아졌다. 기존의 인구를 유지하거나 새로운 인구를 유치하는 것
이 어려워졌다는 이야기다. 2014년 위스콘신에서는 7.25달러였던 최저임금을 인상하지 않았고, 미네소타
는 물가상승을 반영해 최저임금을 8달러로 올렸다. 위스콘신에서는 공공부문 노동자의 고용 조건이 나빠졌
고 급여도 낮아졌다. 2013년을 기준으로 미네소타의 평균 연봉은 47,370달러로, 위스콘신의 42,310달러보
다 5,000달러 이상 높았다. 중위 가구소득도 마찬가지였다. 2010년과 2013년 사이, 미네소타의 중위 가구
소득은 52,300달러에서 60,900달러로 16.4% 증가한 반면 위스콘신의 증가율은 50,400달러에서 55,300
달러로 9.7%밖에 상승하지 못했다. 이러한 차이를 통해서 "노동자 가정을 지원하는 정책이 지역경제에 유
리"하다는 사실이 확인되었다(Markusen 2015: 105).

물론, 이러한 비교가 완벽하지 않은 측면이 있다. 두 지역 간에는 도시구조와 산업구조의 차이가 있기 때문
이다. 그러나 경제적·사회적 조건의 분기, 긴축 재정, 삶의 수준 하락 때문에 위스콘신 주민들이 번영을 누리
지 못했던 것은 사실이다. 두 지역 간의 차별화된 경험은 다음과 같은 요인들로 설명된다 – ① 인프라 개선,
일자리 창출, 인력개발에 대한 주정부의 사회적 투자, ② (교육, 교통 등) 효율적 서비스 전달을 위한 누진세
와 채권 발행, ③ 비즈니스의 활력과 일자리 성장을 개선하는 규제적 감독, ④ (임금 하락과 고용 조건 악화를
방지하도록) 소비를 촉진하고 승수효과를 높이며 고용주가 혁신과 생산성을 개선하는 최저임금의 인상, ⑤
로컬·지역의 혜택을 증진할 수 있도록 연방정부 재정 프로그램의 활용, ⑥ 사람과 비즈니스를 유치·유지하
도록 삶의 질 향상(Markusen 2015).

다른 장소를 희생해 가며 일부만 개발하는 제로섬의 관념이 팽배하다. 사람, 커뮤니티, 장소의 잠재
력이 시장만으로 실현될 수 있다는 가혹한 능력주의에 기초해 개발이 이해되기도 한다.

지역개발의 진보적 프레임은 근본적인, 그리고 더 나아가 보편적인 원칙과 가치에 초점을 둔다.
정의, 공정, 평등, 공평, 민주주의, 통일성, 결속력, 유대감, 국제주의 등이 역사를 초월하는 진보적
관념에 속한다(Harvey 1996). 이러한 가치들은 종종 레이먼드 윌리엄스(Raymond Williams 1989)
가 말하는 '전투적인 특수주의(militant particularism)'의 진보 정치 야망을 통해서 진화한다. 전투적
특수주의는 특정한 로컬의 투쟁이 지리적으로 광범위한 공통의 이해관계에 연결될 수 있다는 사상
과 원칙이다(Harvey 2000). 이러한 원칙과 가치는 특정한 국가나 국제적 맥락에서 형성되는 로컬과
지역에 대한 사회적·정치적 결단에 영향을 받는다. 예를 들어 스타방에르의 개발은 고립된 주변부

지역에 투자를 지원하려는 국가적 정치경제의 맥락에서 이루어진 것이다. 반면 잉글랜드 북동부에 서는 로컬 성장을 촉진하는 분권화와 로컬리즘(localism) 원칙에 대한 강조에도 불구하고 로컬제도 는 비교적 약한 상태로 남아 있다. 그러나 이곳의 행위자들은 국가적 정치경제의 주변부에서 적응의 노력을 계속해서 이어 가고 있다.

보편주의적 가치가 확고한 것만은 아니다. 그러한 가치가 특정한 시·공간에 고립된 행위자들이 결정하는 개발의 상대주의적 정의의 산물도 아니다. 편협하게 고립된 이해의 방식은 영토 간 경쟁만 을 촉진하고 다른 장소를 희생해 가며 특정한 이익과 장소를 대변하는 제로섬 형태의 개발만을 낳는 다(Storper 2011). 지역과 사회에서 원칙과 가치에 대한 결단은 민주적 대화와 정치적 선택에 좌우 되는 규범적인 이슈이다. 지역개발이 무엇을 뜻하고 어떤 모습이어야 하는지에 대한 행위자들의 문 제의식과 관련된다는 이야기다. 마이클 키팅 등(Keating et al. 2003)의 주장에 따르면, 사회적·정치 적 행위자들이 로컬·지역의 **영토 정체성**을 도구화하여 사회적으로 뿌리내린 정치의 프레임을 만들 수 있다. 로컬·지역의 이익을 국가적인 정부와 거버넌스의 제도로 공식화할 수 있다는 말이다. 아울 러 행위자들은 개념과 이론에 대한 나름의 해석에 기초해(3장), 특유의 지역개발 모델을 마련한다. 가령 문화적 가치, 제도, 우세한 사회·정치 양식의 조건에서 급속한 경제성장, 사회적 유대, 지속가 능한 개발 등의 목표가 설정된다. 이러한 사실은 잉글랜드 북동부, 보스턴 메트로, 스타방에르, 허난 성, 보보디울라소, 이라크 쿠르디스탄 지역을 비교해 파악할 수 있다(8장). 이처럼 지역적으로 결정 된 모델은 지역 행위자의 특별한 포부, 요구, 특징을 반영하지만, 모델의 개발에서 보다 근본적이고 보편적인 원칙과 가치를 배제할 수 없다. 아울러, 로컬·지역의 결단과 해결책은 로컬·지역의 맥락 과 이해관계를 둘러싼 대화, 균형, 권력, 정치 관계에 영향을 받아 형성된다. 이는 다양한 공간 스케 일에서 작동하는 정부와 거버넌스의 제도를 통해서 중재된다.

한편 폭넓게 정의되는 원칙과 가치는 지역개발의 수준, 특성, 형태의 프레임을 제공한다. 이는 발 전의 상대적 수준을 막론하고 어느 국가, 지역, 로컬리티에서도 나타날 수 있는 현상이다(Standing 1999). 이러한 측면은 로컬·지역 수준에서 결정된 개발을 이해하는 데에 필수적이다. 진보적 관점 에서, 부와 소득의 수준과 관계없이 중요한 기본적 원칙이 있다. 그러나 여기에는 논란의 소지도 있 다. 예를 들어 환경 규제, 노동 표준, 사회적 보호에 대한 글로벌북부 고소득 국가의 관심사가 글로 벌남부 저소득 국가에서는 사치나 보호주의로 여겨진다. 글로벌남부에서 긴박한 사회적 요구에 부 응하는 능력에 제약을 가하고 생활 수준을 높이고자 하는 의지를 꺾는 요인으로 이야기되기도 한다 (Cypher and Dietz 2008). 깁슨-그레이엄(Gibson-Graham 2012)과 같은 **포스트개발주의** 옹호론 자들은 보편적으로 용인되는 진보적 가치의 아이디어에 대해 비판했다(3장). 유럽 중심적 근대화론에 기초해 국민국가의 중앙집권화된 하향식 접근에 전적으로 의존하는 개발을, 특히 글로벌북부의 산업화 방식을 유일한 최선책(one-best-way)으로 제시한다는 이유 때문이다. 필자들은 그와 같은 천편일률적인 일체형 지역개발을 거부한다. 행위자들은 보편적 원리와 가치를 추구하지만 나름의 시·공간적 맥락에 민감한 모델을 구축하려 노력한다는 것이 이 책에서 지역개발을 이해하는 방식의 핵심이다.

마지막 세 번째의 원칙인 **지속가능성**은 지역개발의 총체적 차원 및 진보적 차원과도 관련되어 있다. 지속가능성의 관점에서 개발은 로컬리티와 지역의 건강, 웰빙, 삶의 질처럼 폭넓은 관념으로 이해되기 때문에 총체성에 연결된다(3장). 아울러, 지속가능성의 경제적·사회적·생태적·정치적·문화적 측면 간 관계에 대한 이해도 통합된다. 이러한 접근은 특정한 형태의 경제성장이 단기적 측면에서 일자리, 소득, 투자로 이어진다 해도 사회적·생태적 위해(危害)를 가하지는 않는지 주의 깊게 살피도록 한다. 다른 한편으로, 지속가능성은 공평이나 공정의 원칙과 가치를 우선시하는 점에서 진보성도 내포한다. 현세대와 미래세대 모두를 고려하며 로컬·지역 자원의 사용과 접근성을 장기적인 측면에서 사고한다. 예를 들어 깁슨-그레이엄 등(Gibson-Graham et al. 2013)은 편협하고 단기적인 경제적 사고를 넘어서 보다 광범위하고 장기적인 세대 간의 프레임을 제시하면서, 어떻게 지구에서 집합적으로 잘 생존할 것인지에 대한 근본적인 질문을 던졌다(사례 9.3).

기존의 지역개발 형태는 초점, 설계, 전달의 측면에서 단기적이라는 이유로 비판을 받는 경향이 있다(2장). 지역개발은 특정한 시간, 장소, 상황이 운 좋게 일치하여 발생하며 빠르게 사라지기도 한다. 보스턴, 허난성, 스타방에르의 사례에서 성장의 조건은 지속가능성의 이슈를 낳았다. 특유의 이익이 새로워지지 못하거나 경쟁을 통해서 사라지게 되면 그러한 성장의 모습은 빠르게 흐트러질 것이기 때문이다. 적응, 학습, 혁신을 가능하게 하는 문화, 제도, 네트워크가 시대에 뒤처져도 그렇다. 때때로 뿌리 깊은 역사를 가진 문제에 대하여 신속한 해결책이 추구되기도 한다. 이러한 개발의 형태를 통해서 공적 자금이 투입되지만, 효과는 짧은 기간만 유지되고 문제는 계속해서 다시 나타난다. 지속가능한 접근은 오래 지속되고 회복력도 높은 형태의 지역개발을 추구한다. 증거에 따르면 장기적 전략만이 적응력, 지속성, 안정성을 유도하며 지속가능한 지역개발의 조건을 성장시킨다(Evenhuis 2015).

지속가능한 개발에 대한 접근에서 맥락민감성은 필연적이다. 토착·내생적 장소기반형 접근에 연결된 그러한 관점은 로컬 사회의 구조적 문제를 인식하고 특유의 자산과 포부에도 잘 들어맞는다(6장). 로컬·지역에서 만들어진 해결책의 형태로 지역개발을 촉진하여 뿌리를 잘 내리게 되면, 성공의 가능성도 높다. 예를 들어 1990년 말에 설립된 이탈리아의 **치타슬로(슬로시티, Cittaslow)**를 생각해

사례 9.3 집합적 생존... 다행성에서 하나의 행성으로

깁슨-그레이엄 등(Gibson-Graham et al. 2013)은 **지속가능성**의 아이디를 통해서 집합적 생존을 잘하는 방안을 제시했다. 이들은 공기, 동물, 햇빛, 광물, 식물, 토양, 물 등 지구가 제공하는 자연을 보호하고 관리하는 일의 중요성을 강조했다. 이처럼 인간의 연명과 생존에 직결되는 것들이 위협 상태에 놓여 있다고 여기기 때문이다. 위협의 상태는 불균형적으로 낭비하는 수요와 소유의 패턴으로 나타난다. 깁슨-그레이엄 등(Gibson-Graham et al. 2013: 33)에 따르면 "더욱 많이 소비하기 위해서 더욱 열심히 일한다면, 그와 반대되는 일만 일어난다. 인간을 비롯한 모든 종(種, species)이 제대로 생존할 가능성이 파괴되기 때문이다."

깁슨-그레이엄 등(Gibson-Graham et al. 2013)은 그러한 이슈들을 가시화하여 지역개발에 대한 숙의(熟議, deliberation)의 일부로 이해했다. 그리고 특정한 라이프스타일과 소비 수준의 **생태발자국(ecological footprint)**에 대한 평가를 제안했다. 생태발자국은 생태경제학의 오랜 관심사 중 하나로, 특정한 (보통은 국가) 경제에서 오고 가는 에너지와 물질의 흐름을 측정하여 그에 상응하는 생산적 토지나 물의 생태계 면적으로 환산한 것이다(Wackernalgel et al. 2006). 핵심은 생물학적으로 생산적인 지구의 땅과 바다 면적에 대한 인간의 수요를 포착한다는 점이다. 2018년을 기준으로 인류의 생태발자국은 지구 1.5개에 상응하는 면적으로 추정되었다(Global Footprint Network 2012). 1보다 큰 생태발자국은 지구의 자원이 재생되는 속도보다 빠르게 고갈되고 있다는 뜻이다.

이러한 생태발자국은 국가마다 다르다. 경제성장과 소득, 소비의 수준, 유산이 국가별로 차이가 있기 때문이다. 북아메리카의 소비 수준을 유지하려면 4 플래닛(planet), 즉 4개의 지구가 필요하다. 반면 쿠바의 경우는 1 플래닛인데, 이는 생태적 평균 내에서 살아가고 있는 상황을 의미한다(표 9.2). 따라서 소비를 줄이고 '원 플래닛 생활(one planet living)'을 추구해야 한다. 한편 생태발자국은 하위국가 스케일에서도, 즉 도시, 로컬리티, 지역 간에서 매우 다르게 나타난다(Wackernagel et al. 2006).

표 9.2 국가별 생태발자국(2008년)

국가	플래닛	국가	플래닛
미국	4.0	중국	1.1
오스트레일리아	3.7	쿠바	1.0
캐나다	3.6	필리핀	0.7
영국	2.6	인도	0.5
멕시코	1.8	동티모르	0.3

출처: Gibson-Graham et al.(2013: 34)

생태발자국을 산출하는 것은 보다 지속가능한 형태의 지역개발에서 중요한 고려의 대상이 되었다. 깁슨-그레이엄 등(Gibson-Graham et al. 2013: 37)은 **공동체경제(커뮤니티경제, community economy)**를 제안하면서 "우리의 생존 방법이 지구의 인간과 비인간 거주민에게 주는 영향에 대하여 책임을 지는" 개인적·집합적 노력을 강조한다. 글로벌 생태발자국 네트워크(Global Footprint Network 2012)도 지방정부에게 자원의 소비를 감독하고 식량, 에너지, 공기, 물을 비롯한 자연자본(natural capital)을 유지할 것을 요구했다. 이것을 로컬과 지역의 지속가능한 웰빙을 이루기 위한 전략의 하나로 파악했기 때문이다.

보자. 치타슬로는 로컬과 도시의 지속가능성 네트워크를 촉진하고자 하는 프로그램이며, 슬로푸드(slow food)에 기초해 친환경 미식학(eco-gastronomy)의 원칙을 추구한다. 로컬에 적합한 다양한 형태의 개발을 지향하며 장소에 대한 고려에 초점을 맞춘다. 이러한 특성을 가진 토스카나(Tuscany) 지방의 토디(Todi)는 슬로타운으로 지정되었다(사진 9.3). 이처럼 현실에 기반을 둔 관점은 정부와 거버넌스 제도에 대한 분석에 기초한다(4장). 국가를 노동, 자본, 시민사회를 비롯한 여러 사회적·경제적 협력자와 함께 선도적인 개발의 행위자 중 하나로 인식하기도 한다. 그러면서 보다 총체적이고 계획적이며 체계적인 형태의 지역개발 정책을 추구한다. 한마디로 "환경적으로 지속가능한 개발에서는 공공부문의 역할이 중요하다. 지속가능성은 총체적이며 세대 간을 아우르는 장기적 관점을 필요로 하기 때문이다. 사회와 환경에 주는 혜택, 그리고 부과된 비용 모두를 포괄적으로 고려한다. 민간의 수익성만을 생각하지 않는다는 말이다."(Geddes and Newman 1999: 22; Aufhauser et al. 2003)

이러한 지속가능한 개발이 총체성과 진보성 원칙에 연결될 때 토론, 균형, 타협의 필요성이 있을 수 있다. 특정한 로컬리티나 지역의 상황과 행위자들의 포부에 영향받을 수 있기 때문이다.

사진 9.3 이탈리아 토디의 슬로타운

출처: Livioandronico 2013

5. 지역개발의 정치

지역개발은 경합적인 **정치**의 영역이다. "누구를 위해 어떤 종류의 지역개발을 추구할 것인가?"에 대하여 무슨 답을 만들어 낼 것인지는 정치적 이슈이다(Hudson 2007). 어떤 이해의 틀을 동원할 것인지, 로컬리티와 지역은 어떻게 정의할 것인지, 이해관계를 가진 행위자들이 개발의 의미를 정하는 권리를 어떻게 얻는지도 마찬가지다. 총체적이고 진보적이며 지속가능한 지역개발을 위해서 정치에 새로운 활력을 불어넣는 일이 필요하다. 정치는 누구를 위해 어떤 지역개발이 어디에서 이루어져야 하는지에 대한 **규범**적 선택과 관련된다. 이러한 선택은 단순히 객관적이거나 기술적인 평가가 아니라 **가치판단**의 문제이다. 발언, 숙의, 참여, 대표성, 결단력 같은 제도적 메커니즘도 요구된다. 지역개발은 사람과 장소를 대상으로 끝내는 것일 필요는 없다. 누구를 위해 어떤 종류의 지역개발을 추구할 것인지에 대한 질문에 답을 얻기 위해서 때로는 반목하는 이해관계나 우선순위 간 경쟁, 마찰, 타협의 경로를 통과해야 하는 경우도 있다. 키팅 등(Keating et al. 2003)은 그러한 과정을 특수하게 로컬·지역에서 결정되는 종합이라고 말했다. 레이 허드슨(Ray Hudson 2007: 1)에 따르면, "개발은 맥락 특수적이고 사회적·정치적으로 구성되며 경합적인 과정이다. 절대적 '개발'의 상태에 이르는 자연적 경로는 존재하지 않는다." 사회사(社會史)에 대한 톰슨(Thompson 1963)의 설명에 나타나듯이, 지역개발을 위한 조정과 집합적 질서의 제도는 정치적 실천의 활발한 교환을 통해서 기능적·지리적 형태를 갖추게 된다(Scott 1998). 이러한 과정, 즉 정부와 거버넌스의 정치를 통해서 로컬리티와 지역의 성공, 실패, 개발에 대한 프레임이 마련된다. 로컬과 지역의 뿌리를 가진 적합한 지역개발 전략과 형태를 결정하려면 민주적·참여적·진보적 정치가 필요할 수 있다. 이러한 정치의 과정을 통해서 누구를 위한 어떤 종류의 지역개발을 추구할 것인지에 대한 문제가 해결될 수 있기 때문이다.

숙의를 통해서 근본적 질문에 대응하려면 보편적 원칙, 총체성·진보성·지속가능성의 지역개발 버전, 특정한 로컬·지역 행위자들의 구체적 관심사 간의 상호작용이 필요하다. 스콧(Scott 1998: 114)에 따르면, "성공적인 개발 프로그램은 일반적 원칙과 로컬화된 타협 간의 신중한 조합일 수밖에 없다. 이는 개별 지역의 지리적·역사적 현실을 반영한 결과이다." 이처럼 천편일률적 보편주의 정책과 등질한 모델에 대한 의문은 당연시되고 있다. 규격품 지역개발 전략은 부적절하고 실현 불가능하며 바람직하지도 않다고 여겨진다는 이야기다. 8장의 사례 연구가 예시하는 바와 같이, 로컬·지역의 경험과 적응의 경로는 다양하게 나타난다. 어떤 장소는 특정한 형태를 가지고 있는 안정된 성장을 열망하며, 환경 피해, 사회 불평등, 국토(영토) 불균등에 크게 신경 쓰지 않는다. 이와 달리,

편협하게 개인 소득과 GDP에 초점을 맞추기보다 웰빙과 공동체 결속력을 높일 수 있도록 행복을 하나의 공공재로 촉진하는 지역도 있다(Layard 2011). 이런 장소에서는 로컬과 지역의 경제적·사회적·환경적 요구를 충족하기 위해 성장을 제한하며 커뮤니티 기반의 접근에 초점을 두는 결정이 집합적으로 이루어질 수 있다. 경제·사회·환경 간의 더 나은 균형을 추구한다는 이야기다. 이런 식으로 로컬리티와 지역의 행위자들은 로컬·지역의 포부, 요구, 역사에 적합한 나름의 독특한 개발 방식과 형태를 찾기를 원할 수 있지만, 내·외부적인 자산, 역량, 제약조건을 결합해야 할 필요성에 직면하기도 한다. 그래서 개발의 개념은 행위성의 초점을 지니게 된다. 로컬·지역의 경제·사회·정치 속에서 총체성, 진보성, 지속가능성의 원칙과 관련된 이해관계에 둘러싸여 있기 때문이다(사진 9.4; 2장). 그래서 개별 장소의 행위자들은 상호의존적 세계 속에서 보편적인 가치, 비전, 고민에 대한 정치를 표현하며 재현하려고 노력할 수밖에 없을 것이다.

결국 지역개발의 새로운 정치는 누가 지배하느냐의 문제에 좌우된다. 누가 결정하며, 결정에 참여하는 사람들이 어떤 제도와 자원을 이용해서 "누구를 위해 어떤 종류의 지역개발을 추구할 것인가?"의 문제를 어떻게 프레임화하고 해결하는지가 중요하다. 총체성·진보성·지속가능성의 접근과 새로운 지역개발의 정치는 자기중심적이며 지역 이기주의적인 장소의 정치가 아니다. 다른 사람, 계

사진 9.4 독일 뮌헨에서 동일 임금의 날(Equal Pay Day) 행사

출처: blu-news.org

층, 장소를 희생하여 지역개발을 추구하지 않는다는 이야기다(Hadjimichalis and Hudson 2014). 완벽하게 고립된 상대주의적 무한경쟁의 지역개발 모델은 거부되어야 한다. 국제적 차원에서 정부 간 조정, 지방정부나 시민사회와 조화를 지원하는 국가정부의 역할, 책임성과 투명성을 바탕으로 사람·커뮤니티·장소의 권한을 신장하려는 민주화된 정부·거버넌스의 제도, 다양한 스케일에서 작동하는 다중 행위자와 다층 제도의 구조 속에서 분권화된 의사결정 구조 등에는 엄청난 잠재력이 존재한다. 이러한 어젠다는 글로벌 금융위기, 대침체, 회복의 맥락에서 유토피아적이라는 비판을 받기도 했다. 다른 한편에서는 접근법이 개혁주의자(reformist) 수준에 머무르고 급진성과 혁신성이 불충분하다고 비판하는 사람들도 있다. 지역개발의 포부가 잠재적 장벽과 문제에 둘러싸여 있을 때도 있다. 실속 없는 거창한 비전, 퇴행적이거나 진보성이 불충분한 정치 어젠다, 확고한 기득권 집단의 관점, 다층 시스템에서 취약한 거버넌스와 조정 역량, 고무적 리더십의 부재, 환멸을 느끼는 대중 등이 그러한 상황에 해당한다. 총체적이고 진보적이며 지속가능한 지역개발은 결코 쉬운 일이 아니다. 그러나 이 일은 지역개발의 비전이 없다면 더욱더 어려워질 것이다.

글로벌 금융위기와 대침체 이후에 공간은 훨씬 더 많은 실험과 혁신에 개방되었다. 이로써 총체적이고 진보적이며 지속가능한 형태의 지역개발에 대한 성찰이 가능해졌다. 이것은 물론 글로벌북부와 글로벌남부 모두에서 사회적·공간적으로 불균등하게 진행되고 있다. 많은 행위자들은 끊임없이 규모확대(스케일업, scale-up)와 장기적 활력의 문제에 도전하고 있다. 모순으로 가득 차 있고 때때로 제대로 작동하지 않지만 여전히 존재하는 자본주의 경제도 문제 거리다. 그래서 지역개발은 세계 공통의 집단적 노력으로 프레임될 수 있다. 많은 로컬리티와 지역이 사회적·공간적 불평등, 글로벌화, 거시경제 불안정성, 기후변화, 인구 변동을 비롯해 비슷한 문제에 직면했기 때문이다. 이에 대처하는 노력은 관계적 연결을 통해서 형성되고 실천으로 옮겨진다. 그러나 로컬·지역 수준의 활동과 행동은 맥락의 영향을 받아 다양화된 모습으로 나타난다(Pike et al. 2014). 글로벌북부든 글로벌남부든, 중심에서 하향식으로 전달되는 변화나 변혁적 프로젝트의 시대는 이미 전성기가 지났다. 오늘날의 맥락에서는 이미 좌절을 경험한 방식이다.

그렇다고 해서 다차원과 이질성으로 얼룩진 상대주의적 지역개발이 무한경쟁하는 세계를 그리는 것은 아니다. 글로벌북부와 글로벌남부를 막론하고 다양한 어젠다와 지역개발 프로젝트를 한데 모으는 것은 여전히 중요하다. 다양한 접근, 논리, 전략, 정책, 실천, 효과성을 가시화해서 토론과 숙의의 수단을 마련할 수 있기 때문이다. 이렇게 대화와 학습의 공간을 창출하는 것을 중심 목표로 삼아야 한다. 여러 가지 경험을 소개, 평가, 설명하기 위해서다. 이를 위해 기존의 네트워크나 조직을 활용할 필요도 있다. 예를 들어 로컬경제개발기구 국제 연계·서비스(ILSLEDA: International

Links and Services for Local Economic Development Agencies), 아프리카 로컬경제개발 네트워크(LEDNA: Local Economic Development Network for Africa), OECD의 로컬경제·고용개발(LEED: Local Economic and Employment Development) 프로그램 등을 활용할 수 있다. 이러한 노력에서 장소마다 지역개발의 관심이 다른 점을 인식해야 한다. 동시에 제1세계/제2세계/제3세계나 선진국/개발도상국의 전통적 범주 간의 상호연결성에도 주목해야 한다. 과거의 최빈국 또는 저임금 국가와 이에 속하는 로컬·지역의 성장 경로가 변하는 점도 인정해야 한다. 이처럼 느슨하게 네트워크화된 로컬·지역 행위자의 행위성이 광범위하고 심층적이며 폭넓은 구조적 문제에 효과적으로 대처할 수 있는지도 꾸준히 성찰해야 할 문제이다. 특히 사회적·공간적으로 연결된 **불균등발전**의 문제에 주목해야 한다.

추천 도서

Chang, H.-J. (2011) 23 Things They Don't Tell You About Capitalism. London: Penguin.

Crescenzi, R. and Rodríguez-Pose, A. (2011) Reconciling top-down and bottom-up development policies, Environment and Planning A, 43 (4): 773-780.

Gibson-Graham, J. K., Cameron, J. and Healy, S. (2013) Take Back the Economy: An Ethical Guide for Transforming Our Communities. Minneapolis: University of Minnesota.

Hadjimichalis, C. and Hudson, R. (2014) Contemporary crisis across Europe and the crisis of regional development theories, Regional Studies, 48 (1): 208-218.

James, A. (2014) Work-life "balance" and gendered (im)mobilities of knowledge and learning in high-tech regional economies, Journal of Economic Geography, 14 (3): 483-510.

Markusen, A. (2015) The high road wins: how and why Minnesota is outpacing Wisconsin. American Prospect, 26 (2): 100-107.

Martin, R. (2015) Rebalancing the spatial economy: the challenge for regional theory, territory, politics, Governance, 3 (3): 235-272.

Martin, R., Pike, A., Tyler, P. and Gardiner, B. (2015) Spatially Rebalancing the UK Economy: The Need for a New Policy Model. London: Regional Studies Association.

McCann, P., Martin, R. and Tyler, P. (2013) The future of regional policy, Cambridge Journal of Regions, Economy and Society, 6: 179-186.

Morgan, K. (2004) Sustainable regions: governance, innovation and scale, European Planning Studies, 12 (6): 871-889.

Perrons, D. (2012) Regional performance and inequality: linking economic and social development through a capabilities approach, Cambridge Journal of Regions, Economy and Society, 5 (1): 15-29.

Pike, A., Rodríguez-Pose, A. and Tomaney, J. (2011) Handbook of Local and Regional Development. London:

Routledge.

Pike, A., Rodríguez-Pose, A. and Tomaney, J. (2014) Local and regional development in the global North and South, Progress in Development Studies, 14: 12-30.

Rodríguez-Pose, A. and Wilkie, C. (2014) Conceptualizing Equitable Economic Growth in Urban Environments. Draft Concept Paper prepared for the Cities Alliance. London: London School of Economics.

Stiglitz, J., Sen, A. and Fitoussi, J.-P. (2008) Report by the Commission on the Measurement of Economic Performance and Social Progress, http://www.insee.fr/fr/publications-et-services/dossiers_web/stiglitz/doc-commission/RAPPORT_anglais.pdf (accessed 29 February 2016).

참고문헌

Abel, J. R., Dey, I. and Gabe, T. M. (2012) Productivity and the density of human capital, Journal of Regional Science, 52 (4): 562-586.

Acemoglu, D. (2003) Root causes: a historical approach to assessing the role of institutions in economic development, Finance & Development, IMF, June 2003.

Acemoglu, D. and Robinson, J. (2012) Why Nations Fail. London: Profile.

Acs, Z. and Storey, D. (2004) Introduction: entrepreneurship and economic development, Regional Studies 38 (8): 871-877.

African Development Bank Group (2013) At the Center of Africa's Transformation, Abidjan: African Development Bank Group.

Agnew, J. (2011) Space and Place. In J. Agnew and D. Livingstone (eds), Handbook of Geographical Knowledge. London: Sage.

Agnew, J. (2013) Arguing with regions. Regional Studies, 47 (1): 6-17.

Ahrend, R., Farchy, E., Kaplanis, I. and Lembcke, A. C. (2014) What Makes Cities More Productive? Evidence on the Role of Urban Governance from Five OECD Countries. OECD Regional Development Working Papers 2014/05. Paris: OECD.

Aldrich, H. E. and Cliff, J. E. (2003) The pervasive effects of family on entrepreneur ship: toward a family embeddedness perspective, Journal of Business Venturing, 18 (5): 573-596.

Allen, J. (2003) Lost Geographies of Power. Hoboken: Wiley.

Allen, J. and Pryke, M. (2013) Financialising house hold water: Thames Water, MEIF, and "ring-fenced" politics, Cambridge Journal of Regions, Economy and Society, 6 (3): 419-439.

Allen, J., Massey, D. and Cochrane, A. (1998) Rethinking the Region. London: Routledge.

Allen, K. (2015) QE feeding Europe house price bubble, says study, Financial Times, 20 July.

Altman, J. (2004) Economic development and indigenous Australians: contestations over property, institutions and ideology, Australian Journal of Agricultural and Resource Economics, 48 (3): 513-534.

Amendolagine, V., Boly, A., Coniglio, N. D., Prota, F. and Seric, A. (2013). FDI and local link-ages in developing countries: evidence from Sub-Saharan Africa, World Development, 50: 41-56.

Amin, A. (1985) Restructuring and the decent ralisation of production in Fiat. In J. Lewis and R. Hudson (eds), Uneven Development in Southern Europe. London: Methuen.

Amin, A. (ed.) (1994) Post Fordism: A Reader. Oxford: Blackwell.

Amin, A. (2000) Industrial districts. In E. Sheppard and T. J. Barnes (eds), A Companion to Economic Geography. Blackwell: Oxford, 149-168.

Amin, A. and Cohendet, P. (2004) Architectures of Knowledge. Oxford: Oxford University Press.

Amin, A. and Thrift, N. (1995) Globalization, institutional "thickness" and the local economy. In P. Healey, S Cameron, D. Davoudi, S. Graham and A. Madanipour (eds.) Managing Cities: The New Urban Context. Chichester: Wiley, 91-108.

Amin, A. and Tomaney, J. (1995) (eds), Behind the Myth of European Union. Prospects for Cohesion. London: Routledge.

Amin, A., Cameron, A. and Hudson, R. (2002) Placing the Social Economy. London: Routledge.

Amin, A., Bradley, D., Howells, J., Tomaney, J. and Gentle, C. (1994) Regional incentives and the quality of mobile investment in the less favoured regions of the EC, Progress in Planning, 41 (1): 1-122.

Amsden, A. (1992) Asia's Next Giant: South Korea and Late Industrialization. New York: Oxford University Press.

Amsden, A. (2001) The Rise of "the Rest": Challenges to the West from Late-Industrializing Economies. Oxford: Oxford University Press.

Anderson, J. (1992) The Territorial Imperative: Pluralism, Corporatism and Economic Crisis. Cambridge: Cambridge University Press.

Anderson, J. Hudson, R. and Duncan, S. (1983) Redundant Spaces in Cities and Regions? Studies in Industrial Decline and Social Change. San Diego, CA: Academic Press.

Andersson, M. and Koster, S. (2011) Sources of persistence in regional start-up rates-evidence from Sweden, Journal of Economic Geography, 11 (1): 179-201.

Anyadike-Danes, M., Bonner, K. and Hart, M (2010) Who creates the jobs?, Significance, 7 (1): 5-8.

Armstrong, H. and Taylor, J. (2000) Regional Economics and Policy (3rd Edition). London: Blackwell.

Ashcroft, B., Swales, J. K. and McGregor, P. G. (2005) Is Devolution Good for the Scottish Economy? A Framework for Analysis. Devolution Briefings No. 26 (March 2005), ESRC Devolution and Constitutional Change Programme: London.

Asheim, B. and Coenen, L. (2005) The Role of Regional Innovation Systems in a Globalizing Economy: Comparing Knowledge Bases and Institutional Frameworks in Nordic Clusters. Papers in Innovation Studies 2005/3, Lund University, CIRCLE - Center for Innovation, Research and Competences in the Learning Economy.

Asheim, B., Boschma, R. and Cooke, P. (2011) Constructing regional advant age: plat form policies based on related variety and differ en ti ated know ledge bases. Regional Studies, 45, 893-904.

Ashton, P., Doussard, M. and Weber, R. (2014) Reconstituting the state: city powers and exposures in Chicago's infra structure leases, Special issue article: Financialisation and the production of urban space, Urban Studies Advance access: 1-17.

Asian Development Bank (2008) Strategy 2020: The Long-Term Strategic Framework of the Asian Development Bank. Mandaluyong City: Asian Development Bank.

Au, K. and Kwan, H. K. (2009). Start-up capital and Chinese entrepreneurs: the role of family, Entrepreneurship Theory and Practice, 33 (4): 889-908.

Audretsch, D. (2015) Everything in Its Place: Entrepreneurship and the Strategic Management of Cities, Regions, and States. Oxford: Oxford University Press.

Audretsch, D. and Keilbach, M. (2004) Entrepreneurship capital and economic performance, Regional Studies

38 (8): 949-959.

Audretsch, D. B., Bönte, W., and Keilbach, M. (2008) Entrepreneurship capital and its impact on knowledge diffusion and economic performance, Journal of Business Venturing, 23 (6): 687-698.

Aufhauser, E., Herzog, S., Hinterleitner, V., Oedl-Wieser, T. and Reisinger, E. (2003) Principles for a "Gender-Sensitive Regional Development": Report for the Austrian Federal Chancellery, Division IV/4 for Co-ordination of Regional Planning and Regional Policies, by Institut für Geographie and Regionalforschung, Universität Wien, Vienna.

Bacon, R. and Eltis, W. (1976) Britain's Economic Problem: Too Few Producers. London: Macmillan.

Bae, C. and Richardson, H. W. (2011) Regional and Urban Policy Planning on the Korean Peninsula. Cheltenham: Edward Elgar.

Bailey, D. and De Propris, L. (2014) Manufacturing reshoring and its limits: the UK automotive case, Cambridge Journal of Regions, Economy and Society 7 (3): 379-395.

Bailey, D., Hildreth, P. and De Propris, L. (2015) Mind the gap! what might a place- based indus-trial and regional policy look like? In D. Bailey, K. Cowling and P. Tomlinson (eds), New Perspectives on Industrial Policy for a Modern Policy. Oxford: Oxford University Press, 287-308.

Bair, J. (2011) Global Value Chains: Concepts, Measures, Consequences. Presentation at CRIMT International Conference Multinational Companies, Global Value Chains and Social Regulation, 6-8 June 2011, Montreal. http://spot.colorado.edu/~bairj/Presentations_files/GVCs%20Montreal%20plenary.pdf (accessed 29 February 2016).

Bair, J. and Gereffi, G. (2001) Local clusters in global chains: the causes and consequences of export dynamism in Torreon's blue jeans industry, World Development, 29 (11): 1885-1903.

Bair, J. and Werner, M. (2011) The Place of disarticulations: global commodity production in La Laguna, Mexico, Environment and Planning A, 43 (5): 998-1015.

Baker, S. (2006) Sustainable Development. Abingdon: Routledge.

Baker, S., Kousis, M., Richardson, D. and Young, S. (1997) Introduction: the theory and practice of sustainable development in EU perspective. In S. Baker, M. Kousis, D. Richardson and S. Young (eds), The Politics of Sustainable Development: Theory, Policy and Practice within the EU. London: Routledge, 1-40.

Baptista, R., Escária, V. and Madruga, P. (2008) Entrepreneurship, regional development and job creation: the case of Portugal, Small Business Economics, 30 (1): 49-58.

Barber, B. (2013) If Mayors Ruled the World. New Haven, CT: Yale University Press.

Barca, F. (2009) An Agenda for a Reformed Cohesion Policy. Independent report prepared at the request of Danuta Hubner, Commissioner for Regional Policy.

Barca, F. and McCann, P. (2010) The place- based approach: a response to Mr Gill, http://www.voxeu.org/index.php?q=node/5644 (accessed 5 March 2016).

Barca, F., McCann, P. and Rodríguez-Pose, A. (2012) The case for regional development intervention: place-based versus place- neutral approaches, Journal of Regional Science 52 (1): 134-152.

Bardhan, A. and Walker, R. (2011) California shrugged: fountain head of the Great Recession, World Development, 29 (11): 1885-1903.

Barnes, T., Peck, J., Sheppard, E. and Tickell, A. (2007) Methods matter. In A. Tickell, E. Sheppard, J. Peck and T. Barnes (eds), Politics and Practice in Economic Geography, Thousand Oaks, CA: Sage, 1-24.

Barnett, V. (1997) Kondratiev and the Dynamics of Economic Development: Long Cycles and Industrial Growth in Historical Context. Palgrave Macmillan: London.

Barratt Brown, M. (1995) Models in Political Economy. Harmondsworth: Penguin.

Barrientos, S., Gereffi, G. and Rossi, A. (2011) Economic and social upgrading in global production networks: a new paradigm for a changing world, International Labour Review 150 (3-4): 319-340.

Barro, R. J. and Sala-i-Martin, X. (1995) Economic Growth. New York: McGraw Hill.

Barth, M., Lea, M and Li, T (2012) China's Housing Market: Is a Bubble About to Burst?, Milken Institute Research Report. Santa Monica, CA: Milken Institute.

Bartik, T. J. (1990) The market failure approach to regional economic development policy, Economic Development Quarterly 4 (4): 361-370.

Bartik, T. J. (2002) Evaluating the Impacts of Local Economic Development Policies On Local Economic Outcomes: What Has Been Done and What is Doable? Upjohn Staff Working Paper 03-89, W.E. Upjohn Institute for Employment Research: Kalamazoo, MI.

Bartik, T. J and Bingham, R. D. (1995) Can Economic Development Programs be Evaluated? Upjohn Institute Staff Working Paper 95-29. Kalamazoo MI: W.E. Upjohn Institute for Employment Research.

Bates, A. (2009) Boston: A Study into the City's Economic Drivers, American Planning Association Economic Development Division Weblog, 1 October 2009. http://apaeconomicdevelopment.blogspot.co.uk/2009/10/boston-study-into-citys-economic.html (accessed 29 February 2016).

Bathelt, H., Malmberg, A. and Maskell, P. (2004) Clusters and knowledge: local buzz, global pipelines and the process of know ledge creation, Progress in Human Geography, 28 (1): 31-56.

Beatty, C., Crisp, R. and Gore, T. (2015) A frame work for measuring inclusive growth, Draft Report for Joseph Rowntree Foundation, CRESR, Sheffield Hallam University.

Bloomberg Business (2013) Foxconn Plant in Peanut Field Shows Labor Eroding China's Edge. 2 March, http://www.bloomberg.com/news/articles/2013-03-26/foxconn-plant-in-peanut-field-shows-labor-eroding-china-s-edge (accessed 29 February 2016).

Bluestone, B. and Harrison, B. (1982) The Deindustrialisation of America: Plant Closing, Community Abandonment and the Dismantling of Basic Industry. New York: Basic Books.

Bluestone, B. and Harrison, B. (2001) Growing Prosperity: The Battle for Growth with Equity in the 21st Century. Berkeley, CA: University of California Press.

Bluestone, B. and Stevenson, M. H. (eds) (2000) The Boston Renaissance: Race, Space and Economic Change in an American Metropolis. New York: Russell Sage Foundation.

Bluestone, B., Tumber, C., Lee, N., Modestino, A. S., Costello, L. and Davis, T. (2015) The Greater Boston Housing Report Card 2014-2015: Fixing an Out- of-Sync Housing Market, The Kitty and Michael Dukakis Center for Urban and Regional Policy, Northeastern University, Boston, MA.

Bogason, P. (2004a) Postmodern public admin is tra tion. In E. Ferlie, L. Lynne and C. Pollitt (eds), Handbook of Public Management. Oxford: Oxford University Press.

Bogason, P. (2004b) Local democratic governance: allocative, Integrative or deliberative? In P. Bogason, H. Miller and S. Kensen (eds), Tampering with Tradition. The Unrealized Authority of Democratic Agency.

Lanham, MD: Lexington Books.

Bolton, Roger. (1992) "Place prosperity vs people prosperity" revisited: an old issue with a new angle, Urban Studies, 29 (2): 185-203.

Borts, G.H. and Stein, J.L. (1964) Economic Growth in a Free Market. New York, Columbia University Press.

Bosch, G. (1992) Retraining not Redundancy: Innovative Approaches to Industrial Restructuring in Germany and France. Geneva: ILO.

Boschma, R. (2005) Proximity and innovation: a critical assessment, Regional studies, 39 (1): 61-74.

Boschma, R. (2009) Evolutionary economic geography and its implications for regional innovation policy, Papers in Evolutionary Economic Geography, 912.

Boschma, R. (2013) Constructing regional advant age and smart specialisation: comparison of two European policy concepts, Papers in Evolutionary Economic Geography, 13, 22.

Boschma, R. and Frenken, K. (2007) Applications of evolutionary economic geography. In K. Frenken (ed.), Applied Evolutionary Economics and Economic Geography. Cheltenham: Elgar.

Boschma, R. and Frenken, K. (2010) The emerging empirics of evolutionary economic geography, Journal of Economic Geography, 11: 295-307.

Boschma, R. and Iammarino, S. (2009) Related variety, trade link ages and regional growth. Economic Geography, 85 (3): 289-311.

Boschma, R. and Martin, R. (2010) The aims and scope of evolutionary economic geography. In R. Boschma and R. Martin (eds), The Handbook of Evolutionary Economic Geography. Cheltenham, Elgar.

Bossard, L., Arnaud, M. and Elong Mbassi, J.-P. (2001) Managing the Economy Locally in Africa: Assessing Local Economies and their Prospects. ECOLOC Handbook Vol. 1. Club du Sahel/OECD. Paris: OECD.

Boston Foundation (2012) City of Ideas: Reinventing Boston's Innovation Economy. The Boston Indicators Report 2012. Boston: Boston Foundation.

Boston Redevelopment Authority (2013a) 2013 Economy Report. Boston: Boston Redevelopment Authority, Research Division.

Boston Redevelopment Authority (2013b) Boston's Economy. Presentation by Boston Redevelopment Authority, Research Division, Boston MA, http://www.bostonredevelopmentauthority.org/getattachment/22ced7fb-3c0d-47ee-aad8-2dc0a666857f/ (accessed 29 February 2016).

Boswell, J. (1972) The Rise and Decline of Small Firms. London: Allen and Unwin.

Bowman, A., Ertürk, I., Froud, J., Johal, S. et al. (2014) The End of the Experiment? From Competition to the Foundational Economy. Manchester: Manchester University Press.

Boyer, R. and Drache, D. (ed.) (1996). States Against Markets: The Limits of Globalization. London/New York: Routledge.

Brakman, S., Garrestsen, H. and Van Marrweijk, C. (2009) The New Geographical Economics. Cambridge: Cambridge University Press.

Brandt, L. and Rawski, T. (2008) China's Great Economic Transformation. London: Cambridge University Press.

Braunstein (2011) Gender and Economic Development. Nairobi: UN-HABITAT.

Braczyk, H-J., Cooke, P. and Heidenreich, H. (eds) (2004) Regional Innovation Systems (2nd Edition). London: UCL Press.

Brenner, N. (2004) New State Spaces: Urban Governance and the Rescaling of Statehood. Oxford: Oxford University Press.

Brenner, N. (2009) What is critical urban theory?, City, 13 (2-3): 198-207.

Brenner, N. and Wachsmuth, D. (2012) Territorial competitiveness: lineages, practices, ideologies. In B. Sanyal, L. Vale and C. Rosan (eds), Planning Ideas That Matter: Livability, Territoriality, Governance and Reflective Practice. Cambridge, MA: MIT Press.

Brenner, N., Peck, J. and Theodore, N. (2010) After neoliberalization?, Globalizations, 7 (3): 327-345.

Breslin, S. (2011) The "China model" and the global crisis: from Friedrich List to a Chinese mode of governance?, International Affairs, 87 (6): 1323-1343.

Bristow, G. (2005) Everyone's a "winner": problematising the discourse of regional competitive-ness, Journal of Economic Geography, 5 (3): 285-304.

Bristow, G., Healy, A., Norris, L., Wink, R. et al. (2014) ECR2: Economic Crisis: Resilience of Regions. Luxembourg: ESPON.

Brown, L. (2013) The city in 2050: a kaleidoscopic perspective, Applied Geography, 49: 4-11.

Brown, R. and Mason, C. (2012) Raising the batting average: reorientating regional indus trial policy to gener ate more high growth firms, Local Economy, 27 (1): 33-49.

Brown and Robertson (2014) (eds), Economic evaluation of systems of infra struc ture provision: concepts, approaches, methods. iBUILD / Leeds Report, https://research.ncl.ac.uk/ibuild/outputs/9940_iBuild_report_v6.pdf (accessed 29 February 2016).

Bruhn, M. and McKenzie, D. (2013), Entry Regulation and Formalization of Microenterprises in Developing Countries, World Bank Policy Research Working Paper, No. 6507. Geneva: World Bank.

Bryceson, D. F. and Gough, K. V. and Rigg, J. and Agergaard, J. (2009) Critical commentary: the World Development Report 2009, Urban Studies, 46 (4): 723-738.

Bunnell, T. and Coe, N. (2001) Spaces and scale of innovation, Progress in Human Geography, 25 (4): 569-589.

Burdekin, R. and Weidenmier, M. (2015) Assessing the impact of the Chinese stimulus package at home and abroad: a damp squib?, China Economic Review, 33: 137-162.

Burgaud, J. and Farole, T. (2011) When trade preferences and tax breaks are no longer enough: the challenge of adjustment in the Dominican Republic's free zones. In T. Farole and G. Akinci (eds), Special Economic Zones: Progress, Emerging Challenges and Future Directions, Washington, DC: World Bank, 159-182.

Burton-Jones, A. (2001) Knowledge Capitalism. Oxford: Oxford University Press.

Cahn, M. (2008) Indigenous entrepreneurship, culture and micro-enter prise in the Pacific Islands: case studies from Samoa, Entrepreneurship and regional development, 20 (1): 1-18.

Cairncross, F. (2001) The Death of Distance: How the Communications Revolution is Changing Our Lives. Boston, MA: Harvard Business School.

Camagni, R. (1996) Regional Strategies for an Innovative Economy: The Relevance of the Innovative Milieu Concept. Östersund: SIR.

Camagni, R. and Capello, R. (2012) Regional competitiveness and territorial capital: a conceptual approach and empirical evidence from the European Union, Regional Studies, 47 (9): 1383-1402.

Cammack, P. (2012) The G20, the crisis and the rise of global developmental liberalism, Third World Quarterly, 33 (1): 1-16.

Campbell, M., Sanderson, I. and Walton, F. (1998) Local Responses to Long Term Unemployment. York: Joseph Rowntree Foundation.

Canzanelli, G. (2001) Overview and Learned Lessons on Local Economic Development, Human Development, and Decent Work. Geneva: ILO/Universitas Working Paper, http://hdrnet.org/241/1/Canzanelli_Overview_LED.pdf (accessed 29 February 2016).

Capello, R. (2009) Space, growth and development. In R. Capello and P. Nijkamp (eds), Handbook of Regional Growth and Development Theories. Cheltenham: Elgar, 33-52.

Capello, R. (2011) Regional Economics. London: Routledge.

Carter, N. (2007) The Politics of the Environment. Cambridge: Cambridge University Press.

Castells, M. (1996) The Rise of the Network Society: The Information Age: Economy, Society and Culture Vol. 1. Oxford: Blackwell.

Castells, M. and Hall, P. (1994) Technopoles of the World: The Making of 21st Century Industrial Complexes. London: Routledge.

Cato, M. S. (2004) The Pit and the Pendulum: A Cooperative Future for Work in the Welsh Valleys. Cardiff: University of Wales Press.

Cato, M. S. (2012) The Bioregional Economy: Land, Liberty and the Pursuit of Happiness. Abingdon: Routledge.

Champion T. (2012) Testing the return migra tion element of the "escalator region" model: an analysis of migration into and out of South East England, 1966-2001, Cambridge Journal of Regions, Economy and Society, 5 (2): 255-270.

Chaminade, C. and Vang, J. (2008) Globalisation of know ledge production and regional innovation policy: supporting specialized hubs in the Bangalore soft ware industry, Research Policy, 37 (10): 1684-1696.

Chang, H. (2010) How to "do" a developmental state. In O. Edigheji (ed.), Constructing a Democratic Developmental State in South Africa: Potentials and Challenges. Cape Town: HSRC Press.

Chang, H.-J. (2011) 23 Things They Don't Tell You about Capitalism. London: Penguin.

Charbit, C. (2011) Governance of Public Policies in Decentralised Contexts: The Multi- level Approach, OECD Regional Development Working Papers, 2011/04, OECD Publishing.

Charles, D., Gross, F. and Bachtler, J. (2012) 'Smart Specialisation' and Cohesion Policy - A Strategy for All Regions?, IQ-Net Thematic Paper 30(2), European Policies Research Centre, University of Strathclyde, Glasgow.

Charron, N., Lapuente, V. V., Rothstein, B. (2012a) Measuring Quality of Government and Subnational Variation. Report for the EU Commission of Regional Development, European Commission. Directorate-General Regional Policy.

Charron, N., Lapuente, V. V. and Dykstra, L. (2012b) Regional governance matters: A study on regional variation in quality of government within the EU, Regional Studies, 48 (1): 68-90.

Chatterton, P. (2002) "Be realistic, demand the impossible". Moving towards "strong" sustainable development in an old industrial region?, Regional Studies, 35 (5): 552-561.

Chatterton, P. (2013) Towards an agenda for post- carbon cities: lessons from Lilac, the UK's first ecological, affordable cohousing community, International Journal of Urban and Regional Research, 37 (5): 1654-1674.

Checkland, S. (1976) The Upas Tree: Glasgow 1875-1975: a study in growth and contrac tion. Glasgow: University of Glasgow Press.

Cheshire, P. and Gordon, I. (1998) Territorial competition: some lessons for policy, The Annals of Regional Science, 32 (3): 321-346.

Cheshire, P. and Hilber, C. (2008) Office space supply restrictions in Britain: the political economy of market revenge, Economic Journal, 118 (529): 185-221.

Cheshire, P., Nathan, M. and Overman, H. (2014) Urban Economics and Policy. Aldershot: Elgar.

Chibber, V. (2003) Locked in Place: State- building and Late Industrialisation in India. Princeton, NJ: Princeton University Press.

Chien, S.-S. (2008). Local responses to globalization in China: a territorial restructuring process perspective, Pacific Economic Review, 13 (4): 492-517.

China Daily (2015a) 14 cities to draw red line to stop urban sprawl, 5 June, http://en.people.cn/n/2015/0605/c90882-8902762.html (accessed 26 February 2016).

Chisholm, M. (1987) Regional development: the Reagan-Thatcher legacy, Environment and Planning C: Government and Policy, 5 (2): 197-218.

Chisholm, M. (1990) Regions in Recession and Resurgence. London: Unwin Hyman.

Christopherson, S. (2008) Book review: Local and Regional Development by Andy Pike, Andrés Rodríguez-Pose and John Tomaney, Economic Geography, 84 (2): 241-242.

Christopherson, S. (2012) Green dreams in a cold light. In A. Pike, A. Rodríguez-Pose and J. Tomaney (eds), Handbook of Local and Regional Development. London: Routledge, 371-378.

Christopherson, S. and Clark, J. (2007) Remaking regional economies: power, labor, and firm strategies in the know ledge economy, Journal of Economic Geography, 9: 433-435.

Christopherson, S., Garretsen, H. and Martin, R. (2008) The world is not flat: putting globalization in its place, Cambridge Journal of Regions, Economy and Society, 1 (3): 343-349.

Christopherson, S., Michie, J. and Tyler, P. (2010) Regional resilience: theoretical and empirical perspectives, Cambridge Journal of Regions, Economy and Society, 3 (1): 3-10.

Ciccone (2002) Agglomeration effects in Europe, European Economic Review, 46: 213-227.

Cingano, F. (2014) Trends in Income Inequality and its Impact on Economic Growth, OECD Social, Employment and Migration Working Papers, No. 163, OECD Publishing, http://dx.doi.org/10.1787/5jxrjncwxv6j-en (accessed 29 February 2016).

Clark, C. (1940) The Conditions of Economic Progress. London: Macmillan.

Clark, G., Gertler, M. and Whiteman, J. (1986) Regional Dynamics: Studies in Adjustment Theory. Boston: Allen and Unwin.

Clark, J. and Guy, K. (1997) Innovation and Competitiveness. Brighton: Technopolis.

Clout, H. D. (1981) Regional Development in Western Europe (2nd Edition). Chichester: Wiley.

Club du Sahel and PDM (2000) L'économie locale de Bobo-Dioulasso. Paris: OECD.

Cochrane, A. (2012) Alternative approaches to local and regional development. In A. Pike, A. Rodríguez-Pose and J. Tomaney (eds), Handbook of Local and Regional Development. London: Routledge, 97-106.

Coe, N. (2010) Geographies of production 1: an evolutionary revolution?, Progress in Human Geography, 35 (1): 81-91.

Coe, N. and Yeung, H. (2015) Global Production Networks: Theorizing Economic Development in an Interconnected World. Oxford: Oxford University Press.

Coe, N., Dicken, P. and Hess, M. (2008) Global production networks: realizing the potential, Journal of Economic Geography, 8 (3): 271-295.

Coe, N., Kelly, P. and Yeung, H. (2013) Economic geography: a contemporary intro duc tion, Hoboken: John Wiley & Sons.

Coe, N., Hess, M., Yeung, H, W-C., Dicken, P. and Henderson, J. (2004) "Globalizing" regional development: a global production networks perspective, Transactions, Institute of British Geographers, 29 (4): 468-484.

Coffield, F. (2004) Alternative routes out of the low skills equilibrium: a rejoin der to Lloyd and Payne, 19 (6): 733-740.

Connell, R. (2007) Southern Theory: Social Science and the Global Dynamics of Knowledge. Cambridge: Polity Press.

Cooke, P. (1985) Class practices as regional markers: a contribution to labour geography. In D. Gregory and J. Urry (eds), Social Relations and Spatial Structures. London: Macmillan, 213-241.

Cooke, P. (1995) Keeping to the High Road: Learning, Reflexivity and Associative Governance in Regional Economic Development. In P. Cooke (ed.), The Rise of the Rustbelt. London: UCL Press, 231-245.

Cooke, P. (2012) Transversality and transition: Green Innovation and new regional path creation, European Planning Studies, 20: 817-834.

Cooke, P. (2014) Complex Adaptive Innovation Systems: Relatedness and Transversality. London: Routledge.

Cooke, P. and Morgan, K. (1998) The Associational Economy. Firms, Regions and Innovation. Oxford: Oxford University Press.

COWS (n.d.) COWS-build ing the high road. http://www.cows.org/building-the-high-road (accessed 27 February 2016).

Crafts, N. (1996) Endogenous Growth: Lessons for and from Economic History. Discussion Paper 1333. London: Centre for Economic Policy Research.

Crabtree, J. (2006) Ideopolis: Knowledge City Region - Boston Case Study. London: Work Foundation: London.

Crescenzi, R. and Rodríguez-Pose, A. (2011) Reconciling top- down and bottom-up development policies, Environment and Planning A, 43 (4): 773-780.

Crescenzi, R., Pietrobelli, C. and Rabellotti, R. (2012) Innovation Drivers, Value Chains and the Geography of Multinational Firms in European regions. LSE Europe in Question Discussion Paper Series, 53/2012. London: London School of Economics and Political Science.

Crescenzi, R., Rodríguez-Pose, A. and Storper, M. (2007) On the geographical determ in ants of innovation in Europe and the United States, Journal of Economic Geography, 7 (6): 673-709.

Crouch, C. (2004) Post- democracy. Cambridge: Polity Press.

Crouch, C. (2013) The Strange Non- death of Neo- liberalism. Cambridge: Polity Press.

Crouch, C., Schröder, M. and Voelzkow, H. (2009) Regional and sectoral vari et ies of capitalism, Economy and Society, 38 (4): 654-678.

Cumbers, A. (2012) Reclaiming Public Ownership: Making Space for Economic Democracy. London: Zed Books.

Cumbers, A. and MacKinnon, D. (2012) Putting "the political" back into the region: power, agency and a reconstituted regional political economy. In A. Pike, A. Rodríguez-Pose and J. Tomaney (eds), Handbook of Local and Regional Development. London: Routledge, 249-258.

Curien, R. (2014) Chinese urban plan ning: environmentalising a hyper-functionalist machine?, China Perspectives, 3: 23-31.

Curien, R. and Lorrain, D. (2012) Towards sustainable cities in China? Two industrial parks in the Yangzi delta. Paper prepared for Latts Ecole Des Ponts International Autumn conference, 17-20 July.

Cypher, J. M. and Dietz, J. L. (2004) The Process of Economic Development (2nd Edition). London: Routledge.

Cypher, J. M. and Dietz, J. L. (2008) The Process of Economic Development (3rd Edition). London: Routledge.

Dacin, P. A., Dacin, M. T. and Matear, M. (2010) Social entrepreneurship: why we don't need a new theory and how we move forward from here, Academy of Management Perspectives, 24 (3): 37-57.

Dahl, R. (2000) On Democracy. New Haven, CT: Yale University Press.

Daniels, P., Leyshon, A. W., Bradshaw, M. and Beaverstock, J. (2007) Geographies of the New Economy. London: Routledge.

David, W. L. (2004) The Humanitarian Development Paradigm: Search for Global Justice. Lanham, MD: University Press of America.

Davies, G. R. (2013) Appraising weak and strong sustain ability: searching for a middle ground, consilience, Journal of Sustainable Development, 10 (1): 111-124.

Davies, S. (2011) Regional resilience in the 2008-2010 down turn: comparative evidence from European countries, Cambridge Journal of Regions, Economy and Society, 4 (3): 369-382.

Davis, M. (2006) Fear and money in Dubai, New Left Review, 41: 47-68.

Dawley, S. (2003) High-tech Industries and Peripheral Region Development: The Case of the Semiconductor Industry in the North East Region of England. Unpublished PhD-thesis, Centre for Urban and Regional Development Studies (CURDS). Newcastle: Newcastle upon Tyne.

Dawley, S. (2007) Fluctuating rounds of inward investment in peripheral regions: Semiconductors in the north east of England, Economic Geography, 83 (1), 51-73.

Dawley, S. (2011) Transnational corporations and local and regional development. In A. Pike, A. Rodríguez-Pose and J. Tomaney (eds), Handbook of Local and Regional Development. London: Routledge, 394-412.

Dawley, S. (2014) Creating new paths? Offshore wind, policy activism, and peripheral region development, Economic Geography, 90 (1): 91-112.

Dawley, S., Mackinnon, D., Cumbers, A. and Pike, A. (2015) Policy activism and regional pathcreation: the promotion of offshore wind in North East England and Scotland, Cambridge Journal of Regions, Economy and Society, 8 (2): 257-272.

Dellepiane-Avellaneda, S. (2009) Good governance. Institutions and economic development: beyond the conventional wisdom, British Journal of Political Science, 40: 195-224.

Demographia (2015) International Housing Affordability Survey 2015. Demographia: Belleville IL, http://www.demo graphia.com/dhi.pdf (accessed 29 February 2016).

Deutz, P. and Gibbs, D. (2008) Industrial ecology and regional development: eco- industrial development as cluster policy, Regional Studies, 42 (10): 1313-1327.

Deutz, P. and Lyons, D. I. (2008) Editorial: industrial symbiosis-an environmental perspective on regional development, Regional Studies, 42 (10): 1295-1298.

Dicken, P. (2015) Global Shift: Reshaping the Global Economic Map in the 21st Century (7th Edition). Thousand Oaks, CA: Sage.

Dijkstra (2013) Why invest ing more in the capital can lead to less growth, Cambridge Journal of Regions, Economy and Society, 6 (2): 251-268.

DiMaggio (1998) The Economic Sociology of Capitalism. Princeton: Princeton University Press, 227-267.

Dixon, R. J. and Thirlwall, A. P. (1975) A model of regional growth rate differentials along Kaldorian lines, Oxford Economic Papers 27: 201-214.

Domanski, B. (2012) Post- socialism and transition. In A. Pike, A. Rodríguez-Pose and J. Tomaney(eds), Handbook of Local and Regional Development. London: Routledge, 172-181.

Dorling, D. (2014) Inequality and the 1%. London: Verso.

Dossani, R. and Kenney, M. (2007) The next wave of globalization: relocating service provision to India, World Development, 35 (5): 772-791.

Dunford, M. (1988) Capital, the State and Regional Development. London: Pion.

Dunford, M. (1990) Theories of regulation, Environment and Planning D: Society and Space 8: 297-321.

Dunford (2005) Policy debates: growth, inequality and cohesion: a comment on the Sapir Report, Regional Studies, 39 (7): 972-978.

Dunford, M. (2008) Urban and Regional Development in Europe and China, CURDS Seminar, CURDS, Newcastle Upon Tyne.

Dunford, M. (2010) Regional Development Models. Brighton: University of Sussex. https://www.sussex.ac.uk/webteam/gateway/file.php?name=modelsrd.pdf&site=2 (accessed 25 February 2016).

Dunford, M. (2012) Area definition and classification and regional development finance: The European Union and China. In A. Pike, A. Rodríguez-Pose and J. Tomaney (eds), Handbook of Local and Regional Development. London: Routledge, 527-548.

Dunford, M. and Li, L. (2010) Chinese Spatial Inequalities and Spatial Policies, Geography Compass, 4 (8): 1039-1054.

Dunford, M. and Perrons, D. (1994) Regional inequality, regimes of accumulation and economic integration in contemporary Europe, Transactions of the Institute of British Geographers, 19: 163-182.

Dunning, J. H. (1988) Explaining International Production. London: Unwin Hyman.

Duranton, G. (2011) California dreamin': the feeble case for cluster policies. Review of Economic Analysis, 31 (1): 3-45.

Dymski, G. (1996) On Krugman's model of economic geography. Geoforum 27: 439-452.

Dymski, G. (2010) Why the subprime crisis is different: a Minskyan approach, Cambridge Journal of Economies, 34 (2): 239-255.

Economic Geography (2010) World Development Report special issue, Economic Geography 86 (4): 331-470.

Economist, The (2012) The end of cheap China, 10 March, http://www.economist.com/node/21549956 (accessed 29 February 2016).

Economist, The (2013a) The rise of the sharing economy, 7 March, http://www.econom ist.com/news/leaders/21573104-internet-everything-hire-rise-sharing-economy (accessed 29 February 2016).

Economist, The (2013b) Shanghai Free Trade Zone: the next Shenzhen? 5th October, http://www.economist.com/news/china/21587237-new-enterprise-zone-could-spark-wider-market-reformsbut-only-if-bureaucrats-ease-their-grip (accessed 29 February 2016).

Economist, The (2014) Iraq's economy: the Kurdish region seeks more foreign investment, 4 April, http://www.econom ist.com/node/8960605 (accessed 29 February 2016).

Economist, The (2015a) Infrastructure: aerotropolitan ambi tions, 14 March, http://www.economist.com/news/china/21646245-chinas-frenzied-building- airports-includes-work-city-sized-projects-aerotropolitan-ambitions (accessed 29 February 2016).

Economist, The (2015b) Organised labour and the law: Republicans v Unions, The Economist, 7 March, http://www.economist.com/news/united-states/21645857-wisconsin-may-become-25th- right-work- state-republicans- v-unions (accessed 29 February 2016).

Economist Intelligence Unit, The (2012) Supersized Cities: China's 13 Megalopolises. London: Economist Intelligence Unit.

Economist Intelligence Unit, The (2014) China - Healthy Provinces Index. London: Economist Intelligence Unit.

Eisenschitz, A. and Gough, J. (2011) Local left strategy now. In A. Pike, A. Rodríguez-Pose and J. Tomaney (eds), Handbook of Local and Regional Development. London: Routledge, 595-617.

Enright, M. (1993) The geographic scope of competitive advantage. In E. Dirven, J. Groenewegen and S. van Hoof (eds), Stuck in the Region? Changing Scales of Regional Identity. Utrecht: Netherlands Geographical Studies, 87-102.

Escobar, A. (1995) Encountering Development: The Making and Unmaking of the Third World. Princeton, NJ: Princeton University Press.

Essletzbichler, J. and Rigby, D. L. (2007) Exploring evolution ary economic geographies, Journal of Economic Geography 7: 549-571.

European Commission (1986) The Single European Act. Brussels: European Commission.

European Commission (1999) ESDP European Spatial Development Perspective: Towards Balanced and Sustainable Development of the Territory of the European Union. Brussels: European Commission.

European Commission (2004) A New Partnership for Cohesion, Convergence, Competitiveness and Co- operation-Third Report on Economic and Social Cohesion http://ec.europa.eu/regional_policy/sources/docoffic/official/reports/cohesion3/cohesion3_en.htm (accessed 5 March 2016).

European Commission (2009) The Treaty of Lisbon. Brussels: European Commission.

European Commission (2010) Investing in Europe's Future - Fifth Report on Economic, Social and Territorial Cohesion, http://ec.europa.eu/regional_policy/sources/docoffic/official/reports/cohesion5/pdf/5cr_part1_en.pdf (accessed 29 February 2016).

European Commission (2013a) Cohesion Policy: Strategic Report 2013. Factsheet: Institutional capacity building, http://ec.europa.eu/regional_policy/how/policy/doc/strategic_report/2013/factsheet13_inst_capa city_building.pdf (accessed 29 February 2016).

European Commission (2013b) The Urban and Regional Dimension of the Crisis - Eighth Progress Report on Economic, Social and Territorial Cohesion, http://ec.europa.eu/regional_policy/sources/docoffic/official/reports/interim8/interim8_en.pdf (accessed 29 February 2016).

European Commission (2014) Investment for Jobs and Growth: Promoting Development and Good Governance in EU Regions and Cities - Sixth Report on Economic, Social and Territorial Cohesion, http://ec.europa.eu/regional_policy/sources/docoffic/official/reports/cohesion6/6cr_en.pdf (accessed 29 February 2016.)

European Commission (2010) Communication from the Commission Europe 2020 - A Strategy for Smart, Sustainable and Inclusive Growth. Brussels: European Commission.

European Commission (2009) Economic crisis in Europe: causes, consequences and responses, European Economy, 7.

European Commission (2014) Investment for Jobs and Growth. Promoting Development and Good Governance in EU Regions and Cities. Sixth report on Economic, Social and Territorial Cohesion. Brussels: European Commission, http://ec.europa.eu/regional_policy/sources/docoffic/official/reports/cohesion6/6cr_en.pdf (accessed 26 February 2016).

Eurostat (2015) Asylum statistics, 21 May, http://ec.europa.eu/eurostat/statistics-explained/index.php/Asylum_statistics (accessed 5 March 2016).

Evans, P. (2010) Constructing the 21st century developmental state: potentialities and pitfalls. In O. Edighehi (eds), Constructing a demo craticdevelopmental state in South Africa: Potentials and chal lenges. Cape Town: HSRC Press, 37-58.

Evans, S. and Bosch, G. (2012) Apprenticeships in London: Boosting Skills in a City Economy- With a Comment on Lessons from Germany. OECD Local Economic and Employment Development (LEED) Working Papers, No. 2012/08. Paris: OECD.

Evenhuis, E. (2015) The Political Economy of Adaptation and Resilience in Old Industrial Regions: A Comparative Study of South Saarland and Teesside. Unpublished PhD-thesis, Centre for Urban and Regional Development Studies. Newcastle upon Tyne: Newcastle University.

Ezcurra, R. and Rodríguez-Pose, A. (2011) Decentralization of social protection expenditure and economic growth in the OECD, Journal of Federalism, 41 (1): 146-157.

Faguet, J. P. (2014) Decentralization and governance, World Development, 53: 2-13.

Fair Labor Association (2013) Assessments of Apple supplier factories operated by Quanta in Shanghai and Changshu, http://www.fairlabor.org/sites/default/files/documents/reports/august-2014-apple- quanta-executive- summary_0.pdf (accessed 29 February 2016).

Faludi, A. (2014) Europeanisation or Europeanisation of spatial planning?, Planning Theory and Practice, 15 (2):

155-169.

Fan, C. C. (1995) Of belts and ladders: state policy and uneven regional development in post-Mao China, Annals of the Association of American Geographers, 85 (3): 421-449.

Fan, C. C. and Sun, M. J. (2008) Regional inequality in China, 1978-2006, Eurasian Geography and Economics, 49 (1): 1-20.

Farole (2011) Special Economic Zones in Africa: Comparing Performance and Learning from Global Experience. Geneva: World Bank.

Farole, T. Rodríguez-Pose, A. and Storper, M. (2011a) Cohesion policy in the European Union: growth, geography, institutions, Journal of German Market Studies, 49 (5): 1089-1111.

Farole, T., Rodríguez-Pose, A. and Storper, M. (2011b) Human geography and the institutions that under lie economic growth, Progress in Human Geography, 35 (1): 58-80.

Fauré, Y. A. and Soulama, S. al (2000) L'économie locale de Bobo-Dioulasso. Report at the National Commission of Decentralization and at the Municipality of Bobo-Dioulasso. Ouagadougou: IRD and UFR-SEG/CEDRES.

Fenwick, J., Johnston Miller, K. and McTavish, D. (2012) Co- governance or meta- bureaucracy? Perspectives of local governance "part ner ship" in England and Scotland, Policy and Politics, 40 (3): 405-422.

Fingleton, B. and McCombie, J. (1997) Increasing returns and economic growth: some evidence for manufacturing from the European Union regions, Oxford Economic Papers, 50: 89-105.

Fingleton, B., Garretsen, H. and Martin, R. (2014) Shocking aspects of monetary union: the vulnerability of regions in Euroland, Journal of Economic Geography, available online at http://www.geog.cam.ac.uk/research/projects/cger/ShockingAspectsofMonetaryUnion.pdf (accessed 29 February 2016).

Firn, J. (1975) External control and regional development: the case of Scotland, Environment and Planning A, 7: 393-414.

Fisher, A. (1939) Primary, secondary, tertiary production. Economic Record, 15 (1): 24-38.

Fitjar, R. D. and Rodríguez-Pose, A. (2011a) When local interaction does not suffice: sources of firm innovation in urban Norway, Environment and Planning A 43: 1248-1267.

Fitjar, R. D. and Rodríguez-Pose, A. (2011b) Innovating in the periphery: firms, values and innovation in Southwest Norway, European Planning Studies, 19 (4): 555-574.

Fitjar, R. D. and Rodríguez-Pose, A. (2013) Firm collaboration and modes of innovation in Norway, Research Policy, 42 (1): 128-138.

Fitjar, R. D. and Rodríguez-Pose, A. (2015) Interaction and innovation across different sectors: findings from Norwegian city- regions, Regional Studies, 49 (5): 818-833.

Fitzgerald, J. (2010) Emerald Cities: Urban Sustainability and Economic Development. Oxford: Oxford University Press.

Fitzgerald, J. and Green Leigh, N. (2002) Economic Revitalization Cases and Strategies for City and Suburb. Thousand Oaks, CA: Sage.

Flåten, B., Isaksen, A. and Karlsen, J. (2015) Competitive firms in thin regions in Norway: the importance of work place learning, Norwegian Journal of Geography, 69 (2): 102-111.

Florida, R. (1996) The world is spiky, Atlantic Monthly, October: 48-51.

Florida, R. (2000) The learning region. In Z. J. Acs (ed.), Regional Innovation, Knowledge and Global Change. New York: Pinter, 231-239.

Florida, R. (2002) The Rise of the Creative Class: And How it is Transforming Work, Leisure, Community and Everyday Life. New York: Basic Books.

Florida, R. (2005) The Flight of the Creative Class: The New Global Competition for Talent. New York: Harper Collins.

Florida, R. (2008) Who's Your City? New York: Basic Books.

Florida, R. (2013a) The boom towns and ghost towns of the new economy, Atlantic, October, http://www.theatlantic.com/magazine/archive/2013/10/the-boom-towns-and-ghost-towns-of-the-new- economy/309460/ (accessed 15 July 2015).

Florida, R. (2013b) America's leading metros for venture capital, 17 June, Citylab.com, http://www.citylab.com/work/2013/06/americas-top-metros-venture-capital/3284/ (accessed 16 June 2015).

Foley, P. (1992) Local economic policy and job creation: a review of evaluation studies, Urban Studies, 29: 557-598.

Fothergill, S. (2004) A new regional policy for Britain, Regional Studies, 39 (5): 659-667.

Frank, A. G. (1978) Dependent Accumulation and Underdevelopment. London: Macmillan.

Fraser, A., Murphy, E. and Kelly, S. (2013) Deepening neoliberalism via austerity and "reform": the case of Ireland, Human Geography, 6: 38-53.

Freeman, C. and Perez, C. (1988) Structural crises of adjustment: business cycles and investment behaviour. In G. Dosi, C. Freeman, R. Nelson, G. Silverberg and L. Soete (eds), Technical Change and Economic Theory. London: Pinter, 38-66.

Friedman, T. (2005) The World is Flat: A Brief History of the Twenty-First Century. New York: NY, Farrar, Straus and Giroux.

Friedmann, J. (1972) A general theory of polarized development. In N. M. Hansen (ed.), Growth Centres in Regional Economic Development. New York: Free Press, 82-107.

Fritsch, M. and Mueller, P. (2007) The persistence of regional new business formation-activity over time - assessing the potential of policy promo tion programs, Journal of Evolutionary Economics, 17 (3): 299-315.

Fröbel, F., Heirichs, J. and Kreye, O. (1980) The New International Division of Labour: Structural Unemployment in Industrialised Countries and Industrialisation in Developing Countries (Studies in Modern Capitalism). Cambridge: Cambridge University Press.

Froud, J., Johal, S., Law, J., Leaver, A. and Williams, K. (2011) Rebalancing the Economy (or Buyers' Remorse), CRESC Working Paper 087, Centre for Research on Socio-Cultural Change.

Froy, F. (2009) Local Strategies for Developing Workforce Skills. In OECD (ed) Designing Local Skills Strategies. OECD Publishing: Paris: 23-56.

Fu, X. L. (2004) Limited linkages from growth engines and regional disparities in China, Journal of Comparative Economics, 32 (1): 148-164.

Gallagher, K. P. and Porzecanski, R. (2009) China and the Latin America Commodities Boom: A Critical Assessment. Amherst, MA: University of Massachusetts, Amherst.

Gamble, A. (1994) The Free Economy and the Strong State (2nd Edition). Basingstoke: Macmillan.

Garcilazo, E. and Oliveira Martins, J. (2013) The Contribution of Regions to Aggregate Growth in the OECD, Regional Development Working Papers, 2013/28. Paris: OECD.

Garcilazo, J. E., Oliveira Martins, J. and Tompson, W. (2010) Why policies may need to be place-based in order to be people-centred, VoxEU.org, 20 November. http://www.voxeu.org/index.php?qnode/5827 (accessed 25 May 2011).

Garcilazo, E., Oliveira-Martins, J. and Tompson, W. (2013) The modern regional policy paradigm: rationale and evidence from OECD countries, Journal of Geography and Regional Planning, 7: 9-44.

Gardiner, B., Martin, R. and Tyler, P. (2004) Competitiveness, productivity and economic growth across the European regions, Regional Studies, 38 (9): 1045-1067.

Garretsen, H. and Martin, R. (2010) Rethinking (new) economic geography models: taking history and geography more seriously, Spatial Economic Analysis, 5 (2): 127-160.

Geddes, M. (2001) Tackling social exclusion in the European Union, International Journal of Urban and Regional Development, 24 (4): 782-800.

Geddes, M. and Newman, I. (1999) Evolution and conflict in local economic development. Local Economy, 13 (5): 12-25.

Gereffi, G., Humphrey, J. and Sturgeon, T. (2005) The governance of global value chains, Review of International Political Economy, 12 (1): 78-104.

Gerschenkron, A. (1962) Economic Backwardness in Historical Perspective. Cambridge, MA: Belknap Press.

Gertler, M. (1984) Regional capital theory, Progress in Human Geography, 8 (1): 50-81.

Gertler, M. (1992) Flexibility revisited: districts, nation states, and the forces of production, Transactions of the Institute of British Geographers, 17: 259-278.

Gertler, M. (2010) Rules of the game: the place of institutions in regional economic change, Regional Studies, 44 (1): 1-15.

Gertler, M and Wolfe, D. (2002) Innovation and Social Learning: Institutional Adaption in an Era of Technological Change. Basingstoke: Palgrave Macmillan.

Geuna, A. and Muscio, A. (2009) The governance of university knowledge transfer: a critical review of the literaure, Minerva, 47 (1): 93-114.

Ghemawat, P. (2011) World 3.0: Global Prosperity and How to Achieve It. Boston, MA: Harvard Business School Press.

Gibbon, P., Bair, J. and Ponte, S. (2008) Governing global value chains, Economy and Society, 37 (3): 315-338.

Gibbons, S., Overman, H. G. and Pelkonen, P. O. (2011) Area disparities in Britain: under-standing the contribution of people versus place through variance decompositions, Oxford Bulletin of Economics and Statistics, 76 (5): 745-763.

Gibbs, D. (2002) Local Economic Development and the Environment. London: Routledge.

Gibbs, D. and Krueger, R. (2012) Fractures in meta- narratives of development: an interpretive institutionalist account of land use development in the Boston city- region, International Journal of Urban and Regional Research 36 (2): 363-380.

Gibson, K. Cahill, A. and McKay, D. (2010) Rethinking the dynamics of rural trans formation: performing different development path ways in a Philippine municipality, Transactions of the Institute of British Geographers, 35, 2, 237-255.

Gibson-Graham, J. K. (1996) The End of Capitalism. Minneapolis: University of Minnesota Press.

Gibson-Graham, J. K. (2000) Poststructural interventions. in E. Sheppard and T. Barnes (eds), A Companion to Economic Geography. Oxford: Blackwell, 95-110.

Gibson-Graham, J. K. (2005) Surplus possibilities: postdevelopment and community economies, Singapore Journal of Tropical Geography, 26: 4-26.

Gibson-Graham, J. K. (2006) A Postcapitalist Politics. Minneapolis: University of Minnesota Press.

Gibson-Graham, J. K. (2008) Diverse economies: performative practices for "other worlds", Progress in Human Geography, 32 (5): 613-632.

Gibson-Graham, J. K. (2011) Forging post- development partner ships: possibilities for local development. In A. Pike, A. Rodríguez-Pose and J. Tomaney (eds), Handbook of Local and Regional Development. London: Routledge, London, 226-236.

Gibson-Graham, J. K. (2012) Forging post- development partnerships: possibilities for local development. In A. Pike, A. Rodríguez-Pose and J. Tomaney (eds), Handbook of Local and Regional Development. London: Routledge, 226-236.

Gibson-Graham, J. K. and Ruccio, D. (2001) "After" development: negotiating the place of class. In J. K. Gibson-Graham, S. Resnick and R. Wolff (eds), Re- presenting Class: Essays in Postmodern Political Economy. Durham, NC: Duke University Press, 158-181.

Gibson-Graham, J. K., Cameron, J. and Healy, S. (2014) Take Back the Economy: An Ethical Guide for Transforming Our Communities. Minneapolis: University of Minnesota Press.

Giddens, A. (1998) The Third Way: Prospects for Social Democracy. Cambridge: Polity Press.

Gill, I. (2010) Regional Development Policies: Place- based or people- centred? VoxEU.org, October. http://www.voxeu.org/article/regional-development-policies-place-based-or-people-centred (accessed 29 February 2016).

Giuliani, E., Pietrobelli, C. and Rabellotti, R. (2005) Upgrading in global value chains: lessons from Latin American clusters, World Development, 33 (4): 549-573.

GLA Economics (2006) The Rationale for Public Sector Intervention in the Economy. London: Greater London Authority.

Glaeser, E. L. (2004) Mother of reinvention: how Boston's economy has bounced back from decline, time and again, Commonweath 8 (4).

Glaeser, E. (2005) Should the government rebuild New Orleans, or just give the residents checks, Economists Voice, 2 (4): 1-7.

Glaeser, E. (2011) Triumph of the City: How Our Greatest Invention Makes Us Richer, Smarter,

Greener, Healthier and Happier. New York: Penguin.

Glaeser, E. L. (2013) A happy tale of two cities. New York Daily News, 13 October, http://www.nydailynews.com/opinion/happy- tale-cities-article-1.1483174 (accessed 29 February 2016).

Glaeser, E. L. (2014) What Greater Boston can teach the rest of the world, Boston Globe, 27 July.

Glaeser, E. L. and Ward, B. A. (2009) The causes and consequences of land use regulation: evidence from Greater Boston, Journal of Urban Economics 65: 265-278.

Glaeser, E. L., Kolko, J. and Saiz, A. (2001) Consumer city, Journal of Economic Geography, 1: 27-50.

Glasmeier, A. (2000) Economic geography in practice: local economic development policy. In G. Clark, M. Feldman and M. Gertler (eds), The Oxford Handbook of Economic Geography. Oxford: Oxford University Press, 559-579.

Glassman, J. (2003) Rethinking over de termination, structural power and social change: a critique of Gibson-Graham, Resnick and Wolff, Antipode, 35 (4): 678-698.

Global Footprint Network (2012) The National Footprint Accounts, 2011 Edition. Oakland, CA: Global Footprint Network.

Glückler, J. (2007) Economic Geography and the Evolution of Networks, Journal of Economic Geography, 7 (5): 619-634.

Goddard, J. B. and Vallance, P. (2013) The University and the City. London: Routledge.

Goddard, J. B., Thwaites, A. T., Gillespie, A. E., James, V., Nash, P., Oakey, R. P. and Smith, I. J. (1979) The Mobilisation of Indigenous Potential in the UK Final Report by Centre for Urban and Regional Development Studies (CURDS), Newcastle University, for the Regional Policy Directorate, EEC, Newcastle upon Tyne.

Goetz, S., Partridge, M., Rickman, D. and Majumdar, S. (2011) Sharing the gains of local economic growth: race to the top vs. race to the bottom economic development policies, Environment and Planning C, Government and Policy, 29: 428-456.

Goldenberg, J. and Levy, M. (2009) Distance is not Dead: Social Interaction and Geographical Distance in the Internet Era, Jerusalem, Hebrew University, http://arxiv.org/abs/0906.3202 (accessed 3 March 2016).

Goldfrank, B. (2012) The World Bank and the glob al iz a tion of parti cip at ory budget ing, Journal of Public Deliberation, 8 (2): 1-18.

Goodwin, M. (2004) Recovering the future: a post-disciplinary perspective on geography and political economy. In P. Cloke, P. Crang and M. Goodwin (eds), Envisioning Human Geographies. London: Arnold, 65-80.

Gordon, I. and McCann, P. (2000) Industrial clusters: complexes, agglomeration and/or social networks? Urban Studies 37 (3): 513-532.

Government of Canada (1972) Foreign Direct Investment in Canada. Ottawa: Information Canada.

Government Office for Science (2010) Land Use Futures: Making the Most of Land in the 21st Century. London: Government Office for Science.

Grabher, G. (1993) The weakness of strong ties: the lock- in of regional development in the Ruhr Area. In G. Grabher (ed.), The Embedded Firm: On the Socio-Economics of Industrial Networks. London: Routledge, 255-277.

Grabher, G. (1994) The disembedded regional economy: the trans formation of East German industrial complexes into western enclaves. In A. Amin and N. Thrift (eds), Globalization, Institutions and Regional Development in Europe. Oxford: Oxford University Press, 177-195.

Grabher, G. (2009) Yet another turn? The evolutionary project in economic geography, Economic Geography, 85: 119-127.

Graham, J. and Cornwell, J. (2009) Building community economies in Massachusetts: an emerging model of economic development? in A. Amin (ed.), The Social Economy International Perspectives on Economic Solidarity. London and New York: Zed Press, 37-65.

Grant, D. S. and Wallace, M. (1994) The political economy of manufacturing growth and decline across the American States, 1970-1985, Social Forces, 73 (1): 33-63.

Grattan Institute (2011) Investing in Regions: Making a Difference. Melbourne: Grattan Institute.

Gray, M., Lobao, L. and Martin, R. (2012) Making space for well being, Cambridge Journal of Regions, Economy and Society, 5 (1): 3-13.

Green, A., Sissons, P., Broughton, K., de Hoyos, M. with Warhurst, C. and Barnes, S.-A. (2015) How cities can connect people in poverty with jobs. Final Report. York: Joseph Rowntree Foundation.

Green Leigh, N. and Blakely, E. (2013) Planning Local Economic development: Theory and Prac tice. London: Sage.

Grindle, M. (2012) Good governance: the inflation of an idea. In B. Sanyal, L. J. Vale and C. D. Rosan (eds), Planning Ideas that Matter. Cambridge, MA: MIT Press, 259-282.

Grollmann, P. and Rauner, F. (2007) Exploring innovative apprenticeship: quality and costs, Education + Training, 49 (6): 431-446.

Groom, B. and Powley, T. (2014) Reshoring driven by quality, not costs, say UK manufacturers, The Financial Times, 3 March.

Guardian, The (1999) US claim banana trade war victory, The Guardian, 7 April,. http://www.theguard ian.com/world/1999/apr/07/eu.wto

Guo, D. Dall'erba, S. and Le Gallo, J. (2013) The leading role of manufacturing in China's regional economic growth: a spatial econometric approach of Kaldor's laws, International Regional Science Review, 36 (2): 139-166.

Haase, A., Bernt, M., Großmann, K., Mykhnenko, V. and Rink, D. (2013) Varieties of shrinkage in European cities, European Urban and Regional Studies, doi: 10.1177/0969776413481985.

Haase, A., Rink, D., Grossmann, K., Bernt, M. and Mykhnenko, V. (2014) Conceptualizing urban shrink age, Environment and Planning A, 46 (7): 1519-1534.

Hadjimichalis, C. (2012) SMEs, entrepreneurialism and local/regional development. In A. Pike, A. Rodríguez-Pose and J. Tomaney (eds), Handbook of Local and Regional Development. London: Routledge, 381-393.

Hadjimichalis, C. and Hudson, R. (2007) Rethinking local and regional development: implications for radical political practice in Europe, European Urban and Regional Studies, 14 (2): 99-113.

Hadjimichalis, C. and Hudson, R. (2014) Contemporary crisis across Europe and the crisis of regional development theories, Regional Studies, 48 (1): 208-218.

Hague, C., Hague, E. and Breitback, C. (2011) Regional and Local Economic Development. London: Palgrave Macmillan.

Hakkansson, H. (1990) International decent ralization of R&D — the organizational challenges. In C. A. Bartlett, Y. Doz and G. Hedlund (eds), Managing the Global Firm. London: Routledge, 256-278.

Halkier, H., Danson, M. and Damborg, C. (eds) (1998) Regional Development Agencies in Europe. London: Jessica Kingsley.

Hall, P. and Preston, P. (1988) The Carrier Wave: New Information Technology and the Geography of Innovation. Boston: Unwin Hyman.

Hall, P. A. and Soskice, D. (eds) (2001) Varieties of Capitalism: The Institutional Foundations of Comparative Advantage. Oxford: Oxford University Press.

Hanssen, G.-S., Nergaard, E., Pierre J. et al. (2011) Multi- level governance of regional economic development in Norway and Sweden: too much or too little top- down control, Urban Research and Practice, 4 (1): 38-57.

Hardy, J., Micek, G. and Capik, P. (2011) Upgrading local economies in central and eastern Europe? The role of business service foreign direct investment in the know ledge economy, European Planning Studies, 19 (9): 1581-1591.

Hargreaves, T., Longhurst, N. and Seyfang, G. (2013) Up, down, round and round: connecting regimes and practices in innovation for sustain ab il ity, Environment and Planning A, 45 (2): 402-420.

Hargrove, E. C. (2001) Prisoners of Myth: The Leadership of the Tennessee Valley Authority, 1933-1990. Knoxville TN: University of Tennessee Press.

Harris, A. and Moreno, L. (2012) Creative city limits: urban cultural economy in a new era of austerity, UCL, AHRC pamph let.

Harrison, B. (1994) Lean and Mean: Corporate Power in the Age of Flexibility. New York: Basic Books.

Harrison, B. and Kluver, J. (1989) Reassessing the "Massachusetts miracle": rein dustrialization and balanced growth, or convergence to "Manhattanisation"? Environment and Planning A, 21: 771-801.

Hart, G. (2001) Development critiques in the 1990s: culs de sac and prom ising paths, Progress in Human Geography, 25 (4): 649-658.

Hart, G. (2010) Redrawing the map of the world? Reflections on the World Development Report 2009, Economic Geography 86 (4): 341-350.

Harvey, D. (1982) Limits to Capital. Oxford: Blackwell.

Harvey, D. (1985) The geopolitics of capitalism. In D. Gregory and J. Urry (eds), Social Relations and Spatial Structures. London: Macmillan, 128-163.

Harvey, D. (1989a) From managerialism to entrepreneurialism: the trans formation in urban governance in late capitalism, Geografiska Annaler, 71B (1): 3-17.

Harvey, D. (1989b) The Condition of Postmodernity. Oxford: Blackwell.

Harvey, D. (1996) Justice, Nature and the Geography of Difference. Oxford: Blackwell.

Harvey, D. (2000) Spaces of Hope. Edinburgh: Edinburgh University Press.

Harvey, D. (2003) The New Imperialism. Oxford: Oxford University Press.

Harvey, D. (2011) Roepke Lecture in Economic Geography - Crises, Geographic Disruptions and the Uneven Development of Political Responses, Economic Geography, 87 (1): 1-22.

Hassink, R. (2007) The strength of weak lock- ins: the renewal of the Westmünsterland textile industry, Environment and Planning A, 39 (5): 1147-1165.

Hassink, R. and Klaerding, C. (2012) Evolutionary approaches to local and regional development policy. In A. Pike, A. Rodríguez-Pose and J. Tomaney (eds), Handbook of Local and Regional Development. London: Routledge, 139-148.

Haughton, G. (ed.) (1999) Community Economic Development. London: Stationery Office/Regional Studies Association.

Haughton, G. and Counsell, D. (2004) Regions, Spatial Strategies and Sustainable Development. London and Seaford: Routledge and Regional Studies Association.

Haughton, G. and Morgan, K. (2008) Editorial: sustain able regions, Regional Studies, 42 (9): 1219-1222.

Haughton, G., Deas, I. and Hincks, S. (2014) Making an impact: when agglomeration boosterism meetsanti-planning rhetoric, Environment and Planning A, 46 (10): 265-270.

Hayek, F. A. (1944) The Road to Serfdom. London: Routledge.

Hechter, M. (1999) Internal Colonialism: The Celtic Fringe in British National Development (2nd Edition). New Brunswick, NJ: Transaction Publishers.

Heim, C. (1986) Interwar responses to regional decline. In B. Elbaum and W. Lazonick (eds), The Decline of the British Economy. Oxford: Clarendon Press.

Helpman, E. (2004) The Mystery of Economic Growth. Cambridge, MA: MIT Press.

Henderson, J., Dicken, O., Hess, M., Coe, N. and Yeung, H. W.C. (2002) Global production networks and the analysis of economic development, Review of International Political Economy, 9 (3): 436-464.

Henry, N. (2013) Growing the Social Investment Market: The Landscape and Economic Impact, Research Report prepared for the City of London, Big Lottery Fund, Big Society Capital and Her Majesty's Government.

Hernandez, V. (2014) New South Wales Sells Newcastle Port, World's Biggest Coal Export Terminal, for $1.62B; Padbury's $6.5B Funding Deal for Iron Ore Port Collapses. International Business Times, 1 May, http://au.ibtimes.com/new-south-wales-sells-newcastle-port-worlds-biggest-coal-export-terminal-162b-padburys-65b- funding (accessed 26 February 2016).

Hernández-Trillo, F., Pagán, J. A. and Paxton, J. (2005) Start- up capital, microenterprises and technical efficiency in Mexico, Review of Development Economics, 9 (3): 434-447.

Heshmati, A. (2012) Preconditions to development in Kurdistan. In A. Heshmati, A. Dilani and S. M. J. Baban (eds), Perspectives on Kurdistan's Economy and Society in Transition. New York: Nova Science Publishers, 305-326.

Hill, E. W., Wial, H. and Wolman, H. (2008) Exploring Regional Resilience, Working Paper 2008-04, Macarthur Foundation Research Network on Building Resilient Regions, Institute for Urban and Regional Development, University of California Berkeley.

Hines, C. (2000) Localization: A Global Manifesto. London: Earthscan.

Hirschman, A. O. (1958) The Strategy of Economic Development. New Haven, CT: Yale University Press.

Hirst, P. and Thompson, G. (2000) Globalization in Question (2nd Edition). Cambridge: Polity Press.

Hirst, P. and Zeitlin, J. (1991) Flexible specialization verses post Fordism: theory, evidence and policy implications, Economy and Society, 20 (1): 1-56.

Hitimana, L., Allen, T. and Heinrigs, P. (2011) Informal economy and food security, West African Futures, 5.

HM Government (2012) Unlocking Growth in Cities, White Paper, Department for Communities and Local Government.

HM Treasury (2001) Productivity in the UK 3: The Regional Dimension. London: Her Majesty's Treasury. http://webarchive.nationalarchives.gov.uk/20130129110402/http://www.hm-treasury.gov.uk/d/ACF1FBD.pdf (accessed 29 February 2016).

HM Treasury (2003) The Green Book: Appraisal and Evaluation in Central Government. London: Stationery

Office. https://www.gov.uk/government/uploads/system/uploads/attachment_data/file/220541/green_book_complete.pdf (accessed 29 February 2016).

HM Treasury, Public Service Transformation Network and New Economy (2014) Supporting Public Sector Transformation: Cost Benefit Analysis Guidance for Local Partnerships. London: HM Treasury.

Hobsbawm, E. (1994) Age of Extremes: The Short Twentieth Century 1914-1991. London: Abacus.

Holden, J. and Harding, A. (2015) Using evidence: Greater Manchester case study. Paper by New Economy Manchester and University of Liverpool for What Works Centre for Local Economic Growth: Manchester.

Holland, D. and Portes, J. (2013) Self-defeating Austerity? London: National Institute for Economic and Social Research.

Holmes, T. J. (1998) The effects of state policies on the location of industry: evidence from state borders, Journal of Political Economy, 106 (4): 667-705.

Hood, N. and Young, S. (1993) TNCs and economic developments in host countries: empirical results. In S. Lall (ed.), Transnational Corporations and Economic Development. London and New York: Routledge, 76-105.

Hooghe, L., Marks, H. and Schakel, A. (2010) The Rise of Regional Authority: A Comparative Study of 42 Democracies. London: Routledge.

Hope, N. and Leslie, C. (2009) Challenging Perspectives: Improving Whitehall's Spatial Awareness. London: New Local Government Network.

Hopper, P. (2012) Understanding Development. Cambridge: Polity Press.

Howells, J. (2002) Tacit knowledge, Innovation and Economic Geography, Urban Studies, 39 (5-6): 871-884.

Howlett, M. and Ramesh, M. (1995) Studying Public Policy: Policy Cycles and Policy Subsystems. Oxford: Oxford University Press.

Hübner, D. (2008) European Regional Policy: History, Achievements and Perspectives, European Commission Speech, http://europa.eu/rapid/press-release_SPEECH-07-542_en.htm (accessed 29 February 2016).

Hudson, R. (1989) Wrecking a Region: State Policies, Party Politics and Regional Change in North East England. London: Pion.

Hudson, R. (2001) Producing Places. New York: Guilford Press.

Hudson, R. (2003) Fuzzy concepts and sloppy thinking: reflections on recent developments in critical regional studies. Regional Studies 37 (6/7): 741-746.

Hudson, R. (2007) Book review of Local and Regional Development. A. Pike, A. Rodriguez-Pose and J. Tomaney, Journal of Economic Geography, 7 (2): 217-219.

Hudson, R. (2008) Economic Geographies: Circuits, Flows and Spaces. London: Sage.

Hudson, R. (1999) The learning economy, the learning firm and the learning region: a sympathetic critique of the limits to learning, European Urban and Regional Studies, 6: 59-72.

Hudson, R. and Williams, A. (1994) Divided Britain (2nd Edition). Chichester: Wiley.

Hudson, R., Dunford, M., Hamilton, D. and Kotter, R. (1997) Developing Regional strategies for economic success: lessons from Europe's economically successful regions, European Urban and Regional Studies, 4 (4): 365-373.

Humphrey, J. and Schmitz, H. (2002) How does insertion in global value chains affect upgrading in industrial clusters?, Regional Studies, 36 (9): 1017-1027.

Hurmelinna, P., Kyläheiko, K. and Jauhiainen, T. (2007) The Janus face of the appropriability regime in the protection of innovations: theoretical re-appraisal and empirical analysis, Technovation, 27 (3): 133-144.

Hutton, W and Schneider, P. (2008) The Failure of Market Failure: Towards a 21st Century Keynesianism. London: NESTA.

Hvidt, M. (2013) Economic Diversification in GCC (Gulf Co- operation Council) Countries: Past Record and Future Trends. Working Paper 27, Kuwait Programme on Development, Governance and Globalisation in the Gulf States, Department of Government, LSE.

Hymer, S. (1972) The multinational corporation and the law of uneven development. In J. Bagwathi (ed.) (1972) Economics and World Order. New York: Macmillan.

Hymer, S. (1979) The Multinational Corporation: A Radical Approach. Cambridge: Cambridge University Press.

IMF (1995) Gender issues in economic adjustment discussed at UN Conference on Women, IMF Survey (25 September), 286-288.

Innis, H. (1920) The Fur Trade in Canada. New Haven, CT: Yale University Press.

Immarino, S. and McCann, P. (2013) Multinationals and Economic Geography: Location, Technology and Innovation. Cheltenham: Edward Elgar.

International Labour Organisation (2010) Local Economic Recovery in Post-Conflict: Guidelines. Geneva: ILO.

Isaksen, A. (1997) Regional clusters and competitiveness: the Norwegian Case, European Planning Studies, 5 (1): 65-76.

Isaksen, A. and Karlsen, J. T. (2013) Can small regions construct regional advantages? The case of four Norwegian regions, European Urban and Regional Studies: 243-257. doi: 10.1177/0969776412439200.

Isaksen, A. and Nilsson M. (2013) Combined innovation policy: linking scientific and practical know ledge in innovation systems, European Planning Studies, 21 (12): 1919-1936.

Jackson, T. (2009) Prosperity Without Growth: Economics for a Finite Planet. London: Routledge.

Jackson, E. (2010) Regrouping, recal ib rat ing, reloading: strategies for financing civil society in post- recession Canada, The Philanthropist 23 (3): 2-5.

Jacobs, J. (1969) The Death and Life of Great American Cities. New York: Random House.

Jacobs, J. (1984) Cities and the Wealth of Nations. Vintage Books: New York NY.

James, A. (2014) Work- life "balance" and gendered (im)mobil it ies of knowledge and learning in high- tech regional economies, Journal of Economic Geography, 14 (3): 483-510.

Jessop, B. (1995) Post-Fordism and the state. In A. Amin (ed.), Post-Fordism: A Reader. Oxford: Blackwell.

Jessop, B. (1997) Capitalism and its future: remarks on regulation, government and governance, Review of International Political Economy, 4 (3): 561-581.

Jessop, B. (2003) The Future of the Capitalist State. Cambridge: Polity.

Jessop, B. (2010) What follows neo-liberalism? The deepening contradictions of US domination and the struggle for the new global order. In R. Albritton, B. Jessop and R. Westra (eds), Political Economy and Global Capitalism: The 21st Century, Present and Future. Lonson: Anthem Press, 67-88.

Jessop, B. (2013) Hollowing out the nation state and multi- level governance. In P. Kennett (ed.), A Handbook of Comparative Social Policy (2nd Edition). Cheltenham: Elgar, 11-26.

Jonas, A. E. G., While, A. H and Gibbs, D. C. (2012) Carbon control regimes, eco- state restructuring and the polit ics of local and regional development. In A. Pike, A. Rodríguez-Pose and J. Tomaney (eds), Handbook of Local and Regional Development. London: Routledge, 283-294.

Jones, M. (1997) Spatial selectivity of the state?, Environment and Planning A, 29: 831-864.

Jones, M. (2008) Recovering a sense of political economy, Political Geography, 27: 377-399.

Joseph Rowntree Foundation, Leeds City Council and Leeds City Region (2014) More and Better Jobs. York: Joseph Rowntree Foundation.

Kaldor, N. (1970) The case for regional policies, Scottish Journal of Political Economy, 18: 337-348.

Kaldor, N. (1981) The role of increasing returns, technical progress and cumulative causation in the theory of inter national trade and economic growth. In F. Targetti and A. Thirlwall (eds), The Essential Kaldor. London, Duckworth, 327-350.

Karlsen, A and Nordhus, M. (2011) Between close and distanced links: firm inter nationalization in a subsea cluster in Western Norway, Norwegian Journal of Geography, 65 (4): 202-211.

Kateb, G. (1981) The moral distinctiveness of representative democracy, Ethics, 91 (3): 357-374.

Katz, B. and Bradley, J. (2014) The metropolitan revolution: how cities and metros are fixing our broken politics and fragile economy. Washington DC: Brookings Institution Press.

Katz, B. and Wagner, J. (2014) The Rise of Innovation Districts: A New Geography of Innovation in America. Washington, DC: Metropolitan Policy Programme, Brookings Institution.

Keating, M. (2000) The New Regionalism in Western Europe: Territorial Restructuring and Political Change. Cheltenham: Edward Elgar.

Keating, M. (2005) From functional to political regionalism: England in comparative perspective. In R. Hazell (ed.) The English Question. Manchester: Manchester University Press, 142-157.

Keating, M., Loughlin, J. and Deschouwer, K. (2003) Culture, Institutions and Economic Development. A Study of Eight European Regions. Cheltenham: Edward Elgar.

Keeble, D., Lawson, C., Moore, B and Wilkinson, F. (1999) Collective learning processes, networking and "institutional thickness" in the Cambridge region, Regional Studies, 33 (4): 319-332.

Keynes, J. (1931) The General Theory. London: Macmillan.

King, S. (2011) The Southern Silk Road: turbocharging "south-south" economic growth, https://www.hsbc.fr/1/PA_esf-ca-app-content/content/pws/corpo/main-page-campagne-marque/pdf/111013-the-southern-silk-road.pdf (accessed 29 February 2016).

King, L., Kitson, M., Konzelmann, S. and Wilkinson, F. (2012) Making the same mistake again - or is this time differ ent?, Cambridge Journal of Economics, 36: 1-15.

Kitson, M., Martin, R. and Tyler, P. (2004) Regional competitiveness: an elusive yet key concept?, Regional Studies, 38 (9): 991-999.

Kitson, M., Martin, and Tyler, P. (2011) The geographies of austerity, Cambridge Journal of Regions, Economy and Society, 4 (3): 289-302.

Kjær, A. M. (2004) Governance. Cambridge: Polity Press.

Klagge, B. and Martin, R. (2005) Decentralized versus cent ralized financial systems: is there a case for local capital markets?, Journal of Economic Geography, 5: 387-421.

Klein, N. (2007) The Shock Doctrine. New York: Metropolitan Books.

Komninos, N. (2013) Intelligent Cities: Innovation, Knowledge Systems and Digital Spaces. London: Routledge.

Kondratiev, N. (1984) The Long Wave Cycle, Dutton: New York.

KRG (2013a) Kurdistan Region of Iraq 2020: A Vision for the Future. Ministry of Planning. Arbīl: Kurdistan Region Government.

KRG (2013b) Socio-Economic Monitoring System Report. Kurdistan Region Statistics Office, Ministry of Planning. Arbīl: Kurdistan Region Government.

Krueger, R. (2010) Smart growth and its discontents: an examination of american and european approaches to local and regional sustainable development, Documents d'anàlisi Geogràfica, 56 (3): 409-433.

Krueger, R. and Gibbs, D. (2008) Third wave sustainability? Smart Growth and regional development in the USA, Regional Studies, 42 (9): 1263-1274.

Krugman, P. (1990) Rethinking International Trade. Cambridge, MA: MIT Press.

Krugman, P. (1991) Geography and Trade. Leuven: Leuven University Press.

Krugman, P. (1993) On the rela tion ship between trade theory and loca tion theory, Review of International Economics, 1: 110-122.

Krugman, P. (1998) "What's new about the New Economic Geography?", Oxford Review of Economic Policy, 14, 2, 7-17.

Krugman, P. (2005) Second winds for industrial regions? In D. Coyle, W. Alexander and B. Ashcroft (eds), New Wealth for Old Nations: Scotland's Economic Prospects. Princeton: Princeton University Press, 35-47.

Kuznets, S. (1960) Population Change and Aggregate Output. Princeton: Princeton University Press. Kuznets, S. (1966) Modern Economic Growth: Rate, Structure and Spread. New Haven, CT: Yale University Press.

Kyricou, A. P. and Morral-Palacín, N. (2015) Secessionism and the quality of government: evidence from a sample of OECD countries, Territory, Politics, Governance, 3 (2): 187-204.

Laffin M., Mawson, J and Ormston, C. (2014) Public services in a "postdemo craticage": an alternative frame work to network governance, Environment and Planning C, 32 (4): 762-776.

Lang, R. E. and Rengert, K. (2001) Hot and Cold Sunbelts. Washington, DC: Fannie Mae Foundation. Census Note 01-02, April.

Lasswell, H. D. (1936) Politics: Who Gets What, When, How, New York: Whittlesey House.

Lawless, P., Foden, M., Wilson, I. and Beatty, C. (2010) Understanding area- based regeneration: the new deal for communities programme in England, Urban Studies, 47 (2): 257-275.

Lawson, V. (2010) Reshaping economic geography? Producing spaces of inclusive development, Economic Geography, 86 (4): 351-360.

Layard, R. (2011) Happiness: Lessons from a New Science. London: Penguin.

Le Galès P. and Lequesne, C. (1998) Introduction. In P. Le Galès and C. Lequesne (eds), Regions in Europe. London: Routledge.

Lee, W. (2004) Balanced national development policies of Korea, Korea Research Institute for Human Settlements, Seoul: Korea.

Lee, R., Leyshon, A., Aldridge, T., Tooke, T., Williams, C. and Thrift, N. (2004) Making geograph ies and histories? constructing local circuits of value, Environment and Planning D: Society and Space, 22 (4): 595-617.

Lee, N., Sissons, P., Hughes, C., Green, A., Atfield, G., Adam, D. and Rodríguez-Pose, A. (2014) Cities, Growth and Poverty: A Review of the Evidence. York: Joseph Rowntree Foundation: York.

Leslie, D. and Rantisi, N. M. (2012) The rise of a new know ledge/creative economy: prospects and challenges for economic development, class inequality and work. In T. Barnes, J. Peck and E. Sheppard (eds), The Wiley-Blackwell Companion to Economic Geography. Oxford: Wiley-Blackwell, 158-171.

Leunig, T. and Swaffield, J. (2008) Cities Unlimited: Managing Urban Regeneration Work. London: Policy Exchange.

Levine, D. and Wrightson, K. (1991) The Making of an Industrial Society: Whickham 1560-1765. Oxford: Clarendon Press.

Leyshon, A., Lee, R. and Williams, C.C. (eds) (2003) Alternative Economic Spaces. London: Sage.

Li, S. and Scullion, H. (2010) Developing the local competence of expat ri ate managers for emer ging markets: a know ledge- based approach, Journal of World Business, 45 (2): 190-196.

Lietaer, B. (2001) The Future of Money: Creating New Wealth, Work and a Wiser World. London: Random House.

Liñán, F., Urbano, D. and Guerrero, M. (2011) Regional variations in entrepreneurial cognitions: start- up intentions of university students in Spain, Entrepreneurship and Regional Development, 23 (3-4): 187-215.

Lobao, L., Martin, R. and Rodriguez-Pose, A. (2009) Re-scaling the state: new modes of institutional- territorial organization, Cambridge Journal of Regions, Economy and Society, 8 (3): 1-10.

Local Government Commission (1997) Ahwahnee Principles for Economic Development. Sacramento, CA: Local Government Commission.

Loebl, H. (1978) Government- financed factories and the establishment of industries by refugees in the special area of the North of England 1937-1961, unpublished PhD, Durham University.

Loebl, H. (1987) Government Factor ies and the Origins of British Regional Policy, 1934-1948. Including a case study of North Eastern Trading Estates Ltd. Aldershot: Avebury.

Loewendahl, H. B. (2001) Bargaining with Multinationals: The Investment of Siemens and Nissan in North East England. Basingstoke: Palgrave.

Loughlin, J. (2001) Subnational Democracy in the European Union. Oxford: Oxford University Press.

Lorenzen, M. and Mudambi, R. (2013) Clusters, Connectivity and Catch- up: Bollywood and Bangalore in the Global Economy, Journal of Economic Geography, 13: 501-534.

Love, J. H. and Roper, S. (2015) SME innovation, exporting and growth: a review of existing evidence, International Small Business Journal 33 (1): 28-48.

Lovering, J. (1991) The Changing Geography of the Military Industry in Britain, Regional Studies, 25 (4): 279-293.

Lovering, J. (2012) The new regional governance and the hegemony of neoliberalism. In A. Pike, A. Rodríguez-Pose and J. Tomaney (eds), Handbook of Local and Regional Development. London: Routledge, 581-594.

Lundvall, B.-A. (ed.) (1992) National Innovation Systems: Towards a Theory of Innovation and Interactive Learning. London: Pinter.

Lundvall, B.-A. and Maskell, P. (2000) Nation states and economic development: from national systems of production to national systems of know ledge creation and learning. In C. Clark, M. Feldman and M. Gertler (eds), The Oxford Handbook of Economic Geography. Oxford: Oxford University Press, 353-372.

Lupton, R. (2003) Neighbourhood Effects: Can We Measure Them and Does it Matter? CASE report 73. London: LSE.

MacKinnon, D. (2011) Reconstructing scale: towards a new scalar politics, Progress in Human Geography, 35 (1): 21-36.

MacKinnon, D. (2012) Beyond strategic coup ling: reassessing the firm-region nexus in global production networks, Journal of Economic Geography 12 (1): 227-245.

MacKinnon, D. and Cumbers, A. (2011) An Introduction to Economic Geography: Globalization, Uneven and Place, Harlow: Pearson.

MacKinnon, D., Cumbers, A. and Chapman, K. (2002) Learning, innovation and regional development: a critical appraisal of recent debates, Progress in Human Geography, 26 (3): 293-311.

MacKinnon, D., Cumbers, A., Pike, A., Birch, K. and McMaster, R. (2009) Evolution in economic geography: institutions, political economy and adaptation, Economic Geography, 85: 129-150.

MacLean, I. (2005a) Fiscal Crisis of the United Kingdom. London: Palgrave.

MacLean, I. (2005b) Fiscal federalism in Australia, Public Administration, 2 (1): 21-38.

MacLeod, G. and Jones, M. (2007) Territorial, scalar, networked, connected: in what sense a "regional world"?, Regional Studies, 41, 1177-1191.

Maier, G. and Trippl, M. (2009) Location/allocation of regional growth. In R. Capello and P. Nijkamp (eds), Handbook of Regional Growth and Development Theories. Cheltenham: Elgar, 53-65.

Mair, P. (2013) Smaghi versus the parties: representative government and institutional constraints. In W. Streeck and A. Schafer (eds), Politics in the Age of Austerity. Cambridge: Polity.

Malecki, E. J. (1997) Technology and Economic Development: The Dynamics of Local, Regional and National Competitiveness (2nd Edition). London and Boston: Addison Wesley Longman.

Malecki, E. J. and Moriset, B. (2008) The Digital Economy: Business Organization, Production Processes and Regional Developments. London: Routledge.

Markelova, H., Meinzen-Dick, R. and Dohrn, S. (2009) Collective action for small holder market access, Food Policy, 34 (1): 1-7.

Markusen, A. (1985) Profit Cycles, Oligopoly and Regional Development. Cambridge MA: MIT Press.

Markusen, A. (1991) The military industrial divide: cold war trans formation of the economy and the rise of new industrial complexes, Environment and Planning, D: Space and Society, 9 (4): 391-416.

Markusen, A. (1996a) Sticky places in slip pery space: a typo logy of industrial districts, Economic Geography, 72 (3): 293-313.

Markusen, A. (1996b) Response by Ann Markusen, International Regional Science Review, 19 (1-2): 91-92.

Markusen, A. (2002) Targeting Occupations in Regional and Community Economic Development. Minneapolis: Humphrey Institute of Public Affairs, University of Minnesota.

Markusen, A. (2003) Fuzzy concepts, scanty evidence, policy distance: the case for rigour and policy relevance in critical regional studies, Regional Studies, 37 (6-7): 701-717.

Markusen, A. (2015) The high road wins: how and why Minnesota is outpacing Wisconsin, The American Prospect, 26 (2): 100-107.

Markusen, A., Hall, P. and Dietrich, S. (1991) The Rise of the Gunbelt: The Military Remapping of Industrial America. Oxford: Oxford University Press.

Marquand, D. (2004) Decline of the Public. Polity: Cambridge.

Marques, P. (2011) Power in territorial innovation systems: a case study of the Portuguese Moulds industry, CURDS PhD, Newcastle University.

Marquetti, A., Schonerwald da Silva, C. E. and Campbell, A. (2012) Participatory economic democracy in action, Review of Radical Political Economics, 44 (1): 62-81.

Marshall, M. (1987) Long Waves of Regional Development. New York: St. Martins Press.

Marshall, M. G and Cole, B. R. (2014) Global Report 2014: Conflict, Governance and State Fragility. Vienna, VA: Center for Systemic Peace.

Martin, P. (1999) Public policies, regional inequalities and growth, Journal of Public Economics, 73 (1): 85-105.

Martin, P. (2005) The geography of inequalities in Europe, Swedish Economic Policy Review, 12: 83-108.

Martin, R. (1988) The political economy of Britain's north-south divide, Transactions of the Institute of British Geographers, 13: 389-418.

Martin, R. (2000) Institutional approaches in economic geography. In T. Barnes and E. Sheppard (eds), A Companion to Economic Geography. Oxford: Blackwell, 1-28.

Martin, R. (2008) National growth versus spatial equality? A cautionary note on the new "trade- off" think ing in regional policy discourse, Regional Science Policy and Practice, 1 (1): 3-13.

Martin, R. (2010) Rethinking regional path dependence: beyond lock- in to evolution, Economic Geography, 86: 1-27.

Martin, R. (2012) Regional economic resilience, hysteresis and recessionary shocks, Journal of Economic Geography, 12: 1-32.

Martin, R. (2015) Rebalancing the spatial economy: the challenge for regional theory, territory, politics, Governance, 3 (3): 235-272.

Martin, R. and Morrison, P. (2003) Geographies of Labour Market Inequality. London: Routledge.

Martin, R. and Simmie, J. (2008) The theoretical bases of urban competitiveness: does proximity matter?, Economie Regionale and Urbaine, 3: 333-351.

Martin, R. and Sunley, P. (1996) Paul Krugman's Geographical Economics and its implications for regional development theory: a critical assessment. Economic Geography, 72: 259-292.

Martin, R. and Sunley, P. (1997) The Post-Keynesian state and the space- economy. In R. Lee and J. Wills (eds), Geographies of Economies. London: Edward Arnold, 278-289.

Martin, R. and Sunley, P. (1998) Slow convergence? Post-neo-classical endogenous growth theory and regional development, Economic Geography 74 (3): 201-227.

Martin, R. and Sunley, P. (2003) Deconstructing clusters: chaotic concept or policy panacea? Journal of Economic Geography, 3 (1): 5-35.

Martin, R. and Sunley, P. (2006) Path dependence and regional economic evolution. Journal of Economic Geography, 6 (3): 395-437.

Martin, R. and Sunley, P. (2011) Conceptualising cluster evolution: beyond the life cycle model?, Regional Studies, 45 (10): 1295-1318.

Martin, R., Gardiner, B. and Tyler, P. (2014) The Evolving Economic Performance of UK Cities: City Growth Patterns 1981-2011, Future of Cities Working Paper, BIS Government Office for Science, Foresight Future of Cities, London.

Martin, R., Pike, A., Tyler, P. and Gardiner, B. (2015) Spatially Rebalancing the UK Economy: The Need for a New Policy Model. London: Regional Studies Association.

Maslin, M. (2014) Climate Change: A Very Short Introduction. Oxford: Oxford University Press.

Mason, C. and Brown, R. C. (2013) Creating good public policy to support high- growth firms, Small Business Economics, 40 (2): 211-225.

Mason, C. and Harrison, R. (1999) Financing entrepreneurship: venture capital and regional development. In R. Martin (ed.), Money and the Space Economy. Chichester: Wiley, 157-183.

Mason, P. (2015) Postcapitalism: A Guide to Our Future. London: Allen Lane.

Massachusetts Colleges (2003) Engines of Growth: The Economic Impact of Boston's Eight Research Universities on the Metropolitan Boston Area. Boston, MA: Massachusetts Colleges.

Massetti, B. L. (2008) The social entrepreneurship matrix as a "tipping point" for economic change, E:CO, 3 (10): 1-8.

Massey, D. (1993) Power- geometry and a progressive sense of place. In J. Bird, B. Curtis, T. Putnam and G. Robertson (eds), Mapping the Futures: Local Cultures, Global Change. London and New York: Routledge, 59-69.

Massey, D. (1995) Spatial Divisions of Labour: Social Structures and the Geography of Production (2nd Edition). London: Macmillan.

Massey, D. (2005) For Space. London: Sage.

Massey, D., Quintas, P. and Wield, D. (1992) High- tech fantasies : science parks in society, science, and space. London: Routledge.

Mazzucato, M. (2013) The Entrepreneurial State: Debunking Public vs. Private Sector Myths. London: Anthem Press.

McCann, E. and Ward, K. (ed.) (2011) Mobile Urbanism: City Policymaking in the Global Age. Minneapolis: University of Minnesota Press.

McCann, P. (2008) Globalization and economic geography: the world is curved, not flat, Cambridge Journal of Regions, Economy and Society, 1 (3): 351-370.

McCann, P. (2013) Modern Urban and Regional Economics. Oxford: Oxford University Press.

McCann, P. (2015) The Regional and Urban Policy of the European Union. Cheltenham: Edward Elgar.

McCann, P. and Mudambi, R. (2004) The location behaviour of the multinational enter prise, Growth and Change, 35 (4): 491-524.

McCann, P. and Ortega-Argilés, R. (2013) Modern regional innov a tion policy, Cambridge Journal of Regions, Economy and Society, 6 (2): 187-216.

McCann, P., Martin, R. and Tyler, P. (2013) The future of regional policy, Cambridge Journal of Regions, Economy and Society 6: 179-186.

McCrone, G. (1969) Regional Policy in Britain. London: Allen and Unwin.

McGranahan, G. and Martine, G. (eds), (2014) Urban Growth in Emerging Economies: Lessons from the BRICS. London: Routledge.

McKay, R. (1994) Automatic stabilisers, European Union and national unity, Cambridge Journal of Economics, 18 (6): 571-585.

McKay, R. (2001) Regional taxing and spending: the search for balance, Regional Studies, 35 (6): 563-575.

McKinsey Global Institute (2015) Debt and (Not Much) Deleveraging. London: McKinsey. http://www.mckinsey.com/insights/economic_studies/debt_and_not_much_delever aging (accessed 29 February 2016).

McMichael, P. (2012) Development and Social Change: A Global Perspective (5th Edition). Thousand Oaks, CA: Sage.

McQuaid, R. and Lindsay C. D. (2005) The concept of employ ab il ity, Urban Studies, 42 (2): 197-219.

McShane, T. O., Hirsch, P. D., Trung, T.C., Songorwa, A.N. et al. (2011) Hard choices: making trade-offs between biodiversity, conservation and human well- being, Biological Conservation, 144 (3): 966-972.

Mess, H. (1928) Industrial Tyneside: A Social Survey Made for the Bureau of Social Research for Tyneside. London: Ernest Benn.

Milberg, W. and Winkler, D. (2010) Economic and Social Upgrading in Global Production Networks: Problems of Theory and Measurement. Capturing the Gains Working Paper 4, University of Manchester, Manchester, http://www.capturingthegains.org/publications/workingpapers/wp_201003.htm (accessed 5 March 2016).

Mill, J. S. (1843) A System of Logic, Ratiocinative and Inductive: Being a Connected View of the Principles of Evidence and the Methods of Scientific Investigation. London: John W. Parker.

Miranda, G. and G. Larcombe (2012) Enabling Local Green Growth: Addressing Climate Change Effects on Employment and Local Development. OECD Local Economic and Employment Development (LEED) Working Papers, 2012/01. Paris: OECD.

Mitchell, T. (2014) China accelerates airport building, Financial Times, 10 February, http://www.ft.com/intl/cms/s/2/fedb9308-8501-11e3-8968-00144feab7de.html#axzz3qvHCBrzg (accessed 29 February 2016).

Mizell, L. and Allain-Dupré, D. (2013) Creating Conditions for Effective Public Investment: Sub- national Capacities in a Multi-level Governance Context. OECD Regional Development Working Papers 2013/04. Paris: OECD.

Mohan, G. (2011) Local and regional "development studies". In A. Pike, A. Rodríguez-Pose and J. Tomaney (eds), Handbook of Local and Regional Development. London: Routledge, 43-56.

Moore, B. and Rhodes, J. (1986) The Effects of Regional Economic Policy. London: HMSO.

Moreno, E. L., Oyeyinka, O. and Mboup, G. (2010) State of the World's Cities 2010/2011: Bridging the Urban Divide. Nairobi: United Nations Human Settlements Programme (UN-HABITAT).

Moreno, R., Paci, R. and Usai, S. (2005) Spatial spillovers and innovation activity in European regions, Environment and Planning A, 37 (10): 1793-1812.

Moretti, E. (2012) The New Geography of Jobs. New York: Houghton Mifflin.

Morgan, K. (1997) The learning region: institutions. Innovation and regional renewal, Regional Studies, 31: 491-503.

Morgan, K. (2001) The new territorial politics: Rivalry and justice in post- devolution Britain. Regional Studies, 35 (4): 343-348.

Morgan, K. (2004) Sustainable regions: governance, innovation and scale, European Planning Studies, 12 (6): 871-889.

Morgan, K. (2006) Devolution and development: territorial justice and the north-south divide, OUP Publius The Journal of Federalism, 36 (1): 189-206.

Morgan, K. (2007a) The poly centric state: new spaces of empowerment and engagement?, Regional Studies, 41 (9): 1237-1251.

Morgan, K. (2007b) The learning region: institutions, innovation and regional renewal. Regional Studies, 31 (5): 491-503.

Morgan, K. (2012) The green state: sustain ability and the power of purchase. In A. Pike, A. Rodríguez-Pose and J. Tomaney (eds), Handbook of Local and Regional Development. London: Routledge, 87-96.

Morgan, K. and Morley, A. (2002) Re-localising the Food Chain: The Role of Creative Public Procurement. Cardiff: Regeneration Institute, Cardiff University.

Morgan, K. and Nauwelaers, C. (eds) (1999) Regional Innovation Strategies: The Challenge for Less Favoured Regions. London: Stationary Office.

Morgan, K. and Price, A. (2011) The Collective Entrepreneur: Social Enterprise and the Smart State. Cardiff: Community Housing Cymru and the Charity Bank.

Morgan, K. and Sayer, A. (1988) Microcircuits of Capital. Cambridge: Polity Press.

Morgan Stanley (2014) US economics: inequality and consumption, Research Note, http://www.morganstanleyfa.com/public/projectfiles/02386f9f-409c-4cc9-bc6b-13574637ec1d.pdf (accessed 17 February 2016).

Morris, J., Cobbing, P., Leach, K. and Conaty, P. (2013) Mainstreaming Community Economic Development. Birmingham: Localise West Midlands and Barrow Cadbury Trust, http://www.barrowcadbury.org.uk/wp-content/uploads/2013/02/MCED-final-report-LWM-Jan-2013. pdf (accessed 29 February 2016).

Moulaert, F. and Mahmood, A. (2012) Spaces of social innovation. In A. Pike, A. Rodríguez-Pose and J. Tomaney (eds), Handbook of Local and Regional Development. London: Routledge, 212-225.

Moulaert, F. and Sekia F (2003) Territorial innovation models: a critical survey, Regional Studies, 37 (3): 298-302.

Mueller, P., Van Stel, A. and Storey, D. J. (2008) The effects of new firm formation on regional development overtime: the case of Great Britain, Small Business Economics, 30 (1): 59-71.

Müller, W. and Gangl, M. (eds) (2003) Transitions from Education to Work in Europe: The Integration of Youth into EU labour Markets. Oxford: Oxford University Press.

Murphy, J. (2008) Economic geographies of the Global South: missed opportunities and promising intersections with Development Studies, Geography Compass, 2 (3): 851-879.

Myrdal, G. (1957) Economic Theory and Underdeveloped Regions. London, Duckworth.

Narayana, M. R. (2011) Globalization and urban economic growth: evidence for Bangalore, India, International Journal of Urban and Regional Research, 35 (6): 1284-1301.

Narrod, C., Roy, D., Okello, J., Avendaño, B., Rich, K. and Thorat, A. (2009) Public private partner ships and collective action in high value fruit and vegetable supply chains, Food Policy, 34 (1): 8-15.

National Audit Office (2001) Modern Policy-Making: Ensuring Policies Deliver Value for Money. Report by the Comptroller and Auditor General. HC 289 Session 2001-2002. London: Stationary Office.

National Audit Office (2002) The Operation and Wind-Up of Teesside Development Corporation. Report by the Comptroller and Auditor General. HC 640 Session 2001-2002. London: Stationary Office.

Neffke, F., Henning, M. and Boschma, R. (2011) How do regions diversify over time? Industry relatedness and the development of growth paths in regions, Economic Geography, 87 (3): 237-265.

New Economics Foundation (2008) A Green New Deal: Joined- up Policies to Solve the Triple Crunch of the Credit Crisis, Climate Change and High Oil Prices, London: NEF.

New State Ice Co. v. Liebmann, 285 U.S. 262, 311 (1932) Chapter 4.

North, D. C. (1955) Location theory and regional economic growth, Journal of Political Economy, 63 (3): 243-258.

North, D. C. (1990) Institutions, Institutional Change, and Economic Performance. Cambridge: Cambridge University Press.

North, D. (1991) Institutions, Journal of Economic Perspectives, 5 (1): 97-112.

North, D. (2005) Understanding the Process of Economic Change. Princeton, NJ: Princeton University Press.

North, P. J. (2010) Eco-localisation as a progressive response to peak oil and climate change: a sympathetic critique, Geoforum, 41 (4): 585-594.

North, P. J. and Longhurst, N. (2013) Grassroots localisation? The scalar potential of and limits of the "transition" approach to climate change and resource constraint, Urban Studies, 50 (7): 1423-1438.

Northern Economic Planning Council (1966) Challenge of the Changing North, Newcastle upon Tyne: NEPC.

Northern Region Strategy Team (1977) Strategic Plan for the Northern Region (5 vols), HMSO: London.

Northern Way (2008) Business Plan 2005-2008 Review. Newcastle upon Tyne: Northern Way. http://webarchive.nationalarchives.gov.uk/20081109145336/http://www.thenorthernway.co.uk/document.asp?id=613 (accessed 5 November 2015).

Norton, R. D. (1987) The role of services and manufacturing in New England's economic resurgence. New England Economic Indicators, Federal Reserve Bank of Boston, Second Quarter, iv-viii.

Norton, R.D. and Rees, J. (1979) The product cycle and the spatial decentralization of American manufacturing, Regional Studies 13: 141-151.

Nurske, R. (1961) Equilibrium and Growth in the World Economy. Harvard, MA: Harvard University Press.

Ó Riain, S. (2014) The Rise and Fall of Ireland's Celtic Tiger: Liberalism, Boom and Bust. Cambridge: Cambridge University Press.

O'Brien, R. (1992) The End of Geography. London: Pinter Publishers.

O'Brien, P. and Pike, A. (2015) City deals, decentralisation and the governance of local infra-structure funding and financing in the UK, National Institute Economic Review, 233 (1): 14-26.

O'Donnell, R. (1997) The competitive advantage of peripheral regions: conceptual issues and research approaches. In B. Fynes and S. Ennis (eds), Competing from the Periphery. London: Dryden Press, 47-82.

OECD (2005a) Strengthening Entrepreneurship and Economic Development at Local Level in Eastern Germany. Paris: OECD.

OECD (2006) OECD Territorial Reviews: Newcastle in the North East, United Kingdom 2006. Paris: OECD.

OECD (2007) Competitive Regional Clusters: National Policy Approaches. Paris: OECD.

OECD (2008) Making Local Strategies Work: Building the Evidence Base. OECD and Local Economic and Employment Development Programme. Paris: OECD.

OECD (2009a) Clusters, Innovation and Entrepreneurship. Paris: OECD.

OECD (2009b) Why Regions Grow. Paris: OECD.

OECD (2012a) Women's Economic Empowerment: The OECD DAC Network on Gender Equality (GENDERNET). Paris: OECD.

OECD (2012b) Promoting Growth in All Regions. Paris: OECD.

OECD (2012c) Women in Business: Policies to Support Women's Entrepreneurship Development in the MENA Region. Paris: OECD.

OECD (2013a) OECD Regions at a Glance. Paris: OECD.

OECD (2013b) Skills Development and Training in SMEs. Paris: OECD.

OECD (2013c) Innovation-Driven Growth in Regions: The Role of Smart Specialisation. Paris: OECD.

OECD (2014a) Regional Development, http://www.oecd.org/gov/regional-policy/regional development.htm (accessed 26 August 2014).

OECD (2014b) All on Board: Making Inclusive Growth Happen. Paris: OECD.

OECD (2014c) OECD Regional Outlook-Regions and Cities: Where Policies and People Meet. Paris: OECD.

OECD (2014d) Employment and Skills Strategies in Ireland. Paris: OECD.

OECD (2014e) OECD Studies on SMEs and Entrepreneurship-Mexico: Key Issues and Policies. Paris: OECD.

OECD (2015a) The Metropolitan Century. Paris: OECD.

OECD (2015b) OECD Urban Policy Reviews: China 2015. Paris: OECD.

Office for National Statistics (2013) Statistical Bulletin - Business Demography 2013, http://www.ons.gov.uk/businessindustryandtrade/business/activitysizeandlocation/bulletins/businessdemography/2014-11-27 (accessed 5 March 2016).

Office for National Statistics (2014) Statistical Bulletin-Quarterly National Accounts, Quarter 4 (Oct. to Dec. 2014). London: ONS.

Ohmae, K. (1990) The Borderless World. New York: Harper Business.

Ohmae, K. (1995) The End of the Nation State. New York: Free Press.

O'Neill, J. (2013) The Growth Map: Economic Opportunity in the BRICs and Beyond. London: Penguin.

O'Neill, P. (1997) Bringing the qualitative state into economic geography. In: R. Lee and J. Wills (eds), Geographies of Economies. London: Arnold, 290-301.

O'Neill, P. (2013) Privatising our ports not like other sell- offs. Newcastle Herald. October 14: 11, http://www.uws.edu.au/__data/assets/pdf_file/0009/525726/NCH011NHER_14OCT13.PDF (accessed 19 February 2016).

Ostry, J. D., Berg, A. and Tsangarides, C. G. (2014) Redistribution, Inequality, and Growth. IMF Staff Discussion Notes. Washington, DC: International Monetary Fund.

O'Toole, R. (2011) ReAct and ProAct. Paper 11/005 for National Assembly for Wales, Cardiff, http://www.assembly.wales/Research%20Documents/ReAct%20and%20ProAct%20-%20 Research%20paper-27012011-208654/11-005-English.pdf (accessed 5 March 2016).

Ottaviano, G. I. P. (2003) Regional policy in the global economy: insights from new economic geography, Regional Studies, 37 (6-7): 665-673.

Overman, H. (2010) Urban Renewal and Regional Growth: Muddled Objectives and Mixed Progress. Election Analysis No 14. London School of Economics, Centre for Economic Performance, London.

Overman, H. (2012) Investing in the UK's most successful cities is the surest recipe for national growth, 26 January, British Politics and Policy Blog at LSE, http://eprints.lse.ac.uk/44073/ (accessed 5 March 2016).

Overman, H. (2014) Making an impact: misreading, misunderstanding, and misrepresenting research does nothing to improve the quality of public debate and policy making, Environment and Planning A, 46 (10): 2276-2282.

Overman, H. (2015) Commentary: what "should" urban policy do? A further response to Graham Haughton, Iain Deas and Stephen Hincks, Environment and Planning A, 47 (1): 243-246.

Oxfam (2014) Working for the Few: Political Capture and Economic Inequality. Oxfam Briefing Paper 178. Oxford: Oxfam International.

Paasi, A. (2009) The resurgence of the "region" and "regional identity": theoretical perspectives and empirical observations on regional dynamics in Europe, Review of International Studies, 35 (1): 121-146.

Paasi, A. (2010) Regions are social constructs, but "who" or "what" constructs them? Agency in ques tion, Environment and Planning A, 42 (10): 2296-2301.

Paasi, A. (2011) The region, identity and power, Procedia, 14: 9-15.

Paasi, A. (2013) Regional planning and the mobilization of regional identity: from bounded spaces to relational complexity, Regional Studies, 47 (8): 1206-1219.

Parkinson, M., Meegan, R., Karecha, J., Evans, R., Jones, G., Tosics, I. and Hall, P. (2012) Second Tier Cities in Europe: In an Age of Austerity Why Invest Beyond the Capitals, ESPON and Institute of Urban Affairs, Liverpool John Moores University.

Parthasarathy, B. (2004) India's Silicon Valley or Silicon Valley's India? Socially embedding the computer soft ware industry in Bangalore, International Journal of Urban and Regional Research, 28 (3): 664-685.

Pavlínek, P. (2012) The inter nationalization of corporate R&D and the automotive industry R&D of East-Central Europe, Economic Geography, 88 (3): 279-310.

Pavlínek, P. (2014) Whose success? The state-foreign capital nexus and the development of the auto motive industry in Slovakia, European Urban and Regional Studies, 1-23, doi: 10.1177/0969776414557965.

Pavlínek, P and Žížalová, P (2014) Linkages and spillovers in global production networks: firm- level analysis of the Czech auto motive industry, Journal of Economic Geography, 10.1093/jeg/Ibu041.

Pavlínek, P., Domański, B. and Guzik, R. (2009) Industrial upgrading through foreign direct investment in Central European automotive manufacturing, European Urban and Regional Studies, 16 (1): 43-63.

Peck, J. (2000) Doing Regulation. In G. L. Clarkand M. S. Gertler (eds), The Oxford Handbook of Economic

Geography. Oxford: Oxford University Press, 61-80.

Peck, J. (2003) Fuzzy old world: a response to Markusen. Regional Studies 37 (6/7): 729-740.

Peck, J. (2005) Struggling with the creative class, International Journal of Urban and Regional Research, 29 (4): 740-770.

Peck, J. (2012a) Austerity urbanism, City, 16 (6): 626-655.

Peck, J. (2012b) Recreative city: Amsterdam, vehicular ideas and the adaptive spaces of creativity, International Journal of Urban and Regional Research Policy, 36 (3): 462-485.

Peck, J. and Sheppard, E. (2010) Worlds apart? Engaging with the World Development Report 2009: Reshaping Economic Geography, Economic Geography 86 (4): 331-340.

Peck, J. and Theodore, N. (2007) Variegated capitalism, Progress in Human Geography 31 (6): 731-772.

Peck, J. and Theodore, N. (2015) Fast Policy: Experimental Statecraft at the Thresholds of Neoliberalism. Minneapolis, MN: University of Minnesota Press.

Peck, J., Theodore, N. and Brenner, N. (2012) Neoliberalism resurgent? Market rule after the Great Recession, South Atlantic Quarterly, 111 (2): 265-288.

Peck, J. and Tickell, A. (1995) The social regulation of uneven development: "regulatory deficit", England's South East and the collapse of Thatcherism, Environment and Planning A 27: 15-40.

Peck, J. and Zhang, J. (2013) Capitalism with Chinese characteristics, Journal of Economic Geography 13: 357-396.

Peet, R. (1998) Modern Geographical Thought. Oxford: Blackwell.

Peet, R. (2002) Ideology, discourse, and the geography of hegemony: from social ist to neoliberal development in post-apartheid South Africa, Antipode, 34 (1): 54-84.

People's Daily Online (2015) Zhengzhou uses 3.5 million tons of water every day to deal with haze, People's Daily Online, 14 August, http://en.people.cn/n/2015/0814/c98649-8936273. html (accessed 5 March 2016).

Peredo, A. M. and Chrisman, J. J. (2006) Toward a theory of community- based enter prise, Academy of Management Review, 31 (2): 309-328.

Perloff, H. S., Edgar, S., Dunn Jr, E. S., Lampard, E. E. and Muth, R. F. (1960) Regions, Resources and Economic Growth. Baltimore, MD: Johns Hopkins University Press.

Perrons, D. (2004) Globalisation and Social Change: People and Places in a Divided World. London: Routledge.

Perrons, D. (2012) Regional performance and inequality: linking economic and social development through a capabilities approach, Cambridge Journal of Regions, Economy and Society, 5 (1): 15-29.

Perrons, D. and Dunford, R. (2013) Regional development, equality and gender: moving towards more inclusive and socially sustain able measures, Economic and Industrial Democracy, 34 (3): 483-499.

Perroux, F. (1950) Economic space: theory and applications, Quarterly Journal of Economics, 64 (1): 89-104.

Pevsner, N. (1974) Staffordshire (The Buildings of England, Second Edition). London: Penguin.

Pew Charitable Trusts (2014) Recovering from the Volatile Times: The Ongoing Financial Struggles of America's Big Cities. Philadelphia and Washington: Pew Charitable Trusts.

Phelps, N. A. and Waley, P. (2004) Capital versus the districts: the story of one multinational company's attempts to disembed itself, Economic Geography, 80 (2): 191-215.

Phillips, M. (1894) A History of Banks, Bankers, Banking in Northumberland, Durham and North Yorkshire Illustrating the Commercial Development of the North of England from 1755 to 1894. London: Effingham Wilson.

Pickles, J. and Smith, A. (eds), (2005) Theorizing Transition: The Political Economy of Post-Communist Transformations. London: Routledge.

Pickles, J., Smith, A., Bucěk, M., Roukova, P. and Begg, R. (2006) Upgrading, changing competitive pressures, and diverse practices in the East and Central European apparel industry, Environment and Planning A, 38 (12): 2305-2324.

Pietrobelli, C. and Rabellotti, R. (2006) Upgrading to Compete: Global Value Chains, Clusters and SMEs in Latin America. Cambridge, MA: Inter-American Development Bank and David Rockefeller Center for Latin American Studies, Harvard University.

Pike, A. (1998) Making performance plants from branch plants? in-siturestructuring in the auto-mobile industry in the UK region, Environment and Planning A, 30 (5): 881-900.

Pike, A. (2002) Post- devolution blues? Economic development in the Anglo-Scottish Borders, Regional Studies 36 (9): 1067-1082.

Pike, A. (2004) Heterodoxy and the governance of economic development, Environment and Planning A, 36 (12): 2141-2161.

Pike, A. (2007) Whither regional studies?, Regional Studies, 41 (9): 1143-1148.

Pike, A. (2009) De- industrialisation. In R. Kitchin and N. Thrift (eds), International Encyclopedia of Human Geography. Oxford: Elsevier.

Pike, A. (2013) Lessons Learned: Planning for Economic Recovery and Development at the Provincial Level in Iraq. Report for UN-ILO Programme on Crisis, Response and Reconstruction, CURDS, Newcastle University.

Pike, A. (2015) Origination: The Geographies of Brands and Branding. Wiley-Blackwell: Chichester.

Pike, A. and Tomaney, J. (2009) The state and uneven development: the governance of economic development in England in the post- devolution UK. Cambridge Journal of Regions, Economy and Society, 2 (1): 13-34.

Pike, A., Dawley, S. and Tomaney, J. (2010) Resilience, adapt a tion and adapt ab il ity, Cambridge Journal of Regions, Economy and Society, 3 (1): 59-70.

Pike, A., Rodríguez-Pose, A. and Tomaney, J. (2006) Local and Regional Development. London: Routledge.

Pike, A., Rodríguez-Pose, A. and Tomaney, J. (2007) What kind of local and regional development and for whom?, Regional Studies, 41 (9): 1253-1269.

Pike, A., Rodríguez-Pose, A. and Tomaney, J. (2012a) Handbook of Local and Regional Development. London: Routledge.

Pike, A., Rodríguez-Pose, A. and Tomaney, J. (2014) Local and regional development in the global North and South, Progress in Development Studies, 14: 12-30.

Pike, A., Rodríguez-Pose, A. and Tomaney, J. (2015a) Local and Regional Development: Major Works. London: Routledge.

Pike, A., Cumbers, A., Dawley, S., Hassink, R., MacKinnon, D. and Tomaney, J. (2012b) Adaptive Capacity and Resilience in Local and Regional Development, Unpublished Paper, CURDS, Newcastle University.

Pike, A., Rodríguez-Pose, A., Tomaney, J., Torrisi, G. and Tselios, V. (2012c) In search of the "economic dividend" of devolution: spatial disparities, spatial economic policy, and decentralisation in the UK, Environment and Planning C: Government and Policy, 30 (1): 10-28.

Pike, A., Coombes, M., O'Brien, P. and Tomaney, J. (2015b) Austerity states; institutional dismantling and the governance of sub-national economic development: the demise of the Regional Development Agencies in England, Draft Paper, CURDS: Newcastle University.

Pike, A., Marlow, D., McCarthy, A., O'Brien, P. and Tomaney, J. (2015c) Local institutions and local economic development: the Local Enterprise Partnerships in England, 2010-, Cambridge Journal of Regions, Economy and Society, 8 (2): 185-204.

Pike, A., MacKinnon, D., Cumbers, A., Dawley, S. and McMaster, R. (2015d) Doing evolution in economic geography, Economic Geography.

Pike, A., MacKinnon, D., Coombes, M., Champion, A., Bradley, D., Cumbers, A., Robson, L. and Wymer, C. (2016) Uneven Growth-Tackling City Decline, York: Joseph Rowntree Foundation.

Piketty, T. (2014) Capital in the 21st Century. Cambridge, MA: Harvard University Press.

Piore, M. J. and Sabel, C. F. (1984) The Second Industrial Divide: Possibilities for Prosperity. New York: Basic Books.

Plimmer, G., Bounds, A. and Pickard, J. (2013) China to invest £650m in Manchester project, Financial Times, 3 October, http://www.ft.com/intl/cms/s/0/6320bf56-2b60-11e3-bfe2-00144feab7de.html (accessed 29 February 2016).

Polanyi, K. (1944) The Great Transformation: The Political and Economic Origins of our Time. New York: Farrar & Rinehart.

Pollard, J., McEwan, C., Laurie, N. and Stenning, A. (2009) Economic Geography under post-colonial scrutiny, Transactions of the Institute of British Geographers, 34 (2): 137-142.

Pollard, S. (1981) Peaceful Conquest: The Industrialization of Europe, 1760-1970. Oxford: Oxford University Press.

Pollard, S. (1999) Labour History and the Labour Movement in Britain. Ashgate: Aldershot.

Porter, M. E. (1985) Competitive Advantage: Creating and Sustaining Superior Performance. New York: Free Press.

Porter, M. E. (1990) The Competitive Advantage of Nations. New York: Free Press.

Porter, M. E. (1995) The Competitive Advantage of the Inner City, Harvard Business Review 73 (May-June): 55-71.

Porter, M. (1996) Competitive advantage, agglomeration economies and regional policy, International Regional Science Review, 19, 85-94.

Porter, M. E. (1998) On Competition. Boston: Harvard Business School Press.

Porter, M. E. (2000) Location, competition and economic development: local clusters in a global economy, Economic Development Quarterly, 14 (1): 15-34.

Porter, M. E. (2003) The economic performance of regions, Regional Studies, 37 (6/7): 549-578.

Potter, J. (2005) Entrepreneurship policy at local level: rationale, design and delivery, Local Economy, 20 (1): 104-110.

Potter, J., Miranda, G., Cooke, P., Chapple, K et al. (2012) Clean-Tech Clustering as an Engine for Local Development: The Negev Region, Israel. OECD Local Economic and Employment Development (LEED) Working Papers, 2012/11. Paris: OECD.

Power, D. and Scott, A. (2012) Culture, creativity and alternative development. In A. Pike, A. Rodríguez-Pose and J. Tomaney (eds), Handbook of Local and Regional Development. London: Routledge, 162-171.

Prebisch, R. (1950) The Economic Development of Latin America. New York: United Nations Department of Economic Affairs.

PricewaterhouseCoopers (PWC) and Demos (2013) Good Growth for Cities. London: WC and Demos.

Puga, D. (2002) European regional policies in light of recent location theories, Journal of Economic Geography, 2 (4): 373-406.

Putnam, R. (1993) Making demo cracy work: civic traditions in modern Italy. Princeton, NJ: Princeton University Press.

Pyke, F. and Sengenberger, W. (1992) Industrial Districts and Local Economic Regeneration. Geneva: International Institute for Labour Studies.

Rabinovitch, S. (2013) China local authority debt "out of control", Financial Times, 16 April, http://www.ft.com/intl/cms/s/0/adb07bbe-a655-11e2-8bd2-00144feabdc0.html (accessed 29 February 2016).

Ramesh, S. (2010) Continental Drift: China and the Global Economic Crisis, School of Oriental and African Studies, University of London, Department of Economics Working Papers, 1-25.

Ranieri, R. and Ramos, R. A. (2013) Inclusive Growth: Building Up a Concept. Working Paper 104. Brasilia: International Policy Centre for Inclusive Growth.

Rauhut, D. and Kahila, P. (2008) The Regional Welfare Burden in the Nordic Countries, NORDREGIO WP 2008: 6.

Rees, T. (2000) The learning region! Integrating gender equality into regional economic development, Policy and Politics, 28 (2): 179-191.

Reich, R. (1992) The Work of Nations. Preparing Ourselves for 21st Century Capitalism. New York: Alfred A. Knopf.

Rhodes, R. (1996) The new governance: governing without government, Political Studies, 44 (4): 652-667.

Richardson, H. W. (1979) Aggregate efficiency and interregional equity. In H. Folmer and J. Oosterhaven (eds), Spatial Inequalities and Regional Development. Boston: Martinus Nijhoff, 161-183.

Richardson, H. W. (1980) Polarization reversal in developing countries, Papers of the Regional Science Association 45: 67-85.

Richardson, H. W. and Bae, C. (2011) Reshaping Regional Policy. Cheltenham: Edward Elgar Publishing.

Rigg, J., Bebbington, A., Gough, K. V., Bryceson, D. F., Agergaard, J., Fold, N., and Tacoli, C. (2009) The World Development Report 2009 "reshapes economic geography": geographical reflec tions, Transactions of the Institute of British Geographers, 34 (2): 128-136.

Robinson, F. (2005) Regenerating the West End of Newcastle: what went wrong? Northern Economic Review, 36: 15-41.

Robinson, J. (1964) The Economics of Imperfect Competition. London: Macmillan.

Robinson, F., Wren, C. and Goddard, J. (1997) Economic Development Policies. An Evaluative Study of the

Newcastle Metropolitan Region. Oxford: Oxford University Press.

Rodríguez-Pose, A. (1994) Socioeconomic restructuring and regional change: rethink ing growth in the European Community, Economic Geography, 70 (4): 325-343.

Rodríguez-Pose, A. (1998) Dynamics of Regional Growth in Europe. Oxford: Clarendon Press.

Rodríguez-Pose, A. (2010) Economic geographers and the lime light: institutions and policy in the World Development Report 2009, Economic Geography, 86 (4): 361-370.

Rodríguez-Pose, A. (2013) Do institutions matter for regional development?, Regional Studies, 47 (7): 1034-1047.

Rodríguez-Pose, A. and Arbix, G. (2001) Strategies of waste: bidding wars in the Brazilian auto-mobile sector, International Journal of Urban and Regional Research, 25 (1): 134-154.

Rodríguez-Pose, A. and Crescenzi, A. (2008) Mountains in a flat world: why proximity still matters for the location of economic activity, Cambridge Journal of Regions, Economy and Society, 1 (3): 371-388.

Rodríguez-Pose, A. and Fitjar, R. D. (2013) Buzz, archipelago economies and the future of inter-mediate and peripheral areas in a spiky world, European Planning Studies 21 (3): 355-372.

Rodríguez-Pose, A. and Fratesi, U. (2004) Between development and social policies: the impact of European Structural Funds in Objective 1 regions, Regional Studies, 38 (1): 97-113.

Rodríguez-Pose, A. and Gill, N. (2003) The global trend towards devolution and its implications, Environment and Planning C, 21 (3): 333-351.

Rodríguez-Pose, A. and Gill, N. (2005) On the "economic dividend" of devolution, Regional Studies, 39 (4): 405-420.

Rodríguez-Pose, A. and Hardy, D. (2014) Technology and Industrial Parks in Emerging Countries: Panacea or Pipedream? Heidelberg and New York: Springer.

Rodríguez-Pose, A. and Refolo, M. C. (2003) The link between local production systems and public and university research in Italy, Environment and Planning A, 35 (8): 1477-92.

Rodríguez-Pose, A. and Sandall, R. (2008) From identity to the economy: analysing the evolution of the decentralisation discourse, Environment and Planning C: Government and Policy, 26 (1): 54-72.

Rodríguez-Pose, A. and Vilalta-Bufí, M. (2005) Education, migration, and job satis faction: the regional returns of human capital in the EU, Journal of Economic Geography, 5 (5): 545-566.

Rodríguez-Pose, A. and Wilkie, C. (2014) Conceptualizing Equitable Economic Growth in Urban Environments. Draft Concept Paper prepared for the Cities Alliance. London: London School of Economics.

Rodrik, D. (2003) Introduction. In D. Rodrik (ed.) In Search of Prosperity. Princeton, NJ: Princeton University Press, 1-19.

Rodrik, D. (2006) Goodbye Washington Consensus, hello Washington confusion?, Journal of Economic Literature, 44: 969-983.

Rodrik, D. (2011) The Globalization Paradox: Why Global Markets, States, and Democracy Can't Coexist. Oxford: Oxford University Press.

Rodrik, D. (2014) Green industrial policy. Oxford Review of Economic Policy, 30 (3): 469-491.

Rosenstein-Rodan, P.N. (1943) Problems of Industrialization of Eastern and South- Eastern Europe. Economic Journal, 53 (210/211): 202-211.

Rostow, W.W. (1971) The Stages of Economic Growth: A Non-Communist Manifesto (2nd Edition). Cambridge: Cambridge University Press.

Royal Commission (1937) Royal Commission on Local Government in the Tyneside Area. Cmd 5402. London: HMSO.

Royal Society of Arts City Growth Commission (2014) Unleashing Metro Growth, RSA: London.

Ruaf Foundation (2010) Policy brief: urban agriculture as a climate change strategy, http://www.ruaf.org/sites/ default/files/Policy%20brief%20Urban%20agriculture%20as%20a%20 climate%20change%20strategy_1. pdf (accessed 5 March 2016).

Ruigrok, W. and Van Tulder, R. (1995) The Logic of International Restructuring. London: Routledge.

Safford, S. (2009) Why the Garden Club Couldn't Save Youngstown. Cambridge MA: Harvard University Press.

Sakoui, A. (2012) China buys stake in Thames Water, Financial Times, 20 January, http://www.ft.com/intl/ cms/s/0/7b19ca2e-42c0-11e1-b756-00144feab49a.html (accessed 29 February 2016).

Sankhe, S., Vittal, I., Dobbs, R., Mohan, A. and Gulati, A. (2010) India's Urban Awakening: Building Inclusive Cities, Sustaining Economic Growth. Delhi: McKinsey Global Institute.

Sapir, A. (2003) An Agenda for a Growing Europe: Making the EU Economic System Deliver, Report of an Independent High-Level Study Group established on the initiative of the President of the European Commission.

Sass, M. and Fifekova, K. (2011) Columbia FDI Profiles, Vale Columbia Centre on Sustainable International Investment.

Sassen, S. (2001) The Global City: New York, London, Tokyo. Princeton, NJ: Princeton University Press.

Sawers, L. and Tabb, W. K. (1984) Sunbelt/Snowbelt: Urban Development and Regional Restructuring. Oxford: Oxford University Press.

Saxenian, A. (1994) Regional Advantage: Culture and Competition in Silicon Valley and Route 128. Cambridge, MA: Harvard University Press.

Saxenian, A. (2006) The New Argonauts: Regional Advantage in the Global Economy. Cambridge, MA: Harvard University Press.

Sayer, A. (1985) Industry and space: a sympathetic critique of radical research, Environment and Planning D: Society and Space, 3 (1): 3-29.

Sayer, A. (1989) Dualistic thinking and rhetoric in geography, Area 21 (3): 301-305.

Schäfer, A. and Streeck, W. (2013) Introduction: politics in the age of austerity. In A. Schäfer and W. Streeck (eds), Politics in the Age of Austerity. Cambridge: Polity, 1-25.

Schoenberger, E. (1989) Thinking about flexibility: a response to Gertler. Transactions of the Institute of British Geographers, 14: 98-108.

Schoenberger, E. (2000) The management of time and space. In G. L. Clark, M. P. Feldman and M. S. Gertler (eds), The Oxford Handbook of Economic Geography. Oxford: Oxford University Press, 317-332.

Schröppel, C. and Mariko, N. (2002) The Changing Interpretation of the Flying Geese Model of Economic Development, German Institute for Japanese Studies, 14.

Schumpeter, J.L. (1994) Capitalism, Socialism and Democracy. London: Routledge.

Scitovsky, T. (1954) Two concepts of external economies, Journal of Political Economy, 62 (2): 143-151.

Scott, A. J. (1986) High tech no logy industry and territorial development: the rise of the Orange County complex, 1955-1984, Urban Geography 7: 3-45.

Scott, A. J. (1988) New Industrial Spaces. London: Pion.

Scott, A. J. (1998) Regions and the World Economy: The Coming Shape of Global Production, Competition and Political Order. Oxford: Oxford University Press.

Scott, A. J. (2004) A perspective of economic geography, Journal of Economic Geography, 4: 479-499.

Scott, A. J. (2007) Capitalism and urbanization in a new key? The cognitive- cultural dimension, Social Forces, 85 (4): 1465-1482.

Scott, A. J. (2009) World Development Report 2009: reshaping economic geography, Journal of Economic Geography, 9 (4): 583-586.

Scott, A. and Garofoli, G. (2007) Development on the Ground: Clusters, Networks and Regions in Emerging Economies. New York: Routledge.

Scott, A. J. and Storper, M. (2003) Regions, globalization, development, Regional Studies, 37 (6&7): 579-593.

Scott, J. C. (2010) High modernist social engineering: the Case of the Tennessee Valley Authority. In L. I. Rudolph and J. K. Jacobsen (eds), Experiencing the State. Oxford: Oxford University Press, 3-52.

Scott Cato, M. (2012) The Bioregional Economy: Land, Liberty and the Pursuit of Happiness. London: Routledge.

Seers, D. (1969) The meaning of development, International Development Review, 11 (4): 3-4.

Sen, A. (1977) Rational fools: a critique of the behavioural foundations of economic theory, Philosophy and Public Affairs, 6 (4): 317-344.

Sen, A. (1999) Development as Freedom. Oxford: Oxford University Press.

Seyfang, G. and Smith, A. (2007) Grassroots innovations for sustainable development: towards a new research and policy agenda. Environmental Politics, 16 (4): 584-603.

Shen, B. (2012) Regional Disparity in China: Evolution and Policy Response. Beijing: ISPRE, National Development and Reform Commission, China.

Shepherd, W. (2015) Ghost Cities of China. London: Zen Books.

Sheppard, E. (2011) Geographical political economy, Journal of Economic Geography, 11: 19-331.

Silver, J., McEwan, C., Petrella, L. and Baguian, H. (2013) Climate change, urban vulnerability and development in Saint-Louis and Bobo-Dioulasso: learning from across two West African cities, Local Environment, 18 (6): 663-677.

Silverman, E., Lupton, R. and Fenton, A. (2006) A good place for children? Attracting and retaining families in inner urban mixed income communities. Chartered Institute of Housing for the Joseph Rowntree Foundation, London.

Simmie, J. and Martin, R. (2010) The economic resilience of regions: towards an evolutionary approach, Cambridge Journal of Regions, Economy and Society, 3 (1): 27-43.

Simon, H. (1972) Theories of bounded rationality. In C. B. Maguire and R. Radnor (eds), Decision and Organization. Amsterdam: North Holland, 161-176.

Singer, H. W. (1950) The distribution of gains between investing and borrowing countries, American Economic Review: Papers and Proceedings, 40: 473-485.

Singer, H. W., Cairncross, A. and Puri, M. (1975) The Strategy of International Development. London: Macmillan.

Skelcher, C. and Torfing, J. (2010) Improving democratic governance through institutional design: civic participation and democratic ownership in Europe, Regulation & Governance, 4 (1): 71-91.

Skidelsky, R. (2012) Skidelsky on the Economic Crisis 2008-2011. London: Centre for Global Studies.

Smart City Memphis (2013) Memphis Manifesto Inspired Agendas for Creative Cities http://www.smartcitymemphis.com/2013/08/memphis-manifesto-inspired-agendas-for- creative-cities/ (accessed 29 February 2016).

Smith, E. O. (1994) The German Economy. London: Routledge.

Somers, M. and Block, M. (2005) From poverty to perversity: ideas, markets, and institutions over 200 years of welfare debate, American Sociological Review, 70 (2): 260-287.

Sonn, J. and Storper, M. (2008) The increasing importance of geographical proximity in knowledge production: an analysis of US patent citations, Environment And Planning A, 40: 1020-1039.

Sotarauta, M. and Pulkkinen, R. (2011) Institutional entrepreneurship for know ledge regions: in search of a fresh set of questions for regional innovation studies, Environment & Planning C: Government and Policy, 29 (1): 96-112.

South China Morning Post (2014) Once a railway town, Zhengzhou now a busy air hub thanks to "Apple-mania", 10 September, http://www.scmp.com/business/china-business/article/1589196/once-railway-town-zhengzhou-now-busy-air-hub-thanks (accessed 29 February 2016).

South China Morning Post (2015a) "Aero-troplis" grows near city, 26 May. http://www.scmp.com/presented/topics/go-china-zhengzhou/article/1802922/aero-tropolis-grows-near-city (accessed 29 February 2016).

South China Morning Post (2015a) "Aero-troplis" grows near city, 26 May. http://www.scmp.com/presented/topics/go-china-zhengzhou/article/1802922/aero-tropolis-grows-near-city (accessed 29 February 2016).

South China Morning Post (2015b). China's environmental chiefs summon Zhengzhou mayor over worsening smog. South China Morning Post, 29 July. http://www.scmp.com/news/china/policies-politics/article/1844918/chinas-environmental-chiefs-summon-zhengzhou-mayor-over (accessed 29 February 2016).

Standard and Poor's (2014) Economic Research: How Increasing Income Inequality Is Dampening U.S. Economic Growth, and Possible Ways to Change the Tide, https://www.globalcreditportal.com/ratingsdirect/renderArticle.do?articleId=1351366&SctArtId=255732&from=CM&nsl_code=LIME&sourceObjectId=8741033&sourceRevId=1&fee_ind-&exp_date=20240804-19:41:13 (accessed 29 February 2016).

Standing, G. (1999) Global Labour Flexibility: Seeking Distributive Justice. London: Macmillan.

Stansfield, G. (2013) The unravel ling of the post-First World War state system? The Kurdistan Region of Iraq and the transformation of the Middle East, International Affairs, 89 (2): 259-282.

Stansfield, G. (2014) Kurdistan Rising: To Acknowledge or Ignore the Unraveling of Iraq. Middle East Memo 33. Washington, DC: Brookings Institution.

Statistics Norway (2009) Facts About Education in Norway in 2008. Oslo: Statistics Norway.

Stern, N. (2007) The Economics of Climate Change. The Stern Review. Cambridge: Cambridge University Press.

Sternberg, R. (1996) Regional growth theories and high- tech regions, International Journal of Urban and Regional Research, 20 (3): 518-538.

Sternberg, R. (2009) Regional dimensions of entrepreneurship, Foundations and Trends in Entrepreneurship, 5: 211-340.

Stiglitz, J. (2002) Globalization and its Discontents. London: Penguin.

Stiglitz, J., Sen, A. and Fitoussi, J.-P. (2008) Report by the Commission on the Measurement of Economic Performance and Social Progress, http://www.insee.fr/fr/publications-et-services/dossiers_web/stiglitz/doc-commis sion/RAPPORT_anglais.pdf (accessed 17 February 2016).

Stiglitz, J. (2013) The Price of Inequality. London: Penguin.

Stimson, R. and Stough R. R. (2008) Regional economic development methods and analysis: linking theory to prac tice. In J. Rowe (ed.), Theories of Local Economic Development: Linking Theory to Practice. Ashgate: Farnham, 169-192.

Stöhr, W. B. (ed.) (1990) Global chal lenge and local response: initiatives for economic regeneration in contemporary Europe. London: United Nations University, Mansell.

Stoker, G. (1995) Intergovernmental relations, Public Administration, 73 (1): 101-122.

Stoker, G. (1998) Governance as theory: five propositions, International Social Science Journal, 50 (155): 17-28.

Storey, D. J., Greene, F. and Mole, K. (2007) Three Decades of Enterprise Culture? Entrepreneurship, Economic Regeneration and Public Policy. London: Palgrave Macmillan.

Storper, M. (1985) Oligopoly and the product cycle: essentialism in economic geography, Economic Geography, 61: 260-282.

Storper, M. (1995) The resurgence of regional economies, ten years later: the region as a nexus of untraded interdependencies, European Urban and Regional Studies, 2 (3): 191-221.

Storper, M. (1997) The Regional World. Territorial Development in a Global Economy. London: Guilford.

Storper, M. (2011) Justice, efficiency and economic geography: should places help one another to develop?, European Urban and Regional Studies, 18 (1): 3-21.

Storper, M. (2014) Governing the large metro polis, Territory, Politics, Governance, 2 (2): 115-134.

Storper, M. and Scott, A. J. (1988) The geographical foundations and social regulation of flexible production complexes. In J. Wolch and M. Dear (eds), The Power of Geography. Boston, Allen and Unwin, 21-40.

Storper, M and Scott, A. J. (2009) Rethinking human capital, creativity and urban growth, Journal of Economic Geography, 9 (2): 147-167.

Storper, M., and Venables, A. J. (2004). Buzz: face-to-face contact and the urban economy, Journal of Economic Geography, 4 (4): 351-370.

Storper, M. and Walker, R. (1989) The Capitalist Imperative: Territory, Technology and Industrial Growth. Oxford: Blackwell.

Storper, M., Kemeny, T., Makarem, N. and Osman, T. (2015) The Rise and Fall of Urban Economies: Lessons from San Franscisco and Los Angeles. Stanford, CA: Stanford University Press.

Storper, M., Thomadakis, S. B. and Tsipouri, L. J. (eds), (1998) Latecomers in the Global Economy. London: Routledge.

Strand, Ø. and Leydesdorff, L. (2013) Where is synergy in the Norwegian Innovation system indicated? Triple helix relations among tech no logy, organization, and geography,

Strange, S. (1994) States and Markets (2nd Edition). London: Pinter.

Strange, S. (1996) The Retreat of the State: The Diffusion of Power in the World Economy. Cambridge: Cambridge University Press.

Streeck, W. (2014) Taking crisis seriously: capitalism on its way out, Stato e Mercato, (1): 45-67.

Streeck, W. and Schäfer, A. (eds) (2013) Politics in the Age of Austerity. Cambridge: Polity.

Strietska-Ilina, O., Hofmann, C., Haro, M. D. and Jeon, S. (2011) Skills for Green Jobs: A Global View: Synthesis Report based on 21 Country Studies. Geneva: International Labour Organisation.

Sullivan, R. D. (2013) Boston's Reasserted Dominance of New England, Three Charts, Robert David Sullivan Weblog, 26 May, http://robertdavidsullivan.typepad.com/my_weblog/2013/05/boston-reasserted-dominance- new-england-census-population-2012.html (accessed 29 February 2016).

Summers, L. (2014) US Economic Prospects: secular stagnation, hysteresis and the zero lower bound, Business Economics, 49 (2): 65-73.

Sunley, P. J. (1996) Context in economic geography: the relevance of pragmatism, Progress in Human Geography 20 (3): 338-355.

Sunley, P. J. (2000) Urban and Regional Growth. In T. Barnes and E. Shepherd (eds), A Companion to Economic Geography. Blackwell: Oxford, 187-201.

Sunley, P. J., Martin, R. and Nativel, C. (2011) Putting Workfare in Place: Local Labour Markets and the New Deal. Oxford: Blackwell.

Tambunan, T. (2008) SME development, economic growth, and government inter vention in a developing country: the Indonesian story, Journal of International Entrepreneurship, 6 (4): 147-167.

Taylor, J. and Wren, C. (1997) UK regional policy: an evaluation, Regional Studies, 31 (9): 835-848.

Taylor, P. and Flint, C. (2011) Political Geography: World- economy, Nation- state and Locality. Harlow: Pearson.

Taylor, P., Ni, P., Derudder, B., Hoyler, M., Huang, J. and Witlox, F. (eds) (2011) Global Urban Analysis. London: Earthscan.

Telesis (1982) A Review of Industrial Policy, NESC Report No. 62, Dublin: National Economic and Social Council.

Thirlwall, A. P. (1980) Regional problems are "balance-of-payments" problems, Regional Studies, 14 (5): 419-425.

Thomas, A. (2000) Development as a practice in a liberal capitalist world, Journal of International Development, 12: 773-787.

Thompson, E. P. (1963) The Making of the English Working Class. London: Victor Gollancz.

Thompson, J. L. (2008) Social enter prise and social entrepreneurship: where have we reached? A summary of issues and discussion points, Social Enterprise Journal, 4 (2): 149-161.

Thompson, W. R. (1968) A Preface to Urban Economics. Baltimore, MD: Johns Hopkins University Press.

Tijmstra, S. (2011) Spaces of regionalism and the rescaling of government: A theoretical frame-work with British cases, PhD thesis, London School of Economics.

Tödtling, F. and Trippl, M. (2005) One size fits all? Towards a differentiated regional innovation policy approach, Research Policy, 34 (8): 1203-1219.

Tokatli, N. (2013) Toward a better under stand ing of the apparel industry: a critique of the upgrading litera-
ture, Journal of Economic Geography, 13 (6): 993-1011.

Tomaney, J. (2006) North East England: A Brief Economic History. Paper for the North East Regional Infor-
mation Partnership (NERIP) Annual Conference, 6th September, Newcastle upon Tyne.

Tomaney, J. (2010) Place-based Approaches to Regional Development: Global Trends and Australian Implica-
tions. Sydney: Australian Business Foundation.

Tomaney, J. (2014) Region and place I: institutions, Progress in Human Geography, 38 (1): 131-140.

Tomaney, J. (2015) Region and place III: well- being, Progress in Human Geography, doi:
10.1177/0309132515601775.

Tomaney, J. and Colomb, C. (2013) Planning for independence? The evolution of spatial planning in Scotland
and growing policy differences with England, Town and Country Planning, 82 (9): 371-373.

Tomaney, J. and Colomb, C. (2014) Planning in a disunited kingdom, Town and Country Planning, 83 (2):
80-83.

Tomaney, J., Pike, A. and Rodríguez-Pose, A. (2010) Commentary: local and regional development in times of
crisis, Environment and Planning A, 42: 771-779.

Tomaney, J., Pike, A., Torrisi, G., Tselios, V. and Rodríguez-Pose, A. (2011) Decentralisation Outcomes: A Re-
view of Evidence and Analysis of International Data. Newcastle upon Tyne: Centre for Urban and Regional
Development (CURDS), Newcastle University, and Department of Geography and Environment, London
School of Economics, for Department for Communities and Local Government. http://blogs.ncl.ac.uk/
curds/files/2013/02/DecentralisationReport.pdf (accessed 29 February 2016).

Torfing, J., Peters, B., Pierre, J. and Sorensen, E. (2012) Interactive Governance. Oxford: Oxford University
Press.

Torrisi, G., Pike, A., Tomaney, J. and Tselios, V. (2015) (Re-)exploring the link between decentralization and
regional disparities in Italy, Regional Studies, Regional Science, 2 (1): 122-139.

Townroe, P. M. and Keen, D. (1984) Polarization reversed in the state of São Paulo, Brazil, Regional Studies,
18 (1): 45-54.

Toye, J. (1987) Dilemmas of Development: Reflections on the Counter-Revolution in Development Theory
and Policy. Oxford: Basil Blackwell.

Travers, T. and Esposito, L. (2003) The Decline and Fall of Local Democracy: A History of Local Govern-
ment Finance. London: Policy Exchange http://www.policyexchange.org.uk/images/publications/the%20
decline%20and%20fall%20of%20local%20democracy%20-%20 nov%2003.pdf (accessed 29 February
2016).

Triesman, D. (2007) The Architecture of Government: Rethinking Political Decentralisation. Cambridge:
Cambridge University Press.

Turok, I. (2011) Inclusive growth: meaning ful goal or mirage? In A. Pike, A. Rodríguez-Pose and J. Tomaney
(eds), Handbook of Local and Regional Development. London: Routledge, 74-86.

Turok, I. and McGranahan, G. (2013) Urbanization and economic growth: the arguments and evidence for
Africa and Asia, Environment and Urbanization. 25 (2): 465-482.

Turner, M. and Hulme, D. (1997) Governance, Administration and Development: Making the State Work. Basingstoke: Palgrave Macmillan.

Turner, R. (1995) After coal. In R. L. Turner (ed.), The British Economy in Transition: From the Old to the New? London: Routledge, 22-39.

Tyler, P., Warnock, C. and Provins, A. (2010) Valuing the Benefits of Regeneration. Communities and Local Government. Economics Paper 7: Volume I - Final Report. Cambridge Economic Associates with eftec, CRESR, University of Warwick and Cambridge Econometrics. London: Department of Communities and Local Government.

UBS (2015) Economics Insight: Globalessation, https://www.ubs.com/content/dam/static/asset_management/global/research/insights/economist- insights-20151012.pdf (accessed 26 February 2016).

United Nations Conference on Trade and Development (2006) Globalisation of R&D and Developing Countries. Geneva: United Nations Conference on Trade and Development.

United Nations Conference on Trade and Development (2014) World Investment Report: Investing in the SDGs: An Action Plan. Geneva: United Nations Publications.

United Nations Conference on Trade and Development (2015) World Investment Report 2015: Reforming International Investment Governance. Geneva: United Nations Conference on Trade and Development.

United Nations Department of Economic and Social Affairs (2015) World Population Prospects. The 2015 Revision. ESA/P/WP.241. New York: United Nations, http://esa.un.org/unpd/wpp/Publications/Files/Key_Findings_WPP_2015.pdf (accessed 29 February 2016).

United Nations Development Programme (2001) Human Development Report 2001. New York: UNDP.

United Nations Environment Programme (2011) Towards a Green Economy: Pathways to Sustainable Development and Poverty Eradication. New York: UNEP.

United Nations-Habitat (2008) State of the World's Cities 2008/2009 - Harmonious Cities. Nairobi: UN-Habitat.

United Nations-Habitat (2010) State of the World's Cities 2010/2011-Cities for All: Bridging the Urban Divide. Nairobi: UN-Habitat; London: Earthscan.

UNHCR (2015) World at War. Global Trends Forced Displacement in 2014. New York: United Nations High Commissioner for Refugees, http://unhcr.org/556725e69.html (accessed 29 February 2016).

United Nations International Labour Organisation (2015) Decent Work, Green Jobs and the Sustainable Economy. Geneva: ILO.

United Nations Industrial Development Organisation (UNIDO) (2010) Cluster Development for Pro-Poor Growth: the UNIDO Approach. Vienna: UNIDO.

URBACT (2013) Project Results (2nd Edition). St. Denis, France: URBACT.

Vaiou, D. (2012) Gender, migration and socio-spatial transformations in Southern European cities. In A. Pike, A. Rodríguez-Pose and J. Tomaney (eds), Handbook of Local and Regional Development. London: Routledge, 470-482.

Vale, M. (2012) Innovation Networks and Local and Regional Development Policies. In A. Pike, A. Rodríguez-Pose and J. Tomaney (eds), Handbook of Local and Regional Development. London: Routledge, 413-424.

Vallance, P. (2007) Rethinking economic geographies of know ledge, Geography Compass, 1 (4): 797-813.

Valler, D. (2012) The evaluation of local and regional development policy. In A. Pike, A. Rodríguez-Pose and J. Tomaney (eds), Handbook of Local and Regional Development. London: Routledge, 569-580.

Van Stel, A. J. and Storey, D. J. (2004) The link between firm births and job creation: is there an upas tree effect?, Regional Studies, 38 (8): 893-909.

Van Stel, A. J. and Suddle, K. (2008) The impact of new firm formation on regional development in The Netherlands, Small Business Economics, 30 (1): 31-47.

Vázquez-Barquero, A. (2012) Local development: a response to the economic crisis. Lessons from Latin America. In A. Pike, A. Rodríguez-Pose and J. Tomaney (eds), Handbook of Local and Regional Development. London: Routledge, 506-514.

Vernon, R. (1966) International investment and international trade in the product cycle, Quarterly Journal of Economics, 80 (2): 190-207.

Vernon, R. (1979) The product cycle hypothesis in a new international environment, Oxford Bulletin of Economics and Statistics, 41 (4): 255-267.

Vigor, A. P. (2002) COWS: the Center on Wisconsin Strategy, Local Economy 17 (4): 273-288.

Vira, B. and James, A. (2011) Researching hybrid "economic"/ "development" geographies in practice: methodological reflections from a collaborative project on India's new serviceconomy, Progress in Human Geography, 35 (5): 627-651.

Von Mises, L. (1929/1976) Kritik des Interventionismus: Untersuchungen zur Wirtschaftspolitik und Wirtschaftsideologie der Gegenwart [Critique of Interventionism: Inquiries into Present Day Economic Policy and Ideology, English translation of the 1976 German new edition. Translated by Hans F. Sennholz]. Jena: Gustav Fischer.

Wackernagel, M., Kitzes, J., Moran, D., Goldfinger, S. and Thomas, M. (2006) The ecological foot print of cities and regions: comparing resource availability with resource demand, Environment and Urbanization, 18 (1): 103-112.

Wade, R. (1990) Governing the Market: Economic Theory and the Role of Government in East Asian Industrialization. Princeton, NJ: Princeton University Press.

Wade, R. H. (2003) Governing the market: economic theory and the role of government in East Asian industrialization (2nd Edition). Princeton, NJ: Princeton University Press.

Wainwright, H. (2003) Reclaim the State: Experiments in Popular Democracy. London/New York: Verso.

Wang, T. (2013) Troubles with airport expansion in China, http://www.eastasiaforum.org/2013/03/18/troubles-with-airport-expansion-in-china/(accessed 29 February 2016).

Wang, X. (2009) Knowledge- based urban development in China, PhD thesis, Newcastle University, Newcastle upon Tyne.

Wang, X., Pike, A. and Tomaney, J. (2015) Urbanisation. Industrialization and spatial disparities in China, Unpublished Paper, CURDS.

Warde, A. (1985) Spatial change, polit ics and the division of labour. In D. Gregory and J. Urry (eds), Social Relations and Spatial Structures. London: Macmillan, 190-212.

Weingast, B. (2014) Second Generation Fiscal Federalism: Political Aspects of Decentralisation and Economic Development, World Development, 53: 14-25.

Weinstein, B. L., Gross, H. T. and Rees, J. (1985) Regional Growth and Decline in the United States. New York: Praeger.

Wendland, J. (2006) Book Review: A Postcapitalist Politics, by J.K. Gibson-Graham, http://politicalaffiars.net/book-review-a-postcapitalist-politics-by-j-k-gibson-graham (accessed 25 August 2014).

White House (2010) Developing effective place-based policies for the FY 2012 Budget, http://www.whitehouse.gov/sites/default/files/omb/assets/memoranda_2010/m10-21.pdf.

Wilkinson, R. and Pickett, K. (2010) The Spirit Level: Why Equality is Better for Everyone. London: Penguin.

Williams, C. C. and Millington, A. C. (2004) The diverse and contested meanings of sustainable development, Geographical Journal, 170 (2): 99-104.

Williams, R. (1983) Keywords. London: Harper Collins.

Williams, R. (1989) Resources of Hope: Culture, Democracy, Socialism. London: Verso.

Williamson, J. G. (1965) Regional inequalities and the process of national development. Economic Development and Cultural Change, 13: 1-84.

Williamson, J. (1989) What Washington Means by Policy Reform. In: J. Williamson (ed.), Latin American Readjustment: How Much Has Happened? Washington, DC: Institute for International Economics.

Wills, J., Datta, K., May, J., McIwaine, C., Evans, Y. and Herbert, J. (2012) (Im)migration, local, regional and uneven development. In A. Pike, A. Rodríguez-Pose and J. Tomaney (eds), Handbook of Local and Regional Development. London: Routledge, 449-459.

Wolf, A. (2008) Is regional policy a waste of time?, BBC Radio 4, 9 June 2013, http://www.bbc.co.uk/programmes/b0211jzs (accessed 5 March 2016).

Wolfe, D. A. and Gertler, M. S. (2002) Innovation and social learning: an introduction. In M. S. Gertler and D. A. Wolfe (eds), Innovation and Social Learning: Institutional Adaptation in an Era of Technological Change. Basingstoke: Palgrave Macmillan, 1-24.

Wood, A. (2012) The politics of local and regional development. In A. Pike, A. Rodríguez-Pose and J. Tomaney (eds), Handbook of Local and Regional Development. London: Routledge, 306-317.

Wood, A. (2014) Learning through policy tourism: circulating bus rapid transit from South America to South Africa, Environment and Planning A, 46 (11): 2654-2669.

World Commission on Environment and Development (1987) Our Common Future. Oxford: Oxford University Press.

World Bank (1994) Export Processing Zones, Washington, DC: World Bank.

World Bank (1997) World Development Report 1997: The State in a Changing World. Washington, DC: World Bank.

World Bank (2009) World Development Report 2009: Reshaping Economic Geography. Washington, DC: World Bank.

World Bank (2015) The Kurdistan Region of Iraq: Assessing the Economic and Social Impact of the Syrian Conflict and ISIS. Washington, DC: World Bank.

World Health Organisation (2015) Reducing Global Health Risks through Mitigation of Short- lived Climate Pollutants. Geneva: World Health Organisation.

Wray, F. (2012) Money, space and relationality: relational geographies and impacts of venture capitalists in two

UK regions, Journal of Economic Geography, 12 (1): 297-319.

Wright, M., Roper, S., Hart, M. and Carter, S. (2015) Joining the dots: building the evidence base for SME growth policy, International Small Business Journal, 33 (1): 3-11.

Wu, F. (2015) Planning for Growth. Urban and Regional Planning in China, London: Routledge.

Wu, H and Feng, S. (2014) A study of China's local government debt with regional and provincial characteristics, China Economic Journal, 7 (3): 277-298.

Yeung, H. (2015) Governing the market in a globalizing era: developmental states, global production networks, and inter-firm dynamics in East Asia. In J. Neilson, B. Pritchard and H. Yeung (eds), Global Value Chains and Global Production Networks: Changes in the International Political Economy, London: Routledge, 70-101.

Yeung, H. W.-C. and Lin, G. C. S. (2003) Theorizing economic geographies of Asia, Economic Geography, 79 (2): 107-128.

Yim, D. S., Seong, Y. C., Lee, W. I., Park, S. and Hong, J. K. (2011) Management and governance issues in the development of science and technology based innovation cluster. In Technology Management in the Energy Smart World (PICMET) Proceedings of PICMET 11. Portland, OR: IEEE, 1-8.

Young, A. T. and Sobel, R. S. (2011) Recovery and reinvestment act spending at state level: Keynesian stimulus or distributive politics, Public Choice, 155 (3): 449-468.

Young, S., Hood, N. and Peters, E. (1994) Multinational enter prises and regional economic development, Regional Studies, 28 (7): 657-677.

Youtie, J. and Shapira, P. (2008) Building an innovation hub: a case study of the trans formation of university roles in regional tech no logical and economic development, Research Policy, 37 (8): 1188-1204.

Zaslove, A. (2011) The Re-invention of the European Radical Right: Populism, Regionalism and, the Italian Lega Nord. London: McGill-Queen's University Press.

찾아보기